データベーススペシャリスト

2024年版

ITのプロ46
三好康之 著

本書内容に関するお問い合わせについて

このたびは翔泳社の書籍をお買い上げいただき、誠にありがとうございます。弊社では、読者の皆様からのお問い合わせに適切に対応させていただくため、以下のガイドラインへのご協力をお願い致しております。下記項目をお読みいただき、手順に従ってお問い合わせください。

●ご質問される前に
弊社 Web サイトの「正誤表」をご参照ください。これまでに判明した正誤や追加情報を掲載しています。

正誤表　https://www.shoeisha.co.jp/book/errata/

●ご質問方法
弊社 Web サイトの「書籍に関するお問い合わせ」をご利用ください。

書籍に関するお問い合わせ　https://www.shoeisha.co.jp/book/qa/

インターネットをご利用でない場合は、FAX または郵便にて、下記“翔泳社 愛読者サービスセンター”までお問い合わせください。
電話でのご質問は、お受けしておりません。

●回答について
回答は、ご質問いただいた手段によってご返事申し上げます。ご質問の内容によっては、回答に数日ないしはそれ以上の期間を要する場合があります。

●ご質問に際してのご注意
本書の対象を超えるもの、記述個所を特定されないもの、また読者固有の環境に起因するご質問等にはお答えできませんので、予めご了承ください。

●郵便物送付先および FAX 番号
送付先住所　〒 160-0006　東京都新宿区舟町 5
FAX 番号　03-5362-3818
宛先　（株）翔泳社 愛読者サービスセンター

はじめに

一昨年のデータベーススペシャリスト試験は「難しかった」という声が多かったのですが，その反動なのか令和５年はオーソドックスな問題が中心で，分量も令和４年に比べて少なくなっていました。その分，合格率も過去最高の18.5%でした。定番の問題が出題さえていた平成25年度までと比較しても１～２ポイント高かったのです。

【令和５年の出題傾向】

・午前Ⅱ：例年通りだったが，通過率は前年92%→今年86%で例年並み。

・午後Ⅰ：概念データモデリングが２問。量も少なめ。基礎理論の出題もあり。
　　　　　正規形を60字以内で説明する問題が10年ぶりに復活。
　　　　　物理設計の問題がほぼなかった。

・午後Ⅱ：前年の36Pに対し今年は32P。問１・問２とも分量は減っている。
　　　　　※特に，概念データモデリングは前年14P → 9Pへと激減。
　　　　　　未完成の概念データモデルと関係スキーマを完成させる問題が100%。
　　　　　※題材もオーソドックス。
　　　　　→ 時間的には余裕をもってじっくり取り組めたと思う。

このように,本書で最も力を入れて充実している「概念データモデリング」と「基礎理論」(以上は第２章と第３章),「SQL」(第１章) 中心の出題でした。同じく力を入れている「速く解くための解答テクニック」は使わなくても良かったようです。

ただ，筆者は，この傾向が令和６年も続くとは思っていません。令和６年試験が次のようになっても対応できるように本書は作成しています。

・分量（ページ数や設問数）が大幅に増える
・イメージしにくいニッチな業務やビジネスモデルが題材になる
・最近出題されなくなった問題が再出題される

22年分の過去問題を付けているのも，常に上記のようなケースを想定しているからなのです。学習範囲は広くなり，覚えないといけないことも多くなってしまいますが，勉強しても出題されないことがあるのも当然だと考えて，本書を活用して対策をして，合格を勝ち取ってください。

最後になりますが,**「受験生に最高の試験対策本を提供したい」**という想いを共有し,企画・編集面でご尽力いただいた翔泳社の皆さんに御礼申し上げます。

令和６年２月
著者　ITのプロ46代表　三好康之

目次

第1章

SQL 91

第2章

概念データモデル 223

第3章 関係スキーマ 311

第4章 重要キーワード 373

試験問題・解説などのダウンロード

翔泳社の Web サイトでは，過去 22 年分の試験問題と解答・解説をはじめ，学習を支援するさまざまなコンテンツを入手できます。なお，これらのコンテンツはすべて PDF ファイルになっています。

・令和 5 年度試験の「午前Ⅰ，午前Ⅱの問題と解答・解説」
・過去 22 年分（平成 14 ～令和 4 年）の「全試験問題と解答・解説」
・試験の概要や出題範囲，学習方法及び受験方法をまとめた「データベーススペシャリストになるには」
・平成 14 ～令和 5 年度試験 全試験の「解答用紙」
・試験に出る用語を集めた「用語集」

コンテンツを配布している Web サイトは次のとおりです。記事の名前をクリックすると，ダウンロードページへ移動します。ダウンロードページにある指示に従ってアクセスキーを入力し，ダウンロードを行ってください。アクセスキーとは，本書各章の最初のページに記載されているアルファベットまたは数字 1 文字のことです。

配布サイト：https://www.shoeisha.co.jp/book/present/9784798185675
配布期間　：2025 年 12 月末まで

＜注意＞

・会員特典データ（ダウンロードデータ）のダウンロードには，SHOEISHA iD（翔泳社が運営する無料の会員制度）への会員登録が必要です。詳しくは，Web サイトをご覧ください。
・提供開始は 2024 年 3 月末頃の予定です。
・会員特典データ（ダウンロードデータ）に関する権利は著者および株式会社翔泳社が所有しています。許可なく配布したり，Web サイトに転載することはできません。
・会員特典データ（ダウンロードデータ）の提供は予告なく終了することがあります。あらかじめご了承ください。

本書の使い方

本書は以下の内容で，皆さんの学習をサポートします。

序章

データベーススペシャリスト試験の対策として，学習方法と解答テクニック，過去問題の分析と出題傾向などをまとめています。これにより，学習の効率と効果を大幅に高めます。

第１章～第４章

SQL から，解答力の基礎となる概念データモデル，関係スキーマ，重要キーワードまでをわかりやすく解説します。

令和５年度 秋期 本試験問題・解答・解説（午前Ⅰ，午前Ⅱは Web 提供）

実際の試験問題で解答力を高めます。特に午後Ⅰ・Ⅱについての解説は，設問の読み解き方から解答の導き出し方までしっかり学習することができます。

本文中，及び欄外には，次のアイコンがあります。

欄外	用語解説	用語や略語について解説	間違えやすい	誤解や混乱を招きやすいポイント
	参考	その解説の参考となる事項	Memo	更に理解しておくとよい事項
	試験に出る	過去（平成 14 ～令和５年度）の出題例と出題ポイント		
本文中	POINT	試験で正解するために覚えておかなければならない事柄		
	スキルUP!	補足的な説明や知っておくと役に立つ事柄		
	Tips	解説の理解や問題を解く上のコツ		

序章 試験対策（学習方法と解答テクニック）

学習方針

①出題傾向

②初受験，又は初めて本書を使われる方

③連続受験する人の学習方針

④応用情報試験を受験する人の学習方針

午前対策

午後Ⅰ対策

午後Ⅱ対策

アクセスキー n （小文字のエヌ）

学習方針

序
1
2
3
4

1. 出題傾向

まずは，データベーススペシャリスト試験の出題傾向を知るところから始めよう。

●20年間の変化

平成7年から実施されているデータベーススペシャリスト試験は，令和6年で30回目を迎える。このうち，平成16年度から令和5年までの20年間の変化を表にまとめてみた。

試験制度が大幅に改訂され現行制度になったのは平成21年だが，午後Ⅰ試験で出題数と解答数が1問ずつ減るなど形式面での変化はあったものの，出題傾向に大きな変化は無かった。特に**「定番の問題が多かった」**という“最大の特徴”は変わらなかった。そのため，定番の問題が解けるように練習しておけば合格できていた。

そうした傾向に変化が見られ始めたのは平成26年からだ。具体的にどういうところが，どういう風に変化したのかは，午後Ⅰ試験や午後Ⅱ試験の変化のところで説明するが，簡単に言えば，**定番の問題が減ったため学習範囲が広くなった**。傾向は変わってきたにもかかわらず，古い問題が陳腐化したわけではないからだ。昔出題されていた問題は“基礎”となり，その基礎を使って解答する問題が出題されるようになっているので，古い問題も安易に捨てられない。その分学習時間も増やさざるを得なくなった。

表：20年間の変化

<table>
<tr><td colspan="2">試験制度</td><td colspan="5">▼解答例公表開始(H16～)</td><td colspan="5">▼試験制度大幅に改訂(H21～)</td><td colspan="6">▼マイナーチェンジ(H26～)</td><td colspan="4">▼DX重視（R02～）</td></tr>
<tr><td colspan="2">出題年度</td><td>H16</td><td>H17</td><td>H18</td><td>H19</td><td>H20</td><td>H21</td><td>H22</td><td>H23</td><td>H24</td><td>H25</td><td>H26</td><td>H27</td><td>H28</td><td>H29</td><td>H30</td><td>H31</td><td>R02</td><td>R03</td><td>R04</td><td>R05</td></tr>
<tr><td rowspan="2">午前試験</td><td>問題数</td><td>50問</td><td colspan="4">55問</td><td colspan="15">午前Ⅱは25問（午前Ⅰは30問）</td></tr>
<tr><td>傾向</td><td colspan="20">問題数以外に変化は無し（但し，平成21年からは午前Ⅰ，午前Ⅱに分かれる）</td></tr>
<tr><td rowspan="3">午後Ⅰ</td><td>問題数</td><td colspan="5">4問出題のうち3問解答(90分)</td><td colspan="15">3問出題のうち2問解答（90分）</td></tr>
<tr><td>傾向</td><td colspan="10">定番問題が出題されている時代</td><td colspan="10">幅広い出題の時代</td></tr>
<tr><td>テーマ</td><td colspan="5">①基礎理論
②DB設計
③SQL
④その他
（①～③）3問は定番</td><td colspan="5">①基礎理論
②DB設計
（①～②）2問が定番
③SQL &その他</td><td colspan="10">①DB設計（概念）…定番は1問だけ
（令和に入って設問で基礎理論復活）
②物理設計（令和に入って減少傾向）
③SQL（令和に入って2問になることもある）</td></tr>
<tr><td rowspan="5">午後Ⅱ</td><td>問題数</td><td colspan="20">2問出題のうち1問解答（120分）</td></tr>
<tr><td>傾向</td><td colspan="10">2問とも概念データモデルと関係スキーマの時代</td><td colspan="10">概念データモデル等と物理設計の時代</td></tr>
<tr><td rowspan="3">テーマ</td><td colspan="20">概念データモデル・関係スキーマを完成させる問題が出題されている</td></tr>
<tr><td colspan="10" rowspan="2"></td><td colspan="10">1問が物理設計の問題（令和に入ってSQLの問題が入る）</td></tr>
<tr><td colspan="5">この5年間は似ている</td><td colspan="5">様々</td></tr>
</table>

午前Ⅱ

この20年間，問題数の変化はあるものの「傾向」そのものは変わっていない。全試験区分でセキュリティ分野を強化する方針を打ち出した影響で，令和2年からセキュリティ分野の問題が1問増えて3問になったぐらいになる。データベース分野の問題の出題比率や過去問題の再出題の割合，新規問題の出題比率などもあまり変わってはいない。

午後Ⅰ

平成25年までは定番の問題が2問（問1が基礎理論，問2がデータベース設計）だったが，平成26年から**「データベース設計」**の問題として集約されて1問になった。現在，定番の問題は，「データベース設計」の問題だけになっている（最近は，概念データモデリングとしている。具体的には，どちらも概念データモデルと関係スキーマを完成させる問題になる）。

平成25年まで定番だった「基礎理論」の問題は，その後数年間は「データベース設計」の中で出題されていたが，平成30年あたりから一時出題されなくなっていた。いよいよ出題されなくなったと思っていた矢先，令和3年，令和5年と復活している。

令和5年のように「データベース設計」の問題が2問出題された年もあるが，原則，残りの2問は定番の問題ではなくなっている。具体的には，**「SQL」**の問題を含む**「データベースの実装・運用」**の問題（データベースの物理設計の問題）が多い。SQLの問題が2問出題されたこともある。こうした傾向変化によって，昔のように「定番の問題だけを解けるようになっていたら午後Ⅰはクリアできる」ということは無くなっている。

午後Ⅱ

午後Ⅱ試験も多少変わっては来ているものの，「概念データモデルと関係スキーマを完成させる問題」が，必ず1問出題されているところは変わっていない。午後Ⅰで定番の「データベース設計」と同じ問題だ。令和6年の試験で，この傾向がガラッと変わる可能性もゼロではない。しかし，令和5年までずっと出題され続けているのに，ここであえて出題から外す理由がない。したがって，限りなく100%に近い出題確率だと言える。

2問のうちもう1問は，“物理設計”を中心にした問題になる（タイトルは，データベースの設計と実装）。平成26年から令和に入るまでは，索引や制約，容量計算，性能などだったが，令和に入ってから「データ分析」をテーマにした問題が中心になっている。SQL（特にウィンドウ関数）の出題も多い。

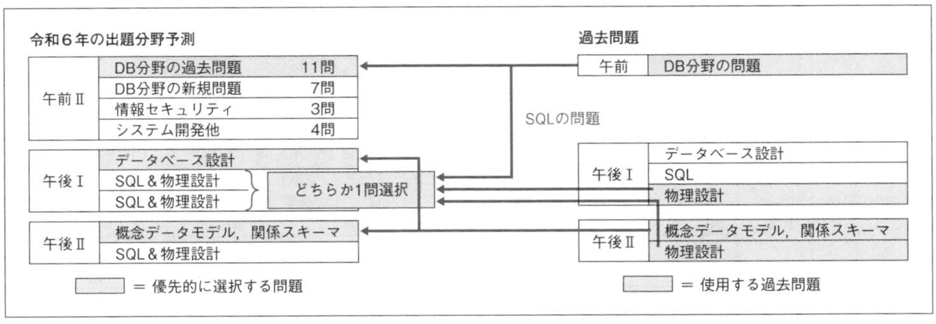

図：ここまでのまとめ。どの過去問題を使って，どの部分の準備とするのかの推奨対応表

●過去5年間の出題傾向（詳細）

この表は，令和に入ってから（平成31年を令和元年とする）の5回分の出題傾向を，より詳細にまとめた表である。ここ5年間の傾向を踏まえて，何を学習する必要があるのか，どこを重点的に学習すればいいのかを把握してほしい。

本書の章				第1章													
テーマ				SQL													
問題				SELECT							INSERT・UPDATE・DELETE	CREATE				GRANT・REVOKE	カーソル操作
				基本	GROUP BY	ORDER BY	結合	副問合せ	相関副問合せ	ウィンドウ関数		基本・制約	VIEW	ROLE	TRIGGER		
令和05年度	午後Ⅰ	問1	概念データモデリング														
		問2	概念データモデリング														
		問3	SQL		◎		◎			◎							
	午後Ⅱ	問1	SQL他	◎						◎							
		問2	概念データモデリング														
	この年は「概念データモデルと関係スキーマを完成させる問題」を解くことができれば，午後Ⅰの問1・問 スの物理設計の問題はほとんどなし。SQLでは「ウィンドウ関数」が中心の出題だった。																
令和04年度	午後Ⅰ	問1	概念データモデリング														
		問2	SQL	◎			◎			◎	○	◎			◎		
		問3	SQL	◎	○	○	◎			◎							
	午後Ⅱ	問1	SQL他	◎	○	○	◎			◎	◎		◎		○		
		問2	概念データモデリング														
	難問が出題された年。例年どおり「概念データモデルと関係スキーマを完成させる問題」が，午後Ⅰの問1, と「SQLの問題」で，午後Ⅱの問1も「SQLの問題」が中心の出題だった。SQLが比較的多かった年度だ																
令和03年度	午後Ⅰ	問1	データベース設計														
		問2	データベースの実装														
		問3	SQL	◎	◎	○	◎				◎						
	午後Ⅱ	問1	データベースの実装				◎				◎	◎			◎		
		問2	概念データモデリング														
	午後Ⅰも午後Ⅱもテーマごとに一つづつ出題されていた。午後Ⅰは「概念データモデルと関係スキーマを完 マを完成させる問題」,「データベースの物理設計の問題」&「SQLの問題」が1問ずつ出題されていた。																
令和02年度	午後Ⅰ	問1	データベース設計														
		問2	SQL	◎		◎	◎										
		問3	SQL	◎	○		◎					◎					
	午後Ⅱ	問1	データベースの実装	◎	◎	○	◎			◎							
		問2	概念データモデリング														
	例年どおり「概念データモデルと関係スキーマを完成させる問題」が，午後Ⅰの問1，午後Ⅱの問2で出題 が中心の出題だった。SQLが比較的多かった年度だと言える。																
平成31年度	午後Ⅰ	問1	データベース設計														
		問2	SQL												◎		
		問3	SQL	○			◎				○						
	午後Ⅱ	問1	データベースの実装	◎	○	◎	◎			○							
		問2	概念データモデリング														
	例年どおり「概念データモデルと関係スキーマを完成させる問題」が，午後Ⅰの問1，午後Ⅱの問2で出題 もあったが「データベースの物理設計の問題」が中心の出題だった。																

	第2章						第3章					序章・第4章									
	データベース設計						基礎理論					データベースの実装・運用									
												RDBMS の仕様									
	概念データモデルの完成（エンティティ追加）	概念データモデルの完成（リレーションシップを追加）	概念データモデルの読解	関係スキーマの完成	新たなテーブルを追加する設問	主キーや外部キーを示す設問	関数従属性を読み取る設問	候補キーを（すべて）列挙させる設問	第○正規形である根拠を説明させる設問	第3正規形まで正規化させる設問	更新時異状の具体的状況を指摘させる設問	表領域・データページ・ページ	テーブルの制約・データ型	索引とオプティマイザの仕様	区分化・再編成	クラスタ構成	レプリケーション	バックアップ・復元・更新ログによる回復機能	データ所要量を求める計算問題	テーブル定義表を完成させる問題	SQL の処理時間を求める問題
		◎		◎	◎	◎		◎	◎	◎											
		◎		◎	◎	◎															
												◎			◎						
			◎		◎																
		◎		◎	◎	◎															
2, 午後Ⅱの問2を選択すれば，かなり有利に展開できた年だった。また「基礎理論の問題」が復活している。データベー																					
	◎	◎		◎	◎	◎															
																	◎	◎			
												○									
			◎	◎	◎								○								
		◎	◎	◎	◎	◎															
午後Ⅱの問2で出題されたが，その問題の割合は少なかった。午後Ⅰは，残りの2問とも「データベースの物理設計の問題」と言える。																					
		◎		◎	◎	◎		◎	◎	◎											
															◎						◎
												○	○					◎	◎		
	◎	◎		◎	◎	◎															
成させる問題」，「データベースの物理設計の問題」，「SQL の問題」が1問ずつ・午後Ⅱも「概念データモデルと関係スキー久々に「基礎理論」が復活している。																					
	◎	◎		◎	◎	◎															
																	◎				
																				◎	◎
												○	○	○		○			◎	○	◎
	◎	◎		◎	◎	◎															
された。午後Ⅰは，残りの2問とも「データベースの物理設計の問題」と「SQL の問題」で，午後Ⅱの問1も「SQL の問題」																					
		◎		◎	◎	◎															
														○							
												○		◎	◎	○			◎		◎
	◎	◎		◎	◎	◎															
された。午後Ⅰは，残りの2問とも「データベースの物理設計の問題」と「SQL の問題」で，午後Ⅱの問1は「SQL の問題」																					

●令和５年度試験の講評

令和５年の試験は,「データベース設計」(最近は，概念データモデリングとしている。具体的には，概念データモデルと関係スキーマを完成させる問題になる）の問題を得意としている人や，そこに照準を合わせて学習していた人にとっては幸運だった回だと思う。

午後Ⅰ試験では「概念データモデリング」の問題が２問出題され，午後Ⅱ試験でも「概念データモデリング」の問題で,「概念データモデルと関係スキーマを完成させる問題」の割合が100%だったからだ。

この変化は，前回試験（令和４年）が実務者に有利な問題で，分量も多く難易度も高かったからだと思われる。今回は分量も適正で（特に多くは無く)，難問もほとんどなかった。時間的にも余裕をもって解けた人が多かったと思う。**この傾向が令和６年も続くかどうかはわからないが，あまり期待しない方がいいだろう。**というのも，合格率は18.5%で令和４年よりも0.9ポイント上がっていて（令和４年は17.6%)，平成21年以後の最高値になるからだ（18%を超えたのは平成24年以来の２回目になる。平成24年は18.2%)。平成21年以後,合格率が低い時は13%や14%台の年度もあった。IPAが「18.5%の合格率は高かった」と判断することは十分想像できる。したがって，令和６年は分量が多くなるか，難易度が上がる可能性があると考えて対策をした方がいいだろう。

午前Ⅱ

午前Ⅱ試験は,**「午前対策」(P.15)** にも書いている通り，特に大きな変化はなかった。対策が難しい新規問題も例年通りの割合だったため，過去問題を解けるようにしておいた受験生は普通にクリアできていると思う。午前Ⅱの通過率(60点以上でクリアした人の割合)は85.4%だった。ここ数年で突出していた令和４年の92%から例年の通過率に戻った形だ(令和３年が86%，令和２年も86%，平成31年はさらに低い67%)。例年通りの通過率なので，**令和６年の難易度も同じくらいになると予想する。**

午後Ⅰ

令和５年の午後Ⅰ試験は,問１と問２がいずれも定番の **"データベース設計"** の問題（タイトルは概念データモデリング。具体的には，未完成の概念データモデルと関係スキーマを完成させる問題)だった。最近では珍しい傾向で,ここに照準を合わせていた受験生にとってはラッキーだったと思う。題材は問１が「電子機器の製造受託会社における調達システム」で，問２が「ホテルの予約システム」だった。過去に何度も出題されたテーマで，取り組みやすかったと思う。

また，問１では令和３年以来の「基礎理論」が出題されていた。しかも，10年以上ぶりに「第○正規形である理由を60字以内で述べよ。」という出題もあった。常套句を覚えていれば容易に解ける問題だが,かなり久しぶりになるので覚えている人は少なかったと思う。

今後は，覚えておく必要があるだろう。

問3はSQLの問題を中心としたデータ分析システムの問題だった。分析系は，令和に入ってからの主流で，今回もウィンドウ関数が問われている。令和2年ぐらいまでは，ウィンドウ関数に関しては問題文中で説明してくれていたが，もうそれも無くなっている。代表的なものは覚えておく必要があるということだろう。昨年版でも書いたが，IPAはDX重視に舵を切っており，今後もデータ分析の問題が増えることは十分予想できる。ウィンドウ関数は最重要だと考えておこう。ちなみに，ウィンドウ関数は午後Ⅱ問1にも登場している。

難易度や分量は，令和4年に比べて大きく下がっていたように思うが，午後Ⅰの突破率は53%で令和4年と同じ値になる。昨年調整が入ったのだとしたら(あくまでも想像だけど)，今年は入らなかったのかもしれない。先にも書いた通り，**令和6年は概念データモデリングの問題が1問に戻って，物理設計&SQLの問題が2問に戻ると考えておいた方がいいかもしれない**。そう考えて，例年通り，午後Ⅱ対策（問1・問2の両方）と午前Ⅱ対策（特にSQL）を中心に仕上げていこう。本書の**「午後Ⅰ対策」（P.21）**にも書いている通り，それ以外だと過去問題の中から特徴のあるものに目を通しておけばいいだろう。

午後Ⅱ対策

令和5年の午後Ⅱ試験は，問1がSQLの問題を含む「データベース実装・運用」で，問2が「概念データモデルと関係スキーマを完成させる問題」で，例年通りだった。しかも，令和4年の問2は，定番の「概念データモデルと関係スキーマを完成させる問題」は50%ぐらいで，残りの設問は，問題文に書かれている状況や業務要件を考慮して解答させる問題になっていたが，令和5年はその割合が100%だった。昨年度を除けば，この8年間は70～90%だったから，例年通りに戻ったとも言えるだろう。業務も「ドラッグストアチェーンの商品物流」だったので，イメージもしやすかったと思う。そういう点では難易度も例年通りに戻った感じだ。それでかもしれないが，午後Ⅱの通過率は52%に向上している。令和4年は約47%だったので5ポイントも上がっている。つまり，午後Ⅱが全体の合格率を引き上げたことになる。したがって，**令和6年は分量が増えたり，難易度が上がったりする可能性があると思う**。そうなっても戸惑わないように，しっかりとした対策を取るようにしよう。

2. 初受験，又は初めて本書を使われる方

データベーススペシャリスト試験を始めて受験される人，もしくは初めて本書を使って試験対策を行われる人は，前述の**「出題傾向」**を読んでから，ここで**“課題”**を設定しよう。課題は「“合格に必要な知識”と“自分の現在の知識”との差」。その差が正確にわかれば，いよいよ学習計画が立てられる。使える時間は人によって違う。自分が使える時間の中で，合格に最も近づけるように学習計画を立てなければならない。重要な部分から優先的に準備できるように，まずは自分の課題を見極めよう。

STEP-1 概念データモデルと関係スキーマに関する知識（必須）

まずは**「概念データモデルと関係スキーマを作成するための知識」**を確認しよう。データベースの実装の前段階で，RDBMSに依存しない概念的な設計の部分になる。本書の第2章と第3章の内容で，ここ数年は，午後Ⅰで1問，午後Ⅱで1問出題されている。

合格に必要なレベルは，（午後Ⅱ対策を想定しているので）過去の午後Ⅱの問題を2時間で解答して60点以上取れるレベル。具体的には，①E-R図の表記ルール，②関数従属性，③キー，④正規化などの知識と，長文読解力や解答速度を高めるノウハウが必要になる。できれば，⑤基本的な業務知識も欲しいところだ。そのあたりのアセスメント（評価）と対策をまとめると，次のような手順になる。

STEP1-1. E-R図の表記ルールを知っている（第2章で確認）
STEP1-2. 関数従属性，キー，正規化に関する知識がある（第3章で確認）
STEP1-3. 午後Ⅱ過去問題が2時間で解答できる（60点以上）（過去問題で確認）
STEP1-4. 午後Ⅱ過去問題の中に出てくる多くのパターンに対応できる（〃）
STEP1-5. さらに短時間で解答するために，頻出分野の業務知識がある（第2章で確認）

STEP-2 SQLに関する知識（必須）

次に，SQL関連の知識について確認しよう。SQLに関する問題は，午前Ⅱ，午後Ⅰ，午後Ⅱの全ての時間区分で出題され，なおかつその比率はどんどん高まっている。今では必須の問題で，年度によっては3問中2問出題されることもある。

合格に必要なレベルは，SELECT文で複数のテーブルを外結合できたり，副問合せができたりすること。他にはINSERT，UPDATE，DELETE，CREATEなどに関する知識も必要になる。最近では，ウィンドウ関数やトリガーなども必須だろう。プログラミングなど実務の仕事で使っている人や，昔の基本情報技術者試験や応用情報技術者試験を受験する

時に，時間を割いて勉強した人は問題ないかもしれないが，自分の今頭の中にある知識で，合格点が取れるかどうかは突き合わせチェックをしないとわからない。具体的には，次のような手順でチェックして確認しよう。

STEP2-1. 基本的な構文や使用例を覚えている（第1章で確認）
STEP2-2. 午前問題が解ける（第1章で確認）
STEP2-3. 午後Ⅰや午後Ⅱ問題で出題された時に解答できる（過去問題で確認）

STEP-3 データベースの物理設計等に関する知識（必須）

3つ目は，データベースの物理設計等になる。データ所要量を求める計算，テーブル定義表を完成させる問題，性能に関する問題，索引や制約に関する問題などだ。これらの知識があるかどうかを確認しよう。

と言うのも，午後Ⅰ試験ではほぼ必須，午後Ⅱ試験でも選択した方がいいケースがあるかもしれないからだ。優先順位は3番目ではあるが，その優先順位の中でしっかりと準備はしておきたい。範囲が広く，どこが出題されるか的を絞りにくいため，幅広く準備しておくところがポイントになる。

STEP3-1. 基礎知識の確認（第4章で確認）
STEP3-2. 午後Ⅰや午後Ⅱ問題で出題された時に解答できる
（過去問題と本書の「午後Ⅰ対策」のところで確認）

STEP-4 午前Ⅱ（データベース分野）の知識（必須）

最後は，午前Ⅱ対策である。優先順位は低いが，絶対に対策をしておかないといけないところになる。過去問題がそのまま再出題されることが多く，かつその割合もそこそこ高いので，練習中に何度か間違えておけば本番では間違わなくなる。ある意味問題がわかっているのに，間違うというのはすごくもったいない。

当然だが，午前Ⅱをクリアしないと合格できないし，午前Ⅱでアウトだと午後Ⅰも午後Ⅱも採点されないため何点だったのかさえわからない。そういうことなので，まずは過去問題を使ってデータベース分野の午前問題から仕上げていこう。

STEP4-1. 本書序章の「午前対策」を熟読する
STEP4-2. 上記の対策案に沿って過去問題を解いて覚えていく

3. 連続受験する人の学習方針

連続受験する人は，前回学習したことを“資産”として蘇らせて，その上に今回学習する部分を積み重ねることを考えよう。それを可能にするため，ここでは今回改訂した部分を中心に説明する。

STEP-1 令和 5 年度試験の解説をチェック！

まずは令和 5 年度試験の解説をチェックしよう。本書の午後Ⅰと午後Ⅱの解説は，単に「なぜその答えになるのか？」という解答の根拠を示すだけではなく，その問題を解くときの思考や解答手順，着眼点なども説明している。したがって，圧倒的な情報量になるが，**まずは自分の解いた問題を，当時の“時間の使い方”と“どう考えて，どういう手順で解答したのか”を思い出しながら，解説に書いてあることと比較して自分自身の課題を見つけよう。**ある程度自分で気づいている要因もあるだろうが，思いもよらない（知らなかった）着眼点に出会うかもしれない。特に，午後Ⅱの解説は 100 ページ近い内容になっている。じっくりと目を通して課題を見つけよう。

STEP-2 第 1 章の SQL を仕上げておく！

毎年，少しずつ傾向も変化してきているが，中でも SQL の問題が重視されてきている。昔は，午後の問題で“SQL”を避けても合格できていたが，今年の試験でそれが可能かどうかはわからなくなってきている。それに，いずれにせよ午前問題には出題される。プログラム経験の無い人は，多少は時間がかかるかもしれないが，試験本番までの残り時間がたっぷりあるのなら，早い段階で仕上げておくのもいいだろう。

STEP-3 前回，時間を計測して解いた問題を見直す（午後Ⅰ，午後Ⅱ）

次に，前回，試験対策として時間を計測して解いた問題を見直そう。午後Ⅰと午後Ⅱだ。改めて時間を計測して解く必要はない。**どれだけ記憶に残っているのか？それを確認する。**

これは，筆者が実施している試験対策講座でも必ず説明していることだが，午後Ⅰを 1 問 45 分で解いたり，午後Ⅱを 120 分で解いたりする練習も必要だが，問題を解いている時間というのは自分自身の知識が増え合格に近づいているわけではない。ただのアセスメント（評価）に過ぎない。本当に力が付くのは，解いた後にどうするのか？それを考えている時だ。そういう意味で，本書では，過去問題の量（22 年分）だけではなく，他の参考書にはない次のような視点で解説している。

・時間内に速く解くための解答手順（解答にあたっての考え方）
・仮説－検証プロセスの推奨と，仮説の立て方

「なぜその答えになるのか？」が理解できても，それだけでは時間内で解けない可能性がある。**合格に必要なのは「『なぜその答えになるのか？』をどうすれば短時間で気付くか？」**だ。特に，本番試験で時間が足りなかった人は，解説の中に記載している**「どうすれば速く解答できるのか？」**という部分を中心にチェックしていこう。

STEP-4 前回，まだ解いていない問題を，時間を計測して解く

本書の序章にある**「午後Ⅰ対策の考え方（戦略）」**もしくは**「午後Ⅱ対策の考え方（戦略）」**では，本書で解説を読むことのできる**平成14年から令和5年にいたるまでの過去問題に優先順位をつけている。午後Ⅰで73問，午後Ⅱで44問もあるわけだから**，いくら合格したいからと言っても，なかなか全問題に目を通す時間が取れないからだ。

絶対に目を通しておいた方がいい問題は**“濃い網掛け”**で，目を通しておくとより合格率が高まる問題は**“薄い網掛け”**で，それらの問題を全部解いてしまった後に時間があれば目を通しておくといい問題には**“網掛けなし”**で，三つのレベルに分類している。まだ，時間内に解くことが不安な人は，その優先順位で過去問題を解いていくといい練習になる。

また，今回始動が早い人は，前回“捨てた分野”から着手するのも一つの手だ。最近は複合問題が多くなってきているし，少しずつ傾向が変化してきていることもある。そのため，幅広い知識を持っておいて損はない。特に前回，十分な学習時間が確保できずに中途半端な学習で受験した人は，今回，早い段階から“捨てた分野”を押さえていこう。特に，物理設計やSQLは，今や避けて通れないので，苦手な人は是非。

まとめ 前回受験した人が有利なのは間違いない

情報処理技術者試験の高度区分にもなると，一発合格はなかなか難しい。ある程度，過去問題を解いた数と合格率に相関関係があることを考えれば，今回初受験組よりも，前回受験した人の方が有利なのは間違いない。しかし，それは**1年目の上に2年目の知識が積み上げられている場合の話で，“仕切り直し”をしてしまうと初受験組との差は無くなる。**そう考えて，連続受験する人は，その上に知識を積み重ねていくことを考えよう。

4. 応用情報試験を受験する人の学習方針

応用情報技術者試験を受験される方で，昔の基本情報技術者試験の学習でSQLが仕上がっていない場合には，まずは第1章のSQLだけを仕上げる。この点に関しては，前述の通りだ。

応用情報技術者試験こそ，充実したテキストが無い！

もしもあなたが今，応用情報技術者試験の参考書を手にしているのなら，その参考書のデータベースのページを確認してみるといい。何ページぐらいあるだろうか？しかもそこから基本情報技術者試験で学んだ“SQL”を除いた場合，何ページぐらい残るだろうか。それで点数が取れればいいが，それだと何もしなくてもいいことになる。

昔の基本情報技術者試験の場合は，おそらく，専門学校や大学での利用が見込めるだろうから分野ごとの参考書が市販されていた。しかし，応用情報技術者試験の参考書では，分野ごとのテキストは見たことが無い。需要が無いのだろう。筆者の知識不足でどこかが出しているのならそれを使えばいいが，そもそも1冊で応用情報技術者試験の試験範囲をカバーすることは不可能だ。

データベーススペシャリスト試験を受験する時に楽になるように

良いテキストが無いのであれば，ここは一番，応用情報技術者試験でのポイントゲット科目として，より高度な学習をしたらどうだろう？学習を，点ではなく，線や面でつなげていくことで，学習効率がすごくよくなる。応用情報を受験するというより，1～2年かけてデータベーススペシャリスト試験の準備をするイメージだ。**「応用情報技術者試験よりも高度な内容を知ってしまったから不合格になった！」**ということは無いので，どうせなら，本書を参考書代わりに使うことをお勧めする。試験センターから無料でダウンロードできる過去問題と併用すれば，データベースの問題は点数が取りやすいだろう。

本書を使って学習する場合には，ぜひ序章の「解答テクニック」も含めて覚えるようにしよう。というのも，応用情報技術者試験では記述式の解答も少なくないからだ。過去にも更新時異状について答えさせる設問があった。応用情報技術者試験の参考書を使って勉強していると超難問になるのだろうが，高度系の勉強をしていたら**「それは定型文を覚えて，中身を変える」**という方法が定着しているから普通の問題になる。もちろん，次のデータベーススペシャリスト試験にも有効だ。

午前対策

●午前Ⅰ

午前Ⅰ試験は，応用情報の午前問題 80 問から 30 問が抜粋されて出題される。免除制度もあるのでそれを狙うのが一番だが，受験しないといけない場合，そこそこやっかいだ。非常に範囲が広いからだ。本格的に対策を取ろうとすると応用情報技術者試験の勉強をしなければならない。対策としては，**午前Ⅰ試験専用の過去問題集を使って，ひたすら過去問題を繰り返し解く方法がベスト**。自分の弱点を熟知していて，その弱点が限定的な場合は，時間の許す範囲で応用情報技術者のテキストを読んで理解を深めればいいだろう。

●午前Ⅱ（令和５年度はデータベース分野の過去問題が９問）

令和 5 年度の午前Ⅱ試験は，全 25 問中 17 問がデータベース分野の問題だった。令和 4 年は 18 問だったが，令和 5 年の問 18 のブロックチェーンの問題をデータベースの問題だと考えれば同じ数になる。その 17 ～ 18 問のうち，過去問題がほぼそのまま出題されているのが約半数の 9 問だった。令和 4 年は 11 問だったので，2 問減ったことになる。この減少が，午前Ⅱの通過率を 92%から 85%に抑制した要因かもしれないが，**新規に作成された 9 問のうち約半分は，過去問題を理解して解けるようになっていれば正解できる問題になる。**

但し，令和 5 年の問題は古い問題の再出題が多かった。平成 21 年よりも前の過去問題が 2 問，平成 22 年以来の問題が 1 問，平成 26 年と 27 年が 3 問出題されている。実に 3 分の 2 は 7 年以上前の問題になる。

したがって，古い問題も含めて，**まずは過去に出題された問題を確実に解けるようにしておくことが**午前Ⅱ対策の基本戦略になる。この部分は，これまでと何ら変わらない。なお，本書では午前対策用のツールとして，ダウンロードサイト（P.viii）からダウンロードできる付録の**「午前問題全 235 問完全版」**を用意している。そこには，データベース分野の問題だけになるが，平成 14 年以後のほぼすべての問題を掲載している。繰り返し出題されている重複を排除した上で，体系化して本書の並びに合わせた順番にしている。これを使って，次頁の**「午前対策」**を参考にして対策を進めていこう。特に SQL（第 1 章）は，本書にも問題を掲載し，余白を取って書き込めるようにもしているので，本書と併用して万全に仕上げておいてほしい。

午前対策

ここで,午前対策の最も効率のいい方法を紹介しておこう(データベース分野235問の例)。

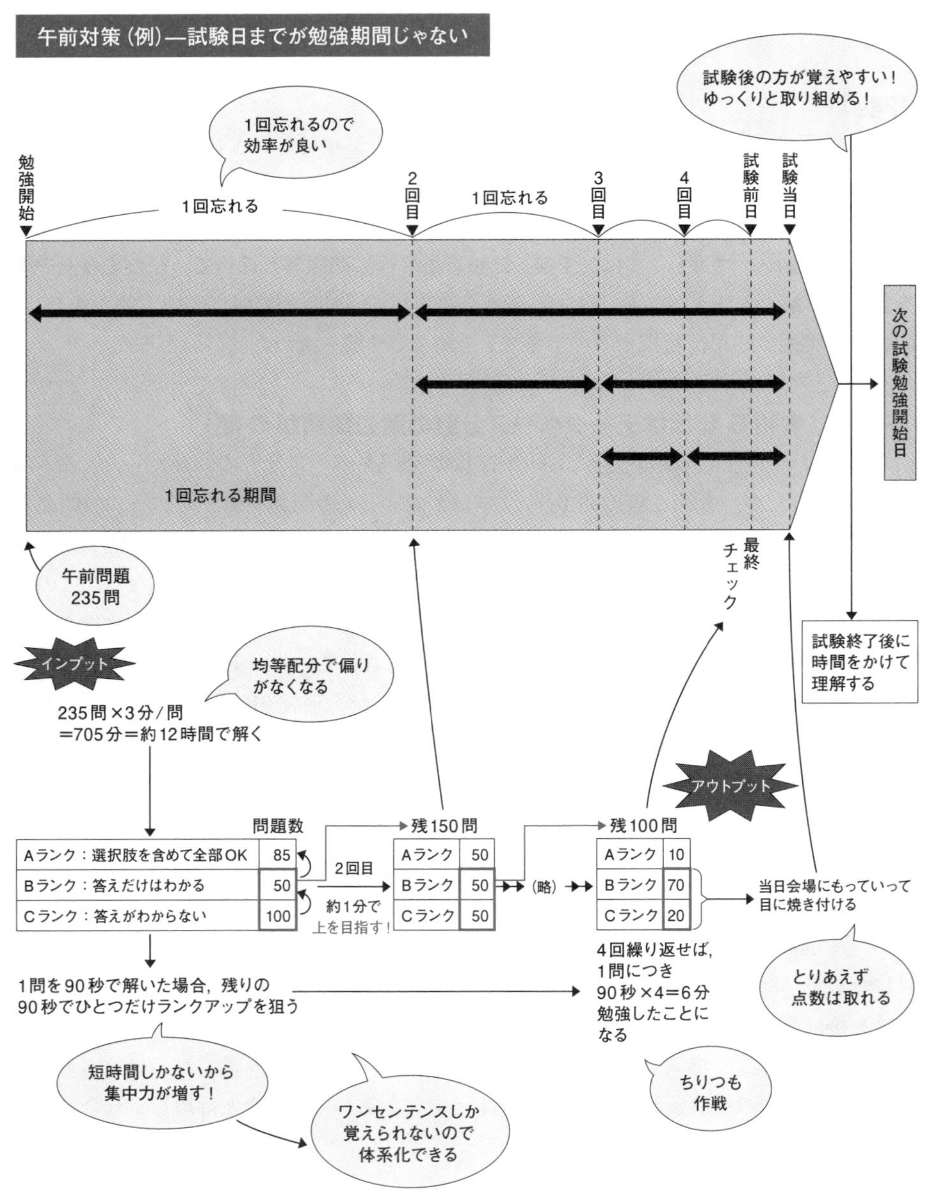

その手順はこうだ。

①解答する問題を集める。
②“1問にかける時間は3分”と決める。その3分の中で問題を解き，答えを確認して解説を読む。
③その後，その問題を下記の基準で3段階に分ける。

ランク	判断基準
Aランク	正解。選択肢も含めてすべて完全に理解して解けている
Bランク	正解。但し，選択肢を等完全に理解しているとは言えない
Cランク	不正解

④全問題を一通り解いてみたあと，Aランク，Bランク，Cランクが，それぞれ何問だったのかを記録しておく。
⑤試験日までのちょうど中間日に再度②から繰り返す。この時，Aランクは対象外とし，BランクとCランクを対象とする。
⑥試験前日に，最後まで残ったB・Cランクの問題について，もうワンサイクル繰り返す。この時には問題文に答えやポイントを書き込む。
⑦試験当日に，⑥で書き込んだ問題を試験会場に持っていき，最後に目に焼き付ける。見直すだけなので，1時間あれば100問ぐらいは見直せる。

最大のポイントは，午前対策の発想を変えること。**「試験当日にどうしても覚えられない100問を持っていく。その100問を試験日までに絞り込むんだ」**という考え方であったり，1問に3分しかかけられない（問題を解くのに1分30秒ぐらい必要なので，解答確認や解説を読むのも1分30秒ぐらいしかない）ので，**「CランクはBランクに，Bランクは選択肢のひとつでも覚えることを最大の目的とする」**ことであったり。そのためには，**「正解するためのひとこと」**だけを覚えようとすることだったり。いろいろな意味で，考え方を変える必要があるだろう。

但し，このような方法を紹介すると，常に「点数を取るためだけの技術」と揶揄され，「そんな方法で合格しても実力が付くわけない」とか，「結局，仕事で使えない」とか言われるだろう。筆者にはその光景が目に浮かぶ。しかし，実際はそうではない。以下に列挙しているように，様々な理由でこの方法は秀逸だと考えている。もちろん仕事で使える知識としても。

●とにもかくにも点数が取れる

これが一番の目的だろう。受験する限りは合格を目指さないと意味がない。カンニング等の不正行為で合格することに意味はないが，ルールを守って合格を目指すのは至極当然のこと。「実力がないのに合格しても意味がない」という言葉を，逃げ道にするのはやめよう。サッカーでもそうだろう。勝利のために，強豪チームは常にあたりが激しい。それを「乱暴だ！」というお上品な弱小チームに価値はない。勝利に貪欲になる姿の方が美しいと思う。

●3分という時間が集中力を増す！

加圧トレーニングや，高地トレーニングなどと同じように，人が厳しい制約の中におかれると，無意識にその環境に順応しようとする。その環境下でのベストな方法をチョイスする。そういう意味で，"3分しかない"という状況を作れば，自ずと集中力が増す。そして，その時間でできるベストなことを選択することになるだろう。Cランクだったものは次はBランクになるように，ワンセンテンスでのつながりを覚えることに集中したり，Bランクだったものは次はAランクになるように選択肢の意味をワンセンテンスで覚えることに集中したりである。

●ワンセンテンスで覚える＝体系化の第一歩

「"共通フレーム"といえば，"共通の物差し"」などのように，ワンセンテンスで覚えることを，学習の弊害のように見る人もいるが，それは大きな誤りである。知識を体系化して頭の中に整理しておくということは，第一レベルは「一言でいうと何？」ってなるということ。「一言でいうと何？」という質問に答えられる方がいいのか，それができない方がいいのか，考えればわかるだろう。

●均等配分で偏りがなくなる

午前対策の勉強時間が10時間だとした場合，3分／問で約200問に目を通すのか，それとも30分／問で20問をじっくりやるのか，どちらが合格に近くなるだろうか？　答えは，その10時間を使う前の仕上がり具合による。

すでに半分ぐらいは点数が取れる状況で，かつ自分の弱点がわかっていて，弱い部分から20問を選択できるのなら，「30分／問で20問をじっくりやる」方が効果的だろう。しかし，どんな問題が出題されているのかもわからず，どの部分が弱いかもわからない場合には，20問しかやらないまま受験するのはあまりにもリスキーだ。そういう状況では，少なくとも1回は「3分／問で約200問」をやってみたほうがいいだろう。そのうえで，弱点部分が絞り込めて時間的余裕があるのなら，別途時間を捻出して，じっくりと取り組めばいいだろう。

●１回忘れる時間を持てるので効率が良い

筆者は，脳科学に詳しいわけではない。あくまでも筆者の経験則が前提になるが，こういう理屈は“アリ”だと考えている。

「これまで１ヶ月以上覚えていたことは
（今再確認したら,）今後１か月は記憶が持つはずだ」

20 歳をすぎると脳細胞は毎日恐ろしいほど死んでいくって，聞いたことがあるようなないような…。でも，だからといって，普通はそんな急激に記憶力が劣化することはないだろう。仮に，この“三好理論”が正しいとしたら，“今”から試験日までの期間の半分ごとに再確認をするのが最も効率よく，しかも A ランクを外していける根拠になる。

勉強で最も効率が悪いのは，忘れてもいないのに覚えているかどうか不安になって，覚えていることだけを確認するという方法。時間が無尽蔵にあればそういう方法もありだと思うが，学生じゃあるまいし，そんなのあるわけない。

それに副次的効果もある。「忘れてもいいんだ」という意識が，ゆとりを生む。

●試験後の方が覚えやすい。ゆっくりと取り組める

人の記憶というものは，インパクトに比例して強くなる。感動した記憶は，いつまでも色あせずに残っているのと同じだ。そう考えれば，“試験当日”というのは，（合格してもそうでなくても）最もインパクトのある日だから，その直後の“調査”は，理解を深めて実力をアップするにはもってこいの時間になる。記憶に定着しやすいし，試験が終わって時間的にも余裕があるので，腰を据えてじっくり取り組めるだろう。「試験日までが勉強時間」という既成概念を打破して，もっともっと長期的に考えれば，このやり方は単に点数を取るためだけの試験テクニックではないことが理解できるだろう。

午後Ⅰ対策

令和５年の出題

問１　概念データモデリング（概念データモデル・関係スキーマの完成他）・基礎理論
問２　概念データモデリング（概念データモデル・関係スキーマの完成他）
問３　SQL

午後Ⅰ対策の考え方（戦略）

令和６年の試験対策は，次のような考え方で進めて行こう。

前提 午後Ⅱ対策（P.27 参照）

データベーススペシャリスト試験対策では，**午後Ⅱ対策を進めれば，それが午後Ⅰ対策の一部にもなっている**。データベース設計の問題（最近は概念データモデリングというタイトル。概念データモデル・関係スキーマを完成させる問題）と，データベースの実装（物理設計等）の問題は，午後Ⅰと午後Ⅱで同じような設問が多いからだ。

例年，**“データベース設計の問題”**は，午後Ⅰ・午後Ⅱの両方で必ず出題されている。どちらの出題も**“解答テクニック”**は同じなので，午後Ⅱが解けるようになっていれば，自ずと午後Ⅰの問題も解けるようになっている。また，**“データベースの実装（物理設計等）”**に関する問題も両方で必ず出題されている。データベース設計の問題とは違って出題パターンがバラエティに富んでいるので，様々な種類の午後Ⅱの問題が解けるようになっていることが前提だが，こちらも午後Ⅱが解けるようになっていれば，自ずと午後Ⅰの問題も解けるようになっている。

したがって，午後Ⅱ対策をしっかりとやることが，（午後Ⅰ対策にもなっているので）合格するための基本的な戦略になる。

前提 午前Ⅱ対策（P.15 参照）

午後Ⅰ試験ではSQLの問題も出題される。午後Ⅱ試験でも出題されるが，これまでは概念データモデル・関係スキーマを完成させる問題では出題されていないので，避けることはできていた。**しかし，今は午後Ⅰでは３問中２問がSQLの問題になる可能性があるので，避けては通れない**。

そこで，SQL対策が必要になるわけだが，まずは午前対策だ。第１章に掲載しているSQLの構文や例を使って基礎知識を習得し，第１章に掲載している午前問題を解けるようにしておこう。もちろん，後述する午後Ⅰの過去問題を使ったSQL対策と並行して行っても構わない。

令和に入ってからは，ウィンドウ関数を使った分析系システムの出題が多くなっている。また，トリガをテーマにした問題も多い。したがって，**ウィンドウ関数とトリガについては，最重要テーマとしてしっかりと学習しておこう**。基本的な構文を暗記しておくのもいいだろう。

STEP-1 データベースの基礎理論

令和3年と令和5年に復活している。これは「**今後も出題するよ**」というIPAからのメッセージだろう。そもそも，これらの基礎理論に関する問題（関数従属性の完成，候補キーの洗い出し，正規化，主キー，外部キーに関する問題など）は，**“一時出題されていなかった”**と言っても，それは直接的に設問になっていなかっただけで，**知らないと解けない問題は数多く出題されている**。午後Ⅰでも午後Ⅱでも普通に**“基礎の基礎”**になっているからだ。基礎からきちんと押さえておくという意味でも重要になるので，まずは本書の第3章を熟読し，「**参考**」として掲載している下記の記事（各基礎理論に関する設問の解き方）にも目を通しておこう。特に**“速く解く”**ためには必須になる。しっかりと習得しておこう。

タイトル	掲載ページ
関数従属性を読み取る設問	P.316
候補キーを（すべて）列挙させる設問	P.326
主キーや外部キーを示す設問	P.332
第○正規形である根拠を説明させる設問	P.348
第3正規形まで正規化させる設問	P.352
更新時異状の具体的状況を指摘させる設問	P.369

STEP-2 SQL対策（午後Ⅰ過去問題を使った演習：次頁参照）

午前対策と並行して，午後Ⅰ対策も進めなければならない。しかし，午後Ⅰ試験で，SQLを中心にした問題は全部で28問もある（本書の過去問題の解説がある平成14年以後の全73問の中で28問。平成7年～平成13年は除く）。

時間があれば，片っ端から全部目を通しておくのがベストなのだが，それも時間的に難しいと思う。そこで本書では，その28問の中から，事前に解き方を知っておいた方がいい問題を**“最重要問題”**，時間があれば目を通しておいた方がいい問題を**“重要問題”**としてピックアップした（次頁参照）。自分の使える時間と相談しながら，できる範囲でベストを尽くせるようにと考えて。但し，出題予想ではないので，その点はご理解いただきたい。

STEP-3 SQLと物理設計の複合問題（午後Ⅰ過去問題を使った演習：次頁参照）

SQLの問題は，物理設計の問題とともに出題されることが多い。性能（索引，アクセスパス，オプティマイザ等）をテーマにした問題，トランザクションの同時実行制御やデッドロックをテーマにした問題だ。もちろん，それぞれが単独で出題される場合もある。ここを押さえておけば，かなり広範囲をカバーできる。

知識の確認＆補充		Check！
本書の第 1 章を熟読し，構文を覚え，午前問題を解けるようにしておく		
最重要問題（SQL と物理設計）：厳選 8 問！ →過去問題を使った解答手順の確認。解くか，熟読する問題		Check！
①令和 04 年問 2	**「トリガ」が中心の問題** ※平成 31 年以後，トリガの問題がよく出題されている。トリガに関する知識を整理するのに良い問題である。	
	→ 第 1 章の **「トリガ」** を再確認する	
②平成 30 年問 2	**「参照制約」に特化した問題** ※過去問題で，参照制約が問われることは非常に多いが，その中でもおそらく最も詳しく参照制約を取り上げている問題。平成 18 年問 3 も参照制約の問題なので，不得意な人はそちらも確認しよう。	
	→ 第 1 章の **「参照制約」** を再確認する	
③平成 19 年問 3	**「セキュリティと監査」** の問題 ※セキュリティは平成 26 年以後全区分で重視されるようになった。午後Ⅰでは過去 2 問しか出題されていないが，常に最重要であることは間違いない。出題されるとしたら新規の切り口で来るだろうが，最低でも過去に出題されたものは解けるようにしておきたい。なお，こちらの問題を選んだのは，設問 3 で監査の視点の問題が出ているからだ。	
	→ 第 1 章の **「1.4 権限」** を再確認する	
④平成 23 年問 3	**「性能・索引」** に関する問題 ※性能をテーマにした問題は多い。少なくとも 8 問出題されている。索引とアクセスパス，オプティマイザなどを RDBMS の仕様として説明したものだ。その中でこの問題を選択したのは，クラスタ索引，非クラスタ索引，ユニーク索引，非ユニーク索引に分かれていて，それと SQL を絡めているからだ。不得意だと感じたら他の問題も確認しよう。	
	→ 序章の〔RDBMS の仕様〕を再確認	
⑤令和 03 年問 2	**「SQL の処理時間」を求める問題** 同期データ入出力処理と非同期データ入出処理に分けて，それぞれを次のような手順で算出して求めている。	
	→ 序章の「3. 午後Ⅱ問題（事例解析）の解答テクニック」を参照	
⑥平成 29 年問 2	**「トランザクション制御（同時実行制御，デッドロック）」** の問題 ※トランザクション制御の問題もよく出題されている。メインテーマとしている問題でも 3 問出題されている。不得意な人は他の問題にも目を通しておこう。	
	→ 第 4 章の「ISOLATION LEVEL」を再確認する	
⑦平成 31 年問 1	**「決定表」** に関する設問 ※これは論理設計だが最重要問題に入れた。したがって逆に午後Ⅱ対策でもある。決定表は点数を取りやすいが，規則性を見抜くのに時間がかかる。事前に解き方を知っていれば短時間で正確に解ける。	
⑧平成 26 年問 1	**「関係代数」** に関する設問 ※これも決定表と同じ考え。時間短縮のために一度目を通しておくことをお勧めしたい。	
重要問題（SQL と物理設計） →過去問題を使った解答手順の確認。解くか，熟読する問題		Check！
①平成 26 年問 3	**「各種制約」** に関する問題。サブタイプの切り出しもある。 ※参照制約以外の制約と，索引やデッドロックも問われている複合問題。各種制約に関しては，原則，午前問題が解ければ大丈夫だが，念のため目を通しておいても損はない問題。	
	→ 第 1 章の各種制約を合わせて再確認する	
②平成 28 年問 2	**「バックアップ」** に関する問題。 ※運用設計。バックアップと回復に関する問題も過去 3 問出題されている。平成 15 年問 4 と同じ構成の問題。	
③平成 24 年問 3	**「データウェアハウス」** の問題 ※スタースキーマ，サマリテーブルなど DWH 特有のワードが使われている。	
④平成 16 年問 4	**「性能と索引設計」** に関する問題 ※ ユニーク索引 / 非ユニーク索引，クラスタ索引 / 非クラスタ索引の違いを問題文で説明している。時間を計って解く必要はないが，問題文を熟読しておけば，これらの索引の違いについてイメージできる。	
重要問題（データベースの基礎理論）		Check！
①平成 25 年問 1	**「データベースの基礎理論」** の問題 ※ 昔の定番の基礎理論だが，この問題は第 3 正規形に関して少し難易度の高い切り口で出題されている。正規化の基礎を押さえるのにいい。問 1 の定番の最後の問題でもある。	
②平成 16 年問 1	**「ボイスコッド正規形・第 4 正規形」** に関する問題 ※ 第 3 章で説明しているが，それでイメージが湧かない人は（解く必要はないが），問題文と解答，解説を読んでおこう。	

【参考】過去の午後Ⅰの問題（平成 14 年～令和 5 年の 22 年間の全 73 問）

H14			
問 1	問 2	問 3	問 4
基礎理論	物理設計	SQL	DB 設計
基礎理論	性能 ・索引設計 （ユニーク / 非ユニーク）	DWH	テーブル設計

H15			
問 1	問 2	問 3	問 4
基礎理論	SQL	DB 設計	運用設計
基礎理論		テーブル設計	バックアップ

H16			
問 1	問 2	問 3	問 4
基礎理論	SQL	DB 設計	物理設計
基礎理論 ・ボイスコッド正規形 ・第 4 正規形			性能 ・索引設計 （ユニーク / 非ユニーク） （クラスタ / 非クラスタ）

H17			
問 1	問 2	問 3	問 4
基礎理論	DB 設計	SQL	SQL & 物理
基礎理論 ・関係代数	テーブル設計	集計表 ・CASE ・3 表以上の外結合	トランザクション制御 ・同時実行制御 ・デッドロック ・カーソル（SQL）

H18			
問 1	問 2	問 3	問 4
基礎理論	DB 設計	SQL	物理 & SQL
基礎理論	テーブル設計	参照制約	性能 ・処理回数

H19			
問 1	問 2	問 3	問 4
基礎理論	DB 設計	SQL	物理設計
基礎理論	概念デ・関係ス （オプショナリティ）	セキュリティ	性能 ・アクセスパス

H20			
問 1	問 2	問 3	問 4
基礎理論	DB 設計	SQL	物理設計
基礎理論	概念デ・関係ス		性能 ・アクセスパス ・オプティマイザ

H21		
問1	問2	問3
基礎理論	DB設計	SQL
基礎理論	概念デ・関係ス	

H22		
問1	問2	問3
基礎理論	DB設計	運用設計&SQL
基礎理論 ・メタ概念	概念デ・関係ス ・決定表	バックアップ

H23		
問1	問2	問3
基礎理論	DB設計	物理&SQL
基礎理論 ・第4正規形	概念デ・関係ス ・決定表	性能 ・アクセスパス ・オプティマイザ

H24		
問1	問2	問3
基礎理論	DB設計	SQL
基礎理論 ・関係代数	・基礎理論 ・概念デ・関係ス ・移行	DWH

H25		
問1	問2	問3
基礎理論	DB設計	物理&SQL
基礎理論 ・第3正規形(難)	・基礎理論 ・概念デ・関係ス (オプショナリティ)	性能 ・アクセスパス ・オプティマイザ

H26		
問1	問2	問3
DB設計	物理&SQL	物理&SQL
・基礎理論 ・概念デ・関係ス ・関係代数	トランザクション制御 ・同時実行制御 ・デッドロック	・各制約 ・サブタイプの実装 ・索引 ・デッドロック

H27		
問1	問2	問3
DB設計	DB設計&SQL	物理&SQL
・基礎理論 ・概念デ・関係ス	概念デ・関係ス	・バッチ処理の性能 ・カーソル(SQL)

H28		
問1	問2	問3
DB設計	運用設計	SQL
・基礎理論 ・概念デ・関係ス	バックアップ	セキュリティ

H29		
問1	問2	問3
DB設計	物理&SQL	物理&SQL
・基礎理論 ・概念デ・関係ス (オプショナリティ)	トランザクション制御 ・同時実行制御 ・デッドロック ・カーソル(SQL)	縦持ち・横持ち

H30		
問1	問2	問3
DB設計	SQL	物理設計
概念デ・関係ス	参照制約	・所要量の計算 ・アクセスパス

H31		
問1	問2	問3
DB設計	物理&SQL	物理&SQL
概念デ・関係ス ・決定表	・トリガ ・デッドロック	

R2		
問1	問2	問3
DB設計	物理	SQL
概念デ・関係ス	レプリケーション	DWH

R3		
問1	問2	問3
DB設計	物理	SQL
・基礎理論 ・概念デ・関係ス	性能	

R4		
問1	問2	問3
DB設計	SQL	物理設計
概念デ・関係ス	・トリガ	・デッドロック

R5		
問1	問2	問3
DB設計	DB設計	SQL
・基礎理論 ・概念デ・関係ス	・概念デ・関係ス	

午後Ⅱ対策

序
1
2
3
4

令和5年の出題

問1　データベース実装・運用（SQL他）
問2　概念データモデリング（データベース設計）

1. 午後Ⅱ対策の考え方（戦略）

午後Ⅱ試験の問題は，例年次のようになっている。予告なく変更される可能性もゼロではないが，実装寄りの問１と概念寄りの問２になると考えていて問題はないだろう。

問題番号	内容
問１	物理設計，データベースの設計，実装，運用，SQL 他
問２	概念データモデリング（データベース設計，概念データモデルと関係スキーマの完成）

午後Ⅱ対策を始める前に，後述する**「それぞれの問題の特徴」**を読んで，どちらを本命にするのか，どちらから仕上げていくのかを決めよう。特に初めて受験する人（対策する人）は，その方がいい。もちろん，どちらか片方だけをやっておけばいいというわけではない。午後Ⅰのことを考えれば両方解けるようになっておく必要がある。しかし，午後Ⅱ試験では，結局どちらか１問を選ばないといけないわけだ。両方 50 点取れる実力よりも，片方で 60 点以上取る実力の方が必要になる。

●それぞれの問題の特徴

物理設計，データベースの設計，実装，運用，SQL 他の問題は，一言でいうと**“雑多”**だ。RDBMS の仕様に基づく物理設計からテーブル操作をする SQL までバラエティに富んでいる。問われることが年度によって異なるので的を絞りにくい。そのため，対応できる設問を増やしていく必要があるが，勉強しても出題されないものも少なくないし，過去問題で出題されていても目を通していなければ難しく感じるだろう。そういう特性を考えれば，普段から RDBMS や SQL を駆使して幅広い知識をすでに持っている人や，過去問題を大量に解く意思のある人の選択対象になると思う。未経験者や，あまり時間をかけて勉強したくない人は選択しないのが無難だろう。

一方，**概念データモデリング（データベース設計，概念データモデルと関係スキーマの完成）の問題**は，おおよそ出題されることは決まっている。概念データモデルや関係スキーマの完成や，それにまつわる問題だ。したがって的を絞り込むことができる。ただ，毎回，時間との闘いになる。速く解くための技術を身に付けないと時間内に終わらないだろう。加えて，短時間で解こうとすると業務知識が必要になる。そういう特徴があるので，様々な業務に精通している人や，読解が速い人（状況把握が速い人）も向いている。さらに，未経験者や，あまり時間をかけて勉強したくない人が一発を狙うのもこちらの方になる（もちろん，あくまでも運が良ければの話になるが）。**業務要件は，年月を経ても陳腐化しない（10 年前，20 年前と必要な知識はさほど変わらない）ので，古い問題も役に立つ**。本書にも 22 年分の過去問題の解説がついているので，いくらでも学習できるだろう。

●令和４年，令和５年の傾向を踏まえた対策の考え方

先述の通り，令和4年の午後Ⅱ通過率は47%で，令和5年の午後Ⅱ通過率は525%で5ポイントも上がっている。午前Ⅱの通過率は令和4年が92%で，令和5年が85%に低下しており，午後Ⅰの通過率は変わっていなかった（53%）。それで，合格率が令和4年の17.6%から令和5年は18.5%に上がっている。これは，午後Ⅱが令和4年に比べて簡単になったと考えてもいいだろう。

ただ，この傾向が令和6年も続くとは思えない。合格率が高すぎたからだ。そのため難易度は上がると考えておいた方がいいだろう。**少なくとも，令和５年の午後Ⅱの問題に照準を合わせておくのは危険だと思う。**難しい問題が出題されるのか，量が多くなるのかはわからないが，**令和４年の問題でも解けるようにしておいた方がいいだろう**。そこで，令和4年の午後Ⅱ試験の問題の特徴を記しておく。

【令和４年の午後Ⅱ試験の問題の特徴】

・業務知識に強い人は簡単だった，そうじゃない人は難しかった（特に問2）

【問1】

・SQLが得意な人は簡単だった，そうじゃない人は難しかった

【問2】

・概念データモデル・関係スキーマを完成させる設問が少なかったため，（他の問題に時間を割り振るために）当該問題を例年よりも速く解く必要があった。

・**関係スキーマではなくテーブルだった。サブタイプをスーパータイプに集約する形で実装していた。**

→今後は，関係スキーマなのか，テーブルなのかを最初に見抜く必要がある。

後は，後述しているようにイレギュラーな問題（平成24年問2や平成25年問2）にも目を通しておいた方がいいだろう。さすがに概念データモデリングの問題に実装・運用の部分が入ってきて，SQLの問題も組み込まれるということは無いと思うが，そこまで想定しておいてもいいかもしれない。

また，短時間で機械的に処理できる設問が少なく，業務を理解して考えないといけない設問が増えても対応できるように，業務知識を付けておきたい。DXやアジャイルを推進するには業務知識が不可欠だという点と，IPAがDXやアジャイルを爆推ししているという点を合わせて考えれば，これからも「業務要件を把握して解答しなければならない問題」が増える可能性は高いのではないだろうか。他の試験区分でも，DX重視によって傾向が変わってきている。データベースも同じかもしれない。

●令和6年に向けた対策

次のSTEP-1とSTEP-2は，どちらを優先するのかによって逆転させてもいい。

STEP-1 概念データモデリング（概念データモデル・関係スキーマの完成）の問題への対策

① 本書の2章，3章を熟読する。
② 本書の「序章　午後Ⅱ解答テクニック」（この後）を熟読する
③ 令和5年午後Ⅱ問2，令和3年午後Ⅱ問2を解くか，解説を熟読する
④ 特徴のある過去問題に目を通しておく

令和5年の問題は，未完成の概念データモデルと関係スキーマを完成させる問題の比率が高かったので，まずは令和5年の問題をしっかりと確認しておく。その上で，難解だった令和4年や令和3年の問題にも目を通しておけば万全だろう。それで，問題文の表現に対して，リレーションシップが必要なケースや関係スキーマの完成の仕方を習得していく。後は，下表のような癖のある問題にも目を通しておこう。

問題番号	理由
平成25年問2	リレーションシップの対応関係にゼロを含むか否かを区別する
平成24年問2	ボトムアップアプローチ，スーパータイプとサブタイプの整理

STEP-2 物理設計，データベースの設計，実装，運用，SQLの問題への対策

① 本書の1章，4章を熟読する。
② 本書の「序章　午後Ⅱ解答テクニック」（この後）を熟読する
③ 令和5年午後Ⅱ問1含む過去5年分の「問1」を解くか，解説を熟読する

SQLや物理設計等の問題はバラエティに富んでいるので，どうしても目を通しておく過去問題が多くなる。個々の設問パターンに対しては，解き方がわからなくても問題文をじっくり読んで理解すれば解答できるものが多いが，解答パターンを知っていれば速く解くことが可能になる。一切出題されない可能性はあるが，傾向が変わって出題されなくなったわけではない。久しぶりの出題に面食らわないようにしたい。なお，SQLの比率が年々上がってきているので，SQLに自信があればかなり有利になる。

STEP-3 業務知識を身に付ける

令和5年度の午後Ⅱの問1や問2が難しく感じた人や，業務知識に不安を感じている人は，過去問題で業務知識を身に付けていくことをお勧めする。まずは，本書の第2章の**「2.3 様々なビジネスモデル」**を熟読しよう。（業種に特化しない基本的な業務として）販売管理業務

と生産管理業務から押さえていこう。ただ，そこには紙面の都合もあって頻出の業務しか掲載していない。そこで，時間的に余裕があれば，表の中のイメージがわきにくい業種や業務にも触れておこう。赤字は，オーソドックスな販売管理業務や生産管理業務以外の業務になる。ホテルや銀行，証券会社，病院などを題材にした年度もある。

表：午後Ⅱ過去問題で取り上げられた業種と業務または管理システム

年度	問題番号	業種	取扱業務又は管理システム	概念・関係割合(%)
平成 14 年	1	総合電機メーカ	販売計画システム	0
	2	ビジネスホテルチェーン	ホテル予約システム	30
平成 15 年	1	オフィスじゅう器メーカ	物流システム	50
	2	衣料品小売業	販売管理システム	0
平成 16 年	1	人材派遣会社	受注管理システム	65
	2	コンビニストアチェーン	商品配送業務	95
平成 17 年	1	メンテナンス専門会社	機械式駐車場設備のメンテナンス業務システム	50
	2	建設機材レンタル会社	建設機材レンタル業務システム	100
平成 18 年	1	情報処理サービス	業績管理システム	75
	2	オフィスじゅう器メーカ	在庫管理，部品調達業務	75
平成 19 年	1	情報処理サービス	勤務実績／稼働実績管理システム	15
	2	AV 機器メーカ	販売から施行までの管理業務	10
平成 20 年	1	施設運営会社	アミューズメント機器管理システム	30
	2	しょうゆメーカ	食品製造業務，トレーサビリティ管理システム	90
平成 21 年	1	銀行	届出印管理システム	30
	2	カタログ通販	カタログの企画から送付までの業務	100
平成 22 年	1	オフィスサプライ商品販売	販売管理システム	0
	2	組立て家具メーカ	受注・入出庫・出荷業務	90
平成 23 年	1	ソフトウェア開発	案件管理システム，PJ 収支管理システム	30
	2	オフィスじゅう器メーカ	在庫管理システム	90
平成 24 年	1	自動車ディーラ	販売促進用物品及び展示車を管理するシステム	80
	2	ホテル	食材管理システム	80
平成 25 年	1	OA 周辺機器メーカ	部品購買管理業務	70
	2	スーパーマーケット	特売業務，販売業務，商品管理業務	90
平成 26 年	1	証券会社	株式取引管理システム	0
	2	ホテル	宿泊管理システム	40
平成 27 年	1	地方自治体（県，病院）	地域医療情報システム	0
	2	産業用機械メーカ	倉庫管理システム	80
平成 28 年	1	銀行	顧客情報管理システム	0
	2	太陽光発電設備メーカ	アフターサービス業務支援システム	95
平成 29 年	1	家具・日用雑貨の小売業	販売管理・顧客管理業務	10
	2	自動車用ケミカル製品メーカ	販売物流システム	90
平成 30 年	1	精密電子機器メーカ	経費精算システム	0
	2	製菓ラインメーカ	受注，製造指図，発注，入荷業務	90
平成 31 年	1	銀行	窓口業務	0
	2	ホテル	製パン業務	85
令和 2 年	1	住宅設備メーカ	節電支援システム	0
	2	機械メーカ	調達業務，調達物流業務	75
令和 3 年	1	不動産会社	商談管理システム	0
	2	市販薬メーカ	量販店チェーン専用システム	95
令和 4 年	1	ホテル	宿泊管理システム	0
	2	フェリー会社	乗船予約システム	50
令和 5 年	1	生活用品メーカー	在庫管理システム	0
	2	ドラッグストアチェーン	商品物流	100

2. 長文読解のテクニック

最初に，情報処理技術者試験全般を苦手としている人，高度系試験区分を苦手としている人，ひいては長文読解を苦手としている人は，自身の長文読解方法について再確認しておくことが必要かもしれない。

●どこに何が書いてあるのかを探す読み方

問題文のストーリーを短時間で正確に把握するためには，あらかじめ**「どこに，何が書いてあるのか」**を推測し，それを“探す”読み方をしなければならない。問題文を読み終わったときに，「あ，そういう話なのか」と感心するような（小説を読むような）読み方では，時間がいくらあっても足りないだろう。必要な情報を能動的に（意思を持って），自ら探しに行く…そんな“読み方”が必要になってくる。

そのためには，過去問題を参考にして問題文のパターンをストックしていかなければならない。単に過去問題を解いて終わりではなく，その文章構造を解析するような視点でチェックしてみよう。すると，**毎回説明されていることや，似通った表現パターンがとても多いことに気付くだろう**。そのパターンを頭にインプットできれば，次から解析できるようになる。

●問題文の全体構成を把握

「どこに何が書いてあるのか？ それを探す読み方」，その第一歩は，問題文の全体構成を把握することから始まる。問題文は通常，①問題タイトル，②背景，③〔 〕で囲まれた見出しを持つ各段落で構成されている。他に，④図表も多い。この四つの要素を先に読むだけで，ストーリー（全体の流れ）を“体系的に”把握できるし，過去の問題文の構成パターンに当てはめて考えることもできる。これなら，10 ページを超える午後Ⅱの問題文でもそう時間はとられない。加えて，図のように段落ごとに線を引くことによって，長文を短文の集合体へと変換することができ，焦点を絞り込みやすくなる。特に，長文が苦手な人には非常に有効である。

なお，午後Ⅱ攻略のキーになる概念データモデルと関係スキーマを完成させる問題の全体構成の把握方法を例に右ページにまとめてみた。具体的にはこれ以後に詳細にまとめているので参考にしてほしい。

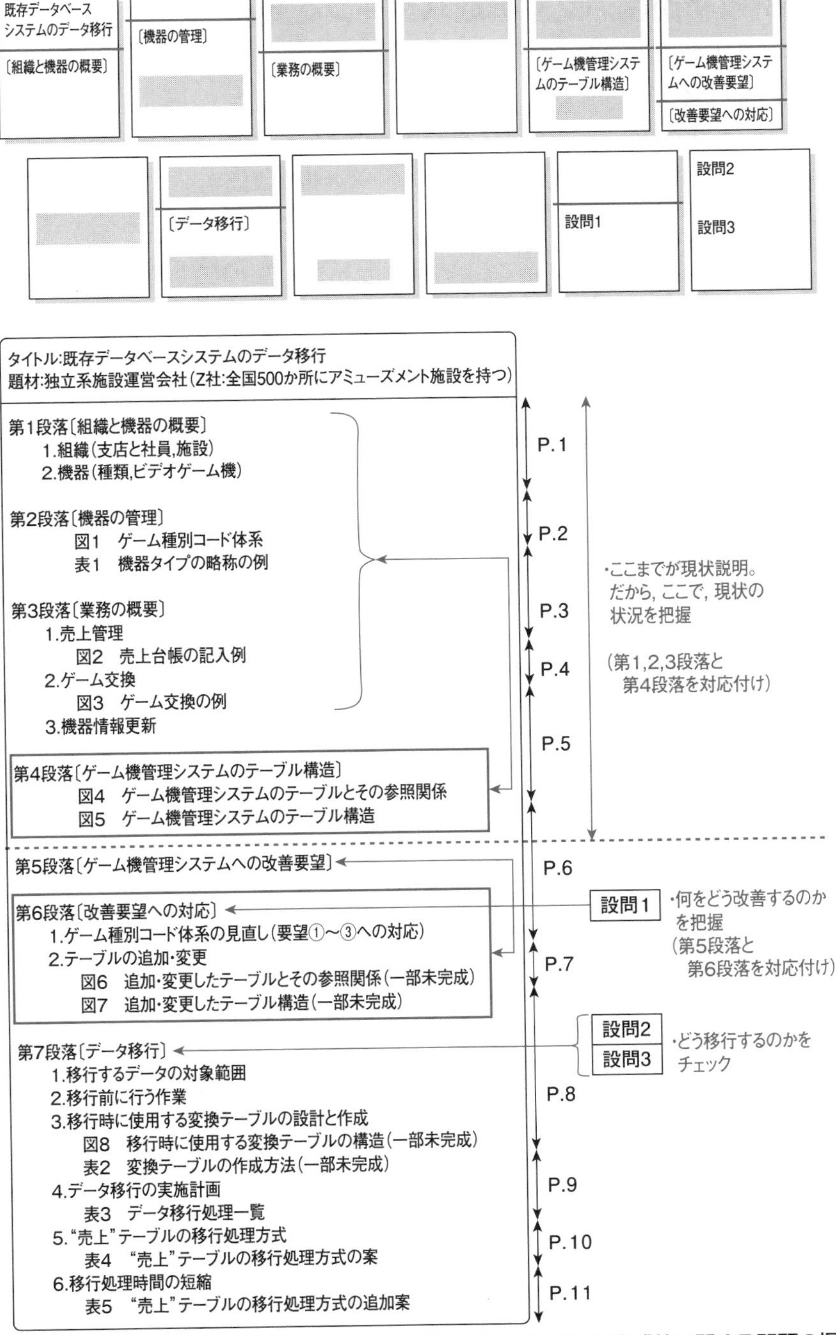

既存データベースシステムのデータ移行
〔組織と機器の概要〕
〔機器の管理〕
〔業務の概要〕
〔ゲーム機管理システムのテーブル構造〕
〔ゲーム機管理システムへの改善要望〕
〔改善要望への対応〕
〔データ移行〕
設問1
設問2
設問3
タイトル:既存データベースシステムのデータ移行
題材:独立系施設運営会社(Z社:全国500か所にアミューズメント施設を持つ)
第1段落〔組織と機器の概要〕
1.組織(支店と社員,施設)
2.機器(種類,ビデオゲーム機)
第2段落〔機器の管理〕
図1　ゲーム種別コード体系
表1　機器タイプの略称の例
第3段落〔業務の概要〕
1.売上管理
図2　売上台帳の記入例
2.ゲーム交換
図3　ゲーム交換の例
3.機器情報更新
第4段落〔ゲーム機管理システムのテーブル構造〕
図4　ゲーム機管理システムのテーブルとその参照関係
図5　ゲーム機管理システムのテーブル構造
第5段落〔ゲーム機管理システムへの改善要望〕
第6段落〔改善要望への対応〕
1.ゲーム種別コード体系の見直し(要望①～③への対応)
2.テーブルの追加・変更
図6　追加・変更したテーブルとその参照関係(一部未完成)
図7　追加・変更したテーブル構造(一部未完成)
第7段落〔データ移行〕
1.移行するデータの対象範囲
2.移行前に行う作業
3.移行時に使用する変換テーブルの設計と作成
図8　移行時に使用する変換テーブルの構造(一部未完成)
表2　変換テーブルの作成方法(一部未完成)
4.データ移行の実施計画
表3　データ移行処理一覧
5."売上"テーブルの移行処理方式
表4　"売上"テーブルの移行処理方式の案
6.移行処理時間の短縮
表5　"売上"テーブルの移行処理方式の追加案
P.1
P.2
P.3
P.4
P.5
P.6
P.7
P.8
P.9
P.10
P.11
・ここまでが現状説明。
だから,ここで,現状の
状況を把握
(第1,2,3段落と
第4段落を対応付け)
設問1
・何をどう改善するのか
を把握
(第5段落と
第6段落を対応付け)
設問2
設問3
・どう移行するのかを
チェック

図:全体構成を把握する例(データベースの概念データモデルの完成等に関する問題の場合)

1. DB事例解析問題の文章構成パターンを知る

基本的な解答戦略を把握したら，続いて，午後Ⅱ事例解析問題の文章構成パターンを把握しておこう。

午後Ⅱ試験で問われるのは“データベース設計”である。具体的には「概念データモデルと関係スキーマを完成させる問題」と「データベースの物理設計等」に関する問題になる。問われることが決まっていれば，自ずと問題文の構成も似通ってくる。もちろん“絶対”というわけではないが，“よくあるパターン”を知っておいて“損”にはならないだろう。少なくとも本番中に戸惑わないようにはなるはずだ。

(1) 全体イメージと設問の確認

概念データモデルと関係スキーマを完成させる問題では，10数ページにわたる問題文のほとんどが“業務の説明”になる。「業務の概要」とか，「〜業務」，「業務要件」など，段落タイトルや表現はその時々によって異なるが，いずれも“業務の説明”であることに変わりはない。そして，その業務の“概念データモデル”と“関係スキーマ”が途中まで作成されていて，それを完成させる設問がある。これが最もよくある標準パターンだ。

なお，業務の説明は，段落タイトルを見れば一目瞭然のものがほとんどだが，既にシステムを利用して行う業務については，システムの説明になっていることもある。単純に“業務の説明”といっても，その説明は“業務の内容を記述した文章”だけではない。様々なパターンがあるので，予めどんなパターンがあるのかを把握しておこう。そうすることで，それぞれのパターンごとの読み方ができるだろう。

- 業務フロー（図＋文章）
- 現行システムの概要（システムを含めて現行業務だと考える）
- 現行システムの“入力画面”
- 現時点で利用している“帳票”

あと，よくあるパターンは，業務改善や現行システムの改善（設計中の追加要件を含む）になる。そのパターンが来たら，設問ごとに「改善前と改善後のどちらが問われているのか？」を逐一明確にした上で取り組むことを忘れないようにしよう。改善前のことが問われているのに，勝手に改善後のものだと判断して誤った解答をするのは本当にもったいない。

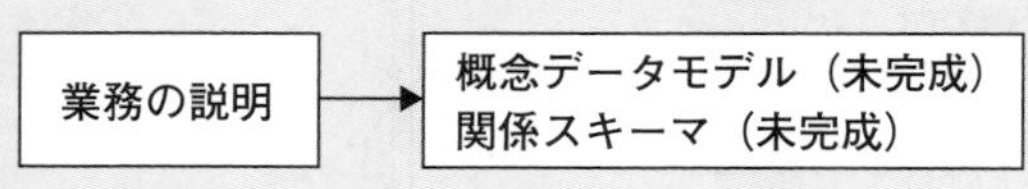

一方，データベースの物理設計に関する問題では，データベースの概念設計や論理設計の話から始まる。具体的には，業務の概要，概念データモデル，関係スキーマ，それを実装したテーブルなどだ。この部分の解析は，前述の概念データモデルと関係スキーマを完成させる問題と同じだ。

その後，**〔RDBMS の仕様〕**の段落がある。ここは，設問に対する解答を考える時に必要な制約条件や前提条件が含まれているので，すごく重要な部分になる。ただ，この段落に書かれていることは，過去問題とよく似たパターンが多い。そのため，本書でも解説しているので，そこを読んで過去問題に出題された時のパターンを把握しておくといいだろう。

その**〔RDBMS の仕様〕**の後は，テーブルへの実装（スーパータイプ，サブタイプのテーブルへの実装），性能計算，索引の定義，SQL 文で書かれた処理などの説明へと続いていく。

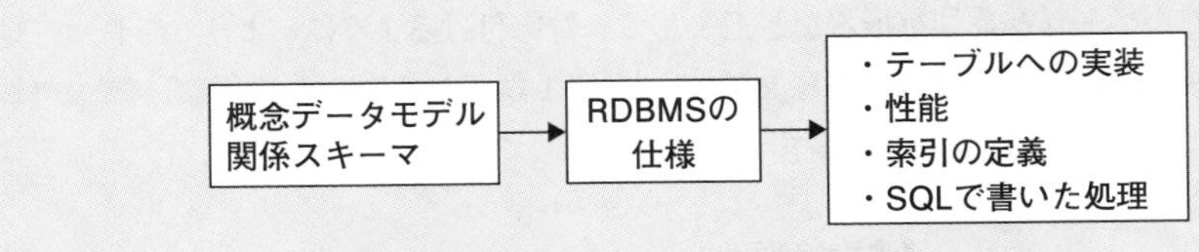

(2) 解答戦略（2 時間の使い方）立案

全体の構成と設問が把握できたら，解答戦略を立案しよう。2 時間をどのように使うか，時間配分を決める。

概念データモデルと関係スキーマを完成させる問題は，その割合を確認する。そして，おおよそでも構わないので，そこに費やして構わない時間を計算する。割合が 100%なら，120 分を問題の総ページ数で割るだけでも構わないが，“他の設問” もあるのなら，その “他の設問” に，ある程度時間を割り当てないといけない。配点は非公表なので，明確な判断基準はないが，設問の数や解答用紙のエリアなどを参考に，比例配分したらいいだろう。それを最初に行い，その後に，問題文の最初から順番に処理していく。漏れがないように注意しながら，じっくりと読み進めていく。具体的なプロセスは，午後Ⅱ過去問題の解説で説明しているので参考にしてほしい。どういう手順で処理して（設計を進めて）いけばいいのかにも重点をおいて解説しているからだ。

データベースの物理設計の問題は，設問単位で時間の割り当てを行う。設問 1 に何分使おうっていう感じだ。問題文を前から順番に読み進めながら解答する戦略よりも，最初に全体構造を把握して（どこに何が書いているのかを把握して），設問を解く都度，必要な部分だけを読むのがいいだろう。

(3) 概念データモデル・関係スキーマを完成させる問題の処理の方法

設問を見て，典型的なパターン（概念データモデルと関係スキーマを完成させる問題）中心だと判断したら，その後，問題文を最初から順番に処理していくことになる。このとき，頭の中で（もしくは可能なら明示的に関連付けて），以下の三つを対応付ける。

① 問題文（問題文中の“業務の説明”）
② 概念データモデル
③ 関係スキーマ

具体的には下図のように，上記①〜③の三つの要素の対応付けをすることになる。もちろん，ページをまたがってバラバラに位置しているので，図のように“線”で結ぶことはできないが，頭の中でイメージしたり，概念データモデルと関係スキーマにそれぞれ問題文の（業務の説明の）ページと番号を振るなど工夫して，対応付けるようにしよう。なお，一見して対応付けられないところ（図の問題文でいうと，第１段落の 6, 7, 8 や“在庫”など）は，“対応箇所なし”として，問題文を精読するまで保留にしておけば良い。

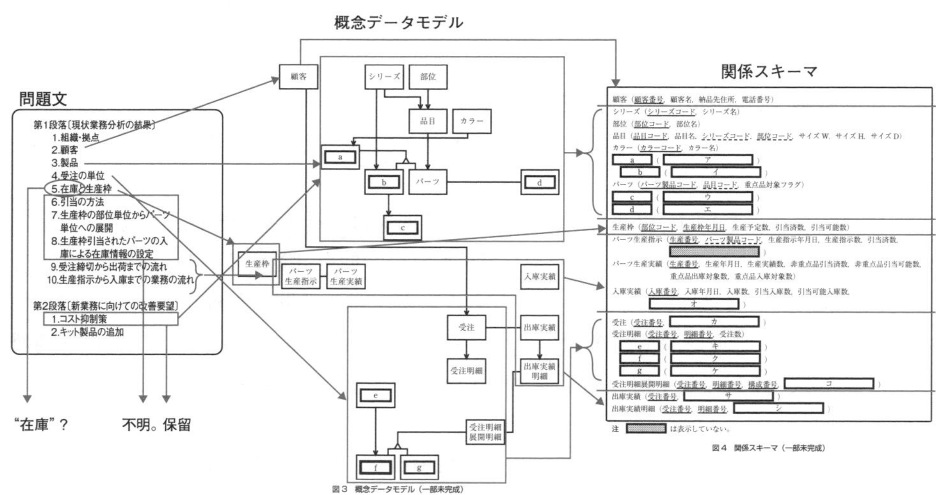

この対応付けのときにも，いくつか使えるテクニックがある。今後，変わる可能性もゼロではないが，これまでの問題では次のような傾向がある。

① 関係スキーマは，問題文や概念データモデルに合わせて，わかりやすい順番に配置してくれている。だから図のように「ここからここまでが「3.製品」に対応付けられるところ」というような“線引き”が可能になる。
② サブタイプは1文字下げて記述されている。これは空欄も同じ。図でいうと，空欄b，e，f，gなど。

そして，その対応付けが完了したら，“商品”や“在庫”といったトピックごとに，問題文に書かれている業務要件が満たされているかどうかをチェックし，未完成の概念データモデル，関係スキーマを完成させていく。

こうして概念データモデルや関係スキーマを完成させていく方法をトップダウンアプローチということがある。本来，トップダウンアプローチは，モデリングをするときに使われる用語。上流工程からデータモデルのあるべき姿を描き，それを実現させるというアプローチだ。わかりやすくいうと，対象業務の説明から概念データモデルを作成するというアプローチになる。

業務概要には，既存システムの入力画面や帳票を用いて説明されている箇所がある。その“図”を使えば，短時間で解答に必要な要素を抽出することができる可能性がある。“図表は最大のヒント”といわれる所以だ。そこで，ここでは次頁の図を使って，入力画面や帳票の“読み方”について説明する。

入力画面や帳票は単独で放置されることはない。設問に絡んでくるところで意図的に説明をしていないところもあるが，それを除けば，必ず問題文の中で“文章”で説明されているところがある。そこで“必ず，この図の説明箇所があるはず”と考えて，問題文の該当箇所を探し出そう。そして，見つけ出せたときには，その文章と図の該当箇所を矢印でリンクしておけば良いだろう。ご存知のとおり，図は瞬時に視覚に訴求するためにある。したがって，（設問を解くために）再度問題文に戻ろうと考えたときに，文章よりも図の方が瞬時に戻ることができる。まずは図に戻って，そこからリンクをたどって文章にたどり着ければ効率が良い。今回の例では，属性の説明箇所とのリンクは割愛しているが，実際は属性の説明箇所とリンクを張ったほうが良い。また，問題によっては属性を一覧表にして説明していることがある。そういうケースでは，図（入力画面や帳票）と表（属性の内容説明）を対応付けておくと良い。

問題文との対応付けが完了したら，概念データモデルと関係スキーマに対応付ける。普段，業務でシステム設計を行っているエンジニアなら，その入力画面や帳票を作成するのに，どのようなテーブルを利用しているのか，おおよそ推測が付くだろう。今回の例のように，“受注入力画面”，“受注テーブル”，“受注明細テーブル”のように，名称も似たものが付けられている。そこで，想像の付く範囲で良いので，自分自身の経験や知識から，概念データモデルと関係スキーマに対応付けてみるわけだ。そうすれば，その対応付けから設問に解答できるところもある。まさに「答えは図の中にある！」ということ。図には大きなヒントが隠されている。

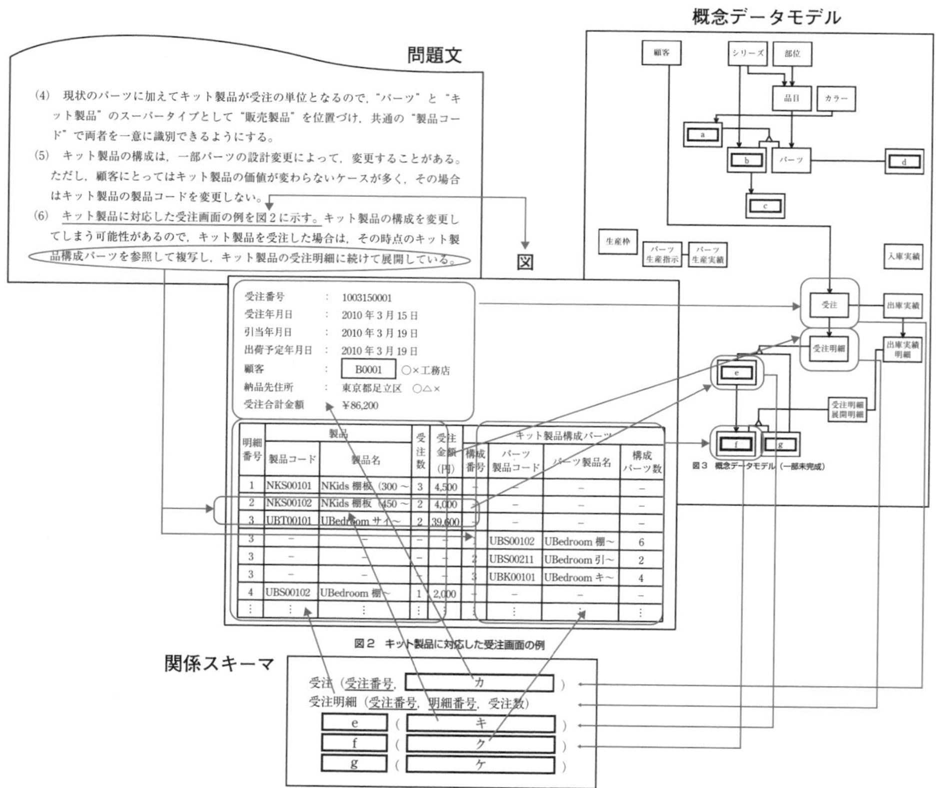

明細番号	製品		受注数	受注金額（円）	キット製品構成パーツ			
	製品コード	製品名			構成番号	パーツ製品コード	パーツ製品名	構成パーツ数
1	NKS00101	NKids 棚板（300～	3	4,500	–	–	–	–
2	NKS00102	NKids 棚板（450～	2	4,000	–	–	–	–
3	UBT00101	UBedroom サイ～	2	39,600	–	–	–	–
3	–	–	–	–	1	UBS00102	UBedroom 棚～	6
3	–	–	–	–	2	UBS00211	UBedroom 引～	2
3	–	–	–	–	3	UBK00101	UBedroom キ～	4
4	UBS00102	UBedroom 棚～	1	2,000	–	–	–	–
⋮	⋮	⋮	⋮	⋮	⋮	⋮	⋮	⋮

図２　キット製品に対応した受注画面の例

そうして，その対応付けが完了したら，“商品”や“在庫”といったトピックごとに，問題文に書かれている業務要件が満たされているかどうかをチェックし，未完成の概念データモデル，関係スキーマを完成させていく。必要に応じて，入力画面や帳票から正規化していっても良い。

ちなみに，こうして既存の帳票や画面から概念データモデルや関係スキーマを完成させていく方法をボトムアップアプローチということがある。本来，ボトムアップアプローチも，モデリングをするときに使われる用語になる。既存の帳票や画面から必要となるデータモデルを描き，それを実現させるというアプローチだ。その考え方を，午後Ⅱ事例解析の解答テクニックとしても使っているというわけだ。

コラム　時間が無い人の午後Ⅰ・午後Ⅱ対策ー本書の解説は読むだけで力になるー

今さらですが，本書には大量の過去問題とその解説を用意しています。その数なんと 21 年分（平成 14 年度以後の全問題）です。普通の過去問題集がせいぜい3年分ですから…パッと見，普通によくある…1冊の参考書のように見えますが，実は**「教科書1冊＋問題集６冊」**なんですね。普通に７倍の価値があるんですよ（笑）。

ただ…「全部の問題を解くことは難しい」という声をよく耳にします。その絶対量は暴力的だとさえ言われることも…。しかし筆者も，その点については十分把握しており，実はきちんと対策をしているのです。時間もコストもかけられない受験生でも，短時間で効率よく学習できるように工夫をしています。それが下図のような解説文の構成です。これは午後Ⅱの解説の一部なのですが，このように問題文をそのまま抜粋してきて，**「問題文の，どこに，どういう文言（表現）があって，それがどういう答えを導いているのか？」**という…**“問題を解く時に最も重要なところ”**を，試験本番時にそのまま実践できるように，わかりやすくビジュアルに表現しています。こうすることで,時間のない受験生でも**「解説を読むだけ」**で,実力が付きます。

もちろん，実際に時間を計って解いてみる練習も必要です。それは本書を参考に，適した問題を選定して練習しましょう。そして，それに加えて，残りの問題は「何もしない」のではなく,「解説を読む」方法で準備を進めておきましょう。そうすれば，合格に近くなること間違いありません。実はこれ,実際に筆者がやってきた勉強方法でもあります。その効果は絶大でした。ぜひ皆さんも試してみてください。

■ 問題文の「1.（4）宿泊プラン」に関して

引き続き「（4）宿泊プラン」に関する記述を確認する。

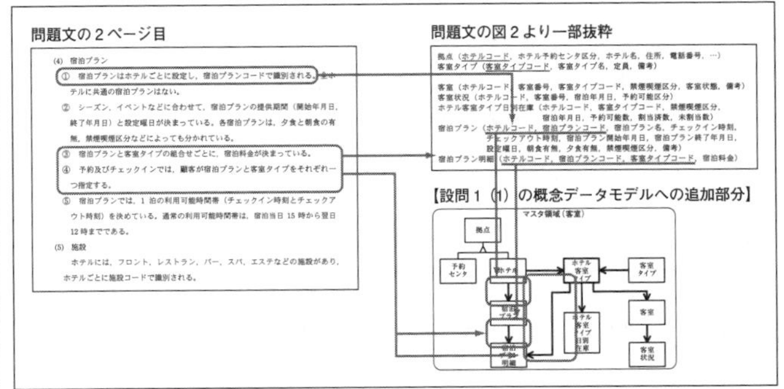
問題文の２ページ目

(4) 宿泊プラン

① 宿泊プランはホテルごとに設定し，宿泊プランコードで識別される。全ホテルに共通の宿泊プランはない。

② シーズン，イベントなどに合わせて，宿泊プランの提供期間（開始年月日，終了年月日）と設定曜日が決まっている。各宿泊プランは，夕食と朝食の有無，禁煙喫煙区分などによっても分かれている。

③ 宿泊プランと客室タイプの組合せごとに，宿泊料金が決まっている。

④ 予約及びチェックインでは，顧客が宿泊プランと客室タイプをそれぞれ一つ指定する。

⑤ 宿泊プランでは，1 泊の利用可能時間帯（チェックイン時刻とチェックアウト時刻）を決めている。通常の利用可能時間帯は，宿泊当日 15 時から翌日 12 時までである。

(5) 施設

ホテルには，フロント，レストラン，バー，スパ，エステなどの施設があり，ホテルごとに施設コードで識別される。

問題文の図２より一部抜粋

拠点（ホテルコード，ホテル予約センタ区分，ホテル名，住所，電話番号，…）
客室タイプ（客室タイプコード，客室タイプ名，定員，備考）

客室（ホテルコード，客室番号，客室タイプコード，禁煙喫煙区分，客室状態，備考）
客室状況（ホテルコード，客室番号，宿泊年月日，予約可能区分）
ホテル客室タイプ日別在庫（ホテルコード，客室タイプコード，禁煙喫煙区分，宿泊年月日，予約可能数，割当済数，未割当数）
宿泊プラン（ホテルコード，宿泊プランコード，宿泊プラン名，チェックイン時刻，チェックアウト時刻，宿泊プラン開始年月日，宿泊プラン終了年月日，設定曜日，朝食有無，夕食有無，禁煙喫煙区分，備考）
宿泊プラン明細（ホテルコード，宿泊プランコード，客室タイプコード，宿泊料金）

【設問１（1）の概念データモデルへの追加部分】

“宿泊プラン”,“宿泊プラン明細”エンティティに関しても,“客室”エンティティ等と同様の理由で，リレーションシップの追加を検討する。ただ，このエンティティの場合は，その名称及び図２のテーブル属性から,“宿泊プラン”対“宿泊プラン明細”が１対多の関係にあるという仮説が立てられるだろう。主キーもそれぞれ，図に加えているように仮説が立てられる。したがって，このリレーションシップはその仮説を検証するだけでいい。結果，上記問題文中の①と③，④か

図　本書の解説サンプル（平成 26 年度午後Ⅱ問 2）

(4) 仮説－検証型アプローチを身に付ける

午後Ⅱ試験の時間は2時間ある……。しかし，受験生は一様に「この時間が本当に短く感じる」という。その最大の理由が“問題文の量が多い”という点。短くても10数ページ，ときには15ページ以上になることもある。しかも，問題文には無駄がない。そのため，1行1行を大切に読み進めていきながら，その都度“漏れなく”反応しなければならない。それが難しいわけだ。筆者も，午後Ⅱの1問につき，本書に掲載する解説を作成するのに10時間ほどかかってしまう。頭の中で考えていることを20ページぐらいの解説としてまとめなければならないので，当然といえばそれまでだが，それでもかなりの時間がかかっている。試験本番時には，満点を取る必要はないものの，それでも2時間で合格点を取るのは難しく，真正面からぶつかっていては時間がいくらあっても足りない。そこには，それなりの“コツ”が必要になる。

その“コツ”の一つが，仮説－検証型アプローチである。

自分自身の“知識”と“経験”を駆使して精度の高い仮説を立てられるように準備し，問題文をいたずらに─目的意識を持たずに読み進めるのではなく，自分の立てた仮説を“検証”するという目的を明確にした上で2時間という時間を有意義に使うことが必要になる。

ちなみに，仮説を立てるときには“業務知識”や“様々なテーブル設計パターン”に関する知識が必要になる。普段，仕事でそのあたりの経験を積んでいる人なら，それこそ“経験で得た知識”をフル活用することができるが，そうじゃない人はどうすれば良いのだろうか？ 筆者は，未経験者でも大丈夫だと考えている。次のような準備さえしておけば，十分，合格ラインには持っていけるだろう。

① 本書の「2.3 様々なビジネスモデル」を熟読して，業務別の標準パターンを覚える
② 午後Ⅱ過去問題を解いてみた後，その概念データモデルと関係スキーマを覚える

“覚える”という表現が象徴しているように，未経験者には“暗記”が必要である。経験者は，毎日毎日，それこそ嫌になるぐらい“テーブル”と向き合っている。意識していなくても，頭の中に叩き込まれているわけだ。そういう人たちと勝負するには，“何となく理解した”という程度では，勝てないのは言うまでもないだろう。経験者と同じレベルに持っていくためにも“覚え”にかかろう。

2. 第2章の熟読と「問題文中で共通に使用される表記ルール」の暗記

しっかりと準備をしておきたい人は，第2章の「2.1 情報処理試験の中の概念データモデル」と，第3章の「3.1 関係スキーマの表記方法」の中に記載されている**「問題文中で共通に使用される表記ルール」**を試験本番までにある程度頭の中に入れておくことをお勧めする。これは，午後Iと午後IIの試験問題の最初の数ページに記載されている“解答する時に必要となるルール”になる。ページにするとおおよそ3ページ。次のような性質や役割，特徴をもつ。

- 問題文を理解するときの記述ルール
- 解答表現を決めるときの記述ルール
- 予告なく変わることがあるが，ほとんど変わらないことが多い

こういう代物なので，試験本番時にはじっくりと読まなければいけないが，かといって，それに時間をかけるのももったいない。ましてや，試験本番当日に“初めてじっくりと見た”では，混乱は必至だろう。そういう様々な理由より，「事前にある程度頭の中に入れておきさえすれば，事足りる」と考えて，暗記しておくことをお勧めする。そして，試験本番時には，過去（特に前年）と比較して違いがないことだけを確認して（違いがないことの方が多いので），短時間で処理してしまおう。

ちなみに，前年度との変更の有無は次のようになる。今現在最新の表記ルールは，平成18年度に大幅に変更されたもので，ぎっしり3ページにわたるルールになっている。

年度	前年度からの変更の有無と変更内容
平成14年度	この年を基点に考える。
平成15年度	一部，文言の変更はあるものの“表記ルール”は変更なし
平成16年度	「3. 関係データベースのテーブル（表）構造の表記ルール」において，外部キーが参照するテーブル名の表記に関するルールが削除された。それ以外は変更なし
平成17年度	一部，文言の変更はあるものの“表記ルール”は変更なし
平成18年度	大幅に変更 ① リレーションシップに“ゼロを含むか否か”の表記ルールを追加 ② スーパータイプにサブタイプの切り口が複数ある場合の表記ルールを追加
平成19年度～令和5年度	変更なし

コラム　時間が足りない人の“真”の対策

情報処理技術者試験の記述式や事例解析の問題で **“時間が足りない！”** って感じる人は，ちょうどこんな感じになっている。

ある日，友達から **「家に遊びにおいでよ」** って誘われた。その友達から **「住所は………だから〇〇駅が一番近いかな。その駅から，歩いたら 40 分ぐらいかかるけどで頑張ってね」** とだけ教えてもらった。

お誘いを受けたので，自宅近くで手土産を買って，住所はわかるので，まぁ何とかなるかって感じで，ひとまず〇〇駅へと向かった。

駅に着き，改札を出て周囲を見渡して驚いた。えっ？どっち？どっちに行けばいいんだ？

● 結局，倍ぐらい時間がかかった…

駅を降りたはいいが，住所だけを頼りにどう行けばいいのかわからない。実は，地図もスマホも持ってきてない。誰かに聞くのも恥ずかしいので…友達から聞いた住所と，自分の持っている方向感覚だけで現地に行くことに決め，たまに見かける番地を頼りに「いざ，友人宅へ」向かうことに。

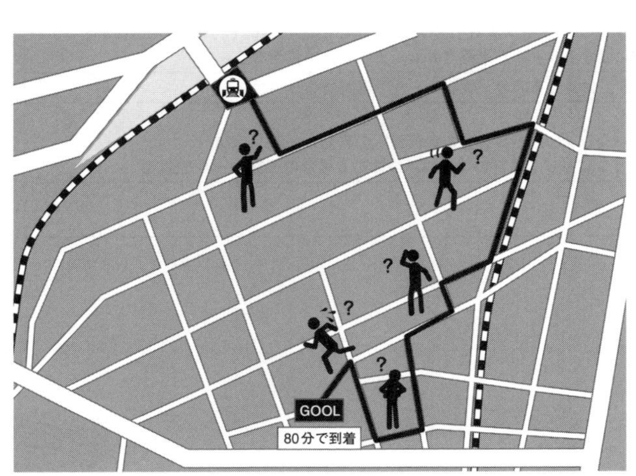

でも，やっぱり…世の中そんなに甘くなかった。考え込んで止まってしまったり，反対方向に行ってしまって引き返したり，無駄に歩き回って…結局，友達の家にたどり着けたのは駅を出てから 80 分後。倍の時間を費やした。そもそも，そんな方向感覚なんて持ち合わせてはいなかった。

序
1
2
3
4

● 同じ場所（＝問題）ならもう大丈夫

無事友達の家に着き，そのことを友達に話したら…「あ，そうだったの？駅からこっちに行ってまっすぐこうきたら40分で来れたのにね」と教えてくれた。

「最初に言えよ」

そう思ったけれど口には出さず，「そうなんだ，じゃあ次からは迷わないな」って笑顔で答えておいた。

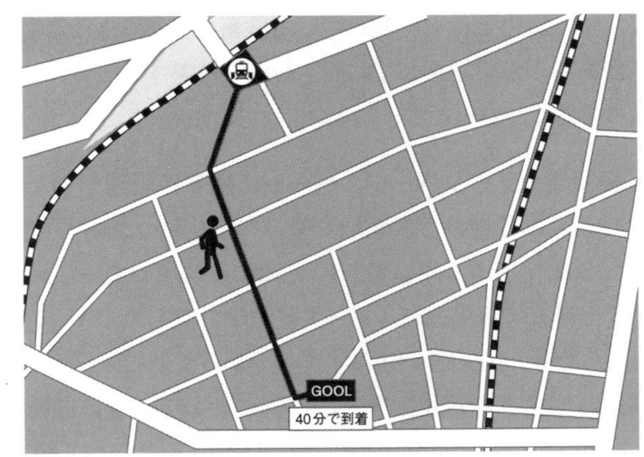

● 試験勉強に置き換えると

これを試験勉強に置き換えて考えてみよう。**「その友達の家に“もう一度遊びに行く時に”40分で行けるようになること」**が目的ではないはずだ。「また同じように，別の初めて降りる駅で，スマホも地図も使わずに住所だけを頼りに最短距離で“迷わず”“無駄な動きなく”たどり着けるようになる」ことが最大の目的になる。同じ問題が出ないことは自明だからだ。

そのためには…現状の方向感覚（問題文の読み方や解答する手順など）が間違っていたわけだから，現状の方向感覚（問題文の読み方や解答する手順など）を改善しなければならない。**「別の初めて降りる駅で，スマホも地図も使わずに住所だけを頼りに最短距離で行く」**こと（＝過去問題を使った演習）を何度も何度も繰り返す練習で。

過去問題を使った午後Ⅰ・午後Ⅱ対策。同じ場所に最短距離で行けるようになっているだけ（＝同じ問題なら正解できるだけ）にはなっていないだろうか。ちゃんと，方向感覚（問題文の読み方や解答する手順など）は改善されているだろうか。試験本番では初めて見る問題（＝初めて訪れる場所）になるのは間違いない。方向感覚の改善…それこそが**“時間が足りない！”**って感じる人に必要な対策になる。本書を活用して，速く解くための様々な“ノウハウ”を試してみよう！

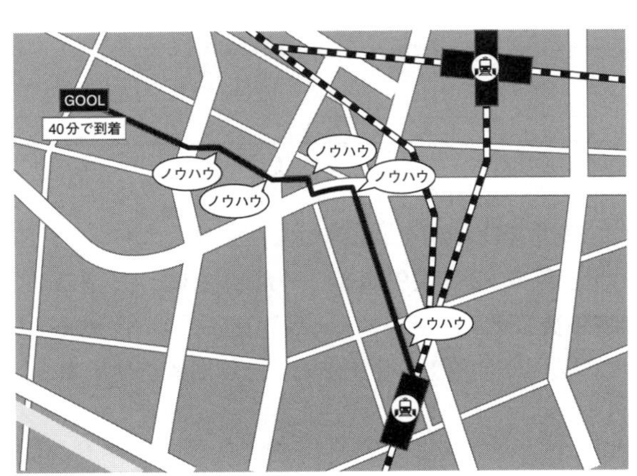

3. RDBMS の仕様の暗記

物理データベース設計の問題には，ほぼ必ず〔**RDBMS の仕様**〕段落がある。その問題で使用する RDBMS の仕様を説明している段落で，多くの設問を解くときに配慮しなければならない制約条件を記載している段落でもある。ここも，予め過去問題を通じて，どんな要素があるのかを把握しておき，設問を解答するときに，どういう使い方をすればいいのかを知っておくといいだろう。

(1) 表領域，データページ，ページに関する記述

RDBMS の仕様は“表領域”や“ページ”の説明から始まるケースが多い。表領域とは，RDBMS を使用する際に最初に定義する領域である。例えば，販売管理システムのデータベースを構築する場合に，データ容量を計算した上で「100GB あれば十分なデータ量だな」と判断したら，100GB のエリアをストレージ上に確保する（CREATE TABLESPACE などの専用のコマンドが用意されている）。そして，そこに個々のテーブルや索引を格納していくことになる。そのあたりの説明は，**平成 22 年度午後Ⅱ問 1** の問題文中にも書かれている（下図参照）。

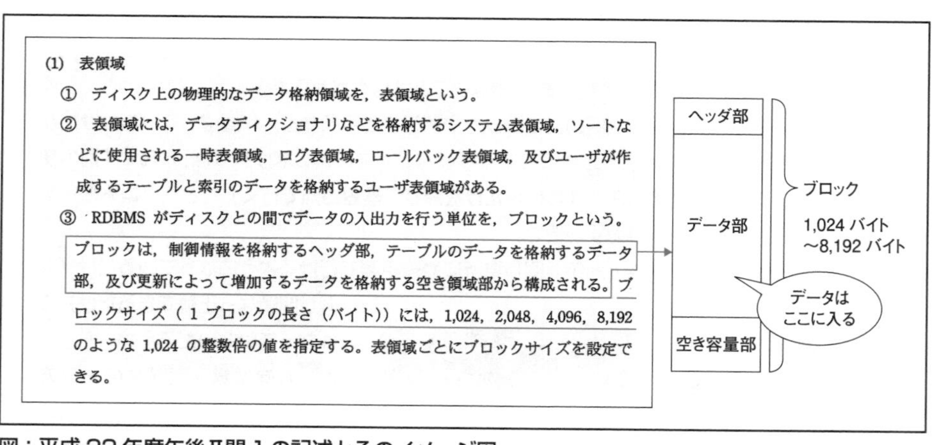
(1) 表領域
① ディスク上の物理的なデータ格納領域を，表領域という。
② 表領域には，データディクショナリなどを格納するシステム表領域，ソートなどに使用される一時表領域，ログ表領域，ロールバック表領域，及びユーザが作成するテーブルと索引のデータを格納するユーザ表領域がある。
③ RDBMS がディスクとの間でデータの入出力を行う単位を，ブロックという。ブロックは，制御情報を格納するヘッダ部，テーブルのデータを格納するデータ部，及び更新によって増加するデータを格納する空き領域部から構成される。ブロックサイズ（ 1 ブロックの長さ（バイト））には，1,024，2,048，4,096，8,192 のような 1,024 の整数倍の値を指定する。表領域ごとにブロックサイズを設定できる。

図：平成 22 年度午後Ⅱ問 1 の記述とそのイメージ図

この“表領域”に関する記述部分で，設問で使われる最も重要な記述は，ストレージと RDBMS の間での入出力単位だ。古い問題（**平成 22 年度午後Ⅱ問 1**）だと“**ブロック**”及び“**ブロックサイズ**”，直近だと（**平成 30 年度午後Ⅱ問 1**）“**データページ**”及び“**ページサイズ**”という用語が使われているところ。ここの数字は性能や容量を求める計算問題で使用する。

平成28年度は少し簡略された記述になり，平成30年には“表領域”という表現もなくなって“データページ”になり，平成31年以後は単に“ページ”になっているが，まずはここで，ページサイズがあれば確認するようにしよう。いずれも，計算しやすいようにキリの良い数字になっている。

1. 表領域

(1) テーブル，索引などのストレージ上の物理的な格納場所を，表領域という。

(2) RDBMSとストレージ間のデータ入出力単位を，データページという。データページには，テーブル，索引のデータが格納される。表領域ごとに，ページサイズ（1データページの長さ。2,000，4,000，8,000，16,000バイトのいずれかである）と，空き領域率（将来の更新に備えて，データページ内に確保しておく空き領域の割合）を指定する。

(3) 同じデータページに，異なるテーブルの行が格納されることはない。

図：平成28年度午後Ⅱ問1より

1. データページ

(1) RDBMSがストレージとデータの入出力を行う単位を，データページという。データページには，テーブル，索引のデータが格納される。表領域ごとに，ページサイズ（1データページの長さで，2,000，4,000，8,000バイトのいずれか）と，空き領域率（将来の更新に備えて，データページ内に確保しておく空き領域の割合）を指定する。

(2) 同じデータページに，異なるテーブルの行が格納されることはない。

図：平成30年度午後Ⅱ問1より

ストレージの計算問題がないので，
この制約だけになっている

1. ページ

RDBMSとストレージ間の入出力単位をページという。同じページに異なるテーブルの行が格納されることはない。

図：平成31年度午後Ⅱ問1，令和3年度午後Ⅱ問1より

(2) テーブルに関する記述

次に，テーブルに関する記述が続く。ここは，主として"テーブルに対する制約"と"データ型"について記述されている。多くの場合，制約はこの例のように，**NOT NULL 制約，主キー制約，参照制約，検査制約**の四つになる。いずれも代表的な制約で，午前問題でも午後ⅠのSQL関連の問題でも頻出のものなので，ここに書かれている程度の説明は，（あえて書かれていなくても）当然のこととして理解しておきたいところだ（NOT NULL 制約の記述を除く）。

2. テーブル

(1) テーブルの列には，NOT NULL 制約を指定することができる。NOT NULL 制約を指定しない列には，NULL か否かを表す 1 バイトのフラグが付加される。

→ テーブル定義表を完成させる問題で使われる（格納長の計算）

(2) 主キー制約には，主キーを構成する列名を指定する。

(3) 参照制約には，列名，参照先テーブル名，参照先列名を指定する。

(4) 検査制約には，同一行の列に対する制約を指定する。

(5) 使用可能なデータ型は，表 5 のとおりである。

表 5 使用可能なデータ型

データ型	説明
CHAR(n)	n 文字の半角固定長文字列（1≦n≦255）。文字列が n 字未満の場合は，文字列の後方に半角の空白を埋めて n バイトの領域に格納される。
NCHAR(n)	n 文字の全角固定長文字列（1≦n≦127）。文字列が n 字未満の場合は，文字列の後方に全角の空白を埋めて"n×2"バイトの領域に格納される。
VARCHAR(n)	最大 n 文字の半角可変長文字列（1≦n≦8,000）。値の文字数分のバイト数の領域に格納され，4 バイトの制御情報が付加される。
NCHAR VARYING(n)	最大 n 文字の全角可変長文字列（1≦n≦4,000）。"値の文字数×2"バイトの領域に格納され，4 バイトの制御情報が付加される。
SMALLINT	−32,768 ～ 32,767 の範囲内の整数。2 バイトの領域に格納される。
INTEGER	−2,147,483,648 ～ 2,147,483,647 の範囲内の整数。4 バイトの領域に格納される。
DECIMAL(m,n)	精度 m（1≦m≦31），位取り n（0≦n≦m）の 10 進数。"m÷2＋1"の小数部を切り捨てたバイト数の領域に格納される。
DATE	0001-01-01 ～ 9999-12-31 の範囲内の日付。4 バイトの領域に格納される。

テーブル定義表を完成させる問題で使われる（データ型，格納長の計算）

図：平成 30 年度午後Ⅱ問 1 より

この中で，通常，設問に絡んでくるのは“**NOT NULL 制約**”に関する記述と，“**使用可能なデータ型の表**”の2か所である。

いずれも「テーブル定義表を完成させる問題」の“格納長”を計算する設問で使われるところ。格納長は，**「使用可能なデータ型」**のところの数字を使って計算し，さらに**NOT NULL 制約**を付けない列には1バイトプラスする。そのあたりの計算における基本ルールを書いているのがこの部分になる。例年，大きな変化はないので，ひとまず頭の中に入れておいて，従来通りかそれとも変わっているのかを見抜けるようなレベルで記憶はしておきたい。

なお，個々の“制約”や“データ型”については，第1章の「1.3.1　CREATE TABLE」(P.175)で詳しく解説している。確認しておこう。

表2　使用可能なデータ型

データ型	説明
CHAR(n)	n 文字の半角固定長文字列（1≦n≦255）。文字列が n 字未満の場合は，文字列の後に半角の空白を挿入し，n バイトの領域に格納される。
NCHAR(n)	n 文字の全角固定長文字列（1≦n≦127）。文字列が n 字未満の場合は，文字列の後に全角の空白を挿入し，“n×2”バイトの領域に格納される。
VARCHAR(n)	最大 n 文字の半角可変長文字列（1≦n≦8,000）。“文字列の文字数”バイトの領域に格納され，4 バイトの制御情報が付加される。
NCHAR VARYING(n)	最大 n 文字の全角可変長文字列（1≦n≦4,000）。“文字列の文字数×2”バイトの領域に格納され，4 バイトの制御情報が付加される。
SMALLINT	−32,768 ～ 32,767 の範囲内の整数。2 バイトの領域に格納される。
INTEGER	−2,147,483,648 ～ 2,147,483,647 の範囲内の整数。4 バイトの領域に格納される。
DECIMAL(m,n)	精度 m（1≦m≦31），位取り n（0≦n≦m）の 10 進数。“m÷2+1”の小数部を切り捨てたバイト数の領域に格納される。
DATE	0001-01-01 ～ 9999-12-31 の範囲内の日付。4 バイトの領域に格納される。
TIME	00:00:00 ～ 23:59:59 の範囲内の時刻。3 バイトの領域に格納される。
TIMESTAMP	0001-01-01 00:00:00.000000 ～ 9999-12-31 23:59:59.999999 の範囲内の時刻印。10 バイトの領域に格納される。

表：平成 28 年度午後Ⅱ問 1 より

(3) 索引とオプティマイザの仕様に関する記述

RDBMSの仕様には"**索引**"が定義されていることがある。"**ユニーク索引(同じ値が存在しない索引)**"と"**非ユニーク索引(同じ値が存在可能な索引)**"が説明されていたり,"**クラスタ索引**"と"**非クラスタ索引**"が説明されていたりする(**平成27年度午後Ⅱ問1**の場合。**平成28年度午後Ⅱ問1**と**平成30年度午後Ⅱ問1**でも含まれているが,下図(平成27年)の(1)の記述だけしか書かれていない)。それぞれの違いを事前に覚えておこう。

> 3. 索引
>
> (1) 索引には,ユニーク索引と非ユニーク索引がある。
>
> (2) 索引には,クラスタ索引と非クラスタ索引がある。クラスタ索引は,キー値の順番とキー値が指す行の物理的な並び順が一致し,非クラスタ索引はランダムである。

図:平成27年度午後Ⅱ問1より

少し古い問題になるが,**平成16年度午後Ⅰ問4**では,索引設計をテーマにした問題が出題されている。ユニーク索引と非ユニーク索引,クラスタ索引と非クラスタ索引に関して詳しく説明されているので,問題文を読むだけでも知識の整理になる。午後Ⅰ対策のところ(P.24)でも推奨問題に挙げているので,時間に余裕があれば目を通しておいてもいいだろう。

そして,索引を使った探索を"**索引探索**"という。"索引探索"は,しばしば"**表探索**"と対になって説明されることがある。それぞれの違いは右ページの**「図:平成26年度午後Ⅱ問1より」**の下線部の説明の通りで,**表探索になると全ての行を順番に探索していくことになるので探索対象は表の全件数になる**。一方**索引探索は,索引によって絞り込んだ行が探索対象になるので,パフォーマンスは索引探索の方が高くなる**。したがって,問題で問われるのは探索回数や,性能向上・チューニングに関することになる。

ただ最近では,このあたりの説明が割愛されて常識化している。平成31年午後Ⅱ問1の"オプティマイザ"の説明の中にも,表探索と索引探索の違いは書かれていない。「知っているよね」という感じだ。

ちなみに,アクセスパスとは,SQL文を実行した際にデータベースから対象のデータを取得する手順のことで,表探索と索引探索の違いそのもののことである。また,統計情報はここに記述があるように,最適なパフォーマンスを得られるアクセスパスに決定される時に使用される。

4. アクセスパスと統計情報

(1) アクセスパスは，統計情報を基に，RDBMS によって表探索又は索引探索に決められる。表探索では，索引を使用せずに全データページを探索する。一方，索引探索では，検索条件に適した索引によって対象行を絞り込んだ上で，データページを探索する。

(2) 統計情報の更新は，テーブルごとにコマンドを実行して行う。統計情報の更新によって，適切なアクセスパスが選択される確率が高くなる。

図：平成 26 年度午後Ⅱ問 1 より

性能を最適化する部分を“**オプティマイザの仕様**”として説明することもある。オプティマイザとは，まさに「問合せ処理の最適化を行う機能」のことで，アクセスパス解析を含む概念になる。情報処理技術者試験では，**平成 31 年度午後Ⅱ問 1** の問題で SQL 文の書き方と関連して説明している。

2. オプティマイザの仕様

(1) LIKE 述語の検索パターンが‘ABC%’のように前方一致の場合は索引探索を選択し，‘%ABC%’，‘%ABC’のように部分一致，後方一致の場合は表探索を選択する。

(2) WHERE 句の述語が関数を含む場合，表探索を選択する。

図：平成 31 年度午後Ⅱ問 1 より

(4) テーブルの物理分割に関する記述

性能向上を目的として，テーブルの物理分割に関する記述もある。以前は“パーティション化”や“パーティションキー”という表現を使っていたが（平成22年度午後Ⅱ問1），最近は“パーティション”という表現は使わずに,“物理分割”と“区分キー”という表現になっている（**平成27年度午後Ⅱ問1，平成31年度午後Ⅱ問1，令和3年度午後Ⅰ問2**）。これは，ほぼ同じ意味だと考えていいだろう。また，平成31年度の記述は，平成27年度よりも説明が少し増えているし，令和3年度の記述では“物理分割”が“区分化”という表現に置き換えられているが平成31年度の説明が最も詳しいので，ここでは平成31年度の記述部分だけを抜粋している。

(4) パーティション化

① テーブルごとに一つ又は複数の列（以下，パーティションキーという）と，列値の範囲を指定し，列値の範囲ごとに異なる表領域に行を格納するパーティション化の機能を備えている。

② パーティション化されたテーブルには，パーティションを特定するパーティションキーによる索引（以下，グローバル索引という）が作成される。そのほかに，一つ又は複数の列をキーとしてパーティションごとに独立した索引（以下，ローカル索引という）を作成することができる。

③ テーブルを検索するSQL文のWHERE句に，パーティションキーに対応するグローバル索引とローカル索引の列が指定された場合，RDBMSはグローバル索引によってパーティションを特定し，そのパーティション内をローカル索引によって検索する。グローバル索引の列だけが指定された場合，RDBMSはグローバル索引によってパーティションを特定し，そのパーティション内を全件検索する。また，ローカル索引の列だけが指定された場合，RDBMSはすべてのパーティションについて，そのパーティション内をローカル索引によって検索する。

図：平成22年度午後Ⅱ問1より

5. テーブルの物理分割 →令和３年度は「区分化」になっている

(1) テーブルごとに一つ又は複数の列を区分キーとし，区分キーの値に基づいて物理的な格納領域を分ける。これを物理分割という。

(2) 区分方法には，ハッシュとレンジの二つがある。ハッシュは，区分キー値を基に RDBMS 内部で生成するハッシュ値によって，一定数の区分に行を分配する方法である。レンジは，区分キー値によって決められる区分に行を分配する方法で，分配する条件を，値の範囲又は値のリストで指定する。

(3) 物理分割されたテーブルには，区分キーの値に基づいて分割された索引（以下，ローカル索引という）を定義できる。ローカル索引のキー列には，区分キーを構成する列（以下，区分キー列という）が全て含まれていなければならない。

(4) テーブルを検索する SQL 文の WHERE 句の述語に区分キー列を指定すると，区分キー列で特定した区分だけを探索する。また，WHERE 句の述語に，ローカル索引の先頭列を指定すると，ローカル索引によって区分内を探索することができる。

(5) 問合せの実行時に，一つのテーブルの複数の区分を並行して同時に探索する。同一サーバ上では，問合せごとの同時並行探索数の上限は 20 である。

(6) 指定した区分を削除するコマンドがある。区分内の格納行数が多い場合，コマンドによる区分の削除は，DELETE 文よりも高速である。

図：平成 31 年度午後Ⅱ問１より

※令和３年度午後Ⅰ問２の仕様は全て含まれている。

(5) クラスタ構成に関する記述

平成 31 年度午後Ⅱ問 1 及び **令和 2 年度午後Ⅱ問 1** では“クラスタ構成”に関する記述もあった。

6. クラスタ構成のサポート

(1) シェアードナッシング方式のクラスタ構成をサポートする。クラスタは複数のノードで構成され，各ノードには，当該ノードだけがアクセス可能なディスク装置をもつ。

(2) 各ノードへのデータの配置方法には，次に示す分散と複製があり，テーブルごとにいずれかを指定する。

・分散による配置方法は，一つ又は複数の列を分散キーとして指定し，分散キーの値に基づいて RDBMS 内部で生成するハッシュ値によって各ノードにデータを分散する。分散キーに指定する列は，主キーを構成する全て又は一部の列である必要がある。

・複製による配置方法は，全ノードにテーブルの複製を保持する。

(3) データベースへの要求は，いずれか一つのノードで受け付ける。要求を受け付けたノードは，要求を解析し，自ノードに配置されているデータへの処理は自ノードで処理を行う。自ノードに配置されていないデータへの処理は，当該データが配置されている他ノードに処理を依頼し，結果を受け取る。特に，テーブル間の結合では，他ノードに処理を依頼するので，自ノード内で処理する場合と比べて，ノード間通信のオーバーヘッドが発生する。

図：平成 31 年度午後Ⅱ問 1 より

ちなみに，問題文に書かれている **「シェアードナッシング方式」** とは，分散システムにおいて，個々のノードで共有する部分（＝シェアード）がない（＝ナッシング）方式になる。クラスタ構成で使われる場合には，この問題文にも書いてある通り，ノードごとに，当該ノードだけがアクセス可能なディスク装置を持つ方式になる。

メリットは，各ノードが自分専用のディスクを持っているので，並列処理をした時にディスクアクセスがボトルネックにはならないという点。高い性能を発揮することが可能になる。一方，デメリットは，あるノードに障害が発生した場合に，そのノードの管轄するデータにはアクセスできなくなるという点だ。障害に対しては，何かしらの対策が必要になる。

ちなみに，シェアードナッシング方式と対比される方式に，**シェアードエブリシング方式（ディスク共有方式）** がある。こちらは，（複数のノードで）アクセスするディスクを共有する方式になる。ディスクがボトルネックになり性能が出ない可能性がある一方，あるノードに障害が発生しても，他のノードは影響を受けない。

(6) レプリケーション機能に関する記述

レプリケーション機能に関する説明があるケースもある。最近だと**令和2年度午後Ⅰ問2**だ。この問題では，図の仕様に従ってイベント型レプリケーション機能の対象とするテーブルとその対象列が設問になっている。また，**平成21年度午後Ⅱ問1**では，レプリケーションの定義を“**サブスクリプション**”と称して細かく設定できるようにしている。

2. レプリケーション機能

(1) ①1か所のデータを複数か所に複製する機能，②複数か所のデータを1か所に集約する機能，③及び両者を組み合わせて双方向に反映する機能がある。これらの機能を使用すると，一方のテーブルへの挿入・更新・削除を他方に自動的に反映させることができる。

(2) トランザクションログを用いてトランザクションと非同期に一定間隔でデータを反映するバッチ型と，レプリケーション元のトランザクションと同期してデータを反映するイベント型がある。

① バッチ型では，テーブルごとに，レプリケーションの有効化，無効化をコマンドによって指示することができる。無効化したレプリケーションを有効化するときには，蓄積されたトランザクションログを用いてデータを反映する。

② イベント型では，レプリケーション先への反映が失敗すると，レプリケーション元の変更はロールバックされる。

(3) 列の選択，行の選択及びその組合せによって，レプリケーション先のテーブルに必要とされるデータだけを反映することができる。

この機能は覚えておいて損はない

図：令和2年度午後Ⅰ問2より

表2 サブスクリプションの設定

設定項目	設定内容
ソース	ソースのデータベース接続情報（ホスト名，アドレス，インスタンス名，ユーザIDなど）を指定する。
ターゲット	ターゲットのデータベース接続情報を指定する。
テーブル	レプリケーションを行うテーブル名を一つ以上指定する。
フィルタ	テーブルごとに，行を選択する条件であるフィルタを指定することができる。フィルタは，SQLのWHERE句と同じ構文で指定する。フィルタを指定しない場合は，テーブルの全行に対して同期をとることができる。
タイミング	イベント型とバッチ型のいずれかを選択する。 ・イベント型：ソース側の行の追加，更新，削除が発生するたびに，ターゲットに反映する。 ・バッチ型：ソース側の行の更新ログを蓄積して，一定時間ごとにターゲットに反映する。

③ 障害によってレプリケーションを完了できなかった場合，RDBMSはレプリケーション用更新ログを自動的に保存する。復旧後に手動でユーティリティを起動すれば，レプリケーション用更新ログを使用して同期をとることができる。

障害の発生から手動でユーティリティを起動するまでの間は，レプリケーションによる更新の反映は行われず，レプリケーション用更新ログが保存される。

④ ターゲットのテーブルを初期化した場合に，ソースから指定されたフィルタに一致するすべての行をターゲットに複写して同期をとることができる。

図：平成21年度午後Ⅱ問1より

(7) バックアップ，復元，更新ログによる回復機能

それほど頻度は多くは無いが，障害発生時の対応が問題になるケースもある。直近では**令和3年度午後Ⅱ問1**で出題された。データに不具合が発生した時に，データベースのバックアップと更新ログを用いて復元する場合の問題である。**〔RDBMSの仕様〕**について説明している箇所は次のように記載されている。平成21年以後では，**午後Ⅱ**だと**平成21年度問1**，**午後Ⅰ**だと**平成22年度問3**，**平成28年度問2**で出題されているが，**令和3年度午後Ⅱ問1**の仕様について理解していれば大丈夫だ。

4. バックアップ機能
(1) バックアップの単位には，データベース単位，テーブル単位がある。 …バックアップの単位
(2) バックアップには，取得するページの範囲によって，全体，増分，差分の3種類がある。 …バックアップの種類 これもよく問われる切り口
① 全体バックアップには，全ページが含まれる。
② 増分バックアップには，前回の全体バックアップ取得後に変更されたページが含まれる。ただし，前回の全体バックアップ取得以降に増分バックアップを取得していた場合は，前回の増分バックアップ取得後に変更されたページだけが含まれる。
③ 差分バックアップには，前回の全体バックアップ取得後に変更された全てのページが含まれる。
(3) 全体及び増分バックアップでは，取得ごとにバックアップファイルが作成される。差分バックアップでは，2回目以降の差分バックアップ取得ごとに，前回の差分バックアップファイルが最新の差分バックアップファイルで置き換えられる。

5. 復元機能
(1) バックアップを用いて，バックアップ取得時点の状態に復元できる。
(2) 復元の単位はバックアップの単位と同じである。
(3) データベース単位の全体バックアップは，取得元とは異なる環境に復元することができる。

6. 更新ログによる回復機能
(1) バックアップを用いて復元した後，更新ログを用いたロールフォワード処理によって，障害発生直前又は指定の時刻の状態に回復できる。データベース単位の全体バックアップを取得元と異なる環境に復元した場合も同様である。
(2) 一つのテーブルの回復に要する時間は，変更対象ページのストレージからの読込み回数に比例する。行の追加時には，バッファ上のページに順次追加し，空き領域を確保してページが一杯になるごとに空白ページを読み込む。行の更新時には，ログ1件ごとに対象ページを読み込む。バッファ上のページのストレージへの書込みは，非同期に行われるので，回復時間に影響しない。

図：令和3年度午後Ⅱ問1より

但し，**平成22年度午後Ⅰ問3**の問題文では，**“オフライン”**と**“オンライン”**の2種類の機能があるとしている。**“オフライン”**でバックアップを取得しているケースでは，利用者は参照だけしかできないが，未コミット状態のデータは含まれない。逆に**“オンライン”**でバックアップしているケースでは，利用者は全ての操作が可能だが，その分未コミット状態のデータが含まれる可能性がある。それぞれの特徴を加味して使い分けないといけないとしている。

1. テーブルのバックアップ

バックアップコマンドによって，テーブルごとにバックアップファイルを作成する。そのファイルを，イメージコピー（以下，IC という）と呼ぶ。

① IC は，取得するページの範囲によって，全体 IC，増分 IC 及び差分 IC の3種類に分けられる。

・全体 IC には，テーブルの全ページが含まれる。

・増分 IC には，前回の全体 IC 取得後に変更されたすべてのページが含まれる。

・差分 IC には，前回の全体 IC 取得後に変更されたページが含まれる。ただし，前回の全体 IC 取得以降に差分 IC を取得していた場合は，前回の差分 IC 取得後に変更されたページだけが含まれる。

② IC は，取得する時期によって，オフライン IC とオンライン IC の2種類に分けられる。

・オフライン IC の取得中は，ほかの利用者からのアクセスは参照だけが可能である。

・オンライン IC の取得中は，ほかの利用者からのアクセスはすべての操作（追加，参照，更新，削除）が可能であり，IC には未コミット状態のデータが含まれることがある。

…オンラインとオフラインの操作を分けている機能もある

図：平成22年度午後Ⅰ問3より

4. 制限字数内で記述させる設問への対応

「○○字以内で述べよ」という問題の場合，答えに該当するキーワードや理由を含めた上で，原則，制限字数を 6 ～ 8 割程度，満たす文章を記述する必要がある。キーワードを列挙したり，下書きした文章を転記したりする時間はないので，次の手順で解答すると効率がよい。

① キーワードをいくつかイメージする
② 問題文や設問で使われている表現を使うかどうか判断する
③ ①と②を使用して解答を書き始める
④ 最後に，残った空白マスの数に応じて，記述内容を整えるかどうかを確認する

常套句を覚えておく

字数制限のある記述式設問に対しては，常套句を覚えておくことで対応できるケースがある。午後 I 解答テクニックで説明している“正規化の根拠を説明させるもの”と“更新時異状の具体的状況を説明させるもの”だ。これで対応できることが非常に多いのが，データベーススペシャリスト試験の特徴の一つでもある。なお，後述するものは全て，常套句で対応できないケースである。

制限字数が 20 字以内の場合

過去問題の解答例を見ると，設問に出てくる表現をそのまま使っていることが多い。キーワードを一つか二つ探し出したら，設問の言葉をどこまで使うか決める。そして，字数のめどが立った段階で書き始めて，最後に残った空白マスの数に応じて，文章をどうまとめるかを判断すればよい。例えば，理由を聞かれている場合，空白マスの数が 5 マス以内ならば，「…だから」（3 字）で終了すればよい。

制限字数が 50 字以上の場合

50 字以上で解答しなければならない問題は，必ず「結論から先に解答する」ことを守り，その後に，理由や補足すべき内容を記述する。結論やキーワードなど，点数に結び付く部分を先に書いた方が，高得点につながる。

記述式問題の解答例

記述式問題の解答方法を具体的に見てみよう。例えば，次に示すような設問が出されたとする。この設問では，120 字以内での解答が求められている。

設問１　部品在庫管理システムの改善要望に関して，次の問いに答えよ。

(1) 棚卸業者をシステム化するに当たっては，棚卸を行った結果の在庫数と“時点在庫”で管理されている在庫数との差異の補正を自動化する必要がある。どのような処理内容になるか，必要なエンティティタイプも含めて，120字以内で述べよ。

〔問題文にある処理内容に関する記述の抜粋〕

・理由は支払の入力ミスや誤ったラベルが送付されているためと考えられるが，改善の決め手はない。

・現状では，在庫管理担当者によって在庫数の不一致の補正が行われている。この作業は手作業であり，作業負荷が非常に高い。

【解答例】

エンティティタイプ“棚卸”を追加し，棚卸時に集計した数量を，棚卸在庫数として記録する。各拠点の部品ごとに，棚卸在庫数と，“時点在庫”エンティティの“倉庫内在庫数”の差異をチェックし，“時点在庫”エンティティの“倉庫内在庫数”に反映させる。（119字）

この解答例のポイントを整理すると，次のようになる。

- **結論を先に述べる**

  解答例では「エンティティタイプ“棚卸”を追加し，棚卸時に集計した数量を，棚卸在庫数として記録する。」という結論から述べている。

- **結論を補足する**

  この問題では，追加すべきエンティティタイプ名と，それを用いた処理内容を解答として記述する必要がある。問題文中に，「理由は支払の入力ミスや誤ったラベルが送付されているためと考えられるが，改善の決め手はない」とある。これが，設問に関する条件であり，支払入力やラベル添付業務に関連する処理は，改良の余地があっても，問題の対象外である。

  また，問題文に「現状では，在庫管理担当者によって在庫数の不一致の補正が行われている。この作業は手作業であり，作業負荷が非常に高い」とある。したがって，在庫数の不一致を補正する手作業を自動化するために，棚卸の結果を保存するエンティティタイプを追加し，棚卸の集計後，時点在庫にその結果を反映させる処理を記述すればよいということになる。

コラム　サブタイプのテーブルへの実装

データベーススペシャリスト試験の午後Ⅱ試験の１問は，本書の序章でも言及している通り，定番の**「概念データモデル」**と**「関係スキーマ」**を完成させる問題になる。これは，随分昔から継続されていることで，定番の問題が少なくなってきた“今の”データベーススペシャリスト試験においても変わっていないところになる。

令和４年の午後Ⅱ試験でも，その点は変わっていなかった。前年と同じく問２で出題されていた。しかし，１点大きく違っていたことがある。それは，従来の**「関係スキーマ」**ではなく，関係スキーマを実装した**「テーブル」**になっていた点だ。

関係スキーマとそれを実装したテーブルとは，主キーや外部キーなどはまったく同じ考え方でいけるのだが，サブタイプの扱いが変わってくる。関係スキーマの場合は，概念データモデルと同じく，サブタイプを独立したものとして扱って同じように記載しているが，テーブルに実装する時には，いくつかの考え方があって，その考え方によって実装方法も変わってくる。今回の問題だと次のような実装方法になっていた。

〔概念データモデルとテーブル構造〕

現行業務の分析結果に基づいて，概念データモデルとテーブル構造を設計した。テーブル構造は，概念データモデルでサブタイプとしたエンティティタイプを，スーパータイプのエンティティタイプにまとめた。現行業務の概念データモデルを図１に，現行業務のテーブル構造を図２に示す。

実は，令和３年午後Ⅱ問１には，サブタイプの実装方式についての出題があった。設問１（1）だ。設問にもかかわらず，次のような３パターンの実装方式の違いを丁寧に説明してくれている。

方法①　スーパータイプと全てのサブタイプを一つのテーブルにする。
方法②　スーパータイプ，サブタイプごとにテーブルにする。
方法③　サブタイプだけを，それぞれテーブルにする。スーパータイプの属性は，列として各テーブルに保有する。

これが，今年の前振りになっていたのかどうかはわからないし，今後もこの傾向が続くのかどうかもわからない。ただ，令和３年の午後Ⅱ問１を解いていた人には問題なかったし，今後も必要な知識になるのは間違いない。令和３年の午後Ⅱ問１の設問１（1）には目を通しておこう。

3. 午後Ⅱ問題（事例解析）の解答テクニック

ここでは，午後Ⅱ試験で合格点を取るための解答テクニックについて説明する。データベーススペシャリスト試験の最大の特徴は，定番の問題が多いこと。毎回同じような記述，同じような図表が使われていることも少なくない。したがって，定番の問題が出題された場合に備えて，あらかじめ解答手順を知っておく（決めておく）ことを推奨している。短時間で解答するために。

● 概念データモデルと関係スキーマを完成させる問題
（▶基礎知識は「第２章概念データモデル」と「第３章関係スキーマ」を参照）

1. 未完成の概念データモデルを完成させる問題
 －その１－エンティティタイプを追加する
2. 未完成の概念データモデルを完成させる問題
 －その２－リレーションシップを追加する
3. 未完成の関係スキーマを完成させる問題
4. 新たなテーブルを追加する問題

● データベースの設計・実装（データベースの物理設計）に関する問題

5. データ所要量を求める計算問題
6. テーブル定義表を完成させる問題
7. SQLの処理時間を求める問題

1 未完成の概念データモデルを完成させる問題
−その1−　エンティティタイプを追加する

設問例

図（未完成の概念データモデル）中に，一部のエンティティタイプが欠けている。そのエンティティタイプを追加し，図を完成させよ。

出現率
100%

それではいよいよ，設問に対する解答として，確実に得点していく方法を考えていこう。まずは概念データモデルを完成させる問題だ。概念データモデルを完成させる問題は，午後Ⅱ試験では避けては通れないもののひとつになる。それは過去問題を何問か見てもらえれば明らかだ。もちろん本書でも，最後の関所たる“午後Ⅱ”の対策として，「**第２章　概念データモデル**」で十分ページを割いて説明している。まずは，そこで基本的ルールを“基礎知識”として習得してほしい。その後，それらを使って短時間で解答できるよう，これから説明する着眼点等を覚えておこう。

なお，未完成の概念データモデルを完成させる問題では，通常は二つのことが問われている。一つがエンティティタイプを追加する設問で，もう一つがリレーションシップを追加する設問である。“その1”では，前者の解法を考える。後者については後述する。その理由は，（後に回した）リレーションシップを追加する問題を解答するときには，関係スキーマの完成と同時進行した方がいいからだ。そういうわけで，まずはエンティティタイプを追加するところからスタートしてみよう。

●設問パターン

この類の問題の設問パターンは次のように二つある。難易度という観点からするとやや隔たりはあるが，解答に当たっての着眼点は共通する部分も多いので，ここでまとめて説明する。

① 概念データモデルの空いているスペースにエンティティタイプを追加する（難易度:高）

② 概念データモデルの空欄を埋める（穴埋め型）（難易度：低）

●着眼点１　スペース（余白）は大きなヒント！？

この着眼点は，設問パターンの①の（空いているスペースにエンティティタイプを追加する）場合のものだが，未完成の概念データモデル及び関係スキーマの**“スペース”**も，時に大きなヒントになるということをお伝えしておきたい。

図は，その典型パターンになる。昔から…あるいは当該試験区分だけではなく他の試験区分でも，こうしたわかりやすい“ヒント”が与えられていることは多い。必ずしも“そういうルール”があるわけではないので盲信するのは危険だが，仮説を立案するぐらいには十分使えると思う。知っておいて損はないだろう。

特に，午後Ⅱ試験では，**“関係スキーマの空欄”**はより大きなヒントになる。その理由は，問題文の登場順に関係スキーマが並んでいる（上から下へ並ぶ）ことが多いからである。というよりも，関係スキーマの順番に，問題文が構成されていると言った方が良いかもしれない。いずれにせよ，空欄の前後より，問題文のどのあたりをしっかり読めばいいのかを判断する。そうすれば，問題文を読む強弱をつけることもできるし，そこから，概念データモデルのどのあたりに追加すべきかを推測することもできる。

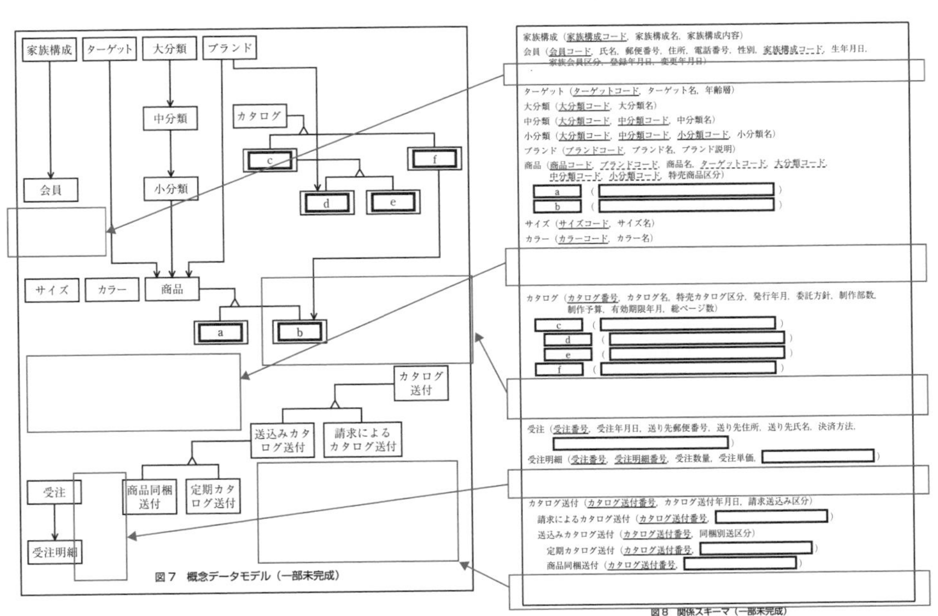

図：スペースがヒントになる例（平成21年午後Ⅱ問2）
関係スキーマの空白より，概念データモデルの空白を推測

●着眼点２　問題文の見出しをチェック！

欠落しているエンティティタイプが見出しの中に存在することがある。

試験で使われる問題文は，わかりやすいようにきちんと体系化（分類，階層化）されている。そのため，図のように“見出し”＝エンティティタイプで，その“中身”＝属性やリレーションシップというケースも十分考えられる。

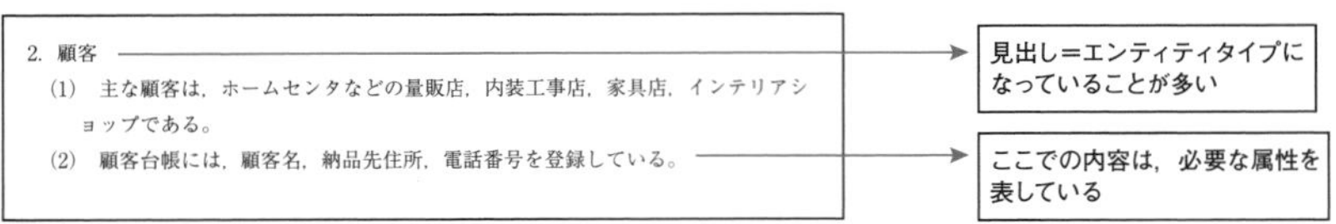

2. 顧客

(1)　主な顧客は，ホームセンタなどの量販店，内装工事店，家具店，インテリアショップである。

(2)　顧客台帳には，顧客名，納品先住所，電話番号を登録している。

図：問題文の典型的な構成

さらに，図（未完成の概念データモデル）の中に記載されている既出のエンティティタイプが，問題文中の“どのレベル”に記載されているかを確認し，突き合わせて消し込んでいき（チェックしていく），結果，問題文中に残った同等レベルの記載がエンティティタイプではないかと仮説を立てるのもありだろう。着眼点①と合わせて判断すれば，案外，楽に解答できるかもしれない。

具体的には，下図のようにしてみる。もちろんこれだけで“確定”させるには早計だが，「これが追加すべきエンティティタイプじゃないかな？」と仮説を立てるには十分。試験開始直後の早い段階で“あたりを付ける”ところまでいける効果は大きいはず。

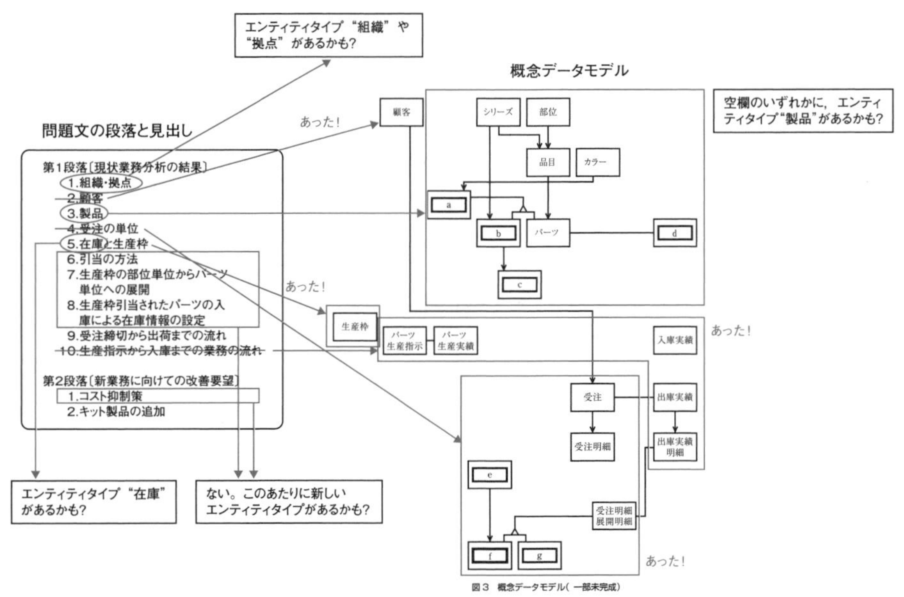

図：問題文の段落や見出しと未完成の概念データモデルの突き合わせチェック

●着眼点３　マスタ系はサブタイプ化を疑う

マスタ系のエンティティタイプは，サブタイプ化されていることが多い。そして，それだけではなくさらに，（そういう関係が存在する場合には）典型的な表現が使われているので，容易に発見できるところでもある。加えて，過去問題を見る限り，マスタ系エンティティは問題文の最初に来ている。

その典型的表現は下表にまとめた通り。着眼点２と合わせて考えると“スーパータイプ”が見出しに登場して，その見出し内の文中に“サブタイプ”があることが多い。まずは，そこからチェックする。

以下の表は，右の図のように，Ａをスーパータイプ，Ｂ，Ｃをサブタイプとした場合のものである。

A
B
C

<table>
<tr><th></th><th>判断基準（文中に出てくる表現）</th><th>問題文で使用された例</th></tr>
<tr><td rowspan="3">ケース
①</td><td>「A は，B と C に分類される。」</td><td>配送対象商品は，在庫品と直送品に分類される。</td></tr>
<tr><td>「A には，B と C がある。」</td><td>・メンテナンス用部品には，基本部品と汎用部品がある。
・機械を大別すると，“機械”と“資材”があり，…。
・部品には，主要部品と補充部品がある</td></tr>
<tr><td>「A は，B と C からなる。」</td><td>総合口座は，総合口座代表普通預金口座と総合口座組入れ口座からなる。</td></tr>
<tr><td>ケース
②</td><td>「～区分（の説明）」
・XX 区分
…による分類で，B と C に分けられる。
B は，…。
C は，…。</td><td>(1) 自社設計区分
設計を自社で行ったものか，汎用的に調達できるものかの分類である。
前者を自社設計部品，後者を汎用調達部品と呼ぶ。
自社設計部品については，…
汎用調達部品については，…</td></tr>
<tr><td>ケース
③</td><td>表で示しているケース</td><td><table>
<tr><th>自社製造区分</th><th colspan="2">説明</th></tr>
<tr><td rowspan="4">調達品</td><td colspan="2">外部から調達する原料と包装資材。調達品は，更に調達品区分による切り口で分類する。</td></tr>
<tr><td>調達品区分</td><td>説明</td></tr>
<tr><td>汎用品</td><td>調達先の標準的なカタログから選んで採用している調達品</td></tr>
<tr><td>専用仕様品</td><td>A 社専用の仕様で調達先に製造してもらっている調達品</td></tr>
<tr><td>製造品</td><td colspan="2">自社製造する品目である。半製品と製品が該当する。</td></tr>
</table></td></tr>
</table>

但し，解答に当たっては**「B と C で属性に違いがある」**ことを，問題文の記述もしくは関係スキーマで確認してから確定させなければならない。原則的には，単に“文中の表現”の問題ではなく，あくまでも属性が異なるからサブタイプ化しているからだ（同一のサブタイプ化を除く）。もちろん，時間的に厳しくできなかったり，空欄を埋める設問で（解答が容易で明らかなため）必要なかったりするかもしれないが，原則はそうだと常に意識しておこう。

●着眼点４　トランザクション系のサブタイプ化を疑う

着眼点4は，トランザクション系のサブタイプ化の判断に関してのものである。

マスタ系のように，問題文に“サブタイプ化すべきこと”が明示されている場合は，トランザクション系も同様にサブタイプ化すれば良いが，時に，問題文を読むだけではすぐに気付かないことがある。マスタ系エンティティタイプとの関係によって，トランザクション系エンティティタイプもサブタイプに分けられるケースである。概念データモデルは，ちょうど図のような関係になる。

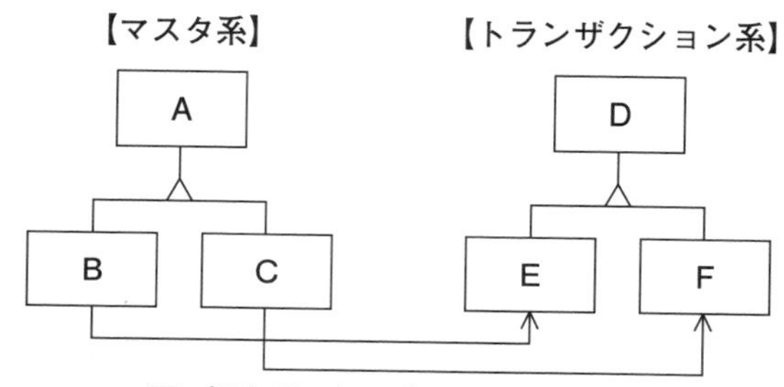

図：概念データモデルの典型パターン

この関係になるのは，マスタ系エンティティが着眼点3のように**スーパータイプAとサブタイプB，Cに分かれている場合で，かつ，その取扱い（例えば，受注や出荷など）がBとCで異なる場合だ**。したがって，マスタ系エンティティタイプがサブタイプ化の場合，その取扱いは（すなわち，関連するトランザクション系エンティティタイプとの関連は）一律同じなのか，それともBとCで異なるのかを問題文から読み取って，必要なら，トランザクション系もサブタイプ化しよう。

【判断基準のまとめ】

次の2つの条件を満たす。

① マスタ系がサブタイプ（B，C）に分けられている

② BとCの取扱や管理方法が異なる（常に，Bは…，Cは…という記述であったり，帳票や画面上で異なる項目が存在したりする）

最後に，過去問題（平成17年午後Ⅱ問2）を例に，着眼点4を見てみよう（次ページの図）。この例の場合，機械の管理は個別管理（同じ“機材コード”でも，個別の“号機”単位で行う管理。数量は必ず1）であり，資材の管理は“機材コード”（すなわち数量を管理）と同じではない。それが，貸出時にも関係してくるので，“貸出明細”エンティティも“機械貸出明細”と“資材貸出明細”に分けなければならないことになる。その後の“移動”に関しても同じだ。

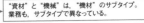

(2)　貸出業務

顧客からの貸出依頼に基づいて，機材を貸し出す業務である。

資材については，顧客からの貸出依頼を受け付け，必要な資材とその形状仕様，貸出年月日を確認し，受け付けた時点で貸出票（図4）を営業所で起こす。

機械については，予約業務で起こした機械貸出予約票の内容を，貸出当日に貸出票に転記する。ただし，予約時に決定した号機が貸出不可能な場合には，同一機能仕様の別号機を代わりに貸し出すことがある。

同一顧客から，貸出年月日及び返却予定年月日が同一の複数の貸出依頼がある場合には，それらを1枚の貸出票に記入する。

貸出票の貸出番号は，X社で一意な番号である。貸出番号と貸出年月日は，貸出当日に記入する。貸し出したらその都度，貸出票の写しを本社へ送付する。

貸出票

顧客コード　1011010
顧　客　名　XXXXXXXXXX
住　　　所　神奈川県横浜市 YYYY
電 話 番 号　045-XXX-XXXX

貸 出 番 号　200111
貸 出 年 月 日　2004-6-5
返却予定年月日　2004-7-5
営業所コード　101
営 業 所 名　横浜

行番号	機材コード	機材名	機能仕様　又は　形状仕様	機番	予約番号 又は 貸出数量
01	712302	高圧コンプレッサ	20 馬力，…	10003	100011
02	112302	仮設トイレ B	1,130 × 780 × 2,400，200 ℓ，…	−	2
03	112501	防災シート	1.82 m × 5.1 m，…	−	10
⋮	⋮	⋮	⋮	⋮	⋮

図4　貸出票

“資材”と“機械”は，“機材”のサブタイプ。業務も，サブタイプで異なっている。

見出しが“又は”というように複数パターンあったり，“機番”のように，インスタンスに値を持つものと，持たないものがある。

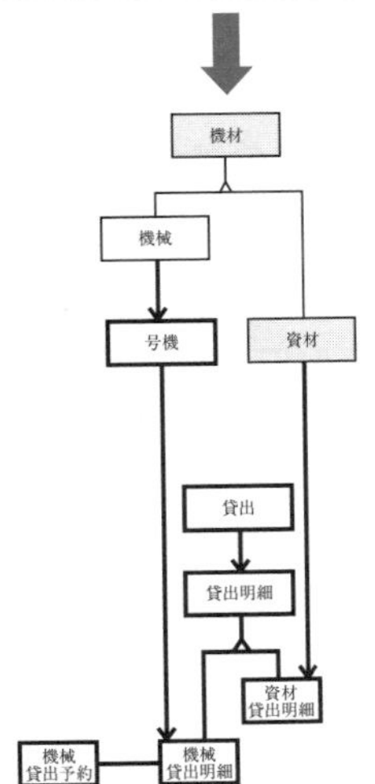

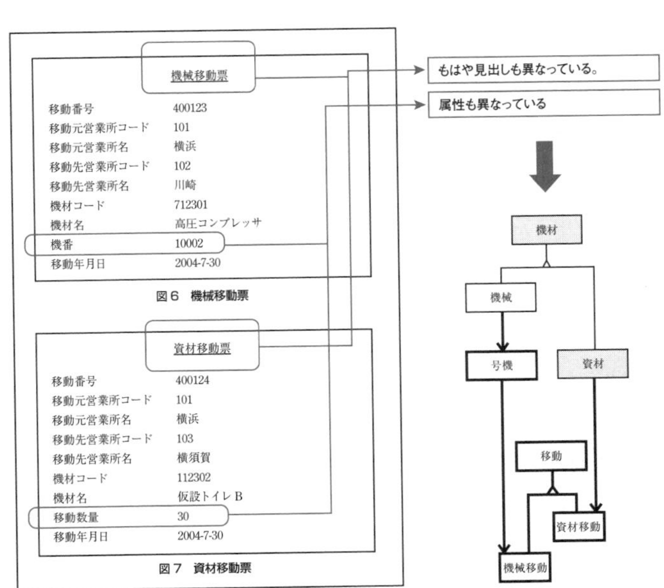

機械移動票

移動番号　400123
移動元営業所コード　101
移動元営業所名　横浜
移動先営業所コード　102
移動先営業所名　川崎
機材コード　712301
機材名　高圧コンプレッサ
機番　10002
移動年月日　2004-7-30

図6　機械移動票

資材移動票

移動番号　400124
移動元営業所コード　101
移動元営業所名　横浜
移動先営業所コード　103
移動先営業所名　横須賀
機材コード　112302
機材名　仮設トイレ B
移動数量　30
移動年月日　2004-7-30

図7　資材移動票

2 未完成の概念データモデルを完成させる問題 ーその2ー リレーションシップを追加する

設問例

図（未完成の概念データモデル）では，一部のリレーションシップが欠けている。そのリレーションシップを補い，図を完成させよ。

出現率

100%

次に説明するのが，概念データモデルのリレーションシップを完成させる問題である。追加すべきエンティティタイプが確定し，かつ関係スキーマが完成すれば，リレーションシップを追加するのはさほど難しくない。関係スキーマから外部キーによる参照関係を見出して，その関連を加えるだけである。ここでも，よくある典型的なパターンを知ることで，短時間で“仮説－検証”的に進められると思う。そのあたりをいくつか見ていこう。

なお，古い問題では，上記のような表現で問いかけるのではなく「テーブル間の参照関係を示せ。」という問いかけになっていたり，図に追記する形ではなかったりするが，着眼点は変わらない。

●着眼点１　関係スキーマの完成しているところ（問題文に既に記載されている部分）のリレーションシップをチェック

関係スキーマの完成しているところ（問題文に記載されている部分）であるにもかかわらず，概念データモデルの方ではリレーションシップが欠落している場合がある。最初に，そういうところがないかどうかチェックしていこう。もしもその問題で存在するのなら，容易に見つけることができるだろう。但し，単純に外部キーとして“点線の下線”が引かれているケースは少ない。主キーの一部が外部キーになっているケース（その場合，下線は実線）がほとんどだろう。見落とさないようにしたい。

●着眼点２　解答に加えた外部キーのリレーションシップを加える

続いて，関係スキーマを完成させていれば，そのリレーションシップを概念データモデルにも加えていく。関係スキーマの主キー及び外部キーが正解していることが前提だが，容易にリレーションシップを加えることができる。なお，スーパータイプかサブタイプのいずれと参照関係を持たせるか？という点も，この方法だと，案外容易に判断することが可能になる。まずは，ここで確実に点数を獲得しよう。

●着眼点３　典型的パターンを使って解答する

関係スキーマを完成させるときに見落としていたリレーションシップも，概念データモデルの“よくあるパターン”を知っていたら，リレーションシップを先に解答し，そこから見落としていた関係スキーマを解答できるかもしれない。問題文をしっかり読んで，確実に関係スキーマを完成させていけば必要ないかもしれないが，知っていて損はない。一応紹介しておこう，ここでは５つの例を紹介する。

よくある５つのリレーションシップ

① マスタを階層化した「マスターマスタ間参照」
② マスタの属性を分類した（別マスタにした）「マスターマスタ間参照」
③ トランザクションがマスタを参照する「トランザクション－マスタ間参照」
④ 伝票形式の「ヘッダー明細」
⑤ プロセス（処理）間の引継関係

典型的パターン①　マスタを階層化（細分化）した「マスターマスタ間参照」

下図の例のように，ある物事に対して階層化され細分化されている場合は，参照関係が成立していることが多い。住所やエリア（国→都道府県→市町村など），組織の部門（会社→支社→部門→課など）なども同じような考え方になる。

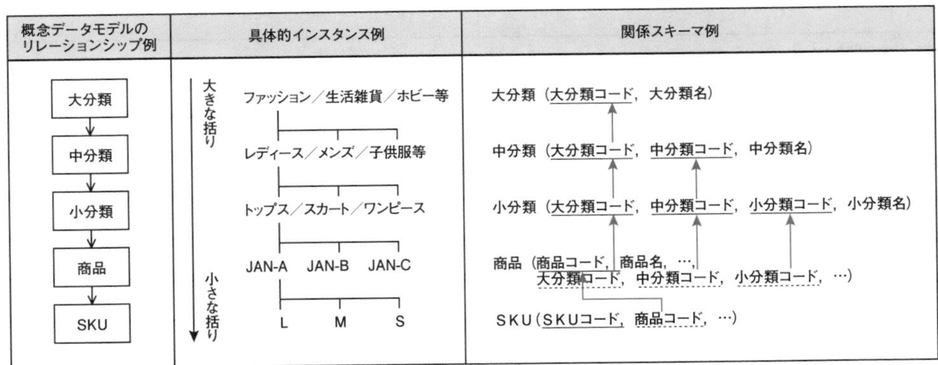

図　典型的パターン①の例

図の例では，大分類ごとに中分類コードを，大分類コード＋中分類コードごとに小分類コードを割り当てるようなケースを想定している。これは，（具体的インスタンス例に見られるように）上位の分類によって下位の分類が異なるようなときに多い。「ファッション－レディース」時の「小分類コード＝01がトップス」になっているようなケースである。

典型的パターン②　マスタの属性を分類した（別マスタにした）「マスターマスタ間参照」
典型的パターン③　トランザクションがマスタを参照する「トランザクションーマスタ間参照」

これらは，実世界の非正規モデル（伝票や帳票）を，第2正規形もしくは第3正規形にしていく過程でできた関連だといえる。

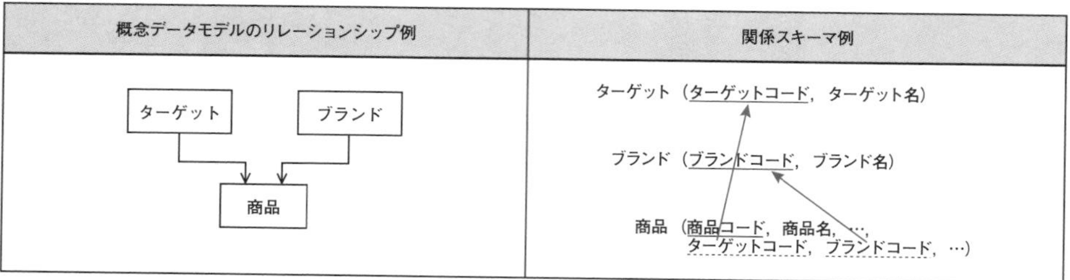

図：典型的パターン②の例

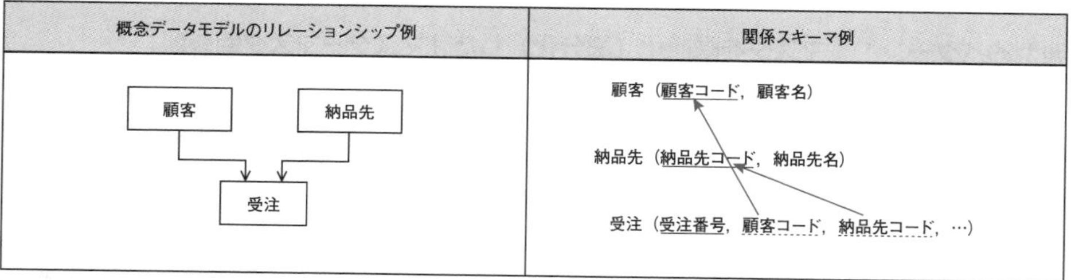

図：典型的パターン③の例

典型的パターン④　伝票形式の「ヘッダー明細」

このパターンも，同じく非正規モデルを正規化していく過程で作られた関係になる。但し，こちらは第1正規形－すなわち繰り返し項目を排除する時にできたものだ。多くの場合，ヘッダ部と明細部は一体で存在するので，強エンティティと弱エンティティとの関係になる。

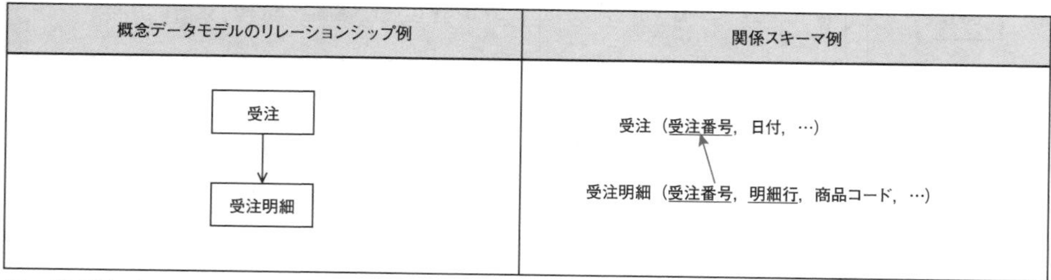

図：典型的パターン④の例

典型的パターン⑤　プロセス（処理）間の引継関係

最後は，こういう表現が妥当かどうかはわからないが“プロセス間の引継関係”がある場合にも，エンティティ間の関連が発生する。図の例のように，出庫品（出庫エンティティ）が，どの受注分なのか関連を保持したいようなケースだ。

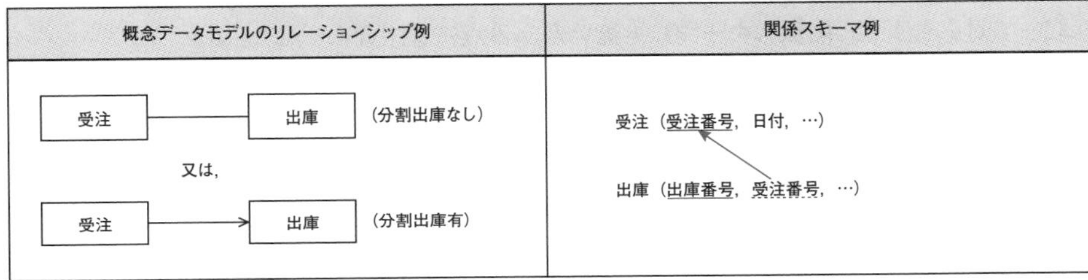

概念データモデルのリレーションシップ例
関係スキーマ例
受注
出庫
（分割出庫なし）
又は，
受注
出庫
（分割出庫有）
受注（受注番号，日付，…）
出庫（出庫番号，受注番号，…）

図：典型的パターン⑤の例

●着眼点４　スーパータイプ／サブタイプのどことリレーションシップを記述するか

問題文に，**「また，識別可能なサブタイプが存在する場合，他のエンティティタイプとのリレーションシップは，スーパータイプ又はサブタイプのいずれか適切な方との間に記述せよ。」**という指摘があることがある。その場合，注意深く，問題文からビジネスルールを読み取って対応しよう。関係スキーマにも違いがある点にも注意。

【スーパータイプに外部キーを持たせるケース】

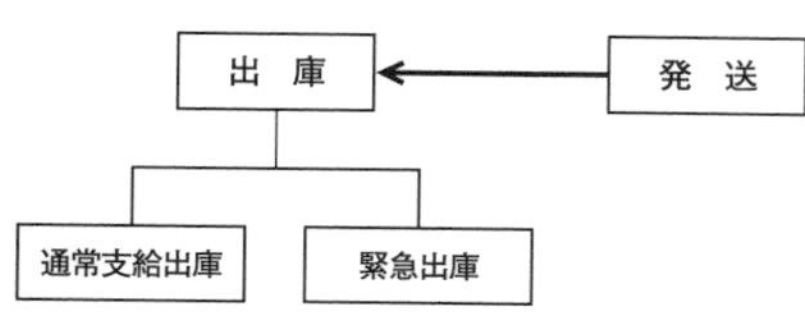

出庫（出庫番号, 出庫年月日, 発送番号・・・）
　　通常支給出庫（出庫番号, ・・・）
　　緊急出庫（出庫番号, ・・・）

発送（発送番号, 発送年月日, ・・・）

「1回の発送で, 複数の出庫を行う。
全ての出庫に対して, 必ず, 発送伝票を発行する」

【サブタイプに外部キーを持たせるケース】

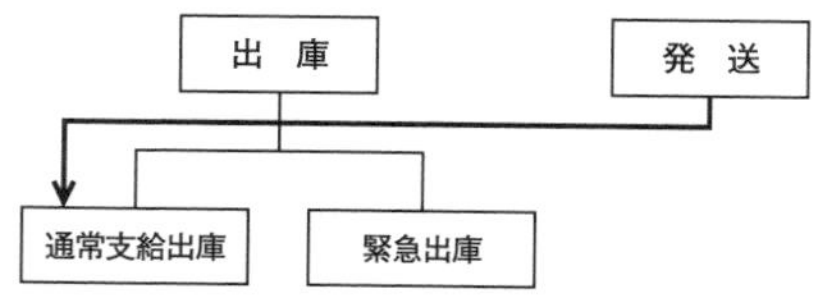

出庫（出庫番号, 出庫年月日, ・・・）
　　通常支給出庫（出庫番号, 発送番号・・・）
　　緊急出庫（出庫番号, ・・・）

発送（発送番号, 発送年月日, ・・・）

「1回の発送で, 複数の出庫を行う。
緊急出庫時には発送伝票は発行しない」

3 未完成の関係スキーマを完成させる問題

設問例

図（未完成の関係スキーマ）の [　　　　] 内に属性を補い，更に図（概念データモデル）に追加したエンティティタイプの関係スキーマを追加して，図を完成させよ。

出現率

100%

概念データモデルを完成させる問題と“ペア”で出題されるのが，ここで説明する未完成の関係スキーマを完成させる問題である。こちらも，午後Ⅱ試験では避けては通れないもののひとつになるが，それだけではなく，（後述する）概念データモデルにリレーションシップを書き加える問題の“キー”になるので，非常に重要になる。なお，関連する基礎知識については第3章で説明しているので，先に，それらをインプットしておこう。

●学習のポイント

関係スキーマの属性及び主キー，外部キーの設定に関する問題を確実に刈り取っていくには，次の手順でスキルアップしていくことが必要である。

① 本書の第3章で，基礎知識を理解する
② 本書の第2章「2.3　様々なビジネスモデル」で，業務別の標準パターンを覚える
③ 午後Ⅱ過去問題を解いた後，その概念データモデルと関係スキーマも覚える
④ 本書の第3章「参考 主キーや外部キーを示す設問」（P.332参照）を習得する
⑤ 最後に，ここでの着眼点をおさえておく

上記の②や③は，前述の「午後Ⅱ解答テクニック」のところで説明させてもらった「2. 仮説－検証型アプローチ」のところで必要になる。特に，データベース設計未経験者にとっては欠かせない知識になる。それがないと，そもそも仮説が立てられないからだ。実務経験が豊富な人は，いろいろな設計パターンをストックしている。日常の仕事を通じて，体に染みついている。そのため，特に意識せずとも自然と「仮説－検証型アプローチ」になっている。そういう“ベテラン”を押しのけて，“ビギナー”が合格率15%の狭き門を突破するには，少なくとも，ベテランと同等の“武器”が必要になる。それを身に付けるプロセスが上記の②や③だ。

もちろん経験豊富なベテランにも有効だ。自分とは違う他人の設計思想に触れることができるかもしれないし，数多くの引き出しを持っておいて損することはないだろう。

●着眼点 1　問題文の該当箇所を絞り込む

「問題文の該当箇所を絞り込んで，そこを繰り返し熟読する」－これが，案外，重要な視点になる。

これまで何度か説明してきたが，（ここで求めたい）“属性”は，**問題文中に様々な形で埋め込まれている。それを見落とすことなく拾っていくことが高得点を得るポイントになる。**

例えば，“顧客”の属性が問われているとしよう。このとき，理想的には 10 ページ以上ある問題文全てに目を通し，あらゆる可能性を考えて属性を探し出した方が良い。筆者も，過去問題の解答・解説を作成するときには，念のためそうしている。しかし，それはあくまでも時間が無尽蔵にあり，かつ 100 点でないといけない状況だからできることで，2 時間しかない試験本番時には，絶対にそんなことは不可能だ。限られた時間の中で解答生産性を高めようと思えば，そんな無駄な作業は絶対にしてはいけない。

ではどうすれば良いのだろうか。その答えがここでの着眼点になる。すなわち“問題文が体系的に整理されている点”を有効活用して，**「属性があると推測する問題文の該当箇所を大胆に絞り込む」**，そして，そこだけに目を通すというのが鉄則だ。

もちろん中には，段落間をまたがるもの，問題文全体にちらばっているものもあるかもしれない。しかし，何度も言うが実務と違って 100 点は必要ない。60 点以上を一但し確実に一取得する方法論とすれば，「“顧客”の属性は，この「1. 顧客」（＝顧客に関する記述箇所）にしかないんだ。」と決めつけていくべきだろう。イレギュラーパターンは，ゼロではないが，それが 10％以上になることもない。恐れるに足らずだ。

●着眼点 2　属性として認識するための典型的パターンを知る

問題文の記述内容から属性を抽出するには，関係スキーマの属性として認識するための（問題文中の）典型的パターンを知っていれば役に立つだろう。それをいくつかここで紹介する。

問題文中の表現パターン	表現例と関係スキーマ
①単純に属性を列挙しているケース	「顧客台帳には，顧客名，納品先住所，電話番号を登録している。」 →顧客（顧客番号，顧客名，納品先住所，電話番号）
②「～ごとに…が決まる」という表現	「製品名，価格は，パーツごとに設定している。」 →パーツ（パーツコード，製品名，価格） ※この場合，主キーもほぼ確定だと考えて良い
③伝票，帳票類の例があるケース（図示されているケース）	・単純なケースだと次の通り 　ヘッダ部の項目＝ヘッダ部のエンティティの属性 　明細部の項目＝明細部のエンティティの属性 ・複雑なケース 　正規化を実施（ボトムアップ） ※いずれも，問題文に予め記載されている既出の関係スキーマが制約になるので，それを考慮して調整が必要

②に関しては，本書の第３章「参考 関数従属性を読み取る設問」（P.316参照）のところと共通の考え方になる。主キーを認識するための手法である。そのため，詳細はそちらを参照してほしい。

また，難易度が高くなると③のようなケースになる。図を正規化して，他の関係スキーマに配慮して解答を絞り込んでいかなければならないからだ。そのあたりの例をいくつか紹介したいと思う。

例１－③のパターンにおける単純な例

出荷伝票

出荷番号：200810150001　　出荷年月日：2008年10月15日
会員コード：060400001　　送り先郵便番号：100-xxxx
送り先住所：東京都千代田区○×△１－１
送り先氏名：山田　太郎　様

出荷明細番号	SKUコード	商品名	サイズ		カラー		受注	
			コード	名	コード	名	番号	明細番号
01	A0012101	バギーパンツ	21	M	01	ライトブルー	200810130001	01
02	D2015030	キャップ	50	53	30	黄&黒	200810130001	02
03	S1010055	ダストBOX	00	―	55	シルバー	200810120085	08
04	J2747272	シーツ	72	SD	72	ミントグリーン	200810100103	01

図６　出荷伝票の例

図６の伝票だけを見て第３正規形に持っていくと，通常は，次のようになるはずだ。

出荷（出荷番号，出荷年月日）
出荷明細（出荷番号，出荷明細番号，受注番号，受注明細番号）
※会員や商品に関する属性は，"受注"及び"受注明細"を通じて参照可能

このときの仮説として，「送り先郵便番号，送り先住所，送り先氏名は"会員"が保持しているだろう。」「出荷明細番号と受注明細番号が１対１で対応しているので，SKUコード等は，そちらにあるのだろう。」「だとすれば，会員コードも"受注"にある。」などと推測してから，それを問題文や概念データモデル，他の関係スキーマ等で確認して微調整する（仮説が外れていたら，それに応じて属性を持たせるなどを考える）。これが最も シンプルな例である。

例２－③のパターンにおける複雑な例

次の例は複雑なケースになる。帳票例があるので，それを頼りに正規化していくことに変わりはないが，その後が複雑になる。もう既に完成している関係スキーマに合わせていくことになるが，その場合，受験者と問題文作成者の設計思想が異なれば，なかなか（試験センターの意図する）解答例にはならないからだ。

解答例に近い解答を捻出するには，**他人の設計思想に数多く触れて複数パターンに慣れておき，柔軟性を持って対応しなければならない**。仕事を通じてだけでは，なかなかそういう機会に恵まれないだろうから，過去問題を通じていろいろな考え方に（どれが良い設計，どれが悪い設計かは別にして）触れておこう。

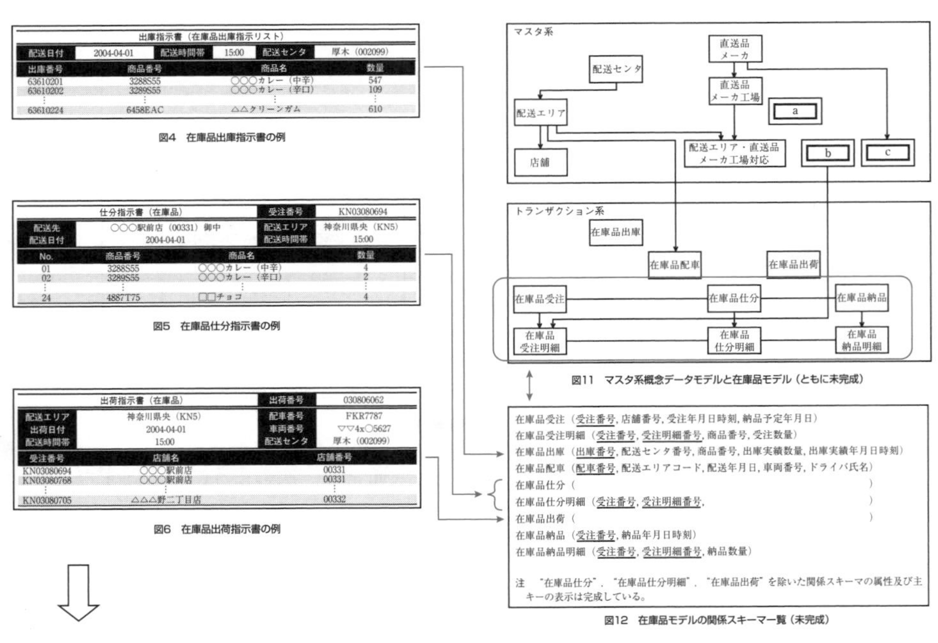

図4　在庫品出庫指示書の例

図5　在庫品仕分指示書の例

図6　在庫品出荷指示書の例

図11　マスタ系概念データモデルと在庫品モデル（ともに未完成）

図12　在庫品モデルの関係スキーマ一覧（未完成）

図：平成16年午後Ⅱ問２の例

例えば，この例で“在庫品仕分”及び“在庫品仕分明細”の属性を決めるには，（最終的にそれらのエンティティを使って作成する）図５の在庫品仕分指示書を正規化（通常は第３正規形まで）していくことになる。このときに，既に完成している概念データモデルや関係スキーマ（この例だと図11と図12）を考慮しながら同時に進行させていかなければならない（ここが実際の設計とは異なるところ）。

まず，単純に（穴埋め対象となる）図5，図6だけを見て第3正規形にまで進めていくと，次のようになるだろう。ここまでは説明は不要だと思う。

【第1正規形】
在庫品仕分（受注番号，配送先，配送日付，配送エリア，配送時間帯）
在庫品仕分明細（受注番号，受注明細番号，商品番号，商品名，数量）
在庫品出荷（出荷番号，配送エリア，出荷日付，配送時間帯，配車番号，車両番号，配送センタ）
在庫品出荷明細（出荷番号，受注番号，店舗名，店舗番号）

【第2正規形・第3正規形】参照先からのマスタ系参照等の記述は割愛している
在庫品仕分（受注番号，配送先，配送日付，配送エリア，配送時間帯）
在庫品仕分明細（受注番号，受注明細番号）
※ 商品番号，商品名，数量は“在庫品受注明細”を参照
在庫品出荷（出荷番号，出荷日付，配送時間帯，配車番号）
※ 配送エリア，車両番号，配送センタは“在庫品配車”を参照
在庫品出荷明細（出荷番号，受注番号）
※ 店舗番号，店舗名は“在庫品受注”を参照
最後に，問題文の記述や，以下の制約を考慮して組み替えると解答が求められる。

図11，12での制約から判断できること
① 図5を正規化した結果，関係スキーマは“在庫品仕分”と“在庫品仕分明細”になる。
② “在庫品仕分明細”の主キー“受注番号，受注明細番号”は決まっている。これと後述する③と合わせて考えると，“在庫品仕分”の主キーは“受注番号”だと判断できる。
③ 図11と合わせてみると，“在庫品受注”と“在庫品納品”と1対1の関係にある。また，図12では，“在庫品受注”と“在庫品受注明細”，及び“在庫品納品”，“在庫品納品明細”の関係スキーマは完成している。これを考慮して属性を何に持たせようとしているのか推測できる。

【問題文の記述より】
在庫品仕分（受注番号，出荷番号）
※“在庫品出荷明細”が無いので，こちらで関連を保持”
在庫品仕分明細（受注番号，受注明細番号，仕分数量）※ 数量を仕分数量として復活。
在庫品出荷（出荷番号，配車番号）

4 新たなテーブルを追加する問題

設問例

この問題を解決するために変更が必要なテーブルについて，変更後の構造を答えよ。（中略）新たなテーブルが必要であれば，内容を表す適切なテーブル名を付け，列名は本文中の用語を用いて定義せよ。

出現率
午後Ｉでも
55%

この設問例のように，新たなテーブルを追加する問題もよく出題される。上記の出現率や下記の表は午後Ｉのものを取り上げているが，午後Ⅱを含めると，ここもほぼ100%になる。問題文の途中で要求や仕様が変更されるケースや，テーブル構造に問題があるケースなど，その“登場シーン”は様々なので，それぞれの状況に応じて問題文の押さえるべきところ（いわゆる勘所）をつかんでおこう。

表：過去 22 年間の午後Ｉでの出題実績

年度／問題番号	設問内容の要約（関係“○○”の…or“○○”テーブルの）
H14- 問 3	（…の見直しに伴って）新たに追加される“○○”テーブルの構造を記述せよ。
問 4	…のような事象に対処するためには，図のテーブル構造をどのように変更，又はどのようなテーブルを追加すればよいか。70 字以内で述べよ。
H15- 問 3	…の問題点を解決するために，新たに追加するテーブルの構造を示せ。（2 問）
	…の要件を満たすために，図のテーブル構造を変更し，かつ，新たなテーブルを追加する。その新たに追加するテーブルの構造を示せ。
H16- 問 3	“○○”テーブルがない。（新たに追加する）“○○”テーブルの構造を示せ。
H17- 問 2	…に関する情報がない。新たに追加するテーブルの構造を示せ。（2 問）
H19- 問 2	店舗と配達地域を対応付けるためのテーブルが欠落している。本文中の用語を用いて，欠落しているテーブル構造と，テーブルの主キーを示せ。
H20- 問 2	…テーブルの関係を正しく設計せよ。…新たなテーブルが必要であれば，内容を表す適切なテーブル名を付け，列名は本文中の用語を用いて定義せよ。（3 問）
	指摘事項④について，…の対応を示す“○○”テーブルを設計せよ。列名は本文中の用語を用いて定義せよ。
H22- 問 1	関係“受講者”について，“関連資格有無”など受講者ごとに固有な属性を，任意に追加登録できるように，関係スキーマを追加することにした。追加する関係“受講者追加属性”を適切な三つの属性からなる関係スキーマで示せ。なお，主キーは，下線で示せ。
H25- 問 2	“○○テーブル”を，3 種類のサービスに共通の列を持つ“○○共通”テーブルと，各○○に固有の列を持つテーブルに分割することにした。列が冗長にならないように，各テーブルの構造を記述せよ。
H29- 問 1	指摘事項①に対応するために，新たな関係を二つ追加し…。新たに追加する関係の主キー及び外部キーを明記した関係スキーマ，…を答えよ。
H30- 問 1	新たな関係を一つ追加し…。新たに追加する関係の主キー及び外部キーを明記した関係スキーマ，…を答えよ。
H31- 問 1	〔新たな要件の追加〕について関係スキーマに変更や追加を行う。
R4- 問 1	修正改善要望が発生し，関係スキーマに変更や追加を行う。

●着眼点

新たにテーブルを追加する問題では，その必要性を問題文から読み取れれば解答できる。よくあるパターンは，必要なテーブルがない，業務に変更が生じた，業務や設計に変更が生じた，設計段階で不具合が発見されたなどである。その原因となるところは，普通，設問に記述されている。だから，まずはそれを確認し，その後に問題文の該当箇所を重点的にチェックしよう。

・必要なテーブルがない

→（問題文）どのようなデータを入力したり保存したりするかが記載されているところ
要件や設計について記述しているところ

→（図・表）説明を補足している図表があれば，参考にする

・業務や設計に変更が生じた

→（問題文）どのような変更なのかが記載されているところ

→（図・表）変更前・変更後の図表があれば，比較する

・不具合が発見された

→（問題文）どのような不具合かが記述されているところ
要件や設計について記述しているところ

●新たなテーブルを追加するプロセス

次に示すのは，平成16年・午後Ⅰ問3に出題された問題文と設問の一部を抜粋したものである。

〔データベース設計〕

F君は，要求仕様に基づいてテーブル構造を図6のように設計した。このテーブル構造を見たG氏は，次の問題点①～⑤を指摘した。

組織

組織コード	組織名	発足年月	廃止年月

役職

役職コード	役職名	開始年月	廃止年月

ランク

ランクコード	ランク名

時間単価

ランクコード	組織コード	年月	時間単価

社員

社員コード	社員氏名	組織コード	役職コード

PJ

PJコード	PJ名	組織コード	発足年月日	終了年月日	PJリーダ

PJ稼働計画

PJコード	社員コード	年月	稼働時間

図6　テーブル構造

問題点①　主キー，外部キーが記述されていない。
問題点②　役職とランクの関係が管理されていない。
問題点③　PJの社員別日別の稼働実績を管理するための“PJ稼働実績”テーブルがない。
問題点④　PJ終了後の計画と実績の分析において，発足年月日～終了年月日内の任意の指定日時点での計画稼働時間を表示したいという要望が想定される。しかし，計画修正に伴い，計画稼働時間が変更されてしまうので，この要望に対応できない。
問題点⑤　図6のテーブル構造では，労務費を正しく計算できない場合がある。

4. 日別稼働実績入力

(1) 社員は，月内の日別PJ別の稼働時間を翌月の第4営業日までに入力する。図5は，年月と社員コードを指定した稼働実績入力画面である。勤務時間は，出退勤システムで管理される時間である。社員は，PJごとの稼働時間を0.5時間単位で入力する。

(2) 日ごとに指定できるPJコードは，入力対象日が発足年月日～終了年月日内のコードで，その数に制限はない。指定するPJコードは順不同でよいが，同じ日に一つのPJコードを2回以上指定することはできない。

社員コード			1234567	社員氏名：山田太郎		入力年月	2004	年	4	月
年月日	曜日	勤務時間	PJごとの稼働時間							
			PJコード	稼働時間	PJコード	稼働時間	PJコード	稼働時間	PJコード	
2004-04-06	火	9.0	1234567	7.0	2345678	2.0				▲
2004-04-07	水	8.0	1234567	7.0	3456789	1.0				
2004-04-08	木	9.0	1234567	7.0	2345678	2.0				
2004-04-09	金	10.0	1234567	5.0	2345678	2.0	3456789	1.0	5678901	
2004-04-10	土	0.0								
2004-04-11	日	0.0								
2004-04-12	月	8.0	1234567	5.5	3456789	1.0	4567890	1.5		▼
			◀						▶	

注　網掛け以外の部分が入力可能な項目

図5　稼働実績入力画面

設問2 G氏が指摘した問題点③，④に関する，次の問いに答えよ。

(1)　問題点③で指摘されている“PJ稼働実績”テーブルの構造を示せ。解答に当たって，列名は，格納するデータの意味を表し，かつ本文中に示された名称を使用すること。

図：平成 16 年・午後Ⅰ 問３　問題文と設問（抜粋）

「4. 日別稼働実績入力 (1)」に「社員は，月内の日別 PJ 別の稼働時間を……入力する」とある。図 5 はそれを行うための稼働実績入力画面である。ここに入力したデータを保存するテーブルが必要である。そのテーブル名は，図 5 の画面名「稼働実績入力画面」を参考にし，かつ，図 6 中のテーブル名「PJ 稼働計画」に倣って，「PJ 稼働実績」が適切である。

入力欄に基づいて項目を列挙すると，「社員コード」，「年月」，「PJ コード」，「稼働時間」となる。縦軸に日付が並んでいるので，テーブルには日付の項目も情報として含まれている。よって，先に挙げた「年月」を「年月日」としなければならない。

2004-04-09 と 2004-04-12 の例から明らかなように，同じ日に同じ社員が複数のプロジェクトに従事することがある。よって，主キーは，社員コード，年月日，PJ コードである。

以上より，解答をテーブル構造図で示すと次のようになる。

PJ稼働実績

社員コード	年月日	PJコード	稼働時間

●他に考慮すべきこと

新たにテーブルを追加したり，属性を追加したりする設問では，他にもよく問われるポイントがある。次に説明するのがそれだが，これらの点は常に意識しておいて「仮説－検証アプローチ」の“仮説立案”に使えるようにしておこう。

・時間変化への対応

時間変化への対応は，実務でよく行われる方法の一つである。

あるテーブルから別のテーブルを参照しているとき，参照先のテーブルの列の値が変化することによって，参照元のテーブルのデータ整合性が保てなくなることがある。

例えば，次に示す“職員”テーブルと“勤務実績”テーブルにおいて，勤務実績から給与支払額を計算するには，勤務した当時の時間単価と勤務時間を掛け合わせる必要がある。

職員（職員番号，氏名，時間単価）
勤務実績（職員番号，勤務年月，勤務時間）

しかし，“職員”テーブルの時間単価には，最新の値しか格納できない。時間単価の値が変更されると，変更前の給与支払額を正しく算出できなくなる。

それに対処する設計は，履歴管理と逆正規化がある。

・履歴管理

履歴管理とは，列の値が変化したときに，変更の履歴を残す方法である。

先ほどの例では，解答例は2通りある。

（解答例 1）

職員（職員番号，氏名）
職員別時間単価（職員番号，変更年月，時間単価）
勤務実績（職員番号，勤務年月，勤務時間）

“職員”テーブルから“職員別時間単価”テーブルを分割する。“職員別時間単価”テーブルに{変更年月}を追加し，{職員番号，変更年月}を主キーとする。{時間単価}の値が変更されたときに，行を追加する。

（解答例 2）

職員（職員番号，氏名）
職員別時間単価（職員番号，適用開始年月，適用終了年月，時間単価）
勤務実績（職員番号，勤務年月，勤務時間）

解答例1で追加した｛変更年月｝の代わりに，｛適用開始年月，適用終了年月｝を追加し，｛職員番号，適用開始年月｝を主キーとする。｛時間単価｝の値が変更されたときに，行を追加する。
現在適用中の場合，｛適用終了年月｝にはNULL，または「適用中を示す特殊な値」を格納する。
指定年月に適用された時間単価を取得するには，｛適用開始年月｝と｛適用終了年月｝の間で範囲検索を行えばよい。
候補キーは，｛職員番号，適用開始年月｝，｛職員番号，適用終了年月｝の二つである。ただし，適用中の｛適用終了年月｝にNULLを格納する仕様の場合は，主キーには｛職員番号，適用開始年月｝を選ぶ。

■ 2009/01の時間単価をSQLで検索する例

```
SELECT  職員番号,時間単価  FROM  職員別時間単価
WHERE   適用開始年月  <=  '200901'
  AND   '200901' <=  COALESCE( 適用終了年月 , '999912')
  AND   職員番号  =   '001'
```

NULLのとき'999912'に変換

- **逆正規化**

逆正規化は，項目を複数のテーブルにコピーして，データが発生した当時の値を保持する方法である。ただし，1事実1箇所ではなくなるため，正規度が落ちる。これはあくまで，値の保持を目的としている場合（つまり，将来にわたりコピーした先の項目の値が変化しない場合）にのみ，採用すべき設計技法である。
先ほどの例では，“勤務実績”テーブルに，勤務した当時の時間単価をコピーした「時間単価」という列を持たせる。

職員（職員番号，氏名，時間単価）
勤務実績（職員番号，勤務年月，時間単価，勤務時間）

- **導出項目**

導出項目の追加は，試験でしばしば出題されるテーマの一つである。
通常，正規化の段階で導出項目は除外される。しかし，アプリケーションから頻繁に参照され，かつ，値の変更が滅多に生じない導出項目であれば，テーブルに残しておいてもよい。こうすることで，導出項目を参照すれば計算の手間を省けるため，パフォーマンスの向上を図ることができる。

- **組合せ（グループ）**

人や物品がグループを構成するときは，グループとそこに含まれるメンバを管理するテーブルを設計する。通常，グループを識別する列とメンバを識別する列の両方で主キーを構成する。
例えば，パック商品と呼ばれる商品が，「1種類又は複数種類の単品商品を幾つか箱詰めしたものである」と定義されているとする。このとき，グループに相当するものはパック商品，メンバに相当するものは単品商品である。そのテーブル構造は次のようになる。

パック商品（パック商品番号，単品商品番号，箱詰め数量）

- **「横持ち」構造**

「横持ち」とは，本来は縦方向（行方向）に並んでいる情報を，横方向（列方向）に並べたものである。
例えば，次に示す“四半期別売上”テーブルの「売上高」の情報を，第1～第4四半期を1行にまとめて横持ちさせる。その結果，「四半期」という列は不要になるため除外する。

・横持ちする前

四半期別売上（年度，四半期，売上高）

・横持ちした後

四半期別売上（年度，第1四半期売上高，第2四半期売上高，第3四半期売上高，第4四半期売上高）

「横持ち」させる列は，例えば四半期のように，将来にわたり列数が増えることのないものに限定する。
試験では，横持ち構造から縦持ち構造へ変更する問題が出題された例がある。

- **再帰**

再帰とは，参照元と参照先のインスタンスが同一のエンティティに属しているものである。
例えば，次に示す“部署”テーブルにおいて，上位の部署と下位の部署が存在し，かつ，各部署において上位の部署は一つしか存在しない場合，再帰構造となる。

部署（部署#，部署名称，上位部署#）

ここに挙げたもの以外にも，業務要件に基づいて列を追加する出題例があるが，それについては，問題文から読み取れれば素直に解答を導けることが多い。その内容はケースバイケースであるため，ここでは出題例を示さない。

5 データ所要量を求める計算問題

設問例 (平成30年午後Ⅱ問1)

出現率
過去10年
50%

表7中の [a] ～ [d] に入れる適切な数値を答えよ。ここで空き領域率は10%とする。

表7 “一般経費申請”テーブルのデータ所要量（未完成）

項番	項目	値
1	見積行数	1,500,000 行
2	ページサイズ	[a] バイト
3	平均行長	239 バイト
4	1データページ当たりの平均行数	[b] 行
5	必要データページ数	[c] ページ
6	データ所要量	[d] 百万バイト

注記 項番6のデータ所要量は，項番1～5の値を用いて算出する。

平成26年以後の午後Ⅱ試験では，2問のうち1問は物理データベース設計寄りの問題が出題されている。その中で頻出されている設問のひとつが，ここで取り上げているデータ所要量を求める計算問題だ。この設問そのものはそんなに難しいものでもない。問題文中に書かれているルールにのっとって正確に読み進めていけば確実に点数が取れる。しかし，**だからこそ，事前にそのルールに関する情報を覚えて解答手順を決めておいて，本番の時に短時間で解答し，その分他の設問に時間をかけるようにもっていきたい。**「定番の設問を短時間で解く！」それがデータベース合格のカギを握る。

表：平成26年度以後（過去10年間）の午後Ⅱでの出題実績

年度／問題番号	設問内容の要約（あるテーブルの…）
H26-問1	計算問題（平均行長，データ所要量）
H27-問1	計算問題（平均行長，1データページ当たりの平均行数，必要データページ数，データ所要量）
H28-問1	計算問題（平均行長，1データページ当たりの平均行数，必要データページ数，データ所要量）
H30-問1	計算問題（ページサイズ，1データページ当たりの平均行数，必要データページ数，データ所要量）
R 2-問1	計算問題（探索行数，最小読込ページ数，最大読込ページ数）

序 1 2 3 4

●解答テクニックに入る前に

特に無し。

●着眼点　解答手順を予め覚えておく

データ所要量を求める計算問題が出題された場合，一般的な計算問題と同じで，どの数字を使ってどのように計算するのか，その数字はどこにあるのかなどを予め覚えておくことが必要になる。

表：解答手順の例

	解答対象箇所	解答に必要なルール等 ※ いずれも例年ほぼ同じ記述
解答手順 1	見積行数，ページサイズ，平均行長を探す	・見積行数は問題文から探す ・ページサイズは〔RDBMS の仕様〕 ・平均行長は「テーブル定義表」の時もある
解答手順 2	1 データページ当たりの平均行数の計算	・ページサイズと平均行長より計算 ※ 空き領域率を考慮 ※ ヘッダ部の有無を考慮 ・切り捨て
解答手順 3	必要データページ数の計算	・見積行数／解答手順 2 の解答 ・切り上げ
解答手順 4	データ所要量の計算	・解答手順 3 の解答 × ページサイズ

●詳細解説

平成 30 年度午後Ⅱ問 1 設問 1（4）の解説（P.viii 参照）で，実際の出題に合わせてチェックしておくと，より理解が深まるだろう。

6 テーブル定義表を完成させる問題

設問例 (平成30年午後Ⅱ問1)

(1) 表6中の太枠内に適切な字句を記入して，太枠内を完成させよ。

(2) 表6中の ウ に入れる適切な字句を答えよ。ここで，1～999のような，値の上限・下限に関する制約は，検査制約では定義しないものとする。

出現率
過去10年
40%

表6 "一般経費申請"テーブルのテーブル定義表（未完成）

列名＼項目	データ型	NOT NULL	格納長（バイト）	索引の種類と構成列 P	NU	NU	NU	U
申請番号	INTEGER	Y	4	1				
社員番号	CHAR(6)	Y	6		1			
申請種別	CHAR(1)	Y	1					
一般経費申請状態	CHAR(1)	Y	1					
上司承認日	DATE	N	5					
精査日	DATE	N	5					
責任者承認日	DATE	N	5					
処理年月	CHAR(6)	Y	6					
内訳科目コード	CHAR(3)	Y	3			1		
支払金額	INTEGER	Y	4					
通貨コード	CHAR(3)	N	4				1	
外貨金額								
支払先								
支払目的								
支払予定日								
支払番号								
制約 参照制約								
制約 検査制約	CHECK (一般経費申請状態 IN ('0','1','2','3','4','5','9')) CHECK (ウ)							

注記 網掛け部分は表示していない。

平成26年以後の午後Ⅱ試験では，物理データベース設計の問題で未完成のテーブル定義表を完成させる設問も頻出問題の一つだ。この設問もそんなに難しいものでもない。問題文中に書かれているルールにのっとって正確に読み進めていけば確実に点数が取れる。しかし，だからこそ，事前にそのルールに関する情報を覚えて解答手順を決めておいて，本番の時に短時間で解答し，その分他の設問に時間をかけるようにもっていきたい。

表：過去10年間の午後Ⅱでの出題実績

年度／問題番号	設問内容の要約
H26-問1	テーブル定義表3つ。うち2つの未完成のテーブル定義表の完成
H27-問1	テーブル定義表3つ。うち1つの未完成のテーブル定義表の完成。制約の穴埋め（参照制約）
H28-問1	テーブル定義表2つ。うち1つの未完成のテーブル定義表の完成。制約の穴埋め（参照制約，検査制約）
H30-問1	テーブル定義表1つ。その未完成のテーブル定義表の完成。制約の穴埋め（検査制約）

●解答テクニックに入る前に

特に無し。

●着眼点１　答えは「表　主な列とその意味・制約」の中にある

この「テーブル定義表を完成させる問題」の解答を確定させる部分の多くは，この「表　主な列とその意味・制約」の中にある。したがって，まずはこの表の存在を確認し，テーブル定義表の解答をしなければならない列の説明が，この表内にあるかどうかをチェックしよう。もちろん，問題文の中に解答を確定させる記述箇所がある可能性はゼロではない。しかしこの表があれば，まずはここからチェックして解答し，問題文中に記述の存在を発見した時に微調整（解答の修正など）をしていけばいいだろう。

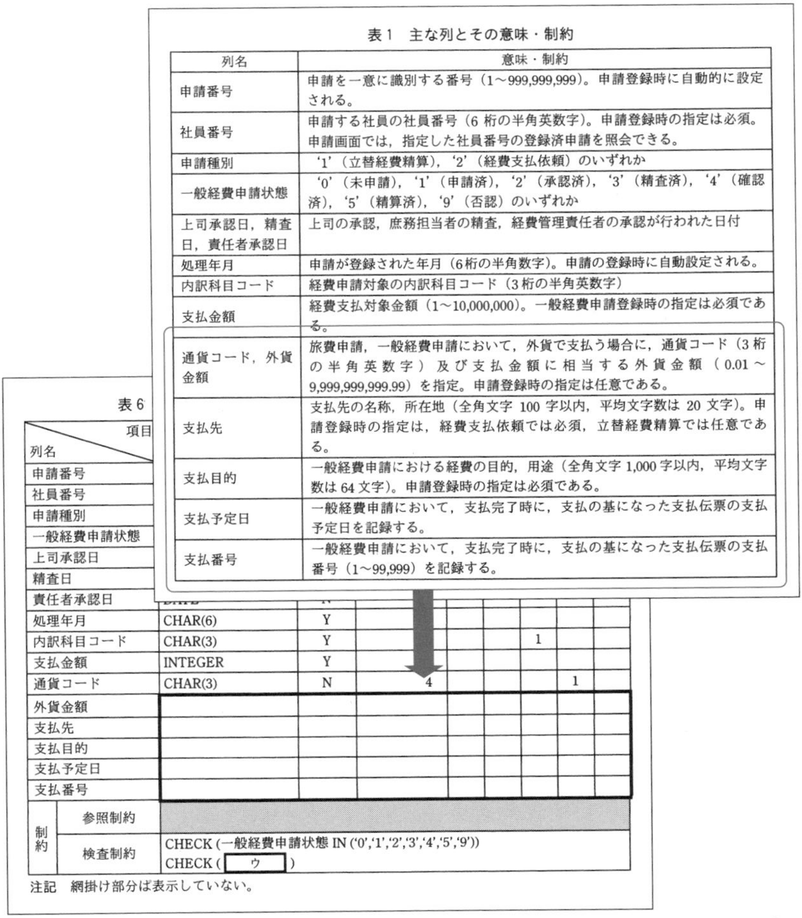

表１　主な列とその意味・制約

列名	意味・制約
申請番号	申請を一意に識別する番号（1～999,999,999）。申請登録時に自動的に設定される。
社員番号	申請する社員の社員番号（6 桁の半角英数字）。申請登録時の指定は必須。申請画面では，指定した社員番号の登録済申請を照会できる。
申請種別	‘1’（立替経費精算），‘2’（経費支払依頼）のいずれか
一般経費申請状態	‘0’（未申請），‘1’（申請済），‘2’（承認済），‘3’（精査済），‘4’（確認済），‘5’（精算済），‘9’（否認）のいずれか
上司承認日，精査日，責任者承認日	上司の承認，庶務担当者の精査，経費管理責任者の承認が行われた日付
処理年月	申請が登録された年月（6桁の半角数字）。申請の登録時に自動設定される。
内訳科目コード	経費申請対象の内訳科目コード（3 桁の半角英数字）
支払金額	経費支払対象金額（1～10,000,000）。一般経費申請登録時の指定は必須である。
通貨コード，外貨金額	旅費申請，一般経費申請において，外貨で支払う場合に，通貨コード（3 桁の半角英数字）及び支払金額に相当する外貨金額（0.01～9,999,999,999.99）を指定。申請登録時の指定は任意である。
支払先	支払先の名称，所在地（全角文字 100 字以内，平均文字数は 20 文字）。申請登録時の指定は，経費支払依頼では必須，立替経費精算では任意である。
支払目的	一般経費申請における経費の目的，用途（全角文字 1,000 字以内，平均文字数は 64 文字）。申請登録時の指定は必須である。
支払予定日	一般経費申請において，支払完了時に，支払の基になった支払伝票の支払予定日を記録する。
支払番号	一般経費申請において，支払完了時に，支払の基になった支払伝票の支払番号（1～99,999）を記録する。

表６

項目 / 列名								
申請番号								
社員番号								
申請種別								
一般経費申請状態								
上司承認日								
精査日								
責任者承認日	DATE	N						
処理年月	CHAR(6)	Y						
内訳科目コード	CHAR(3)	Y				1		
支払金額	INTEGER	Y						
通貨コード	CHAR(3)	N	4				1	
外貨金額								
支払先								
支払目的								
支払予定日								
支払番号								
制約 参照制約								
制約 検査制約	CHECK (一般経費申請状態 IN (‘0’,‘1’,‘2’,‘3’,‘4’,‘5’,‘9’)) CHECK (ウ)							

注記　網掛け部分は表示していない。

図：解答と「表１　主な列とその意味・制約」の関係（平成 30 年午後Ⅱ問１より）

●着眼点2　過去問題の「テーブル定義」に関するルールは，ある程度覚えておく

テーブル定義表を完成させる問題が出題された場合，問題文には，いろいろなところに"解答するためのルール"に関する記述がある。平成26年〜平成30年の5年間は，このルールは大きくは変わっていないので，できればこの5年間のルールを事前に覚えておいて，試験本番時には「従来通りか，あるいは変更している点があるのかを確認」するようにしておきたい。そうすることで短時間で正確に解答できるようになるからだ。

表：解答手順別解答ルール

	解答対象箇所	解答に必要なルール等 ※いずれも例年ほぼ同じ記述
解答手順1	データ型の完成	・「表　使用可能なデータ型」 ・〔テーブルの物理設計〕のテーブル定義
解答手順2	NOT NULL制約の指定	・（たまにCRUD図も参考になる）
解答手順3	格納長の計算	・「表　使用可能なデータ型」 ・〔テーブルの物理設計〕のテーブル定義 ・〔RDBMSの仕様〕のテーブル ※NULLを許容する列にプラス1バイト
解答手順4	索引の種類と構成列	・〔テーブルの物理設計〕のテーブル定義
解答手順5	制約の値	

中でも特に，この**「テーブル定義表を完成させる問題」**の解答に必要なルールのために用意されているのが**〔テーブルの物理設計〕のテーブル定義**に関する説明の箇所である。

ここで，データ型欄は"一般的"だということを確認したり，格納長欄の可変長文字列の計算ルールや，索引の種類と構成列の記述ルールを確認したりする。中には，自分がずっと経験してきた設計方針と違っている場合もあるので，それを事前に確認しておいて，試験中は短時間で「例年通りかどうか」を確認できるようにしておきたい。

●詳細解説

平成30年度午後Ⅱ問1設問1（2）（3）の解説（P.viii参照）で，実際の出題に合わせてチェックしておくと，より理解が深まるだろう。

1．テーブル定義

次の方針に基づいてテーブル定義表を作成し，テーブル定義を行う。作成中の“一般経費申請”テーブルのテーブル定義表を表6に示す。

(1)　データ型欄には，データ型，データ型の適切な長さ，精度，位取りを記入する。データ型の選択は，次の規則に従う。

①　文字列型の列が全角文字の場合は，NCHAR又はNCHAR VARYINGを選択し，それ以外の場合はCHAR又はVARCHARを選択する。

②　数値の列が整数である場合は，取り得る値の範囲に応じて，SMALLINT又はINTEGERを選択する。それ以外の場合はDECIMALを選択する。

③　①及び②どちらの場合も，列の値の取り得る範囲に従って，格納領域の長さが最小になるデータ型を選択する。

④　日付の列は，DATEを選択する。

(2)　NOT NULL欄には，NOT NULL制約がある場合はYを，ない場合はNを記入する。

(3)　格納長欄には，RDBMSの仕様に従って，格納長を記入する。可変長文字列の格納長は，表1から平均文字数が分かる場合はそれを基準に算出し，それ以外の場合は，最大文字数の半分を基準に算出する。

(4)　索引の種類と構成列欄には，作成する索引を記入する。

①　索引の種類には，P（主キーの索引），U（ユニーク索引），NU（非ユニーク索引）がある。

②　主キーの索引は必ず作成する。

③　主キー以外で値が一意となる列又は列の組合せには，必ずユニーク索引を作成する。それ以外の列又は列の組合せが，外部キーを構成する場合は，必ず非ユニーク索引を作成する。

④　各索引の構成列には，構成列の定義順に1からの連番を記入する。

(5)　制約欄には，参照制約，検査制約をSQLの構文で記入する。

データ型欄
NOT NULL欄
格納長欄
索引の種類と構成列欄
制約欄

図：テーブル定義に関するルールの記述（平成30年午後Ⅱ問1の問題文より）

7 SQLの処理時間を求める問題

設問例（令和3年度午後I問2）

SQL文の処理時間を［ h ］秒と見積もった。

このパターンの設問は，これまで**平成23年午後I問3**と**令和3年午後I問2**で出題されている。いずれも**〔RDBMSの仕様〕**に関する段落があり，そこに図のような記述がある。

(4) ページをランダムに入出力する場合，SQL処理中のCPU処理と入出力処理は並行して行われない。これを同期データ入出力処理と呼び，SQL処理時間は次の式で近似できる。

SQL処理時間 ＝ CPU時間 ＋ 同期データ入出力処理時間

(5) ページを順次に入出力する場合，SQL処理中のCPU処理と入出力処理は並行して行われる。これを非同期データ入出力処理と呼び，SQL処理時間は次の式で近似できる。ここで関数MAXは引数のうち最も大きい値を返す。

SQL処理時間 ＝ MAX（CPU時間，非同期データ入出力処理時間）

図：RDBMSの仕様に記載されている記述（令和3年午後I問2より）

令和3年度の問題では，二つの表を結合してからの抽出処理の処理時間を求めているが，同期データ入出力処理と非同期データ入出処理に分けて，それぞれを次のような手順で算出して求めている。

① 非同期データ入出力処理時間（秒）
② 非同期データ入出力処理のCPU処理時間
③ 同期データ入出力処理時間（秒）
④ 同期データ入出力処理のCPU処理時間
⑤ SQLの処理時間＝MAX（①，②）＋（③＋④）

この順番は令和3年の通りだが，もちろんどこから求めてもいい。上記の①～④の要素が全て揃えば，SQLの処理時間が算出できるというわけだ。同期処理だけなら③④と⑤だけでいいし，非同期処理だけなら①②と⑤だけでいい。また，令和3年度の問題は，この手順を順番に示す中で空欄を埋める形の出題になっていた。手順をリードしてくれているので，比較的簡単に算出できる問題だった。

第1章 SQL

この章では，DBMS を操作する SQL について説明する。SQL は試験に必ず出題されるため，十分に理解することが合格への絶対条件になりつつある。序章にも書いた通り（P.8 参照），令和 5 年の試験でも SQL に関する問題は出題されている。しっかりと押さえておきたいテーマのひとつだと言えるだろう。しかし，SQL は“言語”である。そのすべてを短期間で習得することは困難であり，実務で SQL を利用していない人にとっては脅威でもある。そこで，実務経験者でない人でも効率よく学習できるように，過去に出題された問題を優先するとともにポイントだけを抜粋して構成した。最低限の範囲なので，十分に習得してもらいたい。

アクセスキー W（大文字のダブリュー）

●SQL 概要

SQL（Structured Query Language）は関係データベースの処理言語である。1970年代にIBM社によって開発されたSQLは，1986年にANSIの規格に，翌1987年にISOの規格になった。ここに**“標準SQL”**が誕生する（ISO9075）。標準SQLは，その後何度も改訂を繰り返して現在の最新版SQL：2016（ISO/IEC9075：2016）へと進化してきた。その間，各RDBMSベンダは標準SQLを意識しつつも独自の拡張を続けてきたため，個々のRDBMS製品のSQLには微妙な違いが生まれている。

情報処理技術者試験で使用されているSQLは**JIS X 3005規格群**になる。これは国際規格のISO/IEC9075を基に日本工業規格としたものになる。つまり標準SQLになる。ベンダ独自の仕様とは異なることがあるので注意しよう。また，古い規格と新しい規格で変わっていることもあるので，そこも注意しよう。

1987年にISO規格となった標準SQLをSQL86（もしくはSQL87）という。そしてそれは同年JIS X 3005：1987になる。その後改訂の都度その年度を用いて，SQL89，SQL92（もしくはSQL2），SQL99（もしくはSQL3），SQL：2003，SQL：2008，SQL：2011，SQL：2016へと進化してきた。JIS X 3005規格群ではJIS X 3005-2でISO/IEC9075-2：2011に対応している。ただし，新しく追加された機能に関しては突然問われることはない。最初は問題文中で説明してくれていることが多いので神経質になる必要はない。それよりも，昔からある命令をしっかりと押さえておくことの方が重要になる

●データ定義言語（DDL）とデータ操作言語（DML）

SQLには大きく分けると，データ定義言語（DDL：Data Definition Language）とデータ操作言語（DML：Data Manipulation Language）がある。

データ定義言語とは，テーブル，ビュー等の定義（領域確保）を行ったり，テーブルやビューの権限を定義したりするときに使用する命令で，主に次のようなものがある。

命令	説明
CREATE	テーブル，ビュー等を作成する
DROP	テーブル，ビュー等を削除する

データ操作言語とは，データを利用する人がデータを作成したり，取り出したりする命令を集めたもので，主に次のようなものがある。

命令	説明
SELECT	テーブルやビューの内容を照会する
INSERT	テーブルにデータを追加する
UPDATE	テーブル内のデータ内容を更新する
DELETE	テーブル内のデータを削除する

DDLやDMLの他，GRANT，REVOKEをDCL（Data Control Language：データ制御言語）とすることもある。ほかにCOMMITやROLLBACKをトランザクション制御として定義する分類もある。
また，DDLには，これら以外に，CREATE文で作成したテーブルや，ビューの内容を変更するALTERがある

●この章で使用するモデルケース

SQLを説明するに当たって，理解しやすいように次の図のようなモデルケースを設定した。ここから先は，具体例や使用例などを説明する際に，このモデルケースの用語やデータを使って説明することがある。但し，例文は過去問題から引用している場合もあり，すべての例文がここを参照しているわけではない。

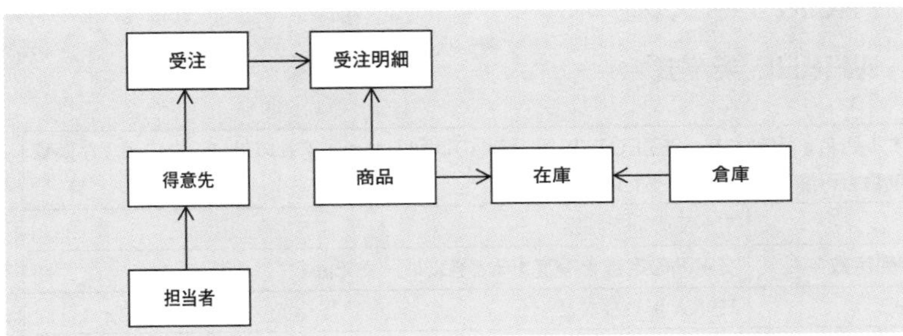

図：モデルケースのERD

得意先

得意先コード	得意先名	住所	電話番号	担当者コード
000001	A商店	大阪市中央区〇〇	06-6311-xxxx	101
000002	B商店	大阪市福島区〇〇	06-6312-xxxx	102
000003	Cスーパー	大阪市北区〇〇	06-6313-xxxx	104
000004	Dスーパー	大阪市淀川区〇〇	06-6314-xxxx	106
000005	E商店	大阪市北区〇〇	06-6315-xxxx	101

担当者

担当者コード	担当者名
101	三好　康之
102	山下　真吾
103	松田　聡
104	山本　四郎
106	豊田　久

商品

商品コード	商品名	単価
00001	えんぴつ	400
00002	ノート	200
00003	ふでばこ	800
00004	かばん	3000
00005	下敷き	150

受注

受注番号	受注日	得意先コード
00001	20030704	000001
00007	20030705	000003
00011	20030706	000001
00012	20030706	000002

倉庫

倉庫コード	倉庫名
201	茨木倉庫
202	尼崎倉庫
203	京都倉庫

受注明細

受注番号	行	商品コード	数量
00001	01	00002	3
00001	02	00003	2
00001	03	00004	6
00007	01	00002	4
00007	02	00001	2
00007	03	00003	8
00007	04	00005	10
00011	01	00004	12
00011	02	00003	5
00012	01	00001	7
00012	02	00004	9
00012	03	00005	10

在庫

倉庫コード	商品コード	数量
201	00001	1000
201	00002	2000
201	00003	2000
201	00004	3000
201	00005	2000
202	00003	2900
202	00004	3200
202	00005	3500
203	00001	3800
203	00002	4100
203	00003	4400
203	00005	100

図：モデルケースのテーブル構造

1.1 SELECT

基本構文

SELECT *列名*, *列名*, ・・・又は＊
　　FROM *テーブル名*
　　WHERE *条件式*

列名	抽出する列名を指定する。SELECT の後に続くのは列名だが，それ以外に，次のような演算子や定数も可能である（→「1.1.1」参照）	
	＊	すべての列を指定
	'文字列定数'	文字列の定数を指定するときには，'' で囲む
	計算式	TEIKA ＊ 0.8 など
	集約関数	SUM( )，AVG( )，MAX( ) など
テーブル名	対象となるテーブルを指定する	
条件式	抽出条件を指定して，必要な値だけを抽出する（→「1.1.2」参照）	

SELECT 文は，テーブルやビューの中から必要な列又は行を抽出し，参照するときの命令である。データを読み出すときに使うので，問合せということもある。データ操作言語の中で最も利用頻度が高い。

SELECT の後に続ける列名を列挙する部分を「選択項目リスト」という

● SELECT の基本使用例

【使用例 1】 得意先テーブルの全件・全範囲を照会する。

```
SELECT ＊ FROM 得意先
```

【使用例 2】 得意先テーブルのデータ件数を確認する。

```
SELECT COUNT (＊) FROM 得意先
```

【使用例 3】 射影（特定の列を取り出す）

➡ P.96 参照

得意先テーブルから，得意先コードと得意先名のみを問い合わせる。

```
SELECT 得意先コード， 得意先名 FROM 得意先
```

【使用例 4】 選択（特定の行を取り出す）

➡ P.97 参照

得意先テーブルから，得意先コードが「000003」のもののみ問い合わせる。

```
SELECT * FROM 得意先
       WHERE 得意先コード = '000003'
```

得意先コード	得意先名	住所	電話番号	担当者コード
000001	A商店	大阪市中央区○○	06-6311-xxxx	101
000002	B商店	大阪市福島区○○	06-6312-xxxx	102
000003	Cスーパー	大阪市北区○○	06-6313-xxxx	104
000004	Dスーパー	大阪市淀川区○○	06-6314-xxxx	106
000005	E商店	大阪市淀川区○○	06-6315-xxxx	101

使用例3「射影」

得意先コード	得意先名
000001	A商店
000002	B商店
000003	Cスーパー
000004	Dスーパー
000005	E商店

使用例4「選択」

得意先コード	得意先名	住所	電話番号	担当者コード
000003	Cスーパー	大阪市北区○○	06-6313-xxxx	104

図：SELECT の基本使用例

●射影

射影は，ある関係から，指定した属性だけを抽出する演算である。通常は重複するタプルは排除される。

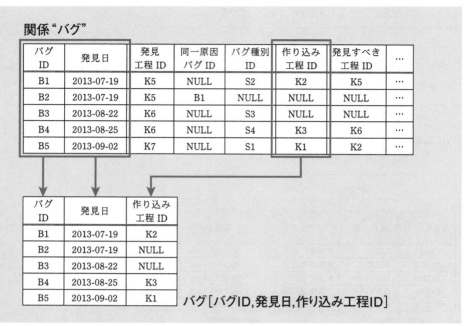

関係“バグ”

バグID	発見日	発見工程ID	同一原因バグID	バグ種別ID	作り込み工程ID	発見すべき工程ID	…
B1	2013-07-19	K5	NULL	S2	K2	K5	…
B2	2013-07-19	K5	B1	NULL	NULL	NULL	…
B3	2013-08-22	K6	NULL	S3	NULL	NULL	…
B4	2013-08-25	K6	NULL	S4	K3	K6	…
B5	2013-09-02	K7	NULL	S1	K1	K2	…

バグID	発見日	作り込み工程ID
B1	2013-07-19	K2
B2	2013-07-19	NULL
B3	2013-08-22	NULL
B4	2013-08-25	K3
B5	2013-09-02	K1

バグ[バグID,発見日,作り込み工程ID]

図：射影の例（平成26年・午後Ⅰ問1をもとに一部を変更）

● 試験で用いられる関係代数演算式の例

演算	式	備考
射影	R[A1，A2，…]	A1，A2は，関係Rの属性を表す。同じ内容のタプルは重複が排除される。

● SELECT文との対比

（公式）

```
SELECT A1, A2,・・・
FROM R
```

（使用例）

```
SELECT DISTINCT バグID, 発見日,
                作り込み工程ID
FROM バグ
```

試験に出る

令和03年・午前Ⅱ 問9
平成31年・午前Ⅱ 問13
平成29年・午前Ⅱ 問13

射影演算は，SELECT文でSELECT句に選択項目リストを指定し，さらにDISTINCTを付与して重複を取り除いたものと同じである

●選択

選択は，ある関係から，指定した特定のタプルだけを抽出する演算である。

関係“バグ”

バグID	発見日	発見工程ID	同一原因バグID	バグ種別ID	作り込み工程ID	発見すべき工程ID	…
B1	2013-07-19	K5	NULL	S2	K2	K5	…
B2	2013-07-19	K5	B1	NULL	NULL	NULL	…
B3	2013-08-22	K6	NULL	S3	NULL	NULL	…
B4	2013-08-25	K6	NULL	S4	K3	K6	…
B5	2013-09-02	K7	NULL	S1	K1	K2	…

バグ[発見日　＝　‘2013-07-19’]

バグID	発見日	発見工程ID	同一原因バグID	バグ種別ID	作り込み工程ID	発見すべき工程ID	…
B1	2013-07-19	K5	NULL	S2	K2	K5	…
B2	2013-07-19	K5	B1	NULL	NULL	NULL	…

図：選択の例（平成26年・午後Ⅰ問1をもとに一部を変更）

● 試験で用いられる関係代数演算式の例

演算	式	備考
選択	R[X　比較演算子　Y]	X，Yは，関係Rの属性を表す。X，Yのいずれか一方は，定数でもよい。

● SELECT文との対比

（公式）

```
SELECT  *
FROM  R
WHERE  X  比較演算子  Y
```

➡

（使用例）

```
SELECT  *
FROM  バグ
WHERE  発見日＝‘2013-07-19’
```

「選択」は「制限」(restriction)ともいう

比較条件はθと書くことがある。属性AとBがあるとき，AθBとは，あるタプルt上でt[A]とt[B]をθで比較演算していることを表す。
θの内訳は，＝，＜，≦，＞，≧，≠である

選択演算は，SELECT文でWHERE句に比較条件を指定して結果セットを得ることと同じである

1.1.1 選択項目リスト

ここでは，SELECT 文の選択項目リストに指定できる様々な項目について説明する。

試験に出る
平成 25 年・午前Ⅱ 問 6
平成 20 年・午前 問 25
平成 17 年・午前 問 27

●計算式（算術演算子）を指定

計算式を指定する際に使用できる演算子には，加算（+），減算（−），乗算（*），除算（/）などがある。これらを利用して列名と列名で計算することも可能である。

試験に出る
ここで取り上げているものについては，午後Ⅰ，午後Ⅱで普通に使用されている

```
SELECT 商品名, 単価*0.8 AS 特価
       FROM 商品
       WHERE 商品コード = '00002'
```

単価 * 0.8 は「単価を 80% にしたものの列」を指し，列名を使用して計算を行う例を示している。さらにここでは，その列に " 特価 " と名付けている

●||：列を連結する指定（連結演算子）

連結演算子とは，複数の列項目や定数を一つの列にするものである。下記の例は，連結演算子（||）を使って，'商品名 =' という定数の列と，" 商品名 " の列を連結し，一つの列にしたものである。その上で，" 名前 " という新たな列名を与えている。

```
SELECT '商品名=' || 商品名 AS 名前
       FROM 商品
```

●AS：別名（相関名）を指定

これまでに説明した二つの例では，演算子や連結演算子を使った列に「AS」を使って別の名前を付けている。このように，列名などの名称を SQL 文の中で変更することを「別名を付ける」といい，新たに付けられた名称を「別名」という。別名を付ける場合，下記のように「AS」は省略可能である。

列名以外にも，次のようにテーブル名などにも使用可能である。ただし，いったんテーブルに別名を付けた場合，その SQL 文の中では，ほかの箇所でも別名を使って記述しなければならない

```
SELECT X.受注番号, X.受注日, Y.得意先名
       FROM 受注 X, 得意先 Y
       WHERE X.得意先コード = Y.得意先コード
```

●DISTINCT：重複を取り除く

DISTINCT 句を使うと，重複を取り除くことができる。下記の例だと，単価だけを表示させる SELECT 文だが，同じ単価のものはいくつあっても一つにする。

```
SELECT DISTINCT 単価
       FROM 商品
```

DISTINCT 句は複数の列に対しても指定することが可能であるが，その場合は，指定したすべての列の一意な組合せが出力される。複数列の中の特定の列だけを指定することはできない

●COALESCE：NULL を処理できる関数

COALESCE（引数 1，引数 2，…）は，可変長の引数を持ち，NULL でない最初の引数を返す関数である。

下のように引数を二つ指定し，最後に定数の「0」を指定すると，SUM（B1）が NULL でない場合は SUM（B1）を返すが，NULL の場合は，次の引数の「0」を無条件に返す。これによって，A1 に NULL が入らないようにすることができる。

```
SELECT 年代，性別，COALESCE（SUM（B1），0）A1
       FROM 会員
       GROUP BY 年代，性別
```

試験に出る
令和 02 年・午前Ⅱ 問 7

試験に出る
午後問題では頻出。毎年のように出題されたり，使われたりしている。最重要の関数だと言える。絶対に覚えておきたい

●CASE：条件式の利用

CASE を使うと，下記のように SQL 文の中で条件式を使用することができる。

下の例では，入館時刻が 12:00 よりも前の人の数を集計している（入館時刻 ＜ '1200' が成立した場合 1 を加算するが，そうでない場合は，0 を加算する）。

```
SELECT 会員番号,
       SUM（CASE WHEN 入館時刻 < '1200'
             THEN 1 ELSE 0 END）AS B1
       FROM ・・・
```

試験に出る
平成 29 年・午前Ⅱ 問 8

試験に出る
午後問題でよく使われている。

●ウィンドウ関数を使う

→「1.1.2　ウィンドウ関数（分析関数）」（P.100 参照）

1.1.2 ウィンドウ関数（分析関数）

ウィンドウ関数は，特定の範囲のデータに対して計算等を行い，各行に対して一つの結果を返すことができる関数である。情報処理技術者試験ではウィンドウ関数と呼んでいるが，分析関数やOLAP（OnLine Analytical Processing）関数と呼ばれることもある。

ウィンドウ関数を使えば，SELECT文で抽出した各行に，複数行にまたがった処理を加えることができる。各行に対して一つの結果を返すため，SELECT文の選択項目リストで使用される（過去問題でもSELECT文の選択項目リストで使われている）。なお，この説明ではよくわからない場合，百聞は一見にしかず。すぐに使用例をチェックしてみよう。

なお，ウィンドウ関数は**OVER句**を用いて表現される。その後に続く**PARTITION BY句**を指定するとグルーピングができる。その使い方はGROUP BYと似ている。ちなみに省略すると表全体が対象になる。加えて，その後に続くORDER BY句で順序付けをすることもできる。さらにその後にフレーム句を使えば範囲指定をすることもできる。それぞれ使用例を見ながら使い方を整理しておこう。

SQL:2003以降の標準SQLで規定されているウィンドウ関数は，現在主要なRDBMSでは使用可能になっている。ただ，情報処理技術者試験に登場するのはかなり遅く，平成31年から出題されるようになった。しかも，今のところユーザ定義関数同様に注記で説明がついている。したがって事前に知らなくても解答できていたが，令和4年の（午後Ⅰにはこれまで同様注記がついていたが）午後Ⅱの問題では注記がなくなった。そろそろ本格的に注記がつかなくなる可能性もある。仮にこれまで通り注記がついても，知っていれば早く解けると思う。余裕があれば覚えておこう

関数	意味 「PARTITION BY」を指定している場合はその単位で，指定していない場合は表全体で…
AVG（列名）	平均値を求める
MAX（列名）	最大値を求める
MIN（列名）	最小値を求める
SUM（列名）	合計値を求める
COUNT（列名）	行数を求める
ROW_NUMBER（ ）	1からの行番号を取得する
LAG（列名 [,n]）	n行前の「指定した列名の値」を取得する（n省略時＝1）
LEAD（列名 [,n]）	n行後の「指定した列名の値」を取得する（n省略時＝1）
RANK（ ）	順位付けをする（同じ順位の場合，その後の順位を飛び番にする）
DENSE_RANK（ ）	順位付けをする（同じ順位の場合，その後の順位を飛び番にしない）
PERCENT_RANK（ ）	相対的な位置（順位）を求める。パーセントランク値（0≦値≦1）
CUME_DIST（ ）	相対的な位置（順位）を求める。累積分布（0＜値≦1）
NTILE（n）	n個に均等に分割し，その分割した集合に対して順位をつける

図：代表的なウィンドウ関数

●集約関数を使う

ウィンドウ関数として（「1.1.4　GROUP BY句と集約関数」のところで説明する）集約関数を使うことができる。ウィンドウ関数で使用するPARTITION BYはGROUP BYと似ているが，使用例1を参考に，どういう違いがあるのかを比較してみると理解が進む。他にも（GROUP BY同様）MAX，MIN，SUM，COUNTなども使える。

【使用例1】AVG関数

部署ごとの労働時間の平均値を各行の4番目の列として抽出する。

```
SELECT 部署, 社員, 労働時間,
 AVG (労働時間) OVER (PARTITION BY 部署) AS 部署平均
FROM 勤怠表
```

勤怠表

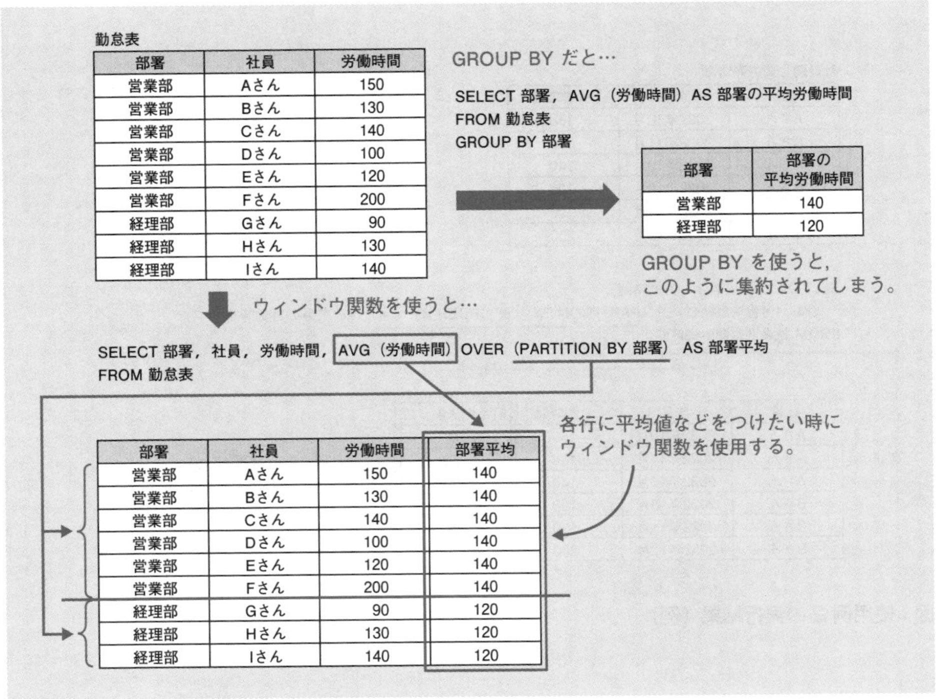

部署	社員	労働時間
営業部	Aさん	150
営業部	Bさん	130
営業部	Cさん	140
営業部	Dさん	100
営業部	Eさん	120
営業部	Fさん	200
経理部	Gさん	90
経理部	Hさん	130
経理部	Iさん	140

GROUP BYだと…

SELECT 部署，AVG（労働時間）AS 部署の平均労働時間
FROM 勤怠表
GROUP BY 部署

部署	部署の平均労働時間
営業部	140
経理部	120

GROUP BYを使うと，このように集約されてしまう。

ウィンドウ関数を使うと…

SELECT 部署，社員，労働時間，AVG（労働時間）OVER（PARTITION BY 部署） AS 部署平均
FROM 勤怠表

部署	社員	労働時間	部署平均
営業部	Aさん	150	140
営業部	Bさん	130	140
営業部	Cさん	140	140
営業部	Dさん	100	140
営業部	Eさん	120	140
営業部	Fさん	200	140
経理部	Gさん	90	120
経理部	Hさん	130	120
経理部	Iさん	140	120

各行に平均値などをつけたい時にウィンドウ関数を使用する。

図：使用例1の実行結果（例）とGROUP BYとの違い

●他の行の値を使う

LAG 関数や LEAD 関数を使うと他の行の値を使うことができる。他の行の値を扱うことができれば，前回との差や前回比（前年比）なども計算できるので，かなり効率よく分析できるようになる。分析関数といわれる所以だ。過去問題では複雑な例が出ているが，まずはシンプルな例で理解を深めておこう。

試験に出る
①令和 04 年・午後Ⅰ問 2
②令和 04 年・午後Ⅰ問 3
③平成 31 年・午後Ⅱ問 1

【使用例 2】LAG 関数

社員ごとの月別の労働時間から 1 か月前（1 行前）の労働時間を各行の 4 番目の列として抽出する（但し，毎月の労働時間が必ず存在することが前提条件）。

```
SELECT 社員, 年月, 労働時間, LAG（労働時間）
  OVER（PARTITION BY 社員 ORDER BY 年月）AS 前月の
  労働時間
FROM 社員別月間労働時間
```

社員別月間労働時間

社員	年月	労働時間
Aさん	2022年10月	150
Aさん	2022年11月	130
Aさん	2022年12月	140
Bさん	2022年10月	100
Bさん	2022年11月	120
Bさん	2022年12月	200

```
SELECT 社員, 年月, 労働時間,
  LAG（労働時間）OVER（PARTITION BY 社員 ORDER BY 年月） AS 前月の労働時間
FROM 社員別月間労働時間
```

社員	年月	労働時間	前月の労働時間
Aさん	2022年10月	150	NULL
Aさん	2022年11月	130	150
Aさん	2022年12月	140	130
Bさん	2022年10月	100	NULL
Bさん	2022年11月	120	100
Bさん	2022年12月	200	120

社員ごとに年月順に並べて
各行の 1 行前の値をとってくる。
1 行前がない場合は NULL が設定される。

図：使用例 2 の実行結果（例）

●順位付けをする

RANK関数やDENSE_RANK関数を使うと順位付けを行うことができる。PERCENT_RANK関数を使えば相対的な位置が，CUME_DIST関数を使えば累積分布がわかる。またNTILE関数を使うとグループに順位を付けることができる。なお，順位付けではないが単純にナンバリングをする時にはROW_NUMBERを使う。

JIS X 3005では，RANK関数とDENSE_RANK関数を順位関数，PERCENT_RANK関数とCUME_DIST関数を分布関数としている

【使用例3】RANK関数

勤怠表より，部署ごとに社員の労働時間を多いもの順に並べて順位付けをする。同値は同順位として，同順位の数だけ順位を飛ばす。

```
SELECT 部署，社員，労働時間，RANK（ ）
  OVER（PARTITION BY 部署 ORDER BY 労働時間 DESC）
  AS 順位
FROM 勤怠表 ORDER BY 部署，労働時間 DESC
```

試験に出る
①令和05年・午前Ⅱ問9

試験に出る
①令和05年・午後Ⅱ問1
②令和02年・午後Ⅱ問1

勤怠表

部署	社員	労働時間
営業部	Aさん	150
営業部	Bさん	140
営業部	Cさん	140
営業部	Dさん	100
営業部	Eさん	120
営業部	Fさん	200
経理部	Gさん	90
経理部	Hさん	130
経理部	Iさん	140

SELECT 部署，社員，労働時間，
RANK（ ）OVER（PARTITION BY 部署 ORDER BY 労働時間 DESC）AS 順位
FROM 勤怠表 ORDER BY 部署，労働時間 DESC

RANK関数を使った結果

部署	社員	労働時間	順位
営業部	Fさん	200	1
営業部	Aさん	150	2
営業部	Bさん	140	3
営業部	Cさん	140	3
営業部	Eさん	120	5
営業部	Dさん	100	6
経理部	Iさん	140	1
経理部	Hさん	130	2
経理部	Gさん	90	3

部署単位で，各行にランクをつける。
RANK関数だと，3番目が二つある場合，その後の順位は5番目になる。

DENSE_RANK関数を使った結果

部署	社員	労働時間	順位
営業部	Fさん	200	1
営業部	Aさん	150	2
営業部	Bさん	140	3
営業部	Cさん	140	3
営業部	Eさん	120	4
営業部	Dさん	100	5
経理部	Iさん	140	1
経理部	Hさん	130	2
経理部	Gさん	90	3

DENSE_RANK関数にすると，3番目が二つあるが，その後の順位は飛ばさずに4番目になる。

図：使用例3の実行結果（例）

【使用例 4】PERCENT_RANK 関数

勤怠表より，部署ごとに社員の労働時間を多いもの順に並べてパーセントランク値を求める。

```
SELECT 部署, 社員, 労働時間, PERCENT_RANK ( )
  OVER (PARTITION BY 部署 ORDER BY 労働時間 DESC)
  AS PR
FROM 勤怠表 ORDER BY 部署, 労働時間 DESC
```

勤怠表

部署	社員	労働時間
営業部	Aさん	150
営業部	Bさん	140
営業部	Cさん	140
営業部	Dさん	100
営業部	Eさん	120
営業部	Fさん	200
経理部	Gさん	90
経理部	Hさん	130
経理部	Iさん	140

SELECT 部署，社員，労働時間，
PERCENT_RANK（）OVER（PARTITION BY 部署 ORDER BY 労働時間 DESC）AS PR
FROM 勤怠表 ORDER BY 部署，労働時間 DESC

PERCENT_RANK関数を使った結果

部署	社員	労働時間	PR	
営業部	Fさん	200	0	→ 順位が 1 番の場合は "0" になる。
営業部	Aさん	150	0.2	→ 順位が 2 番で要素数が 6 なので，(2-1) ÷ (6-1) =0.2 になる。
営業部	Bさん	140	0.4	→ 順位が 3 番で要素数が 6 なので，(3-1) ÷ (6-1) =0.4 になる。
営業部	Cさん	140	0.4	→ 〃
営業部	Eさん	120	0.8	→ 順位が 5 番で要素数が 6 なので，(5-1) ÷ (6-1) =0.8 になる。
営業部	Dさん	100	1	→ 順位が 6 番で要素数が 6 なので，(6-1) ÷ (6-1) =1 になる。
経理部	Iさん	140	0	→ 順位が 1 番の場合は "0" になる。
経理部	Hさん	130	0.5	→ 順位が 2 番で要素数が 3 なので，(2-1) ÷ (3-1) =0.5 になる。
経理部	Gさん	90	1	→ 順位が 3 番で要素数が 3 なので，(3-1) ÷ (3-1) =1 になる。

部署単位で，各行に相対的な位置を付ける。
計算式：順位から 1 を引く ÷ 要素数から 1 を引く

図：使用例 4 の実行結果（例）

PERCENT_RANK 関数を使うと順位ではなく**相対的な位置（パーセントランク値）**になる。各行の値は次の計算式で求める。

計算式：（順位－ 1） ／ （行数－ 1）
（0 ≦ PERCENT_RANK の値≦ 1）

行数は PARTITION BY を付ければ，PARTITION 内の行数になる。**順位が 1 番のものは "0"**。要するに，上位何％にいるのかがわかる関数になるが，CUME_DIST との違いに注意。

【使用例 5】CUME_DIST 関数

勤怠表より，部署ごとに社員の労働時間を多いもの順に並べて累積分布値を求める。

```
SELECT 部署, 社員, 労働時間, CUME_DIST ( )
  OVER (PARTITION BY 部署 ORDER BY 労働時間 DESC)
  AS CUME_DIST
FROM 勤怠表 ORDER BY 部署, 労働時間 DESC
```

こちらの方が，一般的な「上位何%にいるのか?」というイメージに近い

勤怠表

部署	社員	労働時間
営業部	Aさん	150
営業部	Bさん	140
営業部	Cさん	140
営業部	Dさん	100
営業部	Eさん	120
営業部	Fさん	200
経理部	Gさん	90
経理部	Hさん	130
経理部	Iさん	140

```
SELECT 部署, 社員, 労働時間,
  CUME_DIST () OVER (PARTITION BY 部署 ORDER BY 労働時間 DESC) AS CUME_DIST
FROM 勤怠表 ORDER BY 部署, 労働時間 DESC
```

CUME_DIST関数を使った結果

部署	社員	労働時間	CUME_DIST	
営業部	Fさん	200	0.1666…	→ 1÷6=0.1666…
営業部	Aさん	150	0.3333…	→ 2÷6=03333…
営業部	Bさん	140	0.6666…	→ 4÷6=0.6666…（ピア行があるので）
営業部	Cさん	140	0.6666…	→ 〃
営業部	Eさん	120	0.8333…	→ 5÷6=08333…
営業部	Dさん	100	1	→ 6÷6=1
経理部	Iさん	140	0.3333…	→ 1÷3=0.3333…
経理部	Hさん	130	0.6666…	→ 2÷3=0.6666…
経理部	Gさん	90	1	→ 3÷3=1

部署単位で，各行に相対的な位置を付ける。
計算式：（現在行とピア行含む，現在行までの行数）÷行数

図：使用例 5 の実行結果（例）

PERCENT_RANK に似た関数に CUME_DIST がある。**累積分布**を求める関数だ。各行の値は次の計算式で求める。

計算式：（現在行とピア行含む，現在行までの行数）／ 行数
（0 ＜ CUME_DIST の値≦ 1）

行数は PARTITION BY を付ければ，PARTITION 内の行数になる。**CUME_DIST には“0”はない。**また，ピア行がある場合，その行を含めて計算する点に注意（例を参照）。

ピア行
同じ順位の行

【使用例 6】NTILE 関数

売上表から，顧客を（月間売上の高いものから順に）4 等分して 4 つの階級を求め，月間売上の上位の顧客から順に 4 つの階級に振り分ける。

```
SELECT 顧客，月間売上，
 NTILE (4) OVER (ORDER BY 月間売上 DESC) AS 階級
FROM 売上表 ORDER BY 月間売上 DESC
```

試験に出る
①令和 04 年・午後Ⅱ問 1
②令和 02 年・午後Ⅱ問 1

売上表

顧客	月間売上
Aさん	200
Bさん	150
Cさん	140
Dさん	140
Eさん	120
Fさん	100
Gさん	140
Hさん	130
Iさん	90
Jさん	120
Kさん	150
Lさん	110
Mさん	210

均等になるように4つに分ける。
上位から階級をつける。

割り切れないときは上位から順に1増える

顧客	月間売上	階級
Mさん	210	1
Aさん	200	1
Bさん	150	1
Kさん	150	1
Cさん	140	2
Dさん	140	2
Gさん	140	2
Hさん	130	3
Eさん	120	3
Jさん	120	3
Lさん	110	4
Fさん	100	4
Iさん	90	4

SELECT 顧客，月間売上，NTILE(4) OVER (ORDER BY 月間売上 DESC) AS 階級
FROM 売上表 ORDER BY 月間売上 DESC

図：使用例 6 の実行結果（例）

NTILE関数は,(図のように)対象を①均等に指定した数に分け,②その均等分けしたグループに順位をつける関数になる。図で確認するとわかりやすいと思う。割り切れない場合は,上位のグループから順に割り当てる（この例では階級が1の場合，他より 1 多い)。また，同じ値でも違うグループになることがある。

デシル分析（顧客の売上金額を 10 等分にし，各ランクの特性を探るときに用いられる分析）で活用されている

●移動平均を求める

過去 1 年間の移動平均を求めるときには，フレーム指定をするとシンプルに求められる（使用例 5 は 3 か月の移動平均値にしている。2 を指定しているところを 11 に変えれば 1 年間の移動平均になる)。フレーム指定とは，表内や区画内で範囲指定をする時に利用するもので，（位置的には）ORDER BY 句の後に続けて指定する。

試験に出る
①令和 05 年・午後Ⅰ問 3

【使用例 7】範囲指定をする場合（フレームの指定）

月間売上表の月間売上の過去3か月ごとの移動平均値を求める。

```
SELECT 年月, 月間売上,
 AVG（月間売上）OVER（ORDER BY 年月
 ROWS BETWEEN 2 PRECEDING AND CURRENT ROW ）AS
 移動平均値
FROM 月間売上表
```

月間売上表

年月	月間売上
2022年1月	200
2022年2月	150
2022年3月	140
2022年4月	140
2022年5月	120
2022年6月	100
2022年7月	140
2022年8月	130
2022年9月	90
2022年10月	120

年月	月間売上	移動平均値
2022年1月	200	200
2022年2月	150	175
2022年3月	140	163
2022年4月	140	143
2022年5月	120	133
2022年6月	100	120
2022年7月	140	120
2022年8月	130	123
2022年9月	90	120
2022年10月	120	113

← 1月～3月の3か月間の平均値
← 2月～4月の3か月間の平均値
← 3月～5月の3か月間の平均値
……

各行で，当月，前月，前々月の平均値（移動平均値）を求める。

```
SELECT 年月, 月間売上, AVG（月間売上）
  OVER （ORDER BY 年月 ROWS BETWEEN 2 PRECEDING AND CURRENT ROW ）AS 移動平均値
FROM 月間売上表
```

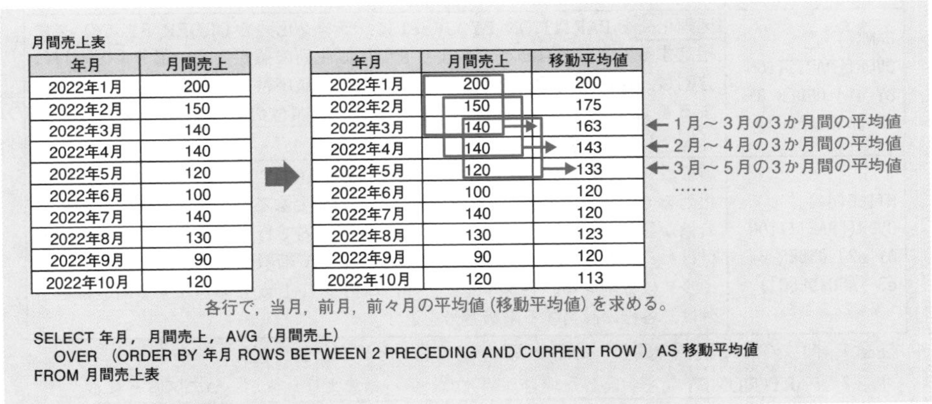

図：使用例 7 の実行結果（例）

範囲指定は「BETWEEN 開始地点 AND 終了地点」で指定する。BETWEEN 句の前には動作モードを指定する。ROWS は行単位のモードだ。これを RANGE に変えれば“値”を指定できる。また，使用例 5 の PRECEDING や CURRENT ROW は BETWEEN 句の開始地点や終了地点に設定できるパラメタである。ほかにも下図のようなものがある。

開始地点，終了地点に使用	意味
CURRENT ROW	現在の行，もしくは現在の値（カレントは現在の意味） ROWS の場合は現在の行，RANGE の場合は現在の値（現在の値は複数ある場合に注意）。
n　PRECEDING	n 行前，もしくは n 値前（PRECEDING：前に）
n　FOLLOWING	n 行後，もしくは n 値後（FOLLOWING：後に）
UNBOUNDED　PRECEDING	先頭の行（開始地点のみで使用可能）
UNBOUNDED　FOLLOWING	末尾の行（終了地点のみで使用可能）

図：代表的な指定モード

●過去問題での出題例

ウィンドウ関数は，令和に入りIPAがDX重視の姿勢を打ち出してから，SQLの問題の最重要テーマになっている。

令和2年午後Ⅱ問1では，次の表を使って**〔RDBMSの仕様〕**段落で説明されている。この時は，ウィンドウ関数を知らなくても（次の図のように）丁寧に説明してくれていた。

表4　RDBMSがサポートする主なウィンドウ関数

関数の構文	説明
RANK() OVER([PARTITION BY e1] ORDER BY e2 [ASC|DESC])	区画化列をPARTITION BY句のe1に，ランク化列をORDER BY句のe2に指定する。対象となる行の集まりを，区画化列の値が等しい部分（区画）に分割し，各区画内で行をランク化列によって順序付けした順位を，1から始まる番号で返す。同値は同順位として，同順位の数だけ順位をとばす。（例：1,2,2,4,…）
NTILE(e1) OVER([PARTITION BY e2] ORDER BY e3 [ASC|DESC])	階級数をNTILEの引数e1に，区画化列をPARTITION BY句のe2に，階級化列をORDER BY句のe3に指定する。対象となる行の集まりを，区画化列の値が等しい部分（区画）に分割し，各区画内で行を階級化列によって順序付けし，行数が均等になるように順序に沿って階級数分の等間隔の部分（タイル）に分割する。各タイルに，順序に沿って1からの連続する階級番号を付け，各行の該当する階級番号を返す。

注記1　関数の構文の[ ]で囲われた部分は，省略可能であることを表す。
注記2　PARTITION BY句を省略した場合，関数の対象行の集まり全体が一つの区画となる。
注記3　ORDER BY句の[ASC|DESC]を省略した場合，ASCを指定した場合と同じ動作となる。

図：令和2年午後Ⅱ問1で出題された時の説明

令和4年度には，**午後Ⅰ問2，問3，午後Ⅱ問1**で出題されていた。この時も，まだ説明が加えられていて「知っていて当然」という形での出題ではなかった（**午後Ⅱ問2**ではNTILEの説明こそなかったが処理概要と対応付けると容易に理解できる）。

しかし，**令和5年度**の問題では，補足説明がなくなっている。**午後Ⅰ問3，午後Ⅱ問1**で出題されているが，これまでのように親切な"説明"は無い。もう十分な"お試し期間"は終わったということだろう。しかもこの年は，**午前Ⅱ**でもRANK関数の問題が出題されている。

今後も，データ分析系の問題は出題されるはずだ。そうなるとウィンドウ関数について出題されることも必然的に多くなる。代表的なものは覚えておきなさいということだろう。

AVG（日平均温度）に OVER 句を用いている。
ウィンドウ関数を使って複数行処理していることがわかる。

表 4　改良した SQL 文

SQL	SQL 文の構文（上段：目的，下段：構文）
SQL2	指定した圃場と農事日付の期間について，日ごとの日平均温度の変動傾向を調べる。
	WITH R (圃場 ID，農事日付，日平均温度，行数) AS ([網掛け]) SELECT 農事日付，AVG(日平均温度) OVER (ORDER BY 農事日付 ROWS BETWEEN 2 PRECEDING AND CURRENT ROW) AS X FROM R WHERE 圃場 ID = :h1 AND 農事日付 BETWEEN :h2 AND :h3

注記 1　ホスト変数の h1 には圃場 ID を，h2 には期間の開始日（2023-02-01）を，h3 には終了日（2023-02-10）を設定する。
注記 2　網掛け部分は，表 3 の SQL1 の R を求める問合せと同じなので表示していない。

行単位　2 行前　現在の行　農事日付を昇順にして

当日と前日，前々日の 3 日間の平均値

圃場 ID	農事日付	日平均温度	…
○○	2023-02-01	9.0	…
○○	2023-02-02	14.0	…
○○	2023-02-03	10.0	…
○○	2023-02-04	12.0	…
○○	2023-02-05	20.0	…
○○	2023-02-06	10.0	…
○○	2023-02-07	15.0	…
○○	2023-02-08	14.0	…
○○	2023-02-09	19.0	…
○○	2023-02-10	18.0	…

注記　日平均温度は，小数第 1 位まで表示した。

図 2　SQL1 の結果行の一部

農事日付	X
2023-02-01	
2023-02-02	
2023-02-03	11.0
2023-02-04	12.0
2023-02-05	c　14.0
2023-02-06	14.0
2023-02-07	d　15.0
2023-02-08	13.0
2023-02-09	e　16.0
2023-02-10	17.0

注記 1　X は，小数第 1 位まで表示した。
注記 2　網掛け部分は表示していない。

図 3　SQL2 の結果行（未完成）

図：令和 5 年午後 I 問 3 で出題された時の SQL 文と設問

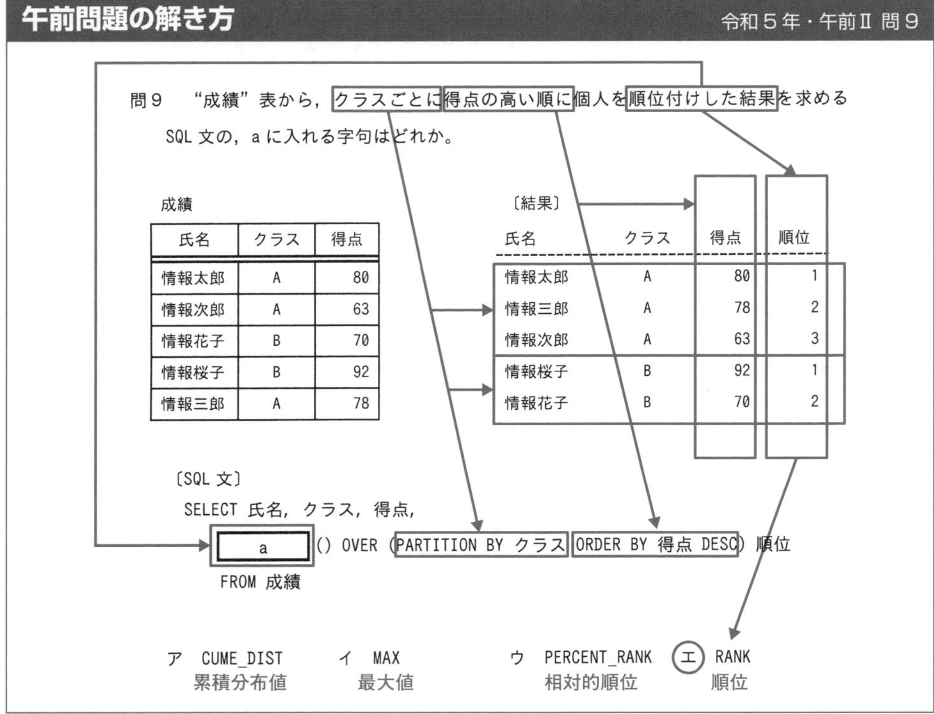
問９　“成績”表から，クラスごとに得点の高い順に個人を順位付けした結果を求めるSQL 文の，a に入れる字句はどれか。

成績

氏名	クラス	得点
情報太郎	A	80
情報次郎	A	63
情報花子	B	70
情報桜子	B	92
情報三郎	A	78

〔結果〕

氏名	クラス	得点	順位
情報太郎	A	80	1
情報三郎	A	78	2
情報次郎	A	63	3
情報桜子	B	92	1
情報花子	B	70	2

〔SQL 文〕

```
SELECT 氏名, クラス, 得点,
    [ a ] () OVER (PARTITION BY クラス ORDER BY 得点 DESC) 順位
  FROM 成績
```

ア　CUME_DIST　累積分布値　　イ　MAX　最大値　　ウ　PERCENT_RANK　相対的順位　　(エ)　RANK　順位

Memo

1.1.3 SELECT 文で使う条件設定（WHERE）

試験に出る
①平成 20 年・午前 問 42
②平成 17 年・午前 問 38

●範囲を表す BETWEEN

「BETWEEN A AND B」は，A 以上 B 以下（A と B も含む）という範囲を指定するものである。

```
WHERE 受注日 BETWEEN '20030704' AND '20030706'
```

上の例では,「受注日が 2003 年 7 月 4 日から 2003 年 7 月 6 日まで」の列を指定しており，次の条件式と同じ意味である。

```
WHERE 受注日 >= '20030704' AND
      受注日 <= '20030706'
```

●そのものの値を示す IN

IN を使用すると, 後に続く()内に指定した値だけが対象となる。次の例では，受注日が 2003 年 7 月 4 日の行と 2003 年 7 月 6 日の行だけが条件に合致する。

```
WHERE
受注日 IN ('20030704','20030706')
```

●文字列の部分一致を指定する LIKE

LIKE は，文字列の中の一部分のみを条件指定する場合に使用する。

次の例では担当者名が「三好」で始まるものを指定している。「%」は 0 桁から n 桁の任意の文字でよいということを示している。

```
WHERE 担当者名 LIKE '三好%'
```

次の例では，担当者名の 1 桁目は任意の文字で，2 桁目が「好」であるものを指定している。「_ 」は 1 桁目は任意の文字でよいということを示している。

```
WHERE 担当者名 LIKE '_好%'
```

これらを使用すると，列内の前方一致検索，後方一致検索，中間一致（前方／後方一致）検索が可能になる。次にその例を示す。

【前方一致検索】 LIKE '三好%'
【後方一致検索】 LIKE '%康之'
【中間一致検索】 LIKE '%三好康之%'

●NULLのみを抽出

これは，得意先テーブルの電話番号にNULLがセットされている行だけを取り出す指定である。

```
WHERE 電話番号 IS NULL
```

●NOT

NOTは，否定する場合に使う。次のように否定したいものの直前にNOTを入れる。

```
例1 : WHERE 受注日 NOT BETWEEN '20030704' AND '20030706'
例2 : WHERE 受注日 NOT IN ('20030704','20030706')
例3 : WHERE 電話番号 IS NOT NULL
```

午前問題の解き方

令和３年・午前Ⅱ 問９

問９　属性が n 個ある関係の異なる射影は幾つあるか。ここで，射影の個数には，元の関係と同じ結果となる射影，及び属性を全く含まない射影を含めるものとする。

ア　$\log_2 n$　　イ　n　　ウ　$2n$　　(エ)　2^n

午前問題の解き方

平成 25 年・午前Ⅱ 問 6

問６　SQL の SELECT 文の選択項目リストに関する記述として，適切なものはどれか。

ア　指定できるのは表の列だけである。文字列定数，計算式，集約関数なども可

イ　集約関数で指定する列は，GROUP BY 句で指定した列でなければならない。表全体可

(ウ)　同一の列を異なる選択項目に指定できる。

エ　表の全ての列を指定するには，全ての列名をコンマで区切って指定しなければならない。“＊”が使える

Memo

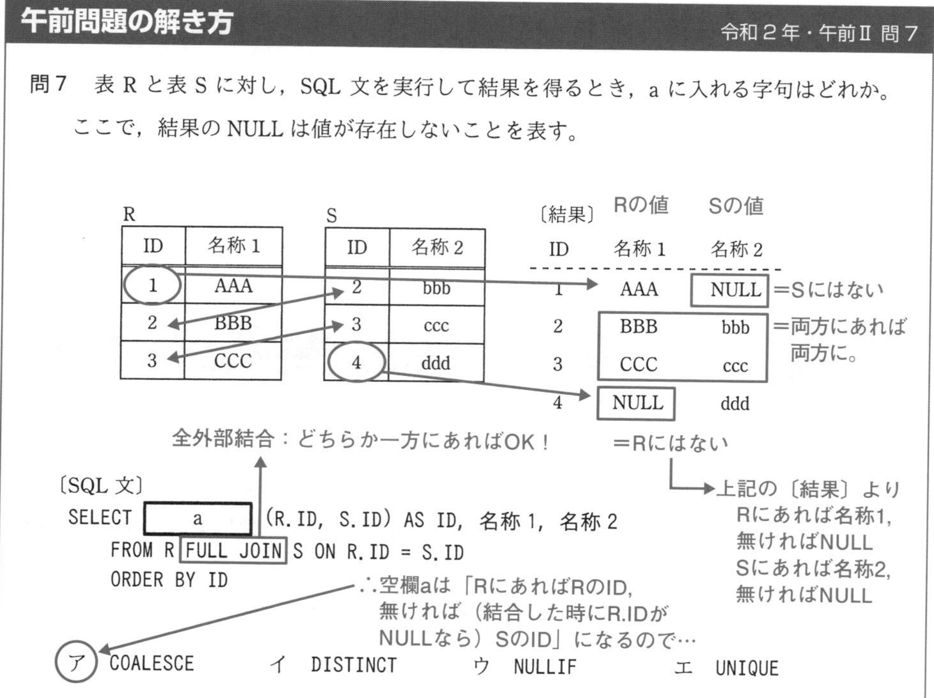
午前問題の解き方
令和２年・午前Ⅱ 問７
問７　表Ｒと表Ｓに対し，SQL 文を実行して結果を得るとき，ａに入れる字句はどれか。
ここで，結果の NULL は値が存在しないことを表す。
R
ID　名称１
1　AAA
2　BBB
3　CCC
S
ID　名称２
2　bbb
3　ccc
4　ddd
〔結果〕 Rの値 Sの値
ID　名称１　名称２
1　AAA　NULL
2　BBB　bbb
3　CCC　ccc
4　NULL　ddd
＝Sにはない
＝両方にあれば両方に。
＝Rにはない
全外部結合：どちらか一方にあればOK！
上記の〔結果〕より Rにあれば名称1, 無ければNULL Sにあれば名称2, 無ければNULL
〔SQL 文〕
SELECT　a　(R.ID, S.ID) AS ID, 名称１, 名称２
FROM R FULL JOIN S ON R.ID = S.ID
ORDER BY ID
∴空欄aは「RにあればRのID, 無ければ（結合した時にR.IDがNULLなら）SのID」になるので…
ア　COALESCE　イ　DISTINCT　ウ　NULLIF　エ　UNIQUE

Memo

午前問題の解き方　平成29年・午前Ⅱ 問8

問8　“社員”表から，部署コードごとの主任の人数と一般社員の人数を求めるSQL文とするために，aに入る字句はどれか。ここで，実線の下線は主キーを表す。

社員（<u>社員コード</u>，部署コード，社員名，役職）

```
CASE
  WHEN  条件  THEN ～
              ELSE ～
```

〔SQL文〕

```
SELECT 部署コード, 主任なら
   COUNT(CASE WHEN [役職 = '主任'] [  a  ] END) AS 主任の人数,
   COUNT(CASE WHEN 役職 = '一般社員' [  a  ] END) AS 一般社員の人数
FROM 社員 GROUP BY 部署コード
```

〔結果の例〕

部署コード	主任の人数	一般社員の人数
AA01	2	5
AA02	1	3
BB01	0	1

SUM()じゃなく，COUNT()なので“0”だと加算してしまう

そうじゃなければマイナス？？

ア　THEN 1 ELSE ~~-1~~　　　イ　THEN 1 ELSE ~~0~~

(ウ)　THEN 1 ELSE NULL　NULLだったら加算しない　　　エ　THEN NULL ELSE 1　論外

午前問題の解き方　平成29年・午前Ⅱ 問9

問9　SQLが提供する3値論理において，Aに5，Bに4，CにNULLを代入したとき，次の論理式の評価結果はどれか。→真・偽・unknown（不定）

unknown AND true → unknown
unknown AND false → false
unknown AND unknown → unknown

unknown OR true → true
unknown OR false → unknown
unknown OR unknown → unknown

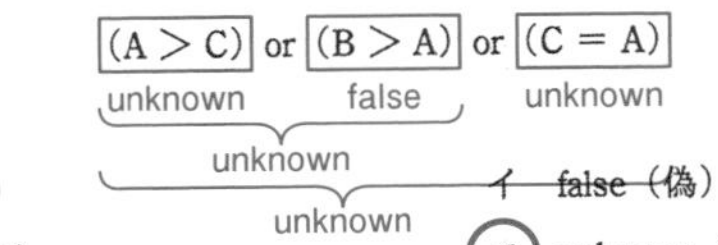

ア　φ（空）　　イ　~~false（偽）~~

ウ　true（真）　　(エ)　unknown（不定）

午前問題の解き方

平成20年・午前 問42

問42 “学生”表に対し次のSELECT文を実行した結果，導出される表はどれか。ここで，表中の“—”は，値がNULLであることを示す。

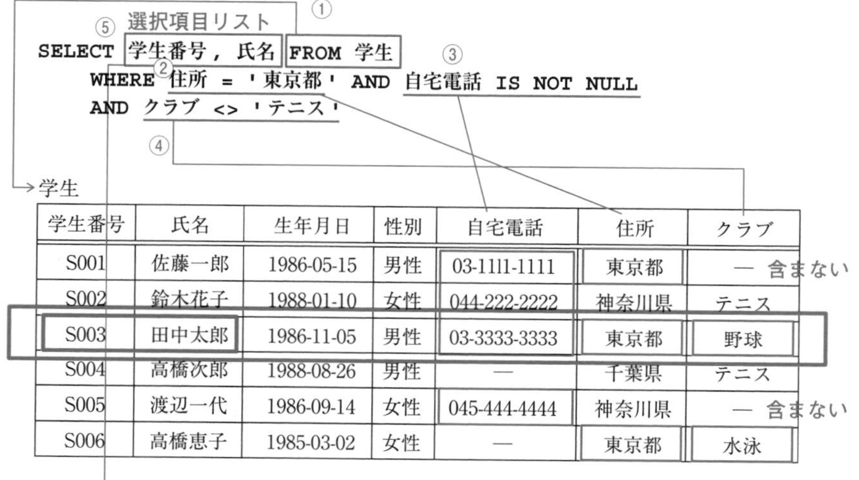


```
SELECT 学生番号，氏名 FROM 学生
    WHERE 住所 = '東京都' AND 自宅電話 IS NOT NULL
    AND クラブ <> 'テニス'
```

学生

学生番号	氏名	生年月日	性別	自宅電話	住所	クラブ
S001	佐藤一郎	1986-05-15	男性	03-1111-1111	東京都	—
S002	鈴木花子	1988-01-10	女性	044-222-2222	神奈川県	テニス
S003	田中太郎	1986-11-05	男性	03-3333-3333	東京都	野球
S004	高橋次郎	1988-08-26	男性	—	千葉県	テニス
S005	渡辺一代	1986-09-14	女性	045-444-4444	神奈川県	—
S006	高橋恵子	1985-03-02	女性	—	東京都	水泳

ア

学生番号	氏名
S001	佐藤一郎
S003	田中太郎
S006	高橋恵子

イ

学生番号	氏名
S001	佐藤一郎
S003	田中太郎

ウ（正解）

学生番号	氏名
S003	田中太郎

エ

学生番号	氏名
S003	田中太郎
S006	高橋恵子

Memo

問38　A社では，社員教育の一環として全社員を対象に英会話研修を行っていたが，本年度（2005年度）からは，①4月時点で入社3年を経過しているにもかかわらず③初級システムアドミニストレータ（初級シスアド）試験に合格していない②技術職種の社員に対して，英会話の代わりに初級シスアド研修を受講させることにした。本年度の英会話研修を受講させる社員の一覧を出力するためのSQL文はどれか。

なお，A社では，社員はすべて4月1日入社であり，事業年度の始まりは4月1日である。また，ここで使用するデータベースには，2005年4月1日時点でのデータが格納されているものとする。

優先順位　NOT > AND > OR
全社員－（①AND②AND③）
＝どれかひとつでも条件に合わなければ英会話研修

ア
```
SELECT 社員 FROM 社員テーブル
    WHERE (入社年度 <= (2005 - 3) AND 職種 = '技術')
    AND 初級シスアド合格 = 'No'
```

イ
```
SELECT 社員 FROM 社員テーブル
    WHERE (入社年度 <= (2005 - 3) AND 職種 = '技術')
    OR 初級シスアド合格 = 'Yes'
```

ウ
```
SELECT 社員 FROM 社員テーブル
    WHERE NOT (入社年度 <= (2005 - 3) AND 職種 = '技術')
    AND 初級シスアド合格 = 'No'
```

(エ)
```
SELECT 社員 FROM 社員テーブル
    WHERE NOT (入社年度 <= (2005 - 3) AND 職種 = '技術')
    OR 初級シスアド合格 = 'Yes'
```

問題文の条件（英会話研修の受講者）

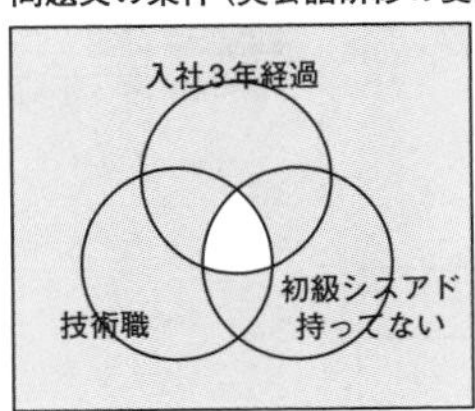

ア

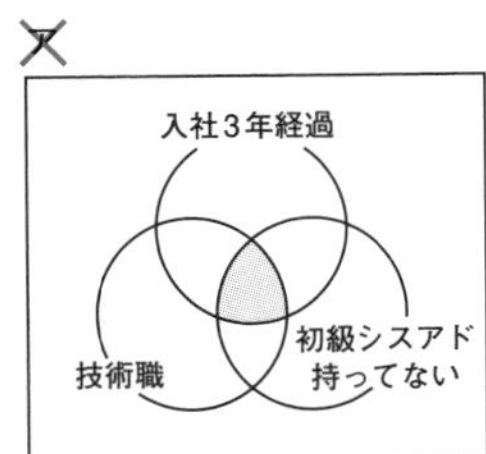

イ

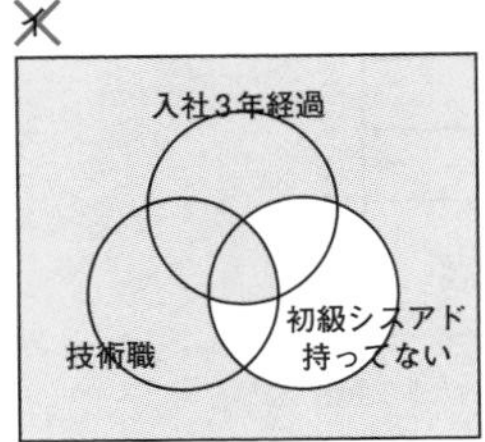

ウ

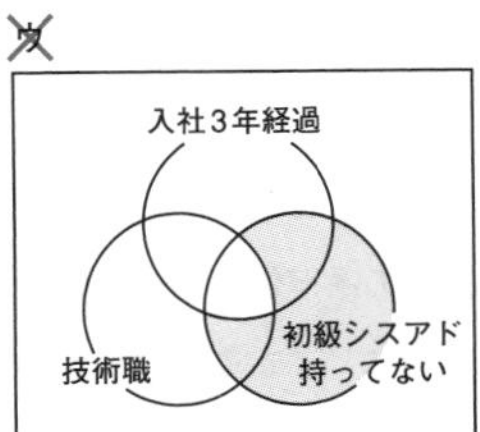

(エ)

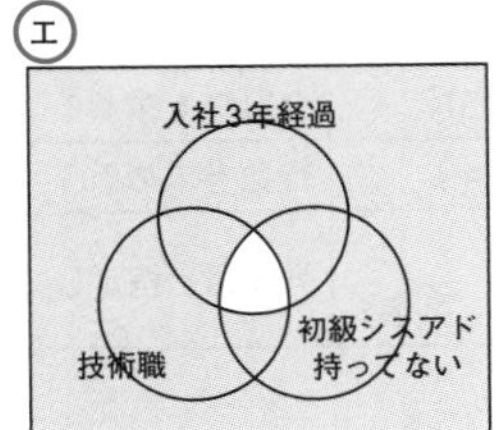

1.1.4 GROUP BY 句と集約関数

基本構文

SELECT *列名, ・・・*
FROM *テーブル名*
GROUP BY *グループ化する列名, ・・・*
[HAVING *条件式*]

列名	GROUP BY 句を指定した SELECT 文では，SELECT の後に指定する列には，次のものだけが可能である ● グループ対象化の列（GROUP BY の後に指定した列名） ● 集約関数 ● 定数
テーブル名	対象のテーブル名
グループ化する列名	グループ化する集約キーになるもの（複数指定可能）
条件式	グループ化した結果に対し，さらに検索条件を指定したい場合に，ここで条件を指定する（詳細は，後掲の「HAVING 句を使用した GROUP BY 句の使用例」を参照）

SELECT 文で，グループごとの合計値を求めたり，件数をカウントしたりしたい時には GROUP BY 句を使用する。

試験に出る
①平成 21 年・午前Ⅱ 問 9
②令和 03 年・午前Ⅱ 問 10
平成 31 年・午前Ⅱ 問 14

● 集約関数

GROUP BY は，しばしば集約関数とともに用いられる。よく使用する集約関数には次のようなものがある。

試験に出る
令和 04 年・午前Ⅱ 問 7

関数	説明
AVG（列名）	平均値を求める
MAX（列名）	最大値を求める
MIN（列名）	最小値を求める
SUM（列名）	合計値を求める
COUNT（*）	行数を求める
COUNT（DISTINCT 列名）	列項目を指定し，その列の重複値を除く行数を求める

● GROUP BY 句を使う時の注意点

GROUP BYを使うと，グループ化していることにより選択項目リストに指定できるものが制限される。①グループ化に使った列(GROUP BYの後に指定した列)，②集約関数，③定数だけでしか使えない。

試験に出る
午後Ⅰ・午後Ⅱでも頻出

【使用例】 受注明細テーブルの受注番号をグループ化して受注数量の合計値を求める。

```
SELECT 受注番号, SUM (数量) AS 数量合計
       FROM 受注明細
       GROUP BY 受注番号
```

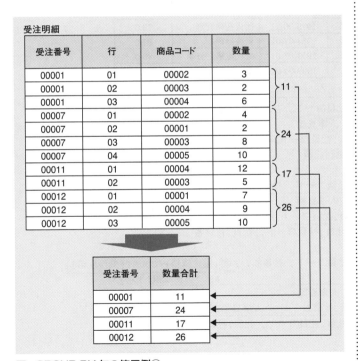

受注明細

受注番号	行	商品コード	数量
00001	01	00002	3
00001	02	00003	2
00001	03	00004	6
00007	01	00002	4
00007	02	00001	2
00007	03	00003	8
00007	04	00005	10
00011	01	00004	12
00011	02	00003	5
00012	01	00001	7
00012	02	00004	9
00012	03	00005	10

受注番号	数量合計
00001	11
00007	24
00011	17
00012	26

図：GROUP BY 句の使用例①

問9　“社員”表と“人事異動”表から社員ごとの勤務成績の平均を求める適切なSQL文はどれか。ここで，求める項目は，社員コード，社員名，勤務成績（平均）の3項目とする。

社員

社員コード	社員名	性別	生年月日	入社年月日
O1553	太田　由美	女	1970-03-10	1990-04-01
S3781	佐藤　義男	男	1943-11-20	1975-06-11
O8665	太田　由美	女	1978-10-13	1999-04-01

人事異動

社員コード	配属部門	配属年月日	担当勤務内容	勤務成績
O1553	総務部	1990-04-01	広報（社内報）	69.0
O1553	営業部	1998-07-01	顧客管理	72.0
S3781	資材部	1975-06-11	仕入在庫管理	70.0
S3781	経理部	1984-07-01	資金計画	81.0
S3781	企画部	1993-07-01	会社組織，分掌	95.0
O8665	秘書室	1999-04-01	受付	70.0

GROUP BY以降に指定しないといけない

ア
```
SELECT 社員.社員コード, 社員名, AVG(勤務成績) AS "勤務成績(平均)"
  FROM 社員, 人事異動
  WHERE 社員.社員コード = 人事異動.社員コード
  GROUP BY 勤務成績
```

結合条件は全選択肢同じ

(イ)
```
SELECT 社員.社員コード, 社員名, AVG(勤務成績) AS "勤務成績(平均)"
  FROM 社員, 人事異動
  WHERE 社員.社員コード = 人事異動.社員コード
  GROUP BY 社員.社員コード, 社員.社員名
```

AVGだけで平均値を求められる

ウ
```
SELECT 社員.社員コード, 社員名, AVG(勤務成績)/COUNT(勤務成績)
    AS "勤務成績(平均)"
  FROM 社員, 人事異動
  WHERE 社員.社員コード = 人事異動.社員コード
  GROUP BY 社員.社員コード, 社員.社員名
```

MAXは最大値。平均値にはならない

エ
```
SELECT 社員.社員コード, 社員名, MAX(勤務成績)/COUNT(*)
    AS "勤務成績(平均)"
  FROM 社員, 人事異動
  WHERE 社員.社員コード = 人事異動.社員コード
  GROUP BY 社員.社員コード, 社員.社員名
```

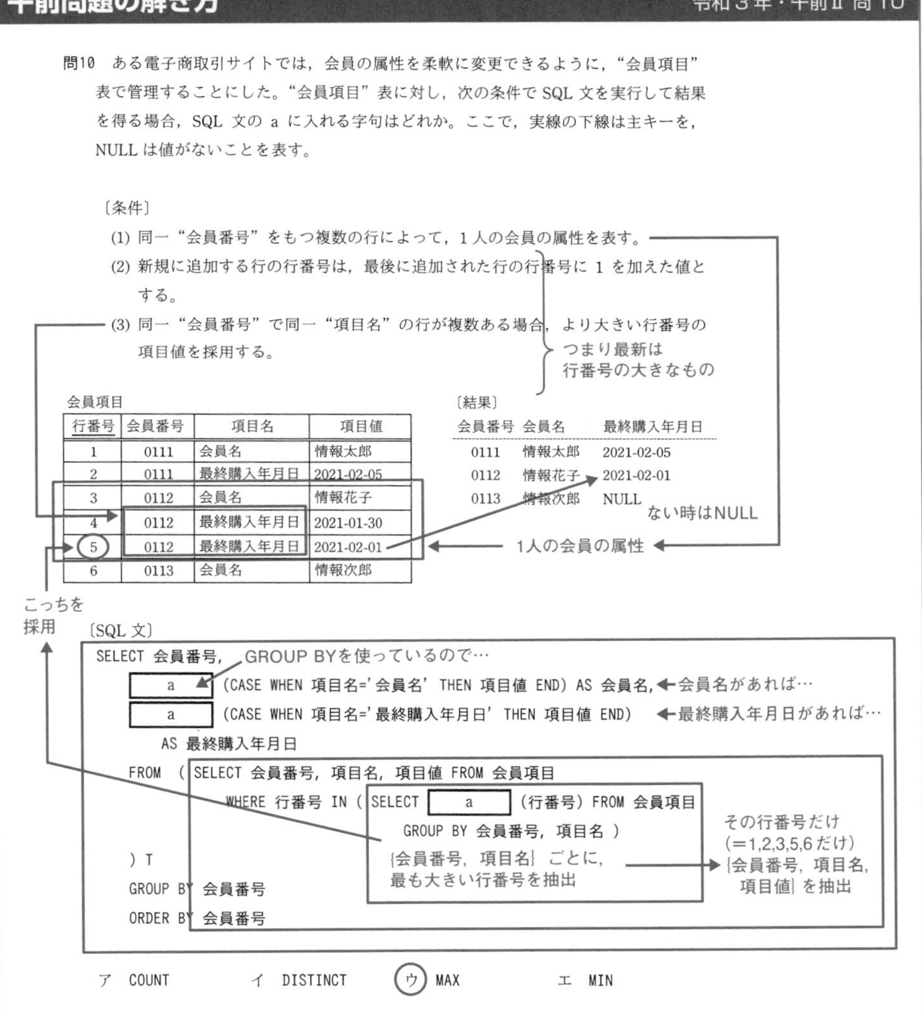

午前問題の解き方

令和３年・午前Ⅱ 問10

問10　ある電子商取引サイトでは，会員の属性を柔軟に変更できるように，“会員項目”表で管理することにした。“会員項目”表に対し，次の条件でSQL文を実行して結果を得る場合，SQL文の a に入れる字句はどれか。ここで，実線の下線は主キーを，NULLは値がないことを表す。

〔条件〕

(1) 同一“会員番号”をもつ複数の行によって，1人の会員の属性を表す。

(2) 新規に追加する行の行番号は，最後に追加された行の行番号に1を加えた値とする。

(3) 同一“会員番号”で同一“項目名”の行が複数ある場合，より大きい行番号の項目値を採用する。

会員項目

<u>行番号</u>	会員番号	項目名	項目値
1	0111	会員名	情報太郎
2	0111	最終購入年月日	2021-02-05
3	0112	会員名	情報花子
4	0112	最終購入年月日	2021-01-30
5	0112	最終購入年月日	2021-02-01
6	0113	会員名	情報次郎

〔結果〕

会員番号	会員名	最終購入年月日
0111	情報太郎	2021-02-05
0112	情報花子	2021-02-01
0113	情報次郎	NULL

〔SQL文〕

```
SELECT 会員番号,
    [ a ] (CASE WHEN 項目名='会員名' THEN 項目値 END) AS 会員名,
    [ a ] (CASE WHEN 項目名='最終購入年月日' THEN 項目値 END)
      AS 最終購入年月日
  FROM ( SELECT 会員番号, 項目名, 項目値 FROM 会員項目
          WHERE 行番号 IN ( SELECT [ a ] (行番号) FROM 会員項目
                              GROUP BY 会員番号, 項目名 )
  ) T
  GROUP BY 会員番号
  ORDER BY 会員番号
```

ア　COUNT　　イ　DISTINCT　　ウ　MAX　　エ　MIN

つまり最新は
行番号の大きなもの
ない時はNULL
1人の会員の属性
こっちを
採用
GROUP BYを使っているので…
←会員名があれば…
←最終購入年月日があれば…
その行番号だけ
(＝1,2,3,5,6だけ)
{会員番号，項目名，
項目値}を抽出
{会員番号，項目名}ごとに，
最も大きい行番号を抽出

Memo

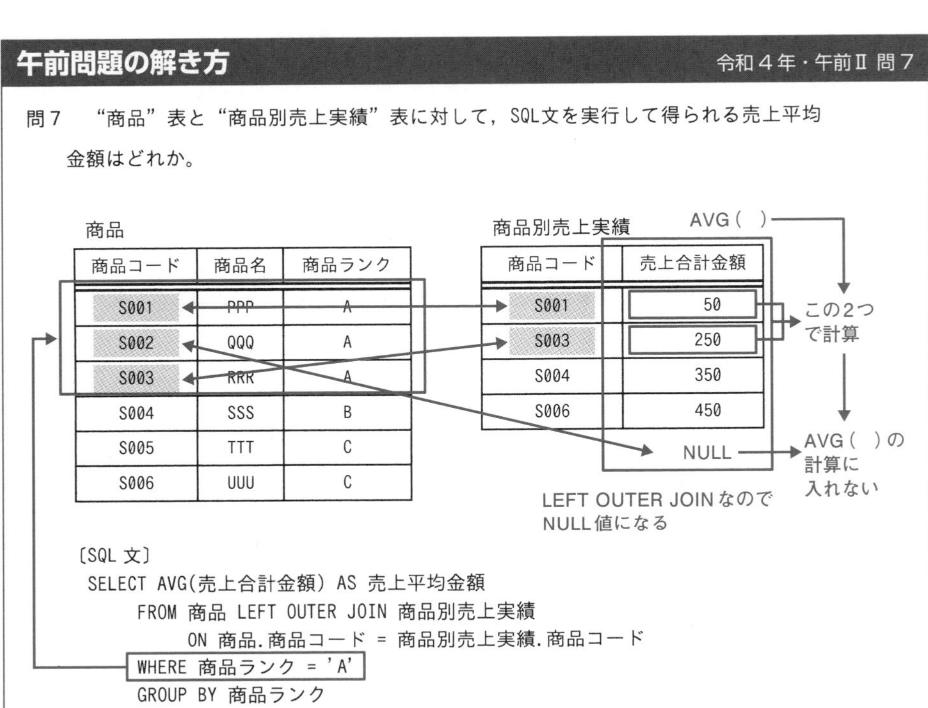

午前問題の解き方

令和４年・午前Ⅱ 問７

問７　“商品”表と“商品別売上実績”表に対して，SQL文を実行して得られる売上平均金額はどれか。

商品

商品コード	商品名	商品ランク
S001	PPP	A
S002	QQQ	A
S003	RRR	A
S004	SSS	B
S005	TTT	C
S006	UUU	C

商品別売上実績

商品コード	売上合計金額
S001	50
S003	250
S004	350
S006	450

〔SQL 文〕

```
SELECT AVG(売上合計金額) AS 売上平均金額
    FROM 商品 LEFT OUTER JOIN 商品別売上実績
        ON 商品.商品コード = 商品別売上実績.商品コード
    WHERE 商品ランク = 'A'
    GROUP BY 商品ランク
```

ア　100　　イ　150　　ウ　225　　エ　275

Memo

●HAVING 句を使用したGROUP BY 句の使用例

グループ化した結果に対して検索条件を指定したい場合は，HAVING 句の後に条件式を指定する。例えば，次のように，3 行以上の明細行があるものだけを抽出して合計を求めるというような場合に使用する。

【使用例】

受注明細テーブルを受注番号でグループ化して，3 件以上の申し込みがあったものだけ（同一受注番号が 3 行以上のものだけを抽出し），（受注）数量の合計値を求める。

```
SELECT 受注番号, SUM (数量) AS 数量合計
       FROM 受注明細
       GROUP BY 受注番号
       HAVING COUNT (*) >= 3
```

受注明細

受注番号	行	商品コード	数量
00001	01	00002	3
00001	02	00003	2
00001	03	00004	6
00007	01	00002	4
00007	02	00001	2
00007	03	00003	8
00007	04	00005	10
00011	01	00004	12
00011	02	00003	5
00012	01	00001	7
00012	02	00004	9
00012	03	00005	10

11
24
26

2行なので，HAVING COUNT(*)>=3 の条件を満たしていない

受注番号	数量合計
00001	11
00007	24
00012	26

図：GROUP BY 句の使用例②

試験に出る

①平成 23 年・午前Ⅱ 問 6
②平成 17 年・午前 問 35
③平成 25 年・午前Ⅱ 問 5
④平成 27 年・午前Ⅱ 問 7

HAVING 句は，GROUP BY 句の前後どちらに記述しても構わないし，GROUP BY句がなくても使用できる（その場合，全件が一つのグループとみなされる）。またWHEREと同じようにも使えるが，「SUM（金額）> 2000」のように複数の行から得た結果に対する条件式の場合は，WHEREは使えずHAVINGのみ使用可能となる

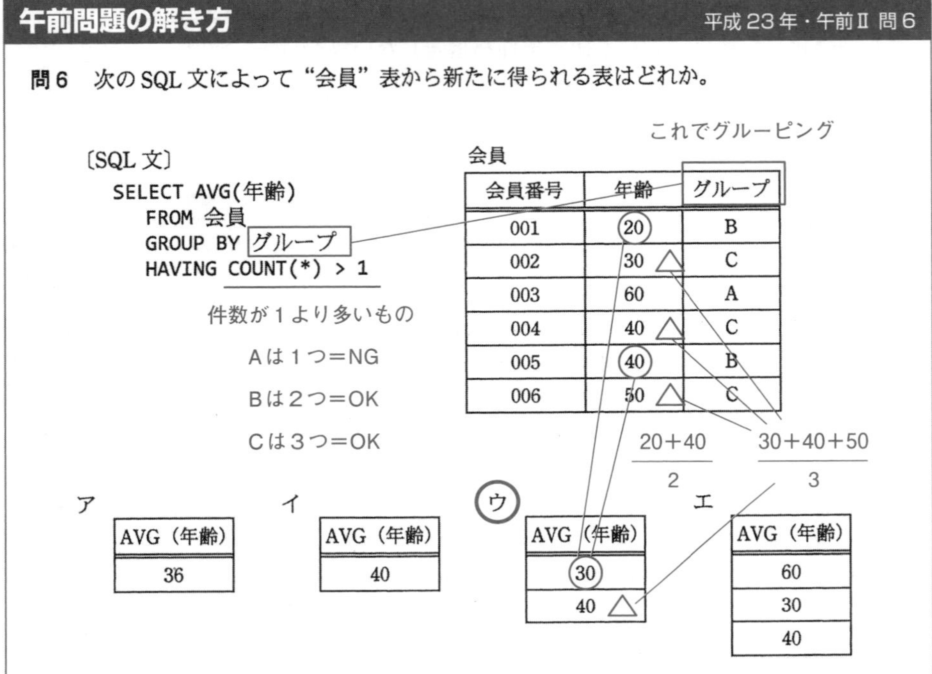

午前問題の解き方
平成23年・午前Ⅱ 問6
問6 次のSQL文によって"会員"表から新たに得られる表はどれか。
これでグルーピング
〔SQL文〕
SELECT AVG(年齢)
FROM 会員
GROUP BY グループ
HAVING COUNT(*) > 1
件数が1より多いもの
Aは1つ＝NG
Bは2つ＝OK
Cは3つ＝OK
会員
会員番号
年齢
グループ
001
20
B
002
30
C
003
60
A
004
40
C
005
40
B
006
50
C
20+40
2
30+40+50
3
ア
AVG（年齢）
36
イ
AVG（年齢）
40
ウ
AVG（年齢）
30
40
エ
AVG（年齢）
60
30
40

Memo

問35 “部品”表に対し次のSELECT文を実行したときの結果として，正しいものはどれか。

```
SELECT 部品区分 , COUNT(*) AS 部品数 , MAX( 単価 ) AS 単価
    FROM 部品 GROUP BY 部品区分 HAVING SUM( 在庫量 ) > 200
```

SUMなので合計

部品

部品番号	部品区分	単価	在庫量
001	P1	1,500	90
002	P2	900	30
003	P2	950	90
004	P3	2,000	50
005	P1	2,000	100
006	P3	2,500	60
007	P1	1,500	50
008	P2	900	80
009	P3	1,000	40
010	P4	900	80
011	P3	1,500	70
012	P4	950	100

P1　OK ！
90＋100＋50
＝240

P2
30＋90＋80
＝200

P3　OK ！
50＋60＋40＋70
＝220

P4
80＋100
＝180

ア

部品区分	部品数	単価
P1	3	2,000
P2	3	1,000

(イ)　件数　最大の単価

部品区分	部品数	単価
P1	3	2,000
P3	4	2,500

ウ

部品区分	部品数	単価
P2	3	1,000
P4	2	950

エ

部品区分	部品数	単価
P1	3	2,000
P2	3	1,000
P3	4	2,500

Memo

午前問題の解き方

平成 25 年・午前Ⅱ 問 5

問 5　“社員”表から，役割名がプログラマである社員が3 人以上所属している部門の部門名を取得する SQL 文はどれか。ここで，実線の下線は主キーを表す。

社員（<u>社員番号</u>，部門名，社員名，役割名）

ア　SELECT 部門名 FROM 社員

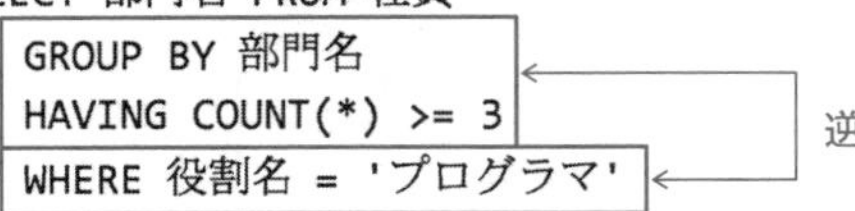
GROUP BY 部門名
HAVING COUNT(*) >= 3
WHERE 役割名 = 'プログラマ'
逆

イ
```
SELECT 部門名 FROM 社員
  WHERE COUNT(*) >= 3 AND 役割名 = 'プログラマ'
  GROUP BY 部門名
```

ウ
```
SELECT 部門名 FROM 社員
  WHERE COUNT (*) >= 3
  GROUP BY 部門名
  HAVING 役割名 = 'プログラマ'
```

WHEREの後に続けると，グループごとの件数ではなく「データ全体が 3 件以上」という意味になる

㊤ エ
```
SELECT 部門名 FROM 社員
  WHERE 役割名 = 'プログラマ'
  GROUP BY 部門名
  HAVING COUNT(*) >= 3
```

HAVINGの正しい使い方

Memo

序
1
2
3
4

午前問題の解き方

平成 27 年・午前Ⅱ 問 7

問 7　過去 3 年分の記録を保存している“試験結果”表から，2014 年度の平均点数が 600 点以上となったクラスのクラス名と平均点数の一覧を取得する SQL 文はどれか。ここで，実線の下線は主キーを表す。

試験結果（学生番号，受験年月日，点数，クラス名）

ア
```
SELECT クラス名, AVG(点数) FROM 試験結果
    GROUP BY クラス名 HAVING AVG(点数) >= 600
```
3年分の平均になる！ ダメ！
OK ！

イ（正解）
```
SELECT クラス名, AVG(点数) FROM 試験結果
    WHERE 受験年月日 BETWEEN '2014-04-01' AND '2015-03-31'
    GROUP BY クラス名 HAVING AVG(点数) >= 600
```
OK ！

ウ
```
SELECT クラス名, AVG(点数) FROM 試験結果
    WHERE 受験年月日 BETWEEN '2014-04-01' AND '2015-03-31'
    GROUP BY クラス名 HAVING 点数 >= 600
```
平均じゃない！

エ
```
SELECT クラス名, AVG(点数) FROM 試験結果
    WHERE 点数 >= 600
    GROUP BY クラス名
    HAVING (MAX(受験年月日)
        BETWEEN '2014-04-01' AND '2015-03-31')
```
これも平均じゃない！ グループでもない！

Memo

1.1.5 整列（ORDER BY 句）

ORDER BY 句を使って，SELECT 文での問合せ結果を昇順または降順に並べ替えることができる。

試験に出る
午後Ⅰ・午後Ⅱで頻出

● ORDER BY 句の使用例

【使用例 1】

受注明細テーブルを，受注番号ごとにグループ化し，グループ単位で受注数量の合計値を求める。こうして求めた結果は'DESC'を指定しているため，降順で表示される。

```
SELECT 受注番号, SUM (数量) AS 数量合計
       FROM 受注明細
       GROUP BY 受注番号
       ORDER BY 受注番号 DESC  ←―― 降順を指定
```

【使用例 2】

「ORDER BY 列名」の後に，何も記載しない（省略する）場合，又は ASC を指定した場合は，結果が昇順で表示される。

```
SELECT 受注番号, SUM (数量) AS 数量合計
       FROM 受注明細
       GROUP BY 受注番号
       ORDER BY 受注番号 [    ]  ←―― 省略
```

【使用例3】

ORDER BYの後に数字とASC, DESCを付加すると，SELECTの後に指定した列項目の順番を左側から表すことができる。この例では「2 ASC」なので，SUM（数量）で並べている（昇順）。このように，ASCとDESCの前には整数指定が可能である。

```
SELECT 受注番号, SUM (数量)
       FROM 受注明細
       GROUP BY 受注番号
       ORDER BY 2 ASC
```

受注明細

受注番号	行	商品コード	数量
00001	01	00002	3
00001	02	00003	2
00001	03	00004	6
00007	01	00002	4
00007	02	00001	2
00007	03	00003	8
00007	04	00005	10
00011	01	00004	12
00011	02	00003	5
00012	01	00001	7
00012	02	00004	9
00012	03	00005	10

受注番号	数量合計
00001	11
00011	17
00007	24
00012	26

受注番号	数量合計
00012	26
00007	24
00011	17
00001	11

図：ORDER BY 句の使用例

1.1.6 結合（内部結合）

基本構文

構文1：

SELECT *列名*, ・・・
　FROM *テーブル名1*, *テーブル名2*
　WHERE *テーブル名1.列名* = *テーブル名2.列名*

構文2：

SELECT *列名*, ・・・
　FROM *テーブル名1* [INNER] JOIN *テーブル名2*
　ON *テーブル名1.列名* = *テーブル名2.列名*

SELECT 列名, ・・・
　FROM *テーブル名1* [INNER] JOIN *テーブル名2*
　USING (*列名*, ・・・)

列名	テーブル1とテーブル2に同じ列名がある場合,「テーブル1. 列名」というように, 列名の前にテーブル名を指定する。それ以外は, 通常のSELECT文と同じである
テーブル名	テーブル名を指定する
テーブル名1. 列名 = テーブル名2. 列名	連結キーを指定する。JOINを利用する場合, テーブル名1とテーブル名2で結合する列名が同じ列名ならば, ONではなく, USINGを使って記述することも可能である

複数の表を組み合わせて, 必要とする結果を取り出す操作を結合という。結合は, 大別すると内部結合と（後述する）外部結合に分けられるが, ここでは先に内部結合について説明する。

内部結合では, 結合条件で指定した列の値が, 両方の表（もしくは結合した全ての表）に存在している行だけを対象として結果を返す。

内部結合は内結合, 外部結合は外結合ともいうが, 本書では内部結合, 外部結合を使う

内部結合をする場合，次のようにいくつかの表記方法がある。

① FROMの後に複数表を定義する。そして，WHERE句で結合条件を指定する（構文1）。
② INNER JOINまたはJOINと，ON句，USING句などで結合条件を指定する（構文2）。
③ 自然結合ならNATURAL JOINを指定する（ON句，USING句は不要）。

● 内部結合と外部結合

二つの表を結合するときに，結果行の返し方の違いによって，内部結合と外部結合を使い分けることがある。

内部結合は前述の通りだが，外部結合では，いずれか一方に値がありさえすれば結果を返す対象とする。このとき，表名の記述位置によって，**左外部結合**と**右外部結合**に分けられる。例えば「A　外部結合　B」とした場合，左外部結合ではAの値すべてが（対応するBの行がなくても）結果を返す対象になり，右外部結合では，逆にBの値すべてが（対応するAの行がなくても）結果を返す対象となる。また，**全外部結合**を使う場合もある。この外部結合は，右側，左側のいずれか一方に値があれば，それら全てが，結果を返す対象になる。

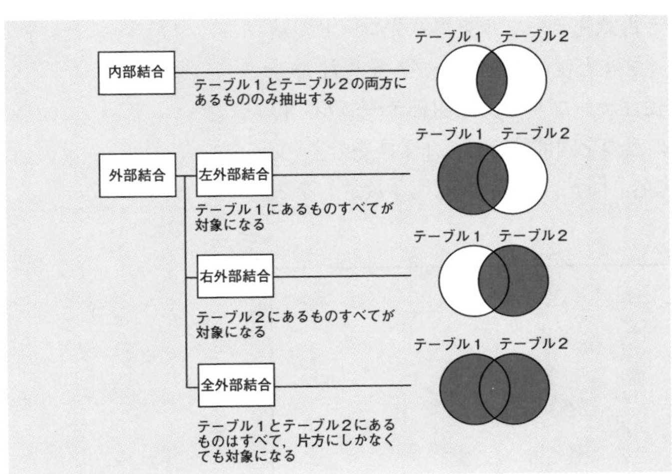

図：結合の種類

【使用例 1】 受注テーブルと得意先テーブルを得意先コードで結合して,「受注番号」「受注日」「得意先名」を表示する。

※ ほかの条件を続けるときは, WHERE 句に AND で続けていく。
※ "受注番号" と "受注日"," 得意先名" は,いずれも二つの表の中で一意であるため,その直前の " 受注 ." や " 得意先 ." は省略可能である。

```
SELECT 受注.受注番号, 受注.受注日,得意先.得意先名
       FROM 受注, 得意先
       WHERE 受注.得意先コード = 得意先.得意先コード
```

【使用例 2】 受注テーブルと得意先テーブルに別名を指定する。【使用例 1】と同じであるが,受注テーブルには「X」を,得意先テーブルには「Y」の別名を指定している。

```
SELECT X.受注番号, X.受注日, Y.得意先名
       FROM 受注 X, 得意先 Y
       WHERE X.得意先コード = Y.得意先コード
(又は)
SELECT 受注番号, 受注日, 得意先名
       FROM 受注 X, 得意先 Y
       WHERE X.得意先コード = Y.得意先コード
```

【使用例 3】 受注テーブルと得意先テーブルを得意先コードで結合し, 受注テーブルと受注明細テーブルを受注番号で結合する。受注テーブルと受注明細テーブル, 得意先テーブルの三つを内部結合して,「受注番号」「受注日」「得意先名」「行」「商品コード」「数量」を表示する。

```
SELECT X.受注番号, X.受注日, Y.得意先名,
       Z.行, Z.商品コード , Z.数量
       FROM 受注 X, 得意先 Y, 受注明細 Z
       WHERE X.得意先コード = Y.得意先コード
       AND X.受注番号 = Z.受注番号
```

受注

受注番号	受注日	得意先コード
00001	20030704	000001
00007	20030705	000003
00011	20030706	000001
00012	20030706	000002

得意先

得意先コード	得意先名	住所	電話番号	担当者コード
000001	A商店	大阪市中央区○○	06-6311-xxxx	101
000002	B商店	大阪市福島区○○	06-6312-xxxx	102
000003	Cスーパー	大阪市北区○○	06-6313-xxxx	104
000004	Dスーパー	大阪市淀川区○○	06-6314-xxxx	106
000005	E商店	大阪市北区○○	06-6315-xxxx	101

使用例1，2

受注番号	受注日	得意先名
00001	20030704	A商店
00007	20030705	Cスーパー
00011	20030706	A商店
00012	20030706	B商店

受注

受注番号	受注日	得意先コード
00001	20030704	000001
00007	20030705	000003
00011	20030706	000001
00012	20030706	000002

得意先

得意先コード	得意先名	住所	電話番号	担当者コード
000001	A商店	大阪市中央区○○	06-6311-xxxx	101
000002	B商店	大阪市福島区○○	06-6312-xxxx	102
000003	Cスーパー	大阪市北区○○	06-6313-xxxx	104
000004	Dスーパー	大阪市淀川区○○	06-6314-xxxx	106
000005	E商店	大阪市北区○○	06-6315-xxxx	101

受注明細

受注番号	行	商品コード	数量
00001	01	00002	3
00001	02	00003	2
00001	03	00004	6
00007	01	00002	4
00007	02	00001	2
00007	03	00003	8
00007	04	00005	10
00011	01	00004	12
00011	02	00003	5
00012	01	00001	7
00012	02	00004	9
00012	03	00005	10

使用例3

受注番号	受注日	得意先名	行	商品コード	数量
00001	20030704	A商店	01	00002	3
00001	20030704	A商店	02	00003	2
00001	20030704	A商店	03	00004	6
00007	20030705	Cスーパー	01	00002	4
00007	20030705	Cスーパー	02	00001	2
00007	20030705	Cスーパー	03	00003	8
00007	20030705	Cスーパー	04	00005	10
00011	20030706	A商店	01	00004	12
00011	20030706	A商店	02	00003	5
00012	20030706	B商店	01	00001	7
00012	20030706	B商店	02	00004	9
00012	20030706	B商店	03	00005	10

図：内部結合

● 結合(join)

必要とする結果を得るために，複数の表を組み合わせる操作を結合という。

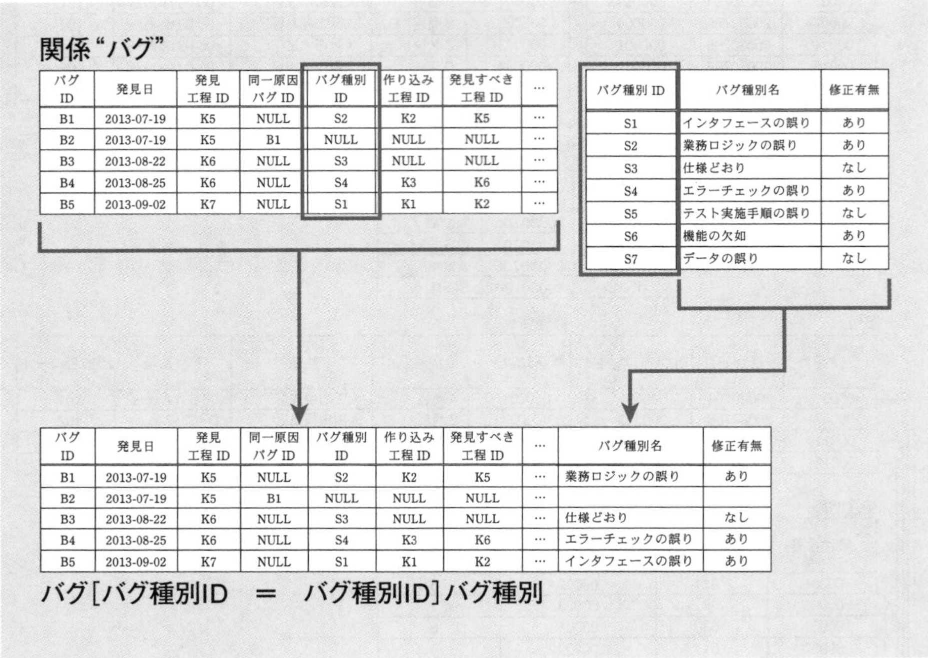

関係"バグ"

バグID	発見日	発見工程ID	同一原因バグID	バグ種別ID	作り込み工程ID	発見すべき工程ID	…
B1	2013-07-19	K5	NULL	S2	K2	K5	…
B2	2013-07-19	K5	B1	NULL	NULL	NULL	…
B3	2013-08-22	K6	NULL	S3	NULL	NULL	…
B4	2013-08-25	K6	NULL	S4	K3	K6	…
B5	2013-09-02	K7	NULL	S1	K1	K2	…

バグ種別ID	バグ種別名	修正有無
S1	インタフェースの誤り	あり
S2	業務ロジックの誤り	あり
S3	仕様どおり	なし
S4	エラーチェックの誤り	あり
S5	テスト実施手順の誤り	なし
S6	機能の欠如	あり
S7	データの誤り	なし

バグID	発見日	発見工程ID	同一原因バグID	バグ種別ID	作り込み工程ID	発見すべき工程ID	…	バグ種別名	修正有無
B1	2013-07-19	K5	NULL	S2	K2	K5	…	業務ロジックの誤り	あり
B2	2013-07-19	K5	B1	NULL	NULL	NULL	…		
B3	2013-08-22	K6	NULL	S3	NULL	NULL	…	仕様どおり	なし
B4	2013-08-25	K6	NULL	S4	K3	K6	…	エラーチェックの誤り	あり
B5	2013-09-02	K7	NULL	S1	K1	K2	…	インタフェースの誤り	あり

バグ[バグ種別ID　=　バグ種別ID]バグ種別

図：結合の例（平成26年・午後Ⅰ問1をもとに一部を変更）

● 試験で用いられる関係代数演算式の例

演算	式	備考
結合	R[RA　比較演算子　SA]S	RAは関係Rの属性，SAは関係Sの属性を表す。

● SELECT文との対比

（公式）

```
SELECT ＊
FROM R, S
WHERE RA 比較演算子 SA
```

➡

（使用例）

```
SELECT ＊
FROM バグ, バグ種別
WHERE バグ.バグ種別ID＝バグ種別.
      バグ種別ID
```

● 等結合と自然結合

結合には，**等結合**と**自然結合**がある。等結合も自然結合も，結合条件となる列で“等しい”ものを対象とする結合方式だが，等結合では結合列が重複して保持されるのに対し，自然結合では結合列の重複は取り除かれる（図参照）。

下図は，等結合と自然結合を比較した例である。“商品”と“納品”の2表を，商品番号で結合した場合，等結合では双方の商品番号列が重複表示されているのに対し，自然結合では左側の表（商品）の商品番号列を最初に，左側の表（商品）の列，右側の表（納品）の列がそれぞれ続くが，商品番号については重複表示しない。

試験に出る

等結合
平成27年・午前Ⅱ 問10
平成20年・午前 問28
平成18年・午前 問25

自然結合
平成22年・午前Ⅱ 問13
平成19年・午前 問27
平成17年・午前 問28

これで結合

商品

商品番号	商品名	価格
S01	ボールペン	150
S02	消しゴム	80
S03	クリップ	200

納品

	商品番号	顧客番号	納品数
①	S01	C01	10
②	S01	C02	30
③	S02	C02	20
④	S02	C03	40
⑤	S03	C03	30

“商品”と“納品”を商品番号で結合したとき…

【等結合】
・結合条件の「商品番号」列も重複して表示

	商品番号	商品名	価格	商品番号	顧客番号	納品数
	← 左の表			→ ← 右の表		→
①	S01	ボールペン	150	S01	C01	10
②	S01	ボールペン	150	S01	C02	30
③	S02	消しゴム	80	S02	C02	20
④	S02	消しゴム	80	S02	C03	40
⑤	S03	クリップ	200	S03	C03	60

【自然結合】
・結合条件の「商品番号」列は重複して表示はしない

	商品番号	商品名	価格	顧客番号	納品数
	← 左の表		→	← 右の表	→
①	S01	ボールペン	150	C01	10
②	S01	ボールペン	150	C02	30
③	S02	消しゴム	80	C02	20
④	S02	消しゴム	80	C03	40
⑤	S03	クリップ	200	C03	60

図：等結合と自然結合の例（平成27年・午前Ⅱ問10を元に作成）

1.1.7 結合（外部結合）

基本構文

左外部結合

```
SELECT 列名, ・・・
    FROM テーブル名1 LEFT [OUTER] JOIN テーブル名2
    ON テーブル名1.列名 = テーブル名2.列名
```

```
SELECT 列名, ・・・
    FROM テーブル名1 LEFT [OUTER] JOIN テーブル名2
    USING (列名, ・・・)
```

右外部結合

```
SELECT 列名, ・・・
    FROM テーブル名1 RIGHT [OUTER] JOIN テーブル名2
    ON テーブル名1.列名 = テーブル名2.列名
```

全外部結合

```
SELECT 列名, ・・・
    FROM テーブル名1 FULL [OUTER] JOIN テーブル名2
    ON テーブル名1.列名 = テーブル名2.列名
```

列名	テーブル1とテーブル2に同じ列名がある場合,「テーブル1. 列名」というように，列名の前にテーブル名を指定する。それ以外は，通常のSELECT文と同じである
テーブル名	テーブル名を指定する
テーブル名1. 列名 = テーブル名2. 列名	連結キーを指定する。JOINを利用する場合，テーブル名1とテーブル名2で結合する列名が同じ列名の場合，ONではなく，USINGを使って記述することも可能である。上記の例では，左外部結合だけ記述しているが，右外部結合でも，全外部結合でもUSINGは同じように使用可能である

二つの表を結合するとき，内部結合では結合条件で指定した値が両方の表にあるものだけを対象としていたが，外部結合では，いずれか一方に値がなくても対象となる。

このとき，表名の記述位置が重要で，「A　外部結合　B」の場合，左外部結合ではAの値すべてが（対応するBの行がなくても）対象になり，右外部結合では，逆にBの値すべてが（対応するAの行がなくても）対象となる。全外部結合では，いずれか一方に値があればすべて対象になる。

試験に出る

左外部結合
①平成30年・午前Ⅱ 問8
②平成18年・午前 問32
　平成16年・午前 問32
③令和03年・午前Ⅱ 問8
　平成31年・午前Ⅱ 問11
全外部結合
①令和05年・午前Ⅱ 問10

試験に出る

午後Ⅰ・午後Ⅱで頻出

受注

受注番号	受注日	得意先コード
00001	20030704	000001
00007	20030705	000003
00008	20030706	000007
00011	20030706	000001
00012	20030706	000002
00013	20030707	000009

得意先

得意先コード	得意先名	住所	電話番号	担当者コード
000001	A商店	大阪市中央区○○	06-6311-xxxx	101
000002	B商店	大阪市福島区○○	06-6312-xxxx	102
000003	Cスーパー	大阪市北区○○	06-6313-xxxx	104
000004	Dスーパー	大阪市淀川区○○	06-6314-xxxx	106
000005	E商店	大阪市北区○○	06-6315-xxxx	101

```
SELECT X.受注番号, X.受注日, Y.得意先名
  FROM (受注 X LEFT JOIN 得意先 Y
        ON  X.得意先コード = Y.得意先コード)
```

受注番号	受注日	得意先名
00001	20030704	A商店
00007	20030705	Cスーパー
00008	20030706	－
00011	20030706	A商店
00012	20030706	B商店
00013	20030707	－

```
SELECT X.受注番号, X.受注日, Y.得意先名
  FROM (受注 X RIGHT JOIN 得意先 Y
        ON  X.得意先コード = Y.得意先コード)
```

受注番号	受注日	得意先名
00001	20030704	A商店
00011	20030706	A商店
00012	20030706	B商店
00007	20030705	Cスーパー
－	－	Dスーパー
－	－	E商店

```
SELECT X.受注番号, X.受注日, Y.得意先名
  FROM (受注 X FULL JOIN 得意先 Y
        ON  X.得意先コード = Y.得意先コード)
```

受注番号	受注日	得意先名
00001	20030704	A商店
00007	20030705	Cスーパー
00008	20030706	－
00011	20030706	A商店
00012	20030706	B商店
00013	20030707	－
－	－	Dスーパー
－	－	E商店

図：外部結合

3表以上の外部結合

内部結合や外部結合によって三つ以上の表を結合する場合がある。このときJOINを使う場合，下記のようになる。

【左外部結合で三つ以上の表を結合させる場合】

```
SELECT 列名, ・・・
  FROM テーブルA
    LEFT OUTER JOIN テーブルB ON 結合条件
    LEFT OUTER JOIN テーブルC ON 結合条件
    LEFT OUTER JOIN テーブルD ON 結合条件
```

試験に出る

3表以上の外部結合

下記の問題では3表以上の外部結合のSQL文が出題されている。このとき，テーブル名を指定する部分でSELECT文が記述されているため一見複雑に見えるが，SELECT文を一つの表として整理していくと理解しやすい

①令和04年・午後Ⅱ問6
②平成17年・午後Ⅰ
③平成16年・午後Ⅰ

午前問題の解き方 平成30年・午前Ⅱ 問8

問8　“部品”表から，部品名に‘N11’が含まれる部品情報（部品番号，部品名）を検索するSQL文がある。このSQL文は，検索対象の部品情報のほか，対象部品に親部品番号が設定されている場合は親部品情報を返し，設定されていない場合はNULLを返す。aに入れる字句はどれか。ここで，実線の下線は主キーを表す。

部品（部品番号，部品名，親部品番号）

〔SQL文〕

```
SELECT B1.部品番号, B1.部品名,
    B2.部品番号 AS 親部品番号, B2.部品名 AS 親部品名
      FROM 部品 [ a ]
      ON B1.親部品番号 = B2.部品番号
    WHERE B1.部品名 LIKE '%N11%'
```

ア　B1 JOIN 部品 B2 ← NULLを返すので内部結合はNG

イ　B1 LEFT OUTER JOIN 部品 B2 ← B1側が全部（正解）

ウ　B1 RIGHT OUTER JOIN 部品 B2

エ　B2 LEFT OUTER JOIN 部品 B1

（ウ・エ：B2側をメインにはできない）

Memo

問32 “商品”表と“売上明細”表に対して，次のSQL文を実行した結果の表として，正しいものはどれか。ここで，結果の表中の“—”は，値がナルであることを示す。

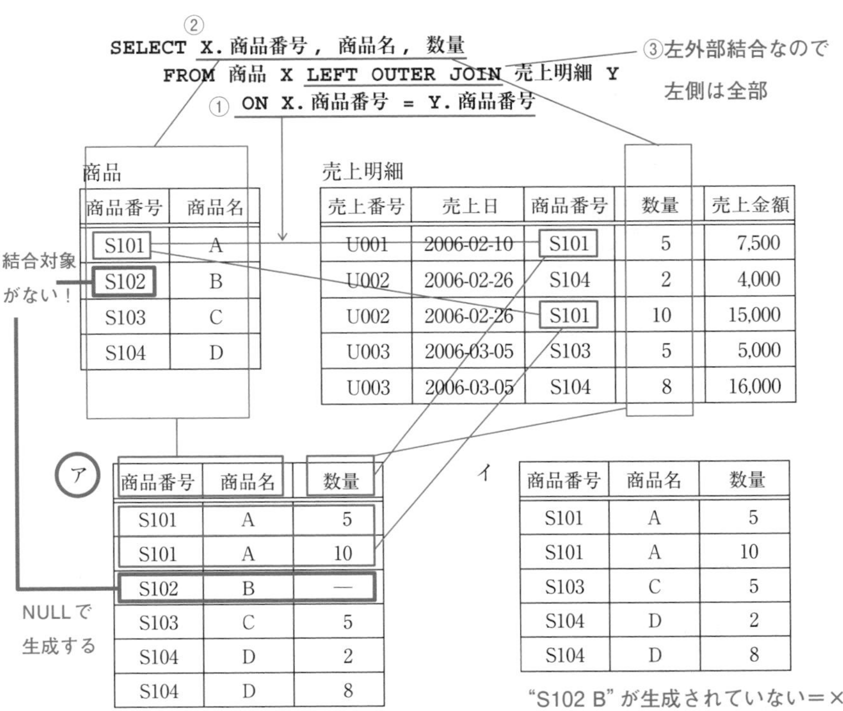

②
SELECT X.商品番号，商品名，数量
FROM 商品 X LEFT OUTER JOIN 売上明細 Y
① ON X.商品番号 = Y.商品番号
③左外部結合なので
左側は全部
結合対象
がない！
NULLで
生成する

商品

商品番号	商品名
S101	A
S102	B
S103	C
S104	D

売上明細

売上番号	売上日	商品番号	数量	売上金額
U001	2006-02-10	S101	5	7,500
U002	2006-02-26	S104	2	4,000
U002	2006-02-26	S101	10	15,000
U003	2006-03-05	S103	5	5,000
U003	2006-03-05	S104	8	16,000

ア

商品番号	商品名	数量
S101	A	5
S101	A	10
S102	B	—
S103	C	5
S104	D	2
S104	D	8

イ

商品番号	商品名	数量
S101	A	5
S101	A	10
S103	C	5
S104	D	2
S104	D	8

“S102 B”が生成されていない＝×

“S101 A”，“S104 D”が2件ない＝×

ウ

商品番号	商品名	数量
S101	A	15
S102	B	—
S103	C	5
S104	D	10

エ

商品番号	商品名	数量
S101	A	15
S103	C	5
S104	D	10

“S102 B”が生成されていない＝×
“S101 A”，“S104 D”が2件ない＝×

Memo

問８　“社員取得資格”表に対し，SQL 文を実行して結果を得た。SQL 文の a に入れる字句はどれか。

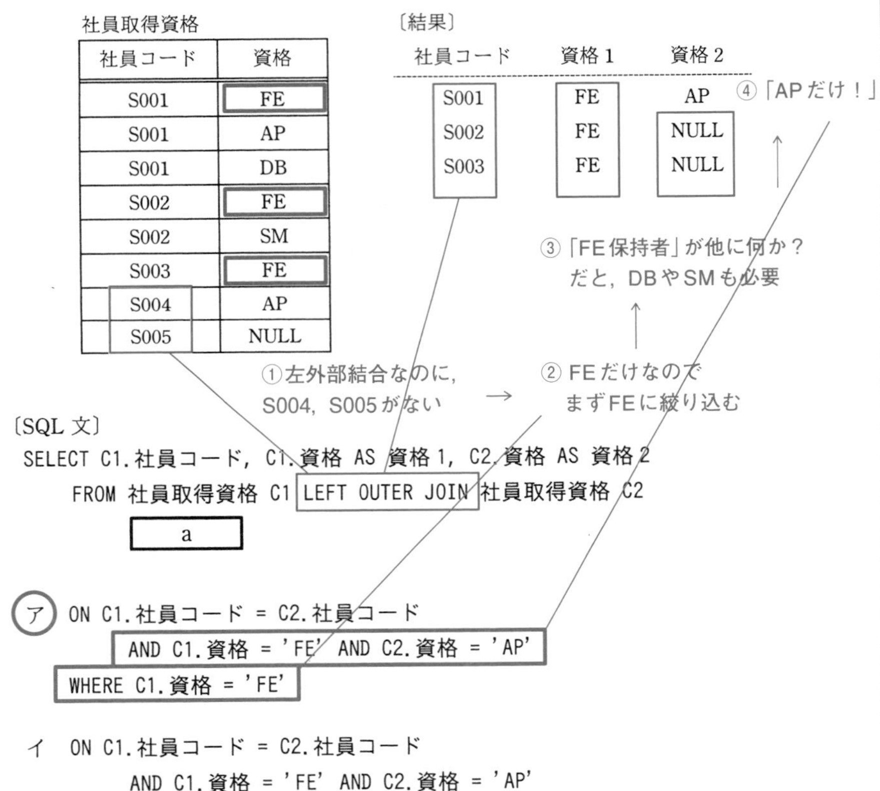

社員取得資格

社員コード	資格
S001	FE
S001	AP
S001	DB
S002	FE
S002	SM
S003	FE
S004	AP
S005	NULL

〔結果〕

社員コード	資格１	資格２
S001	FE	AP
S002	FE	NULL
S003	FE	NULL

④「APだけ！」
③「FE保持者」が他に何か？
だと，DBやSMも必要
①左外部結合なのに，
S004，S005がない
②FEだけなので
まずFEに絞り込む

〔SQL 文〕

```
SELECT C1.社員コード, C1.資格 AS 資格１, C2.資格 AS 資格２
    FROM 社員取得資格 C1 LEFT OUTER JOIN 社員取得資格 C2
        a
```

(ア)
```
ON C1.社員コード = C2.社員コード
    AND C1.資格 = 'FE' AND C2.資格 = 'AP'
WHERE C1.資格 = 'FE'
```

イ
```
ON C1.社員コード = C2.社員コード
    AND C1.資格 = 'FE' AND C2.資格 = 'AP'
WHERE C1.資格 IS NOT NULL
```

ウ
```
ON C1.社員コード = C2.社員コード
    AND C1.資格 = 'FE' AND C2.資格 = 'AP'
WHERE C2.資格 = 'AP'
```

エ
```
ON C1.社員コード = C2.社員コード
WHERE C1.資格 = 'FE' AND C2.資格 = 'AP'
```

Memo

問６　“文書”表，“社員”表から結果を得るSQL文のaに入れる字句はどれか。

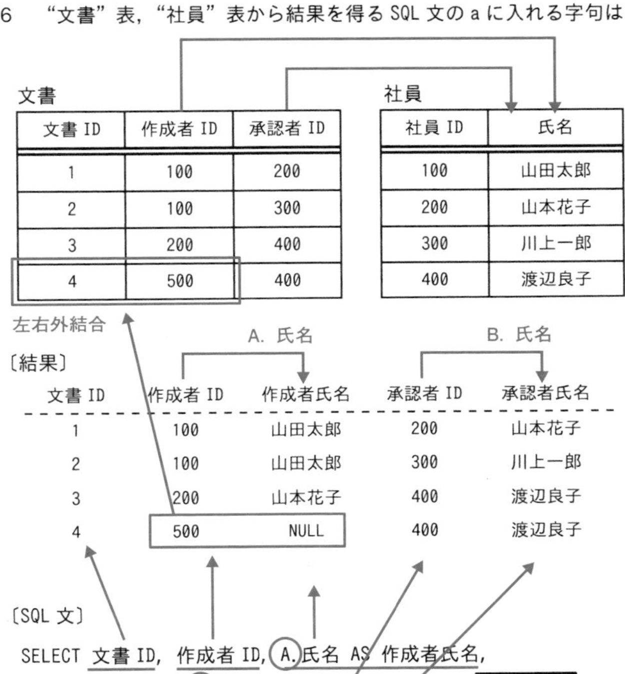

文書
文書 ID
作成者 ID
承認者 ID
1
100
200
2
100
300
3
200
400
4
500
400
社員
社員 ID
氏名
100
山田太郎
200
山本花子
300
川上一郎
400
渡辺良子
左右外結合
A. 氏名
B. 氏名
〔結果〕
文書 ID
作成者 ID
作成者氏名
承認者 ID
承認者氏名
1
100
山田太郎
200
山本花子
2
100
山田太郎
300
川上一郎
3
200
山本花子
400
渡辺良子
4
500
NULL
400
渡辺良子
〔SQL 文〕
SELECT 文書 ID, 作成者 ID, A.氏名 AS 作成者氏名,
承認者 ID, B.氏名 AS 承認者氏名 FROM
a

ア　文書 LEFT OUTER JOIN 社員 A ON 文書.作成者 ID = A.社員 ID
　　LEFT OUTER JOIN 社員 B ON 文書.承認者 ID = B.社員 ID

イ　文書 RIGHT OUTER JOIN 社員 A ON 文書.作成者 ID = A.社員 ID
　　RIGHT OUTER JOIN 社員 B ON 文書.承認者 ID = B.社員 ID

右外部結合じゃない

ウ　文書, 社員 A, 社員 B
　　LEFT OUTER JOIN 社員 A ON 文書.作成者 ID = A.社員 ID
　　LEFT OUTER JOIN 社員 B ON 文書.承認者 ID = B.社員 ID

社員Bと社員Aを？

エ　文書, 社員 A, 社員 B
　　WHERE 文書.作成者 ID = A.社員 ID AND 文書.承認者 ID = B.社員 ID

内部結合じゃない

Memo

午前問題の解き方

令和５年・午前Ⅱ問 10

問10　表Ａと表Ｂから，どちらか一方にだけ含まれる ID を得る SQL 文の　a　に入れる字句はどれか。

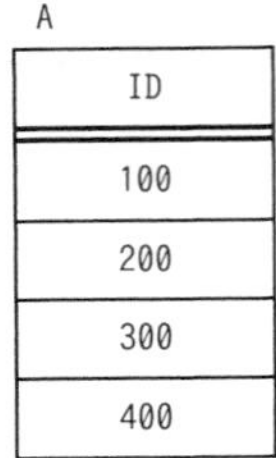

A
ID
100
200
300
400

B
ID
200
400
600
800

〔SQL 文〕

```
SELECT COALESCE(A.ID, B.ID)
    FROM A [ a ] B ON A.ID = B.ID
    WHERE A.ID IS NULL OR B.ID IS NULL
```

AにあればAを，なければBにあればBを

結合後，AかBのどちらかがNULLでないといけない
＝両方にあるものを除外する条件
＝「どちらか一方にだけ含まれるID」

ア　FULL OUTER JOIN　Aだけ，Bだけ，両方でもOK
イ　INNER JOIN　AとBの両方にあるものだけ
ウ　LEFT OUTER JOIN　Aだけ
エ　RIGHT OUTER JOIN　Bだけ

（正解：ア）

Memo

●自己結合

```
SELECT X.会員名, Y.会員名 AS 上司の名前
       FROM 会員 X, 会員 Y
       WHERE X.上司会員番号 = Y.会員番号
```

試験に出る
①平成 17 年・午前 問34
②平成 21 年・午前II 問6

自己結合とは，一つの表に対して，二つの別名を使うことによって，（あたかも別々の）二つの表を結合したのと同じ結果を得る結合方法のことである。

会員

会員番号	会員名	・・・	上司会員番号
0001	田中	省略	0004
0002	鈴木		0005
0003	山本		0005
0004	内田		0004
0005	菅山		0005

会員（別名　X）

会員番号	会員名	・・・	上司会員番号
0001	田中	省略	0004
0002	鈴木		0005
0003	山本		0005
0004	内田		0004
0005	菅山		0005

会員（別名　Y）

会員番号	会員名	・・・	上司会員番号
0001	田中	省略	0004
0002	鈴木		0005
0003	山本		0005
0004	内田		0004
0005	菅山		0005

別名:上司の名前

会員番号	会員名	・・・	上司会員番号	会員名
0001	田中	省略	0004	内田
0002	鈴木		0005	菅山
0003	山本		0005	菅山
0004	内田		0004	内田
0005	菅山		0005	菅山

※このうち,「会員名」と「上司の名前」が表示される。

図：自己結合

このSELECT文の実行結果は，左の表の「会員名」と，右の表の「会員名」（別名で「上司の名前」）が表示される。

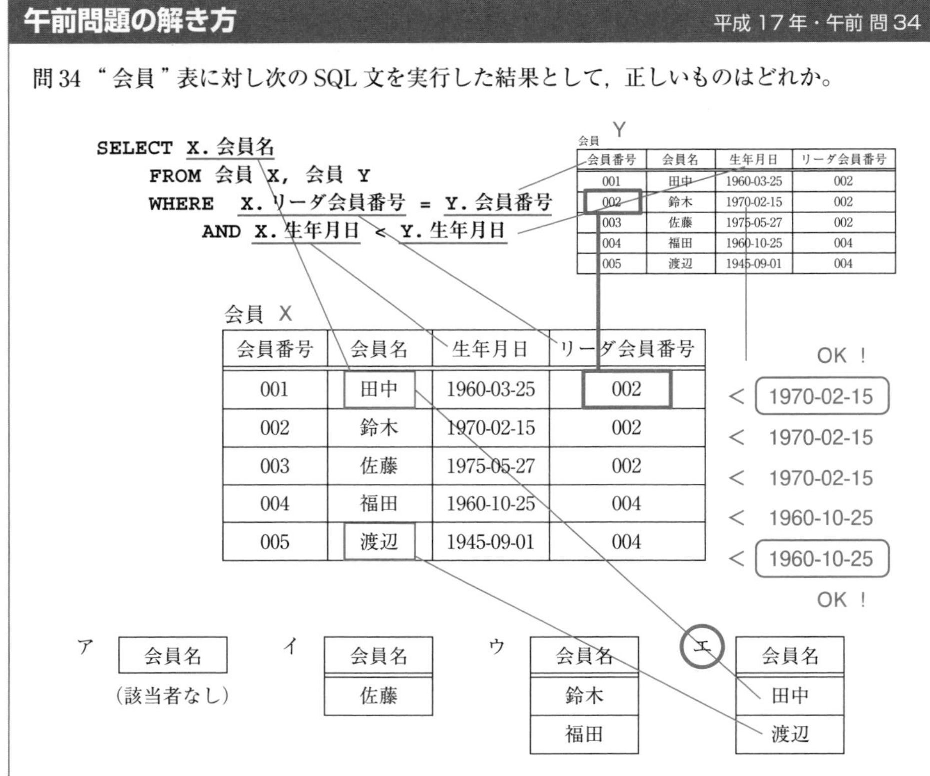
午前問題の解き方
平成17年・午前問34
問34 “会員”表に対し次のSQL文を実行した結果として，正しいものはどれか。
SELECT X.会員名
FROM 会員 X, 会員 Y
WHERE X.リーダ会員番号 = Y.会員番号
AND X.生年月日 < Y.生年月日
会員 Y
会員番号 会員名 生年月日 リーダ会員番号
001 田中 1960-03-25 002
002 鈴木 1970-02-15 002
003 佐藤 1975-05-27 002
004 福田 1960-10-25 004
005 渡辺 1945-09-01 004
会員 X
会員番号 会員名 生年月日 リーダ会員番号
001 田中 1960-03-25 002
002 鈴木 1970-02-15 002
003 佐藤 1975-05-27 002
004 福田 1960-10-25 004
005 渡辺 1945-09-01 004
OK！
< 1970-02-15
< 1970-02-15
< 1970-02-15
< 1960-10-25
< 1960-10-25
OK！
ア 会員名 (該当者なし)
イ 会員名 佐藤
ウ 会員名 鈴木 福田
エ 会員名 田中 渡辺

Memo

午前問題の解き方　平成21年・午前Ⅱ 問6

問6　複数の事業部，部，課及び係のような組織階層の概念データモデルを，第3正規形の表，

組織（組織ID，組織名，…）

として実装した。組織の親子関係を表示するSQL文中のaに入れるべき適切な字句はどれか。ここで，"組織"表記述中の下線部は，主キーを表し，追加の属性を想定する必要がある。また，モデルの記法としてUMLを用いる。{階層}は組織の親子関係が循環しないことを指示する制約記述である。

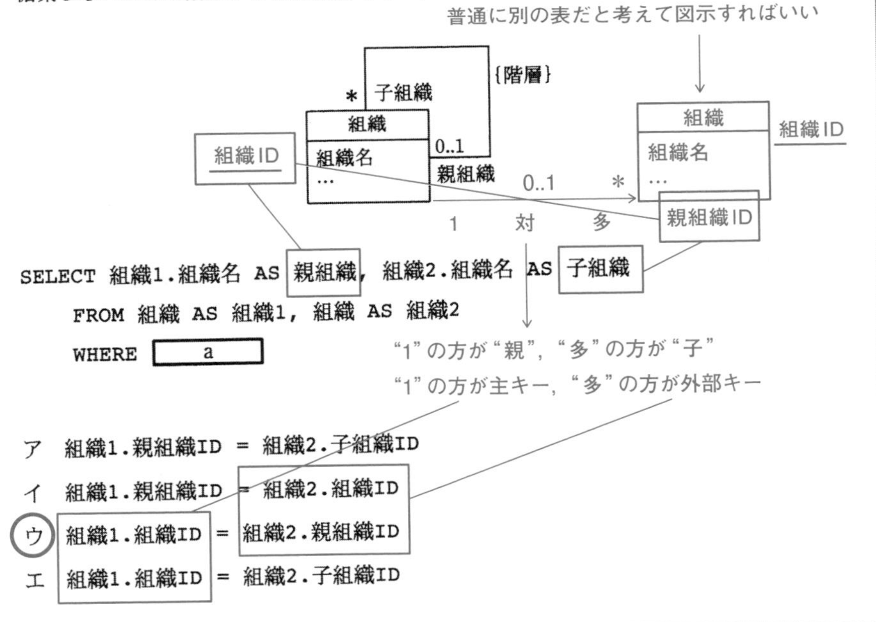

ア　組織1.親組織ID = 組織2.子組織ID

イ　組織1.親組織ID = 組織2.組織ID

㋒　組織1.組織ID = 組織2.親組織ID

エ　組織1.組織ID = 組織2.子組織ID

Memo

1.1.8 和・差・直積・積・商

● 和（SQL＝“UNION”，記法＝“∪”）

和（演算）は，“R”と“S”のOR演算を意味する。**和両立**の場合のみ成立する演算で，SQL文では，UNIONを用いて表現する。

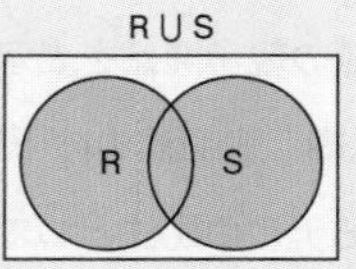

(=)

R

属性A	属性B	属性C
1	あ	α
2	い	β

S

属性A	属性B	属性C
1	あ	α
3	う	γ
4	え	δ

R∪S

属性A	属性B	属性C
1	あ	α
2	い	β
3	う	γ
4	え	δ

図：和

● SQL文の例

東京商店にある商品の商品番号と，大阪商店にある商品の商品番号との“和”を表示するSQL。

<重複行は一つにまとめる：図の例>

```
SELECT 商品番号 FROM 東京商店
UNION
SELECT 商品番号 FROM 大阪商店
```

<重複行も，その行数分そのまま抽出する>

```
SELECT 商品番号 FROM 東京商店
UNION ALL
SELECT 商品番号 FROM 大阪商店
```

※上記の図の例でUNION ALLにすると，結果は右のようになる。

R∪S

属性A	属性B	属性C
1	あ	α
1	あ	α
2	い	β
3	う	γ
4	え	δ

試験に出る

①平成28年・午前Ⅱ 問15
②平成23年・午前Ⅱ 問7
平成19年・午前 問26

和両立

図に示したように，二つのリレーションの構造がすべて一致すること。具体的には，①属性の数が同じ（次数が同じ）で，②各属性の並びとタイプが同じ（対応する属性のドメインが等しい）こと

試験に出る

①令和03年・午前Ⅱ 問11
②令和04年・午前Ⅱ 問9

t∈R

「tは集合Rの要素である」ということを表す表記

二つのSELECT文の結果を“マージ”すると言った方がわかりやすいかもしれない

“UNION”だけだと，DISTINCTが省略されている形になり重複行は省かれる。“UNION ALL”とすると，重複行もそのまま抽出される

午前問題の解き方

平成28年・午前Ⅱ 問15

問15　関係AとBに対して和集合演算が成立するための必要十分条件はどれか。

ア　同じ属性名でドメインが等しい属性が含まれている。

(イ)　次数が同じで，対応する属性のドメインが等しい。

ウ　主キー属性のドメインが等しい。

エ　濃度（タプル数）が同じで，ドメインが等しい属性が少なくとも一つ存在する。

属性の数　　並びとタイプ

午前問題の解き方

平成23年・午前Ⅱ 問7

問7　地域別に分かれている同じ構造の三つの商品表，“東京商品”，“名古屋商品”，“大阪商品”がある。次のSQL文と同等の結果が得られる関係代数式はどれか。ここで，三つの商品表の主キーは“商品番号”である。また，$X-Y$ は X から Y の要素を除いた差集合を表す。

②大阪商品にあるもの

```
SELECT * FROM 大阪商品
    WHERE 商品番号 NOT IN (SELECT 商品番号 FROM 東京商品)
UNION
SELECT * FROM 名古屋商品
    WHERE 商品番号 NOT IN (SELECT 商品番号 FROM 東京商品)
```

①東京商品にはなく，

④名古屋商品にあるもの

③東京商品にはなく，

ア　(大阪商品 ∩ 名古屋商品) − 東京商品　大阪，名古屋の両方にあって東京に無い＝×

(イ)　(大阪商品 ∪ 名古屋商品) − 東京商品　大阪か名古屋にあって東京に無い＝これ

ウ　東京商品 − (大阪商品 ∩ 名古屋商品)　東京にある・・・×

エ　東京商品 − (大阪商品 ∪ 名古屋商品)　東京にある・・・×

午前問題の解き方

令和3年・午前Ⅱ 問11

問11　関係R，Sに次の演算を行うとき，RとSが和両立である**必要のないもの**はどれか。

＝構造が同じでなくてもいいもの

ア　共通集合　これも同じでないと…

イ　差集合　同じでないと引けない

(ウ)　直積

エ　和集合　同じでないと足せない＝UNION

午前問題の解き方 令和４年・午前Ⅱ 問９

問９　SQL 文１と SQL 文２を実行した結果が同一になるために，表 R が満たすべき必要十分な条件はどれか。

〔SQL 文 1〕

```
SELECT * FROM R UNION SELECT * FROM R
```

〔SQL 文 2〕

```
SELECT * FROM R
```

ア　値に NULL をもつ行は存在しない。

イ　行数が 0 である。

㋒　重複する行は存在しない。

エ　列数が 1 である。

R

顧客	月間売上
Aさん	200
Aさん	200
Bさん	150
Cさん	140
Dさん	140

UNION

R

顧客	月間売上
Aさん	200
Aさん	200
Bさん	150
Cさん	140
Dさん	140

顧客	月間売上
Aさん	200
Bさん	150
Cさん	140
Dさん	140

このように重複行（Aさん，200）があると…

UNION だけだと重複行は１つにまとめるので…Rに重複行があると，そこはまとめられてしまう。

元のRと異なる

● 差（SQL＝"EXCEPT"，記法＝"－"）

差（演算）は，RとSの差分を意味する。RからSと共通のもの（Sにも属するもの）を取り去る演算である。

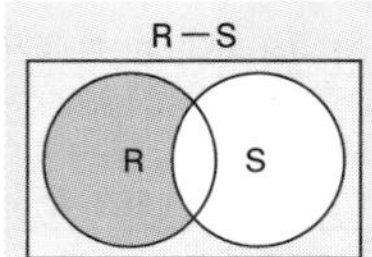

R

属性A	属性B	属性C
1	あ	α
2	い	β

S

属性A	属性B	属性C
1	あ	α
3	う	γ
4	え	δ

R－S

属性A	属性B	属性C
2	い	β

図：差

試験に出る

①令和 03 年・午前Ⅱ 問６
②平成 23 年・午前Ⅱ 問５

SQL では EXCEPT に相当する。WHERE 句内の NOT EXISTS や NOT IN を用いて EXCEPT と同等の操作を行うこともできる

● SQL 文の例

東京商店にある商品のうち，大阪商店にも存在している商品を除いた商品の商品番号を表示する SQL。

```
SELECT　商品番号　FROM　東京商店
EXCEPT
SELECT　商品番号　FROM　大阪商店
```

UNION と同じく EXCEPT だけなら DISTINCT が省略されている形になり重複行は取り除かれる。"EXCEPT ALL" にすれば重複行も抽出される

午前問題の解き方

令和３年・午前Ⅱ 問６

問６　“商品”表と“当月商品仕入合計”表に対して，SQL 文を実行した結果はどれか。

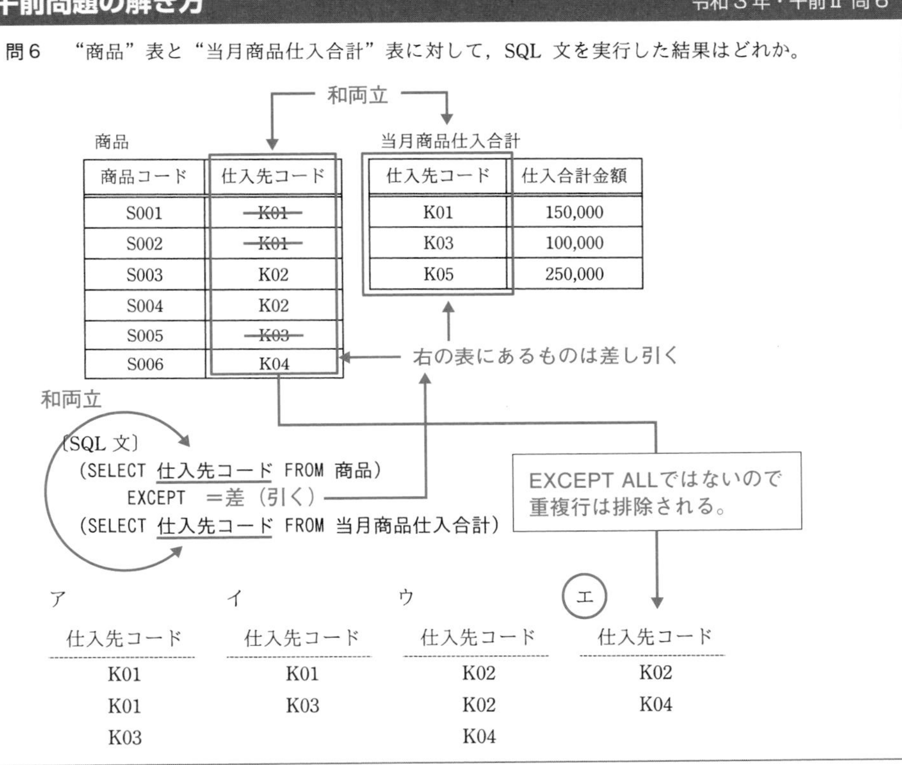

和両立
商品
当月商品仕入合計
右の表にあるものは差し引く
和両立
＝差（引く）
EXCEPT ALLではないので重複行は排除される。

商品

商品コード	仕入先コード
S001	K01
S002	K01
S003	K02
S004	K02
S005	K03
S006	K04

当月商品仕入合計

仕入先コード	仕入合計金額
K01	150,000
K03	100,000
K05	250,000

〔SQL 文〕

```
(SELECT 仕入先コード FROM 商品)
    EXCEPT
(SELECT 仕入先コード FROM 当月商品仕入合計)
```

ア

仕入先コード
K01
K01
K03

イ

仕入先コード
K01
K03

ウ

仕入先コード
K02
K02
K04

(エ)

仕入先コード
K02
K04

午前問題の解き方

平成23年・午前Ⅱ 問５

R表にだけある“社員”を抽出

問５　“社員番号”と“氏名”を列としてもつ R 表と S 表に対して，差（R−S）を求める SQL 文はどれか。ここで，R 表と S 表の主キーは“社員番号”であり，“氏名”は“社員番号”に関数従属する。

ア
```
SELECT R.社員番号, S.氏名 FROM R, S
    WHERE R.社員番号 <> S.社員番号
```
これはどっちか片方だけの社員やな

イ
```
SELECT 社員番号, 氏名 FROM R
    UNION SELECT 社員番号, 氏名 FROM S
```
どっちかにいる社員やな

(ウ)
```
SELECT 社員番号, 氏名 FROM R
    WHERE NOT EXISTS (SELECT 社員番号 FROM S
                      WHERE R.社員番号 = S.社員番号)
```
Sには存在しないRの社員

エ
```
SELECT 社員番号, 氏名 FROM S
    WHERE S.社員番号 NOT IN (SELECT 社員番号 FROM R
                      WHERE R.社員番号 = S.社員番号)
```
逆やな

● 積（SQL＝“INTERSECT”, 記法＝“∩”）

積（演算）は，“R”と“S”のAND演算を意味する。共通演算ともいう。SQL文ではINTERSECTを用いて表現する。これも和両立の場合のみ成立する。

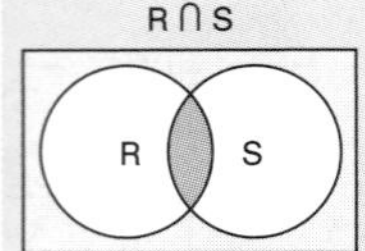

R

属性A	属性B	属性C
1	あ	α
2	い	β

S

属性A	属性B	属性C
1	あ	α
3	う	γ
4	え	δ

R∩S

属性A	属性B	属性C
1	あ	α

図：積

● SQL文の例

東京商店と大阪商店のどちらにも存在している商品の商品番号を表示するSQL。

```
SELECT　商品番号　FROM　東京商店
INTERSECT
SELECT　商品番号　FROM　大阪商店
```

試験に出る

令和04年・午前Ⅱ 問10
平成31年・午前Ⅱ 問12
平成29年・午前Ⅱ 問12
平成21年・午前Ⅱ 問8

「積」は「共通」ともいう

後述する差を使って積を表現することもできる。そのため積はプリミティブな演算セットには含まれない

R∩S＝R－（R－S）

“UNION”, “EXCEPT” 同様，INTERSECTだけならDISTINCTが省略される形で重複行は省略ALLを指示すると重複行も抽出される。但し，ベンダによってはALLが使えないこともある

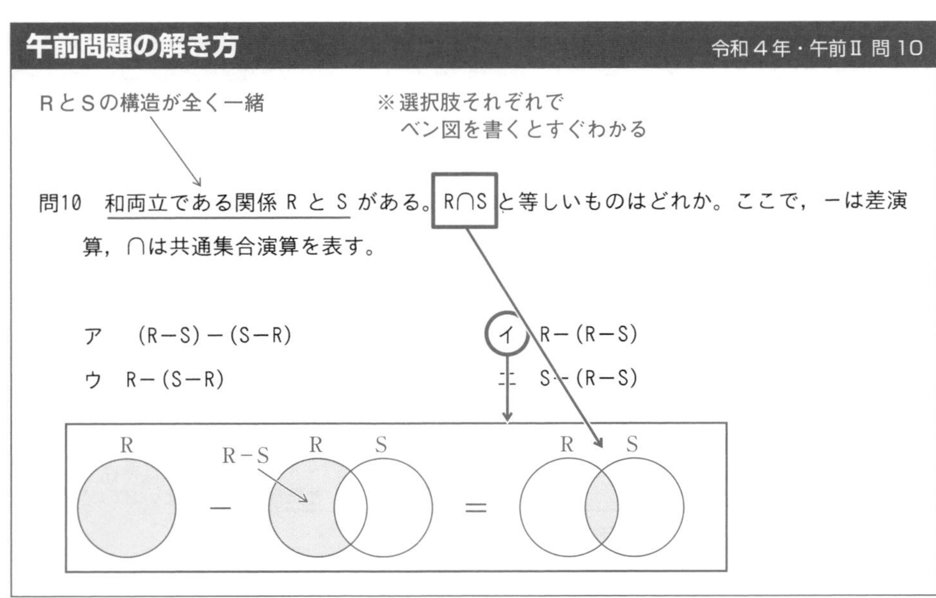

午前問題の解き方
令和4年・午前Ⅱ 問10
RとSの構造が全く一緒
※選択肢それぞれで
ベン図を書くとすぐわかる
問10　和両立である関係RとSがある。R∩Sと等しいものはどれか。ここで，－は差演算，∩は共通集合演算を表す。
ア　(R－S)－(S－R)
イ　R－(R－S)
ウ　R－(S－R)
エ　S－(R－S)
R
R－S
R　S
－
＝
R　S

直積

RとSの直積演算とは，Rのタプルと Sのタプルのすべての組合せのことである。

R

属性A	属性B
1	あ
2	い

S

属性C	属性D
α	安
β	伊
γ	宇

R×S

属性A	属性B	属性C	属性D
1	あ	α	安
1	あ	β	伊
1	あ	γ	宇
2	い	α	安
2	い	β	伊
2	い	γ	宇

図：直積

別の言い方をすると，二つの関係（上記の例だとRとS）から，任意のタプルを1個ずつ取り出して連結したタプルの集合になる。

試験に出る

①令和02年・午前Ⅱ 問9
平成28年・午前Ⅱ 問12
平成20年・午前 問27
平成18年・午前 問24
平成16年・午前 問25
②令和04年・午前Ⅱ 問11
平成30年・午前Ⅱ 問9
平成26年・午前Ⅱ 問9
平成19年・午前 問29

午前問題の解き方　令和2年・午前Ⅱ 問9

問9　関係代数における直積に関する記述として，適切なものはどれか。

それ選択やがな！

ア　ある属性の値に付加した条件を満たす全てのタプルの集合である。

イ　ある一つの関係の指定された属性だけを残して，他の属性を取り去って得られる属性の集合である。

それ射影やがな！

ウ　二つの関係における，あらかじめ指定されている二つの属性の2項関係を満たす全てのタプルの組合せの集合である。

それ結合やがな！

㊓　二つの関係における，それぞれのタプルの全ての組合せの集合である。

午前問題の解き方　令和4年・午前Ⅱ 問11

問11　関係R，Sの等結合演算は，どの演算によって表すことができるか。

覚えよう！

等結合は
直積と選択

ア　共通　　イ　差
ウ　直積と射影と差　　㊓　直積と選択

● 商（division）

リレーションR，S，Tの間にS × T＝Rが成立するとき，RとSの商演算R ÷ S＝Tが成立する。直積は四則演算の掛け算に相当し，商演算は割り算に相当する。

R

属性A	属性B	属性X
1	111	あ
2	222	あ
1	111	い
2	222	い
1	111	う
2	222	う

S

属性A	属性B
1	111
2	222

R÷S＝T

属性X
あ
い
う

図：商①

割り算には余りが出ることがある。集合Qを余りに見立て，RとQの和集合Pを作る（P＝Q∪R＝Q∪(S × T)）。このとき，PとSの商演算P ÷ S＝Tが成立する。

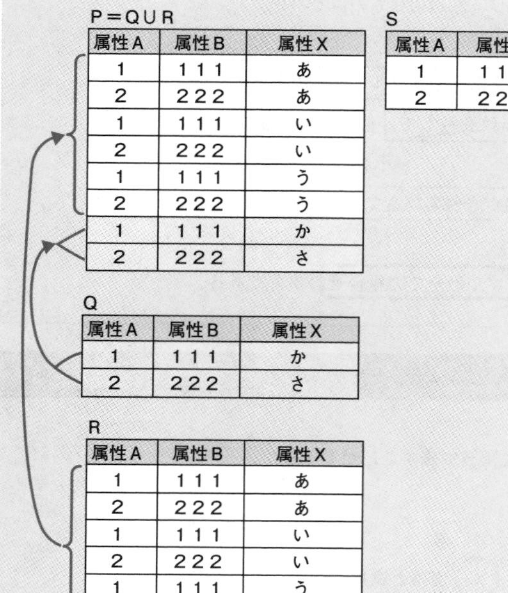

P＝Q∪R

属性A	属性B	属性X
1	111	あ
2	222	あ
1	111	い
2	222	い
1	111	う
2	222	う
1	111	か
2	222	さ

Q

属性A	属性B	属性X
1	111	か
2	222	さ

R

属性A	属性B	属性X
1	111	あ
2	222	あ
1	111	い
2	222	い
1	111	う
2	222	う

S

属性A	属性B
1	111
2	222

P÷S＝T

属性X
あ
い
う

図：商②

試験に出る

①令和05年・午前Ⅱ 問11
平成27年・午前Ⅱ 問9
平成25年・午前Ⅱ 問12
平成20年・午前 問26
平成17年・午前 問29
②平成23年・午前Ⅱ 問9
平成19年・午前 問28
③平成24年・午前Ⅱ 問10

試験に出る

商演算の結果が，業務要件を満たさない理由
平成17年・午後Ⅰ 問1

午前問題の解き方

令和５年・午前Ⅱ問 11

問11　関係 R と関係 S において，R÷S の関係演算結果として，適切なものはどれか。ここで，÷ は商演算を表す。

イメージで説明すると，
①割る数 “S” のパターンが，割られる数 “R” の中にあり，
②その残りの属性が行単位で同じものなら OK ！

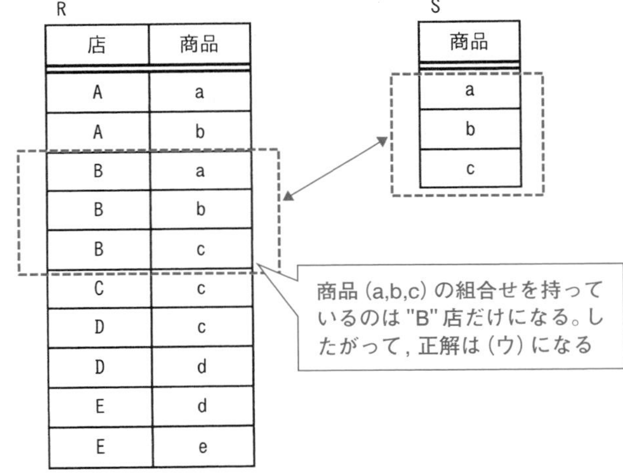

R

店	商品
A	a
A	b
B	a
B	b
B	c
C	c
D	c
D	d
E	d
E	e

S

商品
a
b
c

商品 (a,b,c) の組合せを持っているのは "B" 店だけになる。したがって，正解は（ウ）になる

ア

店
A
A
B
B
B
C
D

イ

店
A
B
C
D

ウ

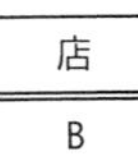

店
B

エ

店
E

Memo

午前問題の解き方

平成 23 年・午前Ⅱ 問 9

問 9　関係 R と関係 S から，関係代数演算 R÷S で得られるものはどれか。ここで，÷は商の演算を表す。

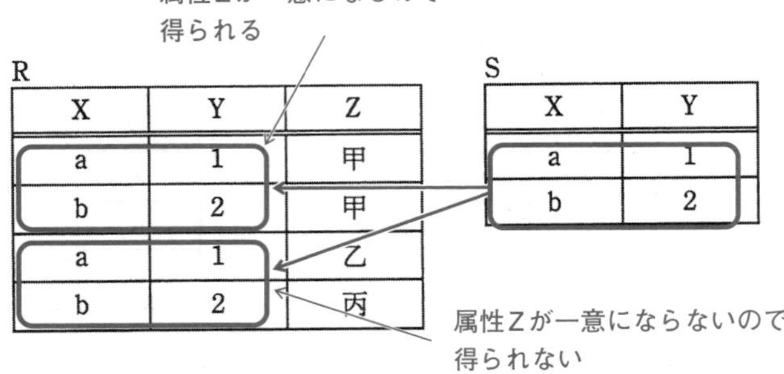

属性Zが一意になるので
得られる
R
X Y Z
a 1 甲
b 2 甲
a 1 乙
b 2 丙
S
X Y
a 1
b 2
属性Zが一意にならないので
得られない

ア

X	Y	Z
a	1	甲
b	2	甲

イ

Z
乙
丙

ウ

Z
甲
乙
丙

㊁

Z
甲

Memo

午前問題の解き方

平成24年・午前Ⅱ 問10

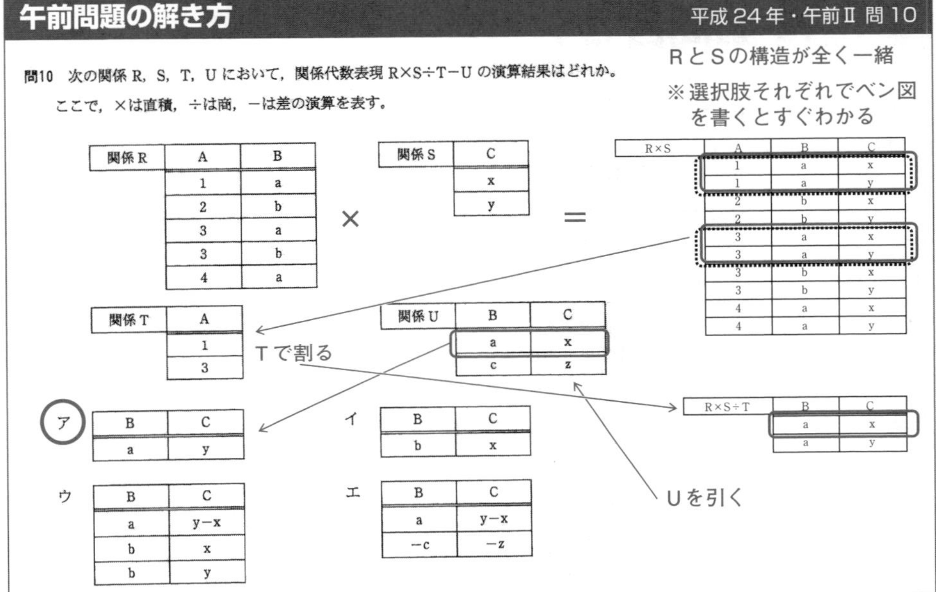

問10　次の関係 R，S，T，U において，関係代数表現 R×S÷T−U の演算結果はどれか。
ここで，×は直積，÷は商，−は差の演算を表す。

関係 R	A	B
	1	a
	2	b
	3	a
	3	b
	4	a

関係 S	C
	x
	y

関係 T	A
	1
	3

関係 U	B	C
	a	x
	c	z

ア

B	C
a	y

イ

B	C
b	x

ウ

B	C
a	y−x
b	x
b	y

エ

B	C
a	y−x
−c	−z

R×S	A	B	C
	1	a	x
	1	a	y
	2	b	x
	2	b	y
	3	a	x
	3	a	y
	3	b	x
	3	b	y
	4	a	x
	4	a	y

R×S÷T	B	C
	a	x
	a	y

Memo

1.1.9 副問合せ

代表的構文

```
SELECT 列名, ・・・                                    ←主問合せ
        FROM テーブル名
        WHERE 取り出す条件 (SELECT～          )         ←副問合せ
```

列名	通常の SELECT 文と同じ
テーブル名	テーブル名を指定する
取り出す条件	<単一行副問合せ：副問合せの結果が単一の場合> ● 列名　比較演算子：列名で指定した列と結果とを比較する <複数行副問合せ：副問合せの結果が複数の場合> ● 列名　IN：副問合せの結果が条件となる ● 列名　比較演算子 ALL：副問合せのすべての結果と比較して，すべてよりも（大きい，小さいなど） ● 列名　比較演算子 SOME：副問合せの結果のいずれか一つよりも（大きい，小さいなど） ● 列名　比較演算子 ANY：SOME と同じ意味

副問合せとは，SELECT 文，INSERT 文，DELETE 文などの SQL 文の中に，さらに別の SELECT 文を含んでいる問合せのことをいう。よく使われるのが，SELECT 文の WHERE 条件句に SELECT 文を指定するケースである。このケースでは，いったん WHERE 内の括弧で括られた SELECT 文（この部分を副問合せという）が実行された後，その結果に対して外側の SELECT 文（主問合せ）が実行される。

試験に出る

①平成 24 年・午前Ⅱ 問 11
②平成 17 年・午前 問 37
③平成 19 年・午前 問 34

試験に出る

平成20年・午後Ⅰ 問 3

「副問合せの結果が，単一なのか複数なのか」という点は十分チェックしなければならない。過去の出題でも，SQL の構文エラーを答えさせる問題で，副問合せで複数行が返されるにもかかわらず，「>」や「=」など単一の場合のみ使える比較演算子を使っているケースが出題されている

●副問合せの使用例

【使用例】 担当者：三好康之（担当者コード：101）の受注を調べる

```
SELECT 受注番号 , 受注日
       FROM 受注
       WHERE 得意先コード IN (SELECT 得意先コード
                               FROM 得意先
                               WHERE 担当者コード = '101')
```

副問合せは，WHERE 句の中だけではなく，SELECT 文の FROM 句の中で使用したり，HAVING 句，UPDATE 文の SET 句及び WHERE 句，DELETE 文の WHERE 句などでも指定することが可能である

① まず，IN の中にある 内側の問合せが評価される。

SELECT 得意先コード
 FROM 得意先
 WHERE 担当者コード ='101'

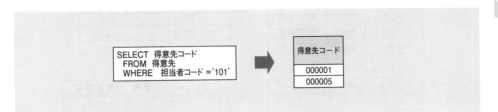

得意先コード
000001
000005

図：副問合せ使用例①

② 次に，外側の問合せが評価される。

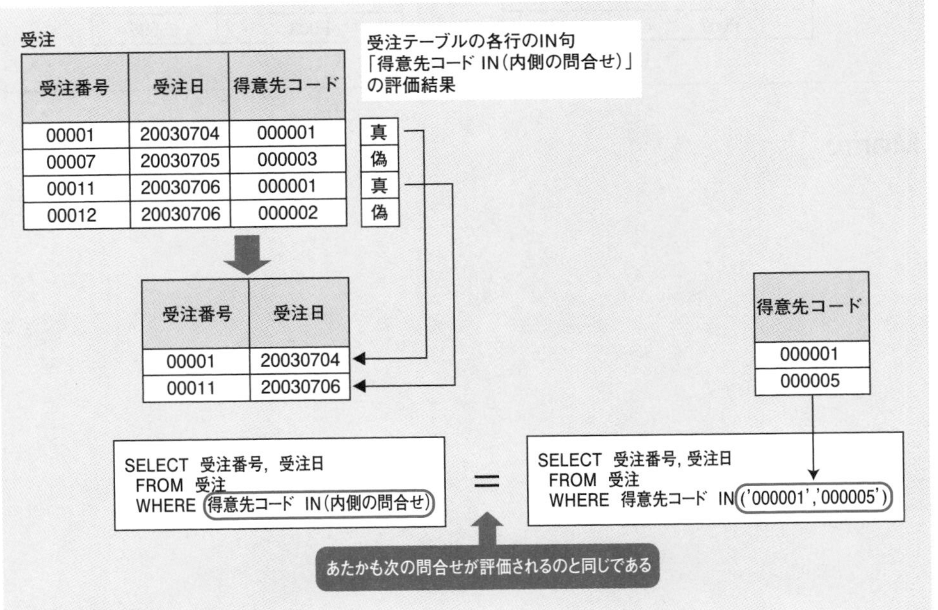

図：副問合せ使用例②

午前問題の解き方

平成24年・午前Ⅱ 問11

問11 “社員”表と“プロジェクト”表に対して，次のSQL文を実行した結果はどれか。

```
SELECT プロジェクト番号, 社員番号 FROM プロジェクト
    WHERE 社員番号 IN
    (SELECT 社員番号 FROM 社員 WHERE 部門 <= '2000')
```

①最初に実行

②これが抽出

③抽出した社員番号と同じ社員番号

④プロジェクト番号，社員番号を抽出

社員

社員番号	部門	社員名
11111	1000	佐藤一郎
22222	2000	田中太郎
33333	3000	鈴木次郎
44444	3000	高橋美子
55555	4000	渡辺三郎

プロジェクト

プロジェクト番号	社員番号
P001	11111
P001	22222
P002	33333
P002	44444
P003	55555

(ア)

プロジェクト番号	社員番号
P001	11111
P001	22222

イ

プロジェクト番号	社員番号
P001	22222
P002	33333

ウ

プロジェクト番号	社員番号
P002	33333
P002	44444

エ

プロジェクト番号	社員番号
P002	44444
P003	55555

Memo

問 37　二つの表“納品”,“顧客”に対する次の SQL 文と同じ結果が得られる SQL 文はどれか。

②その顧客番号，顧客名を抽出

```
SELECT 顧客番号 , 顧客名 FROM 顧客
    WHERE 顧客番号 IN
    (SELECT 顧客番号 FROM 納品
        WHERE 商品番号 = 'G1')
```

①商品番号'G1'を納入した顧客を抽出

納品

商品番号	顧客番号	納品数量

顧客

顧客番号	顧客名

ア
```
SELECT 顧客番号 , 顧客名 FROM 顧客
    WHERE 'G1' IN (SELECT 商品番号 FROM 納品 )
```
商品番号を抽出？顧客との接点なし

イ
```
SELECT 顧客番号 , 顧客名 FROM 顧客
    WHERE 商品番号 IN
    (SELECT 商品番号 FROM 納品
    WHERE 商品番号 = 'G1')
```
“顧客”には商品番号がない

ウ
```
SELECT 顧客番号 , 顧客名 FROM 納品 , 顧客
    WHERE 商品番号 = 'G1'
```
複数表の場合，結合条件が必要。それがない

㋓
```
SELECT 顧客番号 , 顧客名 FROM 納品 , 顧客
    WHERE 納品 . 顧客番号 = 顧客 . 顧客番号 AND 商品番号 = 'G1'
```
結合条件

Memo

午前問題の解き方

平成19年・午前 問34

問34　T1表とT2表が，次のように定義されているとき，次のSELECT文と同じ検索結果が得られるSELECT文はどれか。

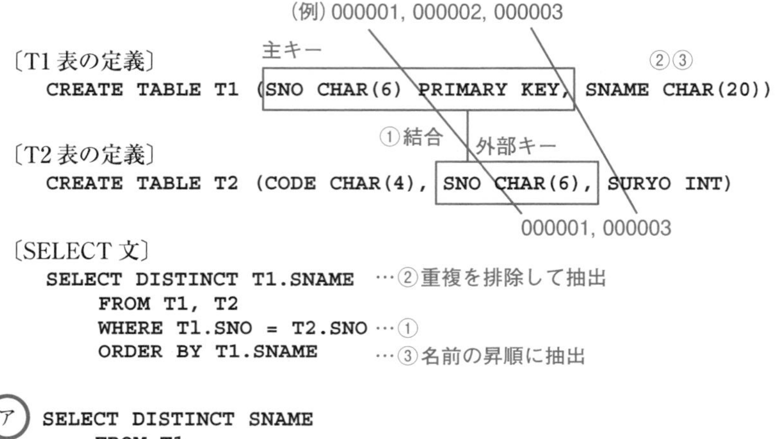

(例) 000001, 000002, 000003
主キー
②③
〔T1表の定義〕
CREATE TABLE T1 (SNO CHAR(6) PRIMARY KEY, SNAME CHAR(20))
①結合
外部キー
〔T2表の定義〕
CREATE TABLE T2 (CODE CHAR(4), SNO CHAR(6), SURYO INT)
000001, 000003
〔SELECT文〕
SELECT DISTINCT T1.SNAME
FROM T1, T2
WHERE T1.SNO = T2.SNO
ORDER BY T1.SNAME
…②重複を排除して抽出
…①
…③名前の昇順に抽出

ア（○）
```
SELECT DISTINCT SNAME
    FROM T1
    WHERE SNO IN (SELECT SNO FROM T2)
    ORDER BY SNAME
```
000001, 000003

イ
```
SELECT DISTINCT SNAME
    FROM T1
    WHERE T1.SNO IN (SELECT SNO FROM T1)
    ORDER BY SNAME
```
000001, 000002, 000003

？？？？　T1だけ？　ダメダメ

ウ
```
SELECT SNAME
    FROM T1
    WHERE SNO NOT IN (SELECT SNO FROM T2)
    ORDER BY SNAME
```
これだと，000002だけを抽出することに＝×

000001, 000003

エ
```
SELECT T2.SNAME
    FROM T1, T2
    WHERE T1.SNO = T2.SNO
    ORDER BY T2.SNAME
```
？？？　T2にSNAMEない…

Memo

コラム WITH 句

最近，WITH 句を使っている問題をよく見かける。平成 31 年度午後Ⅱ問 1，令和 2 年度午後Ⅱ問 1，令和3年午後Ⅰ問 3 などだ。毎年のように使われている。そんな WITH 句は，当該 SQL 文を実行している間だけ一時的に利用できるテーブル（一時テーブルや一時表，インラインビューなどという）を作成するためのもの。要するに，副問合せに名前を付けて使用するイメージだ。基本的な構文は次のようになる。

```
WITH 一時表名 AS (SELECT 文 (①)) ← 一時表
SELECT 文 (②) ← 後続の SELECT 文等で，その一時表を活用する。
```

ちょうど **"CREATE VIEW"** と同じような感じで，WITH の直後に一時表の名前を定義して，その後に SELECT 文（①）で抽出した内容で一時表を構成する。一時表には，これもビューと同様に，一時表名の後に（列名，列名，…　）というように特定の列名を定義することもできる。そして，SELECT 文（②）で，WITH 句で定義した一時表を他の表と結合するなどして使うのが一般的な使い方になる。以下は，令和 3 年午後Ⅰ問 3 のシンプルな例になる。

```
"TEMP" という名前の副問合せ。属性 'TOTAL' を持つ
WITH TEMP ( TOTAL ) AS ( SELECT COUNT(*) FROM 物件 )
                          その 'TOTAL' は，"物件" の総行数

SELECT 沿線，FLOOR ( COUNT(*) * 100 / TOTAL )
  FROM 物件 CROSS JOIN TEMP
  WHERE エアコン = Y' AND オートロック = 'Y'
  GROUP BY 沿線，TOTAL
```

後続の SELECT 文で，普通に一つのテーブルやビューのように活用している。

また，平成 31 年午後Ⅱ問1では **"WITH　RECURSIVE"** が使われている。**"リカーシブ"** という名称からも想像できるとおり再帰問合せで使用する。基本的な構文は次のようになる。

```
WITH　RECURSIVE 一時表名 AS
(SELECT 文 (①) UNION　ALL　SELECT 文 (②))
SELECT 文 (③)
```

SELECT 文（①）は，最初の 1 回目の実行をする初期化用の SELECT 文になる。そして UNION ALL を挟む形で再帰呼び出し用の SELECT 文を続ける (SELECT 文 (②))。そして，最終的に SELECT 文（③）で，当該再帰問合せの結果が格納されている一時表を用いた処理をする。

1.1.10 相関副問合せ

基本構文

※存在チェックに限定

```
SELECT 列名, …
  FROM テーブル名1
  WHERE | EXISTS     | (SELECT *
        | NOT EXISTS |     FROM テーブル名2
        |            |     WHERE テーブル名2. 列名=テー
                              ブル名1. 列名)
```

※存在チェックの基本構文

主問合せ(外側)	列名	SELECT 文に同じ 抽出したい列名を指定
	テーブル名	抽出する側のテーブル名を指定
	条件式	EXISTS（副問合せ）: 副問合せの結果存在している NOT EXISTS（副問合せ）: 副問合せの結果存在していない ※ここでは割愛しているが，他に IN や比較演算子も可能 （後述の午前問題参照）
副問合せ(内側)	列名	存在チェックの場合通常は“*”
	テーブル名	チェック対象のテーブル名を指定
	条件式	WHERE 以下には，主問合せ（外側）と副問合せ（内側）で結合する条件式を書く。

相関副問合せは，EXISTS（もしくはNOT EXISTS）を使った存在チェックで利用することが多い（そのため基本構文もそこに限定している)。最大の特徴は，外側のテーブルと内側のテーブルを特定の列で結合しているところ（内側のSELECT文のWHERE以下に記述)。これにより，通常の副問合せのように,「①副問合せを実行，②主問合せを実行」するのではなく，1行ずつ処理していく。

試験に出る
①平成 22 年・午前Ⅱ 問 14
　平成 17 年・午前 問 36
②令和 04 年・午前Ⅱ 問 8
　令和 02 年・午前Ⅱ 問 8
　平成 30 年・午前Ⅱ 問 5
③令和 04 年・午前Ⅱ 問 12
　令和 02 年・午前Ⅱ 問 10
　平成 30 年・午前Ⅱ 問 10
　平成 26 年・午前Ⅱ 問 10
　平成 23 年・午前Ⅱ 問 11
　平成 19 年・午前 問 35
④平成 26 年・午前Ⅱ 問 16
⑤平成 27 年・午前Ⅱ 問 11

【使用例】 担当者コードが‘101’の顧客の（顧客として存在していて）受注分を抽出して，受注番号と受注日を表示する。

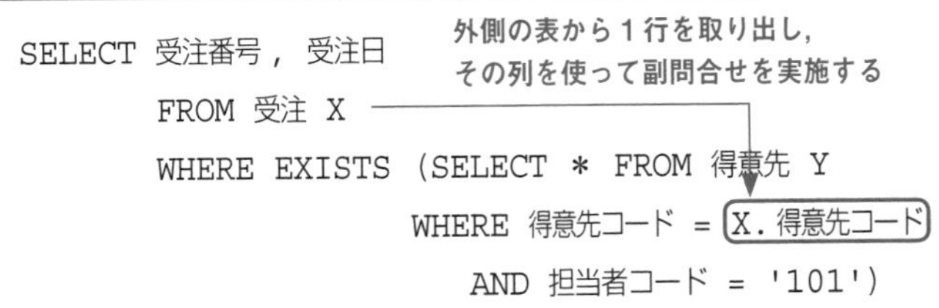

```
SELECT 受注番号 , 受注日
    FROM 受注 X
    WHERE EXISTS （SELECT * FROM 得意先 Y
              WHERE 得意先コード = X.得意先コード
                AND 担当者コード = '101'）
```


① まず，主問合せ（外側のSELECT文）を実行し，受注テーブルから1行目の得意先コード（= '000001'）を取り出す。そして，その値を副問合せ（内側のSELECT文）の結合条件（WHERE句）にセットし，副問合せのSELECT文を実行する。

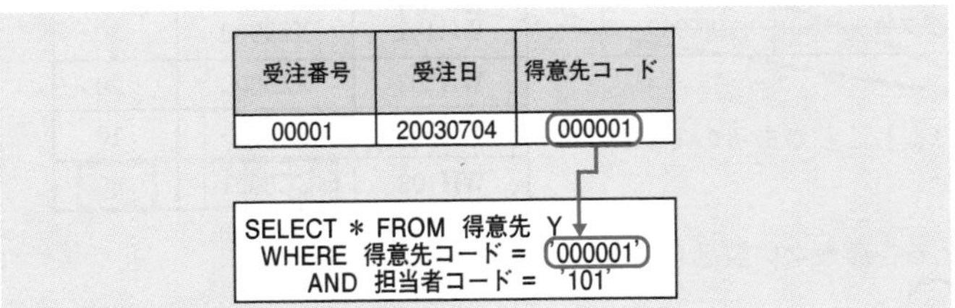

受注番号	受注日	得意先コード
00001	20030704	000001

図：相関副問合せの動き①

② その結果は「真」なので，主問合せ（外側）のSELECT文を実行し，"受注番号"と"受注日"を表示する。この後は，①と②を繰り返す。

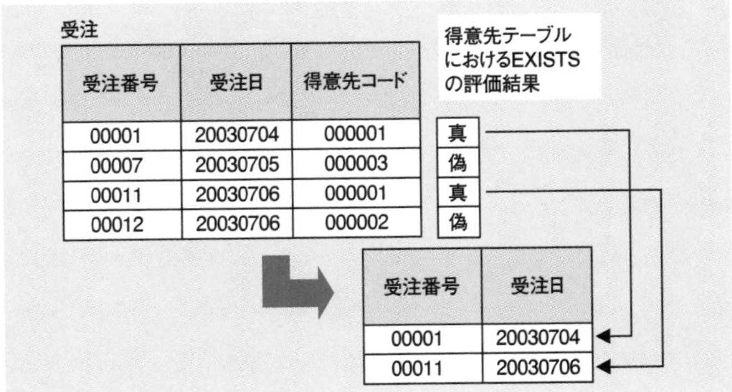

受注

受注番号	受注日	得意先コード	得意先テーブルにおけるEXISTSの評価結果
00001	20030704	000001	真
00007	20030705	000003	偽
00011	20030706	000001	真
00012	20030706	000002	偽

受注番号	受注日
00001	20030704
00011	20030706

図：相関副問合せの動き②

参考

使用例のようにEXISTS句を使う場合，副問合せのSELECT文では，該当データが存在するかどうかという結果のみが必要なため，副問合せのSELECT文の列名のところは，一般的に「*」を使用する

午前問題の解き方

平成22年・午前Ⅱ 問14

問14 “製品”表と“在庫”表に対し，次の SQL 文を実行した結果として得られる表の行数は幾つか。

```
SELECT DISTINCT 製品番号 FROM 製品
    WHERE NOT EXISTS (SELECT 製品番号 FROM 在庫
        WHERE 在庫数 > 30 AND 製品.製品番号 = 在庫.製品番号)
```

③その製品番号を抽出(重複なし)

②存在しない場合に…

①在庫数が30を超えている製品の製造番号が…

製品

	製品番号	製品名	単価
存在	AB1805	CD-ROM ドライブ	15,000
存在	CC5001	ディジタルカメラ	65,000
	MZ1000	プリンタ A	54,000
	XZ3000	プリンタ B	78,000
存在	ZZ9900	イメージスキャナ	98,000

在庫

倉庫コード	製品番号	在庫数
WH100	AB1805	20
WH100	CC5001	200
WH100	ZZ9900	130
WH101	AB1805	150
WH101	XZ3000	30
WH102	XZ3000	20
WH102	ZZ9900	10
WH103	CC5001	40

※他の倉庫に30を超えているところがあるので除外

結局「どの倉庫にも30を超える在庫がない製品を抽出」という意味になる

ア 1　　　(イ) 2　　　ウ 3　　　エ 4

Memo

午前問題の解き方

令和４年・午前Ⅱ 問８

問８　“社員”表に対して，SQL 文を実行して得られる結果はどれか。ここで，実線の下線は主キーを表し，表中の NULL は値が存在しないことを表す。

社員

社員コード	上司	社員名
S001	NULL	A
S002	S001	B
S003	S001	C
S004	S003	D
S005	NULL	E
S006	S005	F
S007	S006	G

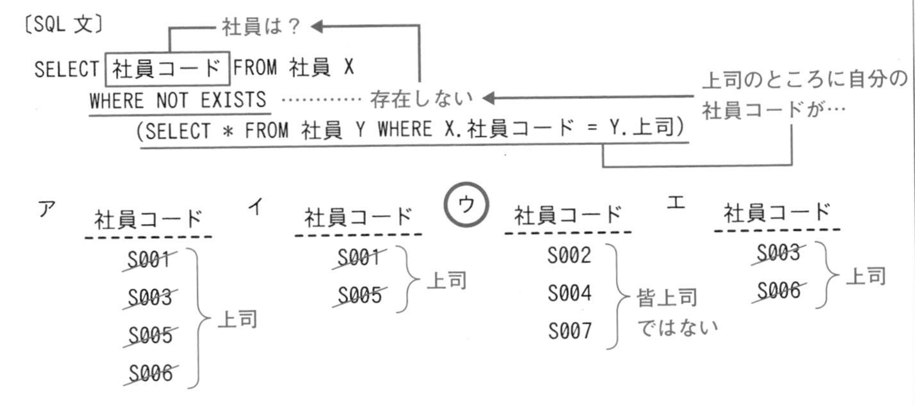

Memo

午前問題の解き方

令和4年・午前Ⅱ 問12

問12　“社員”表から，男女それぞれの最年長社員を除く全ての社員を取り出すSQL文とするために，a に入れる字句はどれか。ここで，“社員”表の構造は次のとおりであり，実線の下線は主キーを表す。

意図がわからない（笑）

社員（<u>社員番号</u>，社員名，性別，生年月日）

〔SQL文〕　社員表から社員番号，社員名を取り出すSQL

```
SELECT 社員番号，社員名 FROM 社員 AS S1
       WHERE 生年月日 > ( a )
```

条件：男女それぞれの最年長じゃなければ（＝生年月日が大なら）…

ア　SELECT MIN(生年月日) FROM 社員 AS S2
　　~~GROUP BY S2.性別~~　これだと2件（男と女）できる。

不等号の片側に複数の値は使えない

イ　SELECT MIN(生年月日) FROM 社員 AS S2
　　~~WHERE S1.生年月日 > S2.生年月日~~　不要
　　OR S1.性別 = S2.性別

(ウ)　SELECT MIN(生年月日) FROM 社員 AS S2
　　WHERE S1.性別 = S2.性別

最年長を取り出す部分

エ　SELECT MIN(生年月日) FROM 社員
　　~~GROUP BY S2.性別~~　アに同じ

Memo

午前問題の解き方

平成26年・午前Ⅱ 問16

問16 “商品月間販売実績”表に対して，SQL文を実行して得られる結果はどれか。

①1件取り出す

商品月間販売実績

商品コード	総販売数	総販売金額
S001	150	45,000
S002	250	50,000
S003	150	15,000
S004	400	120,000
S005	400	80,000
S006	500	25,000
S007	50	60,000

②順番に比較して150より大きい行の件数をカウント

③3件を超えなければ抽出

※'S001'は4件なので対象外

〔SQL文〕

```
SELECT A.商品コード AS 商品コード, A.総販売数 AS 総販売数
    FROM 商品月間販売実績 A
    WHERE 3 > (SELECT COUNT(*) FROM 商品月間販売実績 B
        WHERE A.総販売数 < B.総販売数)
```

ア

商品コード	総販売数
~~S001~~	~~150~~
S003	150
S006	500

イ

商品コード	総販売数
~~S001~~	~~150~~
S003	150
S007	50

㋒

商品コード	総販売数
S004	400
S005	400
S006	500

比較

エ

商品コード	総販売数
S004	400
S005	400
S007	50

Memo

問11　庭に訪れた野鳥の数を記録する“観測”表がある。観測のたびに通番を振り，鳥名と観測数を記録している。AVG 関数を用いて鳥名別に野鳥の観測数の平均値を得るために，一度でも訪れた野鳥については，観測されなかったときの観測数を 0 とするデータを明示的に挿入する。SQL 文の a に入る字句はどれか。ここで，通番は初回を 1 として，観測のタイミングごとにカウントアップされる。

何をしたいのか？を把握する

※1回の観測で，複数の野鳥を複数回観測する

```
CREATE TABLE 観測 (
   通番   INTEGER,
   鳥名   CHAR(20),
   観測数 INTEGER,
PRIMARY KEY (通番, 鳥名))
```

例えば，これまで20種類の野鳥を観測しているとしたら，観測ごとに20件のデータを作る。毎回20種類の野鳥が来ることはないので，観測数が0のデータを挿入する

挿入する

```
INSERT INTO 観測
  SELECT DISTINCT obs1.通番, obs2.鳥名, 0
    FROM 観測 AS obs1, 観測 AS obs2
   WHERE NOT EXISTS (
    SELECT * FROM 観測 AS obs3
      WHERE [ a ]
        AND obs2.鳥名= obs3.鳥名)
```

0のデータを

データがなければ

処理中の通番＝観測

ア　obs1.通番 = obs1.通番

イ　obs1.通番 = obs2.通番

(ウ)　obs1.通番 = obs3.通番

エ　obs2.通番 = obs3.通番

1	ヒバリ
1	メジロ
1	キジ

ヒバリ，メジロ，キジのいずれでもない鳥を探す
＝obs2とobs3でチェック！

ヒバリ，メジロ，キジは追加しない
＝obs1とobs3でチェック！

Memo

●IN 句を使った副問合せと EXISTS 句を使った相関副問合せ

試験に出る
平成 28 年・午前Ⅱ 問 9
平成 22 年・午前Ⅱ 問 10

IN 句を使った副問合せと EXISTS 句を使った副問合せは，記述の仕方によって同じ結果を得ることができる。しかし，一般的に，IN 句を使った副問合せよりも EXISTS 句を使った相関副問合せの方が，処理速度が速いとされている（もちろん実装する DBMS にもよるが）。

IN 句を使った副問合せの場合，最初に副問合せの結果を得る。その結果は作業エリアに保存されるが，主問合せの 1 件ごとに，作業エリアを全件検索する。つまり，主問合せの処理件数が 1,000 件で，副問合せの結果が 1,000 件なら，最大 1,000 件 × 1,000 件の処理時間が必要になる。

一方，EXISTS を使った相関副問合せの場合，結合キーの副問合せ部分（本書の使用例では " 得意先テーブルの得意先コード "）に索引(インデックス)が定義されていれば，実表ではなくインデックスだけを使って検索できるため，主問合せの 1,000 件＋副問合せの 1,000 件の処理時間でよい。

午前問題の解き方　　平成 28 年・午前Ⅱ 問 9

問 9　次の SQL 文と同じ検索結果が得られる SQL 文はどれか。

重複は 1 つに

```
SELECT DISTINCT TBL1.COL1 FROM TBL1
       WHERE COL1 IN (SELECT COL1 FROM TBL2)
```

TBL1 の COL1 と同じ COL1 が，TBL2 にもある場合に抽出
＝AND 条件。両方にあるやつ

```
ア  SELECT DISTINCT TBL1.COL1 FROM TBL1
         UNION SELECT TBL2.COL1 FROM TBL2
```
和集合なので OR 条件＝×

```
イ  SELECT DISTINCT TBL1.COL1 FROM TBL1
         WHERE EXISTS
         (SELECT * FROM TBL2 WHERE TBL1.COL1 = TBL2.COL1)
```
存在する場合 ← 同じ COL1 が…

```
ウ  SELECT DISTINCT TBL1.COL1 FROM TBL1, TBL2
         WHERE TBL1.COL1 = TBL2.COL1
         AND TBL1.COL2 = TBL2.COL2
```
COL2 なんか無いし…＝×

```
エ  SELECT DISTINCT TBL1.COL1 FROM TBL1 LEFT OUTER JOIN TBL2
         ON TBL1.COL1 = TBL2.COL1
```
TBL1 だけのやつも抽出してしまうし…＝×

●EXISTS 句を使った副問合せ

EXISTS 句は相関副問合せではなく副問合せでも使用することは可能だが，その実行結果は大きく異なるので，注意しなければならない。例えば，使用例から結合条件のキーを取って，単なる副問合せにしてみる。

副問合せの場合，最初に副問合せを実行する。すると，今回は「得意先テーブルに，担当者コードが '101' のデータが存在する」ため，主問合せは実行される。その結果，単に「SELECT 受注番号，受注日 FROM 受注」が実行されただけになり，データ全件（今回は 4 件）が出力される。仮に，副問合せの結果が存在しなければ，主問合せも実行されないため，検索結果は 0 件になる。

EXISTS を副問合せで使った例

```
SELECT 受注番号 , 受注日
    FROM 受注
    WHERE EXISTS (SELECT * FROM 得意先
                  WHERE 担当者コード = '101')
```

実行結果

受注番号	受注日
00001	20030704
00007	20030705
00011	20030706
00012	20030706

1.2 INSERT・UPDATE・DELETE

INSERT 文・UPDATE 文・DELETE 文は，SELECT 文と同様に SQL の基本となるデータ操作文である。

1.2.1 INSERT

基本構文

INSERT INTO *テーブル名* [(*列名*，・・・)]
挿入する内容

テーブル名	データを挿入するテーブル名（又はビュー名）を指定する
列名	特に挿入する列があるときに指定する
挿入する内容	挿入する内容には，次のものがある ・VALUES　（定数，・・・） 挿入する内容を，カンマで区切りながら順に指定する。定数以外にも，NULL を指定できる ・SELECT 文 SELECT 文で抽出した内容を挿入する。この場合，複数行でも挿入が可能である

テーブルに行を追加するときに使う命令が，INSERT 文である。

試験に出る
令和 03 年・午後II 問 1
令和 03 年・午後I 問 3

【使用例 1】　得意先テーブルにデータを挿入する。

```
INSERT INTO 得意先（得意先コード，得意先名，住所,電話番号，担当者コード）
      VALUES（'000008'，'Kスーパー'，'大阪市北区○○・・'，
            '06-6313-ｘｘｘｘ'，'101'）
```

【使用例 2】

受注テーブルで使用されている得意先コードを抽出して，その得意先コードだけを得意先テーブルに登録しておく（得意先テーブルは，データ 0 件の初期状態だと仮定する）。

```
INSERT INTO 得意先 （得意先コード）
      SELECT DISTINCT 得意先コード FROM 受注
```

1.2.2 UPDATE

基本構文

UPDATE *テーブル名*
　　SET *列名 = 変更内容, ・・・*
　　WHERE *条件式*

テーブル名	データを変更するテーブル名（又はビュー名）を指定する
列名 = 変更内容	対象の列の内容をどのように変更するかを指定する。「列名 = 変更内容」をカンマで区切って，複数指定することが可能である。変更内容には，定数，計算式，NULLが指定可能である
条件式	変更するデータを条件によって絞り込む。何も指定しないと，すべてのデータが対象になる

テーブル内のデータ内容を変更するときに使う命令が，UPDATE文である。

【使用例】 得意先テーブルのデータを変更する。

```
UPDATE 得意先
    SET 電話番号 = '06-6886-XXXX'
    WHERE 得意先コード = '000001'
```

ここでは，得意先テーブルの得意先コードが「000001」のデータに対して，電話番号を「06-6886-XXXX」に変更する操作を行っている。

1.2.3 DELETE

基本構文

DELETE FROM *テーブル名*
　　WHERE *条件式*

テーブル名	データを削除するテーブル名を指定する
条件式	削除するデータを条件によって絞り込む。何も指定しないと，すべてのデータが対象になってしまう

テーブル内のデータを削除するときに使う命令が，DELETE文である。

【使用例】 得意先テーブルのデータを削除する。

```
DELETE FROM 得意先
       WHERE 得意先コード = '000008'
```

ここでは，得意先テーブルの得意先コードが「000008」のデータを削除する操作を行っている。

1.3 CREATE

CREATE 命令は，実テーブル（または表）やビュー，ユーザなど様々なものを定義するときに使われる。各製品では，多くのCREATE 命令が用意されているが，情報処理技術者試験の過去問題を調べてみると，以下の四つが出題されている。なお，これらの位置付けについて，モデルケースのデータを使用して表したのが，以下の図である。

CREATE TABLE：実表を作成する（1.3.1 を参照）
CREATE VIEW：ビューを作成する（1.3.2 を参照）
CREATE ROLE：ロールを作成する（1.3.3 を参照）
CREATE TRIGGER：トリガを作成する
（平成 31 年午後Ⅰ問 2 の解説を参照）

➡ P. viii参照

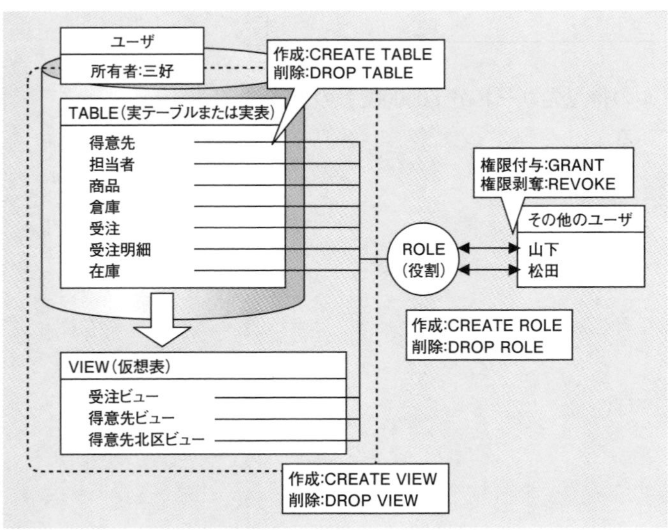

図：モデルケースのデータベース構造

1.3.1 CREATE TABLE

基本構文

CREATE TABLE *テーブル名*
　(*列名 データ型* [*列制約定義*],
　　・・・,
　　・・・,
　　[*テーブル制約定義*])

テーブル名	ここで定義するテーブル名を指定する
列名	このテーブルで定義する列名を，最初から順番に指定する
データ型	列のデータ型と必要に応じて長さを指定する。指定方式は「データ型（長さ）」とする
制約	列制約定義，テーブル制約定義→「整合性制約の定義」へ

CREATE TABLEは，テーブル（実テーブル又は表）を定義するときに使用する。CREATE TABLEの後に，テーブル名を指定し，そのテーブルの属性（列名）を（）の中に「,」で区切りながら指定していく。

【使用例】　得意先テーブルを作成する。

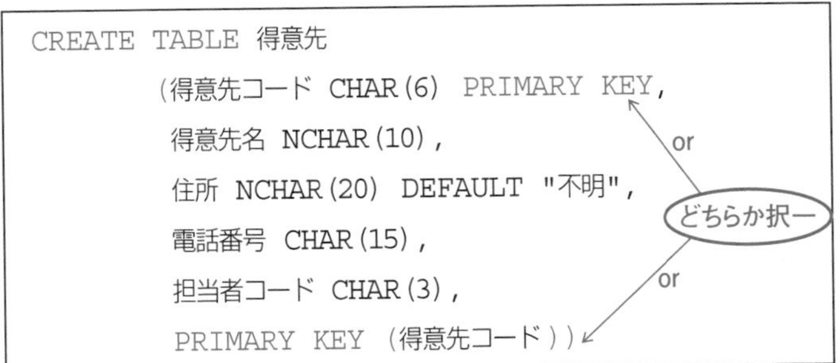

```
CREATE TABLE 得意先
    (得意先コード CHAR(6) PRIMARY KEY,
     得意先名 NCHAR(10),
     住所 NCHAR(20) DEFAULT "不明",
     電話番号 CHAR(15),
     担当者コード CHAR(3),
     PRIMARY KEY (得意先コード))
```


モデルケースのテーブル構造を見ると，得意先テーブルの列は，得意先コード，得意先名，住所，電話番号，担当者コードで，主キーは得意先コード，住所の初期値には「不明」とセットされている。

※主キー（得意先コード）の設定は，どちらか片方に記述する。

試験に出る

CREATE TABLEを使ってテーブル定義をする際に可能な**整合性制約定義**は，午前問題，午後問題を問わず頻繁に出題されている。各種整合性制約定義と併せて覚えておくとよい

スキーマ

データベースの構造を表す概念。テーブル，ビュー，ユーザなどを管理している。概念スキーマ，外部スキーマ，内部スキーマと分けて説明される場合が多い

●データ型

平成26年以後の午後Ⅱの問1（データベースの実装関連の問題）の問題文中には，ほぼ毎年，次の表（使用可能なデータ型）が登場している。しかも，テーブル定義表を完成させる問題（いくつかの列名に対して適切なデータ型を答える問題）や，領域の大きさを計算させる問題を解く時に，この表を使う。したがって，完全に丸暗記をする必要はないが，あらかじめ（試験勉強をしている間に）理解し，ある程度覚えておけば，試験の時には短時間で解答できるようになる。だから覚えよう。三つ（①文字列，②数値，③日付）に分けると覚えやすい。

試験に出る

データ型を元に領域等の計算をさせる設問が出ている。

平成30年度・午後Ⅱ 問1
平成28年度・午後Ⅱ 問1
平成27年度・午後Ⅱ 問1
平成26年度・午後Ⅱ 問1

適切なデータ型を答えさせる設問

平成18年度・午後Ⅰ 問4

①文字列の型

この表のルールだと"文字列"のデータ型はさらに，半角（アルファベットなど）か全角（日本語など）か，固定長か可変長かによって4つに分けられる（下図参照）。

データ型はRDBMSごとに微妙に違っているので，実際に使用する場合は，対象となるRDBMSの仕様を確認してRDBMSごとに理解するようにしよう

CHAR(n)	n文字の半角固定長文字列（1≦n≦255）。文字列がn字未満の場合は，文字列の後方に半角の空白を埋めてnバイトの領域に格納される。	固定長
NCHAR(n)	n文字の全角固定長文字列（1≦n≦127）。文字列がn字未満の場合は，文字列の後方に全角の空白を埋めて"n×2"バイトの領域に格納される。	固定長
VARCHAR(n)	最大n文字の半角可変長文字列（1≦n≦8,000）。値の文字数分のバイト数の領域に格納され，4バイトの制御情報が付加される。	可変長
NCHAR VARYING(n)	最大n文字の全角可変長文字列（1≦n≦4,000）。"値の文字数×2"バイトの領域に格納され，4バイトの制御情報が付加される。	可変長

（例1）　社員番号　CHAR(6)　|1|2|3|4|5|6|　……　6バイト固定

（例2）　銘柄名　NCHAR(30)　|株|式|会|…| | |　……　60バイト固定

（例3）　電話番号　VARCHAR(20)　|0|6|X|X|X|X|3|2|1|4|　+4バイトの制御情報　……　この場合は14バイト

（例4）　顧客名　NCHAR VARYING(30)

|S|E|プ|ラ|ス|　+4バイトの制御情報　……　この場合は14バイト

全角の場合は1文字が2バイトになり，頭に"N"を付け"NCHAR"という名称になる。

他に，DECIMALと同じ使い方のNUMERICというのもある

データ型	説明
CHAR(n)	n 文字の半角固定長文字列（1≦n≦255）。文字列が n 字未満の場合は，文字列の後方に半角の空白を埋めて n バイトの領域に格納される。
NCHAR(n)	n 文字の全角固定長文字列（1≦n≦127）。文字列が n 字未満の場合は，文字列の後方に全角の空白を埋めて "n×2" バイトの領域に格納される。
VARCHAR(n)	最大 n 文字の半角可変長文字列（1≦n≦8,000）。値の文字数分のバイト数の領域に格納され，4 バイトの制御情報が付加される。
NCHAR VARYING(n)	最大 n 文字の全角可変長文字列（1≦n≦4,000）。"値の文字数×2" バイトの領域に格納され，4 バイトの制御情報が付加される。
SMALLINT	−32,768 ～ 32,767 の範囲内の整数。2 バイトの領域に格納される。
INTEGER	−2,147,483,648 ～ 2,147,483,647 の範囲内の整数。4 バイトの領域に格納される。
DECIMAL(m,n)	精度 m（1≦m≦31），位取り n（0≦n≦m）の 10 進数。"m÷2+1" の小数部を切り捨てたバイト数の領域に格納される。
DATE	0001-01-01 ～ 9999-12-31 の範囲内の日付。4 バイトの領域に格納される。
TIME	00:00:00 ～ 23:59:59 の範囲内の時刻。3 バイトの領域に格納される。
TIMESTAMP	0001-01-01 00:00:00.000000 ～ 9999-12-31 23:59:59.999999 の範囲内の時刻印。10 バイトの領域に格納される。

表：平成 30 年度午後Ⅱ問 1 の表 5 に平成 26 ～ 28 年の午後Ⅱの内容を加えたもの

また，文字型は ( ) 内に有効桁数を定義するが，固定長の場合は，その値の大きさに関わらず固定でエリアを確保し（例 1 の場合 6 バイト，例 2 の場合は 60 バイト），可変長の場合は，その値の大きさ分に制御情報の 4 バイトを加えたエリアを確保する（例 3 の場合は電話番号が 10 桁（= 10 バイト）だったので 4 バイト加えて 14 バイト，例 4 の場合は 2 バイトで 5 桁（= 10 バイト）なので同じく 4 バイト加えて 14 バイト）。

午前問題の解き方

平成 30 年・午前Ⅱ 問 1

問 1　SQL における BLOB データ型の説明として，適切なものはどれか。

(Binary Large Object) ＝画像や音声など

大小？ ア　全ての比較演算子を使用できる。

㋑　大量のバイナリデータを格納できる。

ウ　列値でソートできる。順番もない…

エ　列値内を文字列検索できる。文字じゃない…

②数値の型

数値型は，その数値の取りうる値の大きさ，小数部を持つかどうかによって使い分けられる。整数部だけで小数部を持たない場合，SMALLINT か INTEGER を値に必要な桁数の大きさで決め，小数部を持つ場合に DECIMAL を採用する。

SMALLINT	−32,768 ～ 32,767 の範囲内の整数。2 バイトの領域に格納される。
INTEGER	−2,147,483,648 ～ 2,147,483,647 の範囲内の整数。4 バイトの領域に格納される。
DECIMAL(m,n)	精度 m（1≦m≦31），位取り n（0≦n≦m）の 10 進数。“m÷2+1”の小数部を切り捨てたバイト数の領域に格納される。

（例１） 検査項目数　SMALLINT　□□　……　2バイト固定

（例２） 支払金額　INTEGER　□□□□　……　4バイト固定

（例３） 外貨金額　DECIMAL(12, 2)　□□□□□□□　……　7バイト

なお，上記の例３のようにDECIMAL（12,2）というのは，全体の有効桁数が 12 桁で，そのうち小数部が 2 桁（整数部が 10 桁）という意味になる。よって，最大の値は 9,999,999,999.99 になる。

③日付の型

３つ目の型が日付型になる。システムで使われる様々な“日付”や“時間”として認識させたい列に使用するデータ型になる。DATE 型，TIME 型を設定する列は説明するまでもないと思うので割愛するが，TIMESTAMP 型に関してはこのような感じで使用されている（平成 28 年午後Ⅱ問１）。

DATE	0001-01-01 ～ 9999-12-31 の範囲内の日付。4 バイトの領域に格納される。
TIME	00:00:00 ～ 23:59:59 の範囲内の時刻。3 バイトの領域に格納される。
TIMESTAMP	0001-01-01 00:00:00.000000 ～ 9999-12-31 23:59:59.999999 の範囲内の時刻印。10 バイトの領域に格納される。

最終更新 TS	テーブルの行が，追加又は最後に更新された時刻印（年月日時分秒）。システムで自動設定する。

<重要>データ型の選択の規則

問題文には,「テーブル定義」のところに「データ型の選択の規則」について言及しているところがあるので,必ずそれを確認して,そのルールに従って適用するデータ型を決めるようにしなければならない。

(1) データ型欄には,データ型,データ型の適切な長さ,精度,位取りを記入する。データ型の選択は,次の規則に従う。

① 文字列型の列が全角文字の場合は,NCHAR 又は NCHAR VARYING を選択し,それ以外の場合は CHAR 又は VARCHAR を選択する。

② 数値の列が整数である場合は,取り得る値の範囲に応じて,SMALLINT 又は INTEGER を選択する。それ以外の場合は DECIMAL を選択する。

③ ①及び②どちらの場合も,列の値の取り得る範囲に従って,格納領域の長さが最小になるデータ型を選択する。

④ 日付の列は,DATE を選択する。

図:データ型の選択の規則に関する記述の例(平成 30 年午後Ⅱ問1)

ちなみに過去問題では,**日本語文字列型の場合,NCHAR はほとんど使われていない。9割以上が NCHAR VARYING だ**。したがって,値の桁数に変動が大きいと判断できる場合はもちろんのこと,特に指定の無い限り NCHAR VARYING にしておけば無難である。

同じく数値型でも,**SMALLINT はほとんど使われていない。9割以上が INTEGER になっている**。もちろん図の③のように「格納領域の長さが最小になるデータ型を選択する」必要があるので,必要となる桁数を確認して決定するので SMALLINT が使われてもおかしくないが,実際にはほとんど見かけない。したがって,問題文に必要な桁数が見つけられない場合で,常識的に考えて3万ぐらいは超えそうな場合は INTEGER にしておくと安全だろう。

参考

そもそも,住所や名前,名称,備考,理由などは値の桁数の変動が大きいから,自ずと NCHAR VARYING になる。備考などは書く時は書くし,全く何も書かない時もある。昆虫の名前でも『エンカイザンコゲチャヒロコシイタムクゲキノコムシ』という 24 文字のものがいるらしく(ネット情報なので確かではない),これに合わせて固定長にすると,「カブトムシ(5文字)」などは実に 19 文字(38 バイト)も空白になり,もったいない。NCHAR VARING(24)とすると,「カブトムシ」は 14 バイトを確保すればいいだけになる

●整合性制約の定義

CREATE TABLE 文を使ってテーブルを定義する場合，次のような整合性制約（以下，制約とする）を同時に定義することができる。

テーブルを定義する段階で，これらの制約を DBMS 上で設定しておくと，個々のアプリケーションで，入力チェックなどを記述する必要がなくなるため生産性が向上する。さらに，制約に変更があった場合でも DBMS に変更を加えるだけなので，システムの保守性も向上する。

制約の代表的なものには，非ナル制約，UNIQUE 制約，主キー制約，検査制約，参照制約，表明などがあり，記述する場所によって列制約とテーブル制約に分かれる。

試験に出る

CREATE TABLE 文における制約

CREATE TABLE 文における制約は，午前問題，午後問題を問わず頻繁に出題されている

・デフォルト値

列名定義時に DEFAULT キーワードを使って，デフォルト値を設定しておくと，データを追加するときに値を指定しなければ，デフォルト値が設定される。

DEFAULT 句は，通常，制約には分類されない（制約をするものではないから）。ただ，記述方法が列制約と同じなので便宜上，ここに加えている。その観点では出題されることはないだろうが，制約には分類されない点は知っておこう

【使用例 1】 電話番号の初期値に“090-9999-9999”を設定したい。

```
・・・・・・・,
電話番号 CHAR（15） DEFAULT '090-9999-9999',
・・・・・・・,
```

【使用例 2】電話番号の初期値に NULL 値を設定したい。

```
・・・・・・・,
電話番号 CHAR（15） DEFAULT NULL,
・・・・・・・,
```

・非ナル制約

ある列に NULL が入らないようにする制約。

【列制約の例】 電話番号に NULL を認めない。

```
・・・・・・・,
電話番号 CHAR(15) NOT NULL,
・・・・・・・,
```

非ナル制約

列の値として NULL を持つことができないという制約。列ごとに指定する。非ナル制約が指定された列では，初期値でその列に数値や文字列がセットされていなくても NULL が入ることはない

UNIQUE 制約

指定した列，または列の組合せが一意であること（そこに重複値が存在しないこと）を強制する制約。この制約を指定していると，同じ値をその列（もしくは列の組合せ）に入力しようとすると，エラーが返される。一意性制約ということもある。

【列制約の例】　電話番号に重複値が入らないようにする。

```
・・・・・・・,
電話番号　CHAR(15)　UNIQUE,
・・・・・・・,
```

【テーブル制約の例】　商品名に重複値が入らないようにする。

```
CREATE TABLE 商品
        (商品コード CHAR(5) PRIMARY KEY,
         商品名 NCHAR(20),
         単価 INT,
         UNIQUE(商品名))
```

主キー制約

指定した列，または列の組合せに一つだけ主キーを指定。

【列制約の例】　受注テーブルの主キーに受注番号を設定する。

```
CREATE TABLE 受注
        (受注番号 CHAR(5) PRIMARY KEY,
         受注日 DATE,
         ・・・・・・・
```

【テーブル制約の例】　受注明細テーブルの主キーに受注番号，行番号の複合キーを設定する。

```
CREATE TABLE 受注明細
        (受注番号 CHAR(5),
         行 CHAR(2),
         ・・・・・・・
         PRIMARY KEY(受注番号, 行))
```

試験に出る

UNIQUE 制約
①平成 22 年・午前Ⅱ 問 3
②平成 16 年・午前 問 45
③平成 30 年・午前Ⅱ 問 7

UNIQUE 制約
指定した列，または列の組合せには，重複値が許されないものの，①その表に，複数設定することが可能で，② NULL も許される点に特徴がある。しかも標準 SQL や多くの DBMS では NULL のみだが重複値も許容される。NULL を禁止したい場合は，合わせて NOT NULL を付ける必要がある

一意性制約は，重複値が存在しないことを強制する制約である。したがって，UNIQUE 制約と主キー制約の両者を包含する概念になるが，主キー制約が“一意性”だけの制約ではないため，一般的には，一意性制約＝UNIQUE 制約として説明されている

試験に出る

平成 29 年・午前Ⅱ 問 11

主キー制約
主キーの指定なので，①その表に一つだけ設定が可能で，② NULL も許されない（その 2 点が UNIQUE 制約と違う）

午前問題の解き方　平成22年・午前Ⅱ 問3

問3　表Rに，（A，B）の2列でユニークにする制約（UNIQUE制約）が定義されているとき，表Rに対するSQL文でこの制約の違反となるものはどれか。ここで，表Rには主キーの定義がなく，また，すべての列は値が決まっていない場合（NULL）もあるものとする。

この組合せで一意であればいい
※標準SQLではNULLの重複を許容
正確には重複という概念じゃないけど…
A='AA02'に変えると…
ぶつかる
UNIQUEはNULL許容

R

A	B	C	D
AA01	BB01	CC01	DD01
AA01	BB02	CC02	NULL
AA02	BB01	NULL	DD03
AA02	BB03	NULL	NULL

ア　`DELETE FROM R WHERE A = 'AA01' AND B = 'BB02'` 問題なし

イ　`INSERT INTO R VALUES ('AA01' , NULL , 'DD01' , 'EE01')` 問題なし

ウ　`INSERT INTO R VALUES (NULL , NULL , 'AA01' , 'BB02')` 問題なし

(エ)　`UPDATE R SET A = 'AA02' WHERE A = 'AA01'`

午前問題の解き方　平成16年・午前 問45

問45　DBMSの表において，指定した列にNULL値の入力は許すが，既に入力されている値の入力は禁止するSQLの制約はどれか。

ア　CHECK　検査制約＝無関係

イ　PRIMARY KEY　※NULLはダメ。

ウ　REFERENCES　参照制約のやつ＝無関係

(エ)　UNIQUE

Memo

午前問題の解き方

平成 30 年・午前Ⅱ 問 7

問 7　商品情報に価格，サイズなどの管理項目を追加する場合でもスキーマ変更を不要とするために，“管理項目”表を次の SQL 文で定義した。“管理項目”表の“ID”は商品ごとに付与する。このとき，同じ ID の商品に対して，異なる商品名を定義できないようにしたい。a に入れる字句はどれか。

→ NG →
1　商品名　文字列　ライト01
1　商品名　文字列　ノート01

管理項目

ID	項目名	データ型	値
1	商品名	文字列	ライト 01
1	商品番号	文字列	L001
1	価格	数値	400
2	商品名	文字列	ノート 02
2	⋮	⋮	⋮

〔商品情報〕

ID	商品名	商品番号	価格	サイズ
1	ライト 01	L001	400	
2	ノート 02	N001	120	A4
		⋮		

〔SQL 文〕

```
CREATE TABLE 管理項目 (
    ID          INTEGER NOT NULL,
    項目名       VARCHAR(20) NOT NULL,
    データ型     VARCHAR(10) NOT NULL,
    値          VARCHAR(100) NOT NULL,
    [     a     ]
)
```

IDしかない

ア　UNIQUE (ID)

1　商品名 → 登録
1　商品名　　不可
→ OK

イ　UNIQUE (ID, 項目名)

ウ　UNIQUE (ID, 項目名, 値)

1　商品名　ライト01
1　商品名　ノート01
→ 登録できてしまう

エ　UNIQUE (項目名, 値) ← IDがない

Memo

午前問題の解き方

平成 29 年・午前Ⅱ 問 11

問11　PC へのメモリカードの取付け状態を管理するデータモデルを作成した。1 台の PC は，スロット番号によって識別されるメモリカードスロットを二つ備える。“取付け”表を定義する SQL 文の a に入る適切な制約はどれか。ここで，モデルの表記には UML を用いる。

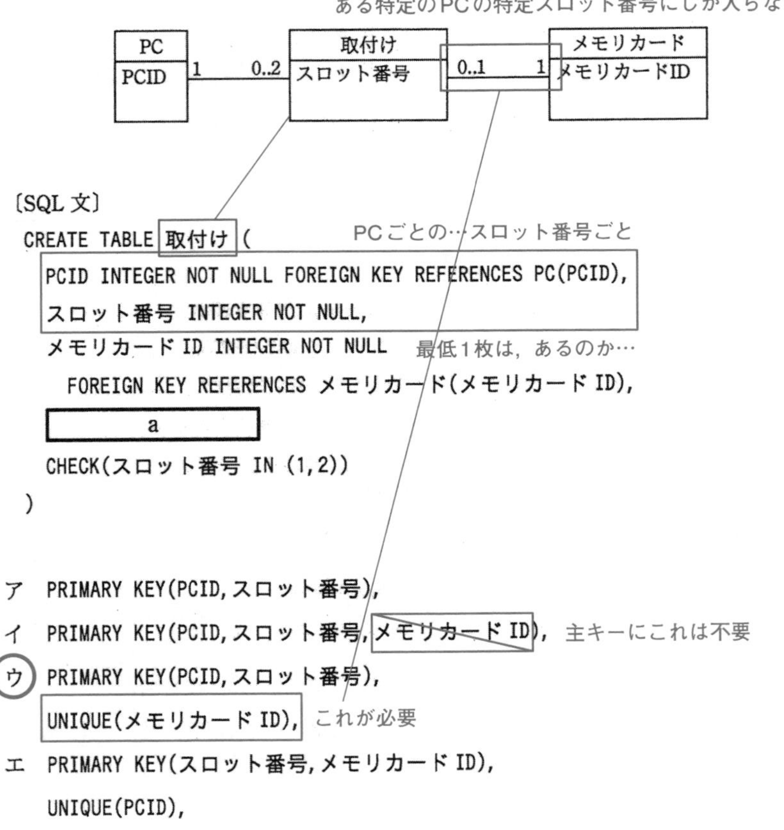

〔SQL 文〕

```
CREATE TABLE 取付け (
  PCID INTEGER NOT NULL FOREIGN KEY REFERENCES PC(PCID),
  スロット番号 INTEGER NOT NULL,
  メモリカード ID INTEGER NOT NULL
    FOREIGN KEY REFERENCES メモリカード(メモリカード ID),
  [    a    ]
  CHECK(スロット番号 IN (1,2))
)
```

ア　PRIMARY KEY(PCID, スロット番号),

イ　PRIMARY KEY(PCID, スロット番号, メモリカード ID),

ウ　PRIMARY KEY(PCID, スロット番号),
　　UNIQUE(メモリカード ID),

エ　PRIMARY KEY(スロット番号, メモリカード ID),
　　UNIQUE(PCID),

Memo

検査制約

指定した列の内容を，指定した条件を満足するもののみにする制約。

【列制約の例】　商品単価が 100 円以上のもののみ設定可能にした例。

```
・・・・・・・，
単価 INT CHECK(単価>=100),
・・・・・・・，
```

【テーブル制約の例】　上記に同じ。

```
CREATE TABLE 商品
        (商品コード CHAR(5) PRIMARY KEY,
         商品名 NCHAR(20),
         単価 INT,
         CHECK(単価>=100))
```

平成 30 年・午後II 問 1
平成 29 年・午後I 問 3
平成 26 年・午後I 問 3

検査制約
テーブル内の指定した列又は列の組合せが，特定の検査条件を満たすという制約。検査制約が指定された列では，データの挿入時・更新時にチェックされ，範囲外であればエラーが返される

参考

広義には，非ナル制約も検査制約の一形態だといえるが，ここでは CHECK 制約に限定して説明している

● 参照制約

基本構文

```
FOREIGN KEY(参照元の列名=外部キー)
  REFERENCES 参照先テーブル名(参照先列名)
    |[ON DELETE] |[NO ACTION]
    |[ON UPDATE]|[CASCADE]
    |           |[SET NULL]
```

オプション	説明
NO ACTION	参照元テーブル（従属テーブル）にデータが存在している場合，参照先では，削除や更新ができない。何も指定せずに省略した場合は，このNO ACTIONが指定される
CASCADE	参照元テーブル（従属テーブル）にデータが存在している場合でも，参照先テーブル（主テーブル）側で行を削除・更新することが可能。データを連携して削除する
SET NULL	参照元テーブル（従属テーブル）にデータが存在している場合でも，参照先テーブル（主テーブル）側で行を削除・更新することが可能。参照元の列には，NULLを設定する

参照制約は，テーブルとテーブルが参照関係にある場合の整合性制約で，**"参照元テーブルに外部キーを指定する"** ことで，テーブル間の整合性を保つ。指定できるのは，参照先テーブルの原則主キーになる。

参照元テーブルに外部キーを指定して参照制約を指定しておくと，次のように参照元テーブルと参照先テーブルの双方に操作の制約がかかる。

参照先テーブルには，行を追加することは問題ないが，ある行を削除しようとした場合，参照元テーブルの外部キーに同じ値が存在している場合（参照関係にある行が存在する場合），削除はできない。

また，参照元テーブルへの操作に関しては，行を削除することは問題ない。逆に，行を追加する場合に，参照先テーブルに存在するものしか追加できない。更新に関しても，更新後の値が参照先テーブルに存在する値にしか更新できない。

試験に出る
①平成18年・午前 問45
②平成19年・午前 問45
③平成23年・午前Ⅱ 問17
④平成16年・午前 問43
⑤平成18年・午前 問44

試験に出る
午後Ⅰ・午後Ⅱでも頻出

	関係スキーマ	概念データモデル	例
参照先テーブル	得意先（得意先コード，得意先名，住所，電話番号）	得意先	得意先（下表）
参照元テーブル	受注（受注番号，受注日，得意先コード）	受注	受注（下表）

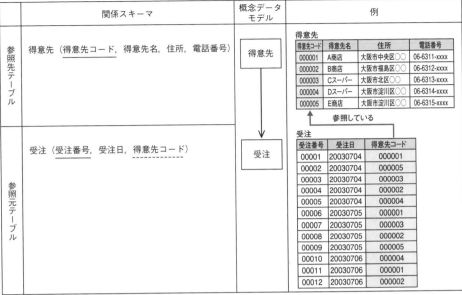

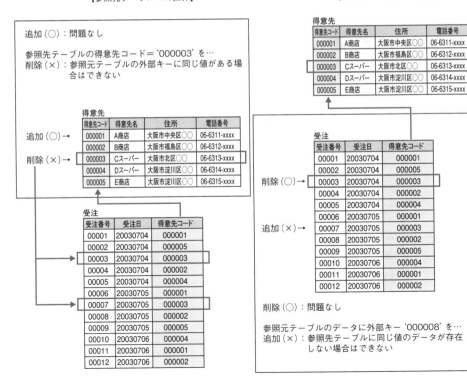

得意先

得意先コード	得意先名	住所	電話番号
000001	A商店	大阪市中央区○○	06-6311-xxxx
000002	B商店	大阪市福島区○○	06-6312-xxxx
000003	Cスーパー	大阪市北区○○	06-6313-xxxx
000004	Dスーパー	大阪市淀川区○○	06-6314-xxxx
000005	E商店	大阪市淀川区○○	06-6315-xxxx

参照している

受注

受注番号	受注日	得意先コード
00001	20030704	000001
00002	20030704	000005
00003	20030704	000003
00004	20030704	000002
00005	20030704	000004
00006	20030705	000001
00007	20030705	000003
00008	20030705	000002
00009	20030705	000005
00010	20030706	000004
00011	20030706	000001
00012	20030706	000002

【参照先テーブルへの操作】

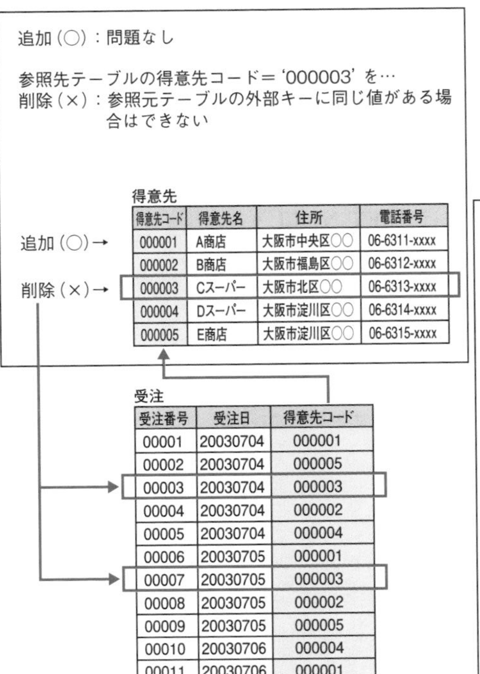

得意先コード	得意先名	住所	電話番号
000001	A商店	大阪市中央区○○	06-6311-xxxx
000002	B商店	大阪市福島区○○	06-6312-xxxx
000003	Cスーパー	大阪市北区○○	06-6313-xxxx
000004	Dスーパー	大阪市淀川区○○	06-6314-xxxx
000005	E商店	大阪市淀川区○○	06-6315-xxxx

受注番号	受注日	得意先コード
00001	20030704	000001
00002	20030704	000005
00003	20030704	000003
00004	20030704	000002
00005	20030704	000004
00006	20030705	000001
00007	20030705	000003
00008	20030705	000002
00009	20030705	000005
00010	20030706	000004
00011	20030706	000001
00012	20030706	000002

【参照元テーブルへの操作】

得意先

得意先コード	得意先名	住所	電話番号
000001	A商店	大阪市中央区○○	06-6311-xxxx
000002	B商店	大阪市福島区○○	06-6312-xxxx
000003	Cスーパー	大阪市北区○○	06-6313-xxxx
000004	Dスーパー	大阪市淀川区○○	06-6314-xxxx
000005	E商店	大阪市淀川区○○	06-6315-xxxx

受注

	受注番号	受注日	得意先コード
	00001	20030704	000001
	00002	20030704	000005
削除（○）→	00003	20030704	000003
	00004	20030704	000002
	00005	20030704	000004
	00006	20030705	000001
追加（×）→	00007	20030705	000003
	00008	20030705	000002
	00009	20030705	000005
	00010	20030706	000004
	00011	20030706	000001
	00012	20030706	000002

削除（○）：問題なし

参照元テーブルのデータに外部キー'000008'を…
追加（×）：参照先テーブルに同じ値のデータが存在しない場合はできない

【列制約の例】 受注テーブルの中の得意先コードを外部キーに指定している。

```
CREATE TABLE 受注
        (受注番号 CHAR(5) PRIMARY KEY,
         受注日 CHAR(8) NOT NULL,
         得意先コード CHAR(6)
         REFERENCES 得意先(得意先コード))
```

【テーブル制約の例】 上記に同じ。

```
CREATE TABLE 受注
        (受注番号 CHAR(5) PRIMARY KEY,
         受注日 CHAR(8) NOT NULL,
         得意先コード CHAR(6),
         FOREIGN KEY(得意先コード)
         REFERENCES 得意先(得意先コード))
```

左記はテーブル制約時の構文である（列制約の場合,“FOREIGN KEY 句(参照元の列名＝外部キー)”は不要になる)。外部キーを指定する場合, REFERENCES キーワードの後に, 参照先テーブル名と参照先の列名を指定する。その後は省略可能だが, オプションとして明示的に指定すると, 削除や更新時に連動した操作が可能になる

外部キーが参照する参照先テーブルの列は, 主キー制約又は一意性制約が指定されている必要がある。試験問題は, ほとんどのケースで主キーが設定されている

●オプションの指定で連携した操作が可能

オプションを指定することで, 参照先テーブルへの操作が可能になる。例えば, 参照元テーブルに参照している行がある場合でも, 参照先テーブルのデータを削除することができる。参照元テーブルの外部キーにNULLを設定したい場合には“SET NULL”オプションを, 参照元テーブルの行を連動して削除したい場合には“CASCADE”オプションを, それぞれ指定する。

【オプションを指定した例】 テーブル制約定義の例

```
CREATE TABLE 受注
        (受注番号 CHAR(5) PRIMARY KEY,
         受注日 CHAR(8) NOT NULL,
         得意先コード CHAR(6),
         FOREIGN KEY(得意先コード)
         REFERENCES 得意先(得意先コード)
         ON DELETE SET NULL)
```

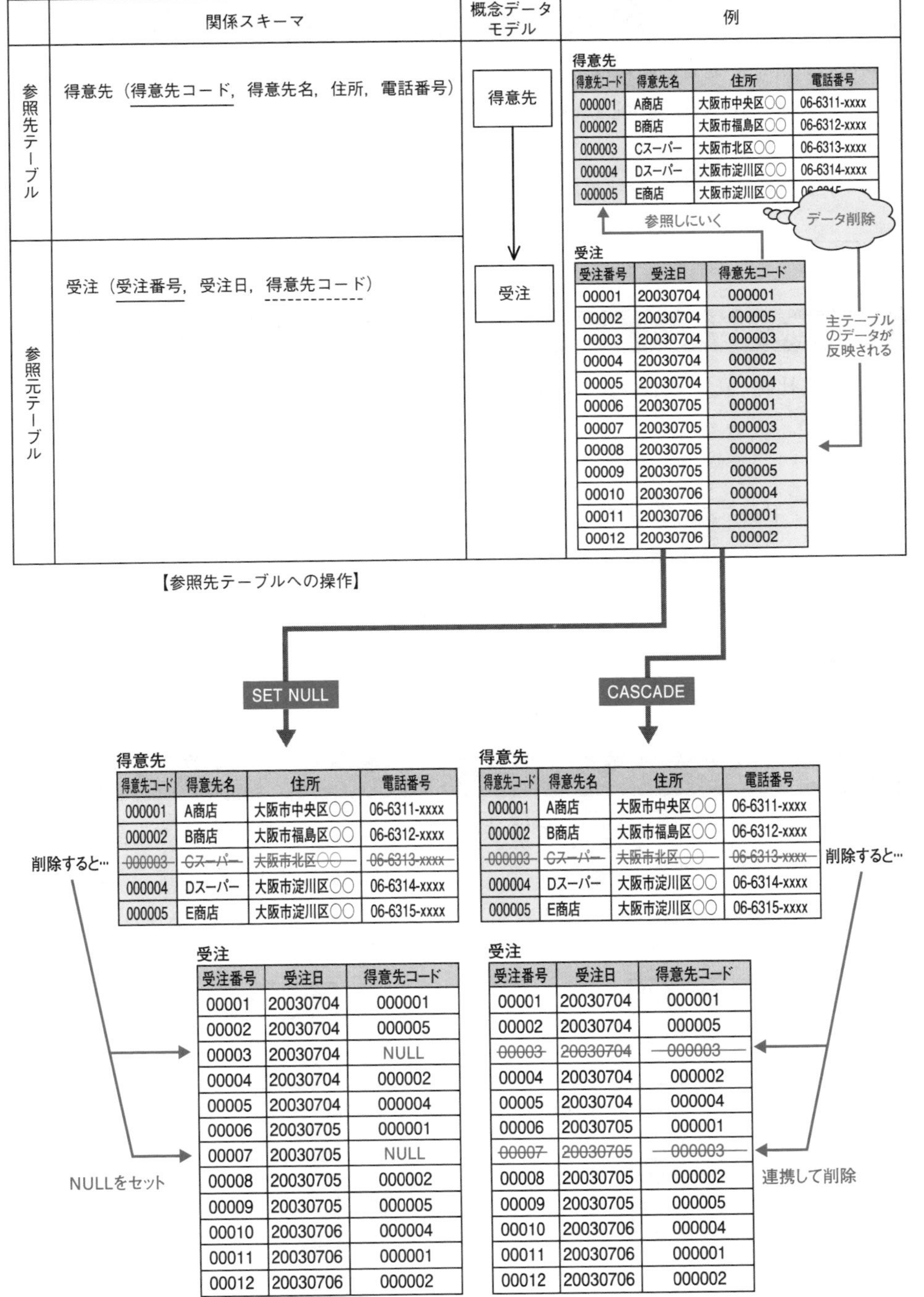

	関係スキーマ	概念データモデル	例
参照先テーブル	得意先（<u>得意先コード</u>，得意先名，住所，電話番号）	得意先	（得意先テーブル）
参照元テーブル	受注（<u>受注番号</u>，受注日，<u>得意先コード</u>）	受注	（受注テーブル）

得意先

得意先コード	得意先名	住所	電話番号
000001	A商店	大阪市中央区〇〇	06-6311-xxxx
000002	B商店	大阪市福島区〇〇	06-6312-xxxx
000003	Cスーパー	大阪市北区〇〇	06-6313-xxxx
000004	Dスーパー	大阪市淀川区〇〇	06-6314-xxxx
000005	E商店	大阪市淀川区〇〇	[illegible]

受注

受注番号	受注日	得意先コード
00001	20030704	000001
00002	20030704	000005
00003	20030704	000003
00004	20030704	000002
00005	20030704	000004
00006	20030705	000001
00007	20030705	000003
00008	20030705	000002
00009	20030705	000005
00010	20030706	000004
00011	20030706	000001
00012	20030706	000002

【参照先テーブルへの操作】

得意先

得意先コード	得意先名	住所	電話番号
000001	A商店	大阪市中央区〇〇	06-6311-xxxx
000002	B商店	大阪市福島区〇〇	06-6312-xxxx
~~000003~~	~~Cスーパー~~	~~大阪市北区〇〇~~	~~06-6313-xxxx~~
000004	Dスーパー	大阪市淀川区〇〇	06-6314-xxxx
000005	E商店	大阪市淀川区〇〇	06-6315-xxxx

受注

受注番号	受注日	得意先コード
00001	20030704	000001
00002	20030704	000005
00003	20030704	NULL
00004	20030704	000002
00005	20030704	000004
00006	20030705	000001
00007	20030705	NULL
00008	20030705	000002
00009	20030705	000005
00010	20030706	000004
00011	20030706	000001
00012	20030706	000002

得意先

得意先コード	得意先名	住所	電話番号
000001	A商店	大阪市中央区〇〇	06-6311-xxxx
000002	B商店	大阪市福島区〇〇	06-6312-xxxx
~~000003~~	~~Cスーパー~~	~~大阪市北区〇〇~~	~~06-6313-xxxx~~
000004	Dスーパー	大阪市淀川区〇〇	06-6314-xxxx
000005	E商店	大阪市淀川区〇〇	06-6315-xxxx

受注

受注番号	受注日	得意先コード
00001	20030704	000001
00002	20030704	000005
~~00003~~	~~20030704~~	~~000003~~
00004	20030704	000002
00005	20030704	000004
00006	20030705	000001
~~00007~~	~~20030705~~	~~000003~~
00008	20030705	000002
00009	20030705	000005
00010	20030706	000004
00011	20030706	000001
00012	20030706	000002

午前問題の解き方

平成 18 年・午前 問 45

問 45　DBMS の整合性制約のうち，データの追加，更新及び削除を行うとき，関連するデータ間で不一致が発生しないようにする制約はどれか。

午後Ⅱでよくあるやつ

ア　形式制約　　イ　更新制約　　(ウ)　参照制約　　エ　存在制約

午前問題の解き方

平成 19 年・午前 問 45

問 45　“社員”表，“受注”表からなるデータベースの参照制約について記述したものはどれか。

ア　“社員”表の列である社員番号は，ドメインをもつ。　CREATE DOMAIN か…無関係

イ　“社員”表の列である社員番号は，“社員”表の主キーである。　それは主キー制約やろ！

ウ　“社員”表の列である社員名は，入力必須である。　知らんがな！非NULL制約か

(エ)　“受注”表の列である受注担当社員番号は，外部キーである。　社員表を参照！

午前問題の解き方

平成 23 年・午前Ⅱ 問 17

問17　SQL において，A 表の主キーが B 表の外部キーによって参照されている場合，行を追加・削除する操作の制限について，正しく整理した図はどれか。ここで，△印は操作が拒否される場合があることを表し，○印は制限なしに操作できることを表す。

参照先はどんどん追加可能。but！参照されていたら削除はNGもある！

(ア)

	追加	削除
A 表	○	△
B 表	△	○

イ

	追加	削除
A 表	○	△
B 表	○	△

参照元は，削除はバンバンできる。but！追加は相手がいないとな…

ウ

	追加	削除
A 表	△	○
B 表	○	△

エ

	追加	削除
A 表	△	○
B 表	△	○

午前問題の解き方　平成16年・午前 問43

問43　関係データベースの“注文”表と“注文明細”表が，次のように定義されている。“注文”表の行を削除すると，対応する“注文明細”表の行が，自動的に削除されるようにしたい。この場合，SQL文に指定する語句として，適切なものはどれか。ここで，表定義中の実線の下線は主キーを，破線の下線は外部キーを表す。

注文

注文番号	注文日	顧客番号

注文明細

注文番号	商品番号	数量

ア　CASCADE　　イ　INTERSECT（積の計算）　　ウ　RESTRICT（・デフォルト・削除できない）　　エ　SET NULL（NULLを設定する）

午前問題の解き方　平成18年・午前 問44

問44　事業本部制をとっているA社で，社員の所属を管理するデータベースを作成することになった。データベースは表a，b，cで構成されている。新しいデータを追加するときに，ほかの表でキーになっている列の値が，その表に存在しないとエラーとなる。このデータベースに，各表ごとにデータを入れる場合の順序として，適切なものはどれか。ここで，下線は各表のキーを示す。

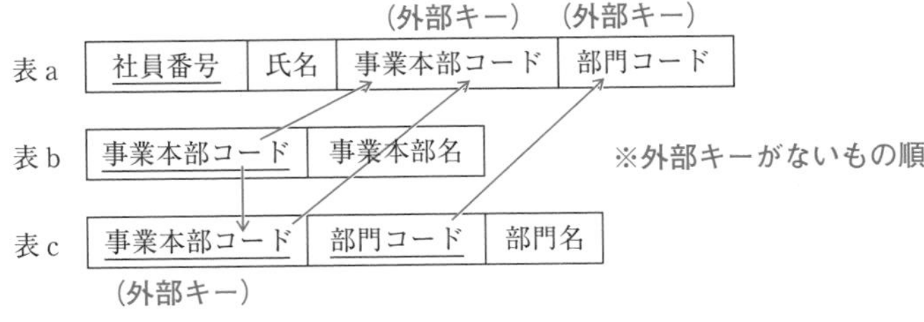

ア　表a → 表b → 表c　　イ　表a → 表c → 表b

ウ　表b → 表a → 表c　　エ　表b → 表c → 表a

表明（ASSERTION）

一つ又は複数の表のテーブルの列に対して制約を定義することで，テーブル間にまたがる制約や，SELECT 文を使った複雑な制約を定義することができる。

試験に出る
平成 16 年・午後II 問 1

【使用例】 延長依頼の終了予定日が，既に行っている派遣の終了予定日よりも後である。

```
CREATE ASSERTION 終了予定日チェック
CHECK(NOT EXISTS(SELECT *
  FROM 延長依頼, 派遣依頼
  WHERE 延長依頼.派遣依頼番号 = 派遣依頼.派遣依頼番号
  AND 延長依頼.終了予定日 <= 派遣依頼.終了予定日))
```

定義域（DOMAIN）

新たなデータドメインを定義するときに使う。作成に当たっては CREATE DOMAIN 文を使い，その定義したドメインはデータ型として使える。複数の表で同じ定義を繰り返し使う場合などに有効。

試験に出る
平成 25 年・午前II 問 7

【使用例】 学生テーブルなどで使用する“AGE”というデータ型を定義。SMALLINT 属性のうち，7 以上 18 以下のみの値をとることが可能。

```
CREATE DOMAIN AGE
AS SMALLINT CHECK(STUDENT >= 7)
            AND (STUDENT <= 18)
```

制約名の付与（CONSTRAINT）

CONSTRAINT キーワードを使用すると，制約に任意の名前を付与することができる。制約に名前を付けておくと，後から ALTER TABLE で制約を削除するときに役に立つ。

試験に出る
平成 18 年・午後I 問3

【列制約の例】 主キーを設定する制約に名前（受注 PK）を付ける。

```
CREATE TABLE 受注
        (受注番号 CHAR(5)
         CONSTRAINT 受注PK PRIMARY KEY,
         受注日 DATE,
         . . . . . . .
```

【テーブル制約の例】 主キーを設定する制約に名前（受注明細 PK）を付ける。

```
CREATE TABLE 受注明細
        (受注番号 CHAR(5),
         行 CHAR(2),
         . . . . . . .
         CONSTRAINT 受注明細PK
         PRIMARY KEY(受注番号, 行))
```

午前問題の解き方

平成 25 年・午前Ⅱ 問 7

問 7　SQL におけるドメインに関する記述のうち，適切なものはどれか。

ベースになる表　「～限定！」って感じ

ア　基底表を定義するには，ドメインの定義が必須である。別に…

(イ)　ドメインの定義には CREATE 文，削除には DROP 文を用いる。

ウ　ドメインの定義は，それを参照する基底表内に複製される。独自で管理される

エ　ドメイン名は，データベースの中で一意である必要はない。一意でないといけない

1.3.2 CREATE VIEW

基本構文

CREATE VIEW *ビュー名* [(*列名*, *列名*, ・・・)]
AS SELECT～ [WITH CHECK OPTION]

ビュー名	ここで定義するビュー名を指定する。ビューで使用する列名を，この後に続けることも可能である
AS SELECT ～	SELECT 文を続けて，実テーブルから抽出する。SELECT 以下の構文は，SELECT 文に準拠する
WITH CHECK OPTION	SELECT 文の後に指定した条件と合致しないデータが挿入されようとした場合，挿入を阻止できる

CREATE VIEW は，ビュー（仮想テーブル）を定義するときに使用する。

ビューとは，CREATE TABLE 文で作成するテーブル（実テーブル）のように物理的にテーブルを定義するのではなく，一つのテーブルの特定部分や複数のテーブルを組み合わせて，あたかも一つの実在するテーブルであるかのように振る舞うものである。

ビューは，次のような理由で作成される。

- 新しく物理的にテーブルを作る（CREATE TABLE）と，ディスク容量が必要となる。また，テーブル間で整合性もとらねばならない
- 実テーブルでは，実際にデータの出し入れ（登録や削除）を行っているので，誤操作などでデータを喪失するリスクがある
- セキュリティを意識して，参照はできるが更新はできないようにするなど，不要な部分を隠蔽する必要がある

ビューは CREATE VIEW の後にビュー名を指定し，AS SELECT 文をつなげて使用する。また，ビューを作成するための SELECT 文（AS 以降の SELECT 文）に関しては，SELECT の項で詳しく述べる。

試験に出る
①平成 18 年・午前 問22
②平成 18 年・午前 問31
③平成 29 年・午前Ⅱ 問10
平成 24 年・午前Ⅱ 問9

【使用例 1】 得意先テーブルから得意先コードと得意先名だけの得意先ビューを作成。

```
CREATE VIEW 得意先ビュー
    AS SELECT 得意先コード,得意先名
        FROM 得意先
```

得意先コード	得意先名
000001	A商店
000002	B商店
000003	Cスーパー
000004	Dスーパー
000005	E商店

図：CREATE VIEW の使用例（1）得意先ビュー

使用例 1 のメリット
単純に得意先テーブルから得意先コードと得意先名だけを列にしたビューを作成する場合の目的として,「名前以外の項目（住所や電話番号）を隠蔽して,ユーザに使わせたい」というような場合に有効である

【使用例 2】 得意先テーブルから住所が北区のものだけの得意先北区ビューを作成。

```
CREATE VIEW 得意先北区ビュー
    AS SELECT *
        FROM 得意先
        WHERE 住所 LIKE '大阪市北区%'
```

得意先コード	得意先名	住所	電話番号	担当者コード
000003	Cスーパー	大阪市北区○○	06-6313-xxxx	104
000005	E商店	大阪市北区○○	06-6315-xxxx	101

図：CREATE VIEW の使用例（2）得意先北区ビュー

使用例 2 のメリット
一つのテーブルからある条件に合致した行を取り出して,一つのビューを作る例である。
これを実テーブルで作成する場合は,データの整合性確保に注意する必要がある。しかし,ビューであれば全く意識する必要がない

【使用例 3】 受注テーブルと得意先テーブルから，印刷用に受注ビューを作成。

```
CREATE VIEW 受注ビュー (受注番号, 受注日, 得意先名)
    AS SELECT X.受注番号, X.受注日, Y.得意先名
        FROM 受注 X, 得意先 Y
         WHERE X.得意先コード = Y.得意先コード
```

受注テーブルと得意先テーブルからそれぞれ，受注番号，受注日，得意先名で構成される受注ビューを作成した。このビューは，受注テーブルと得意先テーブルを得意先コードで結合したものである。

使用例 3 のメリット
複数のテーブルを結合して，それぞれ必要な部分をピックアップし，一つのビューにした例である。
受注テーブルのようなトランザクションデータをプリントアウトする場合，トランザクションデータを 1 件読み込んだ後に，商品マスタや得意先マスタなどの各マスタテーブルを物理的に読み込むことを，プログラム上で行わなくてはならない。しかし，【使用例 3】のように，各テーブルにある必要なデータのみをまとめて一つのビューを作成しておけば，プログラムでの記述が簡素化される

受注番号	受注日	得意先名
00001	20030704	A商店
00007	20030705	Cスーパー
00011	20030706	A商店
00012	20030706	B商店

図：CREATE VIEW の使用例（3）受注ビュー

午前問題の解き方

平成 18 年・午前 問 22

問 22 関係データベースの利用において，仮想の表（ビュー）を作る目的として，適切なものはどれか。

ア 記憶容量を節約するため　実表をバンバン作るよりは節約できるけど…
イ 処理速度を向上させるため　結果的にそうなることもあるけど…その狙いでってわけじゃない
(ウ) セキュリティを向上させるためや表操作を容易にするため　覚えよう！
エ デッドロックの発生を減少させるため　いやいやいやいや…これはない

問31　四つの表“注文”，“顧客”，“商品”，“注文明細”がある。これらの表から，次のビュー“注文一覧”を作成するSQL文はどれか。ここで，下線の項目は主キーを表す。

注文（<u>注文番号</u>，注文日，顧客番号）
顧客（<u>顧客番号</u>，顧客名）
商品（<u>商品番号</u>，商品名）
注文明細（<u>注文番号</u>，<u>商品番号</u>，数量，単価）

4つの表の結合なので，
最低3つ（4−1）の結合条件が必要

注文一覧

注文番号	注文日	顧客名	商品名	数量	単価
001	2006-01-10	佐藤	AAAA	5	5,000
001	2006-01-10	佐藤	BBBB	3	4,000
002	2006-01-15	田中	BBBB	6	4,000
003	2006-01-20	高橋	AAAA	3	5,000
003	2006-01-20	高橋	CCCC	10	1,000

ア
```
CREATE VIEW 注文一覧
    AS SELECT * FROM 注文, 顧客, 商品, 注文明細
       WHERE 注文.注文番号 = 注文明細.注文番号 AND
             注文.顧客番号 = 顧客.顧客番号 AND
             商品.商品番号 = 注文明細.商品番号
```

イ
```
CREATE VIEW 注文一覧
    AS SELECT 注文.注文番号, 注文日, 顧客名, 商品名, 数量, 単価
       FROM  注文, 顧客, 商品, 注文明細
       WHERE 注文.注文番号 = 注文明細.注文番号 AND
             注文.顧客番号 = 顧客.顧客番号 AND
             商品.商品番号 = 注文明細.商品番号
```

結合条件は
ANDでつなぐ

ウ
```
CREATE VIEW 注文一覧
    AS SELECT 注文.注文番号, 注文日, 顧客名, 商品名, 数量, 単価
       FROM  注文, 顧客, 商品, 注文明細
       WHERE 注文.注文番号 = 注文明細.注文番号 OR
             注文.顧客番号 = 顧客.顧客番号 OR
             商品.商品番号 = 注文明細.商品番号
```

エ
```
CREATE VIEW 注文一覧
    AS SELECT 注文.注文番号, 注文日, 商品名, 数量, 単価
       FROM  注文, 商品, 注文明細
       WHERE 注文.注文番号 = 注文明細.注文番号 AND
             商品.商品番号 = 注文明細.商品番号
```

おい！顧客名がないぞ！

午前問題の解き方　　平成29年・午前Ⅱ 問10

問10　ある月の“月末商品在庫”表と“当月商品出荷実績”表を使って，ビュー“商品別出荷実績”を定義した。このビューにSQL文を実行した結果の値はどれか。

月末商品在庫

商品コード	商品名	在庫数	
S001	A	100	150
S002	B	250	NULL
S003	C	300	300
S004	D	450	NULL
S005	E	200	350

当月商品出荷実績

商品コード	商品出荷日	出荷数
S001	2017-03-01	50
S003	2017-03-05	150
S001	2017-03-10	100
S005	2017-03-15	100
S005	2017-03-20	250
S003	2017-03-25	150

〔ビュー“商品別出荷実績”の定義〕　150

```
CREATE VIEW 商品別出荷実績（商品コード，出荷実績数，月末在庫数）
  AS SELECT 月末商品在庫.商品コード，SUM（出荷数），在庫数
    FROM 月末商品在庫 LEFT OUTER JOIN 当月商品出荷実績
    ON 月末商品在庫.商品コード = 当月商品出荷実績.商品コード
      GROUP BY 月末商品在庫.商品コード，在庫数
```

出荷実績数が300以下

〔SQL文〕

```
SELECT SUM（月末在庫数）AS 出荷商品在庫合計
  FROM 商品別出荷実績 WHERE 出荷実績数 <= 300
```

月末在庫数の合計
100＋300

㋐ 400　　イ 500　　ウ 600　　エ 700

Memo

●更新可能なビュー

ビューに対しても，一定の条件（下記の①②③の全て）を満たせば追加・更新・削除が可能になる。これを“更新可能なビュー”という。

① 基底表（元の実表）そのものが特定できること

複数の表を結合等で使用していても構わないが，更新しようとした時に基底表（元の実表）が特定できることが前提になる。特定できない場合には更新はできない。

② 基底表（元の実表）の“行”が特定できること

基底表が特定できても，更新対象の“行”が特定できないと更新できない。次の句や演算子を使用していると更新できない。

- 集約関数（AVG，MAX 等）
- GROUP BY，HAVING
- 重複値を排除する DISTINCT

③ そもそも基底表（元の実表）が更新可能なこと

上記①と②をクリアしても，そもそも対象となる基底表が更新可能でなければ，当たり前だが更新できない。

- 適切な権限が付与されている
- NULL が適切に処理されている
- WITH CHECK OPTION への対応が適切

また，WITH CHECK OPTION を指定しておくと，ビューで指定した条件以外のデータが作成されないようにすることができる。

【使用例】 得意先北区ビューに，WITH CHECK OPTION 句を指定。これにより，住所が‘大阪市北区％’以外のデータを追加（INSERT）しようとするとエラーになる。

```
CREATE VIEW 得意先北区
       AS SELECT *
       FROM 得意先
       WHERE 住所 LIKE '大阪市北区%'
       WITH CHECK OPTION
```

試験に出る

①平成 28 年・午前Ⅱ 問 10
平成 20 年・午前 問 37
平成 16 年・午前 問 33
②平成 25 年・午前Ⅱ 問 11
平成 23 年・午前Ⅱ 問 8

過去の午前問題では，この視点では問われていない。「ビュー定義の中で参照する基底表は全て更新可能とする」という条件が付いていた

例えば特定の列だけを抜き出したビューに対して，データを追加しようとした場合，ビューで指定していない列には NULL が入る。その場合，その属性が NULL を許容していない場合，追加できない

WITH READ ONLY 句を指定すると，読取り専用のビューになる

午前問題の解き方

平成28年・午前Ⅱ 問10

問10　更新可能なビューの定義はどれか。ここで，ビュー定義の中で参照する基底表は全て更新可能とする。

```
ア  CREATE VIEW ビュー1(取引先番号, 製品番号)
        AS SELECT DISTINCT 納入.取引先番号, 納入.製品番号
           FROM 納入
```

1件だけにしてるので
複数データがある可能性＝×

```
イ  CREATE VIEW ビュー2(取引先番号, 製品番号)
        AS SELECT 納入.取引先番号, 納入.製品番号
           FROM 納入
           GROUP BY 納入.取引先番号, 納入.製品番号
```

グルーピングしてしまうと，行が特定できない

```
ウ  CREATE VIEW ビュー3(取引先番号, ランク, 住所)
        AS SELECT 取引先.取引先番号, 取引先.ランク, 取引先.住所
           FROM 取引先
           WHERE 取引先.ランク > 15
```

単一表

行が特定できる

```
エ  CREATE VIEW ビュー4(取引先住所, ランク, 製品倉庫)
        AS SELECT 取引先.住所, 取引先.ランク, 製品.倉庫
           FROM 取引先, 製品
           HAVING 取引先.ランク > 15
```

取引先×製品
直積なので，行が特定できない

Memo

問11　三つの表“取引先”,“商品”,“注文”を基底表とするビュー“注文 123”を操作する SQL 文のうち，実行できるものはどれか。ここで，各表の列のうち下線のあるものを主キーとする。

取引先

<u>取引先 ID</u>	名称	住所
111	中央貿易	東京都中央区
222	上野商会	東京都台東区
333	目白商店	東京都豊島区

商品

<u>商品番号</u>	商品名	価格
111	スパナ	1,000
123	レンチ	1,300
313	ドライバ	800

注文

<u>注文番号</u>	注文日	取引先 ID	商品番号	数量
1	2013-04-17	111	111	3
2	2013-04-18	222	123	4
3	2013-04-19	111	313	3
4	2013-04-20	333	123	2

〔ビュー“注文 123”の定義〕

```
CREATE VIEW 注文123 AS
  SELECT 注文番号, 取引先.名称 AS 取引先名, 数量
    FROM 注文, 取引先, 商品
    WHERE 注文.商品番号 = '123'
      AND 注文.取引先ID = 取引先.取引先ID
      AND 注文.商品番号 = 商品.商品番号
```

取引先名ならあるけど，取引先IDはない

ア　DELETE FROM 注文123 WHERE 取引先ID = '111'

イ　INSERT INTO 注文123 VALUES (8, '目白商店', 'レンチ', 3)　属性数も異なる　この属性なし

ウ　SELECT 取引先.名称 FROM 注文123　取引先名に変わってるので…

(エ)　UPDATE 注文123 SET 数量 = 3 WHERE 取引先名 = '目白商店'

Memo

●ビューと権限

ビューと権限を考える場合は，(1) ビューを作成するとき，(2) ビューを使用するとき，この二つのケースに分けて考える必要がある。

試験に出る
平成22年・午前Ⅱ 問11
平成19年・午前 問33

(1) ビューを作成するときの権限

ビューを作成する場合，その元になる表すべてにSELECT権限が必要になる。ただし，元表の持つSELECT権限が，GRANT OPTIONを持つかどうかで以下の表のような違いがある。

元表の権限 （複数の場合は，すべての元表）	ビューの作成
SELECT 権限なし	不可
SELECT 権限あり （GRANT OPTION なし）	ビューの作成は可能（ただし，作成したビューのSELECT権限を他に付与することはできない）
SELECT 権限 あり （GRANT OPTION あり）	ビューの作成は可能。作成したビューのSELECT権限を他に付与することも可能

(2) ビューを使用するときの権限

ビューの使用に関しては次の表のようになる。原則，ビューの所有者は，元表の権限に従うことになる。また，すべての権限においてGRANT OPTIONがあれば，その権限を他者に付与できるが，ビューで権限を付与されたものは，もはや元表の権限を持たなくても構わない。

ビューに対する権限	
SELECT 権限	＜ビューの所有者＞ 可能 ＜ビューの所有者以外＞ 元表に対するSELECT権限の有無は関係なくビューに対する権限の有無だけで判断
INSERT 権限	前提条件：更新可能なビューであること ＜ビューの所有者＞ 元表に従う ＜ビューの所有者以外＞ 元表に対する権限の有無は関係なく，ビューに対する権限の有無だけで判断
UPDATE 権限	
DELETE 権限	

序
1
2
3
4

午前問題の解き方　平成 22 年・午前Ⅱ 問 11

問11　ビューの SELECT 権限に関する記述のうち，適切なものはどれか。

ア　ビューに対して問合せをするには，ビューに対する SELECT 権限だけではなく，元の表に対する SELECT 権限も必要である。

イ　ビューに対して問合せをするには，ビューに対する SELECT 権限又は元の表に対する SELECT 権限のいずれかがあればよい。

ウ　ビューに対する SELECT 権限にかかわらず，元の表に対する SELECT 権限があれば，そのビューに対して問合せをすることができる。逆！

㋓　元の表に対する SELECT 権限にかかわらず，ビューに対する SELECT 権限があれば，そのビューに対して問合せをすることができる。覚えておこう！

午前問題の解き方　平成 24 年・午前Ⅱ 問 7

問 7　体現ビュー（Materialized view）に関する記述のうち，適切なものはどれか。

重複して格納される

ア　同じデータが実表と体現ビューとに重複して格納されることはない。

イ　更新可能であるとDBMS が判断したビューのことである。更新可能なビュー

㋒　実表のようにデータベースに格納されるビューのことである。

エ　問合せや更新要求のたびにビュー定義を SQL 文に組み込んで処理する。

午前問題の解き方　平成 30 年・午前Ⅱ 問 12

問12　導出表に関する記述として，適切なものはどれか。
＝実表から関係データベースの操作によって"導出"される仮想表

ア　算術演算によって得られた属性の組である。
属性の組じゃない

イ　実表を冗長にして利用しやすくする。
実表じゃない

ウ　導出表は名前をもつことができない。
名前可能

㋓　ビューは導出表の一つの形態である。

1.3.3 CREATE ROLE

CREATE ROLE *ロール名*

ロールとは，データベースに対する権限をまとめたものである。以下の使用例のように，最初に権限をまとめたロールを作成しておけば，個々のユーザに権限を付与したり，取り消したりする作業が効率化できる。ロールを利用する手順は，次の通り。

試験に出る
平成 28 年・午後I 問3
平成 19 年・午後I 問3

① CREATE ROLE でロールを作成する
② ロールに必要な権限を付与する（GRANT 命令）
③ そのロールをユーザに付与する（GRANT 命令）

GRANT 命令の詳細は，「1.4.1 GRANT」を参照

“人事部課長ロール” という名称のロール（役割・権限の集合）を作成する。

```
CREATE ROLE 人事部課長ロール
```

参考までに，この後の GRANT 文の使用例も記しておこう。“人事部課長ロール” に，従業員給料ビューに対する参照権限を付与する時の GRANT 文と，B 課長と C 課長に人事部課長ロールを付与する GRANT 文の二つである。

```
GRANT SELECT ON 従業員給料ビュー TO 人事部課長ロール
GRANT 人事部課長ロール TO B課長, C課長
```

1.3.4 DROP

基本構文

構文1：

DROP TABLE *テーブル名*

構文2：

DROP VIEW *ビュー名*

構文3：

DROP ROLE *ロール名*

テーブル名	削除するテーブル名（実テーブル名）を指定する
ビュー名	削除するビュー名を指定する
ロール名	削除するロール名を指定する

CREATE TABLEで作成したテーブルや，CREATE VIEWで作成したビュー，CREATE ROLEで作成したロールを削除する場合にDROPを使用する。削除したいテーブルとビュー，ロールは，次のように指定する。

【使用例 1】“得意先”というテーブルを削除する。

```
DROP TABLE 得意先
```

【使用例 2】“得意先ビュー”というビューを削除する。

```
DROP VIEW 得意先ビュー
```

【使用例 3】“人事部課長ロール”というロールを削除する。

```
DROP ROLE 人事部課長ロール
```

1.3.5 CREATE TRIGGER

基本構文

CREATE TRIGGER *トリガー名*
　トリガー動作時期 *トリガー事象* ON *テーブル名*
　[REFERENCING *遷移表または遷移変数リスト*]　*被トリガー動作*

トリガー動作時期	BEFORE	テーブルに対する変更操作の直前に実行される
	AFTER	テーブルに対する変更操作の直後に実行される
	INSTEAD OF	テーブルに対する変更操作の代わりに実行される
トリガー事象		テーブルに対する次の操作があった時（INSERT，DELETE，UPDATE）
テーブル名		対象になるテーブル INSTEAD OF の場合はビューのみ可能
遷移表または遷移表リスト		OLD［ROW］［AS］変数名　：変更前の行と相関名 NEW［ROW］［AS］変数名：変更後の行と相関名 OLD TABLE［AS］変数名　：変更前の表と相関名 NEW TABLE［AS］変数名：変更後の表と相関名
被トリガー動作		・FOR EACH［ROW ｜ STATEMENT］指定可（※1） ・WHEN 指定可（※2） ・実行する SQL 文 （BEGIN ATOMIC で始まり END で終わる） ・CALL 文でストアドプロシージャの指定も可能

※1. FOR EACH ROW：1 行ずつすべての行に対して操作する
　　FOR EACH STATEMENT：表に対して 1 回のみ操作する（省略時はこちらがデフォルト）
※2. WHEN：実行条件

あるテーブルを操作（INSERT, UPDATE, DELETE）した時に，その操作をきっかけに指定した処理（他のテーブルを更新したり，事前チェックをしたりする処理。上記の被トリガー動作）を実行する機能や命令をトリガーという。ストアドプロシージャの一種である。

トリガーには，ある操作の前に直前に実行される BEFORE トリガーと，直後に実行される AFTER トリガーがある（上記のトリガー動作時期）。FOR EACH ROW を付ければ 1 行ずつ連動した処理が可能になる。

試験に出る
令和 04 年午後Ⅰ問 2
令和 04 年午後Ⅰ問 3
平成 31 年午後Ⅰ問 2
SQL 文以外では…
令和 04 年午後Ⅱ問 1
平成 30 年午後Ⅰ問 2

今のところ INSTEAD OF は出題されていない

過去の出題においては，トリガーが使用される場合には〔RDBMSの仕様〕段落で次のような動作に関する説明があった。この説明でトリガに対する理解を深めておこう。

参考
トリガーは高機能で複雑なので，構文と合わせて【使用例】を使って理解を深めておこう

> テーブルに対する変更操作（挿入・更新・削除）を契機に，あらかじめ定義した処理を実行する。
>
> ① 実行タイミングを定義することができる。BEFOREトリガーは，テーブルに対する変更操作の前に実行され，更新中又は挿入中の値を実際の反映前に修正することができる。AFTERトリガーは，変更操作の後に実行され，ほかのテーブルに対する変更操作を行うことができる。
>
> ② トリガーを実行する契機となった変更操作を行う前と後の行を参照することができる。参照するには，操作前と操作後の行に対する相関名をそれぞれ定義し，相関名で列名を修飾する。

変更操作を行う前と後の行を参照する場合，REFERENCING句を使う

令和４年午後Ⅰ問２での記述

令和4年午後Ⅰ問2では，BEFOREトリガーとAFTERトリガーのどちらを使用するのが妥当かを問う問題が出題されている。BEFOREトリガーは操作前に実行されるため，操作前に値をチェックしたい時などに用いられる。一方，AFTERトリガーは操作後に実行されるため，他のテーブルの更新に用いられることが多い。確認しておこう。

平成31年午後Ⅰ問2では，上記以外に次のような点も含まれていた。【使用例1】と合わせて確認しておこう。

- 列値による実行条件を定義することができる（WHEN ～）
- BEFOREトリガーの処理開始から終了までの同一トランザクション内では，全てのテーブルに対して変更操作を行うことはできない
- トリガー内で例外を発生させることによって，契機となった変更操作をエラーとして終了することができる

【使用例 1】平成 31 年午後Ⅰ問 2 の例

```
CREATE TRIGGER TR1 AFTER UPDATE OF 引当済数量 ON 在庫
 REFERENCING NEW ROW AS CHKROW
 FOR EACH ROW
 WHEN (CHKROW.実在庫数量－CHKROW.引当済数量<=CHKROW.基準在庫数量)
 BEGIN ATOMIC
  CALL PARTSORDER (CHKROW.部品番号);
 END
```

この例は「“在庫”テーブルの引当済数量が更新された後，（当該部品の）実在庫数量から引当済数量を差し引いた値が，基準在庫数量を下回っていたら，“PARTSORDER（CHKROW.部品番号）”処理を呼び出して実行する」という SQL 文になる。ちなみに，この時の PARTSORDER 処理とは「部品ごとに決められた部材メーカーに対して，決められた数量（補充ロットサイズ）を発注する。」というものだった。解説図もチェックしておこう。

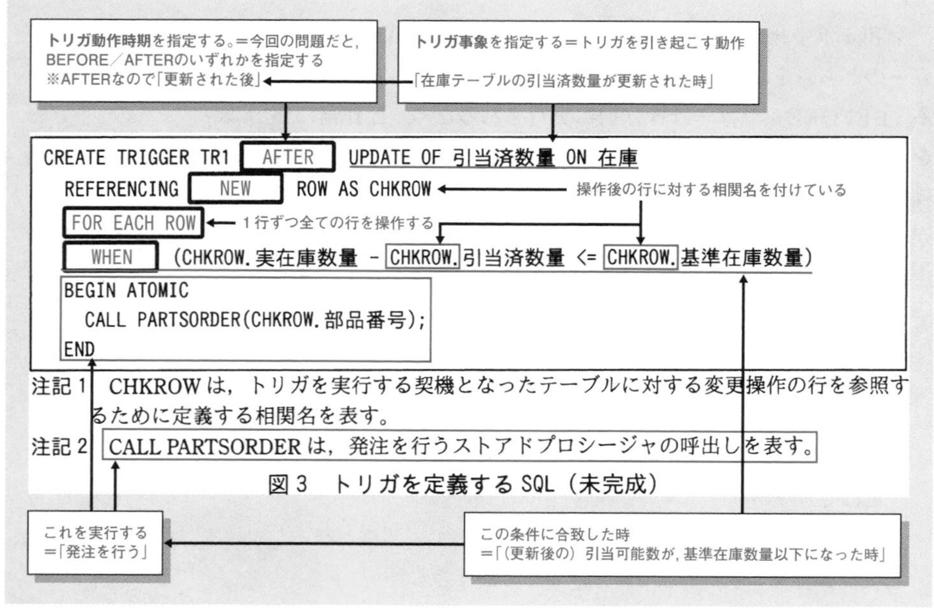

使用例 1 の解説図

【使用例 2】令和４年午後Ⅰ問２の例

```
CREATE TRIGGER トリガー1 BEFORE UPDATE ON 商品
  REFERENCING OLD AS OLD1 NEW AS NEW1 FOR EACH ROW
  SET NEW1.適用開始日 = COALESCE(NEW1.適用開始日, CURRENT_DATE);
```

“商品”テーブルの更新時に，適用開始日がNULLの場合，現在日付をセットしてから更新する。これは，BEFOREトリガーの典型例になる。“商品”テーブルを更新する際に，更新しようとしている値（＝適用開始日）を操作前にチェックしておきたいためにBEFOREトリガーを使っている。意図しない値が入ってはまずい場合や，意図しない値が入りそうだったら値を変えたいようなケースだ。更新前だからできることになる。

【使用例 3】令和４年午後Ⅰ問２の例

```
CREATE TRIGGER トリガー2 AFTER UPDATE ON 商品
  REFERENCING OLD AS OLD2 NEW AS NEW2 FOR EACH ROW
  INSERT INTO 商品履歴
  VALUES (OLD2.商品コード, OLD2.メーカー名, OLD2.商品名, OLD2.モデル名,
    OLD2.定価, OLD2.更新日, OLD2.適用開始日,
    ADD_DAYS(NEW.適用開始日, -1));
```

“商品”テーブルの更新時に，対象行の更新前の行を“商品履歴”テーブルに挿入する。このとき，挿入行の適用終了日には，更新後の行の適用開始日の前日を設定する。これはAFTERトリガーの典型例になる。“商品”テーブルを更新した後に，他のテーブルを更新している。OLD（更新前の行），NEW（更新後の行）に限らず，“商品”テーブルの値を使う場合はAFTERを使う。

1.4 権限

セキュアなデータベースが望まれる昨今，情報処理技術者試験でもセキュリティをテーマにした問題が出題されている。このときに使われるのが，GRANT と REVOKE である。

1.4.1 GRANT

基本構文

GRANT(A) *権限,・・・ ON テーブル名（又はビュー名）*
TO *ユーザID*,・・・ [WITH GRANT OPTION]

権限（与える権限を指定する）	ALL PRIVILEGES	すべての権限（以下のすべてを含む権限）
	SELECT	参照する権限
	INSERT	データを挿入・追加する権限
	DELETE	データを削除する権限
	UPDATE	データを更新する権限 UPDATE（列名 ,・・・）で列名を制限して与えることができる権限
テーブル名	権限を与えるテーブル又はビューを指定する	
ユーザ ID	権限を与えるユーザを指定する。PUBLIC を指定すると，すべてのユーザが対象になる また，ロール名を指定することも可能	
WITH GRANT OPTION	このオプションを指定すると，テーブルの権限を与えられたユーザは，与えられた権限をほかのユーザに与えることが可能になる	

※下線（A）の部分にロール名を指定すると，ユーザ ID で指定したユーザに対してロールを付与することになる。

CREATE 文で作成されたテーブルやビューが，誰でもデータ操作言語を使って処理できるようになっているとしたら，セキュリティ上問題がある。そのため，テーブルやビューの所有者（作成者又はオーナー）には，それらを使用するすべての権限が与えられているが，ほかのユーザには明示的に権限を与えないと利用できないように考慮されている。そのときに使う命令が，GRANT 命令である。

試験に出る

①平成 22 年・午前Ⅱ 問 2
②平成 21 年・午前Ⅱ 問 7

試験に出る

平成 28 年・午後Ⅰ 問 3
平成 19 年・午後Ⅰ 問 3

【使用例 1】 得意先テーブルに対するすべての権限を，山下と松田に与える。

```
GRANT ALL PRIVILEGES ON 得意先
      TO 山下, 松田
```

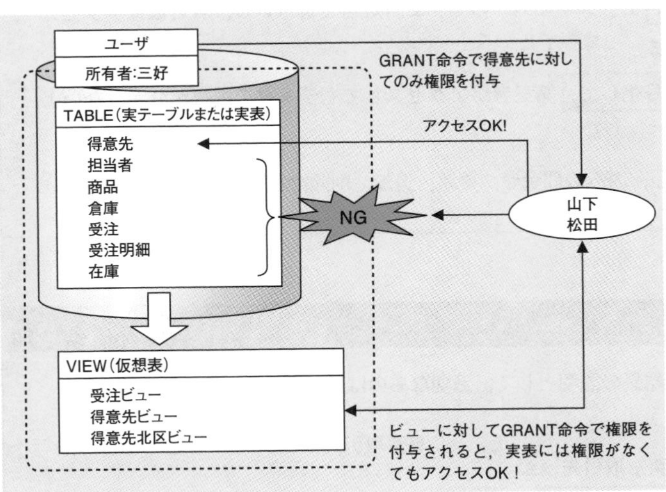

※この場合，権限を与えられた使用者は，次のようにテーブル名の前に，所有者の識別子を付けて使用しなければならない。作成者自身が操作する場合，識別子は不要である。

```
SELECT * FROM 三好.得意先
```

【使用例 2】 得意先テーブルの電話番号だけは，誰もが変更や参照を行えるよう，権限を与える。

```
GRANT SELECT, UPDATE (電話番号) ON 得意先
      TO PUBLIC
```

【使用例 3】 B 課長と C 課長に人事部課長ロールを付与する。

```
GRANT 人事部課長ロール TO B課長, C課長
```

ちなみに，複数のテーブルからビューを作成する場合，使用するすべての実テーブルに SELECT 権限が必要である

午前問題の解き方

平成22年・午前Ⅱ 問2

問2 表の所有者が，SQL 文の GRANT を用いて設定するアクセス権限の説明として，適切なものはどれか。

権限を与える命令

ア パスワードを設定してデータベースの接続を制限する。

何をおっしゃっているのかわかりません…

イ ビューによって，データベースへのアクセス処理を隠ぺいし，表を直接アクセスできないようにする。

って…それ，ビューやん

ウ 表のデータを暗号化して，第三者がアクセスしてもデータの内容が分からないようにする。

しない

(エ) 表の利用者に対し，表への問合せ，更新，追加，削除などの操作を許可する。

午前問題の解き方

平成21年・午前Ⅱ 問7

問7 次の SQL 文の実行結果の説明として，適切なものはどれか。

```
CREATE VIEW 東京取引先 AS
    SELECT * FROM 取引先
    WHERE 取引先.所在地 = '東京'
GRANT SELECT
    ON 東京取引先 TO "8823"
```

ビュー "東京取引先"

所在地が'東京'のものだけをビューに

参照権を与えている

権限を与える相手

ビューの所有者（作成者）はSELECT権限をもつ

(ア) 8823 のユーザは，所在地が“東京”の行を参照できるようになる。

イ このビューの作成者は，このビューに対する SELECT 権限をもたない。

ウ 実表“取引先”が削除されても，このビューに対するユーザの権限は残る。

実表が存在する間

エ 導出表“東京取引先”には，8823 行までを記録できる。

おいおいおい！

Memo

1.4.2 REVOKE

基本構文

REVOKE *権限*, ・・・ ON *テーブル名*（*又はビュー名*）
FROM *ユーザID*, ・・・

権限	取り消す権限を指定する	ALL PRIVILEGES	すべての権限（以下のすべてを含む権限）
		SELECT	参照する権限
		INSERT	データを挿入・追加する権限
		DELETE	データを削除する権限
		UPDATE	データを更新する権限
テーブル名		権限を与えるテーブル又はビューを指定する	
ユーザID		権限を与えるユーザを指定する。PUBLIC を指定すると，全員が対象になる また，ロール名を指定することも可能	

GRANTで与えた権限を取り消す場合に，REVOKEを使用する。

試験に出る
平成16年・午前 問30

【使用例】 GRANTの使用例1で与えた権限を取り消す。

```
REVOKE ALL PRIVILEGES ON 得意先
       FROM 山下, 松田
```

権限を与えるときは「TO ユーザID」，権限を取り消す場合は「FROM ユーザID」であることに注意する。

午前問題の解き方

平成16年・午前 問30

問30 SQLにおけるオブジェクトの処理権限に関する記述のうち，適切なものはどれか。

ア 権限の種類はINSERT，DELETE，UPDATEの三つである。 SELECTもあるでよ

イ 権限は実表だけに適用でき，ビューには適用できない。 ビューにもできるでよ

(ウ) 権限を取り上げるにはREVOKE文を用いる。 YES

エ 権限を付与するにはCOMMIT文を用いる。 GRANTです

Memo

1.5 プログラム言語におけるSQL文

COBOLやC言語などのプログラム言語と合わせてSQL文を使用する場合，いくつかのルールがある。ここでは，そのルールについて説明する。

例えば，SELECT文などを使用する場合，結果が複数行返される場合がある。プログラム言語では複数の行をまとめて処理することができないため，このような場合はカーソル操作を行う。

試験に出る
①平成25年・午前Ⅱ 問8
　平成20年・午前 問35
②平成16年・午前 問34

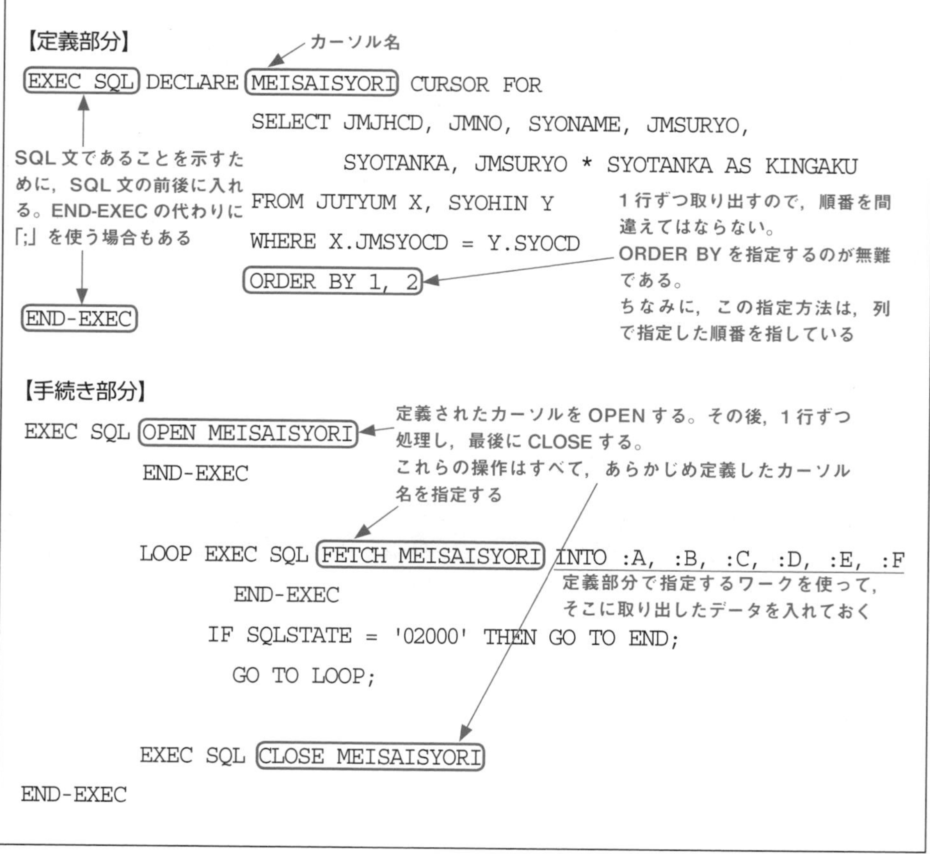

【定義部分】
カーソル名
EXEC SQL DECLARE MEISAISYORI CURSOR FOR
SELECT JMJHCD, JMNO, SYONAME, JMSURYO,
SYOTANKA, JMSURYO * SYOTANKA AS KINGAKU
FROM JUTYUM X, SYOHIN Y
WHERE X.JMSYOCD = Y.SYOCD
ORDER BY 1, 2
END-EXEC
SQL文であることを示すために，SQL文の前後に入れる。END-EXECの代わりに「;」を使う場合もある
1行ずつ取り出すので，順番を間違えてはならない。
ORDER BYを指定するのが無難である。
ちなみに，この指定方法は，列で指定した順番を指している
【手続き部分】
EXEC SQL OPEN MEISAISYORI
END-EXEC
定義されたカーソルをOPENする。その後，1行ずつ処理し，最後にCLOSEする。
これらの操作はすべて，あらかじめ定義したカーソル名を指定する
LOOP EXEC SQL FETCH MEISAISYORI INTO :A, :B, :C, :D, :E, :F
END-EXEC
定義部分で指定するワークを使って，そこに取り出したデータを入れておく
IF SQLSTATE = '02000' THEN GO TO END;
GO TO LOOP;
EXEC SQL CLOSE MEISAISYORI
END-EXEC

図：カーソル操作の例

序
1
2
3
4

午前問題の解き方

平成25年・午前Ⅱ 問8

問8 SQLで用いるカーソルの説明のうち，適切なものはどれか。

ア　COBOL，Cなどの親言語内では使用できない。できるっちゅうねん！

イ　埋込み型SQLにおいて使用し，会話型SQLでは使用できない。そういうこっちゃ

ウ　カーソルは検索用にだけ使用可能で，更新用には使用できない。できるわ！

エ　検索処理の結果集合が単一行となる場合の機能で，複数行の結果集合は処理できない。1行ずつ取り出すためのもの。結果が1行になるのとは違う

午前問題の解き方

平成16年・午前 問34

問34　埋込みSQLに関する記述として，適切なものはどれか。

ア　INSERTを実行する前に，カーソルをOPENしておかなければならない。

イ　PREPAREは与えられたSQL文を実行し，その結果を自分のプログラム中に記録する。　PREPAREは"準備"。実行はEXECUTE

ウ　SQLでは一度に0行以上の集合を扱うのに対し，親言語では通常一度に1行のレコードしか扱えないので，その間をカーソルによって橋渡しする。そのためのカーソル！

エ　データベースとアプリケーションプログラムが異なるコンピュータ上にあるときは，カーソルによる1行ごとの伝送が効率的である。　そういう意味ではなく…

Memo

●EXEC SQL と END-EXEC

プログラムの中にSQL文を指定する場合，そのSQL文の最初に「EXEC SQL」を，最後に「END-EXEC」を加えなければならない。ただし，言語によっては文の最後が「END-EXEC」ではなく，「;」の場合もある。

試験に出る
平成17年・午前 問33

●DECLARE カーソル名 CURSOR FOR

カーソル処理をする場合，その処理内容のSQL文は定義部分で定義することになる。そのように定義部分で定義した処理に「カーソル名」を付けて，手続き部ではそのカーソル名を使って処理を行う。「DECLARE カーソル名 CURSOR FOR…」は，カーソルを定義するものである。

午前問題の解き方　平成17年・午前 問33

問33　次のSQL文は，COBOLプログラムでテーブルAのレコードを読み込むためにカーソル宣言をしている。aに入れるべき適切な語句はどれか。

```
[    a    ]
SELECT * FROM A
    ORDER BY 1, 2
END-EXEC
```

カーソル名はここ！

ア　EXEC SQL DECLARE C1 CURSOR FOR　構文なので覚えるしかねえ！

イ　EXEC SQL DECLARE CURSOR FOR C1

ウ　EXEC SQL OPEN CURSOR C1 FOR

エ　EXEC SQL OPEN CURSOR DECLARE C1 FOR

Memo

●読取り処理（OPEN, FETCH, CLOSE）

手続き部では，通常のファイルと同じように「OPEN 文」を実行した後に利用が可能になる。その後「FETCH 文」を実行して，参照している行を移動させ，移動後の行の値を，INTO 句で指定したホスト変数に入れる。すべての処理が完了したら，「CLOSE 文」を実行して終了を宣言する。

1 回の FETCH 処理の後，SQLSTATE 内を確認して，対象データ終了なのか，次があるのか，正常処理したのか，エラーだったのかを判断する。通常，トランザクションデータに対して FETCH を行う場合は，主処理のループで表現される場合が多い。「図：カーソル操作の例」では，それを示している。

●SQLSTATE

ホスト変数に SQLSTATE を定義しておかなければならない。これは，次のように SQL 文の実行結果のステータスを返すものである。FETCH で取り出すデータがなくなったときに終了判定条件として使ったり，正常処理されなかったりした場合に利用する（定義部分での定義は省略している）。

'00000'：正常処理
'02000'：条件に合うデータなし

●更新処理（UPDATE と DELETE）

FETCH 文によって位置付けされた行に対して，更新や削除を実行することができる。この場合の UPDATE 文や DELETE 文を，特に「位置設定による UPDATE 文」，「位置設定による DELETE 文」という。通常の UPDATE 文及び DELETE 文と異なるのは，WHERE 文節の代わりに，「WHERE CURRENT OF カーソル名」を使って記述する。

```
EXEC SQL
UPDATE文 ～
  WHERE CURRENT OF カーソル名
END-EXEC

EXEC SQL
DELETE文 ～
  WHERE CURRENT OF カーソル名
END-EXEC
```

また，定義したカーソルが次の条件に当てはまる場合は処理できないので，十分注意が必要である。

- 集約関数（AVG，MAX 等）を含む場合
- GROUP BY，ORDER BY を使っている場合
- 表結合，合併などしている場合

試験に出る
平成 30 年・午前Ⅱ 問 6
平成 26 年・午前Ⅱ 問 7
平成 20 年・午前 問 36
平成 18 年・午前 問 30
平成 16 年・午前 問 31

試験に出る
平成 17 年・午後Ⅰ 問 4

●処理の完了（COMMIT，ROLLBACK）

バッチ処理形式のプログラムの場合，SQL の実行のたびに，その処理が正しく処理された場合には「COMMIT 文」を，エラーになった場合は「ROLLBACK 文」を指定しておく。記述例は以下の通りである。

```
EXEC SQL COMMIT (WORK) END-EXEC
EXEC SQL ROLLBACK (WORK) END-EXEC
```

SQL92 では，COMMIT 文，ROLLBACK 文の WORK が省略可能

午前問題の解き方　平成30年・午前Ⅱ 問6

問6　次の SQL 文は，A 表に対するカーソル B のデータ操作である。a に入れる字句はどれか。　ほら…更新あるやろ

```
UPDATE A
    SET A2 = 1, A3 = 2
    WHERE [    a    ]
```

構文

UPDATE ～
WHERE CURRENT OF カーソル名

ここで，A 表の構造は次のとおりであり，実線の下線は主キーを表す。

A（A1，A2，A3）

ここはカーソル名

ア　CURRENT OF A1　　　　イ　CURRENT OF B
ウ　CURSOR B OF A　　　　エ　CURSOR B OF A1

午前問題の解き方　令和2年・午前Ⅱ 問12

問12　SQL トランザクション内で変更を部分的に取り消すために設定するものはどれか。

ア　コミットポイント（処理を確定させる）　　イ　セーブポイント（一部だけを取り消したい場合）
ウ　制約モード（制約検査のタイミングを設定）　　エ　チェックポイント（DBMSが管理）

Memo

● セーブポイント（SAVEPOINT）

試験に出る
令和02年・午前Ⅱ 問12

一連のトランザクション処理に多くの命令が含まれていたり，複雑なケースだったりして全ての処理を取り消したくない場合（ゆえに一部だけを取り消したい場合）がある。そういう時に使うのがセーブポイントである。トランザクション処理の中にセーブポイントを設定しておけば，その後のロールバック処理で，そのセーブポイント以後の処理だけを取り消すことができる。

```
INSERT INTO 得意先 VALUES（得意先1…）…（1）
INSERT INTO 得意先 VALUES（得意先2…）…（2）
SAVEPOINT X
INSERT INTO 商品 VALUES（商品1…）…（3）
INSERT INTO 商品 VALUES（商品2…）…（4）
条件式Zで偽の場合 → ROLLBACK TO SAVEPOINT X
```

※この例で条件式Zが偽の場合（3）（4）だけ取り消される（（1）（2）は残る）。

スキルUP!

SQLに関する問題

SQLに関しては，基礎理論やテーブル設計に比べて特別なテクニックは存在しないが，守らなければならないルールや，高得点を狙うためのポイントがある。次の点を覚えておいてほしい。

- **文法は標準SQLである。キーワードは，一字一句に至るまで正確に覚える**
- **SQL文を記述する際，英大文字・小文字の区別は特にないが，問題文で示されているのは英大文字なので，できるだけそれに従う**
- **テーブルを結合したり，相関副問合せを使ったりする場合は，テーブルの相関名を使用した方がよい**
- **文字列は「'」と「'」で囲む**
- **日付を文字列として扱うか数字として扱うかは，問題に応じて判断する**
- **副問合せがしばしば出題されている。問題文をよく読んで，WHERE句の条件を正確に見極める**
- **SQL文の末尾にセミコロン（；）は不要である**

序 1 2 3 4

1.6 SQL 暗記チェックシート

本章で解説している SQL 文や過去に出題された午前問題の SQL 文の中から，暗記しておいた方がいい SQL 文をチェックシートにまとめました。QR コードまたは下記 URL からアクセスし，必要に応じてダウンロードしてお使いください。

URL

https://www.shoeisha.co.jp/book/pages/9784798185675/sql/

QR コード

第2章 概念データモデル

最初に，概念データモデル（下図）について説明する。概念データモデルとは，対象世界の情報構造を抽象化して表現したものである。データベースの種類にも，特定のDBMS 製品にも依存せず，情報化しない範囲まで対象範囲とするのが特徴。情報処理技術者試験では，午後Ⅱ事例解析試験で必ず登場しており，E-R 図で表現されている。午後Ⅱ対策は，ここからスタートしよう。

これが
概念データモデルだ！

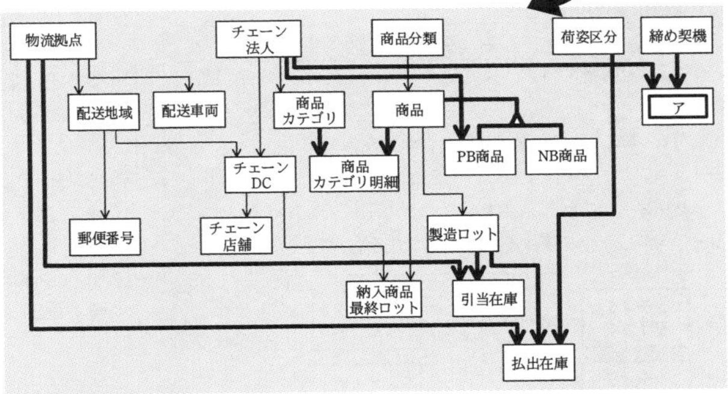

令和3年度午後Ⅱ問2設問1（1）解答例より

2.1 情報処理試験の中の概念データモデル

2.2 E-R 図（拡張 E-R 図）

2.3 様々なビジネスモデル

アクセスキー 8 (数字のはち)

2.1 情報処理試験の中の概念データモデル

午後Ⅰ試験と午後Ⅱ試験の問題冊子には，概念データモデルの表記ルールが示されている。過去問題で確認してみよう，「**問題文中で共通に使用される表記ルール**」という説明文が付いているのがわかるだろう。最初に，そのルールを理解し，慣れておく必要がある。

試験に出る
令和05年・午前Ⅱ 問3
平成26年・午前Ⅱ 問1
平成20年・午前 問21

序章「午後Ⅱ問題（事例解析）の解答テクニック」（P.59）でも説明しているが，試験までに，この「問題文中で共通に使用される表記ルール」は覚えておこう

●令和5年度試験における「問題文中で共通に使用される表記ルール」

以下の説明は，令和5年度試験における「問題文中で共通に使用される表記ルール」のうち，概念データモデルのところだけを抜き出したものである。最初に，このルールから理解していこう。

本書の過去問題の解説では，この表記ルールに即した解答の場合，「表記ルールにあるから」という説明はしていない。受験者の常識として割愛しているので，演習に入る前に，理解しておこう

1．概念データモデルの表記ルール

(1) エンティティタイプとリレーションシップの表記ルールを，図1に示す。

①エンティティタイプは，長方形で表し，長方形の中にエンティティタイプ名を記入する。

②リレーションシップは，エンティティタイプ間に引かれた線で表す。
“1対1”のリレーションシップを表す線は，矢を付けない。
“1対多”のリレーションシップを表す線は，“多”側の端に矢を付ける。
“多対多”のリレーションシップを表す線は，両端に矢を付ける。

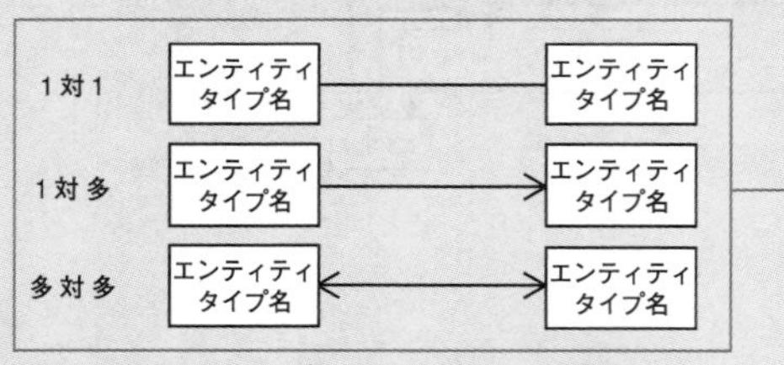

図1　エンティティタイプとリレーションシップの表記ルール

(2) リレーションシップを表す線で結ばれたエンティティタイプ間において，対応関係にゼロを含むか否かを区別して表現する場合の表記ルールを，図2に示す。

①一方のエンティティタイプのインスタンスから見て，他方のエンティティタイプに対応するインスタンスが存在しないことがある場合は，リレーションシップを表す線の対応先側に“○”を付ける。

②一方のエンティティタイプのインスタンスから見て，他方のエンティティタイプに対応するインスタンスが必ず存在する場合は，リレーションシップを表す線の対応先側に“●”を付ける。

エンティティタイプの意味
➡ P.227 参照

リレーションシップの意味
➡ P.227 参照

図1の矢印の意味
➡ P.228「多重度」参照

“○”“●”の意味
➡ P.228「オプショナリティ」参照

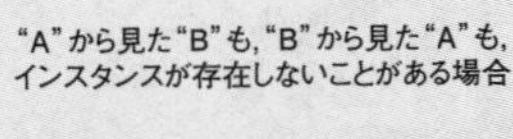

"A"から見た"B"も,"B"から見た"A"も,インスタンスが存在しないことがある場合

エンティティタイプ"A" ―○――――○< エンティティタイプ"B"

"C"から見た"D"も,"D"から見た"C"も,インスタンスが必ず存在する場合

エンティティタイプ"C" ―●――――●< エンティティタイプ"D"

"E"から見た"F"は必ずインスタンスが存在するが,"F"から見た"E"はインスタンスが存在しないことがある場合

エンティティタイプ"E" ―○――――●< エンティティタイプ"F"

図2　対応関係にゼロを含むか否かを区別して表現する場合の表記ルール

(3) スーパタイプとサブタイプの間のリレーションシップの表記ルールを，図3に示す。

①サブタイプの切り口の単位に"△"を記入し，スーパタイプから"△"に1本の線を引く。

②一つのスーパタイプにサブタイプの切り口が複数ある場合は，切り口の単位ごとに"△"を記入し，スーパタイプからそれぞれの"△"に別の線を引く。

③切り口を表す"△"から，その切り口で分類されるサブタイプのそれぞれに線を引く。

スーパタイプ
サブタイプ
➡P.239 参照

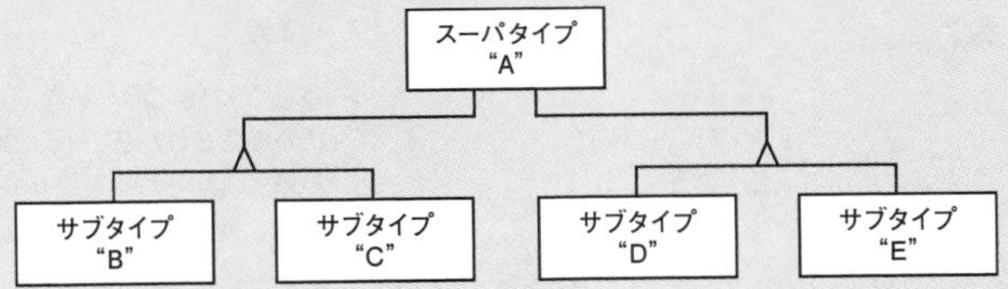

スーパタイプ"A"に二つの切り口があり，それぞれの切り口にサブタイプ"B"と"C"及び"D"と"E"がある例

図3　スーパタイプとサブタイプの間のリレーションシップの表記ルール

(4) エンティティタイプの属性の表記ルールを，図4に示す。

①エンティティタイプの長方形内を上下2段に分割し，上段にエンティティタイプ名，下段に属性名の並びを記入する。[1)]

②主キーを表す場合は，主キーを構成する属性名又は属性名の組に実線の下線を付ける。

③外部キーを表す場合は，外部キーを構成する属性名又は属性名の組に破線の下線を付ける。ただし，主キーを構成する属性の組の一部が外部キーを構成する場合は，破線の下線を付けない。

エンティティタイプ名
属性名1，属性名2，… …，属性名n

図4　エンティティタイプの属性の表記ルール

注[1)]　属性名と属性名の間は","で区切る。

図：令和5年度の「問題文中で共通に使用される表記ルール」
（概念データモデルの説明部分のみ抽出）

2.2 E-R 図（拡張 E-R 図）

概念データモデルの表記法としても利用されている E-R 図は，実世界をエンティティ（Entity:実体）とリレーションシップ（Relationship:関連）でモデル化した図で，現在では広く利用されている。

2.2.1 試験で用いられる E-R 図

試験では拡張された E-R 図が用いられる。これは 1976 年に P.P.Chen が提唱した従来の E-R 図とは異なっている。それは，エンティティタイプにスーパタイプ・サブタイプ（汎化・特化関係）の概念が導入されている点である。

試験に出る
平成 18 年・午前 問 17

本書では特に断りがない場合，この拡張された E-R 図，つまり，試験で用いられる表記ルールに従って表した E-R 図を基に解説する

● エンティティ

エンティティとは，対象事物を概念としてモデル化したものである。エンティティはいくつかの属性を持つ。また，必要に応じてデータ制約が定義される。一方，属性が特定の値を持ったものをインスタンスと呼ぶ。

エンティティの実現値がインスタンスであり，インスタンスを抽象化した概念がエンティティである。別の言い方をすると，エンティティは集合であり，インスタンスはその要素である

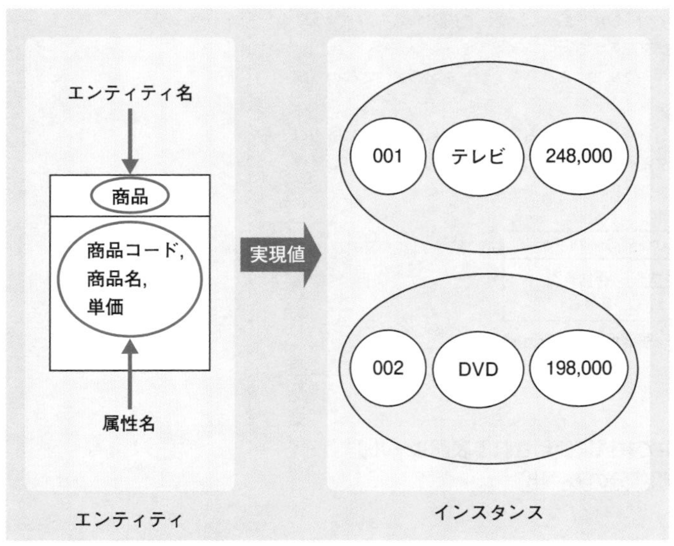

図：エンティティとインスタンスの例

●リレーションシップ

リレーションシップとは，業務ルール（業務遂行上の運用ルール）によって発生するエンティティ間の結びつきのことである。二つのエンティティに含まれるインスタンスの間に何らかの参照関係が存在するとき，両エンティティはリレーションシップで結ばれる。

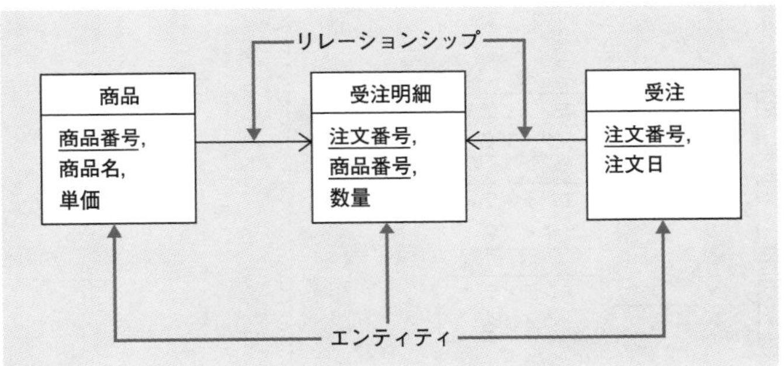

図：エンティティとリレーションシップの表記例

〈参考〉

試験では，**「エンティティ」**の代わりに**「エンティティタイプ」**が用いられている。エンティティタイプとは，「タイプ（型）」という語が示唆しているように，簡単にいうとエンティティの構造を定義したものである。

一方，エンティティとは，エンティティタイプの中身，すなわち実現値（インスタンス）の集合を意味している。実用上は，「エンティティ」と「エンティティタイプ」を区別することはほとんどない。本書もこれに倣い，特に必要がない限り，「エンティティタイプ」を「エンティティ」と呼ぶことにする（過去問題の解説部分を除く）。

試験に出る

未完成の概念データモデルを完成させる問題（エンティティタイプを追加する問題，リレーションシップを追加する問題）

序章（P.60，P.66）に書いている通り，午後Ⅱを中心に午後Ⅰや午前Ⅱでも毎年必ず出題される

2.2.2 多重度

エンティティタイプとリレーションシップの間にある，インスタンスの対応関係を**多重度**という。この多重度は，相手側のインスタンスに対して，自分側のインスタンスが常に１の場合は直線でつなぎ，複数の場合も存在するなら“⟶”で表記することになっている。

試験に出る
①平成 17 年・午前 問 32
②平成 16 年・午前 問 26
③平成 21 年・午前Ⅱ 問 4

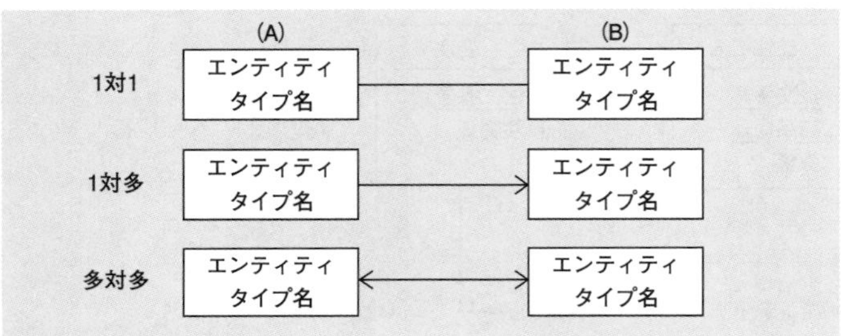

図：多重度の例

多重度のことをカーディナリティということもある

上記の例でいうと，真ん中の「1 対多」の関係は，(A) の一つのインスタンスに対して，(B) のインスタンスは複数存在し，逆に (B) のインスタンス一つに対して，(A) のインスタンスは一つであることを表している（詳細例は後述）。

●オプショナリティ

試験に出る
平成 23 年・午前Ⅱ 問 1

このオプショナリティとは，多重度にゼロ（以下，0 とする）を含むか否かを区別して表記するもので，相手のインスタンスに対して，絶対に存在する場合（つまり“0”が発生しない場合）には“●”を，存在しないことがある場合（つまり“0”が発生する場合）には“○”を表記する。

試験に出る
令和 05 年・午後Ⅱ 問 1
令和 04 年・午後Ⅱ 問 1
平成 29 年・午後Ⅰ 問 1
平成 25 年・午後Ⅰ 問 2
平成 25 年・午後Ⅱ 問 2
平成 19 年・午後Ⅱ 問 2

表：多重度とオプショナリティの関係

表記	多重度	インスタンス	意味
─○─ A	1	必須でない	相手から見て，A側のインスタンスが対応する数は，0又は1
─●─ A	1	必須である	相手から見て，A側のインスタンスが対応する数は，厳密に1
─○→ A	多	必須でない	相手から見て，A側のインスタンスが対応する数は，0以上
─●→ A	多	必須である	相手から見て，A側のインスタンスが対応する数は，1以上

オプショナリティの記述を要求する問題（令和４年，令和５年は読み解く問題）は，上記の通り，これまで定期的に出題されている。したがって，今回の試験でも出題される可能性は十分にある。時間があれば，過去問題の解説を読んで確認しておいた方がいい

オプショナリティは，問題文の状況を勘案して確定させることになるが，次のようなよくあるパターンは知っておいて損はない。

① データの発生順を考慮する場合

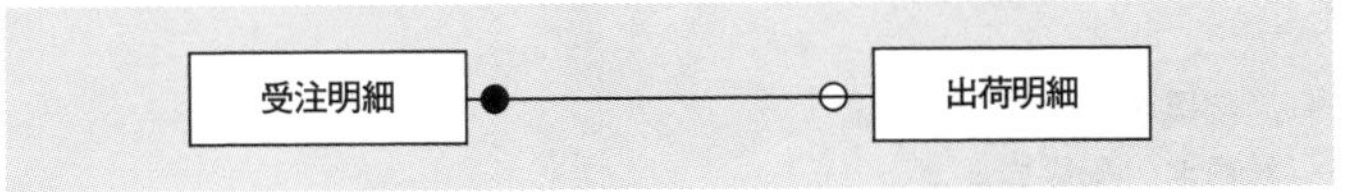

データの発生順を考慮する場合は，後に発生するエンティティ側に“○”が付く。タイムラグが発生し一時的に相手側のエンティティが NULL になるからだ。

左の例以外でも，部門マスタと社員マスタや，社員マスタと営業成績データの関係のように，参照制約が必要で，データの登録順を考えないといけない場合なども，厳密にいうと，後から登録する側は“○”になる

② 伝票形式の場合

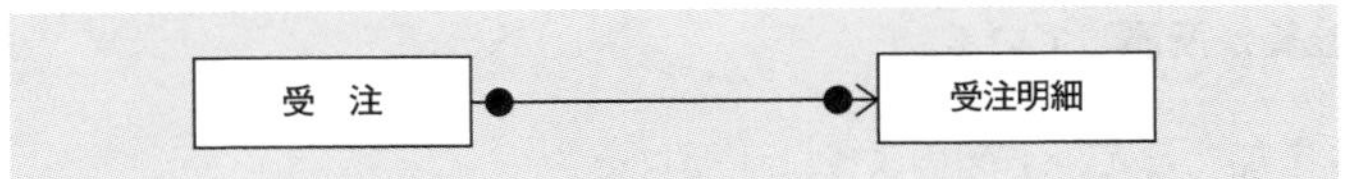

“受注”と“受注明細”の伝票形式のように，お互いが存在しないと意味をなさないエンティティ同士は，両側に“●”が付く。

③ 日常の状態を把握したい場合

平成 25 年度の午後Ⅱ問 2 のオプショナリティを含む解答を求める問題には，次のような注意書きがあった。

平成 25 年度の午後Ⅱ 問 2 には目を通しておいた方がいい

> (1) 今回の概念データモデリングでは，日常的に特売企画，販売などが行われている状態でのサブタイプ構造，及びリレーションシップの対応関係を分析することを目的とする。例えば，店舗の新規開店時（店舗が開設され，まだ店舗の活動がない期間），商品の取扱い開始時（商品が登録され，まだ入荷及び販売がない期間）は考慮しない。

これは，常識的に**「店舗で全ての商品を扱っているわけないよね」**というのでも，**「先に商品マスタを登録するけど，その時には入荷はまだないよね」**というタイミングの問題でもなく，特に明確な理由が無い限り，原則「●──●>」だということを示している。実際，この時の解答もゼロを含まないリレーションが多かった。このように，問題文の解答のルールを読み落とさないようにしよう。

（1）1対多

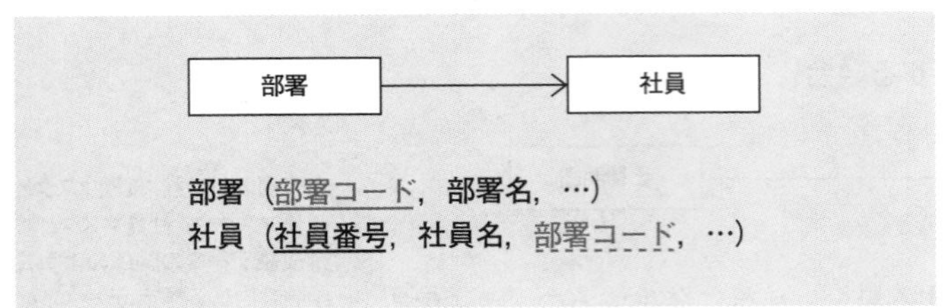

まずは“1対多”の関係を見ていこう。上記は“部署”と“社員”の最もシンプルな例で，次のような解釈になる。

①各社員は，どこか一つの部署に所属する。
②各部署には，複数の社員が所属している。

上記にオプショナリティを加えると，下図のように「ゼロを含む場合と，含まない場合」で書き分ける必要がある。

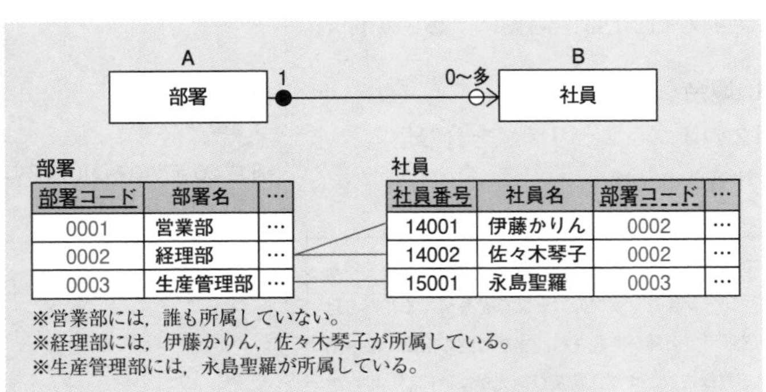

部署

部署コード	部署名	…
0001	営業部	…
0002	経理部	…
0003	生産管理部	…

社員

社員番号	社員名	部署コード	…
14001	伊藤かりん	0002	…
14002	佐々木琴子	0002	…
15001	永島聖羅	0003	…

※営業部には，誰も所属していない。
※経理部には，伊藤かりん，佐々木琴子が所属している。
※生産管理部には，永島聖羅が所属している。

図：1対多の関連の例（オプショナリティを加えた場合）

上記の例のようなオプショナリティを加えた場合は，次のような解釈になる。

①’ 各社員は，どこか一つの部署に“必ず”所属する。
どこにも所属しない社員はいない。
②’ 各部署には，複数の社員が所属している。
但し，社員が一人もいない部署も存在する。

部署マスタのように，新設の部署でまだ誰も所属していないケースや，社員マスタよりも先にデータ登録が必要なケース，社員が一人もいなくなってもデータを残すようなケースなどでは，リレーション先のオプショナリティとして“0”を許容する必要がある

【覚えておいて損はない！】基本は“→”（1 対多）

概念データモデルを完成させる問題では，問題文に書かれている業務要件をもとにリレーションシップを追加する必要があるが，**この場合，最も数が多く基本とも言えるリレーションシップが“1対多”である**。原則，第3正規形にしなければならないので“多対多”のリレーションシップを書くことはないので，選択肢は“1対多（多対1も同じ）”か“1対1”の二択になる。

この二択のいずれかを判断する場合，左ページの①と②の記述のように双方のエンティティタイプから見た記述を探す必要があるが，②の記述（相手が“多”になる記述）は省略されることも少なくない。その場合は常識的に判断して“1対多”とする。

左ページの例で言うと，仮に②の記述が省略されていても，**「ひとつの部署には,1人の社員しか所属できない」**という非常識な**「1対1を確定付ける記述」**が無いから，常識的に判断して“1対多”だなと考える。

参考

したがって，どうしても1対多のリレーションシップが多くなる。そのため「困ったら1対多」,「時間が無ければ1対多にしておく」という戦略も有効だ

【覚えておいて損はない！】矢印は，主キーから外部キーへ

リレーションシップの“→”の向きがどうだったのか，なかなか覚えられない人は，**「（リレーションシップの）矢印（→）は，主キーから外部キーへ」**と覚えるといいだろう。概念データモデルの図を見ると，リレーションを張っている主キー側のエンティティから，外部キー側のエンティティに矢印が伸びているからだ。

左ページの例でも，“部署”エンティティの主キーと，“社員”エンティティの外部キーたる部署コードとの間に“1対多”のリレーションシップが存在するが，その矢印は主キーでリレーションシップを張っている“部署”から，その外部キーを持つ“社員”に矢印が伸びている。

参考

語呂合わせのような，単なる覚え方の工夫に過ぎないが，単純で覚えやすいのでそこそこ便利

(2) 1対1

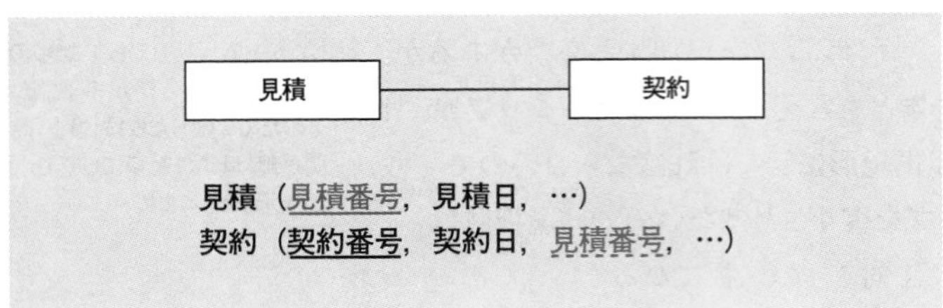
見積
契約
見積（見積番号，見積日，…）
契約（契約番号，契約日，見積番号，…）

これは“1対1”の例である。最初に見積りを提示して，その見積りに対して（見積りどおりに）契約を行うケースなどは，この関係になる。

①見積と契約は1対1になる。
→分割契約も，複数の見積をまとめる一括契約もない

上記にオプショナリティを加えると，下図のように「ゼロを含む場合と，含まない場合」で書き分ける必要がある。

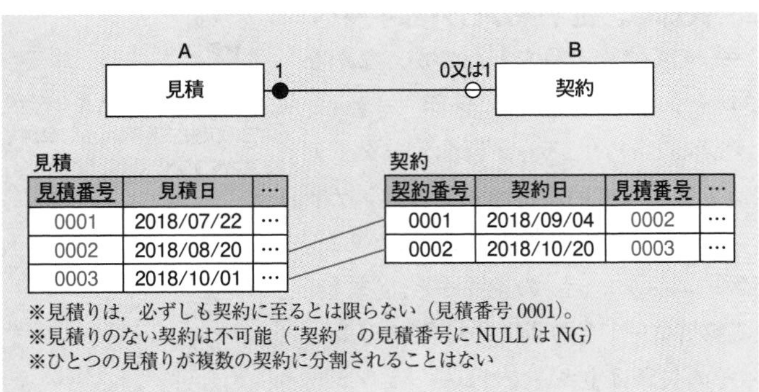
A
B
見積
1
0又は1
契約
見積
契約
※見積りは，必ずしも契約に至るとは限らない（見積番号0001）。
※見積りのない契約は不可能（“契約”の見積番号にNULLはNG）
※ひとつの見積りが複数の契約に分割されることはない

見積番号	見積日	…
0001	2018/07/22	…
0002	2018/08/20	…
0003	2018/10/01	…

契約番号	契約日	見積番号	…
0001	2018/09/04	0002	…
0002	2018/10/20	0003	…

図：1対1の関連の例（オプショナリティを加えた場合）

上記の例のようなオプショナリティを加えた場合は，次のような解釈になる。

②全ての見積りが，契約に至るとは限らない。

③見積をしていないと契約はできない。

参考

後から発生する側に外部キー
午後Ⅰや午後Ⅱ試験の問題文には，通常「**リレーションシップが1対1の場合，意味的に後からインスタンスが発生する側のエンティティタイプに外部キー属性を配置する。**」という記述がある。1対1の場合，理論上どちらに外部キーを持たせても構わないが，運用面と参照制約を考えた場合には，後から発生する側に外部キーを持たせるのは当然のこと。覚えておこう

参考

1件の見積りに対して，分割して契約する場合は“1対多”になる

(3) 多対多

商品 ⟷ 注文

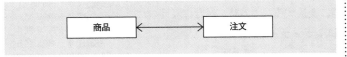

最後に“多対多”の関係も見ておこう。これは“商品”と“注文”の例になる。

①一つの商品は，複数の注文で販売される。
②１回の注文で，複数の商品を受け付ける。

ここでも同様に，オプショナリティを加えた場合の例を示す。

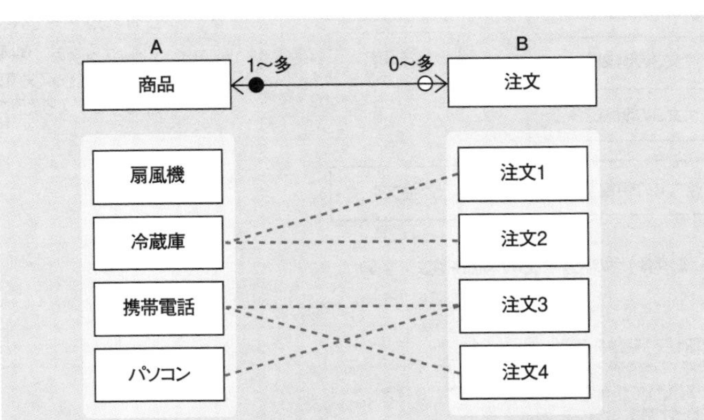

●業務ルールの例
・一つの商品に対し複数の取引先から注文が入る。顧客は1回の発注で複数の商品を注文できる
・ただし，商品のない注文はない
・全ての商品に対して注文があるわけではない

●インスタンス
・扇風機には注文がない
・注文1で冷蔵庫を受注した
・注文2で冷蔵庫を受注した
・注文3で携帯電話とパソコンを受注した
・注文4で携帯電話を受注した

図：多対多の関連の例（オプショナリティを加えた場合）

多対多の関連は，そのまま論理データモデルに転換していくと非正規形になる。これは，どちらに外部キーを持たせても，その外部キーが繰返し項目（非単純定義域）になってしまうからである。

参考

多対多の関係は正規化して第３正規形にし，そこで作成される連関エンティティ（次ページで説明）を使う設計にする。情報処理技術者試験でも，データベースの論理設計の問題では**「関係スキーマは第３正規形にする。」**という指示があるので，多対多の関係をそのまま解答することはない

●連関エンティティ

多対多を排除するには，そのリレーションの間にエンティティを一つ設けて1対多の関連に変換する。この時，新たに設けられたこのエンティティを**連関エンティティ**という。

次の図を例に，連関エンティティについて説明する。

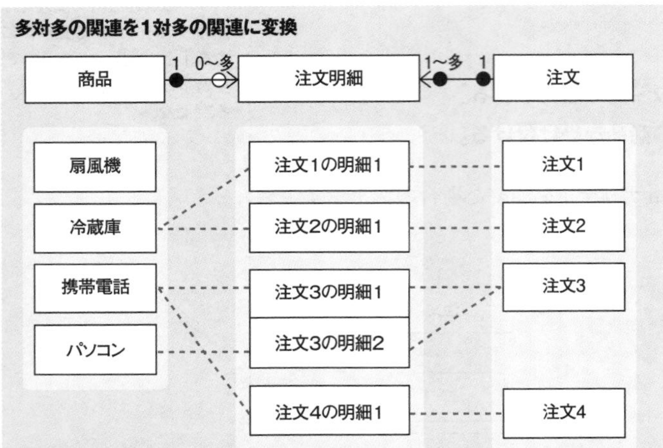

●業務ルールの例

・一つの商品に対し複数の注文が入る。顧客は1回の発注で複数の商品を注文できる

●インスタンス

・扇風機には注文がない。
・注文1には明細1がある。注文1の明細1で冷蔵庫を受注した
・注文2には明細1がある。注文2の明細1で冷蔵庫を受注した
・注文3には明細1，2がある。注文3の明細1で携帯電話，明細2でパソコンを受注した
・注文4には明細1がある。注文4の明細1で携帯電話を受注した

図：連関エンティティの例

ここでの業務ルールは**「一つの商品に対し，複数の注文が入る。顧客は1回の発注で複数の商品を注文できる」**というものである。ここから**"商品"エンティティ**と**"注文"エンティティ**を抽出すると，両者の間に多対多の関連が生まれてしまう。

そこで，連関エンティティとして**"注文明細"エンティティ**を設けて，多対多の関連は排除し，1対多の関連だけでE-R図を表記する。

試験に出る

①平成25年・午前Ⅱ 問3
②平成17年・午前 問31
③平成23年・午前Ⅱ 問4
④令和03年・午前Ⅱ 問4
　平成31年・午前Ⅱ 問5
　平成28年・午前Ⅱ 問6
　平成19年・午前 問32
　平成16年・午前 問29

試験に出る

午後Ⅰや午後Ⅱの問題のE-R図では基本的に多対多の関連が排除されている。なぜなら，正規化することで多対多が排除されるからである。もしも問題の中で多対多の関連があるとしたら，これを排除することが設問で求められているのかもしれない。その場合，連関エンティティを新たに作って対応できないかを，まずは考えるようにしよう

●強エンティティと弱エンティティ

エンティティの性質もしくは特徴として，強エンティティや弱エンティティということがある。

強エンティティとは，そのインスタンス（エンティティ中のある値だとイメージすれば良い）が，他のエンティティのインスタンスに関係なく存在可能なエンティティのことをいう。

一方，弱エンティティとは，そのインスタンスが，（対応している）他のエンティティのインスタンスが存在する時だけ，存在可能なエンティティのことをさす。“売上”エンティティと“売上明細”エンティティや，“請求”エンティティと“請求明細”エンティティなどをイメージすればわかりやすい。

このような販売管理でよく使用される伝票類の多くは，通常，非正規形になっているので，第1正規形にするときに繰り返し項目を除去する。このときに，いわゆる“ヘッダ”エンティティと“明細部”エンティティに分かれるが，その関係が，ちょうど強エンティティと弱エンティティの関係になる。これで覚えておけばいいだろう。下図はその典型例である。弱エンティティが，強エンティティの存在に依存していることが，はっきりとわかると思う。

試験に出る

平成 29 年・午前II 問 5
平成 26 年・午前II 問 5
平成 24 年・午前II 問 16
平成 20 年・午前 問 33

強エンティティを強実体，弱エンティティを弱実体ともいう。過去問題では，強実体，弱実体の方を使っていたが，ここでは“エンティティ”という言葉の方を使っている

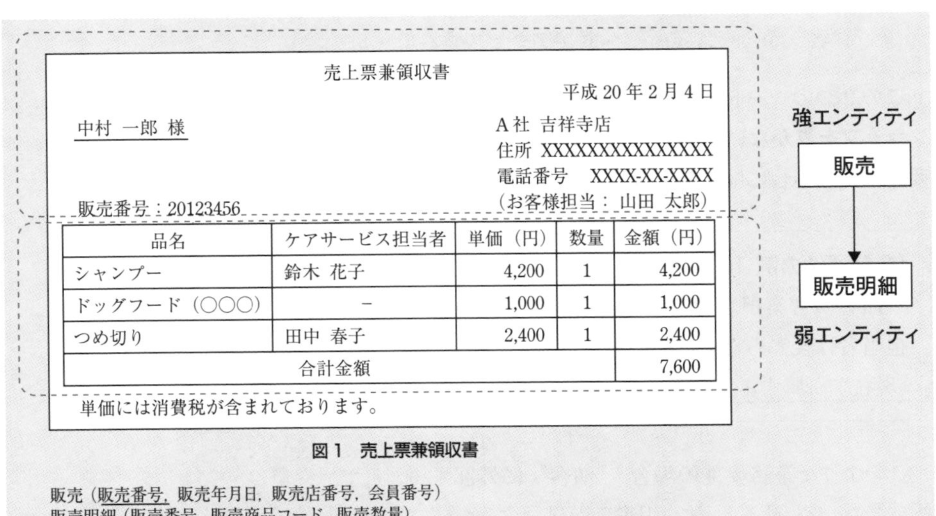

売上票兼領収書

平成 20 年 2 月 4 日

中村 一郎 様

A 社 吉祥寺店
住所 XXXXXXXXXXXXXXX
電話番号 XXXX-XX-XXXX
（お客様担当： 山田 太郎）

販売番号：20123456

品名	ケアサービス担当者	単価（円）	数量	金額（円）
シャンプー	鈴木 花子	4,200	1	4,200
ドッグフード（○○○）	−	1,000	1	1,000
つめ切り	田中 春子	2,400	1	2,400
合計金額				7,600

単価には消費税が含まれております。

図1 売上票兼領収書

販売（販売番号，販売年月日，販売店番号，会員番号）
販売明細（販売番号，販売商品コード，販売数量）

図：強エンティティと弱エンティティとの関係例
（平成 20 年午後Ⅰ問 2 より引用）

●リレーションシップを書かないケース

エンティティ間に参照関係があっても，リレーションシップを書かないケースもある。

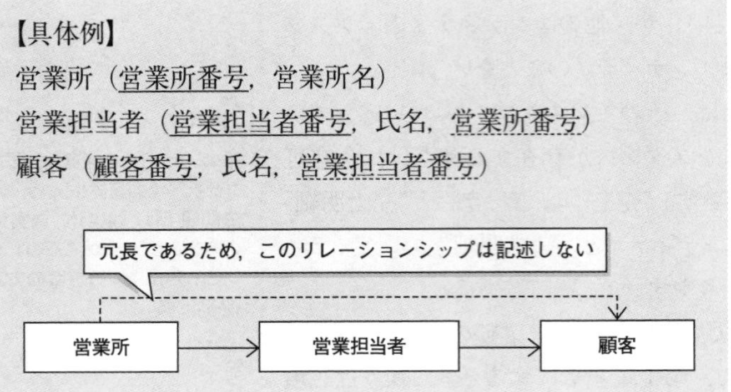

上記の例のように，“営業所”，“営業担当者”，“顧客”の関係性があり，ある“顧客”のデータから“営業所”の営業所名を参照する必要がある時には，以下のように2通りのルートが考えられる。

①“営業担当者”を介して“営業所”にアクセスするルート
②“顧客”から“営業所”へ直接アクセスするルート

この2つのルートのうち**「(“顧客”と“営業所”の間に)リレーションシップを書かないケース」**は①の方で，例えば次のような業務要件がある場合には①を選択する。

> **【業務要件の例（①の場合)】**
> 顧客の営業担当者が他の営業所に異動になっても，営業担当者は変わらない。その顧客の管轄の営業所も担当者の（現在）所属する営業所になる。

このような業務要件の場合，“顧客”に外部キーとして‘営業所番号’を持たせると，営業担当者が異動するたびに“営業担当者”と“顧客”の両方の‘営業所番号’を更新しなければならず，最悪“担当者”と“顧客”の‘営業所番号’が異なってしまうことになる。したがって，“顧客”から“営業所”を参照したい場合には，“営業担当者”を介して推移的に導出しなければならない。

一方，次のような業務要件の場合には②になる。つまり，“顧客”と“営業所”の間にもリレーションシップが必要になる（“顧客”に‘営業所番号’を外部キーとして持たせる）場合だ。

【業務要件の例（②の場合）】

顧客の営業担当者が他の営業所に異動になっても，営業担当者に関わらず，その顧客の管轄の営業所は契約当時の営業所を保持しておく。

他にも次のようなケースでも**“一見するとリレーションシップが冗長になるので必要無いように思えるが，実はリレーションシップが必要になるケース”**になる。

【例外的にリレーションシップが必要な例】

部屋（部屋番号，部屋名，収容人数，部屋区分）

利用者（利用者番号，氏名，住所，電話番号）

予約（予約番号，部屋番号，使用年月日，時間帯，利用者番号，予約年月日時分）

貸出（貸出番号，部屋番号，使用年月日，時間帯，利用者番号，予約番号）

【業務要件】

予約なしで当日来館しても，部屋が空いていれば貸し出す。

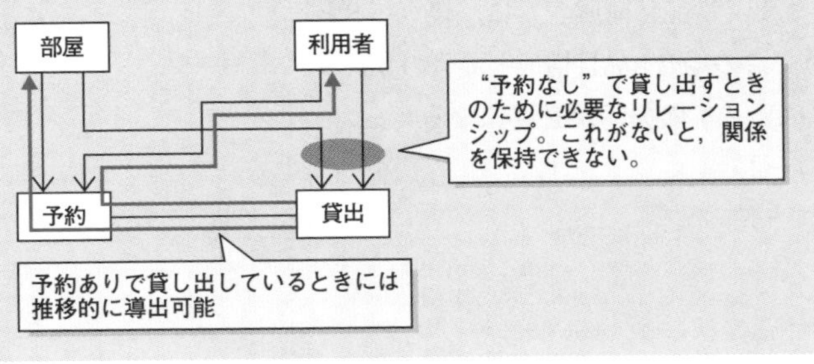

試験に出る

リレーションシップが必要になるケース

平成30年・午後I 問1

要するに，“顧客”と“営業担当者”の関係と，“顧客”と“営業所”の関係に独立性があるかどうかで，リレーションシップが必要かどうかを判断する

左図の場合，「ただし，予約なしで当日来館しても，部屋が空いていれば貸し出す」という記述から，“部屋”と“貸出”間のリレーションシップ，“利用者”と“貸出”間のリレーションシップは冗長にはならない。“予約”が生成されていないときにも“部屋”や“利用者”と“貸出”のリレーションシップは必要になるからだ。したがって，この図のように両方のリレーションシップはいずれも必要になる。なお，“予約なしの宿泊”の場合，“貸出”の‘予約番号’には“NULL”を設定したりする

●自己参照のリレーションシップ

自分のエンティティの主キーを外部キーに設定する自己参照のケースは，次の図のように表記する。

試験に出る
平成18年・午前 問16

試験に出る
自己参照
・問題文の表記のみ
令和04年・午後II 問2
平成17年・午後II 問1
平成16年・午後II 問1
・解答に必要
平成30年・午後II 問2
平成20年・午後II 問1
平成18年・午後II 問1

ソフト（ソフトコード，ソフト名称，オリジナルソフトコード）

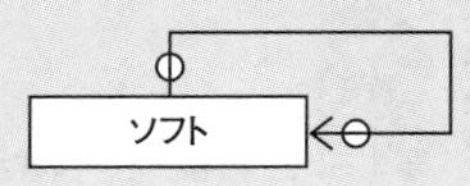

例えば，人気のあるソフトで，シリーズ化されたものを管理するようなケースでは，シリーズの最初のソフト（オリジナルソフト）がわかるようにしておきたいことがある。そういうケースでは，属性の中に自己を参照する外部キーを持たせることになる。それが自己参照だ。

●複数のリレーションシップが存在するケース

あるエンティティから，別のエンティティに対して複数の外部キーを持つ場合，次の図のように，その数だけリレーションシップを表記しなければならない。

試験に出る
平成20年・午前 問31
平成18年・午前 問27

試験に出る
複数のリレーションシップ
・問題文の表記のみ
平成20年・午後II
問1，問2
平成15年・午後II 問1
平成14年・午後II 問2
・解答に必要
令和04年・午後II 問2
平成17年・午後II 問1

品目（品目コード，品目名称）
品目構成（親品目コード，子品目コード，子品目所要数量）

例えば，BOM（部品表，もしくは品目構成表）に，親コードと子コードを持たせるとしよう。この場合，品目構成と品目のリレーションシップは二つになるので，2本の矢印が必要になる。

(1) 親品目コードと品目コード
(2) 子品目コードと品目コード

2.2.3 スーパタイプとサブタイプ

「2.1 情報処理試験の中の概念データモデル」で説明している「問題文中で共通に使用される表記ルール」内に見られるように，スーパタイプとサブタイプという考え方がある。これは，**汎化・特化**関係を表現するためのもので，汎化した側のエンティティをスーパタイプ，特化した側のエンティティをサブタイプとするものだ。

試験に出る

スーパタイプ，サブタイプを含む概念データモデルの作成

平成15年～令和5年まで毎年午後Ⅱで少なくとも1問出題されている

●標準パターン

スーパタイプとサブタイプの関係には，この後説明するように様々なパターンがある。そのため，それらを全部最初から見ていくと，すごく難しいものになる。そこで，最初に，最もよくあるパターンを標準パターンとして，それでスーパタイプとサブタイプの関係を理解していこう。平成24年度の午後Ⅱ問2より抜粋した，切り口が一つのケースで，サブタイプが4つ存在する例である。

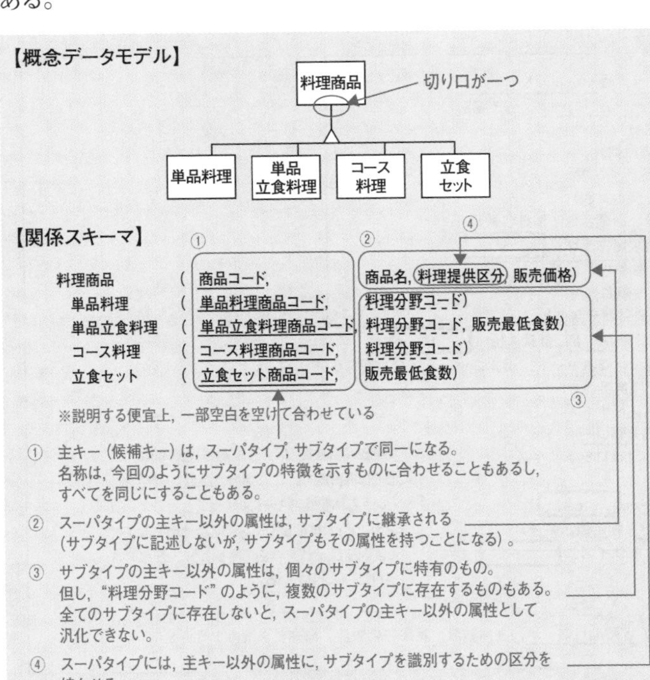

【概念データモデル】
料理商品
切り口が一つ
単品料理
単品立食料理
コース料理
立食セット
【関係スキーマ】
①
②
③
④
料理商品 (商品コード, 商品名, 料理提供区分, 販売価格)
単品料理 (単品料理商品コード, 料理分野コード)
単品立食料理 (単品立食料理商品コード, 料理分野コード, 販売最低食数)
コース料理 (コース料理商品コード, 料理分野コード)
立食セット (立食セット商品コード, 販売最低食数)
※説明する便宜上，一部空白を空けて合わせている
① 主キー（候補キー）は，スーパタイプ，サブタイプで同一になる。
名称は，今回のようにサブタイプの特徴を示すものに合わせることもあるし，
すべてを同じにすることもある。
② スーパタイプの主キー以外の属性は，サブタイプに継承される
（サブタイプに記述しないが，サブタイプもその属性を持つことになる）。
③ サブタイプの主キー以外の属性は，個々のサブタイプに特有のもの。
但し，"料理分野コード" のように，複数のサブタイプに存在するものもある。
全てのサブタイプに存在しないと，スーパタイプの主キー以外の属性として
汎化できない。
④ スーパタイプには，主キー以外の属性に，サブタイプを識別するための区分を
持たせる。

汎化（is-a関係）

共通の属性を取り出してスーパタイプを作ること。汎化を行うと，サブタイプには属性の差分だけを記述すれば済むようになる

特化（専化）

スーパタイプの属性を引き継ぎ，ほかのサブタイプとの差分の属性のみを持つこと

スーパータイプとサブタイプの関係を，関係スキーマに展開する場合はそのままでいいが，テーブルに実装する場合は配慮が必要になる。令和4年の午後Ⅱ問2は，概念データモデルと実装されたテーブルの組み合わせになっていた。関係スキーマをどうやってテーブルに実装するのかは理解しておく必要がある。

通常，汎化／特化は，エンティティとリレーションシップが一通り見つかって，E-Rモデルを洗練する段階で行われることが多い

【例:スーパータイプとサブタイプ】

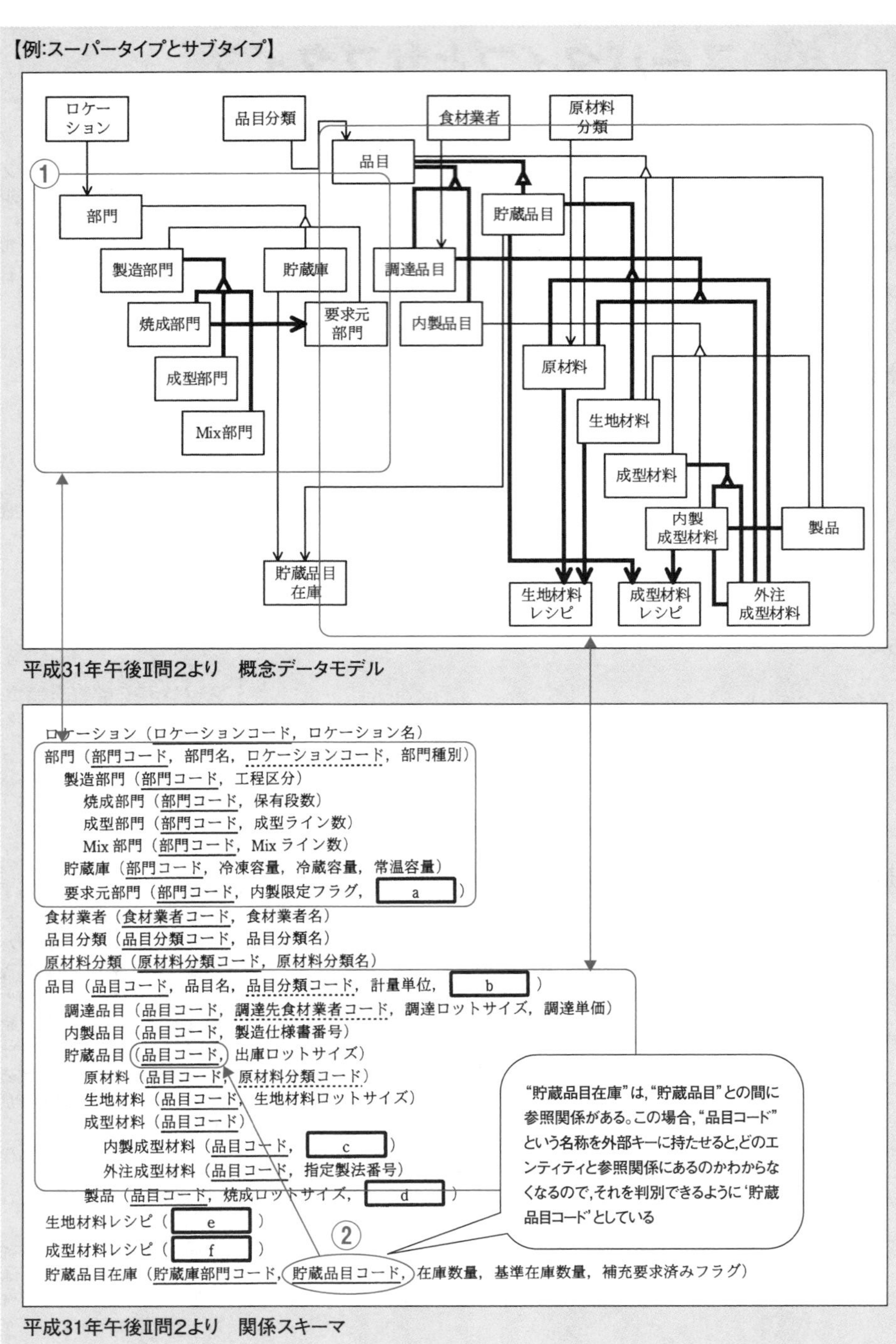

平成31年午後Ⅱ問2より　概念データモデル

ロケーション（ロケーションコード，ロケーション名）
部門（部門コード，部門名，ロケーションコード，部門種別）
　製造部門（部門コード，工程区分）
　　焼成部門（部門コード，保有段数）
　　成型部門（部門コード，成型ライン数）
　　Mix 部門（部門コード，Mix ライン数）
　貯蔵庫（部門コード，冷凍容量，冷蔵容量，常温容量）
　要求元部門（部門コード，内製限定フラグ，［ a ］）
食材業者（食材業者コード，食材業者名）
品目分類（品目分類コード，品目分類名）
原材料分類（原材料分類コード，原材料分類名）
品目（品目コード，品目名，品目分類コード，計量単位，［ b ］）
　調達品目（品目コード，調達先食材業者コード，調達ロットサイズ，調達単価）
　内製品目（品目コード，製造仕様書番号）
　貯蔵品目（品目コード，出庫ロットサイズ）
　　原材料（品目コード，原材料分類コード）
　　生地材料（品目コード，生地材料ロットサイズ）
　　成型材料（品目コード）
　　　内製成型材料（品目コード，［ c ］）
　　　外注成型材料（品目コード，指定製法番号）
　　製品（品目コード，焼成ロットサイズ，［ d ］）
生地材料レシピ（［ e ］）
成型材料レシピ（［ f ］）
貯蔵品目在庫（貯蔵庫部門コード，貯蔵品目コード，在庫数量，基準在庫数量，補充要求済みフラグ）

②
"貯蔵品目在庫"は，"貯蔵品目"との間に参照関係がある。この場合，"品目コード"という名称を外部キーに持たせると，どのエンティティと参照関係にあるのかわからなくなるので，それを判別できるように'貯蔵品目コード'としている

平成31年午後Ⅱ問2より　関係スキーマ

それではここで，過去問題（平成31年午後Ⅱ問2）を例に，スーパータイプとサブタイプの表記に関する“特徴”を説明する。

関係スキーマの表記

関係スキーマ（左ページの下側）でスーパータイプとサブタイプの関係を表現する時には，スーパータイプを先に書き（上に書き），その下に**“一文字下げて”**サブタイプを続けるのが慣例になっている。左ページの例だと，①の枠囲み内の“部門”と“製造部門”，“貯蔵庫”，“要求元部門”の関係性などがそうである。また，階層化表記されるので“製造部門”と“焼成部門”，“成型部門”，“Mix部門”もスーパータイプとサブタイプの関係になる。

問題文の関係スキーマをチェックすると，関係スキーマの字下げの部分を見れば，おおよそスーパータイプとサブタイプの関係がわかる

サブタイプの主キーの表記

スーパタイプの主キーとサブタイプの主キーは，左記の例のように原則同じ名称である。

但し，他のエンティティに外部キーを設定して，参照される場合，**参照先をスーパータイプかサブタイプか明確に区別する必要があるので，外部キーには“違いがわかるような名称”（左ページの②：単なる‘品目コード’ではなく‘貯蔵品品目コード’）を付ける。**

外部キーをスーパータイプから継承した属性にする場合

下図のように，外部キーの役割を持たせるためにサブタイプに継承した属性は，前後を“[”と“]”で挟んで明示する。下図の例では，関係Cに対する外部キーを，関係Aではなく関係Bに持たせたいケースだ。

試験に出る

平成31年・午後Ⅱ問2で，この形式が指定されており，実際に，属性を答えさせる問題の中の1問で，この形式の記述が必要な問題があった。今後デフォルトになるかもしれないので，確認しておこう

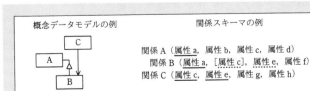

概念データモデルの例

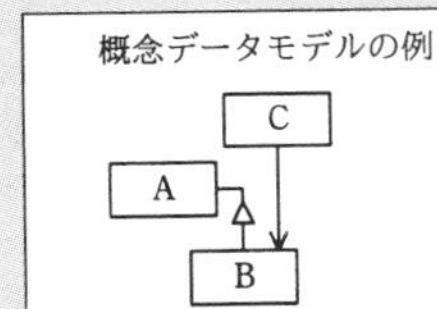

関係スキーマの例

関係A（属性a，属性b，属性c，属性d）
　関係B（属性a，[属性c]，属性e，属性f）
関係C（属性c，属性e，属性g，属性h）

注記　関係Bにおける属性cはスーパタイプから継承した属性である。

図：平成31年午後Ⅱ問2より

●排他的サブタイプと共存的サブタイプ

スーパタイプとサブタイプの検討を行う場合に，インスタンスが排他的かどうかを考慮する必要がある。実際に，午後Ⅱの事例解析問題等において，問題文から関係性を読み取るときに，この視点でチェックしなければならないことが多い。

排他的か否かというのは，インスタンス（1件1件のデータと考えてもらえばわかりやすい）が，複数のサブタイプの中のいずれか一つにしか属せないのか，そうではなく，複数のサブタイプに属することが可能なのかの違いである。そして，その違いによって，**排他的サブタイプ**（前者），**共存的サブタイプ**（後者）に分ける。

例を使って説明してみよう。例えば，次のようなスーパタイプ"取引先"とサブタイプ"得意先"，"仕入先"があったとする。

スーパタイプ …… 取引先（<u>取引先番号</u>，取引先名）
サブタイプ …… 仕入先（<u>取引先番号</u>，買掛金残高）
サブタイプ …… 得意先（<u>取引先番号</u>，売掛金残高）

これだけでは，排他的サブタイプか共存的サブタイプかはわからないので，どちらにするのかは，問題文から読み取らなければならない。

排他的サブタイプと判断する場合の記述例

「取引先は，仕入先か得意先かどちらか一方にしか登録できない。」
「仕入先かつ得意先の取引先は存在しない。」

共存的サブタイプと判断する場合の記述例

「取引先は，仕入先か得意先のどちらか一方，または両方に登録することができる。」

常識で考えて共存できないもの（法人会員と個人会員など）も多い。特に説明のないものは，排他的サブタイプだと考えても良いだろう

排他的サブタイプの例

取引先

得意先：A社　C社　D社　G社　H社

仕入先：B社　E社　F社

共存的サブタイプの例

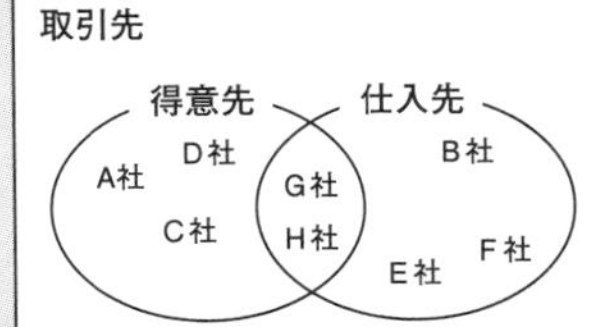

図：取引先8社（A社～H社）を例に考えた場合の違い

現実的な設計では，これに限らず様々な方法があるが，ここでは，過去の情報処理技術者試験でのパターンから，このように設定している

切り口を一つにすることが大前提の場合（問題文でそこに制約がある場合），概念データモデルは，排他的サブタイプのものと同じ記述にしなければならない。その場合，関係スキーマも取引先区分を使って実装することになる。例えば，1=仕入先，2=得意先，3=仕入先兼得意先のようにすれば可能だ

排他的サブタイプ

排他的サブタイプの場合，概念データモデルは図のように書き，関係スキーマ上は，スーパタイプには“分類区分”を持たせて，サブタイプの違いがわかるようにしている。

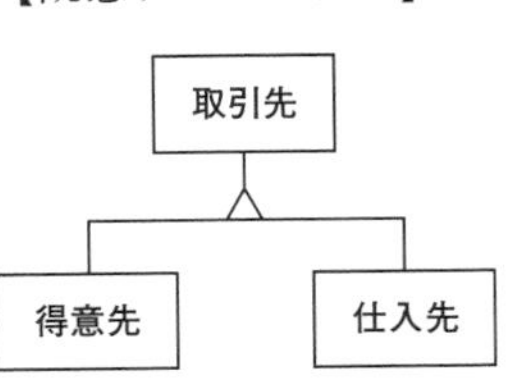

【関係スキーマ】

スーパタイプ
　取引先（<u>取引先番号</u>，取引先名，取引先区分）← 切り口
サブタイプ
　仕入先（<u>取引先番号</u>，買掛金残高）
　得意先（<u>取引先番号</u>，売掛金残高）

共存的サブタイプ

共存的サブタイプの場合は，切り口自体を二つに分けて，すなわち仕入先という切り口と，得意先という切り口に分けて考えるケースが多い。異なる切り口なので，概念データモデルは図のようになり，関係スキーマ上は，スーパタイプに“フラグ”を持たせている。

【概念データモデル】

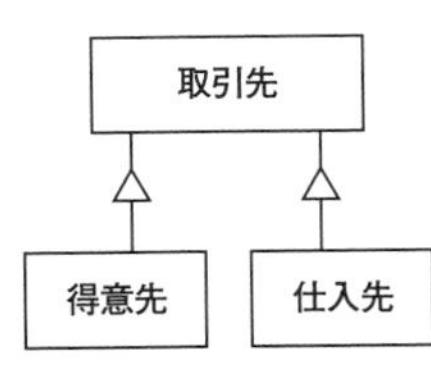

【関係スキーマ】

スーパタイプ
　取引先（<u>取引先番号</u>，取引先名，仕入先ﾌﾗｸﾞ，得意先ﾌﾗｸﾞ）← 切り口
サブタイプ
　仕入先（<u>取引先番号</u>，買掛金残高）
　得意先（<u>取引先番号</u>，売掛金残高）

●包含

共存的サブタイプ同様フラグを使ったケースに，図のような1対1の関係にあるケースも問題文でよく見かけるようになった。これは，**包含**関係にあるパターンだ。

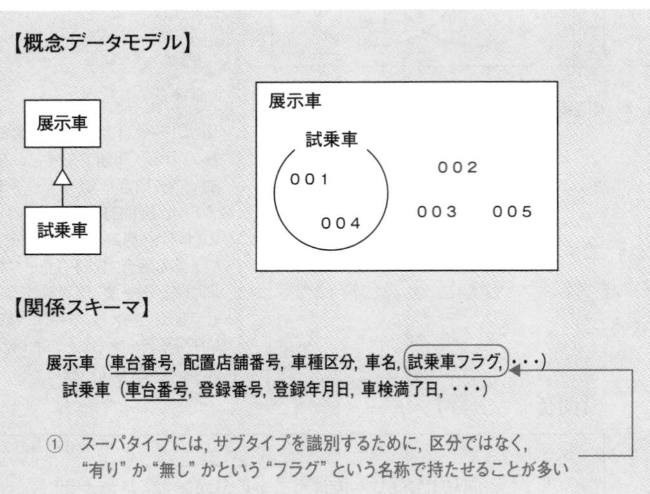

図：包含関係の例（平成24年・午後Ⅱ問1より）

仮に，展示車と試乗車の関係について，図のように記載されていれば，次のように解釈すればいい。

「展示車には，公道を走れる試乗車が含まれる」
「全ての展示車を，試乗車にするわけではない（試乗車にならない展示車もある）」

要するに，包含関係とは，あるエンティティ（試乗車）に含まれるインスタンスが，別のエンティティ（展示車）に含まれるということ。通常は，この例のように，展示車の中に試乗車でないものが存在する場合（両者が，常に，完全に一致するわけではない場合）のことを言う。集合論で言うところの部分集合（subset）が包含になる。

部分集合

集合Aと集合Bが包含関係にある時（集合Aが集合Bを含む時），一時的にA＝Bの状態になる可能性がある場合（つまり，集合Aに存在するインスタンスと集合Bに存在するインスタンスが一時的に同じになることがある場合），BはAの部分集合（subset）という。表記は「A⊇B」（AはBを含む）

真部分集合

集合Aと集合Bが包含関係にある時（集合Aが集合Bを含む時），一時的にもA＝Bの状態にならない場合，特に，BはAの真部分集合（proper subset）という。表記は「A⊃B」（AはBを含む）。この場合ももちろん包含関係にある

情報処理試験では，包含の場合，スーパタイプにフラグとしてもたせることが多い

〈参考〉完全／不完全

情報処理技術者試験では，あまり意識する必要はないが，ここで，完全なサブタイプ化と不完全なサブタイプ化とについても説明しておこう。

完全とは，スーパタイプのインスタンスのすべてが，サブタイプのいずれかに含まれることを意味し，**不完全**とは，スーパタイプのインスタンスの中に，どのサブタイプにも含まれないものが存在することを意味する言葉だ。

こちらも例を使って説明した方がわかりやすいだろう。例えば，次のようなスーパタイプ“会員”とサブタイプ“優良会員”，“要注意会員”があったとしよう。

スーパタイプ …… 会員（会員番号，会員名，会員区分）
サブタイプ …… 優良会員（会員番号，ポイント数）
サブタイプ …… 要注意会員（会員番号，注意事項）

会員を，必ず，優良会員か要注意会員のいずれかに分類する場合（例えば，会員区分が，1＝優良会員，2＝要注意会員だけしか取りえない場合），それは，完全なサブタイプ化である。

しかし，そうではなく，いずれにも属さない会員が存在する場合（例えば，会員区分に，3＝それ以外を持つ場合など），それは，不完全なサブタイプ化になる。ある意味前ページの「図：包含関係の例（平成24年・午後Ⅱ問1より）」も不完全なサブタイプ化の一つである。

先に説明した通り，この場合，切り口そのものを分けるとともに，会員区分ではなく，フラグで区分することが多い

排他的サブタイプ，共存的サブタイプとの関係

完全か不完全かは，先の排他的サブタイプと共存的サブタイプのどちらにも存在する概念になる。例えば，P.243 の「図：取引先8社（A社～H社）を例に考えた場合の違い」の図のベン図の例を完全と不完全に分けて説明すると，いずれも“完全なサブタイプ化”だと言える。それに対して，下記のベン図（現実的には若干無理があるが，A社とF社は，取引先ではあるものの，得意先でも仕入先でもないケース）のようになるケースなら，いずれも“不完全なサブタイプ化”だと言えるだろう。

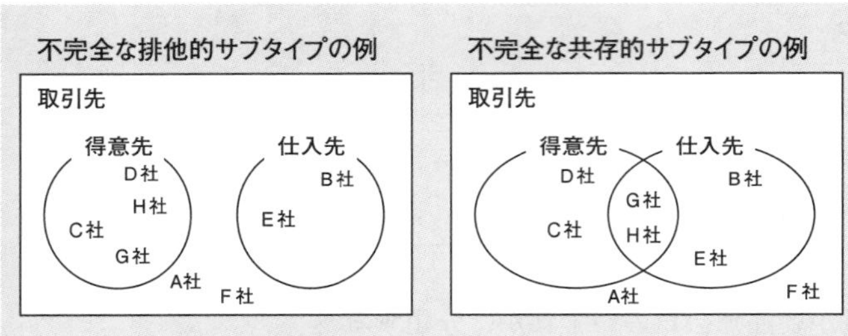

シンプルに考えれば，不完全は“その他大勢”の存在

完全か不完全かは，サブタイプの数で決まると考えればわかりやすいだろう。

サブタイプが高々3つや4つであれば，完全なサブタイプ化にしやすいだろう。しかし，30 種類も 40 種類にも分かれるようであれば，その数分だけサブタイプ化し，“完全なサブタイプ化”とすることは非現実的だ。そこで，そういう場合は，数の多い上位から3つ4つをサブタイプ化して，それ以外をサブタイプ化しないという選択をすることがある。そういうケースで，不完全なサブタイプ化が成立するというわけだ。

●複数のスーパタイプを持つサブタイプ

最近では，普通に出題されるようになったのが，複数のスーパタイプを持つパターンだ。**「2.2.3 スーパタイプとサブタイプ」**の**「●標準パターン」**のところで，**「スーパタイプとサブタイプの主キーは同じになる」**と説明しているが，それでは，下図のような複数のスーパタイプを持つ場合は，どうすればいいのだろうか。

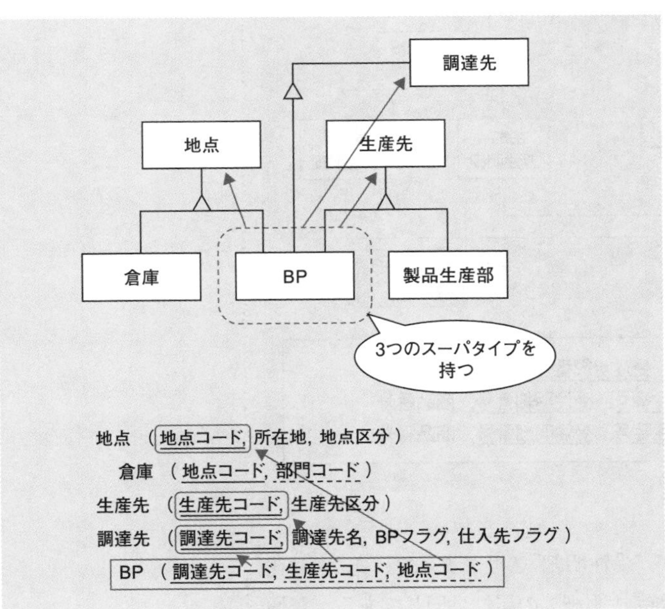

図：サブタイプが複数のスーパタイプを持つ例

例えば，上図の例だと**"BP"**は3つのスーパタイプを持っている。この例のように，サブタイプが複数のスーパタイプをもつ場合，どれか一つのスーパタイプを主キーにする。**"BP"**は，スーパタイプの一つ**"調達先"**と同じ主キーにしている。そして，残りの2つのスーパタイプに対しては，外部キーを保持することでリレーションを維持している。これが，複数のスーパタイプをもつサブタイプに必要な属性になる。

●同一のサブタイプ

サブタイプ化されたエンティティの属性が異なるものを“相違”のサブタイプという。「完全／不完全」の例を見ても明らかだが，普通は“相違”を目的にサブタイプ化する。しかし，特殊な事情でエンティティが同じでもサブタイプ化した方が良いケースがある。そのときに行われるのが“同一”のサブタイプ化だ。

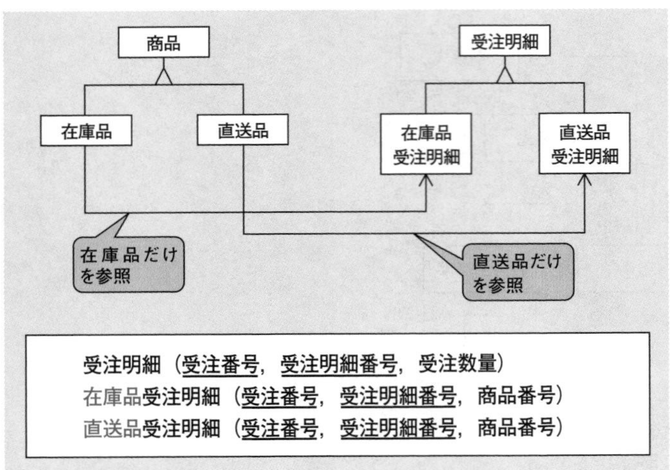

図：受注明細の関係スキーマ

この図を見れば明白だが，“受注明細”のサブタイプにあたる“在庫品受注明細”と“直送品受注明細”の属性は同じである。普通に考えれば「属性が同じならサブタイプ化する必要がない」となるかもしれないが，実はこのケース，参照しているインスタンスが異なるという特徴がある。

図にあるように，“受注明細”が参照している“商品”エンティティは，“在庫品”と“直送品”の二つのサブタイプに分けられている。さらに，この二つは排他的という設定なので，それを参照している“受注明細”も“在庫品受注明細”と“直送品受注明細”に分けた方が扱いやすくなる。受注段階では同じ処理でも，その後の使われ方が異なってくるからだ。そういう場合に，同一のサブタイプ化を実施することになる。

2.3 様々なビジネスモデル

ここでは，様々なビジネスモデルについて説明する。データベーススペシャリスト試験の午後Ⅱ－事例解析問題－では，10ページ以上にわたって説明されている業務モデルを理解して，データベース設計へと展開しなければならない。その作業に役立つように，**過去に出題された午後Ⅱ試験の問題で取り上げられた概念データモデルと関係スキーマを事例として紹介しながら**，基本的な業務の用語をまとめてみた。特に，データベース設計の経験が少ない人や販売管理・生産管理システム以外の開発に携わっている人にとっては，有益だと考えている。ここで，標準的なビジネスモデルを理解して，本番試験に立ち向かってほしい。

なお，ビジネスモデルの全体像は，以下のようになる。まずはこの図を見て，ビジネスモデルの全体像を把握しておこう。

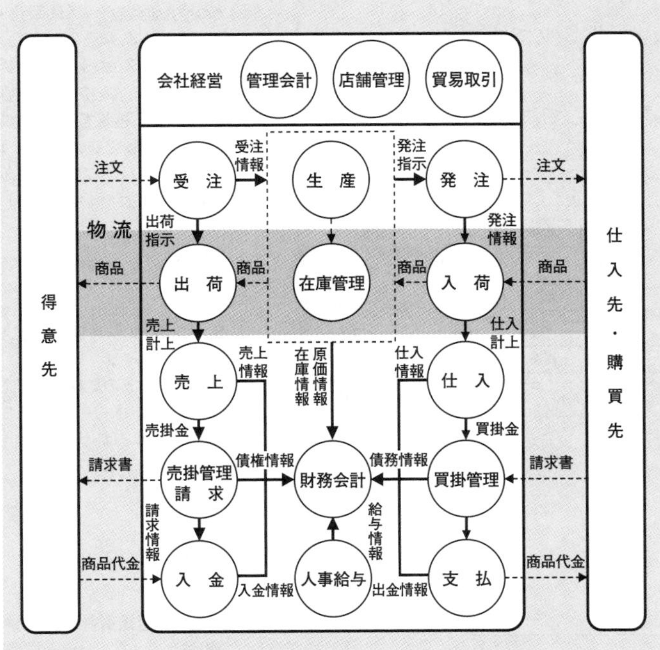

図：企業全体のデータモデル

2.3で紹介するビジネスモデルは，本試験の過去問題の中から販売管理と生産管理に関する業務についてピックアップしたものである

午後問題で，企業全体のモデルケースについて問われることはない。実際に午後の問題としてピックアップされる場合は，もう一つ下位のレベルの業務（図の各々の丸の中の処理）に焦点が当てられることになるが，その位置付け，他の業務との関連を把握しておく必要はある

2.3.1 マスタ系

午後Ⅱの問題文は，**組織や顧客，商品，製品，サービス**など，いわゆる“マスタ系”エンティティタイプとして表現される部分から始まっていることが多い。

マスタ系のエンティティタイプとは，平成16年・午後Ⅱ問2の問題文中での定義を借りて説明すると**「組織や人，ものなどの経営資源を管理するもの」**である。後述する2.3.2の在庫系や2.3.3以後2.3.7までのトランザクション系のエンティティタイプと大別されている（在庫系はどちらかに分類されることもある）。

（1）組織，社員，顧客など

組織，社員，顧客などに関する部分は，これまでは設問になることが少なく，完成した概念データモデルや関係スキーマとして問題文中に存在することが多かった。“組織”そのものが体系化・階層化されているので，そんなに複雑なケースがないからだろう。

基本形は下図のようになる。問題文でチェックするポイントとしては図の3つ。それぞれのリレーションが，“1対多”なのか“多対多”なのかを問題文から読みとって決める。

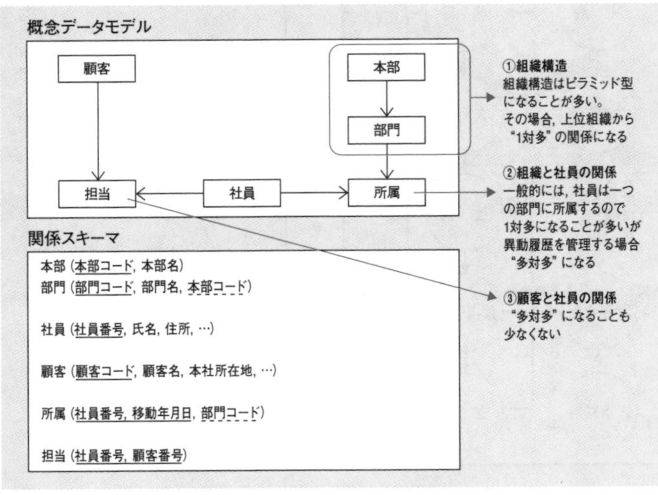

図：概念データモデル，関係スキーマの基本形

試験に出る
ここで説明する“マスタ系”に関しては，午後Ⅱの問題，午後Ⅰのデータベース設計の問題で，ほぼ必ず登場している

試験に出る
①令和03年・午前Ⅱ 問2
平成31年・午前Ⅱ 問3
平成28年・午前Ⅱ 問4
②平成24年・午前Ⅱ 問4
平成20年・午前 問34
平成18年・午前 問29

マスタ系の特徴は，トランザクション系に比べてインスタンスの動き（生成や削除）が少なく，それゆえ管理しやすく体系化・階層化されているところだろう。したがって，スーパタイプ・サブタイプの関係性を持つケースも多い。その可能性をもとに仮説として利用してもいいだろう（スーパタイプとサブタイプがあるはずだなどという仮説）

トランザクション系エンティティタイプ
日々の取引などの業務事象を管理するもの。本書では，2.3.3から2.3.7まではトランザクション系になる

階層化
マスタは，組織構造のように階層化されていることが多い。例えば，“エリア”－“部”－“課”－“チーム”のような感じである

【事例】平成 18 年午後Ⅱ問 1 （情報処理サービス業）

概念データモデル

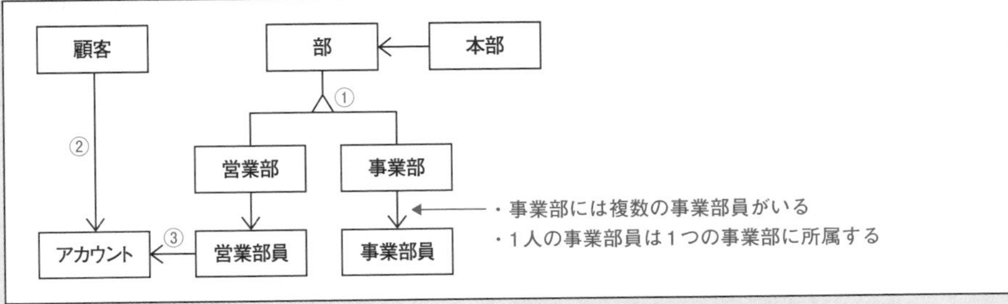

関係スキーマ

本部（本部コード，本部名）
部（部コード，部名，本部コード）
　　事業部（事業部コード，サービス区分コード）
　　営業部（営業部コード，業種コード）

営業部員（営業部員番号，営業部コード，氏名，…）
事業部員（事業部員番号，事業部コード，氏名，標準サービス単価，標準コスト単価）

顧客（顧客コード，顧客名，本社所在地，事業概要）
アカウント（アカウントコード，顧客コード，営業部員番号，アカウント名，
　　　　　　窓口担当部署，窓口担当者，連絡先）

この事例では，下記のような要件に基づいて“部”をサブタイプ化している。

- X 社の組織体系は，営業本部と事業本部に大別される。
- 営業本部では，対象とする業種ごとに営業部を設けている。
- 事業本部では，提供業務の種類ごとに事業部を設けている。 ①
  (各事業部が提供する業務の種類を“サービス区分”と呼ぶ)
- 顧客企業に対して，一つ以上の営業単位（これをアカウントという）を設けることができる。（②）
- アカウントごとに一人の営業担当者を決める。
- 一人の営業担当者が，複数のアカウントを担当することもある。 ③

図：問題文の記述（H18 午後Ⅱ問2より）

(2) 商品

商品に関するデータモデルは，図のように“**商品**”を中心に構成されるのが基本形になる。管理の最小単位として“**SKU**”が登場することもある。

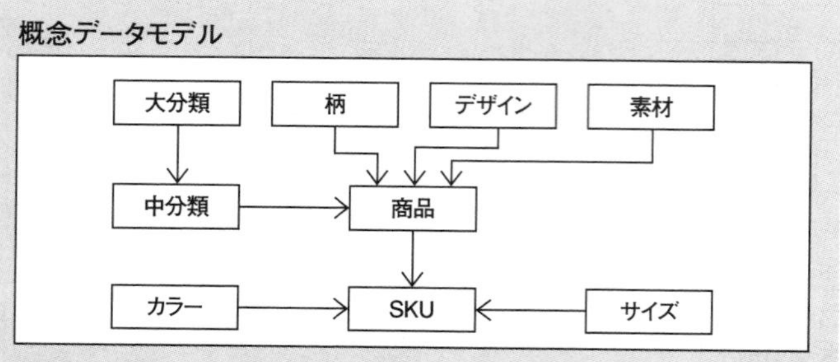

関係スキーマ

商品（商品コード，商品名，中分類コード，柄コード，デザインコード，素材コード，…）
SKU（SKUコード，商品コード，カラーコード，サイズコード）
大分類（大分類コード，大分類名）
中分類（中分類コード，中分類名，大分類コード）
柄（柄コード，柄名，…）
デザイン（デザインコード，デザイン名，…）
素材（素材コード，素材名，…）
カラー（カラーコード，色名，…）
サイズ（サイズコード，サイズ名称，…）

図：概念データモデルと関係スキーマの例（平成15年午後Ⅱ問2より一部加工）

・商品には，W社で一意な商品コードが付与されている。
<カラー及びサイズ>
・商品は，カラー及びサイズ以外の属性が同じものを，同一の商品として管理する。
<商品の仕様ではなく，販売傾向を分析するための区分>
・柄，デザイン，素材は，商品の特徴を表す属性である。
・柄，デザイン，素材の属性すべてが同一の複数の商品が存在する。
<商品の分類を表す属性>
・一つの商品は，一つの中分類に属す。
・一つの中分類は，一つの大分類に属す。大分類ごとに分類内容は異なる。
<SKU>
・商品の販売数量や金額を，各商品のカラー別サイズ別を最小単位として管理している。この単位をSKUと呼ぶ。
・SKUには，W社で一意となるSKUコードを付与している。

図：問題文の記述

SKU
(Stock Keeping Unit)
販売・在庫管理を行うときの最小単位。今回の例のように，商品コードが同じでも，色やサイズ等が異なるラインナップを持つような場合に，“商品”エンティティとは別に，“SKU”エンティティとして管理することがある

大分類と中分類（ときに小分類なども）の関係にも注意が必要。この図の例では，問題文の中分類の説明に「**大分類ごとに分類内容は異なる**」と書かれているため，“大分類”と“中分類”間に1対多のリレーションシップを持たせたが，大分類と中分類（ときに小分類なども）間に関連性がなければ，すべてを“商品”エンティティとの関連として持たせることになる

【事例】平成 20 年午後Ⅱ問２（つゆやたれのメーカ）

関係スキーマの例

ライン内在庫（<u>製造品品目コード</u>，<u>製造ロット番号</u>，<u>製造ラインコード</u>，在庫数量）
調達品在庫（<u>品目コード</u>，<u>調達ロット番号</u>，<u>調達品倉庫コード</u>，在庫数量）
製品在庫（<u>製品品目コード</u>，<u>製造ロット番号</u>，<u>製品倉庫コード</u>，在庫数量）

また，“商品”や“SKU”よりも細かい管理単位に，“**ロット番号**”を保持する場合がある。ロット番号とは，単に“ひとまとまりの番号”を意味するだけの言葉だが，生産現場や流通現場では，通常，次のような番号として使われている。いずれも同一商品（アイテム）に一意の“品番”よりも細かい単位になる。

- 同じ条件下（同じ日など）で製造した製造番号
- 生産指示単位に付与される製造番号
- 1回の出荷，1回の入荷ごとに付与される番号

このロット番号は，“在庫”エンティティや，“入出庫”，“入出荷”，“生産指示”など，様々なところに登場する。

問題文の記述

問題文の記述	意味
A社が発番するロット番号には，調達ロット番号，製造ロット番号の２種類があり，これらは同じ構造の番号体系である	ロット管理をしている。
製造品には，１回の製造単位に新たな製造ロット番号を付与する	
調達品には，１回の納入単位に新たな調達ロット番号を付与する	
調達先のロットに対して，調達先でロット番号が付与されており，これを供給者ロット番号という。供給者ロット番号は，納入時に知らされ，A社の調達ロット番号とは別に，納入単位に記録する	調達先ロット番号と供給者ロット番号の両方を管理している。

後述している在庫管理のトレーサビリティ管理では，どの製造ロットがどの消費者の元に行ったか，あるいは，ある消費者の元にある製品が，どの製造ロットなのかを管理しなければならないことが多い。その場合には，調達ロットや製造ロットの属性を持たせて管理する。詳細は，トレーサビリティ管理のところを参照すること

商品や製品の最も細かい（ロット番号よりも細かい）管理単位は，製品ひとつひとつに割り与えられた個別の製造番号であったり，商品ひとつひとつに与えられた個体番号であったり，個別単品番号になる

(3) 製造業で取り扱う"もの"

流通業で取り扱う"**もの**"は"**商品**"エンティティで表し，分析や管理目的で，属性の中に外部キーを持たせて当該商品の特徴（分類，素材，デザインなど）を示すパターンが多かったが，製造業で取り扱う"**もの**"は，完成品として販売する"**製品**"だけではなく，当該製品を製造する"**原材料**"や"**部品**"，"**貯蔵品**"など多岐にわたるため，"**品目**"をスーパータイプとして，そのサブタイプとして細かく分類したものを保持することが多い。

加えて，最終製品が，どういう中間部品や構成部品からできているのか，"**構成管理**"に関するエンティティを保持していることも多い。そのあたりを問題文から正確に読み取るようにしよう。

試験に出る

午後Ⅱでメーカ（製造業）を題材にした問題は割と多いが，その中で，ここで説明する生産管理業務や製造業務が出題されているものは以下の問題くらいになる。在庫管理や物流の方がメインになっている問題も多く，複雑な割には，あまり出題としては多くはないという印象だ

平成 20 年・午後Ⅱ 問2
平成 30 年・午後Ⅱ 問2
平成 31 年・午後Ⅱ 問2

対象とする製品は，いずれも複雑なものではなく，パンの製造（H31）やつゆやたれ（H20）などシンプルなものである。製菓ライン（H30）という機械がやや複雑だったぐらいだ

● 生産工程と品目の関係

生産工程は図のように複数の工程に分かれており，それが順番に並べられている。ひとつの工程は"**調達**"，"**加工や組立**"，"**検査**"が標準パターンだと覚えておけばいいだろう。工程をどう分けるのかは，指示単位，人やラインが変わる，在庫するなど様々なので，都度問題文から読み取ろう。

試験に出る

平成 24 年・午前Ⅱ 問 3

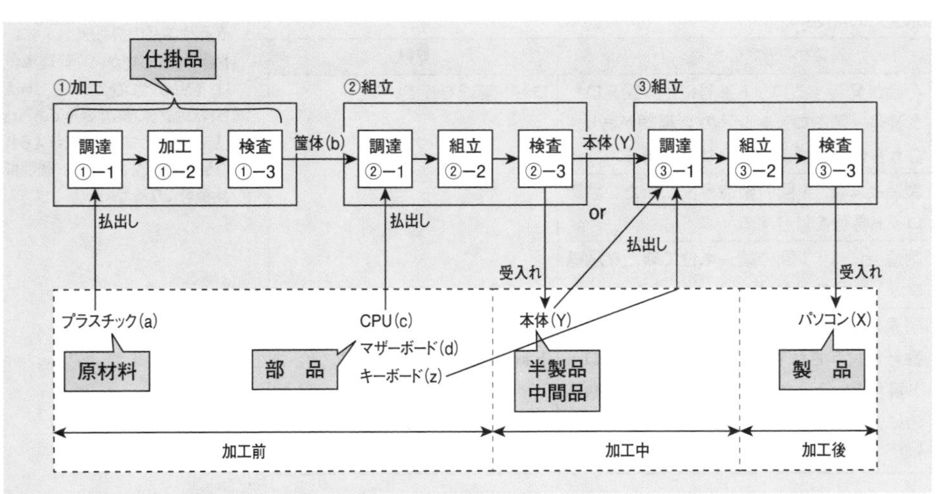

図：生産工程で見る原材料，仕掛品，半製品，製品の違い

● 問題文の“品目”の部分を熟読

製造業で取り扱う“もの”は，問題文の「品目」のところにまとめて記載されている。そのため，そこを熟読して，スーパータイプとサブタイプの関係になっていないか，構成管理はどこで実施しているのかなどを読み取って解答することを想定しておこう。

ちなみに，過去問題で出題されているエンティティを下の表にまとめてみた。問題によって表現や切り口も異なるが，おおよそはこのようになる。大きく二つの切り口に分けられているケースが多い。これも覚えておいて損はないだろう。

表：各エンティティの説明

エンティティ			問題文の説明及び一般的な意味
品目			製品及びサービス，製品の製造にかかわるものの総称。過去問題では，スーパータイプとして用いられていることが多い。
品目の種類	原料		製品の元になるもの。一般的に化学変化させるものは“原料”で，形を変えたり組み合わせたりするものを“材料”という。まとめて原材料とすることが多い。
	半製品		加工途中の状態で在庫しているもの。一般的に，製品もしくは仕掛品とは区別して認識される。半製品として販売可能であったり，製造工程から外して在庫したりするもの。
	製品		製造された完成品。
		単品製品	単品の製品。
		セット製品	複数の製品をセットにしたもの。
	包装資材		包装や梱包で使用する材料。
自社で製造するかどうか他	製造品		自社で製造する品目。製造品目，内製品目ということもある。
	調達品		仕入先等の外部に発注し調達する品目。調達品目，発注品目ということもある。
		汎用品	標準的な汎用品。
		専用仕様品	専用の仕様で製造してもらっている調達品。
	貯蔵品		製品を作るために使われるもののうち“原材料”として扱うほどの重要性が認められないもの（補助材料：ネジや釘，油，燃料，梱包資材など），事務用消耗品（切手やコピー用紙等）や消耗工具，器具備品などになる。
	受注品目		得意先から受注する品目。
	投入品目		製造に必要な品目。

“製品”と“商品”の違い

自社または自社の判断で，原材料に加工や化学変化など“手を加えて”いるもの，すなわち製造工程を経ているものは製品。包装や梱包，詰替え（いわゆる流通加工）程度しか行わず，“もの”そのものには手を加えずに販売するものを“商品”という。実務上はどちらでも問題ないが，会計上区別が求められる

セット製品

複数の製品を組み合わせたもの。通常，部品や半製品を組み立てたものではなく，単純に，詰め合わせたもののことをいうことが多い（組み立てたものはあくまでも製品で，組立ては製造工程になる。セット組は流通加工という認識になる）。アソート品ともいう

仕掛品

完成前，製造過程中の状態。“半製品（その状態で保管したり，販売したりする）”と区別して使う。決算など特定の一時点において“製造中の資産”として認識するときに使用する勘定科目

【事例1】平成30年午後Ⅱ問2（製菓ラインのメーカ）

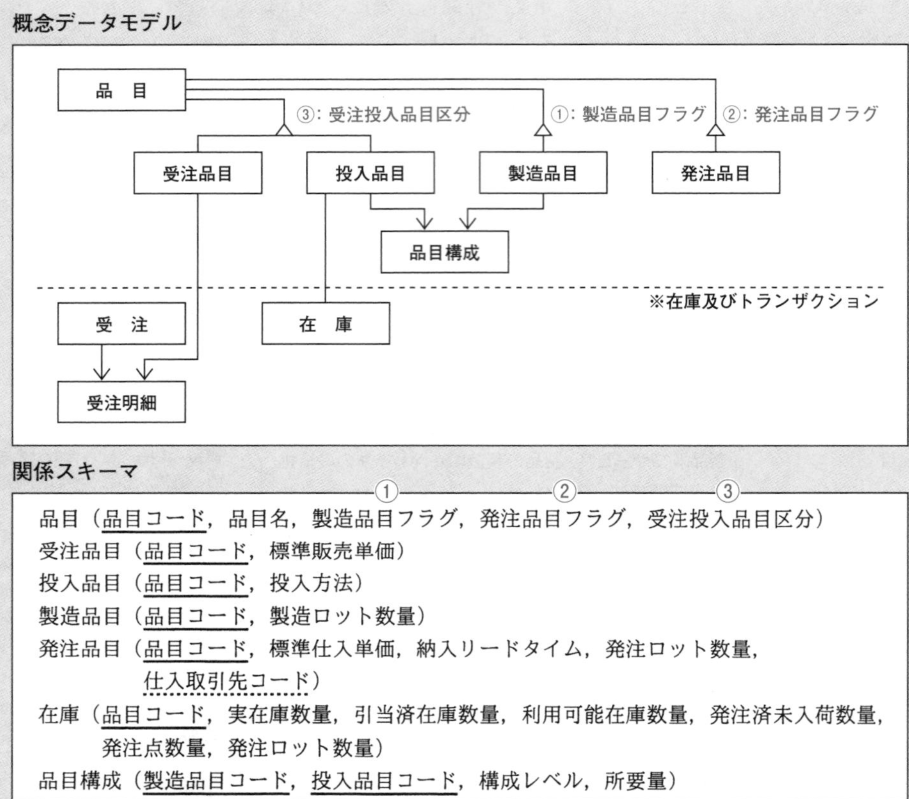

品目（<u>品目コード</u>，品目名，製造品目フラグ，発注品目フラグ，受注投入品目区分）
受注品目（<u>品目コード</u>，標準販売単価）
投入品目（<u>品目コード</u>，投入方法）
製造品目（<u>品目コード</u>，製造ロット数量）
発注品目（<u>品目コード</u>，標準仕入単価，納入リードタイム，発注ロット数量，仕入取引先コード）
在庫（<u>品目コード</u>，実在庫数量，引当済在庫数量，利用可能在庫数量，発注済未入荷数量，発注点数量，発注ロット数量）
品目構成（<u>製造品目コード</u>，<u>投入品目コード</u>，構成レベル，所要量）

このケースでは，品目を3つの切り口で分類している。受注品目（得意先から受注する品目）と投入品目（製造に必要な品目）は排他的サブタイプで，受注投入品目区分で分類している。これは，**部品等製造で使う品目は販売しない（受注しない）**ということを示している。

そして受注品目か投入品目と，製造品目（自社で製造する品目），発注品目（仕入先に発注する品目）は共存的サブタイプで，それぞれ，先の受注投入品目区分と，製造品目フラグ，発注品目フラグで判別している。

また，品目構成は**「製造品目ごとに，どの投入品目が幾つ必要なのかをまとめたもの」**としている。

【事例2】平成20年午後Ⅱ問2（つゆやたれのメーカ）

概念データモデル

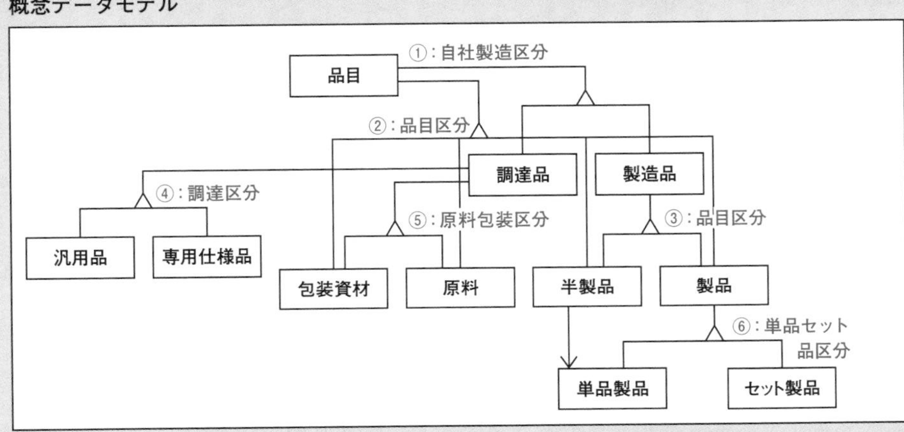

関係スキーマ

品目（品目コード，品目名称，自社製造区分（①），品目区分（②））
製造品（製造品品目コード，品目区分（③），…）
調達品（調達品品目コード，調達区分（④），原料包装区分（⑤），…）
汎用品（汎用品品目コード，…）
専用仕様品（専用仕様品品目コード，…）
包装資材（包装資材品目コード，…）
原料（原料品目コード，…）
半製品（半製品品目コード，…）
製品（製品品目コード，単品セット品区分（⑥），…）
単品製品（単品製品品目コード，…）
セット製品（セット製品品目コード，…）
※赤字は切り口。（　）の番号は概念データモデルの番号と対応

この事例では，**“品目”**エンティティを二つの切り口（自社製造区分と品目区分）を使ってサブタイプ化している（①②）。他にも細かい切り口でサブタイプ化しているが，③や⑤の切り口のように，自社製造区分と品目区分とにまたがっているものもある。他の問題でもよく見かけるパターンだが，こういうパターンの場合存在しない組合せ（自社製造区分が調達品で，かつ品目区分が製品の**“品目”**など）が発生しないように（設定やプログラム等で）注意しなければならない。

【事例3】平成31年午後Ⅱ問2（パンのメーカ）

概念データモデル

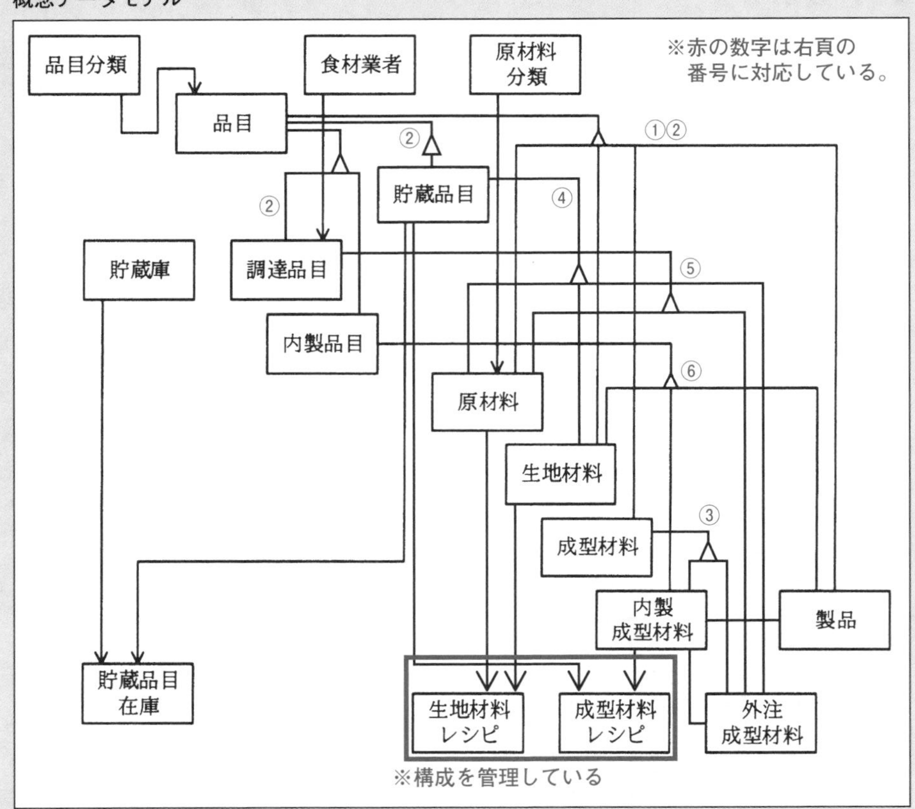

関係スキーマ

品目（品目コード，品目名，品目分類コード，計量単位，調達内製区分，貯蔵区分）
　調達品目（品目コード，調達先食材業者コード，調達ロットサイズ，調達単価）
　内製品目（品目コード，製造仕様書番号）
　貯蔵品目（品目コード，出庫ロットサイズ）
　　原材料（品目コード，原材料分類コード）
　　生地材料（品目コード，生地材料ロットサイズ）
　　成型材料（品目コード）
　　　内製成型材料（品目コード，代替外注成型材料品目コード，）
　　　外注成型材料（品目コード，指定製法番号）
　　製品（品目コード，焼成ロットサイズ，内製成型材料品目コード，）
生地材料レシピ（生地材料品目コード，使用品目コード，使用量）
成型材料レシピ（内製成型材料品目コード，使用品目コード，使用量）
貯蔵品目在庫（貯蔵庫部門コード，貯蔵品目コード，在庫数量，基準在庫数量，補充要求済みフラグ）

この事例での問題文は次のようになっている。問題文中の①～⑥の記述で，品目を頂点としたスーパータイプとサブタイプの関係を説明し，⑦～⑬の記述で各エンティティの属性とリレーションシップを説明している。

(3) 品目

① 原材料，生地材料，成型材料，製品を品目と呼ぶ。

② 品目は，品目コードで識別し，品目名，計量単位及び次を設定する。

- 原材料，生地材料，成型材料及び製品のいずれかを表す品目分類
- 調達又は内製のいずれかを表す調達内製区分
- 貯蔵対象かどうかを表す貯蔵区分

③ 成型材料には，成型部門が成型する内製成型材料と，食材業者から調達する外注成型材料がある。内製成型材料には，対応する代替外注成型材料を一つ決めて設定する。外注成型材料が代替できる内製成型材料は，一つだけである。

④ 品目のうちの貯蔵品目には，原材料，生地材料及び外注成型材料が含まれる。貯蔵品目には，出庫のロットサイズを設定する。

⑤ 品目のうちの調達品目には，原材料及び外注成型材料が含まれる。調達品目には，調達先食材業者，調達ロットサイズ，調達単価を設定する。

⑥ 品目のうちの内製品目には，生地材料，内製成型材料及び製品が含まれる。内製品目には，製造仕様書番号を設定する。

⑦ 原材料には，粉類，ミルク類などの分類を表す原材料分類を設定する。

⑧ 生地材料には，1回の製造単位としての生地材料ロットサイズを設定する。

⑨ 外注成型材料には，食材業者に成型材料の製造を依頼するための指定製法番号を設定する。

⑩ 製品には，1回の製造単位としての焼成ロットサイズ，及び焼成に用いる内製成型材料を設定する。一つの内製成型材料からは，一つの製品だけ製造する。

⑪ 内製成型材料を作るロットサイズは，焼成ロットサイズに等しい。

⑫ 生地材料には，そのレシピとして，1回の製造に使用する，幾つかの原材料とその使用量を設定する。

⑬ 内製成型材料には，そのレシピとして，1回の製造に使用する，幾つかの品目（生地材料又は原材料）とその使用量を設定する。例えば，レーズンパンの成型材料には，イギリス食パン用の生地材料の使用量と原材料のレーズンの使用量を決めている。

2.3.2 在庫管理業務

在庫管理とは，商品や製品，製造で使用する資材，原料，部品など企業に存在する資産価値のある**“もの”**を管理する一連の業務のことである。最低限必要な情報はいたってシンプル。**「どこに」**，**「何が」**，**「いくつ」**あるのかということだけだ。これを，通常は**“在庫”**エンティティで表す。

試験に出る
“在庫”エンティティが出てくる問題は多い。後述する事例1～5の他に，平成24年午後Ⅱ問1，平成25年・午後Ⅱ問1，平成27年・午後Ⅱ問2，平成29年・午後Ⅱ問1，令和4年・午後Ⅰ問3，令和5年午後Ⅱ問1，問2などもある。但し，属性を答えさせる穴埋め等で設問になったケースは，事例1と事例3だけである

どこに	倉庫，組織等	→ 2.3.1 参照
何が	商品，製品等	→ 2.3.1 参照
いくつ	数量	下記参照

（1）基本パターンを覚える

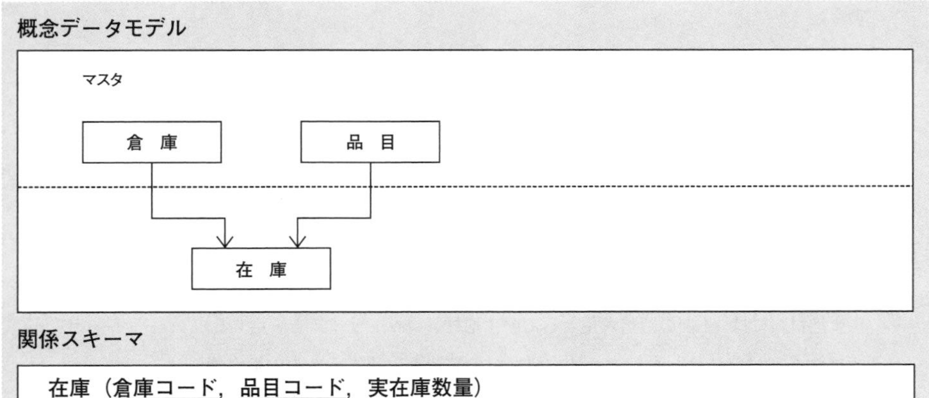

図：概念データモデル，関係スキーマの基本形

“在庫”エンティティの基本属性は，**「どこに」**＝倉庫コード，**「何が」**＝品目コード，**「いくつ」**＝実在庫数量という3つの項目で構成されていることが多い。

通常，**「一つの倉庫には複数の品目が保管されている」**し，**「一つの品目は複数の倉庫に保管されている」**ため，主キーは**“倉庫”**エンティティ等の**「どこに」**の主キーと，**“品目”**エンティティ等の**「何が」**の主キーの連結キーになることが多い。

試験に出る
①平成28年・午前Ⅱ 問1
　平成26年・午前Ⅱ 問2
②平成25年・午前Ⅱ 問1
③平成19年・午前 問31

(2) “在庫” エンティティの主キー以外の属性

在庫エンティティの主キー以外の属性には，実在庫数量以外にもいろいろある。何かしらの数量を表す属性が多い。それぞれの意味，利用目的，計算方法などとともに覚えておこう。

属性名（例）	属性の意味と利用目的	数量の更新（例）
実在庫数量	実際に，現段階で保持している在庫数。**“引当”** の時点では処理をしない。現時点での当該企業の保有 **“資産”** を把握するために必要（会計上必要）。	実際に，出庫された時に（－），入庫した時に（＋）
引当済数量	受注時や生産時に割当てられた（確保された）出庫先等が決まっているものの，まだ実際には倉庫などに残っているものの数量。	受注時や生産計画立案時に（＋），実際に出庫された時に（－）
引当可能数量	現時点で引当可能な数。右の計算式によって導出できる属性だが，参照頻度が多い場合には属性として保持することがある。受注時や生産計画立案時に，受注等ができるかどうかを判断するために必要。	実在庫数量－引当済数量
入荷予定数量	発注済みだが，まだ入荷されていない数量。入荷予定日をあまり意識しなくても良い場合だと（だいたい発注翌日に納入されるなど）は” 在庫” テーブルの属性として持たせる。そうではなく入荷予定日別に管理する場合は別テーブルで管理することになる。いずれにせよ，入荷予定数量を保持しておけば，受注時等に入荷予定を加味した納期回答が可能になる。	発注時に（＋） 入荷したら（－）
基準在庫数量	ここで設定した数量を下回ったら発注するという感じで，発注するタイミングを決める基準となる数量。品目マスタに持たせる場合もある。	手動で変更することが多い

上記の表の中に出てくる **“引当”** とは，受注時や，生産指示のときに，在庫の中から，その用途向けに使用する前提で，（論理的に）押さえておく（割り当てておく）こと。物理的な移動（出荷や製造開始に伴う移動）との間にタイムラグが発生することに対する処理で，具体的には上記の表のように計算する。

また，平成 23 年午後Ⅱ問 2（次頁の事例 3）のように，資産管理上必要になるケースなどでは，倉庫以外の場所にある在庫を管理することもある。

属性	状況
倉庫内在庫数量	物理的に倉庫内に存在するもの
積置在庫数量	ほかの事業所に向けて送る準備中で倉庫に隣接する積下ろし場所に存在するもの
輸送中在庫数量	事業所間を輸送中のもの（トラックに積まれている状態のもの）

【事例1】平成29年午後Ⅱ問2 （自動車用ケミカル製品メーカ）

関係スキーマ

在庫（<u>拠点コード</u>, <u>商品コード</u>, 基準在庫数量, 補充ロットサイズ, 実在庫数量, 引当済数量）

この事例では，基本パターン以外に，**'引当済数量'**，**'基準在庫数量'** を保持している（引当可能数は保持していないパターン）。**'基準在庫数量'** は **'実在庫数量'** と比較して，**'実在庫数量'** が **'基準在庫数量'** を下回った時に補充要求を出すために用いられている。このケースでは，1日1回のバッチ処理だとしている。また，**'補充ロットサイズ'** に関する説明は記載されていないが，通常は補充要求を出す時の単位を意味する。

試験に出る
平成29年・午後Ⅱ 問2
主キー以外の属性を解答させる出題有

【事例2】 平成30年午後Ⅱ問2（製菓ラインのメーカ）

関係スキーマ

在庫（<u>品目コード</u>, 実在庫数量, 引当済在庫数量, 利用可能在庫数量, 発注済未入荷数量, 発注点数量, 発注ロット数量）

この事例2では，表現こそ異なるものの，前頁の表の属性の多くを保持している。**'利用可能在庫数量'** は引当可能数量と，**'発注済未入荷数量'** は入荷予定数量と，**'発注点数量'** は基準在庫数量と，**'発注ロット数量'** は事例1の **'補充ロットサイズ'** と，それぞれ同意だと考えておけばいいだろう。

【事例3】 平成23年午後Ⅱ問2（オフィスじゅう器メーカ）

関係スキーマ

在庫（<u>倉庫拠点コード</u>, <u>部材番号</u>, 倉庫内在庫数量, 積置在庫数量, 輸送中在庫数量）

この例では，事業所間の移動があるので，倉庫別の実在庫数量を，①倉庫内在庫数量，②積置在庫数量，③輸送中在庫数量に分けて管理している。そして，①②③の合計をもって当該企業の資産としている。

試験に出る
平成23年・午後Ⅱ 問2
主キーを含む全ての属性を解答させる出題有

【事例4】平成31年午後Ⅱ問2（製パン業務）

関係スキーマ

貯蔵品目在庫（<u>貯蔵庫部門コード</u>，<u>貯蔵品目コード</u>，在庫数量，基準在庫数量，補充要求済みフラグ）

事例4では，数量以外の属性の**‘補充要求済みフラグ’**を用いている。問題文では**「補充要求をかけたら補充要求済みフラグをセットし，入庫したら補充要求済みフラグをリセットする。補充要求済みフラグを見ることで，補充要求の重複を防いでいる。」**と記されている。

【事例5】平成22年午後Ⅱ問1（オフィスサプライ商品販売会社）

関係スキーマ

在庫（<u>物流センタコード</u>，<u>SKUコード</u>，期初在庫数量，現在庫数量，…）

この事例では**‘期初在庫数量’**を保持している。これは，年度の開始時点（これを期首，もしくは期初という）での在庫数量で，前年度末に棚卸処理等で確定させた（補正した）数量を設定する。問題文では特に言及されてはいないが，物流センタ別SKUコード別に損益を把握する目的（そのために，物流センタ別SKUコード別に**“売上原価”**を算出するためのもの）だと思われる。

売上原価 ＝ 期首在庫棚卸高 ＋ 当期在庫仕入高 － 期末在庫棚卸高

【事例6】平成18年午後Ⅱ問2（オフィスじゅう器メーカ）

関係スキーマ

部品（<u>部品番号</u>，部品名，主要補充区分，出庫ロットサイズ，現在在庫数量）

最後に例外も紹介しておこう。これは**“部品”**エンティティに直接在庫数量を保持している例である。倉庫別に把握する必要が無い場合は，こうして持たせても理屈の上では問題ない。しかし，実装した時に，更新頻度の少ない**“部品マスタ”**の属性情報と，更新頻度の多い在庫数量を混在させると，更新履歴の把握等の観点で問題になることもあるので注意が必要になる。

(3) 棚卸処理

棚卸処理とは，実際の商品の在庫数を人の目で確認し，記帳する処理のことである（これを，特に実地棚卸という）。本来は，決算時に実在庫を調べ，そこから棚卸資産や売上原価を求めるために行われる処理だが，コンピュータ在庫（理論在庫）を利用している企業では，実在庫との間に生じる**“差”**を補う目的もある。頻度は，決算期や月に1回（月次棚卸）などで，倉庫の入出庫を1日停止して，全社員一丸で（人海戦術で）行うこともある。

試験に出る
棚卸関連のエンティティが出てくる問題は，後述する事例1，事例2の他に，平成24年・午後Ⅱ 問2などもあるが，設問になったのは事例1と事例2になる

【事例1】平成25年午後Ⅱ問2（スーパーマーケット）

関係スキーマ

棚卸（<u>店舗コード</u>，<u>棚卸対象年月</u>，棚卸実施年月日）
棚卸明細（<u>店舗コード</u>，<u>棚卸対象年月</u>，<u>商品コード</u>，在庫数，棚卸数，棚卸差異数）

この事例では，商品によって棚卸しをするものとしないものがあり，さらに棚卸しをしても在庫更新するものとしないものがある**（次頁の図内の（a））**。

試験に出る
平成25年・午後Ⅱ 問2
主キーを含む全ての属性を解答させる出題有

作業手順としては，（次頁の図内の「図3　実地棚卸しを記録する画面の例」のような）ハンディターミナルやタブレット端末の画面，あるいは棚卸記入表を用いて，実際に目で数えた数量を**‘棚卸数’**に入力（棚卸記入表の場合は，そこに記入後に入力）していく。**‘在庫数’**はコンピュータ上で管理している理論在庫数なので，その差を計算し**‘棚卸差異数’**として記録する。

実地棚卸が完了したら，次に，**‘棚卸差異数’**がゼロではない商品に対して，数え間違いがないか再度確認したり，どこかに持ち出していないかを確認するなど，棚卸差異の原因を追及するのが一般的だ。それでも（数え間違いや見落としがなく）差異が発生していたら，その時点で差異を確定し，**“棚卸明細”**エンティティの**‘棚卸数’**で，**“在庫”**エンティティの**‘実在庫数’**を更新する（この事例では，在庫更新対象フラグが，在庫数を都度更新する対象となっている商品）。

以上が，一般的な棚卸処理の流れになるが，この事例1も概ね一般的な流れである。

8. 実地棚卸しと在庫更新の対象

(a)

(1) 実地棚卸しをするか否か，在庫数を都度更新するか否かは，商品によって次のように分けている。

① 実地棚卸しをしない商品は，翌日まで品質を維持できない総菜など毎日の営業終了後に廃棄するものである。

② 実地棚卸しをする商品は，在庫数を保持して，商品の販売・入荷の都度在庫数を更新する商品と，在庫数を保持しない商品に分けている。在庫数を保持しない商品は，日をまたがった品質の維持はできるが，箱を開けて中身の一部だけを売場に補充していたり，カットされて入荷時と重さが変わったりして，在庫数を更新できないものである。

(2) 実地棚卸しをする商品か否かは，棚卸対象フラグで区別している。

(3) 在庫数を都度更新する商品か否かは，在庫更新対象フラグで区別している。

<中略>

13. 実地棚卸し

(1) 棚卸対象フラグが，実地棚卸しの対象となっている商品については，月次で実地棚卸しを行い，棚卸数，棚卸実施年月日を記録する。

(2) 在庫更新対象フラグが，在庫数を都度更新する対象となっている商品については，実地棚卸し時点の在庫数，棚卸差異数を記録する。

実地棚卸しを記録する画面の例を，図3に示す。

“棚卸”エンティティ

対象店舗　：　004　○△団地店　　棚卸実施年月日：2013 年 3 月 31 日

棚卸対象年月：2013 年 3 月

棚卸明細

商品コード	商品名	在庫数	棚卸数	棚卸差異数
A0101001	○○丸大豆しょう油１L	200	202	2
A0101101	△△マヨネーズ	85	83	-2
A0203005	××カップラーメンみそ	60	60	0
⋮	⋮	⋮	⋮	⋮

“棚卸明細”エンティティ

図3　実地棚卸しを記録する画面の例

図：平成25年午後Ⅱ問2より

【事例2】平成23年午後Ⅱ問2（オフィスじゅう器メーカ）

関係スキーマ

棚卸し（棚卸年月，実施年月日）
棚卸明細（棚卸年月，倉庫拠点コード，部材番号，棚卸数量，補正前倉庫内在庫数量，補正数量）

この事例では，**‘補正前倉庫内在庫数量’**と**‘補正数量’**が用いられている。前者は，事例1の**‘在庫数’**（コンピュータ上の理論在庫）と同意で，後者も事例1の**‘棚卸差異数’**と同意である。棚卸終了後に，（再度確認しても差異が発生している場合は），この**“棚卸明細”**エンティティの**‘棚卸数量’**で，**“在庫”**エンティティの**‘倉庫内在庫数量’**を更新する。

試験に出る
平成23年・午後Ⅱ 問2
主キー以外の属性を解答させる出題有

2.3.3 受注管理業務

受注管理とは，顧客から注文を受け，その注文品を出荷して売上計上するまでに行う一連の業務である。原則，注文を受けてから出荷または売上を計上するまでにタイムラグのある信用取引（掛取引ともいう）を実施している企業に必要な業務である。

最もシンプルな一連の流れは次の通り。

> (1) 受注入力画面から受注を登録する
> （受注データ，受注明細データの作成）
> (2) 売上または出荷後，不要になった受注データを消込む
> （受注データ，受注明細データの消込み）
> (3) 出荷忘れ等をしないように，日々，受注残を確認する
> （受注残管理）

試験に出る
頻出。商品や製品を販売する販売管理業務以外にも，ホテルの予約や見積業務なども含めると結構よく出題されている。いずれも，トランザクションの発生になる

(1) 基本パターンを覚える

受注に関する，最もシンプルな概念データモデルと関係スキーマは，図のようになる。

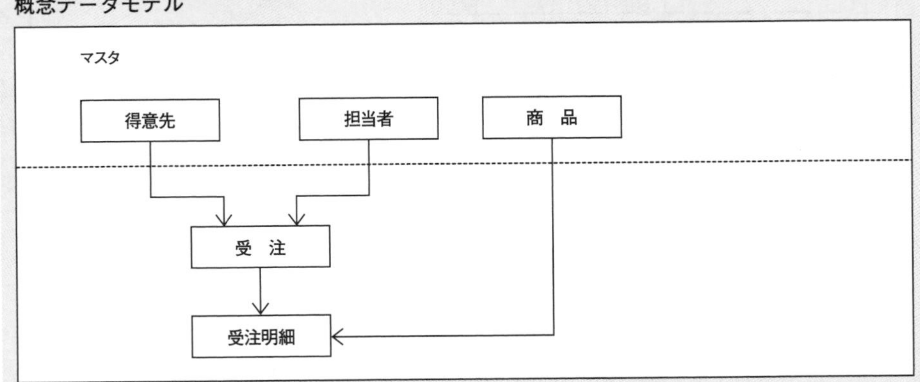

図：概念データモデル，関係スキーマの基本形

(2) 受注入力画面から読み取る

受注管理業務をテーマにする問題では，受注入力画面のサンプルを示していることが多い。いうまでもなく，受注入力画面からデータを投入し，受注データと受注明細データを作成しているので，画面の中にある項目が，そのまま“受注”や“受注明細”の属性になる。

そんな“受注入力画面”が，平成22年・午後Ⅱ問2で問題文の中に登場した（次図の「図2　キット製品に対応した受注画面の例」）。このときは，明細部分が，さらに「ヘッダ部＋明細部」に分割されるというものだったので，応用ケースといえるだろう。

厳密には，この受注入力画面を正規化していくプロセスになるが，ざっと見て“受注”と“受注明細”，各マスタに分けられるようにしておけば短時間で解答できる

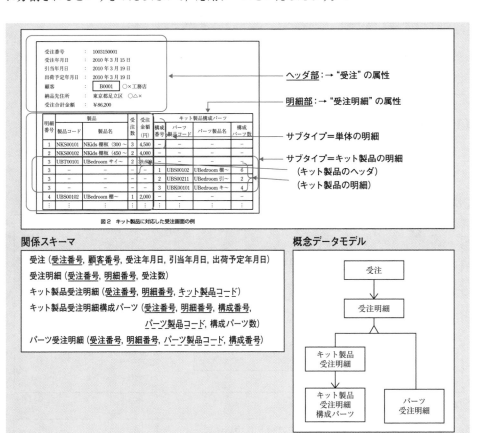

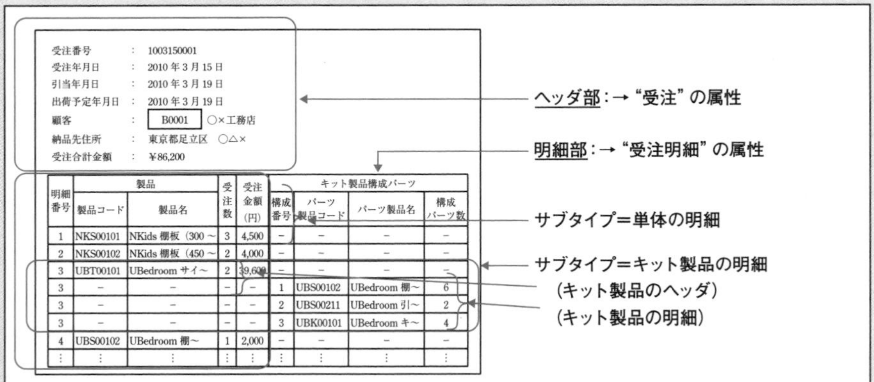

受注番号　：　1003150001
受注年月日　：　2010年3月15日
引当年月日　：　2010年3月19日
出荷予定年月日　：　2010年3月19日
顧客　：　B0001　○×工務店
納品先住所　：　東京都足立区　○△×
受注合計金額　：　¥86,200

明細番号	製品		受注数	受注金額(円)	キット製品構成パーツ			
	製品コード	製品名			構成番号	パーツ製品コード	パーツ製品名	構成パーツ数
1	NKS00101	NKids 棚板（300～	3	4,500	–	–	–	–
2	NKS00102	NKids 棚板（450～	2	4,000	–	–	–	–
3	UBT00101	UBedroom サイ～	2	39,600	–	–	–	–
3	–	–	–	–	1	UBS00102	UBedroom 棚～	6
3	–	–	–	–	2	UBS00211	UBedroom 引～	2
3	–	–	–	–	3	UBK00101	UBedroom キ～	4
4	UBS00102	UBedroom 棚～	1	2,000	–	–	–	–
⋮	⋮	⋮	⋮	⋮	⋮	⋮	⋮	⋮

図2　キット製品に対応した受注画面の例

ヘッダ部：→“受注”の属性
明細部：→“受注明細”の属性
サブタイプ＝単体の明細
サブタイプ＝キット製品の明細
（キット製品のヘッダ）
（キット製品の明細）

関係スキーマ

受注（受注番号，顧客番号，受注年月日，引当年月日，出荷予定年月日）
受注明細（受注番号，明細番号，受注数）
キット製品受注明細（受注番号，明細番号，キット製品コード）
キット製品受注明細構成パーツ（受注番号，明細番号，構成番号，パーツ製品コード，構成パーツ数）
パーツ受注明細（受注番号，明細番号，パーツ製品コード，構成番号）

概念データモデル

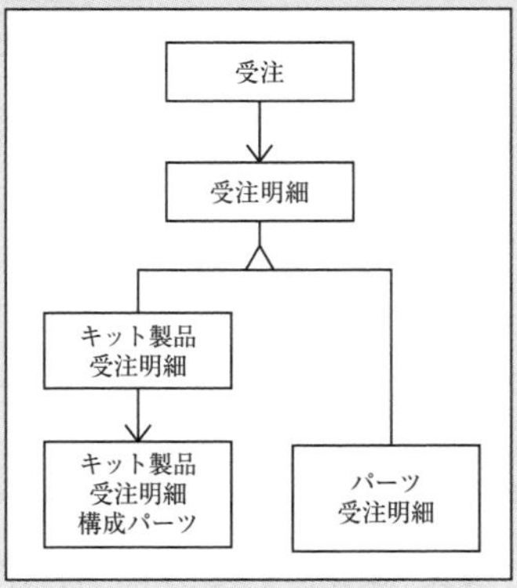

受注
受注明細
キット製品受注明細
キット製品受注明細構成パーツ
パーツ受注明細

図：受注（受注入力画面）の概念データモデル，関係スキーマの例
（平成22年・午後Ⅱ問2をまとめたもの）

(3) 問題文でチェックする勘所

受注関連の記載箇所では，次のような点を確認しておこう。いずれも，関係スキーマや概念データモデルに影響する部分になる。

① 一つの受注で同じ商品等の指定が可能か？

これは受注明細の主キーを決定するときに関係するところになる。通常は，1回の受注が一つの“受注”になるので，仮に顧客がそのときに“同じ商品”を注文してきても，数量を加算すれば事足りる。そのため，一つの“受注”では，同じ商品を指定できないようにすることが多い。

そのときの主キーは，例えば{受注番号，商品番号}のようになる。しかし，一つの“受注”で同じ商品を何回も指定できる場合，少なくとも{受注番号，商品番号}にはできない。そういう違いがあるだろう。通常は，どちらのケースでも{受注番号，明細番号(行番号)}を主キーにすることで事足りるが，問題文にその違いが明記されているようなケースでは注意しておこう。

② 引当の有無

受注段階で引当を行っているかどうかをチェックする。引当を実施しているケースでは，“在庫”または“生産枠”に，受注番号などの属性が必要になる。引当に関しては，P.261を参照。

表：受注業務に関するまとめ

問題文の表現	概念データモデル／関係スキーマ
受注単位に一意な受注番号を付与する	受注番号が主キー
・受注には複数明細を指定できる ・一つの受注で，複数の～の注文を受け付けている	“受注”と“受注明細”が1対N
～は受注単位に指定する	～は“受注”の属性
各明細行では，～を指定する	～は“受注明細”の属性
商品単価は，変更する可能性があるので，受注時点の商品単価である“受注単価”を記録する	“受注明細”に属性‘受注単価’が必要

【事例 1】平成 30 年午後Ⅱ問 2（商談後の受注）

概念データモデル

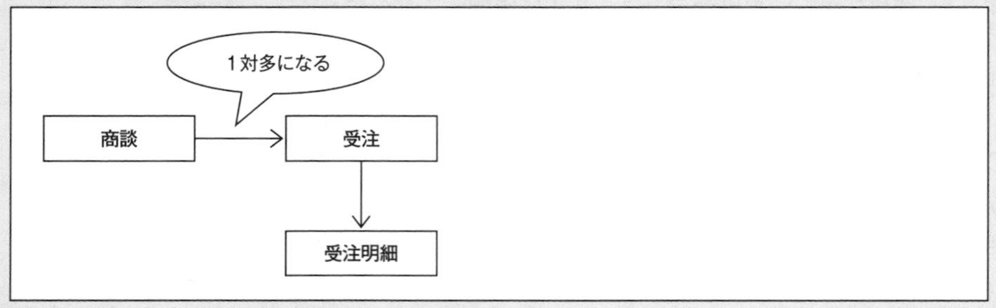

関係スキーマ

商談（商談＃，案件名，案件内容，商談年月日，契約取引先コード，技術営業社員コード）
受注（受注＃，商談＃，受注年月日，出荷取引先コード）
受注明細（受注＃，受注明細＃，受注品目コード，受注明細区分，受注数量，受注単価，受注金額，出荷予定年月日，納入予定年月日）

平成 30 年の午後Ⅱ問 2 では，**“商談”** 後の案件について **“受注”** した場合の事例を取り上げている。この例では **「1 件の商談で複数の受注が発生することがある」** 前提で，**「どの商談に対する受注かが分かるようにする」** ことを求めている。したがって，概念データモデルと関係スキーマは上記のようになる。

ちなみに，問題文には明記されていなかったが，上記の関係スキーマからは次の点が読み取れる。

- 商談は“取引先”単位で，受注は“出荷先”単位
- 受注単価は“受注”の都度異なる（品目単位に一律ではない）
- 受注金額は導出項目（受注数量×受注単価）だが，何かしらの理由で受注金額も保持するようにしている

【事例 2】平成 27 年午後Ⅰ問 2（案件からの受注）

概念データモデル

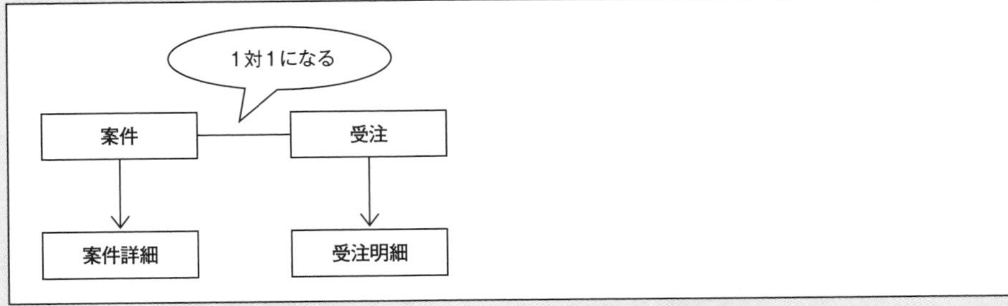

関係スキーマ

案件（案件番号, 案件名, 案件状態コード, 無効フラグ, 案件内容, 案件開始日, 顧客番号, 受注見込額, 担当営業部コード, 分割元案件番号, 統合先案件番号, …）
案件詳細（案件詳細番号, 案件詳細名, 案件番号, 無効フラグ, 工事開始予定日, 工事終了予定日, 担当工事部コード, 売上見込額, 労務費, 材料費, …）
受注（受注番号, 受注名, 受注日, 契約開始日, 契約終了日, 受注額, 契約種別, 案件番号, …）
受注明細（受注番号, 受注明細番号, 受注明細名, 受注明細額, 担当工事部コード, …）

平成 27 年午後Ⅰ問 2 では,“商談”ではなく“案件”と1対1で対応付けられた“受注”テーブルのケースを取り上げている。“案件”テーブルには当該案件の案件状態（商談中, 受注, 失注, 消滅）を保持し, 案件状態が‘受注’になった時点で, 案件ごとに受注として記録するという要件になっている。加えて,**「それ以降, 案件及び案件詳細が変更されることはない」**という運用になっている。

【事例3】平成30年午後Ⅰ問1（見積り後の受注）

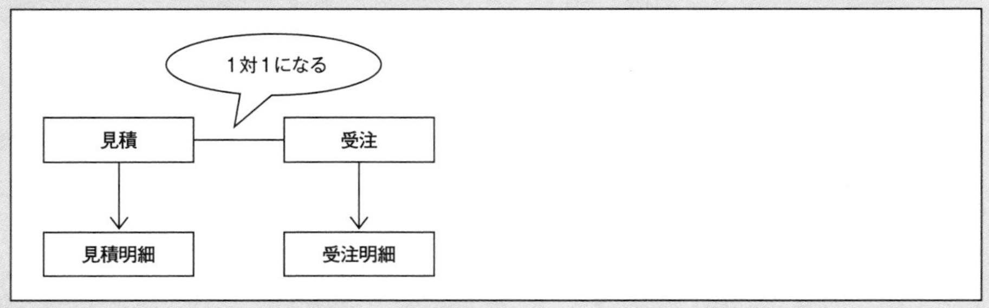

関係スキーマ

見積（<u>見積番号</u>，見積年月日，見積有効期限年月日，案件名，納期年月日，<u>社員番号</u>，<u>営業所組織コード</u>，<u>顧客コード</u>）
見積明細（<u>見積番号</u>，<u>商品コード</u>，数量，見積単価）
受注（<u>受注番号</u>，受注年月日，<u>見積番号</u>）
受注明細（<u>受注番号</u>，<u>受注明細番号</u>，<u>顧客コード</u>，<u>設置事業所コード</u>，設置場所詳細，設置補足，<u>本体製品受注明細内訳番号</u>）

平成30年の午後Ⅰ問1では，**“見積（り）”**後の案件について**“受注”**した場合の事例を取り上げている。この例では**「成約に至ったときに，見積りと同じ単位で受注登録を行う」**前提で，**「該当する見積番号を登録する」**ことを求めている。したがって，概念データモデルと関係スキーマは上記のようになる。

なお，上記の関係スキーマは次のような前提条件の元に設計されている。

- “見積”の属性のうち，‘納期年月日’と‘社員番号’，‘営業所組織コード’は，“受注”でも必要な情報にもかかわらず“受注”には持たせていない。これは“受注”と“見積”との間に1対1のリレーションシップがあるためで，見積り時と受注時で変わってはいけないということを意味している
- 見積り時の明細と受注時の明細は単位が違う。前者は商品単位（商品コードで識別）で，後者は設置場所単位（顧客コードと設置事業所コードで識別）である。問題文にも「受注明細は設置の単位であり，本体製品1台単位，又はセット製品1セット単位に作成し」という記述がある。そのため，“見積”の属性にも‘顧客コード’があるが，設置場所単位が‘顧客コード’＋‘設置事業所コード’なので“受注明細”にも持たせている
- 見積金額は，数量と単価から導出する

【事例 4】平成 27 年午後Ⅰ問 1（更新処理）

関係スキーマ

販売書籍（商品番号，書籍区分，販売価格）
新品書籍（商品番号，形態別書籍ID，実在庫数，受注残数，受注制限フラグ）
中古書籍（商品番号，形態別書籍ID，出品会員会員ID，品質ランク，品質コメント，ステータス）
注文（注文番号，会員ID，注文日時）
注文明細（注文番号，商品番号，注文数）

平成 27 年の午後Ⅰ問 1 では，受注時の処理（データベース更新処理）について言及している。対象商品は“書籍”で，“販売書籍”テーブルをスーパータイプ，“新品書籍”テーブル及び“中古書籍”テーブルをサブタイプに設計している。

試験に出る
平成 27 年・午後Ⅰ 問1
受注時の引当処理によるデータベース更新処理の部分が出題されている。

<業務要件>

EC サイトで会員からの注文を受け付け，在庫の引き当てを行う。注文日時，注文した書籍のタイトルなどを記載した電子メールを，会員宛てに送付する。

<データベースの処理>

- 受注時には“注文”テーブル及び“注文明細テーブル”に行を登録する
- 新品書籍の場合は，受注した販売書籍に該当する，“新品書籍”テーブルの行の受注残数列の値を，受注した数量を加算した値に更新する（“新品書籍”テーブルは実在庫数と受注残数で管理し，出荷時に引き当てる運用なので）
- 中古書籍の場合は，受注した販売書籍に該当する，“中古書籍”テーブルの行のステータス列の値を，‘引当済’に更新する（“中古書籍”テーブルは1冊ごとに記録なので）

2.3.4 出荷・物流業務

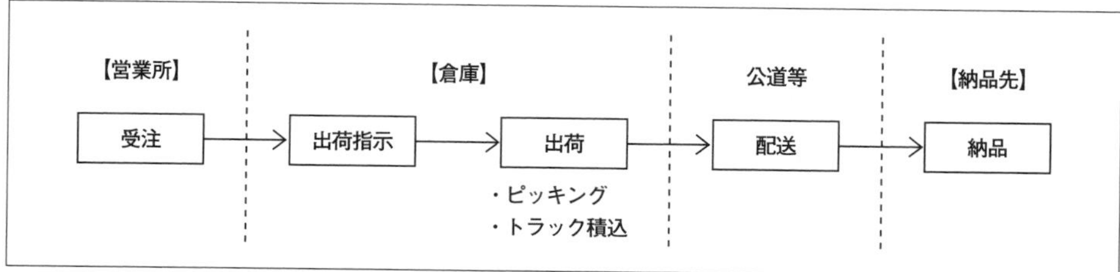

図：受注から出荷，納品までの流れの例（基本形）

受注した商品は，（納期に最適なタイミングで）倉庫に出荷指示を出す。出荷指示を受けた倉庫では，ピッキング作業を行いトラックに積み込み，その後トラックが納品先まで出向いて（配送），到着後納品する。

なお，**"ピッキング"** 作業とは，在庫品を出庫するために倉庫から集めてくる作業のこと。出荷時期になった商品は納期に合わせて出荷指示書の中にまとめられる。そうしてあるタイミングで出荷指示書が発行され，それをもとに，決められた保管場所から順番に商品等を集めていく。

ちなみに，ピッキングには，複数の取引先からの注文を商品ごとに集約し，1回の移動でピッキングする方法（商品別ピッキング）や，取引先ごとに商品を取っていく方法（取引先別ピッキング）などがある。また，出荷指示書を使わずに，棚番にピッキングする商品と数量を表示させるデジタルピッキングや，商品のピッキングまでも自動化した自動倉庫などもある。

試験に出る
令和 05 年・午後Ⅱ 問 2
令和 05 年・午後Ⅱ 問 1
平成 29 年・午後Ⅱ 問 2
平成 22 年・午後Ⅱ 問 2
平成 20 年・午後Ⅱ 問 2
平成 15 年・午後Ⅱ 問 1

(1) 受注と出荷の関係の基本パターンを覚える

問題文に，出荷処理や出庫処理についての記述がある場合，まずは受注処理との関係を読み取ろう。そのポイントは，分割納品可能かどうかと，まとめて出荷することがあるのかどうかだ。

① 受注と出荷が1対1

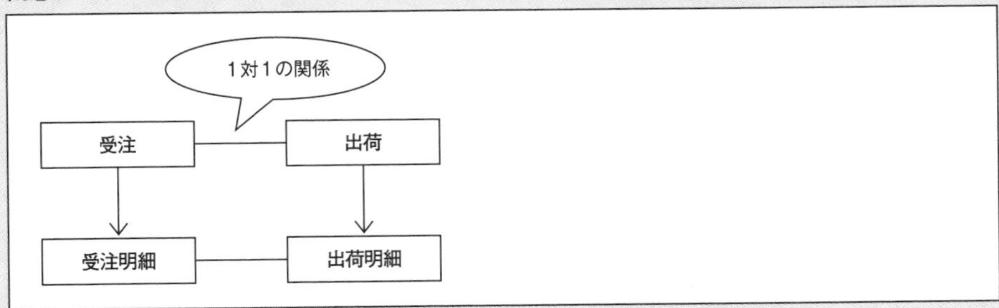

関係スキーマ

受注（受注番号，…）
受注明細（受注番号，受注明細番号，…）
出荷（出荷番号，受注番号，…）
出荷明細（出荷番号，出荷明細番号，受注番号，受注明細番号，…）

図：概念データモデル，関係スキーマの基本形

1つの受注（伝票）に対して，1つの出荷（伝票）を行うパターンは，**“受注”**エンティティと**“出荷”**エンティティ，または**“受注明細”**エンティティと**“出荷明細”**エンティティは1対1になる。後述する分割納品や複数受注の一括納品ではなく，伝票単位の一括納品で，次のようなケースが該当する。

- 1回の受注に対して，それらが全て揃ったタイミングで出荷する
- 出荷時点で無いもの（欠品）はキャンセル扱いする

“出荷”と**“受注”**が1対1なのか，**“出荷明細”**と**“受注明細”**が1対1なのか，はたまた両方なのか（図の例のように両方にリレーションシップが必要なのか）は，問題文から読み取る必要がある。

オプショナリティを付ける場合は，データの発生順を考慮すると，基本形は P.229 のようになる

問題文には，混乱しないように「分割納品はしない」とか，「まとめて出荷することはない」という記述があるはずだが，それらも無ければ1対1で考えるのが妥当な判断になる

② 分割納品（受注と出荷が1対多）

概念データモデル

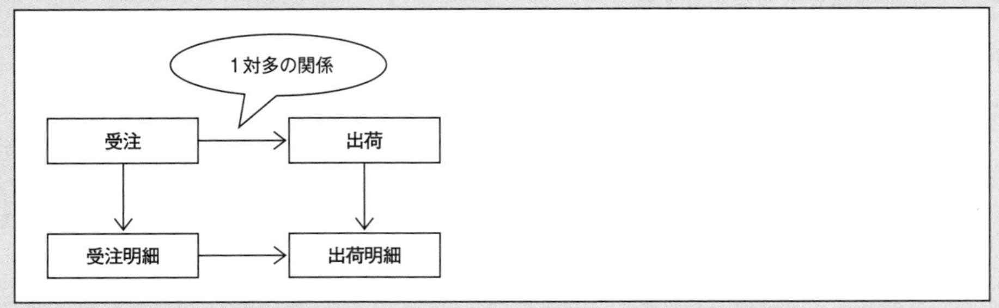

関係スキーマ

受注（受注番号，…）
受注明細（受注番号，受注明細番号，…）
出荷（出荷番号，受注番号，…）
出荷明細（出荷番号，出荷明細番号，受注番号，受注明細番号，…）

図：概念データモデル，関係スキーマの基本形

分割納品とは，1回の注文に対して下記のような理由で何回かに分けて納品することをいう。もちろん1回で出荷することもあるが，**“受注”**エンティティと**“出荷”**エンティティ，または**“受注明細”**エンティティと**“出荷明細”**エンティティは1対多になる。

- 1回の受注に対して揃ったもの（在庫があったもの）から出荷する
- 1回の受注に対して異なる倉庫に出荷指示を出し，出荷指示の単位で出荷伝票や納品書を作成する
- 1回の受注で納期の異なるものがある（納品希望日を**“受注”**ではなく**“受注明細”**に保持している場合は，**“受注明細”**と**“出荷明細”**は1対1になることもある）

この分割納品が可能かどうかを問題文から読み取ろう。

③ 複数の受注伝票を一括納品（受注と出荷が多対1）

概念データモデル

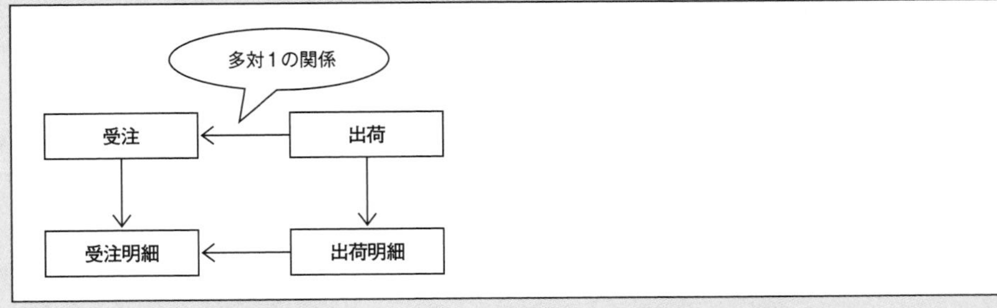

関係スキーマ

受注（受注番号，出荷番号…）
受注明細（受注番号，受注明細番号，出荷番号，出荷明細番号…）
出荷（出荷番号，…）
出荷明細（出荷番号，出荷明細番号，…）

図：概念データモデル，関係スキーマの基本形

分割納品とは逆に，複数回の受注を一定期間まとめて1回で出荷する場合は，**“受注”**エンティティと**“出荷”**エンティティ，または**“受注明細”**エンティティと**“出荷明細”**エンティティは多対1になる。但しこれは分割納品をしない場合で，分割納品もする場合には多対多になる（連関エンティティが必要になる）。

【事例1】平成20年午後Ⅱ問2（食品製造業）

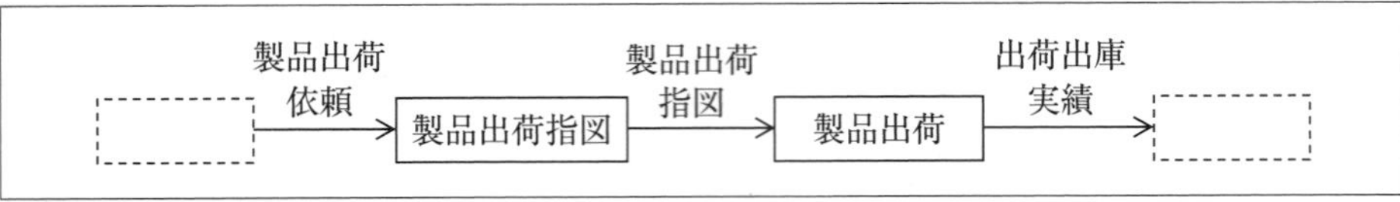

図：製品出荷業務の流れ（平成20年午後Ⅱ問2の図4より）

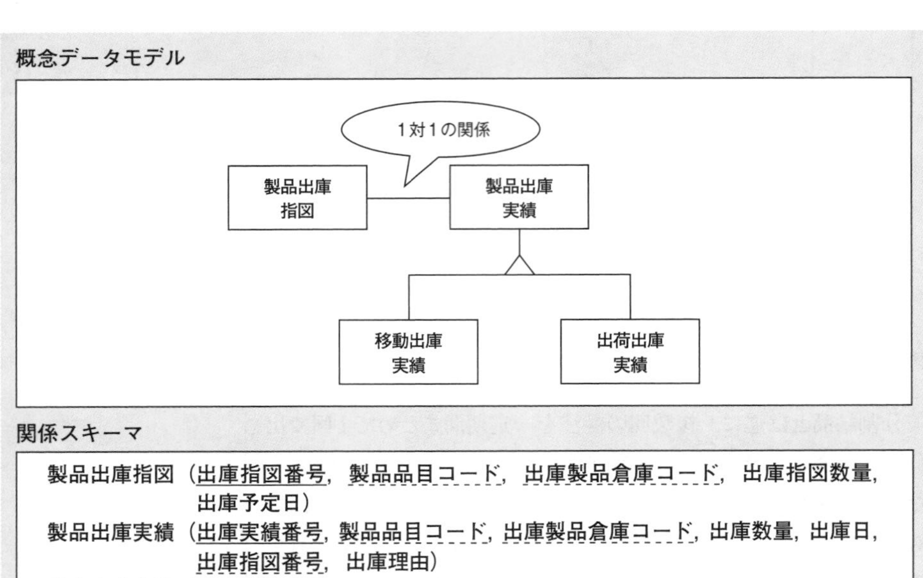

この事例は，生産管理業務がメインのものであるが，最もオーソドックスな事例なので，基本形としてチェックしておこう。

製品に対する注文を受けた部門から製品の出荷依頼を受けて，製品出荷指図を行い，その指図に従って製品を出荷し，実績を記録するところまでについても言及している。

表：製品出荷業務で用いられる情報（平成 20 年午後Ⅱ問 2 の表5より）

情報	説明
製品出荷依頼	受注に基づいて出荷依頼された製品の品目及び 出荷数量
製品出荷指図	出荷対象の製品倉庫に対する出荷の指図
出荷出庫実績	製品倉庫からの出荷のための，出庫実績。 出荷出庫に基づき，出荷元の製品在庫を更新する。

この事例では，**“製品出庫実績”** エンティティをスーパータイプとし，サブタイプに倉庫間移動を目的とした出庫の **“移動出庫実績”** エンティティと，受注に対する出荷を目的とした出庫の **“出荷出庫実績”** を設けている。

また，**“製品出庫指図”** エンティティと **“製品出庫実績”** エンティティは1対1の関係で，後からインスタンスが発生する **“製品出庫実績”** エンティティ側に外部キー **‘出庫指図番号’** を保持している。

但し，指図の段階での **‘出庫指図数量’** 及び **‘出庫予定日’** と実績の **‘出庫数量’** 及び **‘出庫日’** を別々に保持しているところから，指図と実績で異なる可能性があることがわかる。

コラム　出庫と出荷

出庫と出荷は，同じような意味で使われることもある。物流の視点であれば特に差はないからだ。しかし，この問題のように厳密に使い分けることも少なくない。その場合，“出庫” は単に **“倉庫から出す作業”** の意味で使われ，“出荷” は **“顧客や市場に向けて（荷物として）出す時の一連の行為”** の意味で使われるのが一般的だ。少なくとも，自社の中での移動（工場での製造目的であったり別倉庫や営業所への移動）の時には **“出荷”** とはいわないし，最終的に顧客や市場向けではあるが，いったん別の場所に向かったり，タイムラグがある場合には **“出荷”** ではなく **“出庫”** が使われることもある。

試験に出る

令和 05 年午後Ⅱ 問 2 では出荷指示と出庫指示を明確に使い分けている問題が出題されている

【事例 2】平成 20 年午後Ⅱ問 2（トレーサビリティ管理）

概念データモデル

【ロケーション】
履歴を把握する上で必要な，トランザクションの発生場所を汎化した概念である。ロケーションコードが主キーである。

【受払】
品目が移動すること，使用されること，作られることを汎化した概念である。ロケーションと品目について，受払の元と先を参照している。

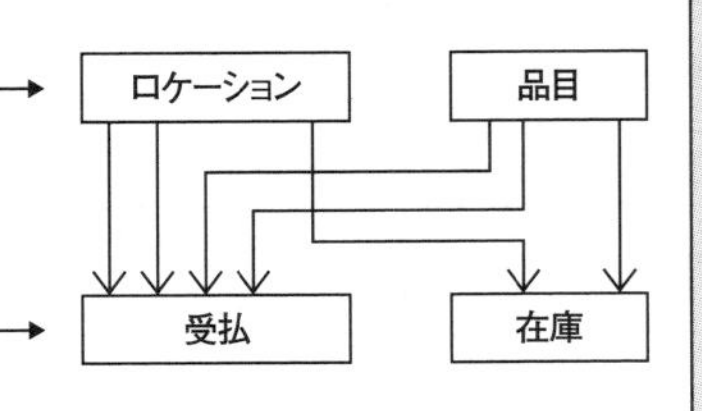

関係スキーマ

受払（受払種類，受入品目コード，受入ロット番号，受入ロケーションコード，払出品目コード，払出ロット番号，払出ロケーションコード，供給者ロット番号）
在庫（品目コード，ロット番号，ロケーションコード，在庫数量）

これは，トレーサビリティ管理の事例である。**トレーサビリティ（Traceability：追跡可能性）**とは，製品の生産から消費・廃棄に至るまでの流通経路を管理して追跡（バックトレース，フォワードトレース）を可能にする管理状態のことである。ポイントは，**“品目”**よりさらに細かい**“ロット番号”**と，ロケーションが移動したり製造したりするたびに**“受払”**エンティティを使って履歴をすべて管理するところにある。

そのあたりを，事例の一部（天つゆ 500 mℓを製造する工程）で示すと右ページの図のようになる。入庫，出庫，移動等が発生した場合，移動元を**‘払出’**，移動先を**‘受入’**に設定した**“受払”**を作成している（①④⑤⑥）。製造の場合は複数の**“受払”**を作成することで対応している（②③。**但し，右ページの下の図を参照。上の図は複数のうちの一つだけで，他は割愛している**）。

このようにデータを残しておけば，例えばロット番号 403 の天つゆ 500 mℓに何かあった場合，**“受払”**を逆にたどっていくことで，普通しょう油（111）やだし汁 B（311），500 mℓ PET（511），PET キャップ（611）までバックトレースできる。

なお，このトレーサビリティシステムを構築するには，流通経路にある各企業が協力して，ロットの追跡ができる仕組みを構築する必要がある

試験に出る

在庫管理業務の中でも，特にトレーサビリティ管理をテーマにした出題があった。トレーサビリティ管理の基本を押さえる上でも役に立つ貴重な問題になる平成 20 年・午後Ⅱ 問 2

バックトレース
問題のあった“製品”の製造ロットを基点にして，製造に用いられた半製品の製造ロットや原料の調達ロットまでさかのぼるなど，製造工程と反対にバックしてトレースすること

フォワードトレース
問題のあった“部品”を基点にして，それを使用した半製品や製品に至るまでなど，製造工程と同じ方向にトレースすること

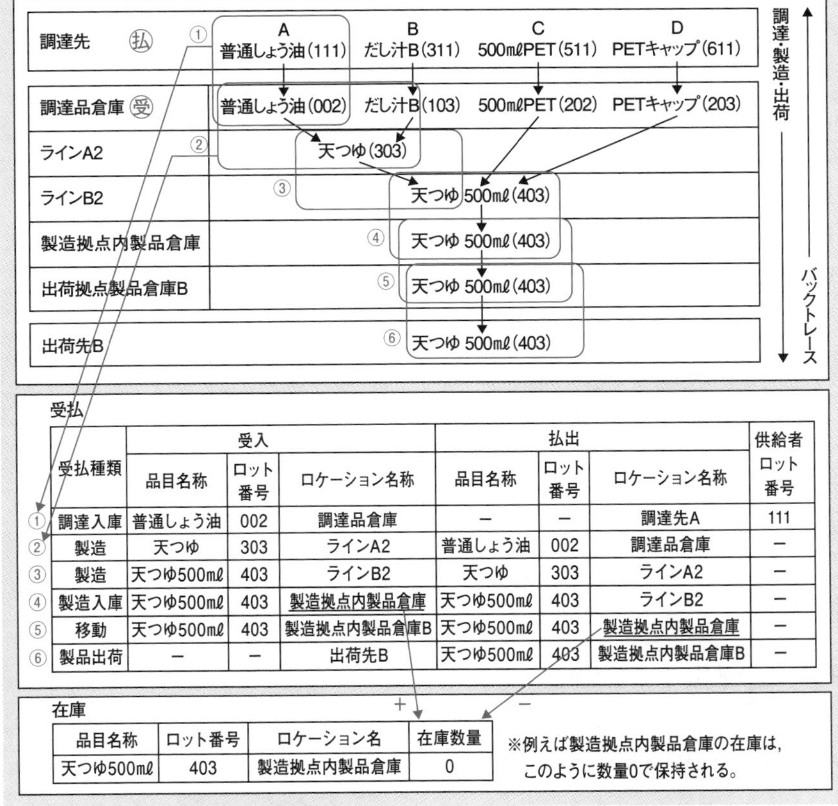

受払

	受払種類	受入			払出			供給者ロット番号
		品目名称	ロット番号	ロケーション名称	品目名称	ロット番号	ロケーション名称	
①	調達入庫	普通しょう油	002	調達品倉庫	−	−	調達先A	111
②	製造	天つゆ	303	ラインA2	普通しょう油	002	調達品倉庫	−
③	製造	天つゆ500mℓ	403	ラインB2	天つゆ	303	ラインA2	−
④	製造入庫	天つゆ500mℓ	403	製造拠点内製品倉庫	天つゆ500mℓ	403	ラインB2	−
⑤	移動	天つゆ500mℓ	403	製造拠点内製品倉庫B	天つゆ500mℓ	403	製造拠点内製品倉庫	−
⑥	製品出荷	−	−	出荷先B	天つゆ500mℓ	403	製造拠点内製品倉庫B	−

在庫

＋ −

品目名称	ロット番号	ロケーション名	在庫数量
天つゆ500mℓ	403	製造拠点内製品倉庫	0

※例えば製造拠点内製品倉庫の在庫は，このように数量0で保持される。

図：製造の流れと“受払”，“在庫”エンティティ

“天つゆ”製造時の受払（上の図の②）

受払種類	受入			払出			供給者ロット番号
	品目名称	ロット番号	ロケーション名称	品目名称	ロット番号	ロケーション名称	
製造	天つゆ	303	ラインA2	普通しょう油	002	調達品倉庫	−
製造	天つゆ	303	ラインA2	だし汁B	103	調達品倉庫	−

“天つゆ500ml”製造時の受払（上の図の③）

受払種類	受入			払出			供給者ロット番号
	品目名称	ロット番号	ロケーション名称	品目名称	ロット番号	ロケーション名称	
製造	天つゆ500mℓ	403	ラインB2	天つゆ	303	ラインA2	−
製造	天つゆ500mℓ	403	ラインB2	500mℓPET	202	調達品倉庫	−
製造	天つゆ500mℓ	403	ラインB2	PETキャップ	203	調達品倉庫	−

図：製造時に作成される“受払”

(2) 配送業務

過去問題には，数は少ないものの配送車の割り当て等の配送業務を加味したものもある。その場合，**"受注"** や **"出荷"** と **"配送"** の関係性を読み取らなければならない。

基本は，やはり **"出荷"** もしくは **"出荷明細"** エンティティと **"配送"** 関連のエンティティ（配送車や手配）との間にリレーションシップを持たせるケースになる。例えば「**複数の出荷を1つのトラックに積み込んで配送する場合で，かつ1つの出荷が異なるトラックに積み込まれることが無いケース**」は下図のようになる。

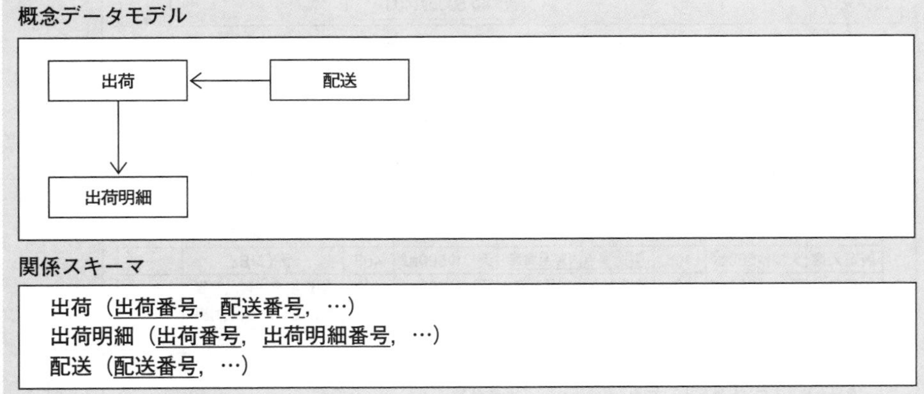

図：概念データモデル，関係スキーマの基本形

通常は，受注と出荷の間で1対多や多対1になっているので，出荷と配送の関係はシンプルになる。また，受注段階で配送車を割り当てる場合は，**"受注"** エンティティとの間にもリレーションシップが必要になるかもしれないが，特にそういう記述が無ければ，出荷するタイミングで配送を決めると考えればいいだろう。後は，過去問題の事例を参考に応用パターンを押さえていこう。

【事例1】平成 15 年午後Ⅱ問 1（配送の事例）

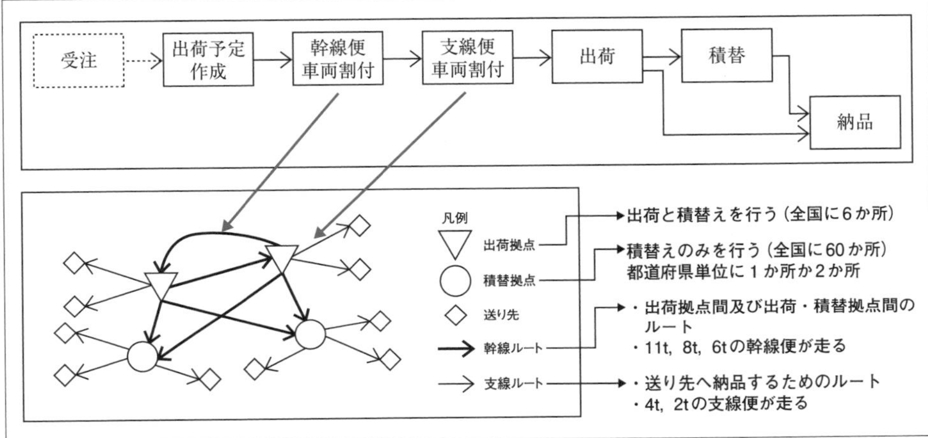

この問題は**“出荷”**以後**“納品”**までの**“配送業務”**をテーマにしたものである（上図参照)。階層化された複数の物流拠点を持つ**ハブアンドスポーク方式**を取り上げている。

表：業務内容

業務名称	業務内容
出荷予定作成	受注情報から希望納期に到着させるためのリードタイムを逆算し，出荷情報を作成する
幹線便車両割付	① 出荷情報から各幹線ルートの荷物量を算出する（必要に応じて追加手配を行う） ② 各出荷情報を幹線便に割り振る（※1） ③ 各出荷情報の出荷状態を“幹線便車両割付済み”にする ※一つの出荷を複数の便に分けることはない
支線便車両割付	① 出荷情報から各支線ルートの荷物量を算出する（必要に応じて追加手配を行う） ② 各出荷情報を支線便に割り振る（※1） ③ 出荷状態を“支線便車両割付済み”にする ※できるかぎり一つの受注を一つの支線便にまとめる
出荷	幹線便車両割付業務，支線便車両割付業務の決定に基づいて出荷する
積替	幹線便の到着都度，個々の荷物を出荷情報に示される支線便に積み替える

※1 では荷物の割当ては，次のように行っている。

- “配送車種類”の属性として‘積載可能容積’を持つ（荷台の空間の積載ロスを見込んだ積載可能容積を設定している）
- “製品”の属性として，‘製品容積’を持つ（実際の製品には，様々な形状があるので，‘製品容積’は余裕を見て設定されている）
- 荷物量は，“製品”ごとに設定されている‘製品容積’に製品数量を乗じて算出する

概念データモデル

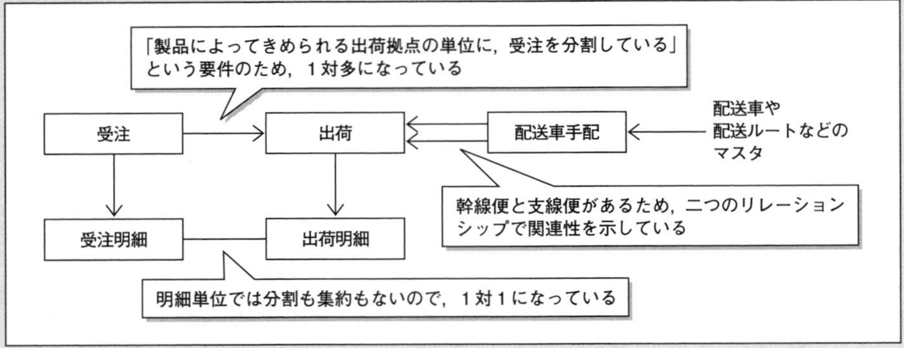
「製品によってきめられる出荷拠点の単位に，受注を分割している」
という要件のため，１対多になっている
受注
出荷
配送車手配
配送車や
配送ルートなどの
マスタ
幹線便と支線便があるため，二つのリレーション
シップで関連性を示している
受注明細
出荷明細
明細単位では分割も集約もないので，１対１になっている

関係スキーマ

【マスタ】

物流拠点（物流拠点コード，物流拠点名称，出荷機能フラグ）
　出荷拠点（物流拠点コード，物流拠点名称）
配送車種類（配送車種類コード，積載可能容積，積載量）
配送ルート（発地物流拠点コード，ルート番号，幹線支線区分）
　幹線ルート（発地物流拠点コード，ルート番号，着地物流拠点コード，幹線リードタイム）
　支線ルート（発地物流拠点コード，ルート番号）
地域（地域コード，地域名称，発地物流拠点コード，ルート番号）
製品（製品番号，製品名称，在庫物流拠点コード，製品容積）

受注（受注番号，地域コード，送り先名称，送り先住所，到着納期年月日）
受注明細（受注番号，受注明細番号，製品番号，受注数量）
配送車手配（発地物流拠点コード，ルート番号，便番号，手配年月日，配送車種類コード）
出荷（出荷状態，出荷番号，受注番号，出荷物流拠点コード，出荷指示年月日，
幹線便発地物流拠点コード，幹線便ルート番号，幹線便番号，幹線便手配年月日，
積替物流拠点コード，積替指示年月日，支線便発地物流拠点コード，支線便ルート番号，
支線便番号，支線便手配年月日，出荷実績年月日，積替実績年月日，納品実績年月日）
出荷明細（出荷番号，出荷明細番号，製品番号，出荷数量，受注番号，受注明細番号）

注 “出荷機能フラグ” は，当該の物流拠点が出荷拠点であることを表す属性。

これらを概念データモデルと関係スキーマで表すと次のようになる。この事例では，**“配送車”**エンティティや**“配送ルート”**エンティティをマスタとして設定するとともに，**“配送車手配”** エンティティを用いて，**“出荷”** エンティティと関連付けている。

【事例2】平成 16 年午後Ⅱ問 2（コンビニストアチェーン）

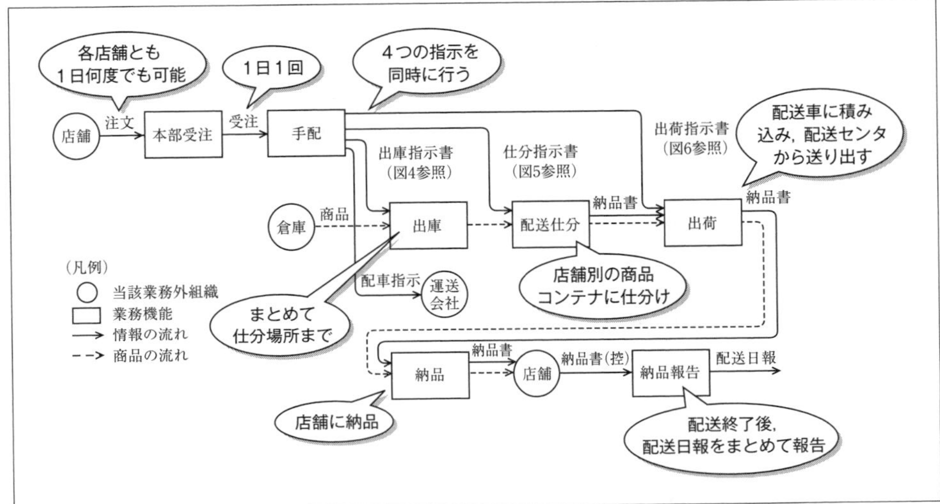

図：在庫品配送業務のフロー（平成 16 年午後Ⅱ問2図3より（ふきだし＝説明を追記））

次は，コンビニエンスストアの配送物流のケースである。事例1と異なるのは，**“出荷”**エンティティと**“配車”**エンティティだけではなく，**“仕分”**エンティティ，**“納品”**エンティティに分けている点だ（業務フローは上記参照）。

表：業務内容

業務名	内容
手配	受注締め後に，出庫，仕分，配車，出荷を同時に指示する業務
出庫	出庫指示書をトリガに，倉庫→仕分場所
配送仕分	仕分指示書をトリガに，店舗別に仕分ける業務
出荷	出荷指示書をトリガに，仕分された商品を配送車に積込み，配送センタから送り出す業務
納品	配送車が担当の配送エリアを回り，店舗に納品する業務

問題文には，**“手配”**で4つの指示（出庫指示，配車指示，仕分指示，出荷指示）に分けた理由は書いていないが，一般的には，指示する相手が異なる場合や，指示するタイミングが異なる場合に，その指示する相手単位や時期単位に分けることが多い。

この事例では**「配送業務は，配送センタから配送エリア単位に商品が出荷され，配送車が担当の配送エリア内の全店舗に納品することで完了する形態」**だとしている（図参照）。

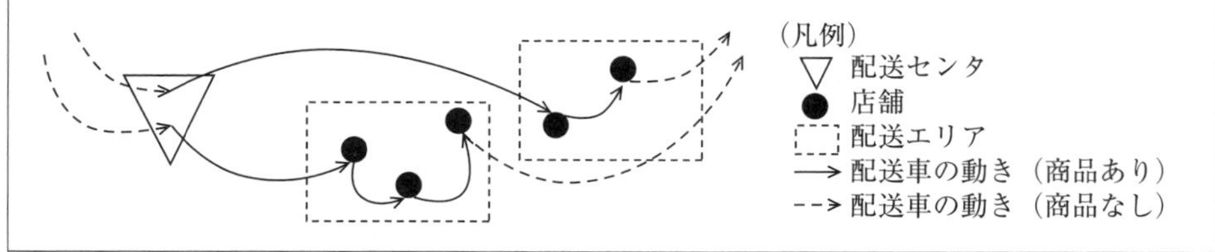

図：在庫品の配送業務形態（平成16年午後Ⅱ問2の図1より）

そして，これらを概念データモデルと関係スキーマで表すと右頁のようになる。

受注と仕分，納品は，明細レベルで全て1対1で対応付けられている。主キーは全て**‘受注番号’**及び**‘受注番号＋受注明細番号’**である。これは，一連の流れが受注単位で管理されていることを表している。

ただ，個々の非キー属性にはそれぞれ別々に‘数量’を保持している。これは問題文に**「日常は欠品を起こさないように業務運用されている。しかし，不測の事態による欠品の可能性は否定できないので，業務の各段階で実績の数量を記録している」**という要件に基づいた設計にしているからだ。受注数量と仕分数量，納品数量が異なる可能性があるためである。

また，**“配車”**エンティティと**“出荷”**エンティティは1対1になっている。これは，例えば今回のように，配送エリア内に1台のトラックがあり，それが1日1回全店舗の荷物を積んで走るような場合で，出荷指示が配車単位になるケースに該当する。

加えて，1台の車両には複数店舗の複数の受注が含まれているため，（当日の）**“出荷”**エンティティと**“仕分”**エンティティ（受注番号単位）との間には，1対多のリレーションシップが必要になる。

なお，**“出庫”**エンティティと**“仕分明細”**エンティティの間に1対多のリレーションシップが書いてあるのは，出庫は1日1回商品ごとにまとめてピッキングし，仕分場所まで持ってくるからだ。

概念データモデル

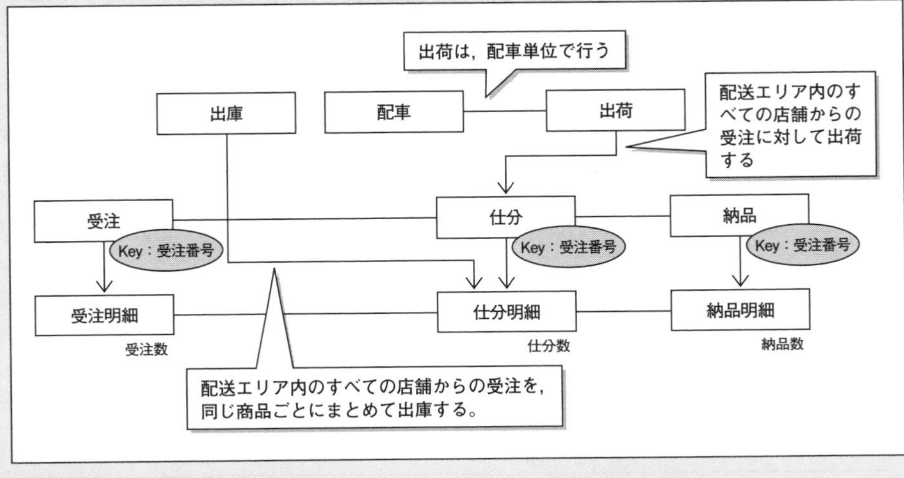

関係スキーマ

受注（受注番号，店舗番号，受注年月日時刻，納品予定年月日）
受注明細（受注番号，受注明細番号，商品番号，受注数量）
出庫（出庫番号，配送センタ番号，商品番号，出庫実績数量，出庫実績年月日時刻）
配車（配車番号，配送エリアコード，配送年月日，車両番号，ドライバ氏名）
仕分（受注番号，出荷番号）
仕分明細（受注番号，受注明細番号，出庫番号，仕分数量）
出荷（出荷番号，配車番号）
納品（受注番号，納品年月日時刻）
納品明細（受注番号，受注明細番号，納品数量）

2.3.5 売上・債権管理業務

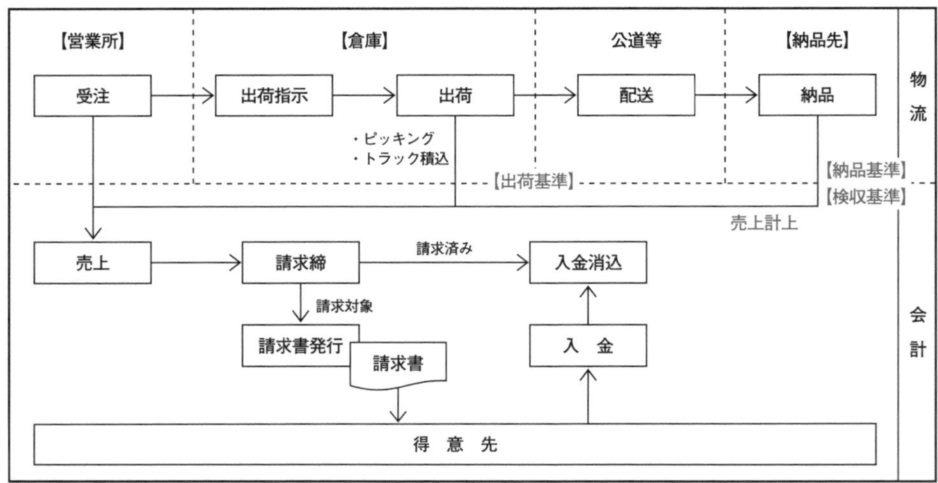

図：売上から請求，入金消込までの流れの例（基本形）

得意先から受注した商品等を出荷し，納品が完了したら **"売上"** を計上する（売上計上処理）。そして，その **"売上"** は **"売掛金"** という債権として管理され，一定期間分をまとめて請求して回収する。その一連の処理の流れを簡潔にまとめたのが図になる。

現金で取引をする場合には，請求締処理や請求書発行処理は必要ないが，企業間取引の場合は信用取引が一般的なので（午後Ⅰや午後Ⅱの問題になる事例でも企業間取引が多いため），この一連の流れを基本形としてイメージしておくといいだろう。

なお，売上計上後の処理は，財務会計上 **"記録"** が義務付けられている。したがって，ここの内容をさらに詳細に知りたい場合は，簿記の勉強が最適である。

なお，売上を計上するタイミング（収益認識基準）は，いくつかの考え方があり，財務会計上は個々のビジネスに即した基準を適用しなければならないが，データベーススペシャリスト試験の問題になるレベルでは次の2つのいずれかでいいだろう。

① 出荷基準：出荷時
② 検収基準：納品・検収が完了し受領書をもらった時

試験に出る

債権管理業務に特化した問題もそれほど多くは無い。午後Ⅱでは，今のところこの問題ぐらいだろう
平成22年・午後Ⅱ 問1

物販以外だと，2021年4月以降に始まる事業年度から上場企業等に義務付けられる収益認識基準やIFRSの第15号の基準のようにサービスを履行したタイミングなどもある

(1) 基本パターンを覚える

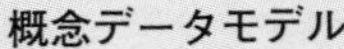

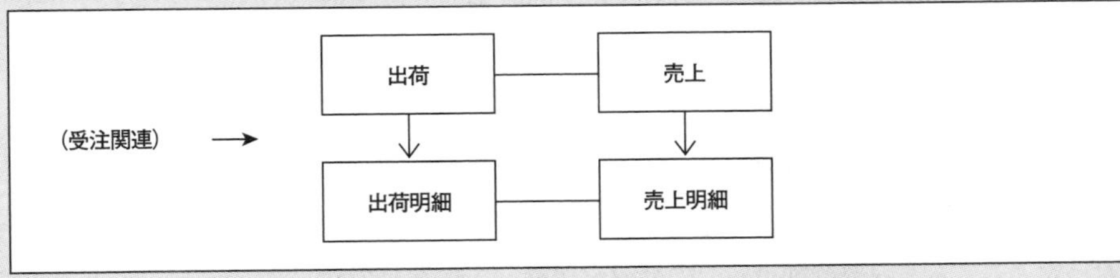

関係スキーマ

出荷（出荷番号，受注番号，…）
出荷明細（出荷番号，出荷明細番号，受注番号，受注明細番号，…）
売上（売上番号，出荷番号，…）
売上明細（売上番号，売上明細番号，出荷番号，出荷明細番号…）

図：概念データモデル，関係スキーマの基本形

上記は **“売上”** 及び **“売上明細”** エンティティの基本パターンである。この例では **“出荷”** 及び **“出荷明細”** エンティティを引き継いでいるが（外部キーでリレーションを張っているが），他に **“受注”** 及び **“受注明細”**，**“納品”** 及び **“納品明細”** エンティティを引き継いでいるケースもある。

但し，過去問題を見る限り，**“売上”** 関連のエンティティを使っているケースは，現金取引の小売業や販売分析系の問題が多い。つまり，**“売上”** 関連のエンティティから開始するケースだ。そのため，上記のような基本パターンのケースは少ないが，財務会計システムへのデータ連携等を考える場合，出荷や納品という物流関連のデータと別に保持することも考えられるため，次のような点は意識しておいた方がいいだろう。

【債権管理部分が問われる場合に読み取ること】

- **“売上”** と **“売上明細”** エンティティの存在の有無
  →出荷や納品ベースに請求しているかどうか？
- 請求に必要な情報をどこに保持しているか？
  →**“売上”**，**“売上明細”** 等の属性？それとも“出荷”，“出荷明細”？

(2) 請求までの処理

売上を計上した後，請求書を発行するまでに行う処理がある。売上計上後の取消処理や，返品，値引きなどの処理だ。売上計上後は，会計上記録を求められる部分になるので，その管理も厳密になる。

① 売上の取消処理（赤黒処理）

売上入力後の売上訂正や取消処理は，たとえ，それが単純ミスだったとしても，内部統制上，その経緯を記録して保存しておく必要がある。そこで，売上訂正入力や売上取消入力を行った場合，まずマイナスの伝票を発行し，その後，訂正の場合は訂正後の伝票を発行する。前者を**「赤伝」**，後者を**「黒伝」**といい，こうした処理を**「赤黒処理」**と呼ぶ。

② 値引処理・返品処理（次頁の事例参照）

商品を販売したら，値引や返品についても適切に処理しなければならない。値引処理では，売上伝票単位，明細行単位，請求書単位など，その対象がいくつか存在する点に注意が必要である。

また，返品処理では，返品理由がいろいろある点に注意しなければならない。単純に交換目的の返品処理であれば，在庫管理上の処理だけでも構わないが，返金する場合は，①の売上の取消処理になるため赤黒処理が必要になる。

③ リベート処理

リベートとは，報奨金，販売促進費，目標達成金，協力金などいろいろな別称があるが，端的にいうと，一定期間の売上実績に対するインセンティブである。その計算ルールは，企業によって大きく異なるし，複雑になっていることも多い。

この処理は，特に請求までに行う処理ではない。請求段階で加味することもあれば，1年間の計算により翌年に考慮されることもある。用語の存在だけを覚えておいて，問題文に出てきたら，その要件をしっかりと読み取ろう。

【事例】平成22年午後Ⅱ問1（受注取消，返品処理）

この事例では，売上の取消処理で赤黒処理を行うだけではなく，受注取消及び返品処理でも赤黒処理を行っている。

ちなみに，後述している通り，この事例では請求対象は，出荷エンティティで把握している

業務要件

〔受注の取消と返品〕

(1)　顧客は，商品出荷前の注文を取り消すことができる。取消は注文書単位に行い，特定のSKUの注文だけを取り消すことはできない。

(2)　顧客は，返品可能な商品に限り返品することができる。ただし，納品後10日以内にA社の物流センタに到着することが条件となる。

(3)　取消又は返品があれば，受注数量及び出荷数量をすべてマイナスにした受注伝票及び出荷伝票（以下，赤伝という）を新たに作成する。さらに，一部のSKUだけが返品された場合は，返品されたSKUを除く受注伝票及び出荷伝票（以下，黒伝という）を新たに作成する。

(4)　返品された商品は，商品の状態に応じて，在庫に戻されるか，又は処分される。

処理概要

受注取消	受注の取消を行う。受注と受注明細，及び出荷と出荷明細の赤伝を作成する。取り消された受注の受注番号（取消元受注番号）を赤伝に，赤伝の受注番号（取消先受注番号）を取消元に記録する。取消元の受注状態を“取消済”にする。
返品	返品の入庫を確認し，受注単位に返品処理を行う。受注と受注明細，及び出荷と出荷明細について，それぞれ赤伝と黒伝を作成する。返品対象の受注の受注状態を“取消済”にし，出荷の出荷状態を“返品済”にする。さらに，返品対象の出荷に対応するすべての出荷明細の返品区分に“返品”を記録する。赤伝と黒伝の出荷明細の返品区分には値を設定しない。

関係スキーマ

受注（受注番号，顧客番号，受注担当社員番号，受注年月日，受注状態，受注金額，消費税額，届先住所，取消元受注番号，取消先受注番号，…）
受注明細（受注番号，受注明細番号，SKUコード，受注数量，単価，…）
出荷（出荷番号，受注番号，出荷状態，出荷年月日，納品年月日，請求番号，取消元受注番号，取消先受注番号）
出荷明細（出荷番号，出荷明細番号，SKUコード，出荷数量，単価，返品区分）

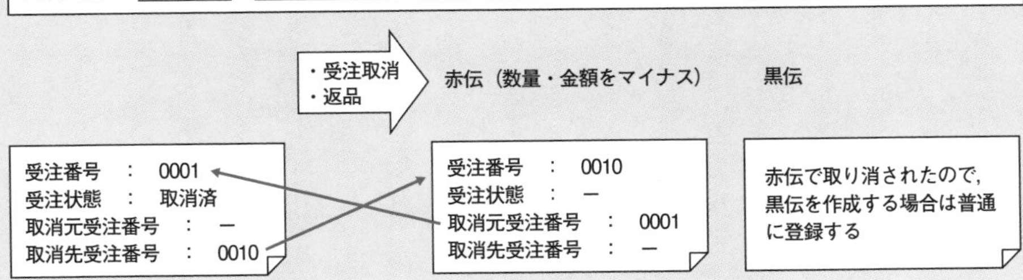

図：赤黒処理の設計例（平成22年午後Ⅱ問1より一部追記）

(3) 請求締処理と請求書発行処理

納品が完了すると，毎月１回など定期的に（時に不定期に）請求書を発行しなければならない。この時に行う処理が，請求締処理と請求書発行処理である。

① 請求締処理

信用取引の場合，いつからいつまでの売上分を請求するかということを取引先ごとに決めておく必要があるが，その区切りになる日を**「締日」**と呼ぶ。企業では，締日が来るたびに，請求締処理（請求締更新とも呼ぶ）を実行して，請求対象データを抽出し，請求内容を確定させる。

シンプルな例では，取引先（顧客）ごとに締日を設定するが，納品先，売上計上の単位，請求先と，それぞれ異なることも少なくない。

締日は**"20日"**や**"月末"**など取引先によって異なる。また月１回（月に締日が一つ）のケースが多いが，取引先によっては月に複数回や都度請求などもある

② 請求書発行処理

締処理が完了すると，続いて請求書を発行する。請求書は，３枚以上の複写になっていることが多い。その場合，例えば，１枚は取引先に送るもの，もう１枚は保存義務のある経理部門の控え，最後の１枚（以上）は営業部門などの関連部門の控えなどで使い分けたりする。

【事例】平成22年午後Ⅱ問1（請求関連）

問題文の記述

〔代金の請求〕

(1)　事業所では，月初日から月末日までに納品が済んだ受注を確認して，月締めを行う。事業所によって月締めのタイミングは異なるが，翌月の第15営業日までには前月分の月締めを行う規則になっている。

(2)　事業所では，顧客ごとに，月締めの対象月中に納品が済んだ受注の受注金額と消費税額を合計して請求金額を求め，請求書を作成して顧客に送付する。あわせて，請求金額を未収金額に計上する。請求書には，顧客番号と振込先口座番号も記載されている。振込先口座番号は，事業所ごとに異なっている。

月締め	事業所の月締めの時期に合わせて，対象月中に納品が済んだ受注の受注金額及び消費税額を，顧客別に集計する。さらに，請求対象年月が前月以前で，かつ，1年以内の請求データの未収金額を月締め時点での累積未収金額として集計し，請求状態を“未請求”にして，請求データを作成する。請求データ作成済の出荷は，出荷状態を“請求済”にする。また，請求年月日から5年経過した請求データを削除する。
請求	事業所ごとの月締めによって作成された請求データを確認して請求書を出力し，請求状態を“請求済”にする。あわせて，請求金額を未収金額として記録する。

関係スキーマ

出荷（出荷番号，受注番号，出荷状態，出荷年月日，納品年月日，請求番号，取消元受注番号，取消先受注番号）

出荷明細（出荷番号，出荷明細番号，SKUコード，出荷数量，単価，返品区分）

請求（請求番号，顧客番号，事業所コード，請求対象年月，請求年月日，請求金額，入金日，未収金額，累積未収金額，請求状態）

【処理の流れのまとめ】

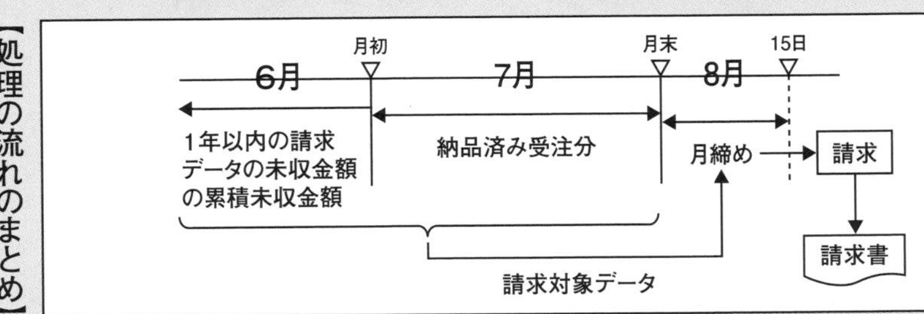

図：月締めと請求書発行処理の例（平成22年・午後Ⅱ問1より一部加筆）

この事例では**“売上”**関連のエンティティを使わずに，**“出荷”**及び**“出荷明細”**から**“請求”**エンティティを作成している。

(4) 入金処理と入金消込処理

請求先から入金があると，債権を消滅させなければならない。この時に行うのが入金処理と入金に対する消込処理である。

入金処理に関しては入金された金額，その方法（銀行振込，集金，手形など）を登録するだけの処理なので複雑な処理ではないが，入金に対する消込処理は複雑になる。請求金額と入金額が一致しない場合の消し込みを考慮する必要があるからだ。

【事例】平成 22 年午後Ⅱ問 1（入金関連）

問題文の記述

〔入金の確認〕

(1) 顧客は，請求書に記載されている請求年月日の翌月の月末日までに，請求金額を銀行振込によって支払う。その際，振込人欄に請求書に記載された顧客番号を記入する。

(2) 各事業所の請求担当者は，銀行から入金情報（振込人，入金日，入金金額）を取得する。振込人欄に記載された顧客番号で，当該顧客の請求済で未入金の請求書と照合して，次のように消込みを行う。

① 入金金額を未消込金額に設定し，ゼロを不足金額に設定する。

② 請求年月日の古いものから順に，最新の請求まで，次のいずれかを行う。

- 未消込金額が未収金額以上の場合，未消込金額から未収金額を差し引いた額を未消込金額に設定し(a)，未収金額を消込金額として記録する(b)。未収金額にゼロを設定する。(c)
- 未消込金額がゼロよりも大きく，かつ，未消込金額が未収金額よりも小さい場合，未収金額から未消込金額を差し引いた額を，不足金額と未収金額に設定し，未消込金額を消込金額として記録する(d)。未消込金額にゼロを設定する。(e)
- 未消込金額がゼロの場合，不足金額に未収金額を加算する。(f)

(3) 消込みの結果，顧客ごとの不足金額がゼロより大きければ，不足金額の支払を求める。また，顧客ごとの未消込金額がゼロより大きければ，未消込金額を返金する。

〔損金処理〕

請求後 1 年以内に回収できない請求は，未収金額をゼロにして損金処理を行う。

入金確認	事業所ごとに，銀行から取得した入金情報によって，顧客を特定し，その顧客の請求データと照合する。照合結果として，請求入金の消込金額を記録し，請求データの未収金額を更新する。同時に，未収金額がゼロになった請求は，請求データの請求状態を“入金済”にする。

関係スキーマ

請求（請求番号，顧客番号，事業所コード，請求対象年月，請求年月日，請求金額，入金日，未収金額，累積未収金額，請求状態）

入金（入金番号，振込人，入金日，入金金額）

請求入金（請求番号，入金番号，消込金額）

図：平成 22 年午後Ⅱ問 1 より

この事例では，**“請求”** エンティティ，**“入金”** エンティティに加えて，その2つのエンティティを関連付ける**“請求入金”**エンティティを使って処理をしている。

“請求” データを作成する時に，**‘請求状態’** に **“請求済”** を，**‘未収金額’** に **“請求金額”** を，それぞれ設定する。そして銀行から取得した入金情報を元に **“入金”** データを作成し，当該顧客の **“請求”** データと照合する。この時に **“請求入金”** データを作成して入金の消し込みを行うというわけだ。

例えば，ある得意先への **“入金済”** になっていない（未収金額がゼロではない）請求データが4つ（4/30，5/31，6/30，7/31，合計2,200）残っているところに，1,200の入金があった場合は，下図のような処理になる。

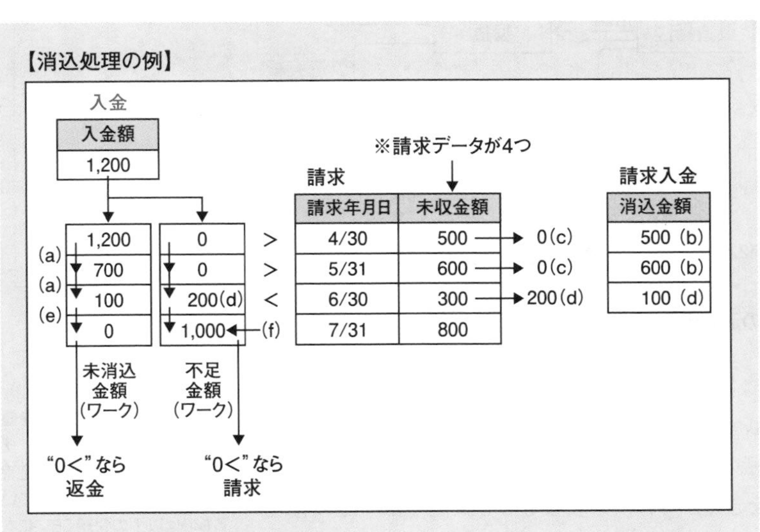

図：平成22年午後Ⅱ問1より

図の（a）～（e）は，前頁の図内（問題文に加えた下線部分）に対応する処理である。ここを見れば，ワークエリアの **“未消込金額”** と **“不足金額”** を使って，請求データの古いものから順に ‘未収金額’ を消し込んでいることがわかる。

2.3.6 生産管理業務

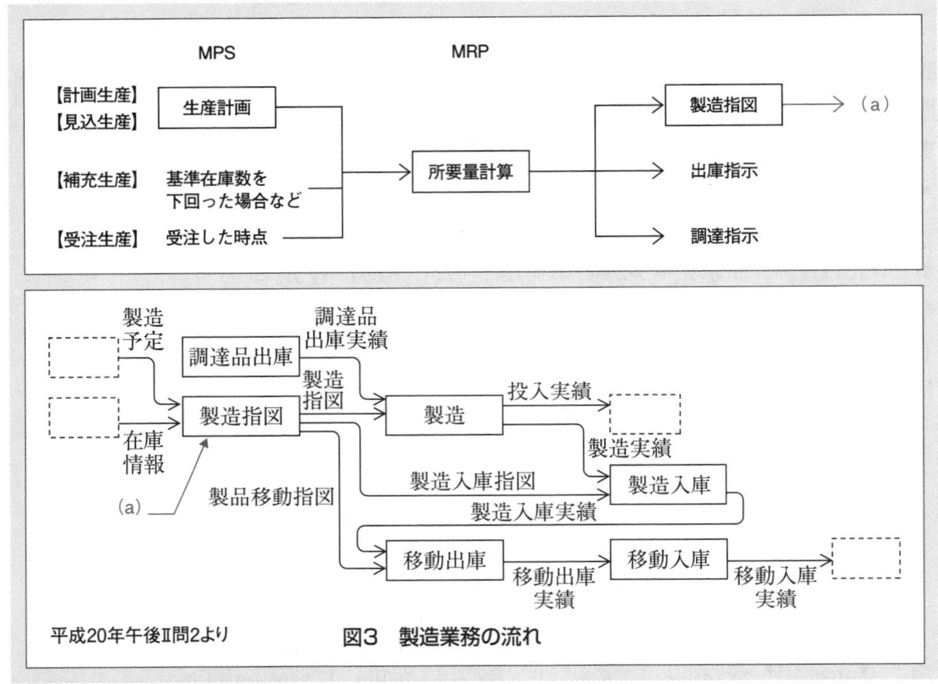

図：生産管理業務の流れの例

生産管理業務とは，生産計画に基づいて（見込生産，計画生産の場合），あるいは在庫が少なくなった時（基準在庫を下回った場合の補充生産の場合），顧客からの注文があった時（受注生産の場合）などをきっかけに，必要なものを製造する一連の管理業務のことである。

通常，生産計画は最終製品の単位（自動車等）で計画されるが，これを **MPS（Master Production Schedule）** という。そして，このMPSを基に，所要量計算を実施して不足する部分を手配する。この所要量を計算し手配する部分を，特に **MRP（Material Requirements Planning）** という（ここまでが図の上段）。

諸々の手配が完了し準備が整った段階で，製造指図を出して製造を始める。製品が完成すると製造実績を記録して終了する（図の下段）。ざっとこのような流れになる。

試験に出る

午後Ⅱでメーカ（製造業）を題材にした問題は割と多いが，その中で，ここで説明する生産管理や製造業務が出題されているものは以下の問題くらいになる。在庫管理や物流の方がメインになっている問題も多く，複雑な割には，あまり出題としては多くはないという印象だ。

平成 20 年・午後Ⅱ 問2
平成 30 年・午後Ⅱ 問2
平成 31 年・午後Ⅱ 問2

対象とする製品は，いずれも複雑なものではなく，パンの製造（H31）やしょうゆやタレ（H20）などシンプルなものである。製菓ライン（H30）という機械がやや複雑だったぐらいだシステムフローは下図のようになる。これは，製品の生産計画を登録し，その計画に基づいて所要量計算を行い，①在庫があるものは倉庫に対して出庫指示を出し，②購買が必要なものは購買データを作成して仕入先に注文し，③組立てが必要なものは製造指図（組立指示）を出している。この基本的な流れを把握しておこう。

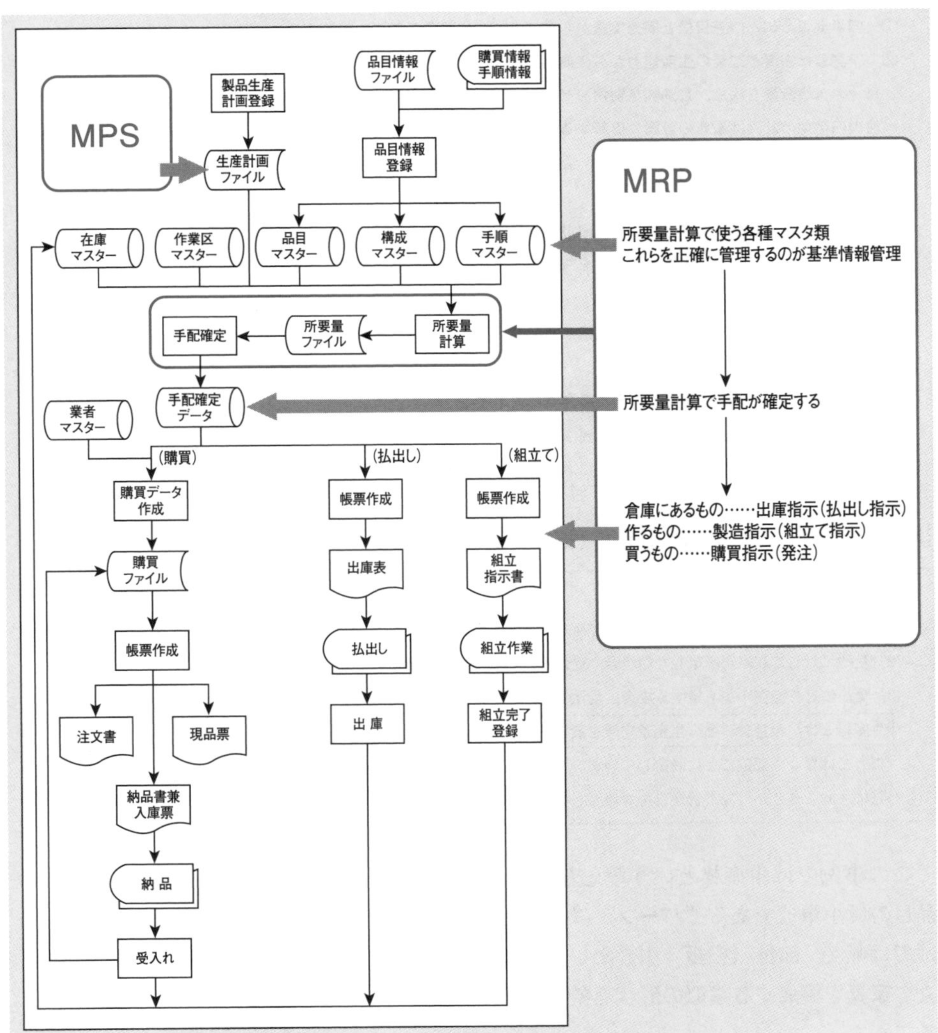

図：生産管理システムフローの例（情報処理技術者試験 AE 平成 13 年・午後Ⅰより）

(1) 生産計画

生産計画の部分は，これまでのところ設問で問われることはなかった。なので，あまり意識する必要はないが，どのように記載されているかぐらいは目を通しておこう。

【事例1】平成29年午後Ⅱ問2（計画生産，補充生産の例）

(4) 計画生産品の生産・物流
① 四半期ごとに，販売目標と販売実績から向こう 12 か月分の需要を予測する。
② 予測した需要と工場の生産能力から，商品別物流センタ別に，向こう 12 か月分の入庫数量を決め，月別商品別物流センタ別入庫計画を立てる。このとき，前の四半期の計画は最新の計画に更新する。
③ 月別商品別物流センタ別入庫計画は，立案時に計画値を設定し，生産入庫時に実績値を累計する。
④ 工場は，月別商品別物流センタ別入庫計画の計画値に対する実績値の割合が低い商品について，入庫先物流センタを決めて生産し，その都度，生産入庫を行う。
⑤ 在庫補充の方式は，営業所だけに適用する。
(5) 補充生産品の生産・物流
① 在庫補充の方式は，在庫をもつ全ての拠点に適用する。
② 物流センタでは，生産工場別に補充要求を行う。
③ 工場は，上位拠点がないので，補充要求の代わりに生産要求を行う。

【事例2】平成22年午後Ⅱ問2（生産枠を使用した例）

5. 在庫と生産枠
(1) パーツごとに基準在庫数を決めて，在庫を保有している。
(2) 受注に対して在庫が不足しない場合，受注したパーツは，在庫から引き当てる。
(3) 受注に対して在庫が不足する場合，受注したパーツは，生産枠から引き当てる。生産枠とは，年月日ごとの生産予定数を設定したものである。生産枠は，パーツごとではなく，部位ごとに設定している。また，生産枠の登録は，毎月最終営業日に，向こう 2 か月分の営業日を対象として生産管理室が行っている。

この事例では生産枠という考え方を用いている。ポイントは，品目の最小単位である **“パーツ”** ごとに生産計画を立てているわけでは無く，**部位（棚板，引き出しユニット，キャスタなど組み立て家具を構成する類似の形状を持つ要素）単位にしているところ**である。

(2) MRP（Material Requirements Planning）

資材所要量計画。製品の需要計画（基準生産計画：MPS）に基づき，その生産に必要となる資材及び部品の手配計画を作成する一連の処理のことである。

通常，製品（この最終製品を独立需要品目と呼ぶ）は，多くの資材や部品（その製品を構成する品目を従属需要品目と呼ぶ）から構成されている。そのため，最終製品（独立需要品目）の需要計画を立てても，そのままでは，いつ，どの資材・部品がどれだけ必要なのかがわからない。そこで，その製品を構成品目（従属需要品目）に展開して，手配計画を立てるというわけである。

MPS (master production schedule)
基準生産日程計画。最終製品の一定期間の期別の所要量（需要量）のこと

試験に出る
平成 31 年・午後I 問 3 で階層化された部品構成表について出題されている

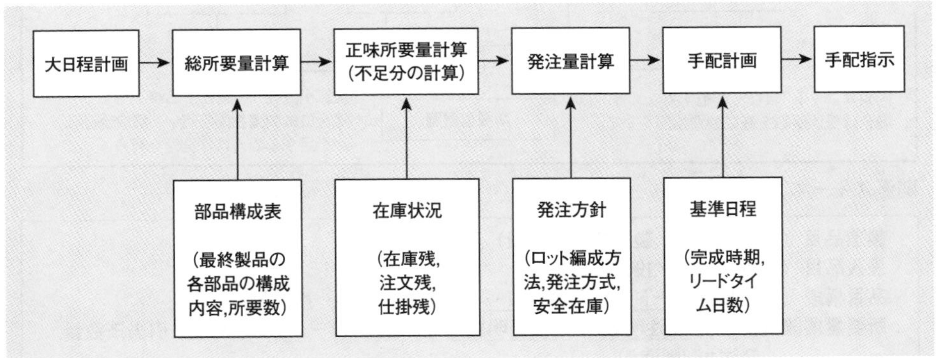

図：MRP の手順

① 総所要量計算（品目マスタと品目構成マスタなどを使って，独立需要品目を従属需要品目に展開。生産計画（大日程計画）の（製品の）必要生産量から，各部品の“総所要量”を算出する）
② 正味所要量計算（各部品の総所要量から，各部品の手持在庫を引いて，手配が必要な“正味所要量”を計算）
③ 発注量計算（ロット，発注方式，安全在庫などを考慮し，発注量を計算する）
④ 手配計画（製品の納期，リードタイムから，いつ発注するのかを計画する）
⑤ 手配指示

MRP を利用するときに，必要になるのが品目マスタや品目構成マスタなどの基準情報である。生産管理システムにおいて，基準情報の管理は非常に重要である。計画的な生産活動をするには，この基準情報の正確さが重要になるからだ。なお，生産管理システムにおいては，基準情報は各種マスタテーブル（品目マスタ，品目構成マスタ，手配マスタ，工程マスタなど）として管理される

【事例】平成30年午後Ⅱ問2（所要量展開の事例）

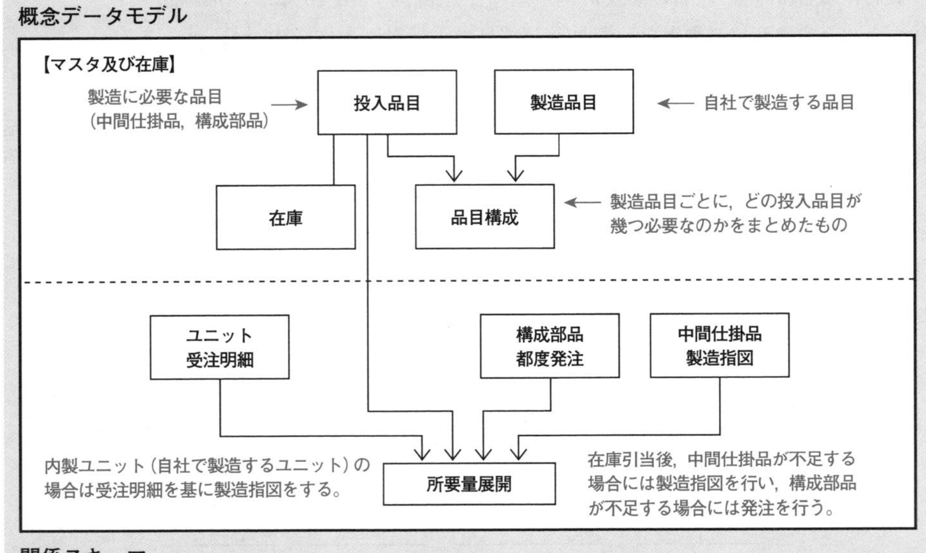

関係スキーマ

製造品目（品目コード，製造ロット数量）
投入品目（品目コード，投入方法）
品目構成（製造品目コード，投入品目コード，構成レベル，所要量）
所要量展開（受注#，受注明細#，所要量明細#，投入品目コード，必要数量，引当済数量，発注#，製造#）

この事例では，次のような流れを想定している。

① **受注**

顧客から注文があると**“受注”**と**“受注明細”**に記録する。

② **製造指図（製造するもののみ）**

“受注明細”は複数のサブタイプを持つが，そのうちの**“ユニット受注明細”**は，さらに自社で作成する内製ユニットと，他社から購入する構成ユニットに分けられる。このうち内製ユニット（受注明細の品目が**“製造品目”**に該当する場合）に関しては製造を指図する。

③ **所要量展開**

“製造品目”に必要な投入品目とその数量を**“品目構成”**に基づいて求める。具体的には，**“製造品目”**マスタの製造品目コード（下図の(a)）を**“品目構成”**マスタにセットして読み込み（同(b)），投入品目とその所要量を（同(c)）求める（同(d)）というイメージになる。

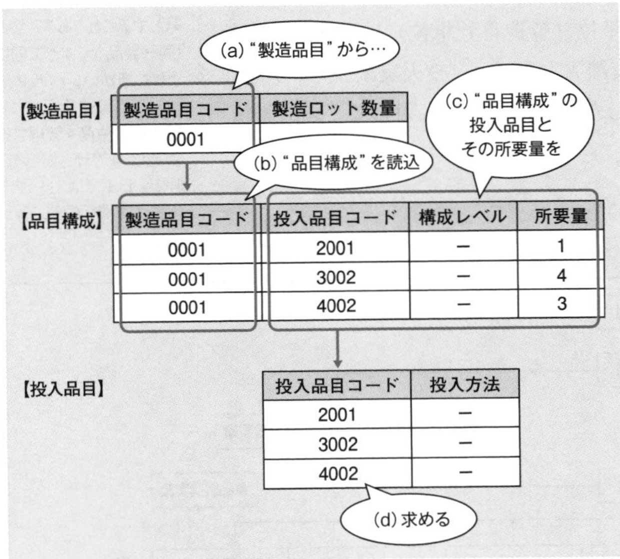

図：各マスタを使った所要量展開の例

但し，投入品目には中間仕掛品と構成部品があり，中間仕掛品は，さらに中間仕掛品や構成部品で構成されているため，階層化されている。

④ 在庫引当

各中間仕掛品及び各構成部品の在庫引当を行う。

→ 中間仕掛品の在庫が不足する場合
　中間仕掛品をさらに部品展開し，各構成部品ごとに在庫引当を行う

⑤ “所要量展開”のデータ作成

⑥ 手配

在庫引当で不足したものを…

- 中間仕掛品は製造指図を行う（**製造＃を記録**）
- 構成部品は発注を行う（**発注＃を記録**）

(3) 製造指図と実績入力

実際の生産は，製造指図を行うことによって開始する。1回の製造指図では，「いつ（製造予定日），何を（製造品品目コード），どこで（製造ラインコード），いくつ（製造予定数量）作るのか？」が決められている。

この後，その製造指図単位（製造番号単位）に，資材や半製品を投入したらその都度実績入力を行い“投入実績”データを作成し，製造がすべて完了したら製造実績を入力して“製造実績”データを作成する。

製造番号（製番：せいばん）
1回の製造指示に割り当てられた一意の番号。「製造オーダーNo.」や「指図番号（指番）」のことで，そのまま製造ロット番号とすることもある。製品番号（同一製品ならすべて同じ番号）よりも細かいレベルの管理単位。この製造番号で，指図発行以後の生産を管理することを製造番号管理（製番管理）と呼ぶ。日本では，多くの製造業で製番管理を実施している

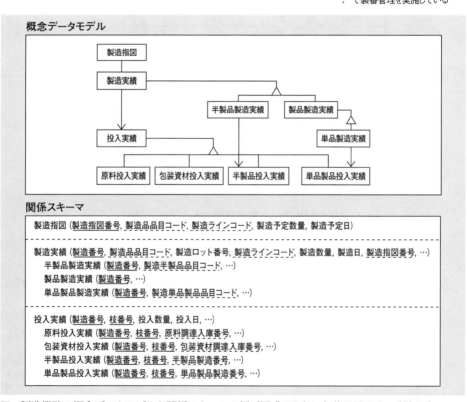

概念データモデル

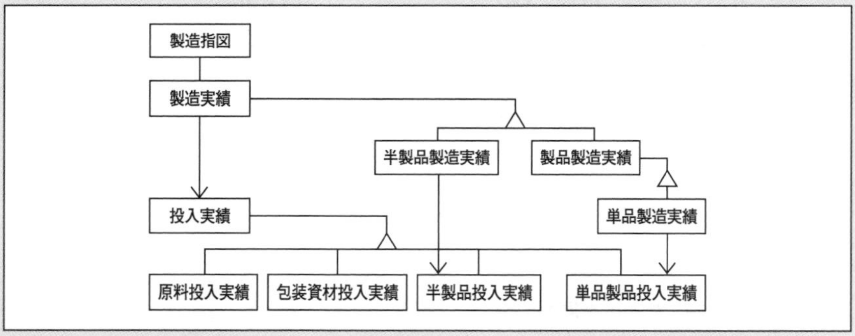

製造指図
製造実績
半製品製造実績
製品製造実績
単品製造実績
投入実績
原料投入実績
包装資材投入実績
半製品投入実績
単品製品投入実績

関係スキーマ

製造指図（製造指図番号，製造品品目コード，製造ラインコード，製造予定数量，製造予定日）

製造実績（製造番号，製造品品目コード，製造ロット番号，製造ラインコード，製造数量，製造日，製造指図番号，…）
　半製品製造実績（製造番号，製造半製品品目コード，…）
　製品製造実績（製造番号，…）
　単品製品製造実績（製造番号，製造単品製品品目コード，…）

投入実績（製造番号，枝番号，投入数量，投入日，…）
　原料投入実績（製造番号，枝番号，原料調達入庫番号，…）
　包装資材投入実績（製造番号，枝番号，包装資材調達入庫番号，…）
　半製品投入実績（製造番号，枝番号，半製品製造番号，…）
　単品製品投入実績（製造番号，枝番号，単品製品製造番号，…）

図：製造業務の概念データモデルと関係スキーマの例（平成20年・午後Ⅱ問2を一部加工）

2.3.7 発注・仕入（購買）・支払業務

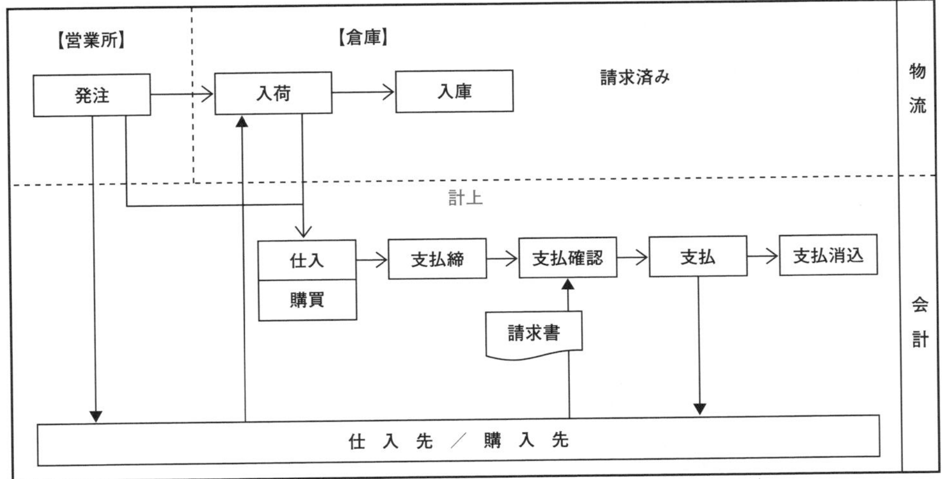

図：発注から請求，支払消込までの流れの例（基本形）

ここでは，発注から仕入，支払にいたるまでの一連の流れを説明する。これらの処理は，これまで説明してきた受注から売上，請求，入金にいたる一連の販売業務の裏返しである。そのため，販売業務をしっかりと理解していさえすれば，仕入業務や購買業務の方は理解しやすいだろう。

但し，ここに掲載している3つの事例を見ても明らかだが，発注処理には複数のパターンがある。分納発注方式や都度発注方式，定量発注方式だ。一般的にも次のように，定量発注方式と定期発注方式に分けて説明されることが多い。

定量発注方式とは，「在庫が3,000個を下回ったら10,000個発注する」というように，あらかじめ決めておいた水準を在庫が下回った時に一定量を発注する方式になる。

また，定期発注方式とは，「毎月1日」というように，ある決まった時期（定期）に，発注する量をその都度変えながら行う発注方式である。在庫量をチェックするのは，発注するとき（上記の例では，毎月1日）だけでいいので，定量発注方式に比べて，在庫管理が楽になるが，その分欠品する可能性も高くなるという特徴がある。

定量発注方式は，需要の変動が小さく，比較的安価な商品で在庫切れを起こしてはならない重要商品や部品などに向いている。また，定期発注方式は，需要変動の大きい季節物や流行物，比較的高価なもので，都度売り切りたいものに向いている

(1) 発注業務

発注業務とは，生産で使用する資材や部品を購買先に，または販売目的の商品を仕入先に注文することである。ほかに，消費目的の消耗品や備品などを購買するときにも発注処理が行われる。発注業務は，発注先からすると受注業務になる。そのため，ちょうど受注処理の裏返しだと考えれば理解しやすい。

試験に出る

発注や購買業務は在庫を左右することになるので，在庫管理業務と合わせて出題されることが多い。その中で，発注や購買業務をメインテーマにした出題は下記の通り。在庫管理業務と合わせて押さえておきたいテーマだ

平成 25 年・午後Ⅱ 問 1
平成 18 年・午後Ⅱ 問 2

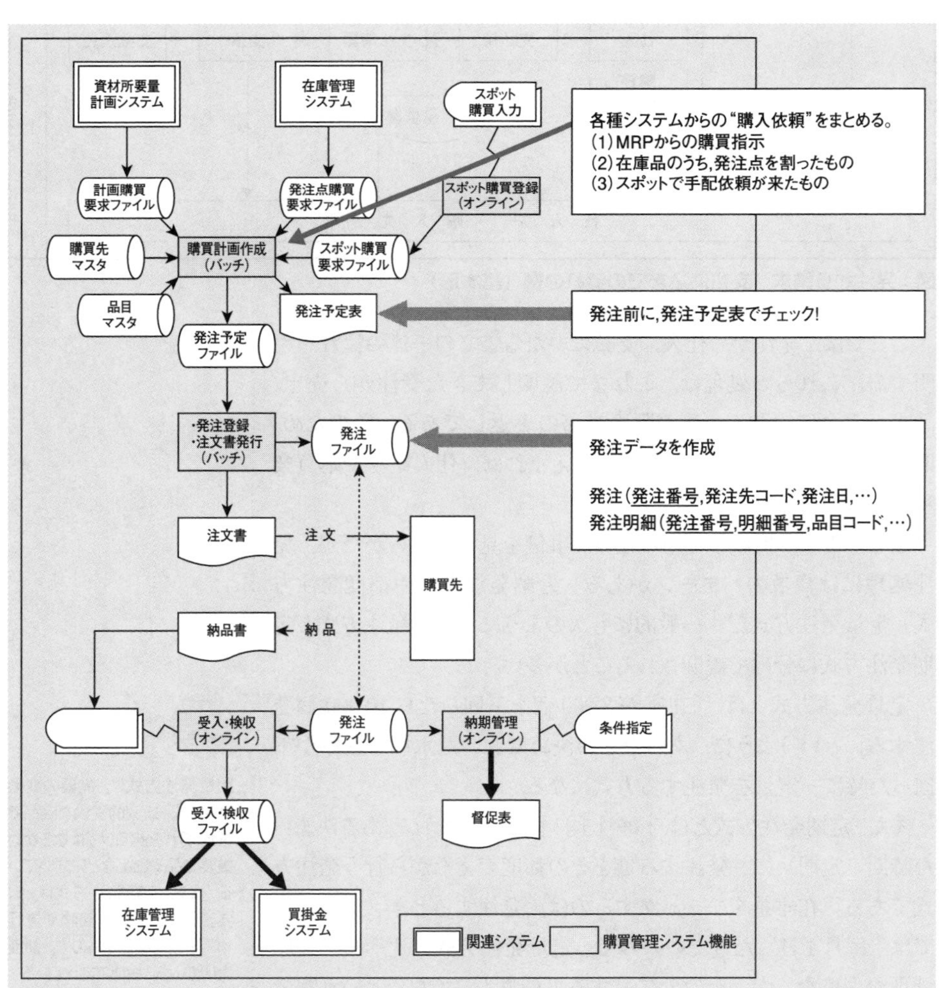

図：資材購買管理システム処理フローの例（情報処理技術者試験 AE 平成９年・午後Ｉ問４）

(2) 入荷業務

発注した“もの”が倉庫に到着すると,倉庫では入荷処理を行ってその荷物を引き取るわけだが,一般的には以下のような処理を入庫処理といっている。

- 入荷検品処理
  (入荷予定表と実際の商品・納品書との突合せチェック)
- 受入検査
- 流通加工
- 保管場所に商品を収納する
- 発注残の消込み

流通加工
流通段階で商品に手を加えることで,昔から行われていた商品の値付や包装などから,最近ではパソコンのセットアップなど高度になってきている

(3) 仕入管理業務

発注品の入荷処理が完了したら,仕入計上を行う。売上計上の時には,出荷基準や検収基準などがあったが,仕入計上の場合は,入荷したタイミングで計上することが多い(一部,検査に長期間を要するものを除く)。

(4) 買掛管理業務

発注品を受け取った後(入荷後)は,仕入先や購買先に対して債務が発生する。ちなみに,商品だろうが資材・部品だろうが,消耗品だろうが債務には変わりない。いずれにせよ,債務が発生したら,これをきちんと管理しなければならない。

具体的には,月に1回または数回,自社で設定している締日に支払締処理を実施する。この処理で,今回支払い対象のものを抽出し確定させる。続いて,支払予定表(明細)を作成しておく。

(5) 支払業務

仕入先や購買先から請求書が送られてくると,支払予定表と突合せチェックを行い,内容を確認する(支払確認処理)。特に誤りがなければ,振込一覧表を出力したり,ファームバンキングシステムに対して「口座振込データ」を作成したり,出金処理を実施する。最後は,出金確認後,買掛データを消し込んで(支払消込処理)一連の処理は完了する。

【事例1】平成18年午後Ⅱ問2（オフィスじゅう器メーカ）　⋮

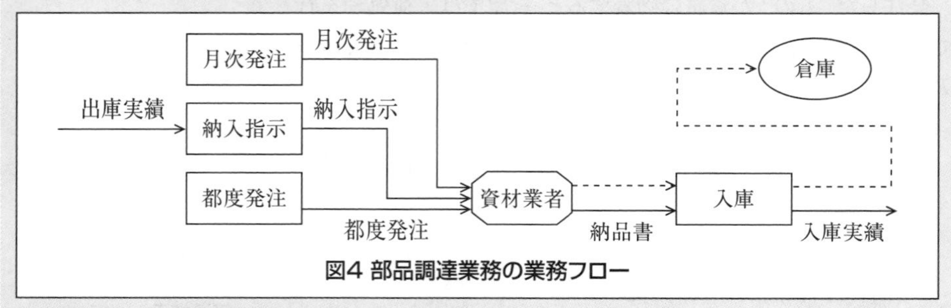

図　部品調達業務の業務フロー（平成18年午後Ⅱ問2より）

概念データモデル

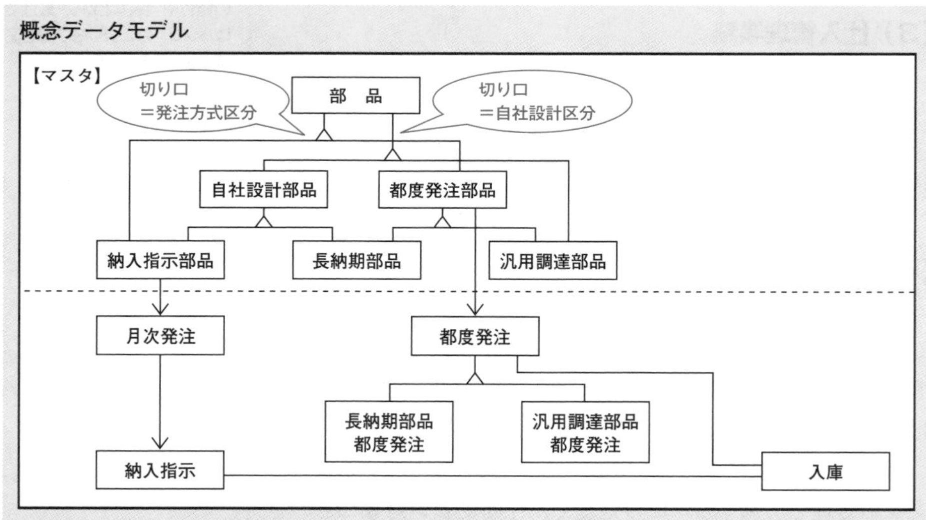

関係スキーマ

部品（部品番号，部品名，自社設計区分，発注方式区分，…）
　自社設計部品（部品番号，納期区分，…）
　都度発注部品（部品番号，納期区分，…）
　納入指示部品（部品番号，…）
　長納期部品（部品番号，…）
　汎用調達部品（部品番号，…）
月次発注（月次発注番号，部品番号，月次発注数量，発注日時）
納入指示（納入指示番号，月次発注番号，納入指示数量，納入指示日時，受入予定日時）
都度発注（都度発注番号，部品番号，発注数量，発注日時，回答納期日時）
　長納期部品都度発注（都度発注番号）
　汎用調達部品都度発注（都度発注番号，資材業者コード，購入単価）
入庫（入庫番号，納入指示番号，都度発注番号）

この事例では，部品の特性によって**納入指示方式（月次発注）**と**都度発注方式**に分けて発注処理が行われている。

発注方式	内　容
納入指示方式（月次発注）	毎月1回，納入指示方式が適用される部品単位で，翌月必要な数量を資材業者に対して発注する。ただし，月次発注時点では納入は行われず，毎日1回，資材業者に対して納入を指示する。納入指示数量は，倉庫の出庫実績と当該部品の納入ロットサイズから算出する。
都度発注方式	長納期部品の発注では，資材業者に納期を確認した上で発注する。汎用調達部品の発注では，発注可能な資材業者に対して，希望する購入単価，納期，発注数量を伝えて，適した回答をした資材業者に発注する。

納入指示方式では，1回の**“月次発注”**に対して複数回の**“納入指示”**があり，1回の**“納入指示”**に対して1回の**“入庫”**があるため，図のような概念データモデルになる。同様に，都度発注方式では，1回の**“都度発注”**に対して1回の**“入庫”**が発生する。

また，管理しているマスタのうち**“部品”**マスタの構成が複雑になっているところも特徴である。しかもこの問題では，この概念データモデルから，さらに在庫管理システムと統合した**“部品”**マスタが問われている（設問3）。したがって，今後の午後Ⅱ試験問題でも発注対象となる部品や原材料，購買品などのマスタは，スーパータイプ，サブタイプを駆使した複雑なものになっていることを想定しておこう。

【事例2】平成25年午後Ⅱ問１（OA周辺機器メーカ）

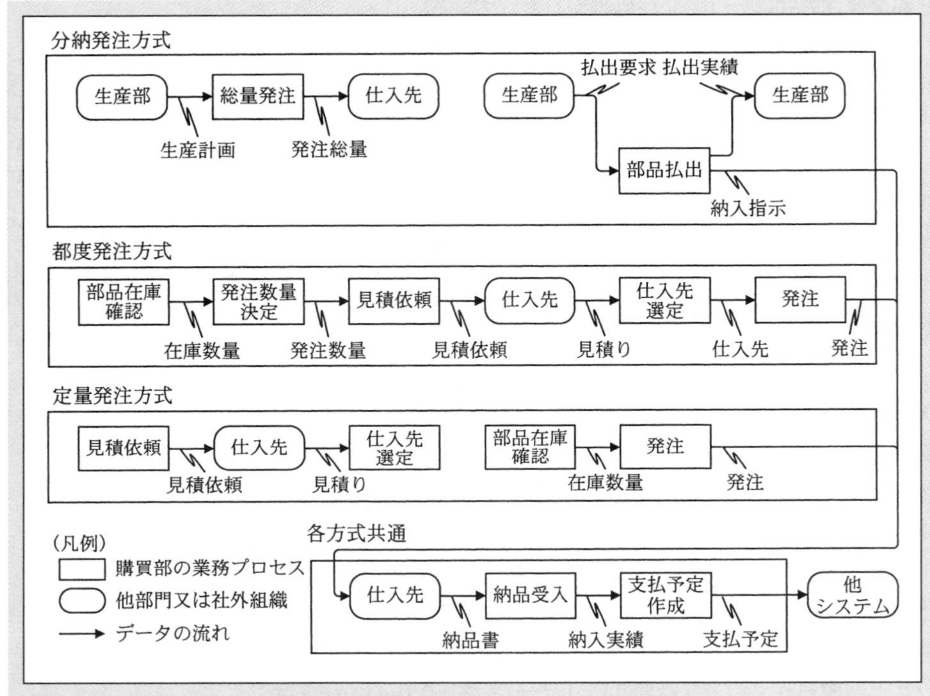

図：部品購買業務プロセス（平成25年午後Ⅱ問１より）

この事例では，次のように3種類の発注方式を採用している。

発注方式	内　　容
分納発注方式	予め契約している仕入先に対し，生産計画に合わせて月間発注総量を事前に提示し，必要となった時点で具体的な納入年月日と納入数量を確定させて指示を出す（納入指示）。月間発注総量は，前々月最終営業日に見積もり，前月最終営業日に見直しを行う。
都度発注方式	在庫の推移や生産見通し，価格変動等を考慮して，発注ごとに仕入先や発注数量を決定し発注する。
定量発注方式	毎日の業務終了時に在庫数量を確認し，部品ごとの所定の数量（発注点在庫数量）を下回っている場合，一定数量を発注する。仕入先は，過去の納入実績から優先順位が設定されており，見積結果とその優先順位によって都度決定される。

概念データモデル

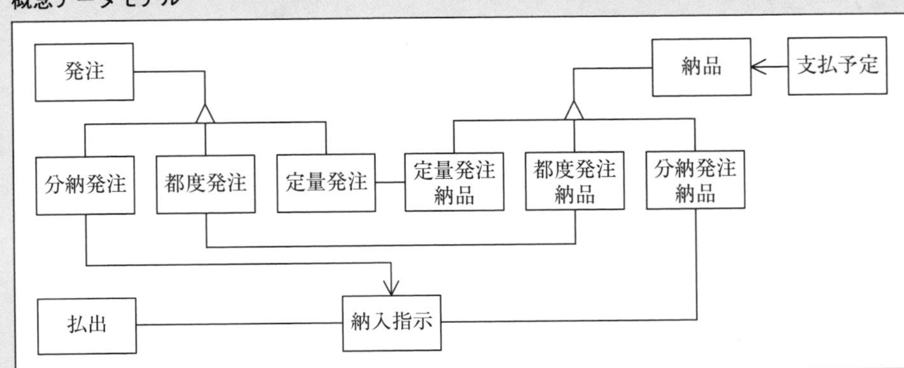

関係スキーマ

発注（発注番号，発注区分，発注年月日，部品番号，発注担当社員番号，…）
　分納発注（発注番号，対象年月，発注総量，見積年月日，…）
　都度発注（発注番号，納期年月日，発注数量，単価，見積依頼番号，見積依頼明細番号，…）
　定量発注（発注番号，納期年月日，発注数量，単価，見積依頼番号，見積依頼明細番号，…）
払出（払出番号，部品番号，払出年月日，払出数量，…）
納入指示（発注番号，納入指示明細番号，納入指示年月日，納入予定年月日，納入指示数量，納入指示担当社員番号，払出番号，…）
納品（納品番号，納品区分，納品年月日，納品数量，納品担当社員番号，支払先コード，支払年月，発注番号，…）
　分納発注納品（納品番号，納入指示明細番号）
　都度発注納品（納品番号，…）
　定量発注納品（納品番号，…）
支払予定（支払先コード，支払年月，支払予定金額，…）

分納発注方式は，いわゆる内示発注と確定発注で製造業者がよく行っている方式である。事前に内示発注をするのは，仕入先等に供給量を確保しておいてもらうことが目的になる。

但し，内示発注の場合は，当初の発注総量と実際の納入量に差がある場合（特に，大幅に減少した場合）トラブルになることがある。その点，この問題では，必ず総発注数量以上になるように月間の最終の納入指示で調整している。したがって，前月最終営業日に見直しを行った時点で確定発注となり，それ以後は単なる納入指示になる。

【事例3】平成25年午後Ⅱ問1（OA周辺機器メーカ）

概念データモデル

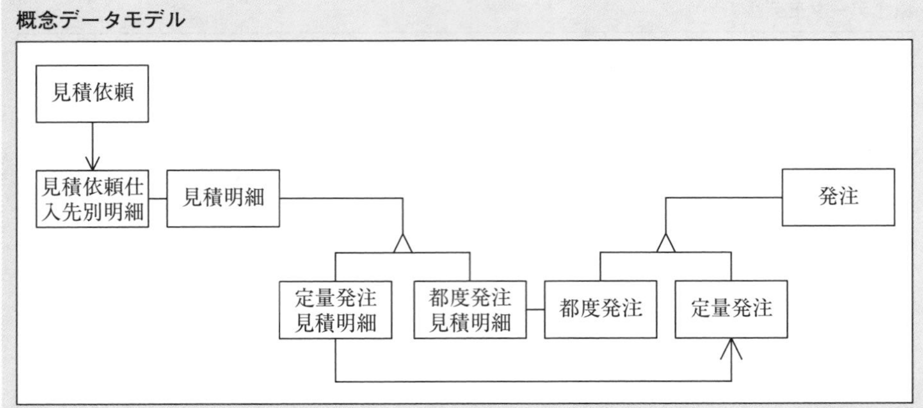

関係スキーマ

見積依頼（見積依頼番号，見積依頼年月日，部品番号，希望数量，見積担当社員番号，定量発注都度発注区分，希望開始年月日，希望終了年月日，希望納期，…）

見積依頼仕入先別明細（見積依頼番号，見積依頼明細番号，仕入先コード，選定結果，…）

見積明細（見積依頼番号，見積依頼明細番号，見積受領年月日，部品番号，単価，納入可能数量，定量発注都度発注区分，開始年月日，終了年月日，納入LT，納期年月日，…）

定量発注見積明細（見積依頼番号，見積依頼明細番号，…）

都度発注見積明細（見積依頼番号，見積依頼明細番号，…）

事例2の3つの発注方式のうち，都度発注方式と定量発注方式に関しては，発注することが決定すると，複数の仕入先候補に見積依頼を行うところから始める（“**見積依頼**”）。仕入先候補から入手した見積りは“**見積依頼仕入先別明細**”に登録する。これは1回の“**見積依頼**”に対して複数あるので1対多の関係になる。そして，このうちの一つを仕入先として契約し発注する。その時に登録するのが“**見積明細**”エンティティと，“**発注**”エンティティだ。いずれも“**都度発注**”と“**定量発注**”のサブタイプを持つ。

さらに定量発注方式の場合，数か月～1年ごとに，あらかじめ部品ごとに補充部品仕入先候補として登録してある仕入先に対して見積りを依頼して仕入先を決定しておく。その後，在庫数量が発注点在庫数量を下回った部品を発注することにしている。これは複数回の可能性があるため，“**定量発注見積明細**”と“**定量発注**”は1対多になっている。

第3章 関係スキーマ

ここでは，関係スキーマについて説明する。関係スキーマとは，関係を関係名とそれを構成する属性名で表したもの。情報処理技術者試験では，午後Ⅰ・午後Ⅱの両試験で必ず登場している第２章の概念データモデルに並ぶ最重要キーワードの一つといえるだろう。

物流拠点（拠点コード，拠点名）
配送地域（配送地域コード，配送地域名，拠点コード）
郵便番号（郵便番号，配送地域コード）
配送車両（車両番号，拠点コード）
チェーン法人（チェーン法人コード，チェーン法人名，業界シェア，ロット逆転禁止フラグ）
チェーン DC（チェーン法人コード，チェーン DC コード，梱包方法区分，チェーン DC 名，
配送地域コード）
チェーン店舗（チェーン法人コード，チェーン店舗コード，チェーン DC コード，チェーン店舗名）
商品分類（商品分類コード，商品分類名）
商品（商品コード，商品名，販売単価，商品分類コード，流通方法区分，ケース内ピース入数）
PB 商品（ a ）
NB 商品（ b ）
製造ロット（商品コード，製造ロット番号，製造年月日，使用期限年月）
商品カテゴリ（ c ）
商品カテゴリ明細（チェーン法人コード，商品カテゴリコード，商品コード）
納入商品最終ロット（チェーン法人コード，チェーン DC コード，商品コード，製造ロット番号）
荷姿区分（荷姿区分，荷姿名）
締め契機（締め年月日，回目，締め時刻）
ア （ d ）
引当在庫（ e ）
払出在庫（ f ）

これが
関係スキーマだ！

図：令和3年午後Ⅱ問2より

3.1 関係スキーマの表記方法

3.2 関数従属性

3.3 キー

3.4 正規化

アクセスキー S （小文字のエス）

3.1 関係スキーマの表記方法

概念データモデル同様，情報処理技術者試験では，午後Ⅰ試験及び午後Ⅱ試験における問題冊子の最初のページに関係スキーマの表記ルールも示されている。過去問題で確認してみよう。**「問題文中で共通に使用される表記ルール」**という説明文が付いているのがわかるだろう。最初に，そのルールを理解し，慣れておく必要があるだろう。

本書の過去問題解説
本書の過去問題の解説では，この表記ルールに即した解答の場合，「表記ルールに従っている」という説明はいちいちしていない。受験者の常識として割愛しているので，演習に入る前に，理解しておこう

●令和５年度試験における「問題文中で共通に使用される表記ルール」

以下の説明は，令和５年度試験における「問題文中で共通に使用される表記ルール」のうち，関係スキーマのところだけを抜き出したものである。最初に，このルールから理解していこう。

2. 関係スキーマの表記ルール及び関係データベースのテーブル（表）構造の表記ルール

(1) 関係スキーマの表記ルールを，図５に示す。

関係名（属性名1，属性名2，属性名3，…，属性名n）

図５　関係スキーマの表記ルール

①関係を，関係名とその右側の括弧でくくった属性名の並びで表す。[1] これを関係スキーマと呼ぶ。

②主キーを表す場合は，主キーを構成する属性名又は属性名の組に実線の下線を付ける。

③外部キーを表す場合は，外部キーを構成する属性名又は属性名の組に破線の下線を付ける。ただし，主キーを構成する属性の組の一部が外部キーを構成する場合は，破線の下線を付けない。

(2) 関係データベースのテーブル（表）構造の表記ルールを，図６に示す。

テーブル名（列名1，列名2，列名3，…，列名n）

図６　関係データベースのテーブル（表）構造の表記ルール

関係データベースのテーブル（表）構造の表記ルールは，(1)の①～③で“関係名”を“テーブル名”に，“属性名”を“列名”に置き換えたものである。

注[1]　属性名と属性名の間は“,”で区切る。

主キーの意味
➡P.322 参照
外部キーの意味
➡P.325 参照

図：令和５年度の「問題文中で共通に使用される表記ルール」
※関係スキーマの説明部分のみ抽出

3.2 関数従属性

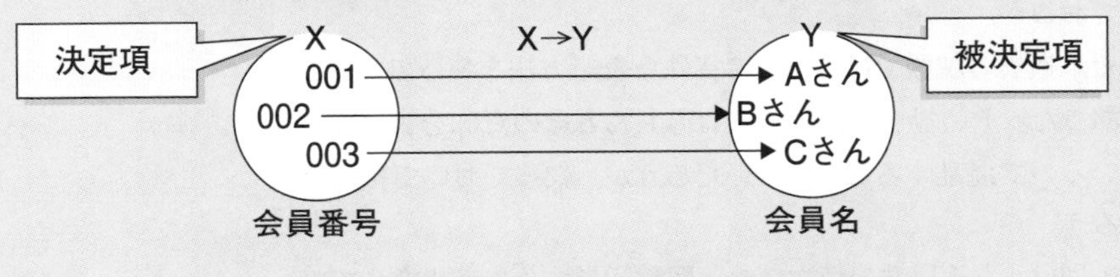

図：関数従属性の説明図

試験に出る
①平成 28 年・午前Ⅱ 問 3
②平成 25 年・午前Ⅱ 問 2
平成 20 年・午前 問 22
平成 17 年・午前 問 24
③令和 04 年・午前Ⅱ 問 4
④令和 04 年・午前Ⅱ 問 3
平成 24 年・午前Ⅱ 問 5

関係スキーマの属性間には，関数従属性が存在するものがある。関数従属性とは，関係スキーマを考えるときの非常に重要な概念である。情報処理技術者試験でも，正規化する時，候補キーを抽出する時など様々なシーンで利用される。

その関数従属は，**「項目 X の値を決定すると，項目 Y の値が一つに決定される」**というような事実が成立するときに使われる。このとき，項目 Y は項目 X に関数従属しているといい，これを X → Y と表記する。また，この場合，X を**決定項**，Y を**被決定項**という。

●関数従属性の推論則

関数従属性には，次に示す推論則が成立する（次の，X，Y，Z，及び W は，属性集合（属性を要素とする集合））。

反射律	Y が X の部分集合ならば，X → Y が成立する。
増加律	X → Y が成立するならば，{X，Z} → {Y，Z} が成立する。
推移律	X → Y かつ Y → Z が成立するならば，X → Z が成立する。
擬推移律	X → Y かつ {W，Y} → Z が成立するならば，{W，X} → Z が成立する。推移律は W が空集合 {φ} の場合である。
合併律	X → Y かつ X → Z が成立するならば，X → {Y，Z} が成立する。
分解律	X → {Y，Z} が成立するならば，X → Y かつ X → Z が成立する。

● 関数従属性の表記方法と例

続いて，関数従属性の表記方法について説明しておこう。難しい説明はさておき，イメージとしては「“→” の元が一つ決まれば，“→” の先も一つに決まる」と考えておけば良い。実際の試験問題でも，その程度の解釈で十分だ。その点を次の表記方法で確認しておこう。

ただ，過去の試験では，たまに特殊な表記方法を使っていることがあった。その場合，問題文にはきちんとその意味を書いてくれているので混乱することはないだろうが，知っておいて損はないだろう。

次の図は，ある属性の値次第で，関数従属する先が異なっているというケース。例にあるように “小問タイプ” の値によって関連する属性の組が異なっている。

一方，次ページの図は，属性をグループ化したうえでそのグループに名称を付与しているイメージだ。一部，繰り返し項目（複数の値）を表す “*” も使用されている。

関数従属性で使う矢印（→）は，概念データモデルの図の中でエンティティ間をつなぐリレーションシップの矢印 “→” と違う点に注意

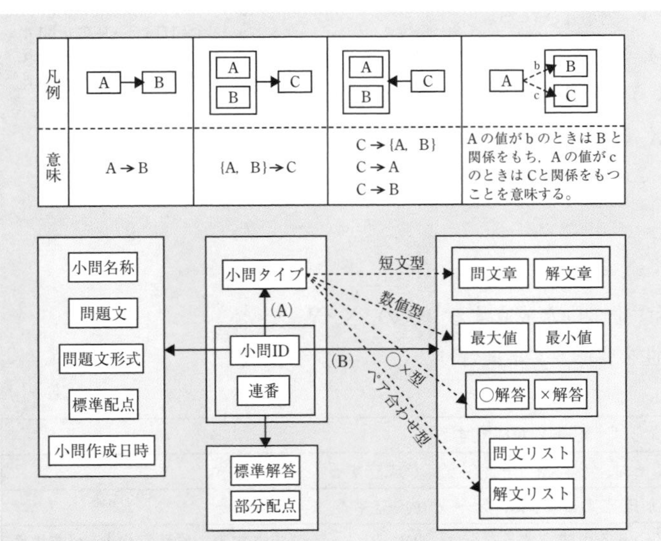

図：関数従属性の例（平成 22 年・午後 I 問 1 より引用）

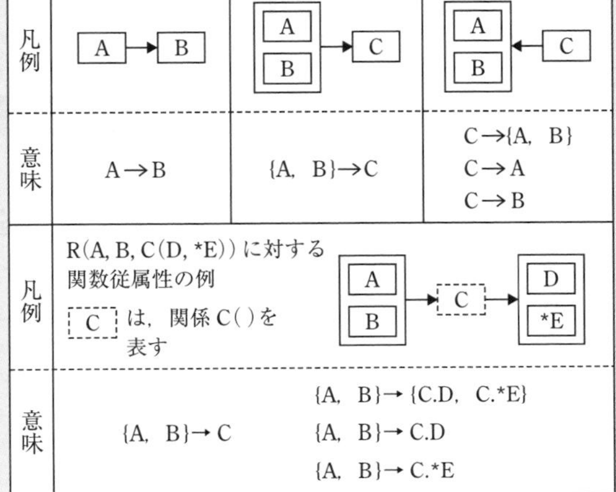

図2　関数従属性の表記法

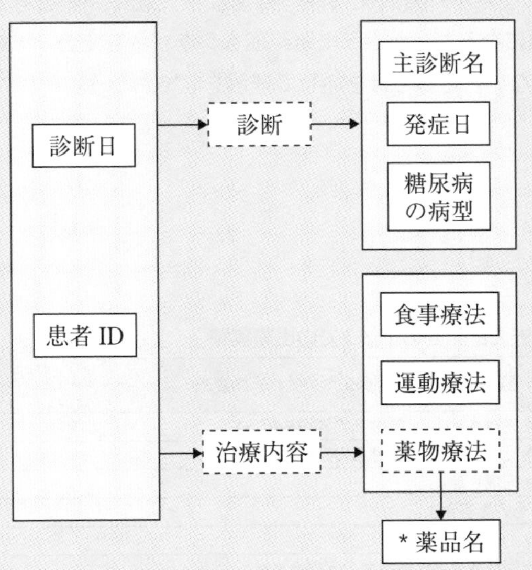

図5　関係"診療"の属性間の主な関数従属性(改)

注1　*：複数の値又は値の組を取り得ることを表す。
注2　関係の表記は，次のとおりである。
　R (X1, X2, …, Xn)
　R：関係名，Xi (i = 1, 2, …, n)：属性名又は関係を表す。
注3　同じ関係内の同じ属性名は，"関係名 . 属性名" のように関係名を付けて区別する。例えば，"紹介先 . 病院名"，"紹介元 . 病院名" など。

図：平成 21 年・午後 I 問 1 の出題例

参考 関数従属性を読み取る設問

設問例

表の属性と関係の意味及び制約を基に，図○を完成させよ。☐には，属性名を記述し，関数従属性は図○の表記法に従うこと。また，導出される関数従属性は，省略するものとする。（補足：表と図は，右側ページを参照）

最終出題年度

平成25年

平成 25 年まで，午後Ⅰ試験の問 1 で必ず出題されていた「データベースの基礎理論」。その中でも，毎年必ず出題されていたのが，この関数従属性を読み取る設問になる。未完成の関数従属性の図に矢印を加えて完成させるというものだ。

下表に記しているように，平成 26 年以後は設問単位でも出題されていない。したがって出題される可能性は低いかもしれないが，関数従属性の概念は正規化やキーを考える時の基礎になるので知識としては必須になる。しかも，出題範囲もシラバスも変わっていないので，いつ何時復活してもおかしくない。ざっと目を通して理解をしておこう。

表：過去 22 年間の午後Ⅰでの出題実績

年度／問題番号	設問内容（ある関係について…）の要約
H14- 問 1	“関数従属性を表した図”を完成させよ。（属性名の穴埋めのみ）
	“関数従属性を表した図”を完成させよ。（属性名の穴埋めのみ）
H15- 問 1	“関数従属性を表した図”を完成させよ。
H17- 問 1	関数従属性の，誤っているものを答えよ。
H18- 問 1	インスタンス例の穴埋め。
H19- 問 1	“関数従属性を表した図”を完成させよ。属性名の穴埋めあり。
	関数従属性の，誤っているものを答えよ。
H20- 問 1	“関数従属性を表した図”を完成させよ。属性名の穴埋めあり。
H21- 問 1	“関数従属性を表した図”を完成させよ。属性名の穴埋めあり。
	関数従属性の，誤っているものを答えよ。
H22- 問 1	関数従属性の，誤っているものを答えよ。
	図中には示されていない決定項が異なる関数従属性を二つ挙げよ。
	“関数従属性を表した図”を完成させよ。
H23- 問 1	“関数従属性を表した図”を完成させよ。
H24- 問 1	“関数従属性を表した図”を完成させよ。
H25- 問 1	“関数従属性を表した図”を完成させよ。

●着眼ポイント

関数従属性は問題文の中に記述されている。その場所は，多くの場合次のようになる。これらの中から，後述する特定の表現（“一意”など）や“→”を頼りに，一つ一つ丁寧に関数従属性を読み取っていく。

> ① 問題文中
> ② 表「属性及びその意味と制約」…個々の属性を説明している表
> ③ 図「関係○○の関数従属性」…“→”で関数従属性を示している（未完成もあり）
> ④ 帳票サンプル，画面サンプル

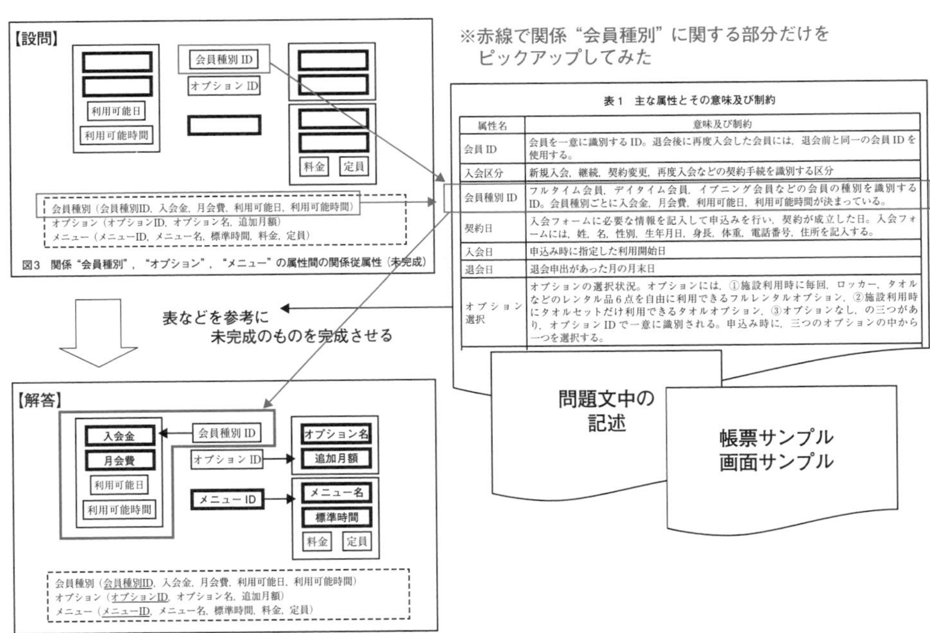

表１　主な属性とその意味及び制約

属性名	意味及び制約
会員 ID	会員を一意に識別する ID。退会後に再度入会した会員には，退会前と同一の会員 ID を使用する。
入会区分	新規入会，継続，契約変更，再度入会などの契約手続を識別する区分
会員種別 ID	フルタイム会員，デイタイム会員，イブニング会員などの会員の種別を識別する ID。会員種別ごとに入会金，月会費，利用可能日，利用可能時間が決まっている。
契約日	入会フォームに必要な情報を記入して申込みを行い，契約が成立した日。入会フォームには，姓，名，性別，生年月日，身長，体重，電話番号，住所を記入する。
入会日	申込み時に指定した利用開始日
退会日	退会申出があった月の月末日
オプション選択	オプションの選択状況。オプションには，①施設利用時に毎回，ロッカー，タオルなどのレンタル品６点を自由に利用できるフルレンタルオプション，②施設利用時にタオルセットだけ利用できるタオルオプション，③オプションなし，の三つがあり，オプション ID で一意に識別される。申込み時に，三つのオプションの中から一つを選択する。

図：関数従属性を読み取る問題（平成 23 年度午後Ⅰ問１より）

関数従属性を読み取る“場所”のうち,表（前ページの着眼ポイント②）と図（同③）の例。以後，この図表の例を使って説明していく。

表：属性及びその意味と制約

属性	意味と制約
会員番号	本通信教育講座に会員登録している受講生に割り振られた一意な番号
氏名，住所，性別	受講生の氏名，住所，性別
講座名	開講している講座名
受講番号	受講生が新規に講座の受講を申し込むたびに振られる一意な番号である。同じ講座を 2 度申し込むことはできない
学費支払日	学費が支払われた年月日
開始日	教材セットを送付した年月日
修了日	修了証書申請が受講生からあり，資格認定で承認された年月日
提出日	課題提出の受付年月日。同じ日に同じ講座内で二つ以上の課題答案を同時に提出することはできない
課題答案	課題，レポートなどの答案
課題番号	各講座ごとに定められている課題の連番。同じ番号の課題を再提出する場合もありえる
指導者	課題答案の添削指導者。受講生の受講番号ごと，課題番号ごとに事前に担当の指導者を割り振る
講評，点数	課題答案の添削結果の講評，点数
返却日	課題答案を返却した年月日

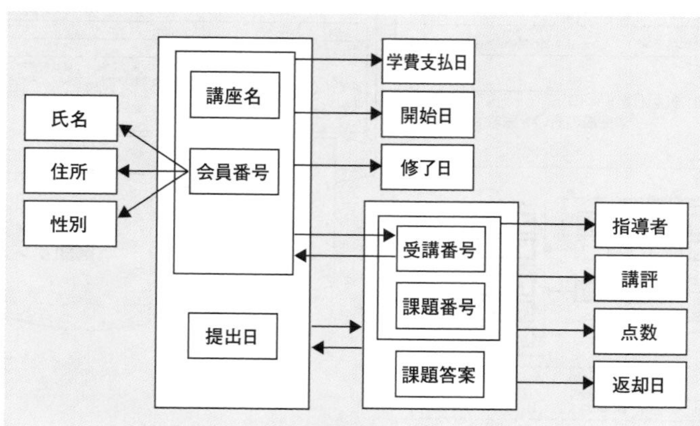

図：関係“通信講座”の関数従属性

①	通信講座（会員番号，氏名，住所，性別，講座名，受講番号，学費支払日，開始日，修了日，提出日，課題答案，課題番号，指導者，講評，点数，返却日）
②	受講生（会員番号，氏名，住所，性別） 受講（講座名，会員番号，受講番号，学費支払日，開始日，修了日） 課題添削（受講番号，提出日，課題答案，課題番号，指導者，講評，点数，返却日）

図2：関係スキーマ

●関数従属性を読み取れる表現

関数従属性は，「～が決まれば，…も決まる」という表現のように，原則，そのままの言葉の意味を読み取って反映させればいい。しかし，中には普段使わない特有の表現もある。それを知らなければ，ついつい見落としてしまうかもしれない。そこで，ここではよく使われる表現をいくつか紹介する。もちろんこれだけに限らないがひとまず確認してほしい。そして，慣れない表現があれば，ここで覚えてしまおう。

Ⅰ.「一意」
Ⅱ.「同じ□□を登録することができない」
Ⅲ.「□□ごとに○○が一つ定まる」
Ⅳ. 帳票や画面の中の項目

Ⅰ.「一意」

問題文中に「一意」という表現が出てきたら，そこに関数従属性を見出すことができる。この「一意」という言葉には，「意味や値が一つに確定していること」（大辞林）という意味がある。データベース基礎理論においては，ある集合の中で，その要素一つ一つを識別できる「文字列」や「番号」などが割り振られていることを示している。要するに，その項目を決定項とし，その項目によって識別された対象を被決定項とする関数従属性が成立しているというわけだ。

例えば，表中の「会員番号」や「受講番号」には，それぞれ「一意な番号」という表現が含まれている。よって，次に示す関数従属性が存在する。

例題の文		関数従属性の例
会員番号	受講生に割り振られた一意な番号である	会員番号 →受講生の属性
受講番号	受講生が新規に講座の受講を申し込むたびに振られる一意な番号である	受講番号 → {講座名，会員番号}

また，要件によっては，複数の項目によって一意性が保たれていることがある。同じく表の例だと，「課題番号」には，「各講座ごとに定められている課題の連番」と記されている。よって，{講座名，課題番号} を決定項とし，課題の属性（表だけだとこれ以上は読み取れない）が決まることになる。

例題の文		関数従属性の例
課題番号	各講座ごとに定められている課題の連番	{講座名，課題番号} → {課題の属性}

Ⅱ.「同じ□□を登録することができない」

問題文中に「同じ□□を登録することができない」という表現が出てきたら，そこに関数従属性を見出すことができる。「□□」で示される項目の値は重複していないということを示しているので，その項目の値も一意に定まるというわけだ。難しい表現だと，その項目を決定項とし，その項目によって識別された対象を被決定項とする関数従属性が成立しているといえる。

表中の「受講番号」を見ると,「(同じ受講生は) 同じ講座を２度申し込むことはできない」とある。このことは,「受講者」と「講座」は１組しかないことを示しており，さらに，その組（{会員番号, 講座名}）と「受講番号」が１対１になっていることを表している。したがって，次に示す関数従属性が存在する。

例題の文		関数従属性の例
受講番号	同じ受講者が同じ講座を２度申し込むことはできない	受講番号 → {会員番号，講座名}

もう一つ別の具体例を使って説明しよう。表中の「提出日」には,「課題提出の受付年月日。同じ日に同じ講座内で二つ以上の課題答案を同時に提出することはできない」と記されている。この意味を「同じ受講者が同じ日に同じ講座内で，異なる課題答案を二つ以上提出できない」ととらえ直すと，次の関数従属性が成立する。

例題の文		関数従属性の例
提出日	同じ受講者が同じ日に同じ講座内で，異なる課題答案を二つ以上提出できない	{会員番号, 講座名, 提出日} → {会員番号, 講座名, 課題番号, 課題答案}

Ⅲ.「□□ごとに<u>○○が一つ定まる</u>」

問題文中に「□□ごとに<u>○○が一つ定まる</u>」を意味する表現が出てきたら，そこに関数従属性を見出すことができる。「□□」で示される項目を決定項とし,「○○」で示される項目を被決定項とする関数従属性が成立しているからだ。なお,過去問題を分析すると,「一つ定まる」ことが明確に示されていないケースがある。その場合,「複数定まる」ことが明記されていなければ,「一つ定まる」ものと判断してよい。実際のところ，文脈や常識から「一つ」であることが容易に判断できるように配慮されていることが多い。以下の具体例で確認しよう。

例題の文		関数従属性の例
指導者	受講生の受講番号ごと，課題番号ごとに事前に担当の指導者を割り振る	{受講番号，課題番号} → 指導者

Ⅳ. 帳票や画面の中の項目

問題文の中で示されている帳票や画面の中にも，関数従属性を見出すことができる。つまり，帳票や画面の中にある項目が属性であり，個々の属性間には決定項や被決定項が存在しているというわけだ。

例えば，問題に図のような“課題”とその添削結果になる“課題添削”の結果レポートに関するサンプル（の図）が紹介されていたとしよう。この図を見ただけでも，次のような仮説を立てることは可能だ。

- {講座名，課題番号} →課題の内容
- {講座名，課題番号，会員番号} → {提出日，課題答案}
  もしくは，{講座名，課題番号，会員番号，提出日} → {課題答案}
- 会員番号→氏名
- {講座名，課題番号，会員番号} → {点数，指導者，返却日，講評}

課　題

講 座 名　：ペン習字　　　　　　　　　　課題番号：01
会員番号　：K555　　氏　名：鈴木一郎　　提 出 日　：09/06/01
［課題答案］　○○○○○……

点　　数　：80　点　　指導者：佐藤花子　　返 却 日　：09/06/01
［講　　評］　○○○○○……

図：課題添削の具体例

図を見る限り，上部が決定項で，下部が被決定項のように見えるし，そう推測できる。他の関数従属性に関する仮説は，経験や常識から導出されるものだろう。もちろん，最終的に問題文を読まなければ“確定”することはできないが，こうした推測をもとに問題文を読み進めていくことで，効率良く関数従属性を見極めることができる。

ワンポイントアドバイス

関数従属性の表現方法は，ここで紹介した代表的なもの以外にも存在する。過去問題でチェックしなければいけないのは，その“表現”だ。午後Ⅰの関数従属性に関する過去問題を解いてみて，反応できなかったり，間違えたりした部分の“表現”を覚えていこう。そうすれば，試験本番時に，きちんと正解を得られるだろう。

3.3 キー

関係（表）において，タプル（行）を一意に識別するための属性もしくは属性集合を“キー”という。次のような種類がある。

参照
「1.3.1　CREATE TABLE」の主キー制約を参照

●主キー（primary key）

関係（もしくは表）の中に一つだけ設定するキーが主キーである。**一意性制約**と**非ナル制約（NULL が認められない）**を併せ持つもので，候補キーの中から最もふさわしいものが選ばれる。

試験に出る
平成 17 年・午前 問23

●候補キー（candidate key）

関係（もしくは表）の中に複数存在することもあるキーが候補キーである。“主キー”の候補となるキーである。候補キーの条件は，①タプルを一意に識別できることに加え，②**極小**であること（スーパーキーの中で極小のもの）。

主キーとは異なり，**NULL を許可する属性を持つ**（もしくは含む）ものでも可。例えば，平成 21 年・午後 I 問 2 でも，**NULL を許可する属性を含む組を候補キーと明言している。**

試験に出る
①平成 23 年・午前II 問 2
②令和 02 年・午前II 問 3
　平成 30 年・午前II 問 3
　平成 27 年・午前II 問 3
　平成 21 年・午前II 問 2
　平成 19 年・午前 問22
③平成 29 年・午前II 問 4
④平成 28 年・午前II 問 7
　平成 24 年・午前II 問 6

NULL
「属性が値を取りえない」こと。“0” や “　” (スペース) とも異なるもので，“0” だと決定したわけではなく，“未定である” という状態を表すときなどに使用する

●スーパーキー（super key）

関係（もしくは表）の中に，候補キーの数以上に存在するのがスーパーキーである。タプルを一つに特定できるという条件さえ満たせばいい（極小でなくていい）ので，どうしても数が多くなる。具体的には，**候補キーに，様々な組み合わせで他の属性を付け足したものになる。**したがって，関係（もしくは表）の，全ての属性もスーパーキーの一つになる。

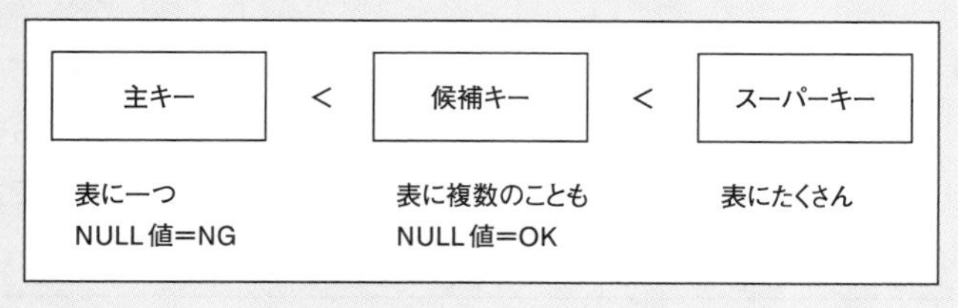

主キー，候補キー，スーパーキーの違いの例

次のような 1 人の社員に対して複数のデータを管理している社員名簿がある。

社員番号	連番	氏名	性別	電話番号	住所
0001	01	三好康之	男性	072-XXX-XXXX	兵庫県 ……
0001	02	三好康之	男性	090-YYYY-YYYY	兵庫県 ……
0002	01	松田幹子	女性	03-ZZZZ-ZZZZ	NULL
0003	01	山下真吾	男性	090-WWWW-WWWW	東京都渋谷区 ……
0003	02	山下真吾	男性	NULL	神奈川県 ……

※自宅の電話番号は家族で共有している場合があるので一意にはならない前提

この表では，社員番号’と‘連番’，及び‘社員番号’と‘電話番号’と‘住所’の組合せで一意になる。つまり，候補キーが，次のようになる。

候補キー {社員番号，連番}，{社員番号，電話番号，住所}

候補キーのうち，電話番号や住所には NULL を許容しており，社員番号と連番はいずれも NULL を許容していない。そのため，主キーは {社員番号，連番} になる。

主キー {社員番号，連番}

スーパーキーは，二つの候補キーに，それぞれ“他の属性”を様々な組合せで付け足したものすべてになるので下記のようになる。これでも全部ではない。そういう特性上，スーパーキーは実務では使われない。あくまでも理論に登場するだけなので，その意味を知ってさえいれば良いだろう。

スーパーキー {社員番号，連番}，{社員番号，連番，氏名}，{社員番号，連番，氏名，性別}，…
{社員番号，電話番号，住所}，{社員番号，連番，電話番号，住所}，…

“極小”の意味

候補キーの定義に使われる“極小”とは，属性集合の中で，余分な属性を含まない必要最小限の組合せのことをいう。どれか一つでも欠ければ一意性を確保できなくなる組合せのことだ。

候補キーとスーパーキーの違いを見てもらえればよくわかると思う。

“極小” → {社員番号，連番}
{社員番号，連番，氏名}
{社員番号，連番，性別}
{社員番号，連番，電話番号}
{社員番号，連番，氏名，性別}
{社員番号，連番，氏名，性別，電話番号}
…
{社員番号，連番，氏名，性別，電話番号，住所}

●サロゲートキー（surrogate key）

エンティティが本来持つ属性からなる主キー（都道府県名など）を“ナチュラルキー”もしくは“自然キー”という。そのナチュラルキーに対して，“代わりに”付与されるキーのことをサロゲートキーという。サロゲートキーは“連番”に代表されるようにそれ自体に意味はなく，一意性を確保して主キーとして使うためだけに付与される。具体的には，次のようなケースで使われることが多い。

- **主キーが複合キーの場合**

  主キーが複数の属性で構成されている場合（複合キー），それを扱いやすくしたいときに，“連番”（サロゲートキー）に置き換える。

- **データウェアハウスで，長期間の履歴を管理したい場合**

  そのテーブルの主キーとは別に“連番”を割り当てて管理する。データウェアハウスの管理システムで，自動的に割り当てられることもある。

（例）社員IDではなくサロゲートキーを使った例

srg_key	社員ID	社員名	…
00001	0001	三好康之	…
00002	0002	山田太郎	…
00003	0003	川田花子	…
00004	0001	山下真吾	…

長期間の履歴を管理する場合，その期間内にマスタが変更される可能性がある。「社員ID＝0001の社員は，5年前には“三好”だったが，その後退職したので，ID＝0001を“山下”に，再度割り当てた。」ようなケースだ。このように，長期間の“履歴”を管理しようと考えると，社員IDとは別に“連番”を割り当て，両者を別物だとわかるようにしておかなければならない。サロゲートキーを使わない場合は，利用期間の日付をキーに持たせたりする。

試験に出る
平成22年・午前Ⅱ 問4
平成20年・午前 問30
平成18年・午前 問26
平成16年・午前 問27

試験に出る
平成24年・午後Ⅰ 問3

主キーではない候補キーのことをalternate key（代理キー）というが，サロゲートキーを使った場合にも，元々存在していたナチュラルキーは，“主キーではない候補キー”になるのでalternate key（代理キー）という

情報処理技術者試験では，サロゲートキーを“代用キー”もしくは“代用のキー”と言っている。しかし，開発の現場では“代理キー”や“代替キー”と言うこともある。
また，サロゲートキーを使った場合の元の主キーは，平成20年度の問題では“代替キー”としていたが，平成22年度の問題では“代理キー（alternate key）”に改めている。しかし，先に説明した通り，代理キーや代替キー＝サロゲートキーと使う場合があるので代理キー，代替キー，代用キーの定義が迷走している状況である

●外部キー（foreign key）

ほかのリレーションの主キー（又は候補キーでもよい）を参照する項目を**外部キー**という。

例えば，次の例のように，エンティティ A，B 間の関連が 1 対 1 の場合，片方の主キーをもう片方の属性に組み入れて外部キーとすることがある。

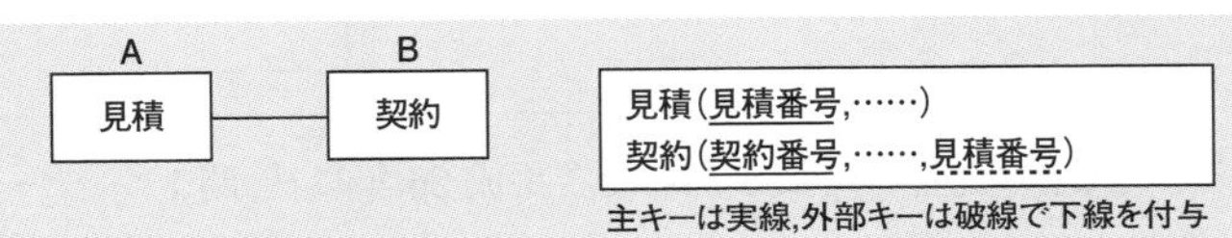

図：1 対 1 の場合

関連が 1 対多の場合，関係 A（1 側）の主キーを関係 B（多側）に組み入れて外部キーとする。

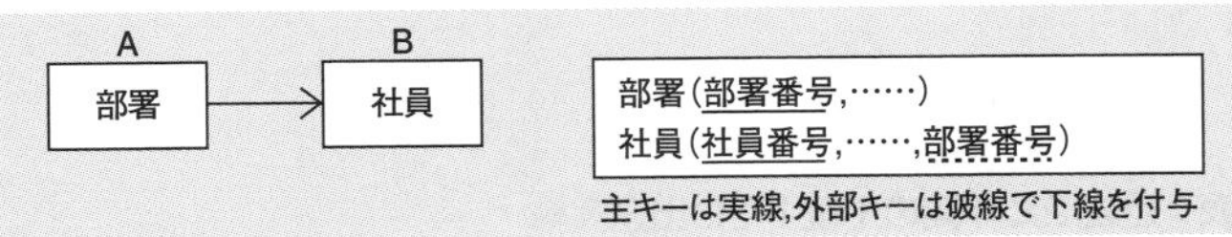

図：1 対多の場合

関連が多対多の場合，新たに連関エンティティを設ける。これをエンティティ C とおき，関係 C に対応付けられるとする。このとき，関係 A，関係 B のそれぞれの主キーを関係 C に組み入れて外部キーとする。

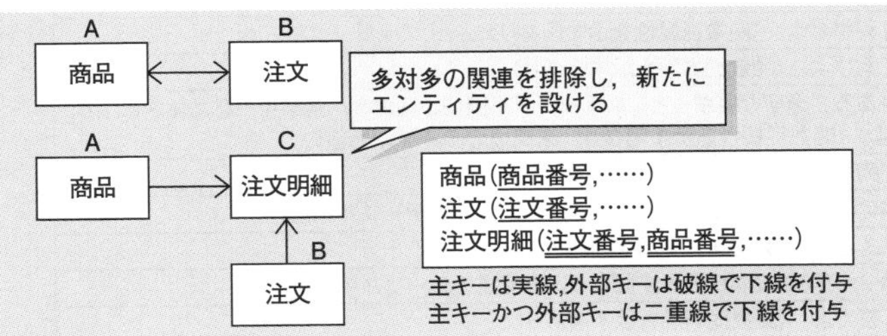

図：多対多の場合

試験に出る
①令和 02 年・午前Ⅱ 問 6
平成 30 年・午前Ⅱ 問 2
平成 28 年・午前Ⅱ 問 5
平成 26 年・午前Ⅱ 問 3
平成 24 年・午前Ⅱ 問 2
平成 20 年・午前 問 32
平成 18 年・午前 問 28
②令和 05 年・午前Ⅱ 問 5

参照 外部キーに対しては，テーブル作成時に‘参照制約’を定義することができる。本書では，参照制約については第 1 章 SQL のところ（1.3.1 CREATE TABLE）で詳しく説明しているので，合わせてチェックしておくと理解が深まるだろう

左記の例（図：1 対 1 の場合）では,A の主キーを B の外部キーとして設定しているが，1 対 1 の関係の場合,逆に B の主キー(契約番号）を A の外部キーとして設定することも可能することも理屈の上では可能になる。しかし，通常は先にインスタンスが作成される方の主キー（例だと“見積”）を，その後，そのインスタンスに対応して作成される方（例だと“契約”）に外部キーとして設定する。逆だと，登録できないからだ。ビジネスルールから，その点を読み取ろう

連関エンティティの主キー
この例では，エンティティ“注文明細”の主キーを構成する属性は，同時に外部キーにもなっている

参考 候補キーを（すべて）列挙させる設問

設問例

関係“加盟企業商品”の候補キーをすべて列挙せよ。

最終出題年度

令和5年

候補キーに関する設問も午後Ⅰ試験の定番の時期があった。平成26年以後,問1が「データベースの基礎理論」から「データベース設計」に変わってからも，平成29年までは設問単位で出題されていた。その後平成30年，31年は出題されていなかったが，令和3年に復活している。そのため優先順位を下げることなく，候補キーの意味，候補キーの考え方などは押さえておきたいところになる。そして時間的に余裕があれば，解き方もチェックしておこう。

表：過去22年間の午後Ⅰでの出題実績

年度／問題番号	設問内容の要約（関係“○○”の…or“○○”テーブルの）
H14-問1	候補キーをすべて挙げよ。（関数従属性を示す図あり）
H15-問1	候補キーをすべて挙げよ。（関数従属性を示す図あり）
	どの候補キーにも属さない属性（非キー属性）をすべて挙げよ。（関数従属性を示す図あり）
H16-問1	どの候補キーにも属さない属性（非キー属性）をすべて挙げよ。（関数従属性を示す図あり）
	候補キーをすべて挙げよ。（関数従属性を示す図あり）
H17-問1	候補キーをすべて列挙せよ。（関数従属性を示す図あり）
H18-問1	候補キーをすべて列挙せよ。（関数従属性を示す図あり）
H19-問1	候補キーをすべて列挙せよ。（関数従属性を示す図あり）
H21-問1	候補キーをすべて挙げよ。（関数従属性を示す図あり）
問2	二つの候補キーがある。適切な主キーと，もう一つが不適切な理由を，候補キーを具体的に示し，60字以内で述べよ。（関数従属性を示す図なし。未完成のテーブル構造）
H22-問1	候補キーをすべて列挙せよ。（関数従属性を示す図あり）
問2	候補キーを二つ挙げよ。（関数従属性を示す図なし。未完成のテーブル構造）
H23-問1	候補キーを一つ答えよ。（関数従属性を示す図あり）
問2	候補キーを一つ示せ。（関数従属性を示す図なし。未完成のテーブル構造）
H24-問1	候補キーをすべて答えよ。（関数従属性を示す図あり）
H25-問1	候補キーを全て答えよ。（関数従属性を示す図あり）
問2	候補キーを全て答えよ。（関数従属性を示す図なし。未完成のテーブル構造）
H26-問1	候補キーを全て答えよ。（関数従属性を示す図あり）
H27-問1	候補キーを全て答えよ。（関数従属性を示す図なし。未完成の関係スキーマ）
H28-問1	候補キーを全て答えよ。（関数従属性を示す図なし。未完成の関係スキーマ）
H29-問1	候補キーを全て答えよ。（関数従属性を示す図なし。未完成の関係スキーマ）
R03-問1	候補キーを全て答えよ。（関数従属性を示す図なし。未完成の関係スキーマ）
R05-問1	候補キーを全て答えよ。（関数従属性を示す図なし。未完成の関係スキーマ）

●着眼ポイント

候補キーを列挙させる問題には，大別して２つのパターンがある。最もオーソドックスなものは，問題文中に以下の情報が提示されているパターンだ。

- 関係スキーマもしくは，テーブル構造
- 関数従属性を示す図

最低限この２つの情報があれば，候補キーを列挙できる。ひとまず，この最も多い典型的なパターンを「関数従属性を示す図を使って解答するパターン」としておこう。そして，もう一つが「関数従属性を示す図」がないパターンである。関数従属性を示す図の代わりに，「表:属性及びその意味と制約」や，問題文中の記述を読み取って解答しなければならない。基礎理論（問１に多い）ではなく，データベース設計の問題（問２に多い）で取り上げられている。このパターンは，ここでは「関数従属性を示す図を使わずに解答するパターン」としておこう。

また，過去に問われている設問のパターンは四つ。

①候補キーをすべて列挙する設問
②候補キーを一つ挙げる設問（一つだけ挙げれば良い設問）
③非キー属性をすべて挙げる設問
④候補キーのうち主キーになれるもの，なれないものに関する設問

以上の，どのパターンに関する設問なのかをしっかりと見極めたうえで，解答しよう。

●候補キーを見つけ出すプロセス

それでは，続いて，候補キーを見つけ出すプロセスについて考えてみよう。候補キーを探し出すプロセスには様々な方法がある。上記の②のように，一つの候補キーを探し出すだけなら，「すべての属性を一意に決定する属性の極小の組合せ」を，仮説－検証を繰り返して試行錯誤のもと見つけ出せば良い。それで十分事足りるだろう。

難しいのは，候補キーが複数ある場合で，それらを“すべて”挙げなければならない設問だ。前ページの設問パターンで言うと①や③，場合によっては④もそうである。“すべて”なので，漏れがあってはならない。

そういうことで，ここでは，次の関係“病歴”の関数従属性を示す図を使って，“すべて”候補キーを列挙するプロセスを見ていこう。漏れをなくすための考え方を重点的に理解してもらいたい。

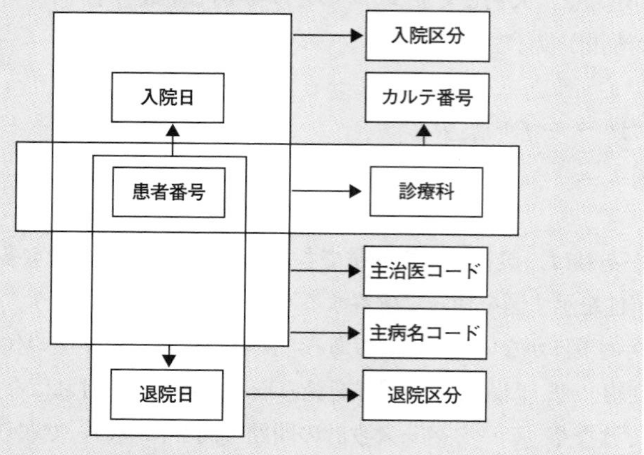

図：関係“病歴”の関数従属図

【手順1】

すべての「→」の始点をピックアップする。

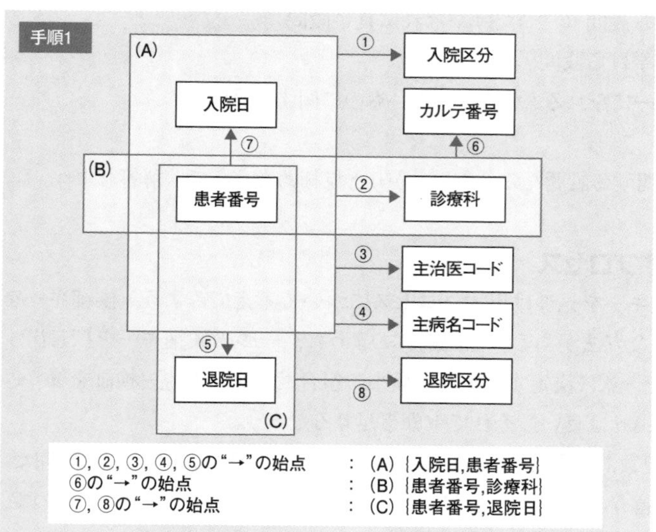

図：候補キーの探し方【手順 1】

【手順 2】

次に，手順 1 でピックアップした候補キーの候補（A，B，C の 3 つ）が，すべての属性を一意に決定できるかどうかをチェックする。これは，候補キーになる可能性のある各属性（及び属性集合）の数だけ順番に行っていく（今回の例だと 3 つ）。まず，手順 2-1 では（A）をチェックする。

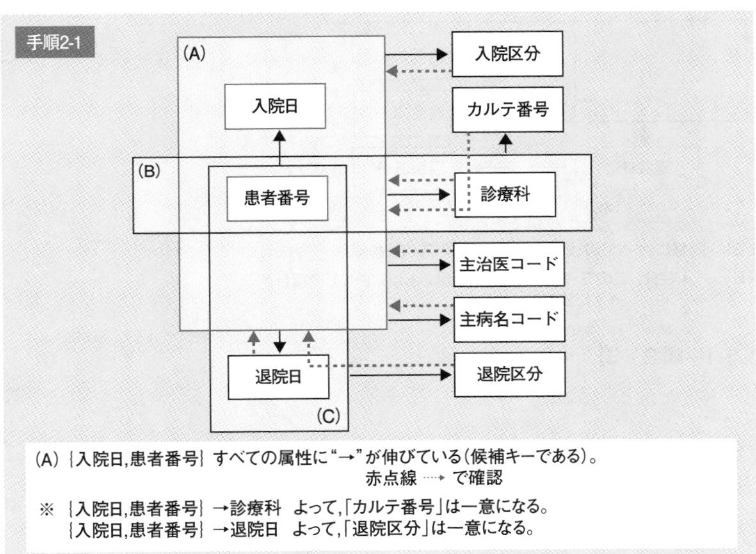

図：候補キーの探し方【手順 2 -1】

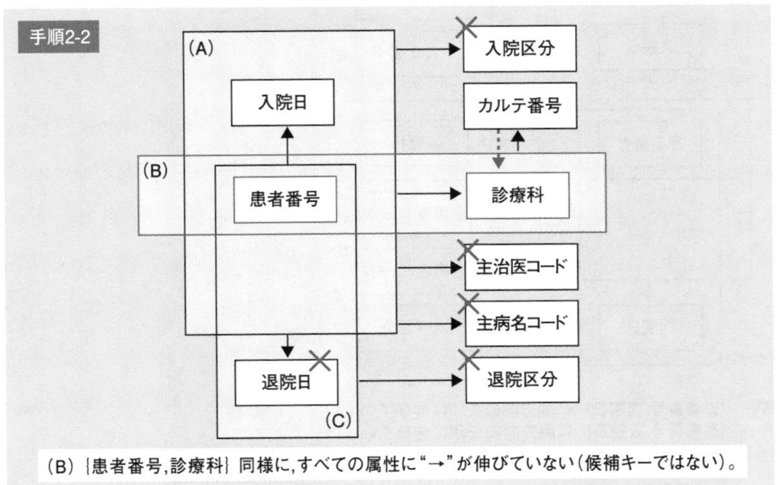

図：候補キーの探し方【手順 2 - 2】

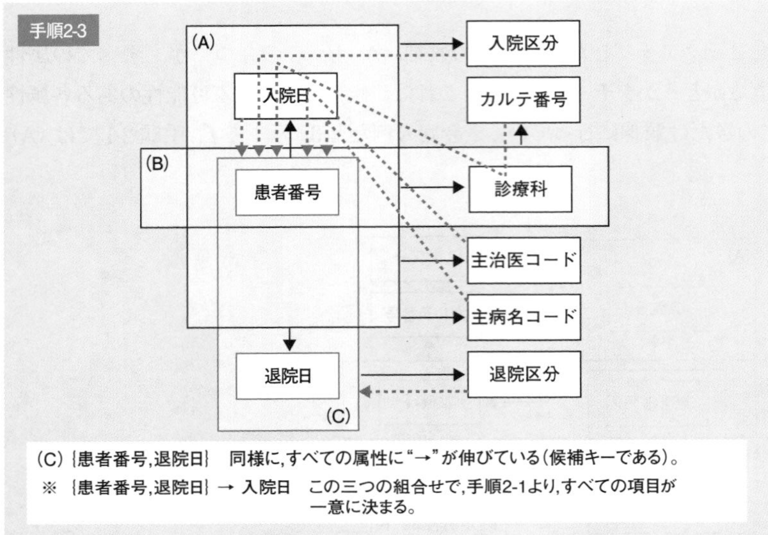

図：候補キーの探し方【手順 2 - 3】

【手順 3】

ある属性から候補キーに「→」と「←」の両方の矢印が伸びている場合，その属性も候補キーの一部とみなすことができるため，置換えが発生する。今回の例では置換えが発生しないので，確認だけ行う。

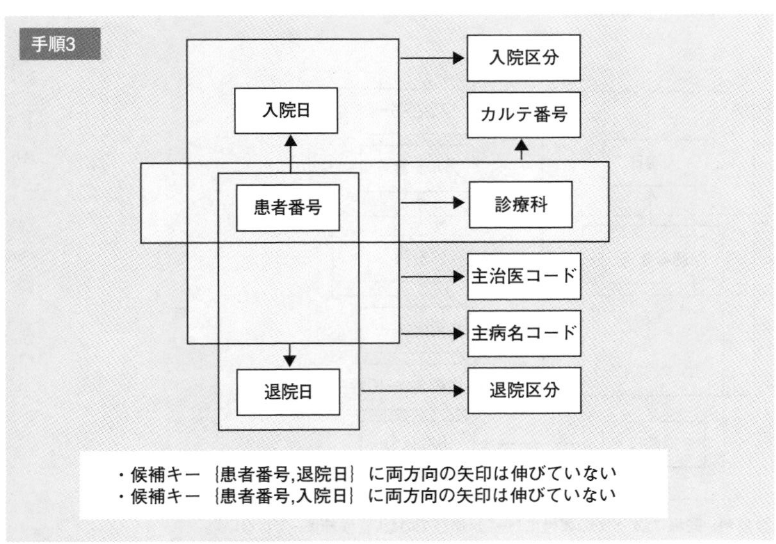

図：候補キーの探し方【手順 3】

候補キーは，{患者番号 , 入院日}，{患者番号 , 退院日} になる。
ちなみに，次のようなケースなら，置換えが発生する。

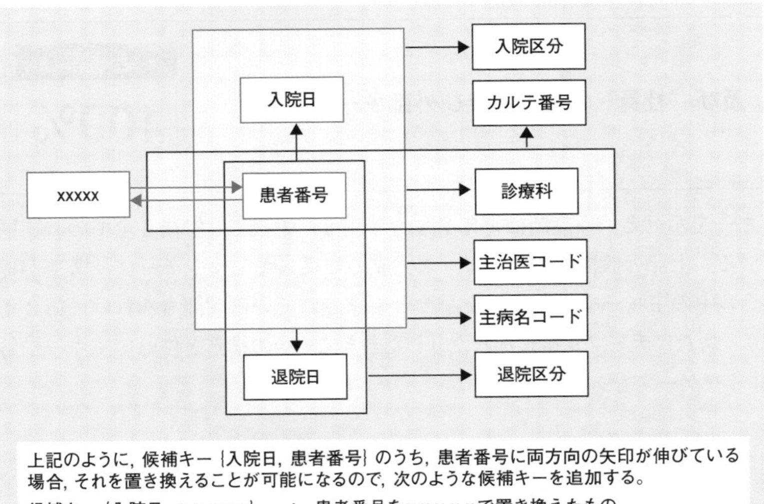

上記のように，候補キー {入院日，患者番号} のうち，患者番号に両方向の矢印が伸びている場合，それを置き換えることが可能になるので，次のような候補キーを追加する。
候補キー {入院日，ｘｘｘｘｘ}　：　患者番号をｘｘｘｘｘで置き換えたもの
候補キー {退院日，ｘｘｘｘｘ}　：　患者番号をｘｘｘｘｘで置き換えたもの

図：候補キーの置換えがある場合

●結果的に候補キーが見つからなかった場合

この方法も万能ではない。最終的に候補キーが見つからないこともある。そのときは，候補キーの定義に立ち返って考えれば良い。候補キーとは，全ての属性を一意に決定する属性の“極小の組合せ”である。したがって，候補キーの“候補”の中で，最も候補キーの位置に近いものに，「(残っている) 一意に決定できない属性」や「その属性を一意に決定できる属性」を加えるなどして考える。つまり，極小になるように残りの属性を少しずつ加えていくというわけだ。

●イレギュラーなケースの確認（二つの“→”が被決定属性に向いている場合）

候補キーを探す設問では，たまにトリッキーなものもある。平成 24 年度の午後 I 問 1 がそうだった。普通に“→”を辿っていくと，属性 a が候補キーに見えた。しかし，この問題では，一つだけおかしなところがあった。被決定属性（b とする）に，二つの“→”が向いていたのだ。問題文でビジネスルールを確認すると，片方のルートも，もう片方のルートも保持しなければならないとのこと。そうなると，属性 a だけではタプルが一意に決まらない。属性 b が二つあるので。そういうケースでも，少しずつ候補キーに属性を加えるなどして，極小の組合せを見出さなければならない（詳細は平成 24 年度の午後 I 問 1 を参照）。

参考 主キーや外部キーを示す設問

設問例

関係“物品”及び“社員”の主キー及び外部キーを示せ。

出現率

100%

主キーや外部キーを示せという設問は毎年必ず，午前Ⅱ，午後Ⅰ，午後Ⅱ全ての時間区分で出題されている。上記の設問例のように，未完成の関係スキーマやテーブル構造が提示されていて，その中の主キーや外部キーを示せと要求されている設問もあれば，第３正規形に分割したり，新たにテーブルを追加したりしたときに，その構造と併せて主キーや外部キーを答えるようなケースもある。

表：過去 22 年間の午後Ⅰでの出題実績

年度／問題番号	設問内容の要約（関係“○○”の…or“○○”テーブルの）
H14- 問 4	主キー及び外部キーを示せ。※ 主キーを示すのは 2 問。
H15- 問 3	主キーを示せ。
H16- 問 3	主キー及び外部キーを答えよ。
H17- 問 2	主キー及び外部キーを示せ。
H18- 問 2	主キー及び外部キーを示せ。※ 主キーを示すのは全部で 4 問。
H19- 問 1	適切な主キーを一つ挙げよ。
問 2	（欠落しているテーブル構造と），テーブルの主キーを示せ。
H20- 問 1	主キーを一つ挙げよ。
問 2	主キー及び外部キーを示せ。
H21- 問 2	（第 3 正規形に分解し）主キー及び外部キーも併せて答えよ。
	（二つの候補キーがある。）適切な主キーと，もう一つが不適切な理由を，候補キーを具体的に示し，60 字以内で述べよ。
H22- 問 1	（第 3 正規形に分解し）主キーは下線で示せ。
H23- 問 1	（第 3 正規形に分解し）主キーは下線で示せ。
H24- 問 2	（欠落しているテーブル構造と），テーブルの主キーを示せ。
H25- 問 1	（第 3 正規形に分解し）主キーは下線で示せ。
H26- 問 1	（第 3 正規形に分解し）主キーは下線で示せ。
H27- 問 1	（第 3 正規形に分解し）主キー及び外部キーを明記した関係スキーマを示せ（他多数）。
問 2	（空欄）に入れる適切な外部キーとなる属性の属性名を答えよ。
H28- 問 1	（第 3 正規形に分解し）主キー及び外部キーを明記した関係スキーマを示せ（他多数）。
問 3	テーブル構造を示し，主キーは下線で示せ。
H29- 問 1	（第 3 正規形に分解し）主キー及び外部キーを明記した関係スキーマを示せ（他多数）。
H30- 問 1	主キー及び外部キーを明記した関係スキーマを示せ（他多数）。
H31- 問 1	主キーを表す実線の下線及び外部キーを表す破線の下線を明記すること。
R02- 問 1	主キーを表す実線の下線及び外部キーを表す破線の下線を明記すること。
R03- 問 1	主キーを表す実線の下線及び外部キーを表す破線の下線を明記すること。
R04- 問 1	主キーを表す実線の下線及び外部キーを表す破線の下線を明記すること。
R05- 問 1	主キーを表す実線の下線及び外部キーを表す破線の下線を明記すること。

●着眼ポイント

① **テーブル構造図から主キーを見つける（仮説）**

テーブル構造図から主キーを見つける。その際，“○○コード”，“○○番号”，“○○ID”など，**名称から主キーであると判断できる項目に着目する**。多くの場合，マスタテーブルはこのような方法で簡単に主キーを見つけることができる（ただし，あくまでもそれだけで判断するのは“仮説レベル”にとどめておこう。必ず，問題文を読んで検証する必要がある（→②）。問題文中の記述から裏付けを取っておくとよい）。

② **問題文中の記述から主キーを見つける（検証）**

①で複数の項目がある場合（複合主キー）や構造が複雑な場合などは，テーブル構造図からだけでは判断できない。そこで，問題文中の記述をもとに，候補キーを見つける方法を適用して主キーを見つけ出す。関数従属図が示されていなくても，文章から関数従属性を読み取って候補キーを見つけ出し，候補キーの一つを選んで主キーとする。

③ **候補キーから主キーを決める**

前の設問において，全ての候補キーを列挙させているようなケースで，複数の候補キーが判明している場合で，どれを主キーにすべきか問われているケースがある。その場合は，**NULLを許容するかどうかをチェックすればいい**。過去の情報処理技術者試験では，候補キーはNULLを許容するが，主キーは許容しないというスタンスを取っている。したがって，そこが問われることが多い。その時に，NULLに関して明示していない場合は，**登録順序をチェックする**。先に登録する方が主キーになる。その場合，一時的かもしれないが，他の候補キーがNULLになることが考えられるからだ。

④ **外部キーを見つける**

マスタテーブルを参照する外部キーについては，問題文の記述やテーブル構造図を活用しながら，マスタテーブルの主キー項目の名称を手がかりにして見つけ出す。具体的には，**同じような名称（例：社員コードと使用者コード）を手がかりに，問題文の記述から関連を確認する**。特に，①で候補に挙がったもので主キーでなく，他のテーブルの主キーになっているものは，外部キーである可能性が高い。

●主キーや外部キーを見つけ出すプロセス

それでは，次の図を使ってそのプロセスを見ていこう。

F君は，物品管理業務のまとめに基づき，テーブル構造を図4のように設計した。このテーブル構造を見たG氏は，幾つかの問題点を指摘した。

問題点①　主キー，外部キーが明示されていない。
問題点②　“物品”テーブルの構造が冗長である。
問題点③　物品構成品が廃棄済になったかどうかが判断できない。
問題点④　現況調査リストに記入された内容がデータベース上で管理できない。
問題点⑤　過去の使用部署変更時の承認者を特定できない場合がある。

物品

物品番号	物品名	子番号	物品構成品名	単位	購入単価	購入年月日

購入部署コード	購入者コード

現在使用部署コード	現在代表使用者コード	現在設置場所コード

使用部署コード1	代表使用者コード1	設置場所コード1	変更年月日1	変更理由1
使用部署コード2	代表使用者コード2	設置場所コード2	変更年月日2	変更理由2
使用部署コード3	代表使用者コード3	設置場所コード3	変更年月日3	変更理由3
使用部署コード4	代表使用者コード4	設置場所コード4	変更年月日4	変更理由4

現況調査結果

物品番号	調査年度	確認日付	確認者コード	確認結果

部署

部署コード	部署名

役職

役職コード	役職名

社員

社員コード	社員氏名	所属部署コード	役職コード

設置場所

設置場所コード	設置場所名

図4　テーブル構造

設問1　G氏が指摘した問題点①と②に関する次の問いに答えよ。
　(1) 図4の“物品”及び“社員”テーブルの主キー及び外部キーを示せ。

図：問題点とテーブル構造（平成 14 年・午後I問４より）

【手順 1】

着眼ポイントの①で示した「テーブル構造図から主キーを見つける方法」で，次のような仮説を立てる。

“物品”テーブル＝“物品番号”,“子番号”,“購入部署コード”,“購入者コード”,
“現在使用部署コード”,“現在代表使用者コード”,
“現在設置場所コード”,“使用部署コード1～4”,
“代表使用者コード1～4”,“設置場所コード１～４”

“現況調査結果”テーブル＝“物品番号”，“確認者コード”
“部署”テーブル＝“部署コード”（確定）
“役職”テーブル＝“役職コード”（確定）
“社員”テーブル＝“社員コード”，“所属部署コード”，“役職コード”
“設置場所”テーブル＝“設置場所コード”（確定）

【手順 2】

着眼ポイントの②に示した方法で，問題文中の記述から主キーを確定させる（ここでは，問題文は省略しているが，実際の解答プロセスでは問題文から該当箇所をピックアップして確認する）。

【手順 3】

着眼ポイントの③に示した方法で外部キーを探す。ここでは，“物品”テーブルと“社員”テーブルのテーブル構造図から，解答の候補を探す。

“物品”テーブルの“購入部署コード”→“部署”テーブルの“部署コード”
“物品”テーブルの“購入者コード”→“社員”テーブルの“社員コード”
“物品”テーブルの“現在使用部署コード”→“部署”テーブルの“部署コード”
“物品”テーブルの“現在代表使用者コード”→“社員”テーブルの“社員コード”
“物品”テーブルの“現在設置場所コード”→“設置場所”テーブルの“設置場所コード”
“物品”テーブルの“使用部署コード1～4”→“部署”テーブルの“部署コード”
“物品”テーブルの“代表使用者コード1～4”→“社員”テーブルの“社員コード”
“物品”テーブルの“設置場所コード1～4”→“設置場所”テーブルの“設置場所コード”
“社員”テーブルの“所属部署コード”→“部署”テーブルの“部署コード”
“社員”テーブルの“役職コード”→“役職”テーブルの“役職コード”

後は，問題文の記述からこの対応付けが正しいかどうかを確認する。

ワンポイントアドバイス

主キーと外部キーを示す設問は，午後Ⅱの問題では100％出題される。午後Ⅱの方では，候補キーを求めるプロセスはなく，いきなり主キーや外部キーを設定する。そのためだと思うが，「受注は，受注番号で一意に識別される。」など，比較的明確かつシンプルに定義されていることが多い（そちらの方が現実に近いかもしれない）。問題の数も多いので，午後Ⅱの問題を解く過程で，どういう記述（文，文章）が主キーや外部キーだと判断する基準になるのかを，しっかりと覚えておこう。

3.4 正規化

正規化とは，ある対象を，ある一定のルールに基づいて加工していくことをいう。データベースの用語として使用される場合は（これが，情報処理技術者試験では最もメジャーな使い方），“ある対象”はデータで，“ある一定のルール”が正規化理論になる。

● 正規化の目的

正規化は，データの冗長性（無駄なところ）を排除し，独立性を高めるために行われる。しかし，一つ間違えば，分割したデータ間に矛盾が発生し，整合性がなくなることになりかねない。そのため，きちんとしたルールにのっとって整合性や一貫性を確保しながら独立性を高めていくというわけだ。

具体的には，「1事実1箇所（1 fact in 1 place）」にすることで，更新時異状が発生しないようにすること。難しい表現を使うのなら，それが正規化の目的になる。

● 正規化の種類

正規化には，非正規形（正規化がまったく行われていない状態）から，第1正規形，第2正規形，第3正規形，第4正規形，第5正規形まである。第3正規形に関しては，ボイス・コッド正規形という正規形もある。

非正規形	→	3.4.1 参照
第1正規形	→	3.4.2 参照
第2正規形	→	3.4.3 参照
第3正規形	→	3.4.4 参照
ボイス・コッド正規形	→	3.4.5 参照
第4正規形	→	3.4.6 参照
第5正規形	→	3.4.7 参照

試験に出る
①平成19年・午前 問23
②平成19年・午前 問24

多くのシステムで,「顧客マスタ」「取引先マスタ」「受注データ」など，複数のテーブルやファイルに分割されているのは“正規化”の結果である。用語の定義は難しいが，実務では，その程度のイメージ（=テーブル設計するときのやり方）で十分である

冗長性の排除
日々発生するデータを,「顧客マスタ」「取引先マスタ」「受注データ」などに分割するのも，冗長性を排除するためだ

「1事実1箇所（1 fact in 1 place)」，更新時異状は「3.4.8 更新時異状」を参照

正規形には第6正規形を最終形とする概念もあるが，過去に出題実績がないため，本書では今のところ扱わない

●情報無損失分解

情報無損失分解とは，分解後の関係を自然結合したら，分解前の関係を復元できる分解のことをいう。厳密な定義は次の通り。

> **関係 R が関係 R1，R2，…，Rn に無損失分解できるとは，以下が成立するときをいう。**
>
> R = R1 * R2 * … * Rn
> Ω = X1 ∪ X2 ∪…∪ Xn（ある属性が複数の関係の中含まれていてもよい）
>
> ※ Ω=R の全属性集合 , X1，X2，…，Xn =R1，R2，…，Rn の全属性集合

簡単に言えば，情報無損失分解とは**「分解⇔組立（結合）を繰り返しても同じ結果になるような分解」**ということである。第3正規形にまで分解しても問題ない根拠にある存在だと言えよう。

そう考えれば，「(第3正規形まで）正規化する」というのは，「結合したらいつでも元の状態を再現できる」，すなわち「情報が損失しないこと」が前提だからできることだといえる。

試験に出る

①令和03年・午前Ⅱ 問5
平成31年・午前Ⅱ 問7
平成28年・午前Ⅱ 問8
②令和05年・午前Ⅱ 問6
平成26年・午前Ⅱ 問4
③平成22年・午前Ⅱ 問6
④令和05年・午前Ⅱ 問7

試験に出る

適切でない情報無損失分解
平成19年・午後Ⅰ 問1

3.4.1 非正規形

非正規形は次のように定義される。

> **［非正規形の定義］**
> リレーションRの属性の中に，単一でない値が含まれている。

次の図は売上伝票の例であるが，伝票1枚分をテーブルの1行に見立てると，売上明細部分の｛商品コード，商品名，単価，数量，小計｝が繰返し項目になっていることがわかる。この繰返し項目が，非単純属性又は非単純定義域といわれるもので，非正規形モデルに見られる属性とされている。

店舗欄	店舗名	店舗ID	店舗住所	
伝票番号	売上伝票		売上日	
売上明細				
商品コード	商品名	単価	数量	小計
商品コード	商品名	単価	数量	小計
商品コード	商品名	単価	数量	小計
商品コード	商品名	単価	数量	小計
商品コード	商品名	単価	数量	小計
担当者欄	担当者名	担当者ID	合計	合計
			消費税	消費税
お買い上げいただき有難うございます			請求額	請求額

※網かけ部分は，実際にはデータが格納される

図：売上伝票

伝票番号	店舗ID	店舗名	店舗住所	売上日	売上明細（1～n）											合計	消費税	請求額	担当者ID	担当者名
					売上明細1					…	売上明細n									
					商品コード	商品名	単価	数量	小計		商品コード	商品名	単価	数量	小計					

伝票番号	店舗ID	店舗名	店舗住所	売上日	売上明細					合計	消費税	請求額	担当者ID	担当者名
					商品コード	商品名	単価	数量	小計					
1	01	銀座店	東京都○○	2002.9.9	ERS-A-01	消しゴムA	100	2	200	1,500	75	1,575	2001	鈴木花子
					SPN-B-03	シャーペンB	300	1	300					
					LNC-XY-01	弁当XY	1,000	1	1,000					
2	01	銀座店	東京都○○	2002.9.10	SPN-B-03	シャーペンB	300	2	600	1,000	50	1,050	1023	佐藤太郎
					BPN-C-04	ボールペンC	100	4	400					

図：非正規形のテーブル例とデータ例

試験に出る

非正規形
第1正規形でない理由

単一でない値
図の売上伝票の中の売上明細のように一つの属性の中に繰返し項目があるもの。多値属性ともいうが，試験センターの公表する平成18年・午後Ⅰ 問1の解答例では，（反対語の単値属性を）"単一値"と表現しているため，ここでもそれに倣って"単一でない値"という表現にしている

非正規形とは，伝票や帳票をそのままテーブルにしたようなものである

3.4.2 第 1 正規形

第 1 正規形は次のように定義される。

試験に出る
平成 27 年・午前Ⅱ 問 6
平成 20 年・午前 問 23
平成 17 年・午前 問 25

> [第 1 正規形の定義]
> リレーション R のすべての属性が，単一値である。

第 1 正規形のテーブルを作るには，**繰返し項目をなくして単純な形にすればよい**。

先ほどの非正規形のデータから繰返し項目をなくして，次の図のように明細部分に合わせてテーブルを設計する。つまり，非正規形で{伝票番号}ごとに 1 行のデータとしていたものを，{伝票番号，商品コード}ごとのデータとすることによって，繰返し項目をなくしたものが第 1 正規形である。この例では，非正規形の{伝票番号}単位の 3 行のデータが，次の図のように{伝票番号，商品コード}単位の 7 行のデータになる。その場合，伝票を一意に表す“伝票番号”と，明細を一意に表す“商品コード”の二つを連結したものが主キーになる。

売上

伝票番号	店舗ID	店舗名	店舗住所	売上日	商品コード	商品名	単価	数量	小計	合計	消費税	請求額	担当者ID	担当者名
1	01	銀座店	東京都○○	2002.9.9	ERS-A-01	消しゴムA	100	2	200	1,500	75	1,575	2001	鈴木花子
1	01	銀座店	東京都○○	2002.9.9	SPN-B-03	シャーペンB	300	1	300	1,500	75	1,575	2001	鈴木花子
1	01	銀座店	東京都○○	2002.9.9	LNC-XY-01	弁当XY	1,000	1	1,000	1,500	75	1,575	2001	鈴木花子
2	01	銀座店	東京都○○	2002.9.10	SPN-B-03	シャーペンB	300	2	600	1,000	50	1,050	1023	佐藤太郎
2	01	銀座店	東京都○○	2002.9.10	BPN-C-04	ボールペンC	100	4	400	1,000	50	1,050	1023	佐藤太郎
3	01	銀座店	東京都○○	2002.9.10	LNC-XY-01	弁当XY	1,000	1	1,000	1,200	60	1,260	2001	鈴木花子
3	01	銀座店	東京都○○	2002.9.10	JUC-W-01	ジュースW	100	2	200	1,200	60	1,260	2001	鈴木花子

図：第 1 正規形のデータの例

第 1 正規化後のテーブル構造は次のようになる。

> 売上 1（伝票番号, 店舗 ID, 店舗名, 店舗住所, 売上日, 合計,
> 消費税, 請求額, 担当者 ID, 担当者名, 商品コード,
> 商品名，単価，数量，小計）

3.4.3 第２正規形

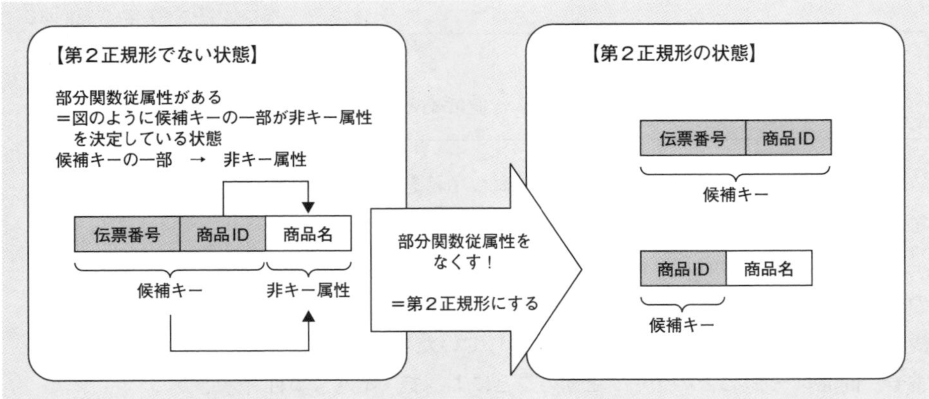

第２正規形は次のように定義される。

> [第２正規形の定義]
> リレーションＲが次の二つの条件を満たす。
> (1) 第１正規形であること
> (2) すべての非キー属性は，いかなる候補キーにも部分関数従属していない（完全関数従属である）こと

第２正規化されたテーブルは，非キー属性が，候補キーに完全関数従属した形になっている。

●完全関数従属性と部分関数従属性

“完全関数従属している状態”とか“完全関数従属性という性質”は，①関数従属性（候補キー：X）→（非キー属性：Y）が成立するが，②（候補キー：Xの真部分集合）→（非キー属性：Y）は成立しないときの状態及び性質のことである（上図の右側）。逆に，①ではあるが，②が成立・存在している状態及び性質のことを“部分関数従属している”とか“部分関数従属性”という（上図の左側）。

試験に出る
令和02年・午前Ⅱ 問5
平成29年・午前Ⅱ 問7
平成24年・午前Ⅱ 問8
平成16年・午前 問23

試験に出る
平成17年・午後Ⅰ 問1

候補キーが単一キー（候補キー＝一つの属性）の場合，第２正規形の定義を（必然的に）満たしている。第２正規形の条件を満たしているかどうかを判断しなければならないのは，複合キーである（候補キーが２つ以上の属性で構成されている）場合に限られる

非キー属性
候補キーの一部にも含まれない属性

●第 2 正規化の具体例

第 1 正規形のテーブルから部分関数従属性を排除すると，第 2 正規形のテーブルになる。先ほどの売上伝票を第 2 正規化すると，次のようになる。

第1正規形

売上

伝票番号	店舗ID	店舗名	店舗住所	売上日	商品コード	商品名	単価	数量	小計	合計	消費税	請求額	担当者ID	担当者名
1	01	銀座店	東京都○○	2002.9.9	ERS-A-01	消しゴムA	100	2	200	1,500	75	1,575	2001	鈴木花子
1	01	銀座店	東京都○○	2002.9.9	SPN-B-03	シャーペンB	300	1	300	1,500	75	1,575	2001	鈴木花子
1	01	銀座店	東京都○○	2002.9.9	LNC-XY-01	弁当XY	1,000	1	1,000	1,500	75	1,575	2001	鈴木花子
2	01	銀座店	東京都○○	2002.9.10	SPN-B-03	シャーペンB	300	2	600	1,000	50	1,050	1023	佐藤太郎
2	01	銀座店	東京都○○	2002.9.10	BPN-C-04	ボールペンC	100	4	400	1,000	50	1,050	1023	佐藤太郎
3	01	銀座店	東京都○○	2002.9.10	LNC-XY-01	弁当XY	1,000	1	1,000	1,200	60	1,260	2001	鈴木花子
3	01	銀座店	東京都○○	2002.9.10	JUC-W-01	ジュースW	100	2	200	1,200	60	1,260	2001	鈴木花子

第2正規形

売上明細

伝票番号	商品コード	数量	小計
1	ERS-A-01	2	200
1	SPN-B-03	1	300
1	LNC-XY-01	1	1,000
2	SPN-B-03	2	600
2	BPN-C-04	4	400
3	LNC-XY-01	1	1,000
3	JUC-W-01	2	200

商品

商品コード	商品名	単価
ERS-A-01	消しゴムA	100
SPN-B-03	シャーペンB	300
LNC-XY-01	弁当XY	1,000
BPN-C-04	ボールペンC	100
JUC-W-01	ジュースW	100

売上ヘッダ

伝票番号	店舗ID	店舗名	店舗住所	売上日	合計	消費税	請求額	担当者ID	担当者名
1	01	銀座店	東京都○○	2002.9.9	1,500	75	1,575	2001	鈴木花子
2	01	銀座店	東京都○○	2002.9.10	1,000	50	1,050	1023	佐藤太郎
3	01	銀座店	東京都○○	2002.9.10	1,200	60	1,260	2001	鈴木花子

図：第 1 正規形から第 2 正規形への変換例

まず，第 1 正規形のテーブル“売上”から部分関数従属性を排除する。主キーの部分集合である“伝票番号”には，“店舗ID”以下 9 項目の属性が，“商品コード”には“商品名”以下 2 項目の属性が関数従属しているため，これを分解する。その結果，次のようなテーブル構造になる。

> 売上明細（伝票番号，商品コード，数量，小計）
> 商品（商品コード，商品名，単価）
> 売上ヘッダ（伝票番号，店舗 ID，店舗名，店舗住所，売上日，合計，消費税，請求額，担当者 ID，担当者名）

3.4.4 第３正規形

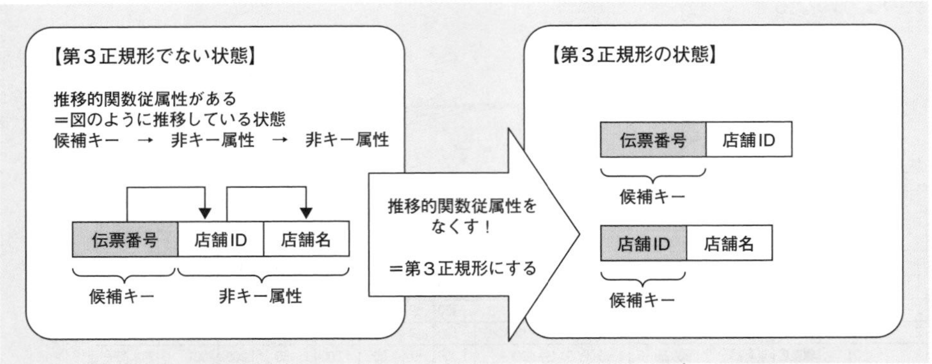

第３正規形は次のように定義される。

> **［第３正規形の定義］**
> リレーションＲが次の二つの条件を満たす。
> (1) 第２正規形であること
> (2) すべての非キー属性は，いかなる候補キーにも推移的関数従属していない

試験に出る
①令和 04 年・午前Ⅱ 問 5
　平成 30 年・午前Ⅱ 問 4
　平成 22 年・午前Ⅱ 問 8
②平成 20 年・午前 問 24
③平成 21 年・午前Ⅱ 問 5
④令和 05 年・午前Ⅱ 問 8
　平成 22 年・午前Ⅱ 問 9
　平成 19 年・午前 問 25
　平成 17 年・午前 問 26

●推移的関数従属性

関数従属が推移的に行われているとき，これを推移的関数従属性という。

集合Ｒの属性Ｘ，Ｙ，Ｚにおいて，

①Ｘ→Ｙ
②Ｙ→Ｘではない
③Ｙ→Ｚ（ただし，ＺはＹの部分集合ではない）

の三つの条件が成立しているときに，"Ｚ"は"Ｘ"に推移的に関数従属している。

このとき，次の二つが成立する。

（ⅰ）Ｘ→Ｚ
（ⅱ）Ｚ→Ｘではない

試験に出る
３つの成立条件
３つの成立条件を知らないと解けない設問が出ている
　平成 25 年・午後Ⅰ 問 1
　平成 25 年・午後Ⅰ 問 2

(例 1) これは推移的関数従属性ではない！

この三つの成立条件の例を具体的に示すと，このようになる。前ページの図と同様に，「店舗 ID →店舗名→住所」と関数従属性が推移してはいるが，「店舗名→店舗 ID」の関係がある（同じ店舗名は絶対に付けないルールなど）ため推移的関数従属性は存在しない。したがって，この例は第 3 正規形になる。

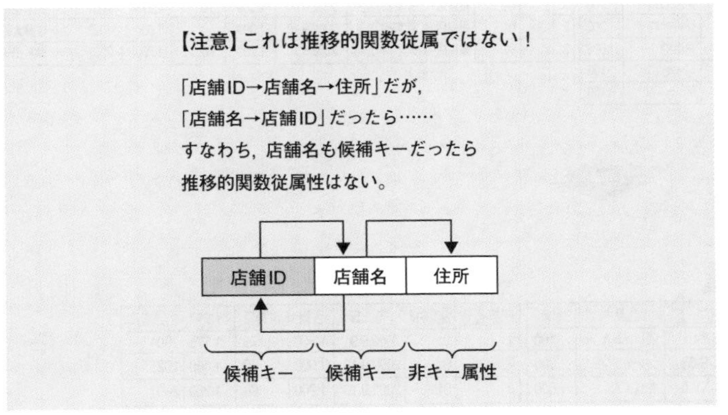

【注意】これは推移的関数従属ではない！
「店舗ID→店舗名→住所」だが，
「店舗名→店舗ID」だったら……
すなわち，店舗名も候補キーだったら
推移的関数従属性はない。
店舗ID
店舗名
住所
候補キー
候補キー
非キー属性

(例 2) これは推移的関数従属性だ！

逆に，この図は推移的関数従属性の例である。「{伝票番号，得意先 ID} → {得意先 ID，商品 ID} →得意先別商品別単価」で，かつ「{得意先 ID, 商品 ID} → {伝票番号, 得意先 ID}」ではない。つまり，{得意先 ID, 商品 ID} のように，候補キーの一部＋非キー属性なら推移していると考えよう。

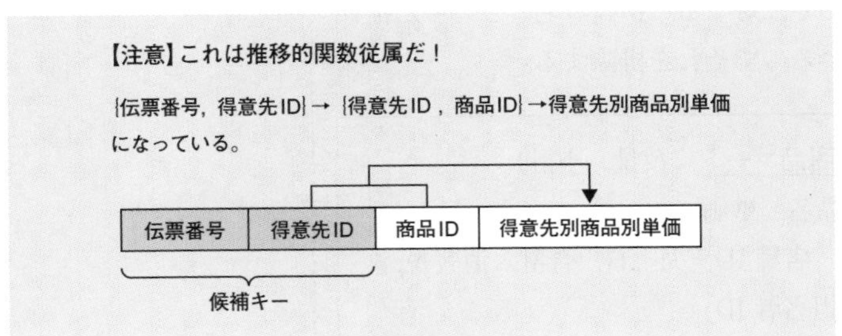

試験に出る

①平成 31 年・午前Ⅱ 問 8
平成 26 年・午前Ⅱ 問 6
②令和 03 年・午前Ⅱ 問 3

●第３正規化の具体例

第２正規形のテーブルから推移的関数従属性を排除すると，第３正規形のテーブルになる。先ほどの売上伝票の例を第３正規化すると，次のようになる。

第2正規形

売上明細

伝票番号	商品コード	数量	小計
1	ERS-A-01	2	200
1	SPN-B-03	1	300
1	LNC-XY-01	1	1,000
2	SPN-B-03	2	600
2	BPN-C-04	4	400
3	LNC-XY-01	1	1,000
3	JUC-W-01	2	200

商品

商品コード	商品名	単価
ERS-A-01	消しゴムA	100
SPN-B-03	シャーペンB	300
LNC-XY-01	弁当XY	1,000
BPN-C-04	ボールペンC	100
JUC-W-01	ジュースW	100

売上ヘッダ

伝票番号	店舗ID	店舗名	店舗住所	売上日	合計	消費税	請求額	担当者ID	担当者名
1	01	銀座店	東京都○○	2002.9.9	1,500	75	1,575	2001	鈴木花子
2	01	銀座店	東京都○○	2002.9.10	1,000	50	1,050	1023	佐藤太郎
3	01	銀座店	東京都○○	2002.9.10	1,200	60	1,260	2001	鈴木花子

第3正規形（途中）

売上明細

伝票番号	商品コード	数量	小計
1	ERS-A-01	2	200
1	SPN-B-03	1	300
1	LNC-XY-01	1	1,000
2	SPN-B-03	2	600
2	BPN-C-04	4	400
3	LNC-XY-01	1	1,000
3	JUC-W-01	2	200

商品

商品コード	商品名	単価
ERS-A-01	消しゴムA	100
SPN-B-03	シャーペンB	300
LNC-XY-01	弁当XY	1,000
BPN-C-04	ボールペンC	100
JUC-W-01	ジュースW	100

売上ヘッダ

伝票番号	店舗ID	売上日	合計	消費税	請求額	担当者ID
1	01	2002.9.9	1,500	75	1,575	2001
2	01	2002.9.10	1,000	50	1,050	1023
3	01	2002.9.10	1,200	60	1,260	2001

店舗

店舗ID	店舗名	店舗住所
01	銀座店	東京都○○

担当者

担当者ID	担当者名
2001	鈴木花子
1023	佐藤太郎

図：第２正規形から第３正規形への変換

テーブル“売上ヘッダ”には，“店舗 ID”に対する“店舗名”，“店舗住所”，及び“担当者 ID”に対する“担当者名”といった推移的関数従属性が含まれているのでそれを排除する。

売上明細（伝票番号，商品コード，数量，小計）
商品（商品コード，商品名，単価）
売上ヘッダ（伝票番号，店舗 ID，売上日，合計，消費税，
　　　　　　請求額，担当者 ID）
店舗（店舗 ID，店舗名，店舗住所）
担当者（担当者 ID，担当者名）

さらに，第３正規化する際には導出項目も一緒に取り除く。テーブル“売上ヘッダ”の“合計”，“消費税”，“請求額”，テーブル“売上明細”の“小計”を削除し，次のテーブルを得る。

売上明細（<u>伝票番号</u>，<u>商品コード</u>，数量）
商品（<u>商品コード</u>，商品名，単価）
売上ヘッダ（<u>伝票番号</u>，店舗 ID，売上日，担当者 ID）
店舗（<u>店舗 ID</u>，店舗名，店舗住所）
担当者（<u>担当者 ID</u>，担当者名）

参考

小計など，計算によって得られる項目を導出項目という。通常，導出項目は第３正規形にする段階で取り除かれる。例に登場した“小計”のように，推移的関数従属性を排除するタイミングで多くの導出項目はおのずと取り除かれてしまう。ただし，すべての導出項目が候補キーに対して推移的に関数従属しているわけではない

第3正規形（途中）

売上明細

伝票番号	商品コード	数量	小計 ✕
1	ERS-A-01	2	200
1	SPN-B-03	1	300
1	LNC-XY-01	1	1,000
2	SPN-B-03	2	600
2	BPN-C-04	4	400
3	LNC-XY-01	1	1,000
3	JUC-W-01	2	200

商品

商品コード	商品名	単価
ERS-A-01	消しゴムA	100
SPN-B-03	シャーペンB	300
LNC-XY-01	弁当XY	1,000
BPN-C-04	ボールペンC	100
JUC-W-01	ジュースW	100

売上ヘッダ

伝票番号	店舗ID	売上日	合計 ✕	消費税 ✕	請求額 ✕	担当者ID
1	01	2002.9.9	1,500	75	1,575	2001
2	01	2002.9.10	1,000	50	1,050	1023
3	01	2002.9.10	1,200	60	1,260	2001

店舗

店舗ID	店舗名	店舗住所
01	銀座店	東京都○○

担当者

担当者ID	担当者名
2001	鈴木花子
1023	佐藤太郎

自明な関数従属性

データベーススペシャリスト試験には「自明な関数従属性」という用語がしばしば登場する（他にも「自明な多値従属性」とか「自明な結合従属性」という用語もある）。この“自明な”というのは，「当たり前で，証明しなくても常に成立する」という意味の数学用語“trivial”を訳したもので，そこから**「（当たり前のように）常に成立する関数従属性」**を**“自明な関数従属性”**と言っている。厳密な定義は次の通りだが，どういうものが自明な関数従属性なのか幾つかの例を挙げるので，その“例”でイメージを掴んでおけばいいだろう。

属性集合 A，B があり，B は A の部分集合とする。このとき，A → B は常に成立する。

このような関数従属性を自明な関数従属性という。

【例】関係“顧客”
　顧客（顧客名，住所，電話番号，性別，生年月日）

上記の関係“顧客”を使って「B は A の部分集合とする」ということを説明すると，例えば次のような関係性のことになる。

- **属性集合 A ｛顧客名，住所，電話番号，性別，生年月日｝**
- **属性集合 B1 ｛顧客名｝**
- **属性集合 B2 ｛顧客名，性別｝**
- **属性集合 B3 ｛顧客名，住所，電話番号，性別，生年月日｝**
- **属性集合 B…**

上記の属性集合 B1 ～属性集合 B3 までは，全て「A の部分集合」である。つまり単純に“A の一部”だと考えればいい。ゆえに属性集合 A の部分集合は，この例だと関係“顧客”の個々の属性から全ての組合せにいたるまで，他にもいくつかの部分集合がある。

この時，次の関数従属性が成立する。

- ｛顧客名，住所，電話番号，性別，生年月日｝ → ｛顧客名｝
- ｛顧客名，住所，電話番号，性別，生年月日｝ → ｛顧客名，性別｝
- ｛顧客名，住所，電話番号，性別，生年月日｝
  → ｛顧客名，住所，電話番号，性別，生年月日｝

部分集合とは B1 ～ B3 のようなものだから，当たり前だが A → B は必ず成立する。A に含まれる属性だから当然だ。この「（当たり前のように）常に成立する関数従属性を自明な関数従属という。

また，自明な関数従属性に対して**「自明ではない関数従属性」**がどのようなものかをイメージできていれば，より理解が進むだろう。自明ではない関数従属性とは，常に“当たり前”とは限らない関数従属性のこと。関係“顧客”以外も含めて例を挙げれば，次のような関数従属性になる。

- 顧客名　→　収入
- 店長　→　店舗
- 固定電話の電話番号　→　住所

要するに，いつも関数従属性としてピックアップしているものだ。業務要件やルールに基づいたもの。それらが**「自明ではない関数従属性」**になる。

スキルUP!

“極小”と“真部分集合”

データベースの基礎理論を学習していると，普段使わないような，やたら難解な言葉をよく目にする。この“極小”と“真部分集合”もその類のものだろう。ベースが数学なので仕方ないことで，合格者に聞くと「少しずつ慣れていくしかない」とのこと…。

極小とは，属性集合の中で，余分な属性を含まず，どれか一つでも欠ければ一意性を確保できなくなる組合せのこと。候補キーの説明では必ず登場する。簡単に言えば「全てを一意に決定する必要最低限の属性の組合せ（正にそれが候補キー）」で，難しい表現をすると「キーのいかなる真部分集合もスーパーキーにならない」という状態になる。

一方，真部分集合とは，ある集合（A）とその部分集合（B）において，(A)＝(B)ではなく，(A)の中には（B）にはない要素が存在するという状態のとき，「(B)は（A）の真部分集合である」ということだ。図で見るとわかりやすい。

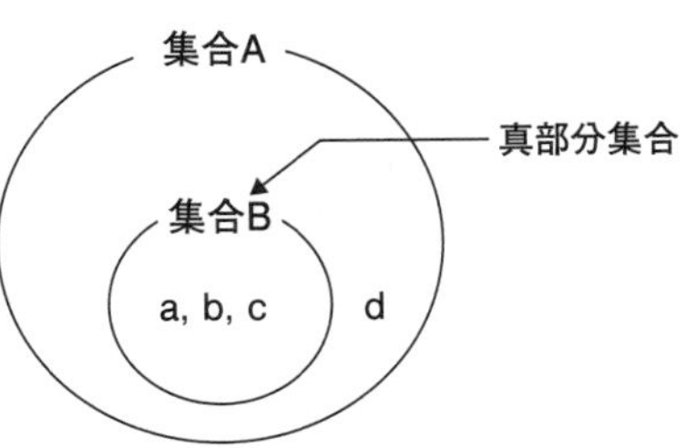

参考 第○正規形である根拠を説明させる設問

設問例

関係“診療・診断”は，第１正規形，第２正規形，第３正規形のうち，どこまで正規化されているか。また，その根拠を 60 字以内で述べよ。

最終出題年度

令和5年

午後Ⅰ試験のデータベース基礎理論に関する問題では，第○正規形である根拠，理由を問う設問が出題されていた。

表：過去 22 年間の午後Ⅰでの出題実績

年度／問題番号	設問内容（ある関係について…）の要約
H14- 問 1	第 1，2，3 のどれに該当するか。その根拠を 60 字以内で述べよ。
H15- 問 1	第 1 であるが第 2 正規形でない。その根拠を，具体的に 60 字以内で述べよ。
	推移的関数従属の例を一つ挙げよ。
H16- 問 1	第 1，2，3 のどれに該当するか。その根拠を 60 字以内で述べよ。
	推移的関数従属の例を一つ挙げよ。
	自明でない多値従属性の例を記述せよ。
	ボイスコッド正規形であるが，第 4 正規形ではない。その理由を述べよ（穴埋め問題）
H17- 問 1	適切な正規形名を答えよ。その根拠を 70 字以内で述べよ。
H18- 問 1	適切な正規形名を答えよ。その根拠を 60 字以内で述べよ。
	推移的関数従属の例を一つ挙げよ。なければ“なし”と記述せよ。
	部分関数従属の例を一つ挙げよ。なければ“なし”と記述せよ。
	第何正規形か。判定根拠を 60 字以内で述べよ。
	第 1 正規形の条件を満たさなくなる。その理由を 30 字以内で述べよ。
問 2	第 2 正規形でない理由を，列名を示し具体的に 70 字以内で述べよ。
H19- 問 1	第 1, 2, 3 のどこまで正規化されているか。その根拠を具体的に三つ挙げ，それぞれ 40 字以内で述べよ。
H20- 問 1	推移的関数従属の例を一つ挙げよ。
	第 3 正規形になっている関係を一つ挙げよ。
	第 1，2，3 のどこまで正規化されているか。その根拠を二つ挙げ，それぞれ 20 字以内及び 60 字以内で述べよ。
問 2	第 2 正規形でない理由を 40 字以内で述べよ。
H21- 問 1	推移的関数従属の例を一つ挙げよ。なければ“なし”と記述せよ。
	第 1 正規形を満たしていない。その理由を 30 字以内で述べよ。
	第 1，2，3 のどこまで正規化されているか。その根拠を 60 字以内で述べよ。
問 2	第 2 正規形でない理由を，列名を用いて具体的に 60 字以内で述べよ。
H22- 問 1	正規形を答えよ。（判別根拠は選択制，具体例を一つ挙げる）
H23- 問 1	第 1 正規形を満たしていない。その理由を 40 字以内で述べよ。
	正規形を答えよ。（判別根拠は選択制，具体例を一つ挙げる）
H24- 問 1	どこまで正規化されているか（根拠の説明なし）
問 2	第 1，2，3 のどこまで正規化されているか。その根拠を 75 字以内で述べよ。
H25- 問 1	部分関数従属性，推移関数従属性の有無，具体例を一つ答えよ。
	第 1，2，3 のどこまで正規化されているか（根拠の説明なし）。
問 2	正規形を答えよ。（判別根拠は選択制，具体例を一つ挙げる）※ 表記法あり

年度／問題番号	設問内容（ある関係について…）の要約
H26- 問 1	正規形を答えよ。（判別根拠は選択制，具体例を一つ挙げる）※ 表記法あり
	第 1，2，3 のどこまで正規化されているか（根拠の説明なし）。
H27- 問 1	部分関数従属性，推移的関数従属性の有無，具体例を一つ答えよ。※ 表記法あり
	第 1，2，3 のどこまで正規化されているか（根拠の説明なし）。
H28- 問 1	部分関数従属性，推移的関数従属性の有無，具体例を一つ答えよ。※ 表記法あり
	第 1，2，3 のどこまで正規化されているか（根拠の説明なし）。
H29- 問 1	部分関数従属性，推移的関数従属性の有無，具体例を一つ答えよ。※ 表記法あり
	第 1，2，3 のどこまで正規化されているか（根拠の説明なし）。
R03- 問 1	部分関数従属性，推移的関数従属性の有無，具体例を一つ答えよ。※ 表記法あり
	第 1，2，3 のどこまで正規化されているか（根拠の説明なし）。
R05- 問 1	どの正規形に該当するか。その根拠を 60 字以内で述べよ。

●着眼ポイント

この類の設問への対応策は，次の 3 つのステップを踏むのがベスト。

① 本書の「3.4 正規化」を熟読して正規化に関する正しい知識を身に付ける
② ここで説明する解答表現の常套句（表現パターン）を暗記する
③ A，B，C は，必要に応じて，問題文中の具体例に置き換える

令和 5 年度の午後 I 問 1 で，平成 24 年以来，実に 10 年ぶりに正規形の根拠を長文で答えさせる問題が出た。ここ 10 年，常套句を覚えていなくても解答できるように配慮されていたのだが，久しぶりに「その根拠を 60 字以内で述べよ。」という問題を見て，驚いた人も多かったのではないだろうか。かくいう筆者も「もう出ないのかな」と思っていた 1 人である。このパターンの問題は，常套句を暗記していると楽勝で解けるが，暗記していないと対応が難しい。そのため，今後しばらくは，以前のように「常套句を暗記しておく」というのが（試験対策では）必須だと考えておいたほうがいいかもしれない。

●常套句

それではここで，設問に応じた常套句を紹介していこう。最もよく出題されるのが，第 1 正規形から第 3 正規形までの根拠である。いずれも，「該当する正規形の定義を満たす（すなわち，該当する正規形を含むそれより下位の定義全てを満たす）点」と，「それより一つ上位の正規形の定義を満たさない点」を説明している（第 3 正規形に関しては，別段の要求がある時を除き，第 4 正規形を満たしていない点に言及しないケースが多い）。

また，設問の指示は令和 5 年度のように「60 字で述べよ。」というものが最も多いが，前述の平成 22 年度のようなケースや，「その根拠を 2 つ（もしくは 3 つ）挙げよ」というケース（平成 19 年度午後 I 問 1）などもあるので，その指示に対して正確に反応できるように何パターンかは覚えておこう。

【第1正規形である理由】
①全ての属性が単一値で，②候補キー{A，B}の一部であるBに非キー属性のCが部分関数従属するため（46字）

①非正規形ではなく，第1正規形の条件をクリアしている理由を説明している部分（10字）
②第2正規形にはなっていない理由を説明している部分。
A，B，Cには，それぞれ一例となる属性を問題文中から探し出して置き換える。
※「40字以内で述べよ」等，字数が足りず①と②を両方に言及できない場合は②を優先する。

【第2正規形である理由】
①全ての属性が単一値で，②候補キーからの部分関数従属がなく，③推移的関数従属性A→B→Cがあるため（46字）

①非正規形ではなく，第1正規形の条件をクリアしている理由を説明している部分（10字）
②第2正規形の条件もクリアしている理由を説明している部分（16字）
「候補キーに完全関数従属し（12字）」という表現でもOK
③第3正規形にはなっていない理由を説明している部分
A，B，Cには，それぞれ一例となる属性を問題文中から探し出して置き換える。
※「40字以内で述べよ」等，字数が足りず①～③の全てに言及できない場合の優先順位は③，②，①の順。

【第3正規形である理由】
①全ての属性が単一値で，②候補キーからの部分関数従属がなく，③候補キーからの推移的関数従属性もないため（48字）

①非正規形ではなく，第1正規形の条件をクリアしている理由を説明している部分（10字）
②第2正規形の条件もクリアしている理由を説明している部分（16字）
「候補キーに完全関数従属し（12字）」という表現でもOK
③第3正規形の条件もクリアしている理由を説明している部分（20字）
※部分関数従属や推移関数従属の例がないので，原則，置き換えは発生しない。

図：正規形の根拠を述べる常套句

●A，B，Cを具体例に置き換える

文章で解答を組み立てる場合は，設問で指定が無くても，（常套句のA，B，C）を具体例に置き換えて解答しなければならない（原則，第3正規形の場合，具体例そのものがなく，第4正規形でない理由も問われないことが多いので，第3正規形の根拠を解答する場合を除く）。この点については，平成20年度の採点講評でも，次のように，直接的に言及されているので十分注意しよう。

> 根拠及び問題点の指摘は，問題文中の属性，関数従属性などを用いて具体的に記述してほしい。

平成20年度の採点講評（午後I問1）より抜粋した該当箇所

候補キー {A, B} の一部であるBに，非キー属性Cが部分関数従属するため

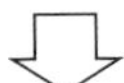

候補キー **{伝票番号，明細番号}** の一部である **“伝票番号”** に，非キー属性 **{売上金額，従業員番号}** が部分関数従属するため

常套句内のA，B，Cを文中の具体例に置き換えた例

●その他の常套句

出題頻度は高くないが，他の正規形についても常套句を掲載しておく。

● 第1正規形でない理由

「属性○は,属性△の集合であり,単一値ではないため(24字)」
「属性○が繰り返し項目であり単一値ではないため(22字)」
「属性○の値ドメインが関係であり,単一値ではないため(25字)」

● ボイス・コッド正規形である理由

「すべての属性が単一値で,すべての関数従属性が,自明であるか,候補キーのみを決定項として与えられている(50字)」

● 第4正規形である理由

「すべての属性が単一値で,すべての多値従属性が,自明であるか,候補キーのみを決定項として与えられている(50字)」

● 第5正規形である理由

「すべての属性が単一値で,すべての結合従属性が,自明であるか,候補キーのみを決定項として与えられている(50字)」

図：正規形の理由を述べる常套句（応用）

〈参考〉「属性○の値ドメインが関係であり」という表現に関して

上記に記しているように“第1正規形でない理由”の常套句として「値ドメイン」という言葉が使われている。これは，平成18年度午後I問1の解答例で使われた表現だ。しかし，筆者の勉強不足や経験不足によるものなのかもしれないが，これまで，このような表現を使ったことがなかった。そういう人が多いだろう。しかし，難しく考えなくても良い。平成23年度の特別試験では，「値ドメインが関係であり」という表現はなくなっている。他の常套句（第2正規形，第3正規形の根拠）でも，「属性○は単一値であり…」という表現に統一されていることから，あえてそれを表現しなくても問題はない。なお，ドメインが関係であることも解答に含める場合，“値ドメイン”ではなく，単なる「定義域」や「ドメイン」でも意味が通るので，正解になると考えられる。

参考　第３正規形まで正規化させる設問

設問例

関係“答案”を，第３正規形に分解した関係スキーマで示せ。
なお，主キーは，下線で示せ。

出現率

100%

第３正規形まで正規化させる問題は，下表の中にある問題のように「第３正規形になっていない関係スキーマやテーブルが提示されている」パターンはめっきり減ったが，概念データモデルや関係スキーマを完成させる問題の場合，そもそも第３正規形にしなければならない。したがって，右ページの「テーブルを分割して第３正規形にしていくプロセス」は，頭の中に叩き込んでおいて，短時間で正確に分割できるようにしておこう。

表：過去 22 年間の午後Ⅰでの出題実績

年度／問題番号	設問内容の要約（関係“○○”の…or“○○”テーブルの）
H14- 問 1	関係“○○”を第３正規形に分割した関係を，関係スキーマの形式で記述せよ。
	関係“○○”を更に分割するとしたら，どのように分割すればよいか。関係スキーマの形式で記述せよ。
問 4	“○○”テーブルが冗長なテーブル構造である。これを冗長性のないテーブル構造に変更して，テーブルの主キーを示せ。
H15- 問 1	関係“○○”を第３正規形に分割した関係を，関係スキーマの形式で記述せよ。
問 3	“○○”テーブルが冗長なテーブル構造である。これを冗長性のないテーブル構造に変更して，テーブルの主キーを示せ。
H16- 問 1	第３正規形に分割した結果を，関係スキーマの形式で記述せよ。
問 3	ある問題を解決するために“社員”テーブルの構造を変更することにした。適切な“社員”テーブルの構造を示せ。解答に当たって，必要に応じて複数テーブルに分割し，冗長でないテーブル構造とすること。また，テーブル名及び列名は，格納するデータの意味を表す名称とすること。
H17- 問 1	（更新時異状による）不都合を解消するために分割した関係を，…関係スキーマの形式で記述せよ。
問 2	“注文”テーブルを，“注文”テーブルと“注文明細”テーブルに分割せよ。なお，解答に当たって，冗長でないテーブル構造とすること。また，分割前の“注文”テーブルに含まれていない列は追加しないこと。
H18- 問 2	ある不具合を解消するため，“○○”テーブルの構造を変更することにした。…必要に応じ複数のテーブルに分割し，冗長でないテーブル構造にすること。
H19- 問 1	（更新時異状による）不都合を解消するために，関係“○○”を二つの関係に分割せよ。（2 問）
H21- 問 1	関係“○○”を，第３正規形に分割せよ。
問 2	“○○”テーブルを第３正規形に分割せよ。（2 問）
H22- 問 1	第３正規形に分解した関係スキーマで示せ。主キーは，下線で示せ。（3 問）
H23- 問 1	第３正規形に分解した関係スキーマで示せ。
問 2	“○○”テーブルを第３正規形の条件を満たすテーブルに分解せよ。
H24- 問 1	第３正規形に分解した関係スキーマで示せ。
問 2	第３正規形に分解した“○○”テーブルの構造を示せ。
H25- 問 1	第３正規形に分解した関係スキーマで示せ。
H26- 問 1	第３正規形に分解した関係スキーマで示せ。

H27- 問 1	第 3 正規形に分解し，主キー及び外部キーを明記した関係スキーマで示せ。
H28- 問 1	第 3 正規形に分解し，主キー及び外部キーを明記した関係スキーマで示せ。
H29- 問 1	第 3 正規形に分解し，主キー及び外部キーを明記した関係スキーマで示せ。
R03- 問 1	第 3 正規形に分解し，主キー及び外部キーを明記した関係スキーマで示せ。
R05- 問 1	第 3 正規形に分解し，主キー及び外部キーを明記した関係スキーマで示せ。

※概念データモデル等を完成させる問題で第 3 正規形にすることが前提の問題の記載は割合している

●テーブルを分割して第 3 正規形にしていくプロセス

以下に，テーブルを第 3 正規形にしていくプロセスをまとめておく。詳細は，「3.4 正規化」を読まないとならないが，一連の基本的な手順を知っていれば，短時間で解答できるので，ここで全体の流れを押さえておこう。

(1) 非正規形→第 1 正規形

- 繰返し項目をなくして単純な形にする。
- もとの主キー+繰り返し項目のキーを主キーにする。
- 詳細は「3.4.2 第 1 正規形」参照。

(2) 第 1 正規形→第 2 正規形

- 主キーをチェックして部分関数従属性があれば，それを排除する。
- 具体的には部分関数従属しているものを別テーブルとする。
- 詳細は「3.4.3 第 2 正規形」参照。

(3) 第 2 正規形→第 3 正規形

- 非キー属性をチェックして推移関数従属性があれば，それを排除する。
- 具体的には推移関数従属しているものを別テーブルとする。
- 詳細は「3.4.4 第 3 正規形」参照。

※ 主キーが明確でない場合

- 関数従属性のあるものから順に正規化する。
- 第 1，第 2，第 3・・・という順番にとらわれない。
- 主キーを推測するなど柔軟に対応。

3.4.5 ボイス・コッド正規形

ボイス・コッド正規形は，次のように定義される。

> [ボイス・コッド正規形の定義]
> リレーションRに存在するあらゆる関数従属性に関して，次のいずれかが成立する（Rの関数従属性をX→Yとする）。
> (1) X→Yは**自明な関数従属性**である
> (2) XはRの**スーパーキー**である

この定義だと少々わかりにくいので，例を使って説明する。

試験に出る
ボイス・コッド正規形
第3正規形との相違，ボイス・コッド正規形への分解

参照
スーパーキー，候補キー
「3.3 キー」を参照

●第3正規形でもあり，ボイス・コッド正規形でもある例

まずは，第3正規形まで進めていった関係のうち，ボイス・コッド正規形にもなっている例を，下記の関係“顧客”を用いて，ボイス・コッド正規形の定義に該当するか否かという視点で見ていこう。

> 【例】関係“顧客”
> 顧客（電話番号，顧客名，住所，性別，生年月日）

この関係の中の「**あらゆる関数従属性**」とは次のようなもの。

- 電話番号 → 顧客名
- 電話番号 → 住所
- 電話番号 → 性別
- 電話番号 → 生年月日

これらの関数従属性はすべて自明な関数従属性ではない。したがって，続いて（2）の条件を満たしているかどうかを確認する。

この例の場合，全ての関数従属性が‘電話番号’によってのみ決定されることになる。‘電話番号’は主キーなので当然スーパーキーでもある。したがって，条件（1）は満たしていなくても，条件（2）を満たしているので，この例は**第3正規形でもありボイス・コッド正規形でもある**。

自明な関数従属性は左記のように抽出しない。候補キーを求める時などに抽出する関数従属性自体が，自明ではないから抽出していることになる。逆に言うと，抽出しない「あらゆる関数従属性」には，“{電話番号，顧客名}→顧客名”のような自明な関数従属性も含まれるが，それらは（1）の条件を満たしていることになる

●第 3 正規形ではあるが，ボイス・コッド正規形ではない例

次は，第 3 正規形まで進めていった関係のうち，ボイス・コッド正規形にはなっていない例を見ていこう。

> 【例】関係“受講”
> 受講（<u>学生，科目</u>，教官）
> 但し，次の関数従属性も存在している
> 教官→科目（※ 一つの科目に教官は 1 人とは限らない）
> したがって候補キーは二つある
> {学生，科目}，{学生，教官}

「自明ではない関数従属性」をピックアップすると，今回は下記の二つになったとしよう。

- {学生，科目} → 教官
- 教官 → 科目

このうち，{学生，科目} は主キーなので当然スーパーキーでもある。したがって（2）の条件もクリアしている。しかしもうひとつの関数従属性の‘教官’は，候補キーの一部ではあるものの候補キーではないのでスーパーキーではない。したがって（2）の条件をクリアしていないので，第 3 正規形ではあるものの，ボイス・コッド正規形ではないことになる。

●ボイス・コッド正規形かどうかの見極め方法

以上の 2 例を比較すると多少理解しやすくなると思うが，**候補キーが一つの場合，第 3 正規形まで進めていくとおのずとボイス・コッド正規形になる**。自明ではない関数従属性が，全てその候補キーで一意に決定されるため（2）の条件をクリアするからだ。

しかし，この例のように**①候補キーが複数あり，②その中に，候補キーの一部が決定項（例：教官）となっている関数従属性がある場合**（すなわち，全ての決定項が候補キーではない場合），それは第 3 正規形でもボイス・コッド正規形ではないことになる。

●ボイス・コッド正規形ではなく第3正規形にとどめる理由

正規化理論の学習を進めていると，必ず「実務的には，ボイス・コッド正規形は不要。第3正規形でとどめておく。」というニュアンスの説明を耳にするだろう。情報処理技術者試験でも，ボイス・コッド正規形がテーマの問題は別にして，概念データモデルや関係スキーマを完成させる事例解析問題では，第3正規形でとどめておくのが基本である。その理由を考えてみよう。

試験に出る

第3正規形にとどめる理由

データ整合性を保証するために，ボイス・コッド正規形まで正規化せずに第3正規形にとどめる

① ボイス・コッド正規形は，全ての関数従属性が保存されるわけではない

第3正規化までの情報無損失分解は，関数従属性保存分解になる。これに対して，ボイス・コッド正規形では，全ての関数従属性が保存されるわけではない。

先の例をボイス・コッド正規形にするため，次のように正規化を進めたとしよう。

受講

学生	科目	教官
鈴木	英語	ジェニファー
鈴木	数学	丹羽
佐藤	英語	ポール
佐藤	数学	丹羽
高橋	哲学	宇野

担任

教官	科目
ジェニファー	英語
ポール	英語
丹羽	数学
宇野	哲学

↓

受講（ボイス・コッド正規形）

学生	教官
鈴木	ジェニファー
鈴木	丹羽
佐藤	ポール
佐藤	丹羽
高橋	宇野

担任

教官	科目
ジェニファー	英語
ポール	英語
丹羽	数学
宇野	哲学

図：第３正規形からボイス・コッド正規形へ

この場合,「関数従属性① {学生, 科目} →教官」を保存するテーブルが分解により失われる。その結果, 例えば実際には「鈴木君が, ジェニファー先生の担当する英語の授業を受けていた」としても,「学生：“鈴木”，教官：“ポール”」のようなデータも登録できてしまう。ポールは英語の先生なので，事実に反するデータ登録が可能となってしまう。

② 第3正規形の問題点は整合性制約で回避する

ただ，ボイス・コッド正規形が可能にもかかわらず，第3正規形で止めておくと，それはそれで問題が発生することがある。例えば，図の「関数従属性に基づいて作成したテーブル」の例で，「丹羽」教官の教えている科目の名称が「数学」から「数学Ⅰ」に変更されたとしよう。このとき，次のレコードを更新する必要がある。

“担任”テーブルの3行目の項目“科目”
“受講”テーブルの2行目と4行目の項目“科目”

要するに“受講”テーブルの2行目と4行目を同時に更新しなければ，整合性が失われてしまうことになる。

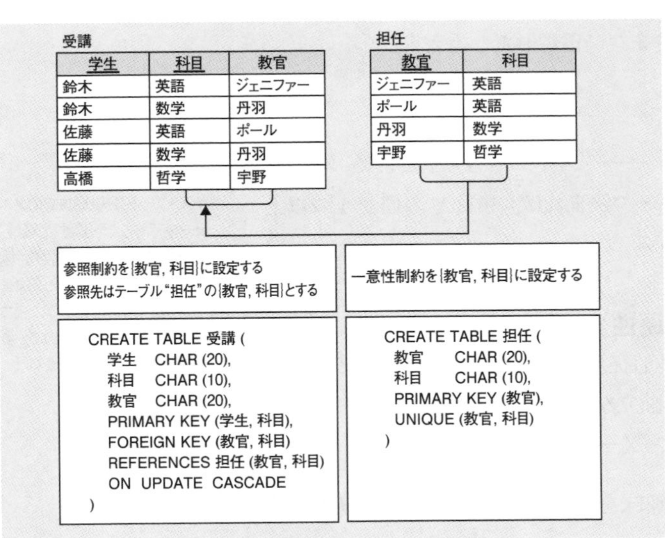

図：テーブル“受講”とテーブル“担任”の参照制約

この問題に対しては，正規化だけでは限界があるため，テーブルを実装するときに整合性を取って回避する。具体的には，図のように一意性制約と参照制約を使う。

3.4.6 第 4 正規形

第 4 正規形は次のように定義される。

> [第 4 正規形の定義]
> リレーション R に存在するあらゆる多値従属性に関して，次のいずれかが成立する。今，R の多値従属性を X →→ Y と書く。
>
> (1) X →→ Y は自明な多値従属性である
> (2) X は R のスーパーキーである

第 4 正規形とは，**①ボイス・コッド正規形を満たしており，②自明でない多値従属性を含まない正規形**だと言える。

●多値従属性

多値従属性とは，{鈴木} →→ {スキューバダイビング，スキー} のように，**「項目 X の値が一つ決まれば，項目 Y の値が 1 つ以上決まる性質」**のことである。

●自明ではない多値従属性

ここで，自明ではない多値従属性というのは，次の“ビジネスルール”のように，互いに独立な意味を持つ多値従属性が存在していることをいう。表現は“X →→ Y | Z”。

① 1 人の社員は複数の趣味を持つ。同じ趣味を持つ複数の社員がいる
② 1 人の社員は複数の資格を持つ。同じ資格を持つ複数の社員がいる

これを多値従属性で表記すると，「社員氏名→→趣味 | 資格」となる。

試験に出る
平成 23 年・午後Ⅰ 問 1
平成 18 年・午後Ⅰ 問 1
平成 16 年・午後Ⅰ 問 1

ボイス・コッド正規形までのメインテーマであった“関数従属性”に似た用語だが，その関数従属性は**「項目 X の値が一つ決まれば，項目 Y の値が一つに決まるという性質」**のものなので，多値従属性の特殊な形になる

●第４正規形への分解例

全ての決定項が候補キーであるボイス・コッド正規形まで正規化を進めると，同時に第４正規形になっているケースが多い。

しかし，この例のように①**非キー属性が存在せず**，②**複合キー**である場合で，その中に自明でない多値従属性が含まれていると第４正規形の条件を満たしていないことになる。要するに，第４正規形ではないケースとは，候補キーの内部に決定項と被決定項の両方があるケースだとイメージすればいいだろう。

ボイス・コッド正規形だが第4正規形ではない例

社員趣味資格（社員氏名，趣味，資格）

自明でない多値従属性(1)	社員氏名→→趣味
自明でない多値従属性(2)	社員氏名→→資格

社員氏名	趣味	資格
鈴木	スキューバダイビング	TE(DB)
鈴木	スキューバダイビング	Oracle Master
鈴木	スキー	TE(DB)
鈴木	スキー	Oracle Master

図：第４正規形ではない例

こうした自明ではない多値従属性がある場合，第４正規形まで進める場合はこれを分解する。具体的には(X →→ Y｜Z)の関係にあるものを，(X →→ Y) と (X →→ Z) の二つの関係に分解する。

第4正規形に分割した例

社員趣味（社員氏名，趣味）

自明な多値従属性	社員氏名→→趣味

社員氏名	趣味
鈴木	スキューバダイビング
鈴木	スキー

社員資格（社員氏名，資格）

自明な多値従属性	社員氏名→→資格

社員氏名	資格
鈴木	TE(DB)
鈴木	Oracle Master

図：第４正規形に分解した例

非キー属性が存在している場合，例えば，先の例でも“{社員氏名，趣味，資格}→点数”（点数は非キー属性）のような関数従属性がある場合，“社員氏名→趣味”と“社員氏名→資格”とに分解すると，“{社員氏名，趣味，資格}→点数”の関数従属性が保持できなくなるため，情報無損失分解はできない

3.4.7 第５正規形

第５正規形は次のように定義される。

試験に出る
平成18年・午後I 問1
※解答例に出てくるだけ

[第５正規形の定義]
リレーションRに存在するあらゆる結合従属性に関して，次のいずれかが成立する。今，Rの結合従属性を＊(A1, A2, …, An）と書く。

(1) ＊(A1, A2, …, An）は自明な結合従属性である
(2) Ai（iは1からnまでの整数）は，Rのスーパーキーである

第５正規形とは，**①ボイス・コッド正規形を満たしており，②自明でない結合従属性を含まない正規形**だと言える。

●結合従属性

結合従属性とは，ざっくり言うと多値従属性が分解後に２つになるケースに対して，それ以上に分解可能な場合のことをいう（後述の例で確認）。

つまり，学習の順番で言うと，第４正規形の多値従属性が先に出てくるので混乱するが，多値従属性は結合従属性の特殊な形になる。第４正規形のところでも説明した通り，関数従属性が多値従属性の特殊な形になるので，全体的には次のようなイメージになる。

結合従属性＝Aが決まれば，１つ以上のBが決定される
３つ以上に分解される

多値従属性（A →→ B|C）２つに分解される

関数従属性(A → B:Aが決まればBが決まる)

第５正規形への分解例

例えば図に示すような以下の三つのビジネスルールが存在するとしよう。

① 一つの量販店は複数の商品種別を取り扱っており，一つの商品種別は複数の量販店で取り扱われている
② 一つの商品種別は複数のメーカから仕入れており，メーカは複数の商品種別を納入している
③ 一つの量販店は複数のメーカと取り引きしており，メーカは複数の量販店と取引している

この三つのビジネスルールに対応する関係“量販店別取扱商品種別”，“取引メーカ別取扱商品種別”，“量販店別取引メーカ”を結合すると，関係“販売”を得ることができる。その逆に，“販売”を情報無損失分解して，“量販店別取扱商品種別”，“取引メーカ別取扱商品種別”，“量販店別取引メーカ”という三つの関係を得ることができる。つまり，次式が成立する。

販売 = 量販店別取扱商品種別 * 取引メーカ別取扱商品種別 *
量販店別取引メーカ

このとき，関係“販売”は「結合従属性を持つ」という。これを表記するときは，「*{{}}」という記号を用い，分解後の関係ごとに属性を中括弧 {} の中に列挙する。

* {{量販店，取扱商品種別}，{取扱商品種別，取引メーカ}，{量販店，取引メーカ}}

第4正規形だが第5正規形ではない例（3分解可能）

販売（量販店，取扱商品種別，取引メーカ）

自明でない結合従属性	*{{量販店,取扱商品種別},{取扱商品種別,取引メーカ},{量販店,取引メーカ}}

量販店	取扱商品種別	取引メーカ
△△カメラ	パソコン	F芝電気
○○電器	テレビ	F芝電気
○○電器	パソコン	ZONY
○○電器	パソコン	F芝電気

図：第５正規形ではない例

関係“量販店別取扱商品種別”，“取引メーカ別取扱商品種別”，“量販店別取引メーカ”のように，これ以上，複数個の関係に分解できないとき，これら三つの関係は，それぞれ第５正規形である。分解後の関係が１個であるとき（これ以上分解できないとき），分解前と分解後の関係が等しいことは自明である。更に，分解後の関係が複数個であっても，分解前と等しい関係が分解後の関係の中に１個含まれていれば，情報無損失分解が成立することも自明である

第5正規形に分解した例

量販店別取扱商品種別（量販店, 取扱商品種別）

自明な結合従属性	*{量販店, 取扱商品種別}

量販店	取扱商品種別
△△カメラ	パソコン
○○電器	テレビ
○○電器	パソコン

取引メーカ別取扱商品種別（取扱商品種別, 取引メーカ）

自明な結合従属性	*{取扱商品種別,取引メーカ}

取扱商品種別	取引メーカ
パソコン	F芝電気
テレビ	F芝電気
パソコン	ZONY

量販店別取引メーカ（量販店, 取引メーカ）

自明な結合従属性	*{量販店,取引メーカ}

量販店	取引メーカ
△△カメラ	F芝電気
○○電器	F芝電気
○○電器	ZONY

図：第５正規形に分解した例

●第３正規形であれば，第５正規形も満たしていることが多いということに関して

最後に，第３正規形（ボイス・コッド正規形）まで正規化を進めれば，それで第５正規形の条件を満たしていることが多いという点について，通常よくある事例を元に考えてみよう。

難しい言葉で言うと「関数従属性以外の多値従属性が存在しない場合」，及び「関数従属性以外の結合従属性が存在しない場合」である。

例として,「第３正規形」の説明に登場したテーブル“売上明細”，“商品”，“売上ヘッダ”，“店舗”，“担当者”を用いる。

売上明細（<u>伝票番号</u>，<u>商品コード</u>，数量）
商品（<u>商品コード</u>，商品名，単価）
売上ヘッダ（<u>伝票番号</u>，店舗 ID，売上日，担当者 ID）
店舗（<u>店舗 ID</u>，店舗名，店舗住所）
担当者（<u>担当者 ID</u>，担当者名）

売上明細

伝票番号	商品コード	数量
1	ERS-A-01	2
1	SPN-B-03	1
1	LNC-XY-01	1
2	SPN-B-03	2
2	BPN-C-04	4
3	LNC-XY-01	1
3	JUC-W-01	2

商品

商品コード	商品名	単価
ERS-A-01	消しゴムA	100
SPN-B-03	シャーペンB	300
LNC-XY-01	弁当XY	1,000
BPN-C-04	ボールペンC	100
JUC-W-01	ジュースW	100

売上ヘッダ

伝票番号	店舗ID	売上日	担当者ID
1	01	2002.9.9	2001
2	01	2002.9.10	1023
3	01	2002.9.10	1023

店舗

店舗ID	店舗名	店舗住所
01	銀座店	東京都○○

担当者

担当者ID	担当者名
2001	鈴木花子
1023	佐藤太郎

図：第３正規形まで正規化した例

参考

条件(2)の意味するところは,「関数従属性以外の結合従属性が存在しない場合は，ボイス・コッド正規形を満たしている」ということである

これらのテーブルには，候補キー以外のものを決定項とする関数従属性が含まれていない（ただし，自明な関数従属性を除く）。つまり，第 3 正規形の定義だけでなく，ボイス・コッド正規形の定義をも満たしている（そして，第 4，第 5 正規形の定義をも満たしていることをこれから示す）。

テーブル“売上ヘッダ”の関数従属性は，

伝票番号→ {店舗 ID，売上日}

である。

さて，関数従属性は多値従属性の一種であるから，上記の関数従属性は，次に示すような多値従属性として表記することができる。

伝票番号→→店舗 ID
伝票番号→→売上日

これは，自明でない多値従属性である。それゆえ，テーブル“売上ヘッダ”は第 4 正規形の条件（1）を満たさない。しかし，決定項 {伝票番号} は候補キーであるため，条件（2）を満たしている（候補キーはスーパーキーの一種であるため）。よって，第 4 正規形である。

さて，上記の関数従属性に分解律を適用すると，次の二つの関数従属性を得ることができる。

伝票番号→店舗 ID
伝票番号→売上日

各々の関数従属性において，決定項と被決定項を項目にとるテーブルを作ることができる。つまり，テーブル“売上ヘッダ”は，テーブル“売上ヘッダ店舗”とテーブル“売上ヘッダ売上日”に分解することができる。これら三つのテーブルは候補キーが共通であり，テーブルの行数は同じである。

売上ヘッダ店舗（伝票番号，店舗 ID）
売上ヘッダ売上日（伝票番号，売上日）

テーブル“売上ヘッダ店舗”とテーブル“売上ヘッダ売上日”を，結合列｛伝票番号｝で自然結合すれば，元のテーブル“売上ヘッダ”を得ることができる。よって，次に示すような結合従属性として表記することができる。

＊｛｛伝票番号，店舗 ID｝，｛伝票番号，売上日｝｝

これは，自明でない結合従属性である。それゆえ，テーブル“売上ヘッダ”は第 5 正規形の条件（1）を満たさない。しかし，結合従属性を構成する属性集合｛伝票番号，店舗 ID｝，｛伝票番号，売上日｝は，テーブル“売上ヘッダ”のスーパーキーである（なぜなら，候補キー｛伝票番号｝を含んでいるため）。つまり，条件（2）を満たしている。よって，第 5 正規形である。

したがって，テーブルがボイス・コッド正規形の定義を満たしており，かつ，関数従属性以外に多値従属性と結合従属性が存在しない場合は，第 5 正規形の定義をも満たしている。

次のようにシンプルに考えればわかりやすい。

第 2 正規形：関数従属（候補キー→非キー属性）を排除
第 3 正規形：関数従属（非キー属性→非キー属性）を排除
BCNF：関数従属（非キー属性→候補キー）を排除
第 4 正規形：第 5 正規形（候補キー→候補キー）を排除
※“候補キー”はいずれも複合キーで，その一部というイメージ

参考

実務で登場する多くのテーブルには，関数従属性以外に多値従属性と結合従属性が存在しない。よって，ボイス・コッド正規化を施せば，第 5 正規形になる

BCNF の場合，正確には別の候補キーの一部になっているので“非キー属性”とは言えない。主キー以外の属性のことである

3.4.8 更新時異状

正規化が不十分だと，テーブルへ新しい行を挿入するときや，不要となった行を削除するとき，あるいは項目を修正するときに様々な異状が発生する。これを更新時異状という。

更新時異状が起きるテーブルには冗長性があるので，これを排除して「1 事実 1 箇所」（1 fact in 1 place）とすることが正規化の目的である。

そこで，更新時異状の発生するテーブルの例を，第 2 正規化されていない場合と第 3 正規化されていない場合の二つのケースに分けて説明する。

試験に出る
平成 22 年・午前 問 7

1 事実 1 箇所
一つの事実が，一つのテーブルの，1 行の中だけに存在していること。あるいは，一つの従属性（事実関係）だけが一つのテーブルに実装されていること

● 第 2 正規化されていない場合の更新時異状の例

店舗ID	店舗名	商品ID	商品名	在庫数
01	東京店	001	パソコンA	10
01	東京店	002	パソコンB	5
02	大阪店	001	パソコンA	8
03	名古屋店	003	プリンタC	2

主キー：店舗ID，商品ID
関数従属性：店舗ID→店舗名，商品ID→商品名
{店舗ID，商品ID} →在庫数

図：在庫テーブル

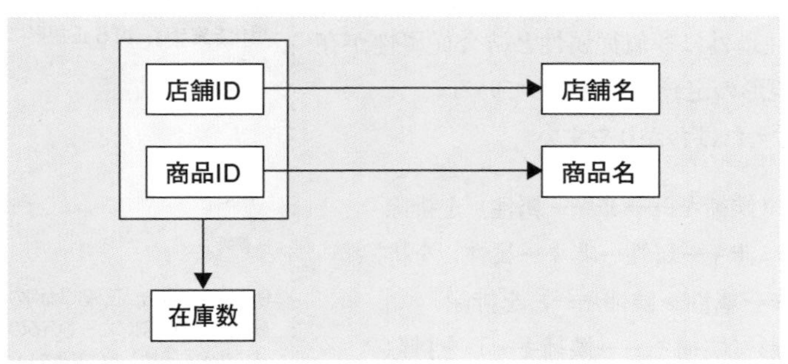

図：関数従属図

冗長性

このテーブルでは「店舗ID：01，店舗名：“東京店”」と「商品ID：001，商品名：“パソコンA”」が複数の箇所に存在している（冗長性がある）。

挿入時の更新時異状

在庫する店舗が未決定の新規商品「商品ID：004，商品名：“デジカメD”」を在庫テーブルに挿入したいとき，{店舗ID，店舗名，在庫数} をNULL値にしたままで {商品ID，商品名} を挿入しようとすると，店舗IDは主キーの一部なので，主キー制約に反する。つまり挿入できない。

主キーにはNULLを設定できない

修正時の更新時異状

「商品ID：001，商品名：“パソコンA”」のデータが誤っており，実は「商品ID：001，商品名：“パソコンE”」だった場合，データ修正が必要だが，その際，同じ情報が存在する複数の行を同時に更新しないと，整合性が失われてしまう。

削除時の更新時異状

名古屋店が閉店となった場合，該当する行を削除すると，「商品ID：003，商品名：“プリンタC”」という情報が失われる。この行を失わないように {店舗ID，店舗名，在庫数} をNULLにしようとすると，主キー制約に反する。

●第3正規化されていない場合の更新時異状の例

社員ID	社員氏名	役職ID	役職名称
001	鈴木	905	社長室長
002	佐藤	106	課長
003	高橋	106	課長

主キー：社員ID
関数従属性：役職ID→役職名称，社員ID→社員氏名，社員ID→役職ID

図：社員テーブル

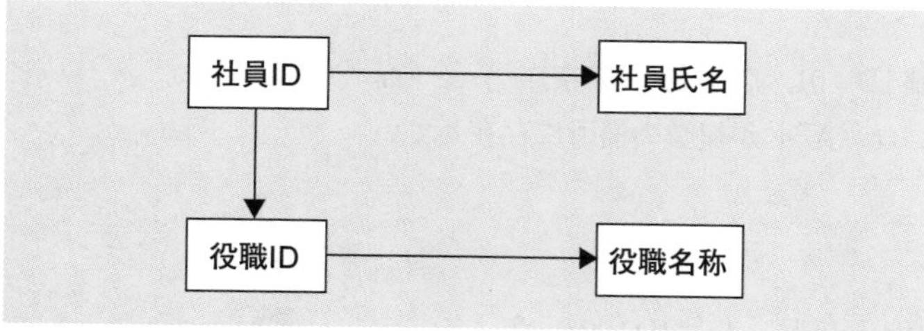

図：関数従属図

冗長性

「役職 ID：106，役職名："課長"」が複数の箇所に存在しているため，役職情報｛役職 ID，役職名称｝に冗長性があるといえる。

挿入時の更新時異状

新しい役職「役職 ID：108，役職名："営業本部長"」の設置を計画していて，辞令を交付する社員はまだ決まっていない場合を考えてみる。このとき，｛社員 ID，社員氏名｝を NULL 値にしたままで｛役職 ID，役職名称｝の関係を挿入しようとすると，主キー制約に反するため，挿入できない。

修正時の更新時異状

「役職 ID：106，役職名："課長"」を修正する際，同じ情報が存在する複数の行を同時に更新しないと，整合性が失われる。

削除時の更新時異状

鈴木氏が退職する予定なので，その行を削除しようとすると，「役職 ID：905，役職名："社長室長"」という情報が失われる。この行を失わないように｛社員 ID，社員氏名｝を NULL にしようとすると，主キー制約に反する。

参考 更新時異状の具体的状況を指摘させる設問

設問例

関係“治療・指導”は，タプルの挿入に関してどのような問題があるか。30 字以内で具体的に述べよ。

最終出題年度

平成25年

データベースの基礎理論の問題が出題されていた平成 25 年までは，更新時異状に関する問題もよく出題されていた。この問題の最大の特徴は，50 字や 60 字の解答が求められている点だ。平成 26 年以後は出題されていないが，今度いつ出題されるかわからない。面食らうことのないように準備をしておきたい 1 問だと言える。

表：過去 22 年間の午後Ｉでの出題実績

年度／問題番号	設問内容の要約（関係“○○”の…or“○○”テーブルの）
H14- 問 1	関係“○○”は，データ削除時に不都合が生じる。その状況を具体的に 50 字以内で述べよ。
H15- 問 1	関係“○○”は，データ更新時に不都合が生じる。その状況を，具体的に 50 字以内で述べよ。
H16- 問 1	この関係では，申込みの際に不都合が生じることがある。どのような不都合かを，具体的に 50 字以内で述べよ。
H17- 問 1	関係“○○”は，データ登録時に不都合が生じる。その状況を 50 字以内で述べよ。
H19- 問 1	関係“○○”は，…情報の登録に際して不都合が生じることがある。その状況を具体的に 45 字以内で述べよ。
H20- 問 1	関係“○○”は，タプルの挿入に関してどのような問題があるか。40 字以内で具体的に述べよ。
H21- 問 1	関係“○○”は，タプルの挿入に関してどのような問題があるか。30 字以内で具体的に述べよ。
H23- 問 1	関係“○○”は，更新時に不都合なことが生じる。その状況を 60 字以内で具体的に述べよ。
H25- 問 1	関係“○○”は，タプル挿入に関してどのような問題があるか。35 字以内で具体的に述べよ。

平成 23 年度午後Ｉ問 1 の問題は，多少それまでの傾向と変わっていた。設問の「更新」が，広義の意味で用いられていたからだ。

データベースの「更新」という用語には，狭い意味と広い意味とがある。狭義の更新は，既存のレコードのどれかの項目の値を変更すること（SQL の UPDATE に相当）を意味している。一方，広義の更新は，関係のインスタンスを変更することを意味している。つまり，狭義の更新（UPDATE）だけでなく，レコードの挿入（INSERT）と削除（DELETE）も含む概念になる。

平成 23 年度－問 1 に対する試験センターの解答例では，広義の更新，すなわち，DELETE 時，UPDATE 時，INSERT 時の異常になっていた。それまでは，全て狭義の“更新”だったので，今後は使い分けに注意しなければならない。

●着眼ポイント

更新時異状は，第 3 正規形にまで正規化されていないことが原因で発生する。そのため最初に実施しなければならないことは，その“関係○○”や“○○テーブル”が第何正規形なのか，（まず間違いなく，第 1 もしくは第 2 正規形なので）部分関数従属性や推移関数従属性がどこに存在しているのかを探し出すことだ。後は，次のように常套句をベースに，具体的な属性名に置き換えて文章をまとめる。

① ここで説明する解答表現の常套句（表現パターン）を暗記する
② A，B，C は，必要に応じて，問題文中の具体例に置き換える

●常套句

それではここで，その“常套句”について考えてみよう。設問で問われていることを分類すると，大きく 3 つに分けることができる。次ページの表に見られるように（データやタプルの）登録時，更新時，削除時である。さらに，登録時には 2 つの解答が可能なことが多いので，ここでも二種類の常套句を用意している。結果，合計 4 つの常套句になる。こちらも表で確認できるだろう。なお，ここでは解説の便宜上，これら四つを A ～ D の型に分けている。この A 型から D 型に分けているのは本書内部だけの話なので，その点だけ注意してほしい（本書を知らない人には全く通用するものではない）。

それはさておき，解答例（表）を見てもらえば明白だが，一見すると，常套句を利用しているようには見えないだろう。字数も 30 字から 60 字と幅があるので，どこを優先してどこをカットするのかも，判断に困るということを受験生からよく聞く。そこで，ここでの常套句の説明に関しては，必要な要素を 3 つないしは 4 つに分解している。原則，具体的な不都合になるケースを一つ上げて，必須の文言で締めくくっている。いずれも，解答例と突き合わせて見てもらった方が理解しやすいだろう。多少，わかりにくいかもしれないので，ある程度時間をかける必要があるかもしれないところだと思う。

表：常套句

更新時異状を引き起こす関数従属性のパターン	更新時異状の状況		
	タイミング	型	常套句 （下記の①～④を要求字数によって取捨選択しながら組み立てる）
R1(A,B,C,D) において，部分関数従属（B → C）が存在する R2(A,B,C) において，推移関数従属（B → C）が存在する	挿入時 登録時	A	**【主キー{A，B}の組合せが未登録の場合で説明するとき】** ①（主キー（A 及び A, B）が未定の場合の状況を具体的に説明した文言）の ②（B と C の組合せ，あるいは B に関する情報）は， ③主キーが NULL となるので **④登録できない（必須の文言）**
		B	**【主キー{A，B}の組合せが既に登録されている場合で説明するとき】** ①（A が登録されている状況の一例）時の登録で ②（B と C の組合せ，あるいは B に関する情報）が **③“冗長になる”又は，“重複して登録するため不整合が生じる”（択一で必須の文言）**
	修正時 更新時	C	①（A が異なり B が同じである複数の行の一例を示す）で， ②（B と C の組合せ，あるいは B に関する情報が）冗長であるため， **③これらを同時に修正しないと整合性が失われる（必須の文言）**
	削除時	D	①（B と C の組合せ，あるいは B に関する情報）が ②特定の 1 行にしか存在しない場合において **③（主キーになる A や A，B）を削除すると，①が（永久に）失われる（必須の文言）**

参考までに，過去問題の解答例（試験センター公表分）を，上記の常套句の型別，①～④別に分類，及び分解してみた。中には番号が前後していたり，字数によってすべての要素を入れることができなかったりしているが，ほぼ，上記の常套句の概念，考え方で対応できていることがわかるだろう。最初は，理解しにくいかもしれないが，じっくりと確認してもらいたい。

年度／問題	
H16- 問 1	A 型「申込時，①旅券を取得していない②顧客の情報は，③主キーが NULL となるので，④登録できない（40 字）」 B 型「①旅券更新又は再発行後の登録で，②{氏名，連絡先，生年月日，性別}の情報が③冗長になる（42 字）」
H17- 問 1	A 型「③主キー制約のため，①年月度の値が決まらないと②氏名や住所などの顧客情報を④登録できない（40 字）」 B 型「②氏名や住所などの顧客情報が③冗長であり，重複して登録するため不整合が生じる可能性がある（42 字）」
H19- 問 1	A 型「②車名や新車価格など車の情報を，①該当する具体的な査定車が現れるまで，④登録できない（39 字）」 B 型「①同じ車種の査定車が複数ある場合に，②車情報を③重複して登録しなければならない（36 字）」
H20- 問 1	B 型「伝票番号に従属する②属性“販売店コード”などが③冗長なデータとなる（31 字）」
H21- 問 1	A 型「①診断しても，指導を行わないと②情報を④登録できない（23 字）」
H23- 問 1	C 型「①②属性“予約枠 ID”と，“予定日時”，“メニュー ID”の組合せを③同時に更新しないと不整合が生じる（48 字）」

●表の常套句の（　）内を具体例に置き換える

解答例を見ると明らかだが，①や②など常套句の（　）内の部分は，問題文をよく読んで，具体的な状況，具体的な属性，具体的な情報に置き換えて解答しなければならない。例えば，問題文に次のような文章があったとしよう。

H19-1 の例

設問：「関係“査定車”は,車情報の登録に際して不都合が生じることがある。その状況を,具体的に 45 字以内で述べよ。」

STEP-1：登録時の不都合なので，A 型もしくは B 型の常套句を使用すると決める。

STEP-2：問題文を読んで，関係“査定車”の関係スキーマを確認し，第何正規形で，部分関数従属性もしくは推移関数従属性がどこに存在するのかを確認する（ここでは，その結果だけを示す）。

査定車（販売店番号，モデル，査定日，車台番号，登録番号，年式，車検，車体色，走行距離，主要装備，車名，製造元，新車価格，排気量）

候補キー＝｛車台番号，査定日｝

部分関数従属：車台番号→｛モデル，年式｝…①

推移関数従属：モデル→｛車名，製造元，排気量，新車価格｝…②

STEP-3：問題文を読んで，上記の①②のどちらで更新時異状を引き起こすのかをチェックする。

今回のケースだと，査定日に登録する情報を細かく定義している記述がないので，一部常識で行間を読み取って考えていく。すると①の場合は，おそらく査定情報が登録されるタイミングで，車台番号，モデル，年式などの情報も登録されると推測できるので，だとしたら更新時異状を引き起こすことはないと判断できる。一方，②の場合は，本来，査定とは無関係に存在，すなわち登録されていなければならない。しかし，これまで一度も査定がないモデルの場合，登録することができない。ひとつはこれになる。また，特定のモデルの車が既に査定されている場合，モデルと，その｛車名，製造元，排気量，新車価格｝が重複して登録されることになる。もうひとつはこれになる。よって，このケースで常套句を加工してみる。

A 型「②車名や新車価格など車の情報を，①該当する具体的な査定車が現れるまで，④登録できない（39 字）」

B 型「①同じ車種の査定車が複数ある場合に，②車情報を③重複して登録しなければならない（36 字）」

第4章 重要キーワード

ここでは，データベースに関する重要キーワードの説明をする。主として午前Ⅱ問題で出題されること，午後試験を解く上での常識事項をまとめてみた。知識の確認に使うことを想定している。

1. データベーススペシャリストの仕事
2. ANSI/SPARC3層スキーマアーキテクチャ
3. トランザクション管理機能
4. 障害回復機能
5. 分散データベース
6. 索引（インデックス）
7. 表領域

アクセスキー **H**（大文字のエイチ）

1 データベーススペシャリストの仕事

データベーススペシャリストの主要業務を図に示した。この図のようにデータベース関連業務を，上流を担当するDAと下流を担当するDBAに分けることがある。

DA（Data Administrator）とは，情報システム全体のデータ資源を管理する役割を持ち，システム開発工程において，分析・論理設計といった**上流フェーズ**（概念データモデルの作成／検証，論理データモデルの作成／検証）を担当する者をいう。

他方，**DBA（Database Administrator）**とは，データの器となるデータベースの構築と維持を行う役割を持ち，システム開発工程では，実装・運用・保守といった**中流以降のフェーズ**（DBMSの選定と導入以後のフェーズ）を担当する者をいう。

試験に出る
平成19年・午前 問20

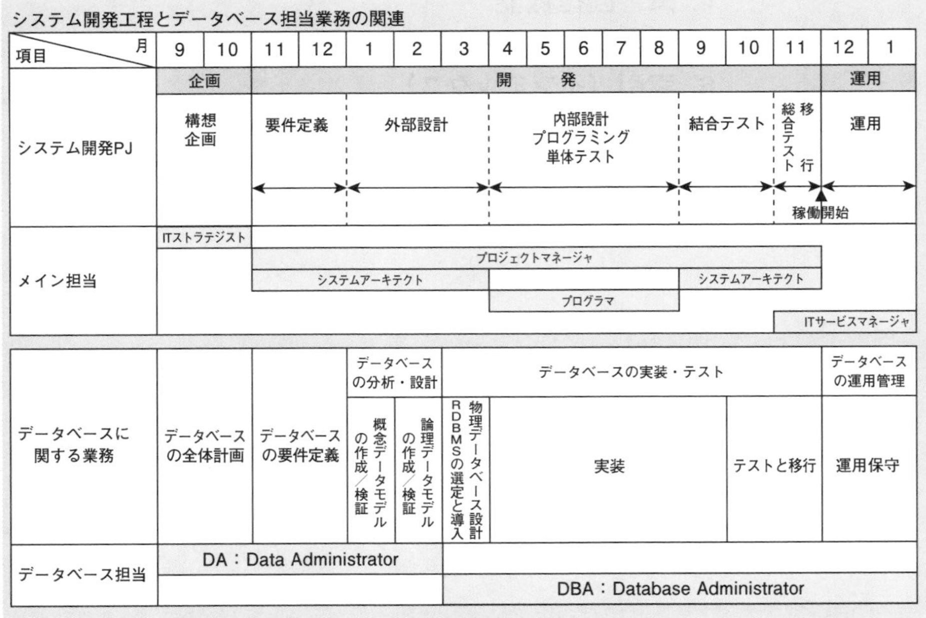

システム開発工程とデータベース担当業務の関連
項目
月
9 10 11 12 1 2 3 4 5 6 7 8 9 10 11 12 1
企画
開 発
運用
システム開発PJ
構想企画
要件定義
外部設計
内部設計 プログラミング 単体テスト
結合テスト
総合テスト
移行
運用
稼働開始
メイン担当
ITストラテジスト
プロジェクトマネージャ
システムアーキテクト
プログラマ
システムアーキテクト
ITサービスマネージャ
データベースに関する業務
データベースの全体計画
データベースの要件定義
データベースの分析・設計
概念データモデルの作成／検証
論理データモデルの作成／検証
データベースの実装・テスト
物理データベース設計 RDBMSの選定と導入
実装
テストと移行
データベースの運用管理
運用保守
データベース担当
DA：Data Administrator
DBA：Database Administrator

図：データベーススペシャリストの主要業務

2 ANSI/SPARC3 層スキーマアーキテクチャ

ANSI/SPARC3層スキーマアーキテクチャは，データベースの構造を3階層（概念スキーマ，外部スキーマ，内部スキーマ）で説明するモデルで，ANSI/SPARC（ANSI Standards Planning And Requirements Committee）が 1978 年に発表したものである。3 層に分けることで，物理的データ独立性及び論理的データ独立性が確保できるとしている。

外部スキーマ	ユーザがアクセスするスキーマ。実世界が変化しても，ユーザが利用する応用プログラムは影響を受けないという論理データ独立性を持つ。RDBMS における（SQL の）ビューなど
概念スキーマ	データ処理上必要な現実世界のデータ全体を定義し，特定のアプリケーションプログラムに依存しないデータ構造を定義するスキーマ。関係データベースの場合は，実表（テーブル）全体を指す
内部スキーマ	概念スキーマをコンピュータ上に実装するためのスキーマ。実装に当たっては，直接編成ファイルや VSAM ファイルなどの物理ファイルを用いる。実世界が変化しても，データベースそのものは影響を受けない（物理データ独立性）

試験に出る

①平成 29 年・午前Ⅱ 問 1
　平成 27 年・午前Ⅱ 問 1
　平成 24 年・午前Ⅱ 問 1
　平成 16 年・午前 問 21
②平成 21 年・午前Ⅱ 問 1
　平成 19 年・午前 問 21
　平成 17 年・午前 問 21

情報処理技術者試験では，ANSI/SPARC3層スキーマとしているが，ANSI/X3/SPARC ということもある

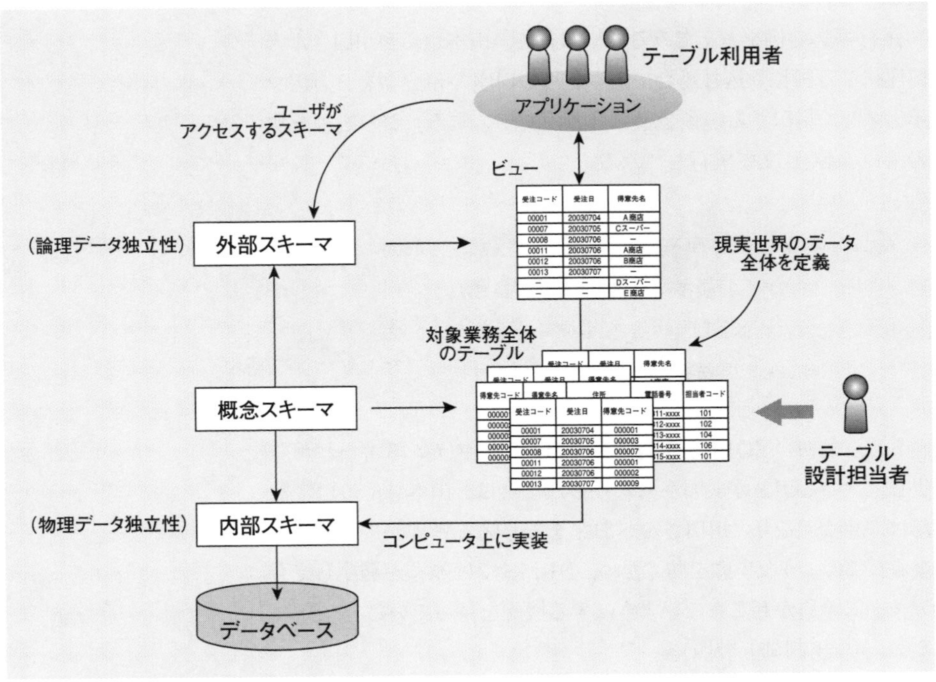

テーブル利用者
アプリケーション
ユーザが
アクセスするスキーマ
ビュー
（論理データ独立性）　外部スキーマ
現実世界のデータ
全体を定義
対象業務全体
のテーブル
概念スキーマ
テーブル
設計担当者
（物理データ独立性）　内部スキーマ
コンピュータ上に実装
データベース

図：ANSI/SPARC3 層スキーマアーキテクチャ

3 トランザクション管理機能

DBMSにはデータを効率よく処理するための様々な機能がある。その中で，障害が発生してもデータに矛盾が起こらないようにする機能をトランザクション管理機能という。まず，トランザクションとはどのようなものなのかを説明し，次にトランザクションを管理する機能であるコミットメント制御や排他制御について見ていく。

(1) トランザクションとACID特性

ACID特性とはトランザクションの持つべき性質のことである。ACID特性はよく試験で問われるため，その性質を十分理解しておく必要がある。

● トランザクション

トランザクションとは，ユーザから見た一連の処理のまとまりのことである。

銀行振込の例を考えてみる。M銀行で，山本さんが川口さんの口座に2万円振り込む場合，山本さんの口座の預金額を2万円マイナスし，川口さんの預金額に2万円プラスする。この処理を次の二つのSQL文で実行してみる。

```
SQL1：UPDATE 預金口座 SET 預金額 = 預金額 - 20000
       WHERE 口座番号 = 山本さんの口座番号
SQL2：UPDATE 預金口座 SET 預金額 = 預金額 + 20000
       WHERE 口座番号 = 川口さんの口座番号
```

もし，最初のSQL1が実行された直後にシステム障害などが発生し，次のSQL2が実行されなかった場合は，山本さんの預金額だけが少なくなり，川口さんへお金を振り込む処理が成立しなくなる。このような事態を防ぐため，DBMSでは障害が発生してもデータに矛盾が起こらないようにする機能を持っている（「(2) コミットメント制御」参照）。

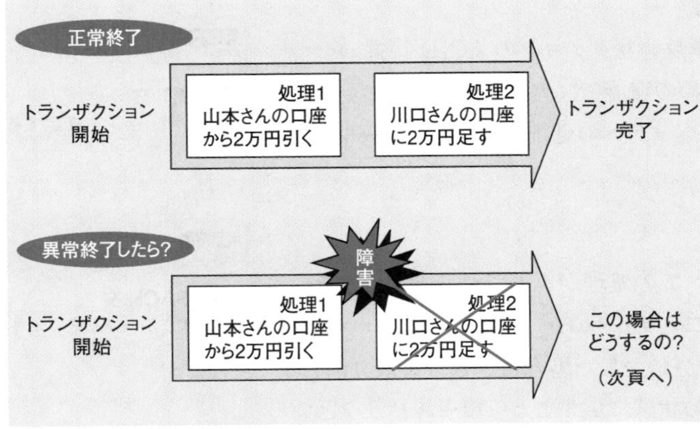

図：トランザクションとは

● ACID 特性

トランザクションは，次に示す**ACID（アシッド）特性**を持つ。この ACID 特性を持つことによってトランザクションの信頼性が得られる。これを実現するために，DBMS は，トランザクション管理機能（**コミットメント制御機能**，**排他制御機能**，**障害回復機能**）を装備している。

ACID 特性とは，次の四つの性質の頭文字をとったものである。

ACID 特性	意　味	実現する機能
原子性 (Atomicity)	トランザクションは，完全に実行されるか，まったく実行されないかのどちらかでなければならない	コミットメント制御
一貫性 (Consistency)	トランザクションは，データベース内部で整合性が保たれなければならない	排他制御 (同時実行制御)
独立性 (Isolation)	トランザクションは，同時に実行しているほかのトランザクションからの影響を受けず，並行実行の場合も単独で実行している場合と同じ結果を返さねばならない	
耐久性 (Durability)	トランザクションの結果は，障害が発生した場合でも，失われないようにしなければならない	障害回復

試験に出る

全体
平成 29 年・午前Ⅱ 問 16

原子性
令和 04 年・午前Ⅱ 問 15
平成 30 年・午前Ⅱ 問 18
平成 28 年・午前Ⅱ 問 17
平成 18 年・午前 問 41
平成 17 年・午前 問 42
平成 16 年・午前 問 39

一貫性
平成 23 年・午前Ⅱ 問 14

耐久性
平成 20 年・午前 問 41

(2) コミットメント制御

コミットメント制御は，トランザクションのACID特性の一つである原子性を確保するための機能で，データベースへの更新を確定するコミットと，データベースへの更新を取り消すロールバックからなる。

● コミットとロールバック

トランザクション内のすべての処理が実行されたときに，その更新結果を確定することを**コミット**という。また，トランザクションの途中に何らかのエラーが発生した場合に，処理を取り消し，トランザクション開始以前の状態に戻すことを**ロールバック**という。

「(1)トランザクションとACID特性」で説明した振込トランザクションを実行するアプリケーションの場合，処理の流れは次の図のようになる。

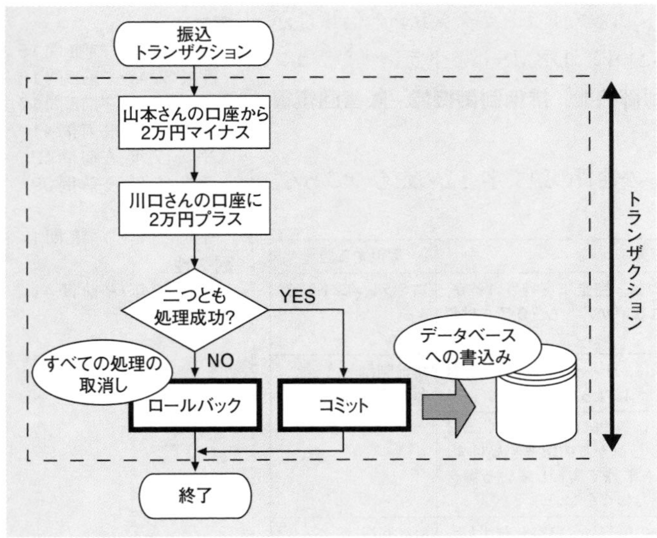

図：振込処理フロー

COMMIT文
トランザクションを確定するSQL文

ROLLBACK文
トランザクションを取り消すSQL文

(3) 排他制御（同時実行制御）

トランザクションの一貫性及び独立性を確保するための機能を排他制御という。

DBMSには，複数のトランザクションを並行実行させる機能が必要である。しかし，何の制御機能も持たずに，ただ複数のトランザクションを自由に実行させてしまうと，同じテーブルに対して参照や更新を行っている場合，個々のトランザクションが他のトランザクションの影響を受けて，**ロストアップデート**などタイミングによっては誤った結果（期待しない結果）になってしまう。

それを回避するために，DBMSはトランザクションスケジューリング機能によって，並行実行されているトランザクションを直列実行可能（直列化可能性）になるように制御している。このときに，行っているのが排他制御である。

排他制御は主に，データベースの**ロック**によって実現している。ロックとは，読み書きする対象データに鍵をかけて，ほかのトランザクションからのアクセスを制限することである。

試験に出る
平成21年・午前Ⅱ 問13

試験に出る
平成17年・午後Ⅰ 問4

● 直列化可能性（serializability）

二つのトランザクションT1とT2を並列に実行した結果が，それぞれを逐次実行させた結果(T1の完了後にT2を実行した結果，又はT2の完了後にT1を実行した結果）とが等しい場合，このトランザクションスケジュールは，**直列化可能性**が保証されているという。

試験に出る
①令和05年・午前Ⅱ 問17
平成18年・午前 問42
②令和02年・午前Ⅱ 問11
平成30年・午前Ⅱ 問11
平成26年・午前Ⅱ 問11
③平成25年・午前Ⅱ 問19
④平成24年・午前Ⅱ 問19
平成19年・午前 問42
平成17年・午前 問43

スキルUP!

ロストアップデート

排他制御を全く行わない場合には,ロストアップデートが発生する可能性がある。ロストアップデートとは，あるデータに対して，トランザクションAが更新した後にトランザクションBが上書き更新してしまって，トランザクションAの更新内容が失われてしまうこと。

例えば，元データが“10”の時，トランザクションA，トランザクションBが同時にこのデータを読み込み（ゆえに，両方とも元データは“10”だという認識），“10”を加算して書き込んだとしよう。本来であれば,両方の“10”加算が反映され“30”にならないといけないのに，トランザクションAが“20”で書き込んだ後に，トランザクションBも“20”で上書きしてしまい，結果，“20”になってしまう不具合。

● ロックの種類

ロックの種類には，**専有ロック**と**共有ロック**がある。一般的にトランザクションは，データを読む前に共有ロックを実施し，データを書き込む前に専有ロックを施す。データに共有ロックがかかっている場合，後から専有ロックをかけることはできない。専有ロックがかかっている場合，共有ロックも専有ロックもかけることはできない。

試験に出る
令和 03 年・午前Ⅱ 問 14
平成 29 年・午前Ⅱ 問 18

用語解説

共有ロック
ほかのトランザクションからの共有ロックは許すが，専有ロックは許さない。リードロックともいう

用語解説

専有ロック
ほかのトランザクションからの共有ロックも専有ロックも許さない。排他ロックやライトロックともいう（以前は占有ロックという漢字だった）

表：共有ロックと専有ロックの競合

		既にかかっているロック	
		共有ロック	専有ロック
かけようとするロック	共有ロック	○	×
	専有ロック	×	×

後述する ISOLATON LEVEL とロックの関係について，過去問題では〔RDBMS の仕様〕で，次のように説明している。

〔RDBMS の主な仕様〕

在庫管理システムに用いている RDBMS の主な仕様は，次のとおりである。

1. ISOLATION レベル

選択できるトランザクションの ISOLATION レベルとその排他制御の内容は，表 1 のとおりである。ただし，データ参照時に FOR UPDATE 句を指定すると，対象行に専有ロックを掛け，トランザクション終了時に解放する。

ロックは行単位で掛ける。共有ロックを掛けている間は，他のトランザクションからの対象行の参照は可能であり，更新は共有ロックの解放待ちとなる。専有ロックを掛けている間は，他のトランザクションからの対象行の参照，更新は専有ロックの解放待ちとなる。

表 1　トランザクションの ISOLATION レベルとその排他制御の内容

ISOLATION レベル	排他制御の内容
READ COMMITTED	データ参照時に共有ロックを掛け，参照終了時に解放する。 データ更新時に専有ロックを掛け，トランザクション終了時に解放する。
REPEATABLE READ	データ参照時に共有ロックを掛け，トランザクション終了時に解放する。 データ更新時に専有ロックを掛け，トランザクション終了時に解放する。

索引を使わずに，表探索で全ての行に順次アクセスする場合，検索条件に合致するか否かにかかわらず全行をロック対象とする。索引探索の場合，索引から読み込んだ行だけをロック対象とする。

図：ISOLATION レベルとロックの関係（平成 31 年午後Ⅰ問 2 より）

● ロックの粒度

ロック対象となるデータの単位を**ロックの粒度**という。ロックの粒度は，タプル（行），ブロック（ページ），テーブル，データベースなどがある。

例えば，ロックの粒度が行ならば，トランザクションは同時に同じテーブルにアクセス可能である。ロックの粒度がテーブルの場合，同じテーブルにアクセスしようとする別のトランザクションは，テーブルに対するロックが解除されるまで待たされることになる。

参考

ロックの粒度が大きくなるに従ってロックの制御は容易になるが，ロックの待ち時間が長くなる。逆に，ロックの粒度が小さいとロックの待ち時間は短縮できるが，ロックの制御処理が複雑になる

● 2相ロック方式

ロックのかけ方によっては，直列可能であること（複数のトランザクションが同時実行された結果と，逐次実行された結果とが同じになること）を保証できないこともある。そこで確実に**直列化可能性を保証**したい場合に使うのが2相ロック方式だ。

2相ロック方式とは，読込み・書込みを行うデータにロックを取得していく相（第1相：拡張相という）と，ロックを解除していく相（第2相：縮退相という）の2相からなるロック方式の総称である。第1相が終了してから第2相を実行するルールなので，同一トランザクション内で**一度ロックを解除したら，再度ロックをかけ直すことはできない**。共有ロックも専有ロックも可能で，デッドロックは発生する。

試験に出る

①平成29年・午前Ⅱ 問15
②平成18年・午前 問34
③令和03年・午前Ⅱ 問13
　平成27年・午前Ⅱ 問13
　平成22年・午前Ⅱ 問15

参考

2相ロック方式は，2相ロッキングプロトコル 2PL（ツーフェーズロック）などともいう。情報処理技術者試験でも以前は2相ロッキングプロトコルとしていた

参考

2相ロック方式にはいくつかの方式に分類されている。図のようにトランザクション内で個々の資源を利用する直前に順次獲得していく方式をStrict2PL，トランザクション開始時にすべての資源にロックをかける方式をC2PLという

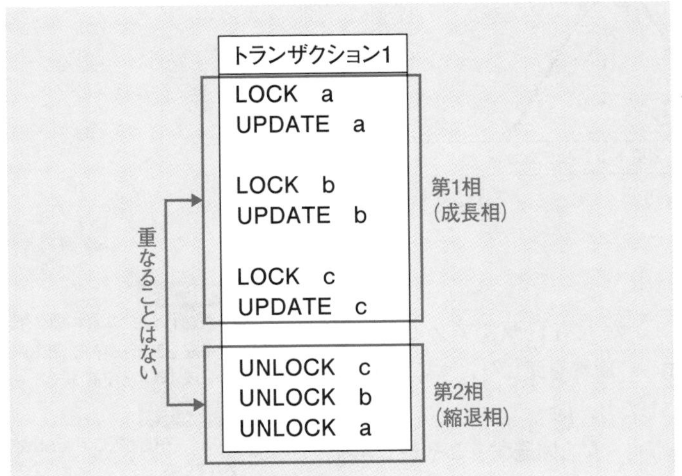

デッドロック

二つのトランザクションが互いの処理に必要なデータをロックし合っているために，処理が続行できなくなった状態のことを**デッドロック**という。

例えば，在庫テーブルにロックをかけてから，商品テーブルにロックをかけようとしている在庫数変更トランザクションと，商品テーブルにロックをかけてから，在庫テーブルにもロックをかけようとする商品名変更トランザクションが同時に実行されたとする。在庫数変更トランザクションは，商品テーブルに共有ロックをかけようとしても，商品名変更トランザクションがロックをかけているため，実行待ちになってしまう。同様に，商品名変更トランザクションも，在庫テーブルのアンロック（ロックの解放）を待ち続ける。

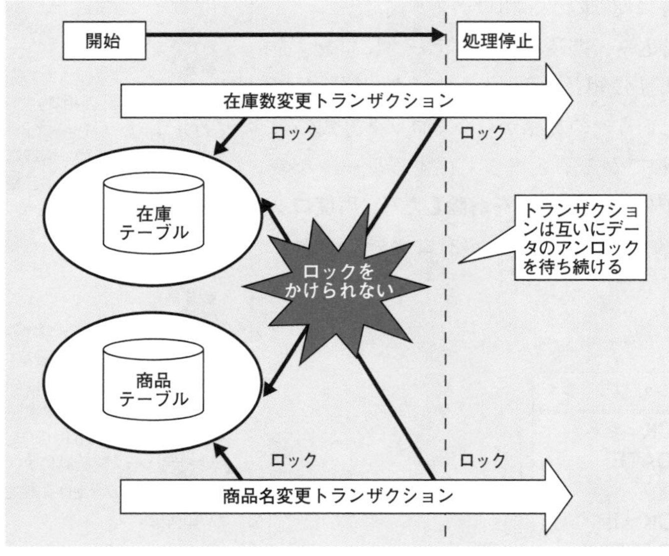

図：デッドロック

デッドロックの回避

複数のトランザクションが共有資源にアクセスする時に，ロックをかけて処理する **“順番を同じ”** にする（テーブルを処理する順番を同じにしたり，同一テーブルは必ず昇順に処理するなど）と，デッドロックを回避することができる。

試験に出る

①平成 24 年・午前Ⅱ 問 13
平成 20 年・午前 問 43
②平成 20 年・午前 問 38

試験に出る

デッドロックが発生しない方式
➡ P.383 スキル UP! 参照
平成 16 年・午前 問 40

本文の例は, “テーブル” 全体へのロックの場合だが，ある一つのテーブルに対して行レベルでロックする場合も同じく，複数のトランザクションでロックをかけて処理する **“順番が異なる”** 時（(1→2) と (2→1) など）に，デッドロックが発生することがある

デッドロックの解除

発生してしまったデッドロックを解除するには，デッドロックが発生しているトランザクションのうち少なくとも一つのトランザクションをアボート（トランザクション処理において，処理中のトランザクションを取り消すこと）する以外に方法はない

試験に出る

①令和 04 年・午前Ⅱ 問 13
平成 25 年・午前Ⅱ 問 17
②平成 16 年・午前 問 35

試験に出る

その他，午後問題で何度も出題されている

デッドロックの検出

デッドロックの検出には，一定時間ロック待ちになっているトランザクションを探し出すタイムアウトによる方法と，待ちグラフを作成し，閉路（ループ）を検出する方法がある。

待ちグラフとは，デッドロックを検出するために使われるデータ構造。節点をトランザクション，辺を処理対象データとする有向グラフで，辺の向きがロック要求の向きである。このグラフにおいて閉路（ループ）を持つとデッドロックとなる。

試験に出る

待ちグラフ
①平成30年・午前Ⅱ 問16
平成26年・午前Ⅱ 問15
平成22年・午前Ⅱ 問17
平成19年・午前 問37
平成17年・午前 問39
②平成28年・午前Ⅱ 問13
③平成31年・午前Ⅱ 問10
平成25年・午前Ⅱ 問10

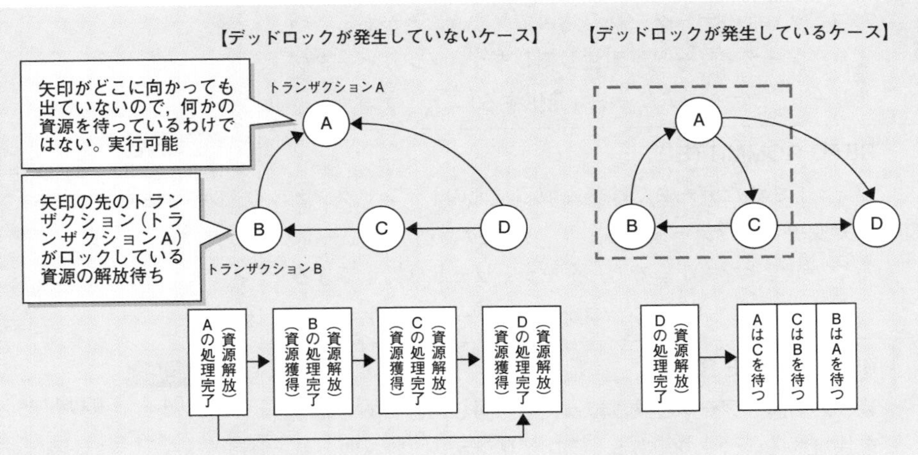

図：待ちグラフの例

スキルUP!

ロック方式以外の排他制御（デッドロックは発生しない）

- **時刻印アルゴリズム**

時刻印アルゴリズムとは，二つのトランザクションにおいて競合が発生した場合，先に開始したトランザクションから順番に実行するようスケジューリングする方法である。後から実行したトランザクションはアボートされ，再び実行される。これは，トランザクションで共有するデータが少ない場合に有効である。

- **楽観的方法／楽観アルゴリズム**

トランザクション処理において，書込み処理を行うまでは排他制御の操作を行わず，データの書込みが発生した段階で初めて，そのデータがほかのトランザクションが更新したデータと同じでないかどうかチェックする方式。対象のデータが，ほかのトランザクションが更新したデータと同じであれば，自トランザクションをロールバックし，リスタートする。

(4) 隔離性水準 (ISOLATION LEVEL)

隔離性水準とは，トランザクションの独立性もしくは分離性のレベルのことである。独立性阻害要因（ダーティリード，ノンリピータブルリード，ファントムリード）を認めるかどうかによって，次のように四つのレベルに分けられる。

試験に出る
①令和05年・午前Ⅱ 問16
平成30年・午前Ⅱ 問17
②令和03年・午前Ⅱ 問7
平成31年・午前Ⅱ 問9
平成25年・午前Ⅱ 問9
③平成22年・午前Ⅱ 問18

- READ UNCOMMITTED
  最も分離レベルが低いため，トランザクションのスループットは上がるものの，他のトランザクションで変更されたコミット前のデータを読み込んでしまうことがある。つまり，**ダーティリードが発生してしまう**（ノンリピータブルリード，ファントムリードも発生する）。

- READ COMMITTED
  コミットされたデータだけ読み取る。他のトランザクションで変更されたデータでも，コミットされるまでは読み取ることができなくなるので，**ダーティリードは抑止できる**（ノンリピータブルリード，ファントムリードは発生する）。

試験に出る
①平成24年・午前Ⅱ 問15
②平成18年・午前 問35

- REPEATABLE READ
  繰り返し同じデータを読み取っても，同じ内容であることを保証する。つまり，**あるトランザクションで読み取ったデータは，別のトランザクションで更新できなくなる**。したがってノンリピータブルリードは抑止できる（ただし，当該テーブルに行の追加や削除は可能なのでファントムリードは発生する）。

試験に出る
令和04年・午前Ⅱ 問14

- SERIALIZABLE
  複数のトランザクションをいくら実行させても，その影響を受けずに一つずつ実行したのと同じ結果を保証する。ダーティリード，ノンリピータブルリード，ファントムリードのいずれも発生しない。つまり，**あるトランザクションが参照したテーブルには，追加，更新，削除のいずれもできなくなる**。最も強力な隔離レベルだが，**排他待ちが起きやすくなるため**トランザクションのスループットは一番悪くなる。

試験に出る
平成30年・午前Ⅱ 問14

● 独立性阻害要因

ここで，独立性阻害要因のダーティリード，ノンリピータブルリード，ファントムリードについて説明しておこう。ISOLATION LEVELとの関係は下表のようになる。

表：ISOLATION LEVELと独立性阻害要因の関係

ISOLATION LEVEL	ダーティリード	ノンリピータブルリード	ファントムリード
READ UNCOMMITTED	発生する	発生する	発生する
READ COMMITTED	発生しない	発生する	発生する
REPEATABLE READ	発生しない	発生しない	発生する
SERIALIZABLE	発生しない	発生しない	発生しない

● ダーティリード（dirty read）

他のトランザクションで更新された“コミット前”のデータを読み込んでしまうことをダーティリードという。そのままコミットされればいいが，その更新が取り消されると“取り消された更新”を処理することになって不整合が発生する。

試験に出る
①平成27年・午前Ⅱ 問16
②平成26年・午前Ⅱ 問14
　平成23年・午前Ⅱ 問15

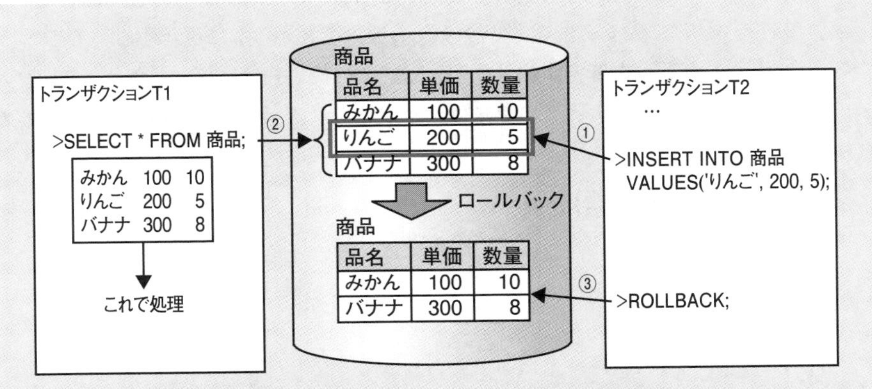

① トランザクションT2で“りんご”のレコードを挿入する。
② T1が“商品”テーブルを検索するとロックがかかっていないため“りんご”も検索できる。
③ T2で“りんご”の挿入を取り消す（ロールバック）が，②では，T1で取り消されたデータが読まれてしまっており，そのまま処理が続く可能性がある。

図：ダーティリードの例

- **ノンリピータブルリード**

ノンリピータブルリードとは，同じデータを2回リードしたときに値が異なる可能性のある読み方のことをいう。1回目と2回目の間に別のトランザクションによりデータが変更され，不整合が発生する可能性がある。ファジーリードともいう。

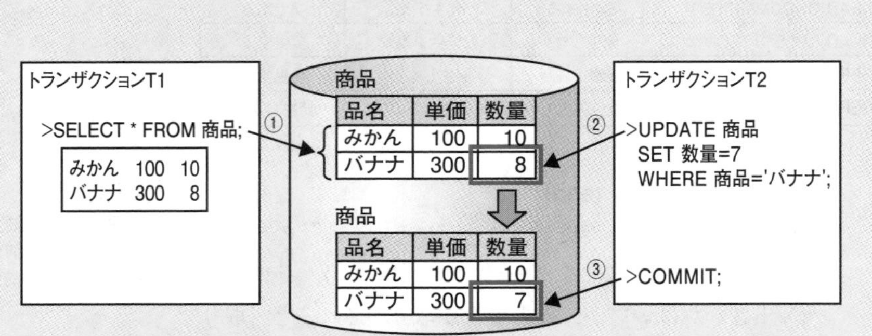

① T1が“商品”テーブルを検索する（このときの“バナナ”の数量は8である）。
② トランザクションT2で，“バナナ”の数量を8から7に更新する。
③ 更新した数量を確定する（コミット）。この後，T1が再度，“商品”テーブルを検索すると“バナナ”の数量は7と検索される（1回目と2回目で値が変わっている）。

図：ノンリピータブルリードの例

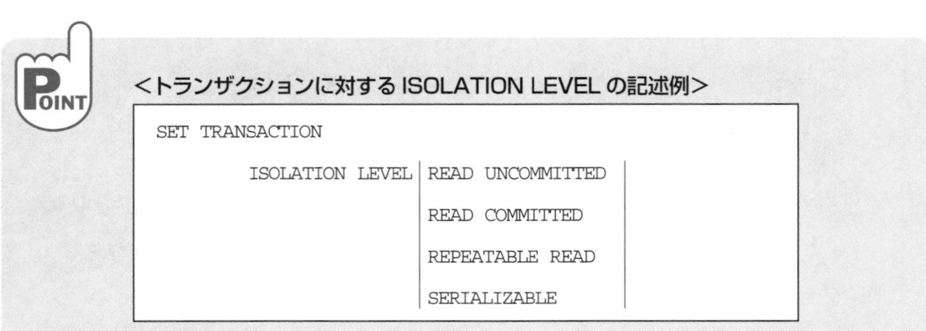

<トランザクションに対する ISOLATION LEVEL の記述例>

```
SET TRANSACTION
          ISOLATION LEVEL | READ UNCOMMITTED |
                          | READ COMMITTED   |
                          | REPEATABLE READ  |
                          | SERIALIZABLE     |
```

ファントムリード

1回目と2回目のリードの間に，他のトランザクションによってデータが追加されてしまう読み方をファントムリードという。1回目にはなかった“幻＝ファントムのデータ”が発生し，不整合になる可能性がある。

試験に出る
平成29年・午前Ⅱ 問17

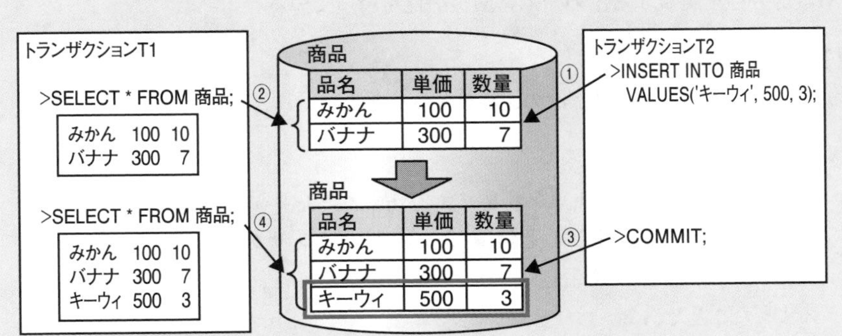

①トランザクションT2で“キーウィ”のレコードを挿入する。

②T1が“商品”テーブルを検索すると，まだコミットされていないため，“キーウィ”のレコードは検索されない。

③挿入したレコードを確定する（コミット）。

④T1が再度“，商品”テーブルを検索すると“，キーウィ”のレコードも検索される（1回目にはなかったデータが出現している）。

図：ファントムリードの例

4 障害回復機能

DBMSでは，新規に挿入したデータや更新内容が失われることがあってはならない。このため，DBMSは，障害が発生してもトランザクション処理結果が失われないというACID特性の一つである耐久性を実現するための障害回復機能を持っている。

試験に出る
障害発生時の対応
平成21年・午後Ⅱ 問1

(1) 障害の種類

データベースの障害には，次のようなものがある。

- **トランザクション障害**
  処理のエラーなどで，トランザクションが異常終了すること。例えば，クライアントとの通信障害により，トランザクション処理中にエラーが発生し，トランザクションが異常終了するようなことである。
- **システム障害**
  電源断，DBMSの障害，OSの障害などが発生したために，DBMSが停止すること。ただし，ハードディスクなどの2次記憶上にあるデータベースへの被害はない。
- **媒体障害**
  ハードディスククラッシュなどで，2次記憶上のデータベースが失われること。

(2) 障害回復に必要な機能とファイル

障害回復に必要な機能とファイルは，次の三つである。

- **バックアップ**
  ある時点でのデータベースのコピーを取得したもの。
- **チェックポイント**
  トランザクション処理におけるデータの更新は，ディスク内のデータを操作せずに，メモリ上にバッファの内容を更新する。このメモリ上のバッファの内容と，2次記憶上のデータベースの内容を一致させるタイミングのことを**チェックポイント**という。チェックポイントはトランザクションの途中でも発生する。

試験に出る
平成25年・午前Ⅱ 問16

- **ログファイル**

データベースに対して行ったすべての操作の履歴を記録しておくファイル。処理の種類，更新時刻，**更新前イメージ**，**更新後イメージ**などが書き込まれる。

ログ先書き（WAL：Write Ahead Logging）プロトコルの場合の更新処理手順は次のようになる。データベースの更新，コミットの前にログファイルの書込みが行われる。

更新前イメージのログファイルへの書出し
↓
更新後イメージのログファイルへの書出し
↓
データベースの更新
↓
コミット

(3) 障害回復処理

ログファイルを使用して障害回復を実現する方法に，ロールバックとロールフォワードがある。

- **ロールバック**

ロールバックとは，ログの更新前イメージを新しいものから順に適用し，現時点のデータベースを特定の時点まで戻すことによってデータベースを回復することである。

- **ロールフォワード**

ロールフォワードとは，ある時点で作成されたバックアップなどに対し，ログの更新後イメージを用いて更新結果を古いものから順に適用し，現時点あるいは特定の時点までデータベースを回復することである。

試験に出る

①令和 02 年・午前Ⅱ 問 4
平成 29 年・午前Ⅱ 問 6
平成 27 年・午前Ⅱ 問 5
平成 21 年・午前Ⅱ 問 3
②平成 28 年・午前Ⅱ 問 16
平成 25 年・午前Ⅱ 問 18
③平成 24 年・午前Ⅱ 問 17
平成 21 年・午前Ⅱ 問 11
平成 18 年・午前 問 37
平成 16 年・午前 問 36
④平成 31 年・午前Ⅱ 問 2

更新前イメージ
更新前のデータ。更新後のデータベースから更新前の状態に戻す UNDO 処理のために使用される

更新後イメージ
更新後のデータ。更新前のデータベースから更新後の状態にする REDO 処理のために使用される

試験に出る

①平成 26 年・午前Ⅱ 問 13
平成 24 年・午前Ⅱ 問 14
平成 22 年・午前Ⅱ 問 16
平成 19 年・午前 問 38
②平成 17 年・午前 問 40
③平成 19 年・午前 問 39

間違えやすい

コミットとチェックポイント
コミットとは，トランザクションの処理結果を確定し，ログファイルにトランザクション完了の記録を書き出すことである。コミット処理実行後は，稼働中の DBMS 内で整合性がとれている状態である。チェックポイントは，稼働中の DBMS で管理しているデータと 2 次記憶上のデータベースの内容との同期をとるタイミングのことである

(4) 障害回復の手順

障害の種類によって，回復の手順が異なる。

- **トランザクション障害からの回復**
  トランザクションを実行しているプログラムが処理をロールバックし，データベースをトランザクション開始前の状態に戻すことにより回復する。
- **システム障害からの回復**
  データベースを再起動し，障害発生直前のチェックポイントを基準に，ロールバックとロールフォワードを組み合わせて，トランザクションの回復処理を行う。
- **媒体障害からの回復**
  障害が発生した2次記憶装置の交換や再フォーマットなどを実施し，バックアップコピーの復元を行った後，データベースを再起動する。

次にトランザクションの状態別の回復処理例を示す。

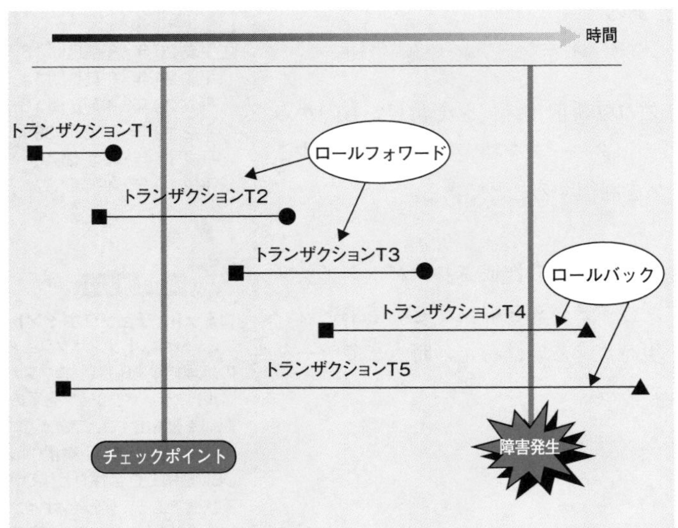

図：データベースの回復処理

試験に出る
①令和05年・午前Ⅱ 問15
　平成20年・午前 問39
②平成27年・午前Ⅱ 問14
　平成23年・午前Ⅱ 問13
　平成20年・午前 問44
　平成18年・午前 問36
③平成25年・午前Ⅱ 問14

暗黙のロールバック
データベースが障害発生などにより再起動した場合，自動的に回復処理が行われ，障害発生時に未確定のトランザクションをロールバックする。この再起動時に自動的に実施されるロールバックのことを「暗黙のロールバック」という

トランザクション T1：

チェックポイント前に処理が完了しているため，回復処理は不要。

トランザクション T2：

チェックポイント時に処理中であったが，障害発生前に処理が完了しているため，ログファイルの更新後イメージを使ってチェックポイントからロールフォワードを実行する。

トランザクション T3：

チェックポイント後にトランザクションが開始されているが，障害発生前に処理が終了しているため，T2 と同様にロールフォワードにより回復する。

トランザクション T4：

チェックポイント後に開始され，障害発生時にコミットされていないため，トランザクションをロールバックさせることで回復処理を行う。

トランザクション T5：

チェックポイント前に開始され，障害発生時にコミットされていない。したがって，T4 と同様に，トランザクションをロールバックさせることで回復処理を行う。

- ◆チェックポイントの後，障害発生までに完了しているトランザクションは，ロールフォワードする
- ◆障害発生時に実行中のトランザクションは，ロールバックする

(5) バックアップとリストア

平成28年度の午後Ⅰ問2で，RDBMSのバックアップに関する問題が出題された。その問題にそって，バックアップの基本的な知識を説明する。

1. バックアップ機能
   (1) バックアップの単位には，データベース単位とテーブル単位がある。
   (2) バックアップの種類には，取得するページの範囲によって，全体バックアップ，増分バックアップ及び差分バックアップがある。
      ① 全体バックアップには，全ページが含まれる。
      ② 増分バックアップには，前回の全体バックアップ取得後に変更されたページが含まれる。ただし，前回の全体バックアップ取得以降に増分バックアップを取得していた場合は，前回の増分バックアップ取得後に変更されたページだけが含まれる。
      ③ 差分バックアップには，前回の全体バックアップ取得後に変更された全てのページが含まれる。
   (3) 全体バックアップと増分バックアップの場合は，バックアップ取得ごとにバックアップファイルが作成される。差分バックアップの場合は，2回目以降の差分バックアップ取得ごとに，前回の差分バックアップファイルが最新の差分バックアップファイルで置き換えられる。
   (4) バックアップ取得に要する時間は，バックアップを取得するページ数に比例する。
2. 復元機能
   (1) バックアップを用いて，バックアップ取得時点の状態に復元できる。
   (2) 復元の単位は，バックアップの単位と同一である。データベース単位のバックアップを用いて，特定のテーブルだけを復元することはできない。
3. 更新ログによる回復機能
   (1) バックアップを用いて復元した後，更新ログを用いたロールフォワード処理によって指定の時刻の状態に回復できる。
   (2) 更新ログによる回復に要する時間は，更新ログの量に比例する。

コラム バックアップの種類

バックアップには，全体バックアップを基準に，差分バックアップと増分バックアップがある。

- **全体バックアップ（フルバックアップ）**
  対象データのすべてをバックアップする方法。毎日全体バックアップを取る場合，毎日それなりに多大な時間がかかるが，障害時には直近に取得した全体バックアップから復元するだけなので，最も短時間で復旧できる。
- **差分バックアップ**
  全体バックアップからの変更箇所だけを対象とする方法。前回の全体バックアップからの差分のみをバックアップするため，バックアップに要する時間は小さくなるが，復元する時には，“前回の全体バックアップ”をまず戻し，そこに“直近の差分バックアップ”をさらに戻す必要がある。
- **増分バックアップ**
  前回のバックアップ取得時からの変更箇所だけをバックアップする方法。差分バックアップと違い前回の増分バックアップ以降に変更された箇所もバックアップする。下図のように，毎日バックアップを取得する場合，前日からの変更箇所のみのバックアップになるため，バックアップに要する時間は最も小さい。しかし，復元する時には，全体バックアップと，それ以後の増分バックアップを全て用いる必要があるので，通常最も時間がかかる。

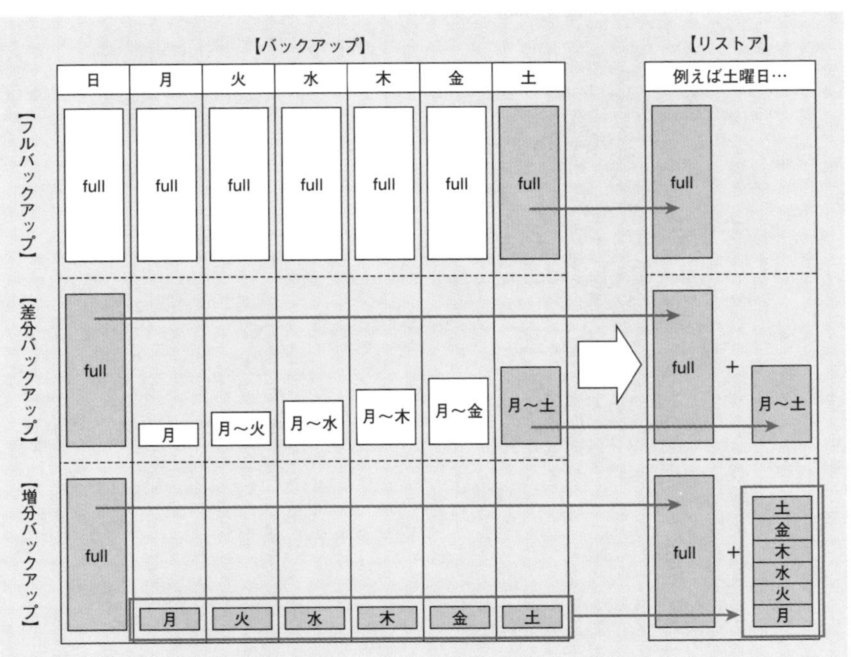

(6) ディザスタリカバリ（Disaster Recovery：略称 DR）

試験に出る
平成 26 年・午前Ⅱ 問 20

自然災害等によって発生する“大規模なシステム障害”に対して，復旧・回復することをディザスタリカバリという。BCP（事業継続計画）の一役を担う重要な概念である。このディザスタリカバリを計画する際に検討する重要な指標に次のようなものがある。

- **RTO（Recovery Time Objective）**
  災害等によってシステムに障害が発生し，使用できなくなってから再び使用できるようになるまでの時間。許容できる RTO を許容停止時間という。
- **RPO（Recovery Point Objective）**
  システムが再稼働した時に，データが災害発生前のどの時点まで復旧させなければならないかを示す指標。例えば，毎日夜間の業務終了後にバックアップを取っている場合で，障害発生時にはそのバックアップを使ってデータ復旧させる方法を採用している場合，RPO は前日業務終了時点になる。

5 分散データベース

分散データベースは，ネットワーク上に複数存在するデータベースを，一つのデータベースのように使用できるものである。

試験に出る

分散データベースの透過性

・移動に対する透過性
平成 28 年・午前Ⅱ 問 18
平成 26 年・午前Ⅱ 問 19

・複製に対する透過性
平成 23 年・午前Ⅱ 問 20

・分割に対する透過性
平成 19 年・午前 問 36

(1) 分散データベース機能

分散データベースとして，どのような機能が必要かを示したものが，C.J.Date の「分散データベースの 12 のルール」である。

また，分散データベースの要件として透過性がある。透過性とは，データベースが分散していることを利用者に意識させないことを意味する。分散データベースの透過性には，以下のようなものがある。

表：分散データベースの 12 のルール

ルール	説明	透過性
ローカルサイトの自律	ローカルなデータ操作は自サイトでのみ行う。他サイトの影響を受けない	
中央サイトからの独立	中央サイトのみで行われる処理は存在しない	
無停止運転	（利用者から見た）データベースは決して停止しない	
存在場所からの独立	利用者は，データの実際の格納場所を意識する必要がない	・移動に対する透過性 ・位置に対する透過性
分割からの独立	表を列や行で分割し，分散して格納されていても，一つの表として利用できる	・分散に対する透過性 ・分割に対する透過性
複製からの独立	分散サイトで，データを重複して持っていても，利用者は意識する必要がない	・重複に対する透過性 ・複製に対する透過性
分散問合せ処理	一つの問合せで，分散して格納されたデータにアクセスできる	・アクセスに対する透過性
分散トランザクション処理	トランザクションをサブトランザクションとして分割し，分散して実行しても，トランザクションの原子性・一貫性が保てる	・障害に対する透過性
ハードウェアからの独立	分散サイトは異なるハードウェアで構成可能である	・データモデルに対する透過性 ・規模に対する透過性
ソフトウェアからの独立	分散サイトは異なるソフトウェアで構成可能である	
OS からの独立	分散サイトは異なる OS で構成可能である	
DBMS からの独立	分散サイトは異なる DBMS（関係データベース，オブジェクトデータベース等）で構成可能である	

試験に出る

(2) 分散問合せ処理

試験に出る
平成 21 年・午前Ⅱ 問 12
平成 17 年・午前 問 44

複数のサーバにテーブルが分散配置されているような場合において，ユーザがこれらを結合した結果を問い合わせるとき，結合処理の性能を向上させるため最適化を図る必要がある。次に，三つの処理方法を挙げる。

● 入れ子ループ法（ネスト・ループ法）

試験に出る
令和 03 年・午前Ⅱ 問 15
平成 29 年・午前Ⅱ 問 19
平成 27 年・午前Ⅱ 問 17
平成 24 年・午前Ⅱ 問 18

表Ａと表Ｂを結合する時の最も単純な方法。表Ａから１行取り出して（下図の①），表Ｂの１行１行と順番に結合可能かどうかを見ていく。そうして，結合可能な場合は結合して（下図の②），表Ｂの突合せが終われば続いて表Ａから次の１行を取り出す。それを，表Ａの全ての行を実行して完了する（下図の③）。

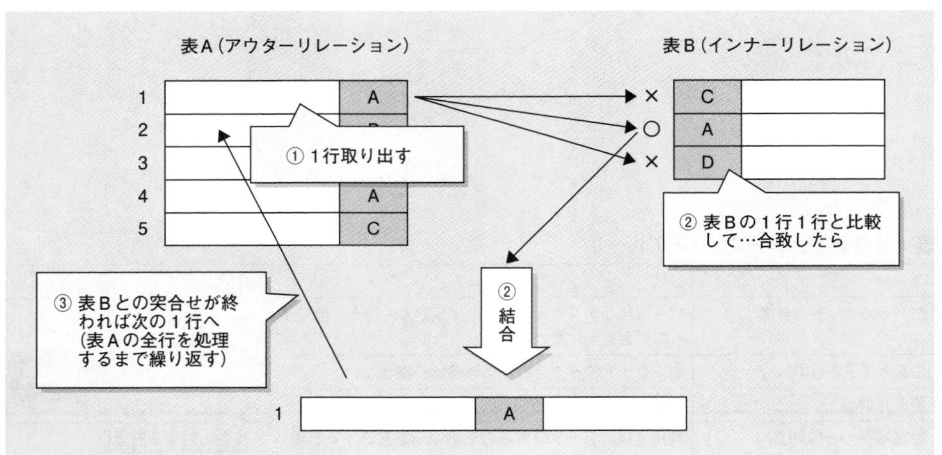

図：入れ子ループ法の処理イメージ

要するに“全組合せの処理”になるので，最悪の場合の処理量は次のようになる。

処理量　＝　表Ａの行数　×　表Ｂの行数

なお，入れ子ループ法の表Ａをアウターリレーション（外表）といい。表Ｂをインナーリレーション(内表)という。そのインナーリレーション(内表)にインデックスが付与されていれば，インナーリレーション（内表）を全件突合せ処理しなくてもよくなる。

● 準結合法（セミジョイン法）

まず，結合対象となる列を片方のサイトに送信し，受信先サイトは送られた列との結合処理を行う。その後，結合結果と受信した列を送信元サイトに送り返す。送信元サイトは，送り返された結果に対して必要な結合処理を実施する。これは，通信量削減のために考案された方法である。

試験に出る

①平成 31 年・午前Ⅱ 問 17
平成 22 年・午前Ⅱ 問 19
平成 19 年・午前 問 44
平成 16 年・午前 問 44
②令和 02 年・午前Ⅱ 問 18
平成 25 年・午前Ⅱ 問 20
平成 18 年・午前 問 39

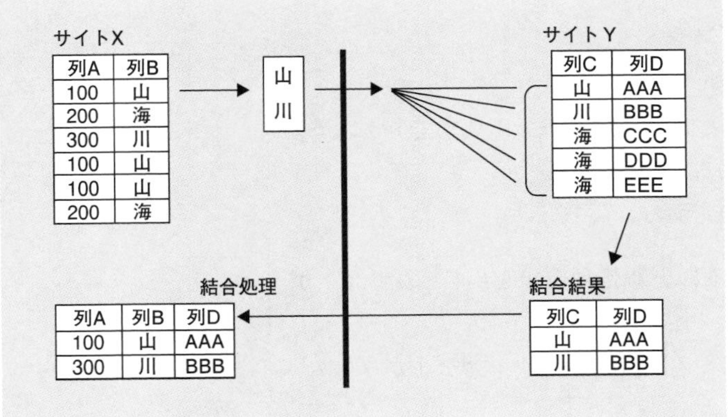

図：準結合法

● ソートマージ法（マージ結合法）

二つのテーブルを，それぞれ結合対象となる列でソートし，ソート済みのテーブルをマージ処理しながら結合する方法。

後述するハッシュ関数同様，結合対象となる列が多い場合に効果的だが，等結合の場合は通常ハッシュ関数の方が高速である。したがって，等結合以外の結合条件で使用される。また，結合対象となる列に索引を付けておけば，事前のソート処理が不要になるので，より高速になる。

● ハッシュ法

結合する列に対してハッシュ関数を使ってハッシュ値を求め，ハッシュ値が同じものを結合する方法。二表の結合列のハッシュ値を求める性質上，等結合にしか使用できないという特徴を持つ。

結合する列が多い場合に，その結合する列をまとめてハッシュ値にするので有効になる。また，ソートマージ法と比較すると事前のソートが必要ない。

試験に出る

ハッシュ法が等結合にしか使えない
H28 午前Ⅱ・問 11

(3) 分散トランザクション

分散データベースでは，一つのトランザクションを複数のサイトにまたがって処理する。この場合，トランザクションの**原子性**が失われないように，**コミットメント制御**を行う。具体的には，主サイトの指示を受け，従サイトがコミットメント処理を実行する。

なお，コミットメント制御には1相コミットメント制御，2相コミットメント制御がある。

試験に出る
①令和03年・午前Ⅱ 問12
平成27年・午前Ⅱ 問12
平成24年・午前Ⅱ 問12
平成20年・午前 問40
平成17年・午前 問41
②平成29年・午前Ⅱ 問14

● 1相コミットメント制御

1相コミットメント制御とは，1回のコミット要求でトランザクションを確定する方法である。

基本手順は，次のとおりである。

① 主サイトが，従サイトに更新処理要求を出し，従サイトが更新処理を行う。

② ③ 順次主サイトがコミット要求を出し，従サイトがコミットする。

1相コミットメント制御の問題点

従サイト1のコミット完了後に，従サイト2に障害が発生するような場合，コミット処理完了サイトとコミット処理未完了（ロールバック）のサイトができてしまい，トランザクションの原子性が保たれなくなる

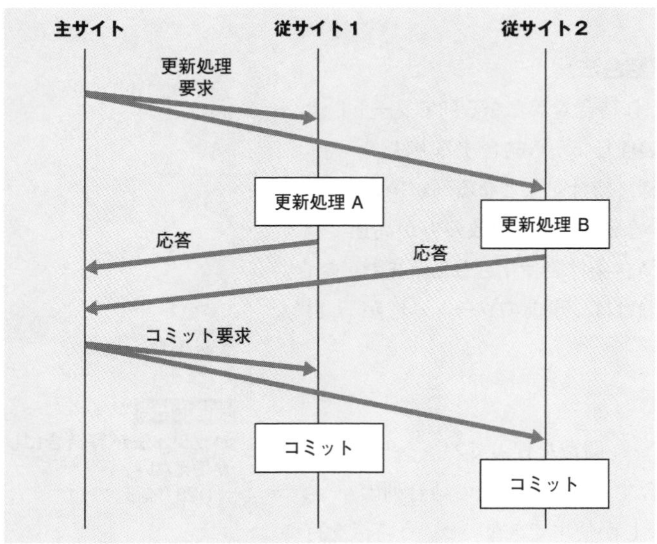

図：1相コミットメント制御

● 2相コミットメント制御

2相コミットメント制御では，処理が終了しても，主サイトが従サイトに対してコミット指示を出す前に，コミット可否の問合せを行う（下図の①）。その間，従サイトはコミットもロールバックも可能な**セキュア状態**になる。すべての従サイトからコミット可能の返事を得てから，改めてコミット指示を行う（下図の②）。コミット可否問合せの結果一つでもコミット不可能なサイトがあった場合，主サイトは全サイトに対してアボート指示を出し，トランザクションを取り消す。

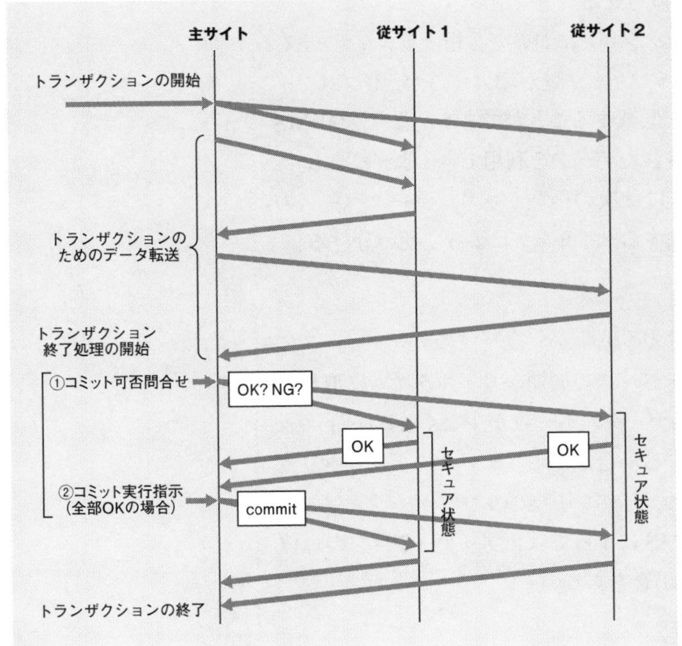

図：2相コミットメント制御

試験に出る
①平成26年・午前Ⅱ 問12
②平成16年・午前 問37
③平成18年・午前 問38
④平成25年・午前Ⅱ 問13
⑤平成31年・午前Ⅱ 問15
　平成28年・午前Ⅱ 問14
　平成23年・午前Ⅱ 問12
　平成19年・午前 問40

セキュア状態
主サイトよりコミット可否の問合せ（コミット準備指示）を受け取ってからコミット指示，又はロールバック指示を受け取るまでの状態のこと。従サイトは，応答を返すと，主サイトから指示があるまでコミットもロールバックも行えない

2相コミットメント制御の問題点
すべてのサーバがセキュア状態にあるとき障害が発生すると，障害の回復を待ち続けてしまうという問題がある

スキルUP!

3相コミットメント制御

3相コミットメント制御では，各サイトが障害の回復を待ち続けることがないように，コミット可能かどうかを全サイトに確認した後，さらにコミット準備指示の確認（プリコミット）を送信し，最後にコミット指示を行う。2相コミットメント制御では，全サイトがセキュア状態であれば待ち続けるしかなかったが，3相コミットメント制御ではタイムアウトによるアボートが実施できる。

(4) レプリケーション

試験に出る
平成28年・午後Ⅱ 問1
平成21年・午後Ⅱ 問1

遠隔地に分散している分散データベース間で，個々のサイトが持っているデータベースの内容の一部，又は全部を，一定間隔で複写することを**レプリケーション**という。分散データベースにおいては，特定のデータのみにアクセスが集中し，特定のサイト及び特定のネットワークに負荷が集中する場合がある。これを回避するため，レプリケーションの機能を用いて，複数のサイトがデータのコピーを持ち，データを利用するユーザやアプリケーションを分散させることで，データベースへのアクセス負荷やネットワークトラフィックの負荷を軽減させる。

一般的に，分散トランザクションにおいて２相コミットメントを採用するとネットワークトラフィック量が増大するが，レプリケーションを利用すればこれを低減することができる。また，DBMSの障害発生時にも，複製されたデータを利用できるようになる。

なお，レプリケーションには次の種類があり，データベースの更新内容を各サイトに反映するタイミングによって使い分ける。

● 同期レプリケーション

オリジナルのデータに対する更新が，複製側のデータベースに即時に反映される。データベースの同期がリアルタイムに取られる方式である。時間によるデータの不一致が少なくなる反面，ネットワークへの負荷が増大する場合がある。データの更新をトリガにして複製が行われるため，イベント型のレプリケーションであるともいえる。また，DBMSによってはレプリケーションの単位がトランザクションごとの場合もある。

● 非同期レプリケーション

オリジナルと複製とのデータの同期が，一定の間隔をおいて実行される。これは通常，更新ログの送信及び複製サイトへのログの反映という処理で実現される。データベースの同期はリアルタイムで行われないが，ネットワークへの負荷は軽減される。複製側サイトは読取り専用で運用される場合が多い。レプリケーションが一定時間ごとに実施されるためバッチ型のレプリケーションであるともいえる。また，更新ログではなくデータベースイメージ（スナップショット）を複製サイトに送信する方式を採用しているDBMSもある。

6 索引（インデックス）

索引を利用すれば，利用しない場合に比べて検索を高速化できる。ある表の，一つ以上の列に対して索引を指定すると，指定された列は一定の順序で並べられ検索が高速になる。特に，**ランダムアクセス**や**範囲指定**した時に効果的である。

索引を指定する場合，CREATE IDX のように，索引を作成する CREATE 文を実行する方法や，（CREATE TABLE 文で）テーブルを作成するときに，PRIMARY KEY や，UNIQUE を指定したりする方法がある。

試験に出る
平成 21 年・午前Ⅱ 問 10
平成 19 年・午前 問 43

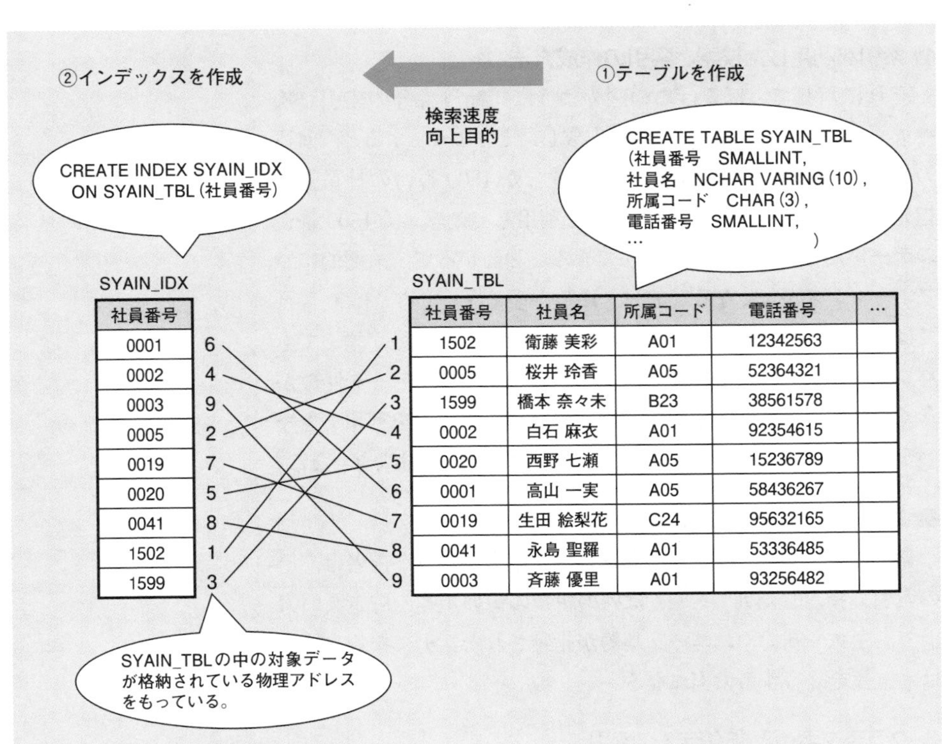

図：テーブルと索引の関係（例）

● 索引を利用しない検索＝全件検索（フルスキャン）

ある表を作成した時に，索引を使用していないテーブルでは，物理的に入力された順番に配置されるので，どの列に対してもランダムに並んでいる（次ページの図のSYAIN_TBL）。

そのため，全く索引を持たない状態のSYAIN_TBLに対して，例えばWHERE句を使って「社員番号が1500番台の社員」を検索した場合，その対象となるデータがどこに存在しているのかわからないので，1件目から最終データまで全てのデータを1件ずつチェックしていくことになる。これを **"全件検索"** とか **"フルスキャン"** という。データ件数が少なければ問題はないが，当然だが，データ件数が多くなればなるほど検索時間も長くなってしまう。

● 索引を利用した検索と索引の作成方法

それに対して，例えばこの図のように「社員番号の索引（次ページの図のSYAIN_IDX)」を作成したとしよう。すると，前述の処理と同じWHERE句に「社員番号が1500番台の社員」を指定して検索した場合，その索引を利用して効率よく1500番台のデータだけを取り出すことができる。したがって，画期的にパフォーマンスがよくなる。データ件数が多くなっても，1500番台ではないデータは読み込むことがないので，データ量が増えてもパフォーマンスはさほど変わらない。したがって，データ件数が多くなればなるほど，索引を利用した検索と，索引を利用できない全件検索（フルスキャン）のパフォーマンスの差は大きくなる。

● ユニーク索引と非ユニーク索引

索引には，ユニーク索引と非ユニーク索引がある。前者は，その索引で指定した列（もしくは列の組）の値の重複を許さない索引で，主キー制約やユニーク制約が指定された索引になる。後者は，重複を許容する索引になる。

● クラスタ索引と非クラスタ索引

また，クラスタ索引と非クラスタ索引という分類もある。通常，テーブルを作成した場合，そのテーブルそのもののデータの並びは保証されない。図の"SYAIN_TBL"のように，特に何の順番に並んでいるわけでもない（そのために，索引を別途作成する)。

しかし，その索引が“クラスタ索引”の場合は，その指定した列の並びと，データの並びが同じになる。したがって，例えば「社員番号 10 番から 70 番までを抽出」したい時，すなわち連続した範囲を指定してデータを処理するような時に，（通常は，複数のデータの集まりであるページ単位に抽出するので）物理 I/O の回数を減らすことができる。“ごそっとまとめて”取り出せるようなイメージだ。

前の図のテーブルの並びはランダムだったが，SYAIN_TBL の社員番号をクラスタ索引とすると，下図のようなイメージになる。例えばこの RDBMS の仕様における SYAIN_TBL が，1 ページにデータ 3 件まで格納可能だとしたら，「社員番号 10 番から 70 番までを抽出」したい時に，対象となる 1 ページを読み込むだけでいい。

SYAIN_IDX

	社員番号
1	0001
2	0002
3	0003
4	0005
5	0019
6	0020
7	0041
8	1502
9	1599

SYAIN_TBL

	社員番号	社員名	所属コード	電話番号	…
1	0001	高山 一実	A05	58436267	
2	0002	白石 麻衣	A01	92354615	
3	0003	斉藤 優里	A01	93256482	
4	0005	桜井 玲香	A05	52364321	
5	0019	生田 絵梨花	C24	95632165	
6	0020	西野 七瀬	A05	15236789	
7	0041	永島 聖羅	A01	53336485	
8	1502	衛藤 美彩	A01	1234256	
9	1599	橋本 奈々未	B23		

（例）1ページに
データ3件

なお，非クラスタ索引とは，クラスタ化されていない索引のことなので，先の図のようなイメージになる。

● 索引の種類

このように，索引を利用すれば検索速度が向上するが，索引といってもいくつかの種類がある。代表的な索引に，B 木インデックス，ハッシュインデックス，ビットマップインデックスなどがあるので，それぞれどのようなものかを把握しておこう。

(1) B木インデックス

B木インデックスは，木構造の一種であるB木の概念を用いたインデックスである。木構造は，根（root）を頂点に，枝（ブランチ），葉（leaf）と深くなっていく構造だが（下図参照），B木の場合，さらに**"バランス"**を取ること（つまり，階層レベル，深さが等しい）と，**"多分木"**（複数の子ノードを持つ）であるという性質を持っているのが特徴だ。

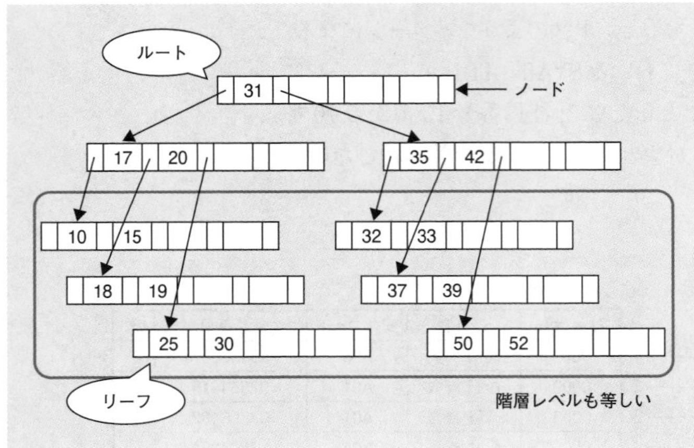

平成28年・午前Ⅱ 問2

ルート
親ノードを持たないノード

用語解説

リーフ
子ノードを持たないノード。新たに値が追加される場合には，ルートや途中のブランチで留まることはなく，まずはリーフに追加される

● B木インデックスの探索方法

上の図で，例えば"39"を探索する場合，最初にルートの"31"と比較して右の子ノードへ行き，次に子ノードの"35"より大きく"42"より小さいのでその間にある子ノードへ行く。そして最後に3階層目の子ノードをチェックして"39"にたどり着く。

この図には全部で17のキー値が登録されているので，全件検索だと17回の比較が必要になるが，B木インデックスを使った場合，画期的に比較回数が減ることがわかるだろう。

● B木の特徴

B木は，図のように，一つのノードに複数個（今回は4個）の値を持つが，その数をn個とすると，その"n"を使って次のように特徴を説明できる。

対象	式や説明	この図のようにn＝4の場合
位数	n／2	2
ルート以外のノードの値の数	・n／2～n個の間 ・50%以上	2個～4個
子ノードの数	最大n＋1	最大5ノード

他には，ルートからの階層レベルが等しいという特徴もある。

● B木への要素（キーなど）の追加

それではここで，B木に要素を追加した時の動きを見ながら，今一度，B木の特徴を確認しておこう。

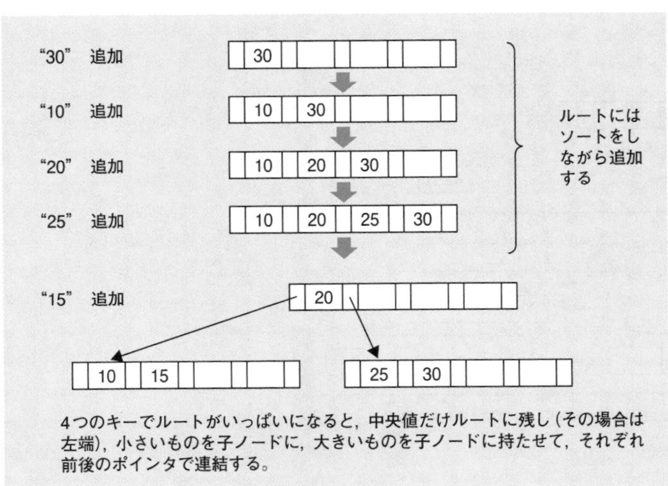

4つのキーでルートがいっぱいになると，中央値だけルートに残し（その場合は左端），小さいものを子ノードに，大きいものを子ノードに持たせて，それぞれ前後のポインタで連結する。

この図では，何もない状態のルートに，"30"から順番に"15"まで5つの数字を格納している。今回の場合，最大4つのキーを持つB木なので，4つ目の数字まではその中でソートしながらルートに格納されていく。しかし，5つ目の数字"15"を追加しようとした時に，もうルートノードに場所がないので，中央値の"20"をルートに残し，それより小さい値が2つの子ノードを一つと，それより大きい値が2つの子ノードを一つ作成する。そして，それぞれポインタでつなぐ。こうすることでバランスを取っているというわけだ。

このように，ルートやノードがいっぱいになった後に一つの値を追加しようとしたときに，中央値を取ってその前後で子ノードを作成するので，「ルート以外のノードは，最大キー値（この図なら4）の半分以上の値を持つ」という性質を持つ

(2) B +木インデックス

B +木インデックスは，B 木構造の一種で，原則，その性質を受け継いだインデックスである。B 木インデックスは，キー値のランダムアクセスを高速化するものだが，そこに，順次処理の高速化も可能にする。つまり，ランダムアクセス時には，B 木と同じくルートから検索するが，順次アクセス時には，リーフを順番に辿っていく。そのため，リーフのノードにはデータが格納され，さらにリーフ間の順序性を保つために，リストで連結されている。

このように，ランダムアクセスでも，順次アクセスでも高速化されるため，多くの RDBMS 製品で実装されている。

試験に出る
①平成 18 年・午前 問 40
②令和 05 年・午前Ⅱ 問 4
③令和 05 年・午前Ⅱ 問 13

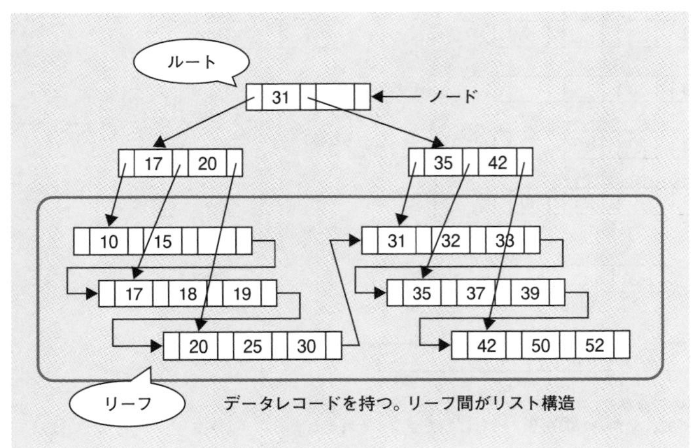

(3) ビットマップインデックス

ビットマップインデックスとは，図のようにある列に対して，その列の“取り得る値”ごとにビットマップを作成するインデックスである。

図の例では，属性‘性別’に対してビットマップインデックスを設定している。この例の‘性別’のように，(通常) 男もしくは女の二値しかない，すなわち取り得る値が少ない場合は，ビットマップインデックスを設定するのに向いていると言える。

試験に出る

平成 30 年・午前Ⅱ 問 15
平成 27 年・午前Ⅱ 問 15
平成 25 年・午前Ⅱ 問 15
平成 23 年・午前Ⅱ 問 16

メインテーブル

	社員番号	社員名	性別	世代	…
rowid1	0001	三好　康之	男	30	…
rowid2	0002	山下　真吾	男	30	…
rowid3	0003	松田　幹子	女	20	…
rowid4	0004	…	男	40	…
rowid5	0005	…	女	20	…
rowid6	0006	…	女	30	…
rowid7	0007	…	男	50	…
rowid8	0008	…	男	40	…
	…	…	…	…	…

インデックス“性別”

	男	女
rowid1	1	0
rowid2	1	0
rowid3	0	1
rowid4	1	0
rowid5	0	1
rowid6	0	1
rowid7	1	0
rowid8	1	0
	…	…

インデックス“世代”

20	30	40	50
0	1	0	0
0	1	0	0
1	0	0	0
0	0	1	0
1	0	0	0
0	1	0	0
0	0	0	1
0	0	1	0
	…		

(例) SELECT　*　FROM　メインテーブル　WHERE　性別='男'　AND　世代=20

※ WHERE句のANDやOR操作だけで行える検索に対しては，該当する値のビットマップの論理積（両方1になるもの）を求めるだけなので，高速検索が可能。

他にも，次のような処理や検索に向いている。

- DWH システム（少数の異なる値を持つ属性に対する検索）
- インデックス指定した属性に対して，WHERE 句の AND や OR 操作による絞り込み
- インデックス指定した属性に対する NOT を用いた否定検索

逆に，向かないのは，属性が取り得る値がバラバラで（一意もしくは一意に近く），数も多い場合。ビットマップそのものが肥大化する。そのため，多数の値を持つ属性に対して境界線を引くような絞り込み（BETWEEN など）には向かない。

(4) ハッシュ

ハッシュとは，キー値の集合に対し，ハッシュ関数によりキー値やポインタ（レコードの格納場所）が格納されている番地を求める方法である。キー値やポインタを格納する配列のことを**ハッシュ表**という。

試験に出る
平成 16 年・午前 問 42

例えば，ハッシュ関数 "H-SYOHIN" を「商品番号（4 桁）の各桁の数値の和を 17 で割った余りの数値」とする。そのとき，商品「商品番号 430:テレビ」や「商品番号 1002:ビデオ」の場合，ハッシュ関数の結果は次のようになる。

```
H-SYOHIN (430) = 7, H-SYOHIN (1002) = 3
```

ここから導き出されるハッシュ表を参照して，対象となるレコードを参照する。ハッシュ関数で数値の余りを用いる場合，シノニム（後述）を発生しにくくするため，素数を用いることが多い。

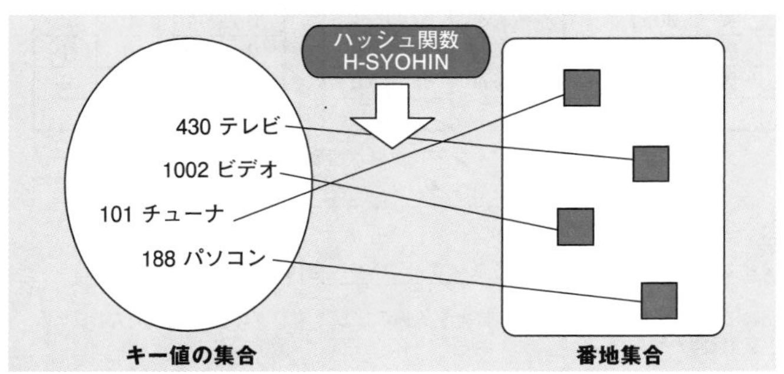

図：ハッシュ関数

● シノニム

ハッシュ関数の結果が同じキー値があった場合，これをシノニムという。例えば，先ほどの関数 "H-SYOHIN" の場合，

```
H-SYOHIN (101) = H-SYOHIN (1100) = H-SYOHIN (1001) = 2
H-SYOHIN (188) = H-SYOHIN (818) = H-SYOHIN (8899) = 0
```

ハッシュの利点を生かすためには，シノニムを発生させないようにする

このようにハッシュ関数の結果が重なってしまった場合には，次のような対処方法がある。

ハッシュ関数の結果の番地から順にキー値を検索し，ハッシュ表の最終位置まで検索しても一致するキーが見つからなければ，先頭から検索を開始する

● オープンハッシュ法

オープンハッシュ法とは，結果が重なった番地からハッシュ表

を順番に検索し，空きがあった場所に結果を格納する方法である。

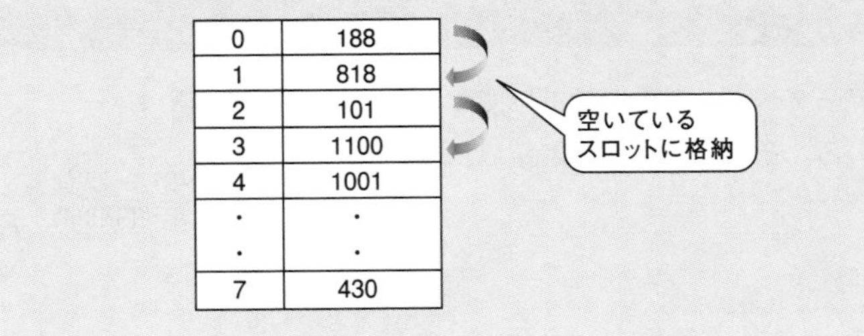

図：オープンハッシュ法

● チェインニング法

結果が重なった番地と**あふれ領域**をポインタでつなぎ，そこにキー値やポインタを格納する。ハッシュ関数の結果とハッシュ表のキー値が一致しない場合は，あふれ領域を順に検索していく。

あふれ領域
チェインニング法を用いる際，シノニムが発生したデータを格納する領域のこと

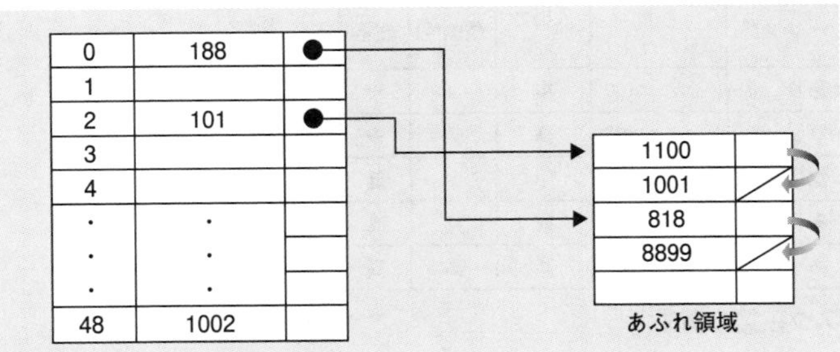

図：チェインニング法

● ハッシュインデックスの検索レコード件数と平均アクセス時間

ハッシュ関数を用いて，データの格納アドレスを直接得るため，平均アクセス時間は以下のようになる。

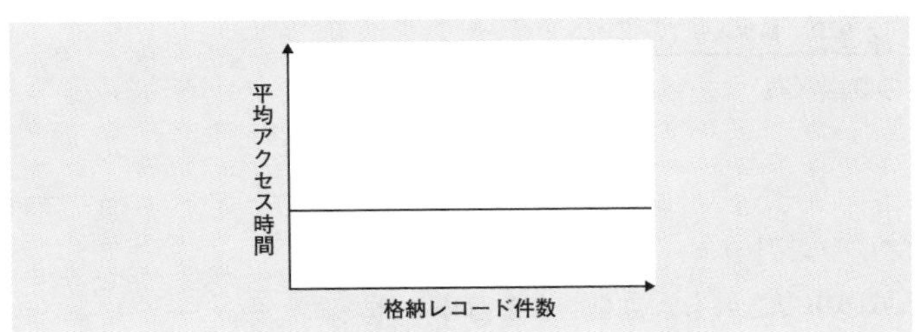

7 表領域

ここ数年のうち何度か，データベースの物理設計に関する問題が午後Ⅱ問１で出題されている。そこで改めて，表領域について整理しておこう。

試験に出る
平成 28 年・午後Ⅱ 問 1
平成 27 年・午後Ⅱ 問 1
平成 26 年・午後Ⅱ 問 1

(1) 表領域とは

ディスク上の物理的なデータ格納領域を，表領域という。RDBMS を利用する場合，最初に表領域を作成する。

表領域には，データディクショナリなどを格納するシステム表領域，ソートなどに使用される一時領域，ログ表領域，ロールバック表領域，及びユーザが作成するテーブルと索引のデータを格納するユーザ表領域などがある。

例えば，Oracle データベースでは,CREATE TABLESPACE 文で表領域を作成する。その時に，データファイル名やデータサイズ（自動拡張も可能）を指定して，その大きさのファイルを作成する

装置名	内蔵／外付け	ミラーリング	容量（G バイト）	入出力速度	信頼性	価格
HDD1	内蔵	あり	100	中	高	－
HDD2	外付け	なし	100	高	低	中
HDD3	外付け	なし	400	中	中	低
HDD4	外付け	あり	200	高	高	高
HDD5	外付け	あり	200	高	高	高

表：システムで使用するディスク装置の構成

装置名	割り当てられる表領域
HDD1	システム表領域，ログ表領域，ロールバック表領域
HDD2	一時表領域，すべての索引用のユーザ表領域
HDD3	マスタ TS，メーカ TS，顧客 TS，商品 TS，SKUTS，在庫 TS
HDD4	受注 TS，出荷明細 TS，請求 TS
HDD5	受注明細 TS，出荷 TS，入金 TS，請求入金 TS

表：表領域のディスク装置への割当（案）

● ユーザ表領域

ユーザが作成するテーブルや索引のデータを格納する領域のことを表領域という。表領域の中でも最も大きな割合を占める部分になる。上記の表でも HDD3 ～ HDD5 までのディスク３本分，

総計 1TB の表領域のうち，8 割の 800GB を占めることからもわかるだろう。

なお，HDD が複数用意されている場合は，同一プログラムでアクセスするテーブルは，HDD を分けると処理が速くなることがある。この例でも，“受注 TS” と “受注明細 TS” や，“出荷 TS” と “出荷明細 TS” が，ある処理プログラムで，同時に参照・更新されるので，異なるディスク装置（HDD4 と HDD5）に配置して入出力の競合を避けるように考えられている。

また，信頼性に関しては，テーブル用のユーザ表領域は高い信頼性が要求されるが（HDD3,HDD4），索引用のユーザ表領域は，索引そのものが再作成によって復旧できるので，信頼性が低くても構わない（HDD2）。

● システム表領域

RDBMS をインストールした時に作成される表領域で，データディクショナリなどが格納される。データディクショナリには，テーブルや索引，ビューの定義情報，ストアドプロシージャのソースやコンパイル済みコードなどを含んでいる。

● ログ表領域／ロールバック表領域

データベースを更新すると，更新前のログと更新後のログを取得する。万が一，障害が発生した場合には，更新前ログや更新後ログを使用して，ロールバック処理したり，ロールフォワード処理をしたりする。そうしたログを格納しておくための領域である。

● 一時表領域

一時的に利用する作業領域のことを一時表領域とか，一時作業領域という。SQL 文で，ソートをする時などに利用する。一時的な作業領域なので，信頼性がそれほど高くなくてもかまわないが，高速処理できる HDD が適している。

(2) テーブルのデータ所要量見積り

テーブルや索引を定義する場合，当該テーブルの必要サイズも合わせて定義する。その場合の計算手順は，次のようになる。

① 表から，見積行数，平均行長，ページサイズを得る
② 1ページの平均行数を計算する
(ページサイズ－データページのヘッダ部の長さ)
×（1－空き領域率）÷ 平均行長
※ 小数点以下を切り捨て
③ 必要ページ数を計算する
見積行数 ÷1ページの平均行数
※ 小数点以下を切り上げ
④ データ所要量を計算する
必要ページ数 × ページサイズ

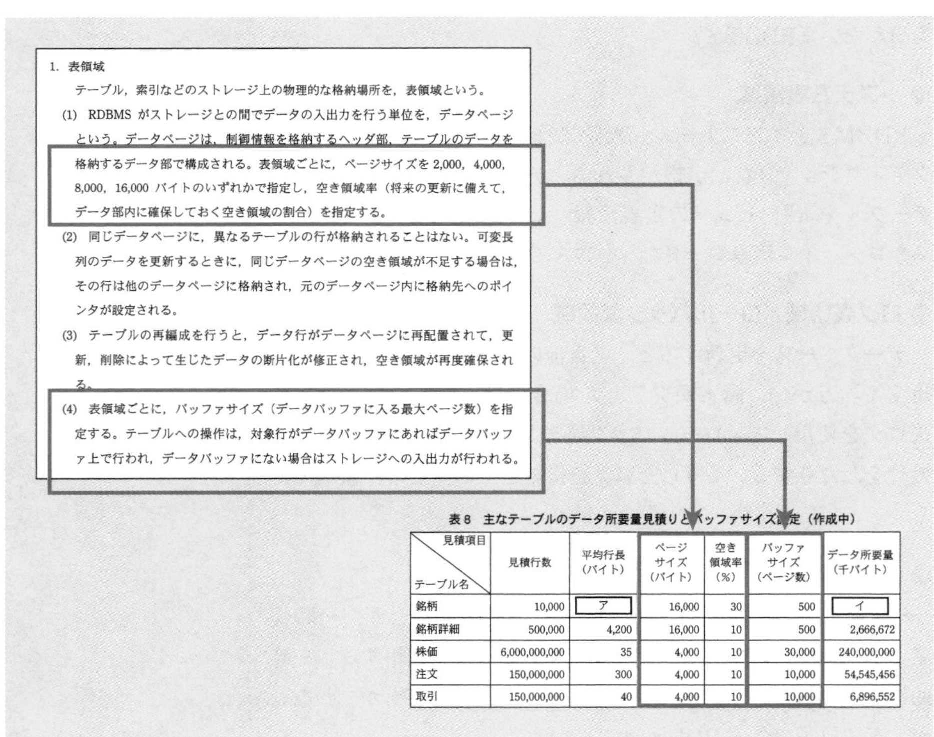

1. 表領域

テーブル，索引などのストレージ上の物理的な格納場所を，表領域という。

(1) RDBMS がストレージとの間でデータの入出力を行う単位を，データページという。データページは，制御情報を格納するヘッダ部，テーブルのデータを格納するデータ部で構成される。表領域ごとに，ページサイズを 2,000，4,000，8,000，16,000 バイトのいずれかで指定し，空き領域率（将来の更新に備えて，データ部内に確保しておく空き領域の割合）を指定する。

(2) 同じデータページに，異なるテーブルの行が格納されることはない。可変長列のデータを更新するときに，同じデータページの空き領域が不足する場合は，その行は他のデータページに格納され，元のデータページ内に格納先へのポインタが設定される。

(3) テーブルの再編成を行うと，データ行がデータページに再配置されて，更新，削除によって生じたデータの断片化が修正され，空き領域が再度確保される。

(4) 表領域ごとに，バッファサイズ（データバッファに入る最大ページ数）を指定する。テーブルへの操作は，対象行がデータバッファにあればデータバッファ上で行われ，データバッファにない場合はストレージへの入出力が行われる。

表 8 主なテーブルのデータ所要量見積りとバッファサイズ設定（作成中）

テーブル名＼見積項目	見積行数	平均行長（バイト）	ページサイズ（バイト）	空き領域率（%）	バッファサイズ（ページ数）	データ所要量（千バイト）
銘柄	10,000	ア	16,000	30	500	イ
銘柄詳細	500,000	4,200	16,000	10	500	2,666,672
株価	6,000,000,000	35	4,000	10	30,000	240,000,000
注文	150,000,000	300	4,000	10	10,000	54,545,456
取引	150,000,000	40	4,000	10	10,000	6,896,552

図：平成 26 年度問 1 より

図の“銘柄”テーブルを例に，実際に計算してみよう。データページのヘッダ部の長さは 100 バイトとする。

① 表から，“銘柄”の見積行数＝ 10,000 行，平均行長＝ 1,080

バイト，ページサイズ＝16,000バイトを確認する。

② 1ページの平均行数を計算する

(16,000バイト－100バイト)×(1－0.3)÷1,080バイト
=10.30555…

※ 小数点以下を切り捨てるので，10（行）／ページ

③ 必要ページ数を計算する

10,000行 ÷10行／ページ＝1,000ページ

④ データ所要量を計算する

1,000ページ ×16,000バイト＝16,000,000バイト

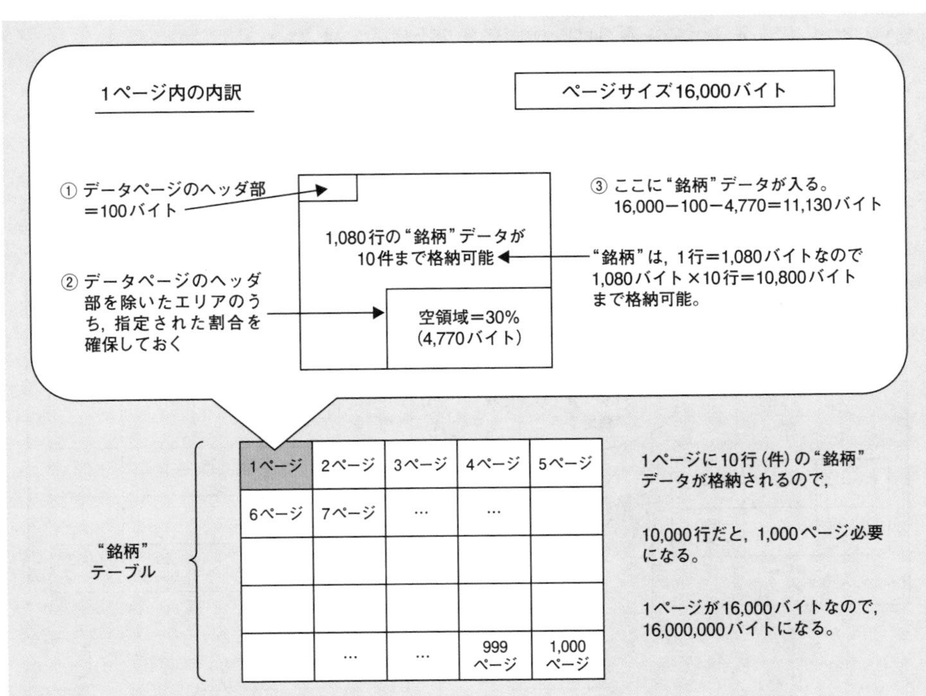

図："銘柄"テーブルのページへの格納イメージ

この条件の場合，表のように"銘柄"テーブルは16,000,000バイト必要になる。

(3) バッファサイズ

HDDなどの外部記憶装置に保存しているデータを取り出す場合，物理I/Oが発生し処理に時間がかかってしまう。そこで，検

索を高速化するためにバッファエリアが使用される。バッファエリアは，メモリやCPUなどの高速処理できる装置に確保されるエリアになるが，そこに確保できる大きさがバッファサイズになる。例えば，表の“銘柄”テーブルは，バッファサイズ＝500と定義されているが，これは，バッファエリアに500ページ分のデータが配置できることを示している。この例だと，全部で1,000ページなので，半分のデータはバッファエリアに持たせることができるというわけだ。

そして，バッファエリアにあるデータを検索できる割合をバッファヒット率という。これが100%なら，全ての検索対象データがバッファ内にあることになる。通常，検索効率を上げるには，バッファヒット率が高くなるようにいろいろ工夫することになる。

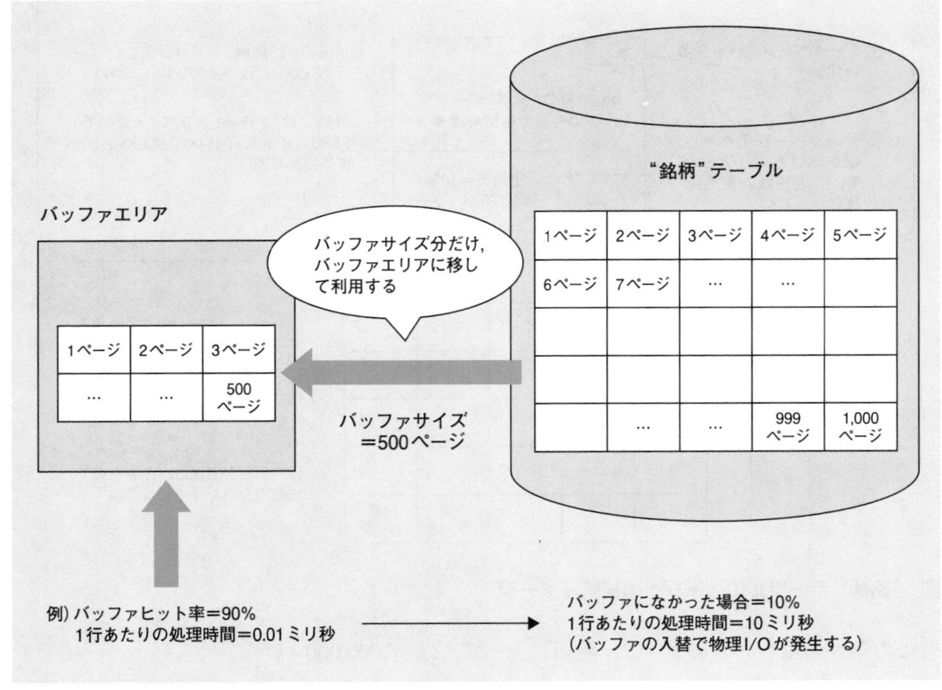

図：HDDとバッファエリア，バッファサイズの関係

令和５年度 秋期
本試験問題・解答・解説

ここには，令和５年 10 月に行われた最新の試験問題，及びその解答・解説を掲載する。
本書の「解答」では IPA 公表の解答例を転載している。

午後Ⅰ問題

午後Ⅰ問題の解答・解説

午後Ⅱ問題

午後Ⅱ問題の解答・解説

午前Ⅰ，午前Ⅱの問題とその解答・解説は，翔泳社の Web サイトからダウンロードできます。ダウンロードの方法は，本書の viii ページをご覧ください。

令和５年度　秋期

データベーススペシャリスト試験
午後Ⅰ　問題

試験時間	12:30 ～ 14:00（1 時間 30 分）

注意事項

1. 試験開始及び終了は，監督員の時計が基準です。監督員の指示に従ってください。
2. 試験開始の合図があるまで，問題冊子を開いて中を見てはいけません。
3. **答案用紙への受験番号などの記入は，試験開始の合図があってから始めてください。**
4. 問題は，次の表に従って解答してください。

問題番号	問１～問３
選択方法	２問選択

5. 答案用紙の記入に当たっては，次の指示に従ってください。
   (1) B 又は HB の黒鉛筆又はシャープペンシルを使用してください。
   (2) 受験番号欄に受験番号を，生年月日欄に受験票の生年月日を記入してください。正しく記入されていない場合は，採点されないことがあります。生年月日欄については，受験票の生年月日を訂正した場合でも，訂正前の生年月日を記入してください。
   (3) 選択した問題については，次の例に従って，選択欄の問題番号を○印で囲んでください。○印がない場合は，採点されません。３問とも○印で囲んだ場合は，はじめの２問について採点します。
   (4) 解答は，問題番号ごとに指定された枠内に記入してください。
   (5) 解答は，丁寧な字ではっきりと書いてください。読みにくい場合は，減点の対象になります。

〔問１，問３を選択した場合の例〕

注意事項は問題冊子の裏表紙に続きます。
こちら側から裏返して，必ず読んでください。

6.　退室可能時間中に退室する場合は，手を挙げて監督員に合図し，答案用紙が回収されてから静かに退室してください。

退室可能時間	13:10 ～ 13:50

7.　**問題に関する質問にはお答えできません。**文意どおり解釈してください。

8.　問題冊子の余白などは，適宜利用して構いません。ただし，問題冊子を切り離して利用することはできません。

9.　試験時間中，机上に置けるものは，次のものに限ります。

　なお，会場での貸出しは行っていません。

　受験票，黒鉛筆及びシャープペンシル（B 又は HB），鉛筆削り，消しゴム，定規，時計（時計型ウェアラブル端末は除く。アラームなど時計以外の機能は使用不可），ハンカチ，ポケットティッシュ，目薬

　これら以外は机上に置けません。使用もできません。

10. 試験終了後，この問題冊子は持ち帰ることができます。

11. 答案用紙は，いかなる場合でも提出してください。回収時に提出しない場合は，採点されません。

12. 試験時間中にトイレへ行きたくなったり，気分が悪くなったりした場合は，手を挙げて監督員に合図してください。

13. 午後 II の試験開始は 14:30 ですので，14:10 までに着席してください。

試験問題に記載されている会社名又は製品名は，それぞれ各社又は各組織の商標又は登録商標です。

なお，試験問題では，™ 及び ® を明記していません。

問１　電子機器の製造受託会社における調達システムの概念データモデリングに関する次の記述を読んで，設問に答えよ。

基板上に電子部品を実装した電子機器の製造受託会社であるＡ社は，自動車や家電などの製品開発を行う得意先から電子機器の試作品の製造を受託し，電子部品の調達と試作品の製造を行う。今回，調達システムの概念データモデル及び関係スキーマを再設計した。

〔現行業務〕

1.　組織

(1)　組織は，組織コードで識別し，組織名をもつ。組織名は重複しない。

(2)　組織は，階層構造であり，いずれか一つの上位組織に属する。

2.　役職

役職は，役職コードで識別し，役職名をもつ。役職名は重複しない。

3.　社員

(1)　社員は，社員コードで識別し，氏名をもつ。同姓同名の社員は存在し得る。

(2)　社員は，いずれかの組織に所属し，複数の組織に所属し得る。

(3)　一部の社員は，各組織において役職に就く。同一組織で複数の役職には就かない。

(4)　社員には，所属組織ごとに，業務内容の報告先となる社員が高々1 名決まっている。

4.　得意先と仕入先

(1)　製造受託の依頼元を得意先，電子部品の調達先を仕入先と呼ぶ。

(2)　得意先と仕入先とを併せて取引先と呼ぶ。取引先は，取引先コードを用いて識別し，取引先名と住所をもつ。

(3)　取引先が，得意先と仕入先のどちらに該当するかは，取引先区分で分類している。得意先と仕入先の両方に該当する取引先は存在しない。

(4)　仕入先は，電子部品を扱う商社である。Ａ 社は，仕入先と調達条件（単価，ロットサイズ，納入可能年月日）を交渉して調達する。仕入先ごとに昨年度調達金額をもつ。

(5)　得意先は，昨年度受注金額をもつ。

5.　品目

(1)　試作品を構成する電子部品を品目と呼び，電子部品メーカー（以下，メーカーという）が製造している。

①　品目は，メーカーが付与するメーカー型式番号で識別する。メーカー型式番号は，メーカー間で重複しない。

②　メーカー各社が発行する電子部品カタログでメーカー型式番号を調べると，電子部品の仕様や電気的特性は記載されているが，単価やロットサイズは記載されていない。

(2)　品目は，メーカーが付けたブランドのいずれか一つに属する。

①　ブランドは，ブランドコードで識別し，ブランド名をもつ。

②　仕入先は，幾つものブランドを扱っており，同じブランドを異なる仕入先から調達することができる。仕入先ごとに，どのブランドを取り扱っているかを登録している。

(3)　品目は，品目のグループである品目分類のいずれか一つに属する。品目分類は，品目分類コードで識別し，品目分類名をもつ。

6.　試作案件登録

(1)　得意先にとって試作とは，量産前の設計検証，機能比較を目的に，製品用途ごとに，性能や機能が異なる複数のモデルを準備することをいう。得意先からモデルごとの設計図面，品目構成，及び製造台数の提示を受け，試作案件として次を登録する。

①　試作案件

・試作案件は，試作案件番号で識別し，試作案件名，得意先，製品用途，試作案件登録年月日をもつ。

②　モデル

・モデルごとに，モデル名，設計図面番号，製造台数，得意先希望納入年月日をもつ。モデルは，試作案件番号とモデル名で識別する。

③　モデル構成品目

・モデルで使用する品目ごとに，モデル1台当たりの所要数量をもつ。

④　試作案件品目

・試作案件で使用する品目ごとの合計所要数量をもつ。

・通常，品目の調達はA社が行うが，得意先から無償で支給されることがある。この数量を得意先支給数量としてもつ。

・合計所要数量から得意先支給数量を減じた必要調達数量をもつ。

7. 見積依頼から見積回答入手まで

(1) 品目を調達する際は，当該品目のブランドを扱う複数の仕入先に見積依頼を行う。

① 見積依頼には，見積依頼番号を付与し，見積依頼年月日を記録する。また，どの試作案件に対する見積依頼かが分かるようにしておく。

② 仕入先に対しては，見積依頼がどの得意先の試作案件によるのか明かすことはできないが，得意先が不適切な品目を選定していた場合に，仕入先からの助言を得るために，製品用途を提示する。

③ 品目ごとに見積依頼明細番号を付与し，必要調達数量，希望納入年月日を提示する。

④ 仕入先に対して，見積回答時には対応する見積依頼番号，見積依頼明細番号の記載を依頼する。

(2) 仕入先から見積回答を入手する。見積回答が複数に分かれることはない。

① 入手した見積回答には，見積依頼番号，見積有効期限，見積回答年月日，仕入先が付与した見積回答番号が記載されている。見積回答番号は，仕入先間で重複し得る。

② 見積回答の明細には，見積依頼明細番号，メーカー型式番号，調達条件，仕入先が付与した見積回答明細番号が記載されている。回答されない品目もある。見積回答明細番号は，仕入先間で重複し得る。

③ 見積回答の明細には，見積依頼とは別の複数の品目が提案として返ってくることがある。その場合，その品目の提案理由が記載されている。

④ 見積回答の明細には，一つの品目に対して複数の調達条件が返ってくることがある。例えば，ロットサイズが1,000個の品目に対して，見積依頼の必要調達数量が300個の場合，仕入先から，ロットサイズ 1,000個で単価 0.5円，ロットサイズ1個で単価2円，という2通りの見積回答の明細が返ってくる。

8. 発注から入荷まで

(1) 仕入先からの見積回答を受けて，得意先と相談の上，品目ごとに妥当な調達条件を一つだけ選定する。

① 選定した調達条件に対応する見積回答明細を発注明細に記録し，発注ロット数，指定納入年月日を決める。

② 同時期に同じ仕入先に発注する発注明細は，試作案件が異なっても，1 回の発注に束ねる。

③ 発注ごとに発注番号を付与し，発注年月日と発注合計金額を記録する。

(2) 発注に基づいて，仕入先から品目を入荷する。

① 入荷ごとに入荷番号を付与し，入荷年月日を記録する。

② 入荷の品目ごとに入荷明細番号を発行する。1 件の発注明細に対して，入荷が分かれることはない。

③ 入荷番号と入荷明細番号が書かれたシールを品目の外装に貼って，製造担当へ引き渡す。

〔利用者の要望〕

1. 品目分類の階層化

品目分類を大分類，中分類，小分類のような階層的な構造にしたい。当面は 3 階層でよいが，将来的には階層を増やす可能性がある。

2. 仕入先からの分納

一部の仕入先から 1 件の発注明細に対する納品を分けたいという分納要望が出てきた。分納要望に応えつつ，未だ納入されていない数量である発注残ロット数も記録するようにしたい。

〔現行業務の概念データモデルと関係スキーマの設計〕

現行業務の概念データモデルを図 1 に，関係スキーマを図 2 に示す。

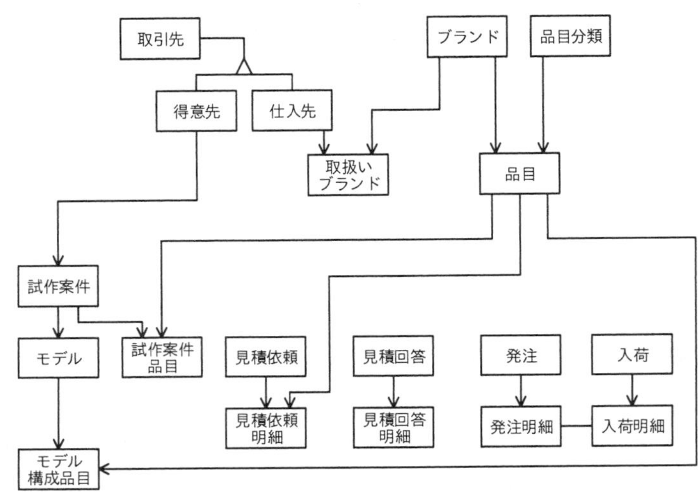

図１　現行業務の概念データモデル（未完成）

社員所属（社員コード，社員氏名，社員所属組織コード，社員所属組織名，社員所属上位組織コード，
社員所属上位組織名，社員役職コード，社員役職名，報告先社員コード，報告先社員氏名）
取引先（取引先コード，取引先名，取引先区分，住所）
得意先（取引先コード，昨年度受注金額）
仕入先（取引先コード，昨年度調達金額）
ブランド（ブランドコード，ブランド名）
品目分類（品目分類コード，品目分類名）
品目（メーカー型式番号，ブランドコード，品目分類コード）
取扱いブランド（取引先コード，ブランドコード）
試作案件（試作案件番号，試作案件名，取引先コード，製品用途，試作案件登録年月日）
モデル（モデル名，［　a　］，製造台数，得意先希望納入年月日，設計図面番号）
モデル構成品目（モデル名，［　a　］，メーカー型式番号，１台当たりの所要数量）
試作案件品目（試作案件番号，メーカー型式番号，合計所要数量，［　b　］）
見積依頼（見積依頼番号，見積依頼年月日，［　c　］）
見積依頼明細（見積依頼番号，見積依頼明細番号，メーカー型式番号，必要調達数量，希望納入年月日）
見積回答（見積依頼番号，見積回答番号，見積有効期限，見積回答年月日）
見積回答明細（見積回答明細番号，見積依頼明細番号，単価，納入可能年月日，［　d　］）
発注（発注番号，発注年月日，発注合計金額）
発注明細（発注番号，発注明細番号，指定納入年月日，［　e　］）
入荷（入荷番号，入荷年月日）
入荷明細（入荷番号，入荷明細番号，発注番号，発注明細番号）

図２　現行業務の関係スキーマ（未完成）

解答に当たっては，巻頭の表記ルールに従うこと。ただし，エンティティタイプ間の対応関係にゼロを含むか否かの表記は必要ない。エンティティタイプ間のリレーションシップとして“多対多”のリレーションシップを用いないこと。属性名は，

意味を識別できる適切な名称とすること。関係スキーマに入れる属性を答える場合，主キーを表す下線，外部キーを表す破線の下線についても答えること。

設問１　図２中の関係“社員所属”について答えよ。

(1)　関係“社員所属”の候補キーを全て挙げよ。なお，候補キーが複数の属性から構成される場合は，｛　｝で括る（くく）こと。

(2)　関係“社員所属”は，次のどの正規形に該当するか。該当するものを，○で囲んで示せ。また，その根拠を，具体的な属性名を挙げて 60 字以内で答えよ。第 3 正規形でない場合は，第 3 正規形に分解した関係スキーマを示せ。ここで，分解後の関係の関係名には，本文中の用語を用いること。

非正規形　・　第１正規形　・　第２正規形　・　第３正規形

設問２　現行業務の概念データモデル及び関係スキーマについて答えよ。

(1)　図 1 中の欠落しているリレーションシップを補って図を完成させよ。なお，図１に表示されていないエンティティタイプは考慮しなくてよい。

(2)　図 2 中の［　a　］～［　e　］に入れる一つ又は複数の適切な属性名を補って関係スキーマを完成させよ。

設問３　〔利用者の要望〕への対応について答えよ。

(1)　“1. 品目分類の階層化”に対応できるよう，次の変更を行う。

(a)　図 1 の概念データモデルでリレーションシップを追加又は変更する。該当するエンティティタイプ名を挙げ，どのように追加又は変更すべきかを，30 字以内で答えよ。

(b)　図 2 の関係スキーマにおいて，ある関係に一つの属性を追加する。属性を追加する関係名及び追加する属性名を答えよ。

(2)　“2. 仕入先からの分納”に対応できるよう，次の変更を行う。

(a)　図 1 の概念データモデルでリレーションシップを追加又は変更する。該当するエンティティタイプ名を挙げ，どのように追加又は変更すべきかを，45 字以内で答えよ。

(b)　図 2 の関係スキーマにおいて，ある二つの関係に一つずつ属性を追加する。属性を追加する関係名及び追加する属性名をそれぞれ答えよ。

問２　ホテルの予約システムの概念データモデリングに関する次の記述を読んで，設問に答えよ。

ホテルを運営するＸ社は，予約システムの再構築に当たり，現状業務の分析及び新規要件の洗い出しを行い，概念データモデル及び関係スキーマを設計した。

〔現状業務の分析結果〕

1.　ホテル

(1)　全国各地に10のホテルを運営している。ホテルはホテルコードで識別する。

(2)　客室はホテルごとに客室番号で識別する。

(3)　客室ごとに客室タイプを設定する。客室タイプはホテル共通であり，客室タイプコードで識別する。客室タイプにはシングル，ツインなどがある。

(4)　館内施設として，レストラン，ショップ，プールなどがある。

2.　会員

利用頻度が高い客向けの会員制度があり，会員は会員番号で識別する。会員には会員番号が記載された会員証を送付する。

3.　旅行会社

Ｘ社のホテルの宿泊予約を取り扱う複数の旅行会社があり，旅行会社コードで識別する。

4.　予約

(1)　自社サイト予約と旅行会社予約があり，予約区分で分類する。

(2)　自社サイト予約では，客はＸ社の予約サイトから予約する。旅行会社予約では，客は旅行会社を通じて予約する。旅行会社の予約システムからＸ社の予約システムに予約情報が連携され，どの旅行会社での予約かが記録される。

(3)　1回の予約で，客は宿泊するホテル，客室タイプ，泊数，客室数，宿泊人数，チェックイン予定年月日を指定する。予約は予約番号で識別する。

(4)　宿泊時期，予約状況を踏まえて，予約システムで決定した1室当たりの宿泊料金を記録する。

(5)　客が会員の場合，会員番号を記録する。会員でない場合は，予約者の氏名と住所を記録する。

5. 宿泊

客室ごとのチェックインからチェックアウトまでを宿泊と呼び，ホテル共通の宿泊番号で識別する。

6. チェックイン

フロントで宿泊の手続を行う。

(1) 予約有の場合には該当する予約を検索し，客室を決め，宿泊を記録する。泊数，宿泊人数，宿泊料金は，予約から転記する。泊数，宿泊人数，宿泊料金が予約時から変更になる場合には，変更後の内容を記録する。
(2) 予約無の場合には泊数，宿泊人数，宿泊料金を確認し，客室を決め，宿泊を記録する。
(3) 宿泊者が会員の場合，会員番号を記録する。ただし，予約有の場合で宿泊者が予約者と同じ場合，予約の会員番号を宿泊に転記する。
(4) 一つの客室に複数の会員が宿泊する場合であっても記録できるのは，代表者1人の会員番号だけである。
(5) 宿泊ごとに宿泊者全員の氏名，住所を記録する。
(6) 客室のカードキーを宿泊客に渡し，チェックイン年月日時刻を記録する。

7. チェックアウト

フロントで客室のカードキーを返却してもらう。チェックアウト年月日時刻を記録する。

8. 精算

(1) 通常，チェックアウト時に宿泊料金を精算するが，客が希望すれば，予約時又はチェックイン時に宿泊料金を前払いすることもできる。
(2) 宿泊客が館内施設を利用した場合，その場で料金を支払わずにチェックアウト時にまとめて支払うことができる。館内施設の利用料金は予約システムとは別の館内施設精算システムから予約システムに連携される。

9. 会員特典

会員特典として，割引券を発行する。券面には割引券を識別する割引券番号と発行先の会員番号を記載する。割引券には宿泊割引券と館内施設割引券があり，割引券区分で分類する。1 枚につき，1 回だけ利用できる。割引券の状態には未利用，利用済，有効期限切れによる失効があり，割引券ステータスで分類する。

(1)　宿泊割引券

① 会員の宿泊に対して，次回以降の宿泊料金に充当できる宿泊割引券を発行し，郵送する。1回の宿泊で割引券を1枚発行し，泊数に応じて割引金額を変える。旅行会社予約による宿泊は発行対象外となる。発行対象の宿泊かどうかを割引券発行区分で分類する。

② 予約時の前払いで利用する場合，宿泊割引券番号を記録する。1回の予約で1枚を会員本人の予約だけに利用できる。

③ ホテルでのチェックイン時の前払い，チェックアウト時の精算で利用する場合，宿泊割引券番号を記録する。1回の宿泊で1枚を会員本人の宿泊だけに利用できる。

(2)　館内施設割引券

① 館内施設割引券を発行し，定期的に送付している会員向けのダイレクトメールに同封する。館内施設の利用料金に充当できる。チェックアウト時の精算だけで利用できる。

② チェックアウト時の精算で利用する場合，館内施設割引券番号を記録する。1回の宿泊で1枚を会員本人の宿泊だけに利用できる。宿泊割引券との併用が可能である。

〔新規要件〕

会員特典として宿泊時にポイントを付与し，次回以降の宿泊時の精算などに利用できるポイント制を導入する。ポイント制は次のように運用する。

(1)　会員ランクにはゴールド，シルバー，ブロンズがあり，それぞれの必要累計泊数及びポイント付与率を決める。ポイント付与率は上位の会員ランクほど高くする。

(2)　毎月末に過去1年間の累計泊数に応じて会員の会員ランクを決める。

(3)　チェックアウト日の翌日午前0時に宿泊料金にポイント付与率を乗じたポイントを付与する。この場合のポイントの有効期限年月日は付与日から1年後である。

(4)　宿泊料金に応じたポイントとは別に，個別にポイントを付与することがある。この場合のポイントの有効期限年月日は1年後に限らず，任意に指定できる。

(5)　ポイントを付与した際に，有効期限年月日及び付与したポイント数を未利用ポイント数の初期値として記録する。

(6) ポイントは宿泊料金，館内施設の利用料金の支払に充当でき，これを支払充当と呼ぶ。支払充当では，支払充当区分（予約時，チェックイン時，チェックアウト時のいずれか），ポイントを利用した予約の予約番号又は宿泊の宿泊番号を記録する。

(7) ポイントは商品と交換することもでき，これを商品交換と呼ぶ。商品ごとに交換に必要なポイント数を決める。ホテルのフロントで交換することができる。交換時に商品と個数を記録する。

(8) 支払充当，商品交換でポイントが利用される都度，その時点で有効期限の近い未利用ポイント数から利用されたポイント数を減じて，消し込んでいく。

(9) 未利用のまま有効期限を過ぎたポイントは失効し，未利用ポイント数を 0 とする。失効の 1 か月前と失効後に会員に電子メールで連絡する。失効前メール送付日時と失効後メール送付日時を記録する。

(10) ポイントの付与，支払充当，商品交換及び失効が発生する都度，ポイントの増減区分，増減数及び増減時刻をポイント増減として記録する。具体例を表 1 に示す。

表 1　ポイント増減の具体例

2023 年 3 月 31 日現在

会員番号	増減連番	ポイント増減区分	ポイント増減数	ポイント増減時刻	有効期限年月日	未利用ポイント数	商品コード	商品名	個数
70001	0001	付与	3,000	2022-01-22 00:00	2023-01-21	0	―	―	―
70001	0002	付与	2,000	2022-01-25 00:00	2022-07-24	0	―	―	―
70001	0003	支払充当	-3,000	2022-04-25 18:05	―	―	―	―	―
70001	0004	商品交換	-1,500	2022-10-25 16:49	―	―	1101	タオル	3
70001	0005	失効	-500	2023-01-22 00:00	―	―	―	―	―
70002	0001	付与	3,000	2022-06-14 00:00	2023-06-13	1,000	―	―	―
70002	0002	支払充当	-2,000	2022-10-14 17:01	―	―	―	―	―

注記 “―” は空値であることを示す。

〔概念データモデルと関係スキーマの設計〕

1. 概念データモデル及び関係スキーマの設計方針

(1) 概念データモデル及び関係スキーマの設計は，まず現状業務について実施し，その後に新規要件に関する部分を実施する。

(2) 関係スキーマは第 3 正規形にし，多対多のリレーションシップは用いない。

(3) 概念データモデルでは，リレーションシップについて，対応関係にゼロを含むか否かを表す“○”又は“●”は記述しない。

(4) サブタイプが存在する場合，他のエンティティタイプとのリレーションシップは，スーパータイプ又はいずれかのサブタイプの適切な方との間に設定する。

2. 〔現状業務の分析結果〕に基づく設計

現状の概念データモデルを図1に，関係スキーマを図2に示す。

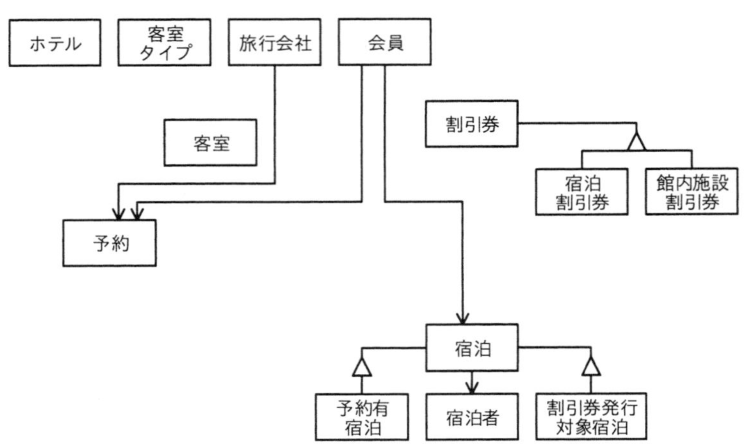

図1 現状の概念データモデル（未完成）

ホテル（ホテルコード，ホテル名）
客室タイプ（客室タイプコード，客室タイプ名，定員数）
客室（ホテルコード，客室番号，［ ア ］）
旅行会社（旅行会社コード，旅行会社名）
会員（会員番号，メールアドレス，氏名，生年月日，電話番号，郵便番号，住所）
予約（予約番号，予約者氏名，住所，予約区分，チェックイン予定年月日，泊数，客室数，宿泊人数，1室当たり宿泊料金，予約時前払い金額，会員番号，［ イ ］）
宿泊（宿泊番号，予約有無区分，泊数，宿泊人数，宿泊料金，チェックイン時前払い金額，館内施設利用料金，チェックアウト時精算金額，割引券発行区分，チェックイン年月日時刻，チェックアウト年月日時刻，会員番号，［ ウ ］）
予約有宿泊（宿泊番号，［ エ ］）
割引券発行対象宿泊（宿泊番号，割引券発行済フラグ）
宿泊者（宿泊番号，宿泊者明細番号，氏名，住所）
割引券（割引券番号，割引券区分，割引券名，割引金額，有効期限年月日，発行年月日，割引券ステータス，会員番号）
宿泊割引券（割引券番号，発行元宿泊番号）
館内施設割引券（割引券番号，ダイレクトメール送付年月日）

図2 現状の関係スキーマ（未完成）

3.　〔新規要件〕に関する設計

新規要件に関する概念データモデルを図3に，関係スキーマを図4に示す。

会員ランク

会員

商品

ポイント増減

ポイント付与　ポイント失効　支払充当　商品交換

図3　新規要件に関する概念データモデル（未完成）

会員（会員番号，メールアドレス，氏名，生年月日，電話番号，郵便番号，住所，会員ランクコード，過去1年累計泊数）
会員ランク（会員ランクコード，会員ランク名，［　オ　］）
商品（商品コード，［　カ　］）
ポイント増減（会員番号，ポイント増減連番，［　キ　］）
ポイント付与（会員番号，ポイント増減連番，失効前メール送付日時，［　ク　］）
ポイント失効（会員番号，ポイント増減連番，［　ケ　］）
支払充当（会員番号，ポイント増減連番，予約番号，宿泊番号，［　コ　］）
商品交換（会員番号，ポイント増減連番，［　サ　］）

図4　新規要件に関する関係スキーマ（未完成）

解答に当たっては，巻頭の表記ルールに従うこと。また，エンティティタイプ名，関係名，属性名は，それぞれ意味を識別できる適切な名称とすること。関係スキーマに入れる属性名を答える場合，主キーを表す下線，外部キーを表す破線の下線についても答えること。

設問1　現状の概念データモデル及び関係スキーマについて答えよ。

(1)　図1中の欠落しているリレーションシップを補って図を完成させよ。

(2)　図2中の［　ア　］～［　エ　］に入れる一つ又は複数の適切な属性名を補って関係スキーマを完成させよ。

設問２　現状の業務処理及び制約について答えよ。

(1)　割引券発行区分の値が発行対象となる宿泊の条件を表 2 にまとめた。予約有の場合は番号 1 と 2，予約無の場合は番号 3 の条件を満たしている必要がある。表 2 中の［ a ］～［ d ］に入れる適切な字句を答えよ。

表２　割引券発行区分の値が発行対象となる宿泊の条件

番号	予約有無	条件
1	予約有	該当する［ a ］の［ b ］に値が入っていること
2		該当する予約の［ c ］の値が［ d ］であること
3	予約無	該当する宿泊の［ b ］に値が入っていること

(2)　予約時に割引券を利用する場合の制約条件を表 3 にまとめた。番号 1～3 全ての条件を満たしている必要がある。表 3 中の［ e ］～［ j ］に入れる適切な字句を答えよ。

表３　予約時に割引券を利用する場合の制約条件

番号	制約条件
1	該当する割引券の［ e ］の値が［ f ］であること
2	該当する割引券の［ g ］の値が［ h ］であること
3	該当する割引券の［ i ］の値と該当する予約の［ j ］の値が一致していること

設問３　新規要件に関する概念データモデル及び関係スキーマについて答えよ。

(1)　図 3 中の欠落しているリレーションシップを補って図を完成させよ。なお，図 3 にないエンティティタイプとのリレーションシップは不要とする。

(2)　図 4 中の［ オ ］～［ サ ］に入れる一つ又は複数の適切な属性名を補って関係スキーマを完成させよ。

(3)　ポイント利用時の消込みにおいて，関係“ポイント付与”の会員番号が一致するインスタンスに対する次の条件について，表 1 の用語を用いてそれぞれ 20 字以内で具体的に答えよ。

(a)　消込みの対象とするインスタンスを選択する条件

(b)　(a)で選択したインスタンスに対して消込みを行う順序付けの条件

問3　農業用機器メーカーによる観測データ分析システムのSQL設計，性能，運用に関する次の記述を読んで，設問に答えよ。

ハウス栽培農家向けの農業用機器を製造・販売するB社は，農家のDXを支援する目的で，RDBMSを用いたハウス栽培のための観測データ分析システム（以下，分析システムという）を構築することになり，運用部門のCさんが実装を担当した。

〔業務の概要〕

1.　顧客，圃場（ほじょう），農事日付

(1)　顧客は，ハウス栽培を行う農家であり，顧客IDで識別する。

(2)　圃場は，農家が農作物を育てる場所の単位で，圃場IDで識別する。圃場には一つの農業用ハウス（以下，ハウスという）が設置され，トマト，イチゴなどの農作物が1種類栽培される。

(3)　圃場の日出時刻と日没時刻は，圃場の経度，緯度，標高によって日ごとに変わるが，あらかじめ計算で求めることができる。

(4)　日出時刻から翌日の日出時刻の1分前までとする日付を，農事日付という。農家は，農事日付に基づいて作業を行うことがある。

2.　制御機器・センサー機器，統合機器，観測データ，積算温度

(1)　圃場のハウスには，ハウスの天窓の開閉，カーテン，暖房，潅水（かんすい）などを制御する制御機器，及び温度（気温），湿度，水温，地温，日照時間，炭酸ガス濃度などを計測するセンサー機器が設置される。

(2)　顧客は，圃場の一角に設置したB社の統合環境制御機器（以下，統合機器という）を用いて，ハウス内の各機器を監視し，操作する。もし統合機器が何か異常を検知すれば，顧客のスマートフォンにその異常を直ちに通知する。

(3)　統合機器は，各機器の設定値と各センサー機器が毎分計測した値を併せて記録した1件のレコードを，B社の分析システムに送り，蓄積する。分析システムは，蓄積されたレコードを観測データとして分析しやすい形式に変換し，計測された日付ごと時分ごと圃場ごとに1行を“観測”テーブルに登録する。

(4)　農家が重視する積算温度は，1日の平均温度をある期間にわたって合計したもので，生育の進展を示す指標として利用される。例えば，トマトが開花して

から完熟するまでに必要な積算温度は，1,000～1,100℃といわれている。

(5) 分析システムの目標は，対象にする圃場を現状の 100 圃場から段階的に増やし，将来 1,000 圃場で最長 5 年間の観測データを分析できることである。

〔分析システムの主なテーブル〕

C さんが設計した主なテーブル構造を図 1 に，主な列の意味・制約を表 1 に示す。また，“観測”テーブルの主な列統計，索引定義，制約，表領域の設定を表 2 に示す。

顧客（顧客 ID，顧客名，連絡先情報，…）
圃場（圃場 ID，圃場名，顧客 ID，緯度，経度，標高，…）
圃場カレンダ（標準日付，圃場 ID，日出時刻，日没時刻，日出方位角，日没方位角）
観測（観測日付，観測時分，圃場 ID，農事日付，分平均温度，分日照時間，機器設定情報，…）

図 1 テーブル構造（一部省略）

表 1 主な列の意味・制約

列名	意味・制約
標準日付	1 日の区切りを，0 時 0 分 0 秒から 23 時 59 分 59 秒までとする日付
観測日付，観測時分	圃場内の各種センサーが計測したときの標準日付と時分。時分は，0 時 0 分から 23 時 59 分までの 1 分単位
農事日付	1 日の区切りを，圃場の日出時刻から翌日の日出時刻の 1 分前までとする日付
分平均温度	ハウス内の温度（気温）の 1 分間の平均値

表 2 “観測”テーブルの主な列統計，索引定義，制約，表領域の設定（一部省略）

列名		列値個数	主索引（列の定義順）	副次索引（列の定義順）	表領域の設定
観測日付			1		表領域のページ長：4,000 バイト ページ当たり行数：4 行／ページ
観測時分		1,440	2		
圃場 ID		1,000	3	1	
農事日付				2	
…		…			
制約	外部キー制約	FOREIGN KEY（観測日付，圃場 ID）REFERENCES 圃場カレンダ（標準日付，圃場 ID）ON DELETE CASCADE			

注記 網掛け部分は表示していない。

〔RDBMS の主な仕様〕

1. 行の挿入・削除，再編成

(1) 行を挿入するとき，表領域の最後のページに行を格納する。最後のページに空き領域がなければ，新しいページを表領域の最後に追加し，行を格納する。

(2) 最後のページを除き，行を削除してできた領域は，行の挿入に使われない。

(3) 再編成では，削除されていない全行をファイルにアンロードした後，初期化した表領域にその全行を再ロードし，併せて索引を再作成する。

2. 区分化

(1) テーブルごとに一つ又は複数の列を区分キーとし，区分キーの値に基づいて表領域を物理的に分割することを，区分化という。

(2) 区分方法には次の 2 種類がある。

・レンジ区分　：区分キーの値の範囲によって行を区分に分配する。

・ハッシュ区分：区分キーの値に基づき，RDBMS が生成するハッシュ値によって行を一定数の区分に分配する。区分数を変更する場合，全行を再分配する。

(3) レンジ区分では，区分キーの値の範囲が既存の区分と重複しなければ区分を追加でき，任意の区分を切り離すこともできる。区分の追加，切離しのとき，区分内の行のログがログファイルに記録されることはない。

(4) 区分ごとに物理的に分割される索引（以下，分割索引という）を定義できる。区分を追加したとき，当該区分に分割索引が追加され，また，区分を切り離したとき，当該区分の分割索引も切り離される。

〔観測データの分析〕

1. 観測データの分析

分析システムは，農家の要望に応じて様々な観点から観測データを分析し，その結果を農家のスマートフォンに表示する予定である。C さんが設計した観測データを分析する SQL 文の例を表 3 の SQL1 に，結果行の一部を後述する図 2 に示す。

表 3　観測データを分析する SQL 文の例（未完成）

SQL	SQL 文の構文（上段：目的，下段：構文）
SQL1	圃場ごと農事日付ごとに 1 日の平均温度と行数を調べる。
	WITH R (圃場 ID, 農事日付, 日平均温度, 行数) AS (SELECT [a] , COUNT(*) FROM 観測 GROUP BY [b]) SELECT * FROM R

2. SQL 文の改良

顧客に表 3 の SQL1 の日平均温度を折れ線グラフにして見せたところ，知りたいのは日々の温度の細かい変動ではなく，変動の傾向であると言われた。そこで C さんは，折れ線グラフを滑らかにするため，表 4 の SQL2 のように改良した。SQL2 が利用した表 3 の SQL1 の結果行の一部を図 2 に，SQL2 の結果行を図 3 に示す。

表 4　改良した SQL 文

SQL	SQL 文の構文（上段：目的，下段：構文）
SQL2	指定した圃場と農事日付の期間について，日ごとの日平均温度の変動傾向を調べる。
	WITH R (圃場 ID, 農事日付, 日平均温度, 行数) AS ([網掛け]) SELECT 農事日付, AVG(日平均温度) OVER (ORDER BY 農事日付 ROWS BETWEEN 2 PRECEDING AND CURRENT ROW) AS X FROM R WHERE 圃場 ID = :h1 AND 農事日付 BETWEEN :h2 AND :h3

注記 1　ホスト変数の h1 には圃場 ID を，h2 には期間の開始日（2023-02-01）を，h3 には終了日（2023-02-10）を設定する。
注記 2　網掛け部分は，表 3 の SQL1 の R を求める問合せと同じなので表示していない。

圃場 ID	農事日付	日平均温度	…
○○	2023-02-01	9.0	…
○○	2023-02-02	14.0	…
○○	2023-02-03	10.0	…
○○	2023-02-04	12.0	…
○○	2023-02-05	20.0	…
○○	2023-02-06	10.0	…
○○	2023-02-07	15.0	…
○○	2023-02-08	14.0	…
○○	2023-02-09	19.0	…
○○	2023-02-10	18.0	…

注記　日平均温度は，小数第 1 位まで表示した。

図 2　SQL1 の結果行の一部

農事日付	X
2023-02-01	[網掛け]
2023-02-02	[網掛け]
2023-02-03	11.0
2023-02-04	12.0
2023-02-05	c
2023-02-06	14.0
2023-02-07	d
2023-02-08	13.0
2023-02-09	e
2023-02-10	17.0

注記 1　X は，小数第 1 位まで表示した。
注記 2　網掛け部分は表示していない。

図 3　SQL2 の結果行（未完成）

3. 積算温度を調べる SQL 文

農家は，栽培している農作物の出荷時期を予測するために積算温度を利用する。

Cさんが設計した積算温度を調べるSQL文を，表5のSQL3に示す。

表5　積算温度を調べるSQL文（未完成）

SQL	SQL文の構文（上段：目的，下段：構文）
SQL3	指定した農事日付の期間について，圃場ごと農事日付ごとの積算温度を調べる。
	WITH R(圃場ID, 農事日付, 日平均温度, 行数) AS ([網掛け]) SELECT 圃場ID, 農事日付, SUM([f]) OVER (PARTITION BY [g] ORDER BY [h] ROWS BETWEEN UNBOUNDED PRECEDING AND CURRENT ROW) AS 積算温度 FROM R WHERE 農事日付 BETWEEN :h1 AND :h2

注記1　ホスト変数のh1とh2には積算温度を調べる期間の開始日と終了日を設定する。
注記2　網掛け部分は，表3のSQL1のRを求める問合せと同じなので表示していない。

〔“観測”テーブルの区分化〕

1.　物理設計の変更

Cさんは，大容量になる“観測”テーブルの性能と運用に懸念をもったので，次のようにテーブルの物理設計を変更し，性能見積りと年末処理の見直しを行った。

(1)　表領域のページ長を大きくすることで1ページに格納できる行数を増やす。

(2)　圃場IDごとに農事日付の1月1日から12月31日の値の範囲を年度として，その年度を区分キーとするレンジ区分によって区分化する。

(3)　新たな圃場を追加する都度，当該圃場に対してそのときの年度の区分を1個追加する。

2.　性能見積り

表5のSQL3について，表2に示した副次索引から100日間の観測データ144,000行を読み込むことを仮定した場合の読込みに必要な表領域のページ数を，区分化前と区分化後のそれぞれに分けて見積もり，表6に整理して比較した。

表6　区分化前と区分化後の読込みに必要な表領域のページ数の比較（未完成）

比較項目	区分化前	区分化後
ページ当たりの行数（ページ長）	4行（4,000バイト）	16行（16,000バイト）
読込み行数	144,000行	144,000行
読込みページ数	144,000ページ	[ア] ページ

3.　年末処理の見直し

5 年以上前の不要な行を効率よく削除し，表領域を有効に利用するための年末処理の主な手順を，区分化前と区分化後のそれぞれについて検討し，表 7 に整理した。

表 7　区分化前と区分化後の年末処理の主な手順の比較（未完成）

	区分化前	区分化後
期限	特になし	元日の日出時刻
手順	1. “圃場カレンダ”に翌年の行を追加する。 2. [イ] 3. “圃場カレンダ”を再編成する。 4. [ウ]	1. “圃場カレンダ”に翌年の行を追加する。 2. “観測”に翌年度の区分を追加する。 3. [エ] 4. [オ] 5. [カ]

注記　二重引用符で囲んだ名前は，テーブル名を表す。

設問 1　〔観測データの分析〕について答えよ。

(1)　表 3 中の [a]，[b] に入れる適切な字句を答えよ。

(2)　SQL1 の結果について，1 日の行数は，1,440 行とは限らない。その理由を 30 字以内で答えよ。ただし，何らかの不具合によって分析システムにレコードが送られない事象は考慮しなくてよい。

(3)　図 3 中の [c] ～ [e] に入れる適切な数値を答えよ。

(4)　表 5 中の [f] ～ [h] に入れる適切な字句を答えよ。

設問 2　〔“観測”テーブルの区分化〕について答えよ。

(1)　C さんは，区分方法としてハッシュ区分を採用しなかった。その理由を 35 字以内で答えよ。

(2)　表 6 中の [ア] に入れる適切な数値を答えよ。

(3)　区分化前では，副次索引から 1 行を読み込むごとに，なぜ表領域の 1 ページを読み込む必要があるか。その理由を 30 字以内で答えよ。ただし，副次索引の索引ページの読込みについては考慮しなくてよい。

(4)　区分化後の年末処理の期限は，なぜ 12 月 31 日の 24 時ではなく元日の日出時刻なのか。その理由を 35 字以内で答えよ。

(5)　表 7 中の [イ] ～ [カ] に入れる手順を，それぞれ次の①～⑤

の中から一つ選べ。①～⑤が全て使われるとは限らない。ただし，バックアップの取得と索引の保守については考慮しなくてよい。

① “圃場カレンダ”から古い行を削除する。

② “圃場カレンダ”を再編成する。

③ “観測”から古い行を削除する。

④ “観測”を再編成する。

⑤ “観測”から古い区分を切り離す。

令和５年度　午後Ⅰ　問１　解説

問 1

■ IPA 公表の出題趣旨と採点講評

出題趣旨
データベースの設計では，業務内容や業務で取り扱うデータなどの実世界の情報を総合的に理解し，データモデルに反映することが求められる。 本問では，電子機器の製造受託会社における調達システムを題材として，関数従属性，正規化理論などの基礎知識を用いてデータモデルを分析する能力，業務要件をデータモデルに反映する能力，設計変更によるデータモデル及び関係スキーマの適切な変更を行う能力を問う。

採点講評
問 1 では，電子機器の製造受託会社における調達システムを題材に，正規化理論に基づくデータモデル分析，業務要件に基づくデータベース設計について出題した。全体として正答率は平均的であった。 設問 2 では，(1)の正答率が低かった。“仕入先” から “見積依頼”，及び “品目” から “見積回答明細” への 1 対多のリレーションシップが記入できていない解答が散見された。状況記述や概念データモデル，関係スキーマから不足している情報を的確に分析し，解答するようにしてほしい。また，(2)d の正答率が低かった。主キー属性として見積依頼番号を記述できていない解答が目立った。見積回答明細番号は仕入先間で重複し得ることから，“見積回答明細” の主キーは，見積依頼番号との複合キーとなることを状況記述から読み取ってほしい。 設問 3 では，(2)(b)の正答率が低かった。分納によって発注残ロット数を導出するためには，入荷ロット数を新たに追加する必要がある。利用者の要望を受けてデータモデルを変更することは，実務でもよくあることである。利用者の要望に応えるために必要な情報は何か，不足はないか，日常業務でも常に考えてみてほしい。

■ 問題文を確認する

本問の構成は以下のようになっている。

問題タイトル：概念データモデリング（データベース設計） 題材：電子機器の製造受託会社における調達システム ページ数：6P 第 1 段落 〔現行業務〕 第 2 段落 〔利用者の要望〕 第 3 段落 〔現行業務の概念データモデルと関係スキーマの設計〕 **図 1** 現行業務の概念データモデル（未完成） **図 2** 現行業務の関係スキーマ（未完成）

令和 5 年の問 1 は，例年通りの**「データベース設計」**だった。午後Ⅰの 1 問として出題されるのは（IPA が公表している平成 21 年以後では）必ず，問 1 で問われるのは平成 26 年から今回（令和 5 年）まで 10 年連続なので想定通りの出題である。但し，今回の問 1 の**「データベース設計」**の問題では，概念データモデルと関係スキーマの完成に関する設問だけではなく，データベースの基礎理論の問題も復活している。

■ 設問を確認する

設問1は，令和3年以来のデータベースの基礎理論に関する問題が出題されている。**「候補キーを全て挙げよ」**，**「どの正規形に該当するか」**，**「第3正規形に分解した関係スキーマを示せ」**などの問題だ。これらの問題は平成26年までは定番だったが，しばらく出題されていなかった。それが令和3年に復活し，1年あけて令和5年も出題されたことになる。しかも正規形の根拠を，**「属性名を挙げて60字以内で答えよ」**という長文で解答する問題も復活している。こちらは実に平成24年以来になる。いずれも今後の試験対策では無視できないようになったと言えるだろう。

設問2は，午後Ⅱと同じ**「概念データモデル，関係スキーマの完成」**である。午後Ⅱ対策をしていれば，その技術で解答できる設問で，午後Ⅰとしての準備は不要な部分だ。ここは想定通りなので，想定していた手順で解答すればいいところになる。内容も，ひねったところは少なく素直な問題が多かった。ここは，短時間で高得点を狙っていきたいところになる。

最後の設問3も，よくあるパターンになる。設問2で完成させた概念データモデルと関係スキーマを，利用者からの要望で変更するという問題だ。ただ，内容は基本中の基本になるので，ここも短時間で高得点を確保できるところになる。

設問		分類	過去頻出
1	1	候補キーを全て挙げる	あり
	2	どの正規形に該当するかを解答する	あり
		正規形の根拠（60字以内）	あり
		第3正規形に分解	あり
2	1	概念データモデルの完成（リレーションシップを記入）	あり
	2	関係スキーマの完成（属性の穴埋め，主キー，外部キー）	あり
3	1	概念データモデルの変更（リレーションシップの変更） ※ただし文章（30字以内）で解答	あり
		関係スキーマの変更（属性の追加）	あり
	2	概念データモデルの変更（リレーションシップの変更） ※ただし文章（45字以内）で解答	あり
		関係スキーマの変更（属性の追加）	あり

設問1から設問3をざっと確認しても，目新しい切り口はない。久しぶりに復活した問題もあるものの，すべての問題が過去問題でもよく出題されている切り口だったので，しっかりと学習していた受験生は戸惑うことは無かっただろう。

■ 解答戦略－45分の使い方－を考える

問題文と設問を確認したら，次に時間配分を考える。このとき，時間を計測して過去問題を解く練習をしていたことが役に立つ。その手順は，例えば次のような方法がある。

【データベース設計の問題の構成要素と確認】

① データベース設計の問題の3点セットを確認する。

a) 概念データモデルの図

b) 関係スキーマの図

c) 主な属性とその意味・制約の表（今回はこの表はない）

② 問題文の該当箇所の対応付け

→ その中で説明されるものが，どのエンティティのものなのかを確認

③ 設問の確認

a) 概念データモデルの完成（どれくらいの数があるか？）
エンティティの追加はあるのか？
リレーションシップの追加はあるのか？　ゼロと1は？

b) 作成したモデルからの変更はあるのか？（今回は設問3）

c) その他，正規化やキーに関する基礎理論の問題があるのか？（今回は設問1）

今回は，**「データベースの基礎理論（設問1）」**と**「データベース設計（設問2）」**，**「データベース設計後の変更（設問3）」**に分かれている。まずは，この問題のおそらくメインとなる**「データベース設計（設問2）」**にどれくらいの時間を使うかを考える。設問2の対象となりそうな問題のページ数は，約3.5ページ。ただ，**「図2　現行業務の関係スキーマ（未完成）」**を確認すると，埋めなければならない空欄は5つしかない。つまり，5つの関係について問題文から読み取るだけでいい。**「図1　現行業務の概念データモデル（未完成）」**に追加するリレーションシップがいくつなのかはわからないが，できれば1ページ5分で解答していくとして20分以内を目指したい。そして，設問1を15分，設問3を10～15分を目指せば，45分から50分で解答できそうだ。今年は6ページで，例年に比べてページ数も少なくなっている。その方針で着手すればいいだろう。

設問 1（目標 15 分）

設問 1 は，**「候補キーを全て挙げよ」**，**「どの正規形に該当するか」**，**「（正規形の）根拠を，具体的な属性名を挙げて 60 字以内で答えよ」**，**「第 3 正規形に分解した関係スキーマを示せ」**という 4 つのことが問われている。いずれも，平成 26 年までは定番だったデータベースの基礎理論の問題になる。

解答に当たっては，候補キーや正規化に関する知識と，個々の問題を速く解くための解答テクニックに関する情報が必要になる。**「候補キーを全て挙げよ」**という問題に対しては，解答テクニックをベースに直感的に解けるようにしておきたい。**「どの正規形に該当するか」**，**「第 3 正規形に分解した関係スキーマを示せ」**の 2 問についても，遵守しなければならないルールを覚えておいて，直感的に解答できるようにしておきたい。そして 10 年以上ぶりに出題された**「（正規形の）根拠を，具体的な属性名を挙げて 60 字以内で答えよ」**に関しては，常套句を覚えておくことが必要になる。次回の試験に向けての対策としても避けては通れないだろう。

設問 2（目標 20 分）

午後 I 試験のデータベース設計の問題は，午後 II の問題以上に速く解くことが求められる。必要なリレーションシップを効率よく解答し，空欄の穴埋めも正確かつ速く解答していかないといけない。ここも，次回の試験の対策としては，どうすれば速く解けるのかを考えつつ，速く解くための方法を身に付けよう。

設問 3（目標 15 分～最大 20 分）

最後の設問は，設問 2 で完成させた概念データモデルと関係スキーマを，利用者の要望に従って変更するというもの。可能であれば，設問もしくは問題文で**〔利用者の要望〕**を最初に確認して，難易度を見ておいた方がいい。

今回は，マスタの **“階層化”** と **“分納”** という表現がある。それはぱっと見でも確認できるだろう。この時に，**“階層化”** は自己参照，**“分納”** は 1 対多になるイメージができていれば，それほど難しいことが問われていないことも確認できる。そこまで最初に判断できれば，落ち着いて取り組めるだろう。

■ 設問 1

設問 1 の解答例

設問		解答例・解答の要点		備考
設問 1	(1)	{ 社員コード，社員所属組織コード } { 社員コード，社員所属組織名 }		
	(2)	正規形	非正規形・第 1 正規形・第 2 正規形・第 3 正規形	
		根拠	・全ての属性が単一値をとり，候補キーの一部である“社員コード”に関数従属する“社員氏名”があるから ・全ての属性が単一値をとり，候補キーの一部である“社員所属組織コード”に関数従属する“社員所属上位組織コード”があるから ・全ての属性が単一値をとり，候補キーの一部である“社員所属組織名”に関数従属する“社員所属上位組織名”があるから	
		関係スキーマ	社員（社員コード，社員氏名） 組織（組織コード，組織名，上位組織コード） 社員所属（社員コード，所属組織コード，役職コード，報告先社員コード） 役職（役職コード，役職名）	

設問 1 (1) 候補キーを全て挙げる問題

令和 3 年に続き復活した午後 I 頻出問題の一つである**「候補キーを全て挙げよ」**という設問である。平成 29 年以後出題されていなかったが令和 3 年に復活し，1 年空けて令和 5 年にまた出題された。もはや避けては通れない問題だが，そもそも**「候補キー」**については，直接的に問われていなくても必須の知識になる。当然と言えば当然だろう。解答に当たっての考え方やアプローチ，解答プロセスは，本書の第 3 章の**「参考 候補キーを（すべて）列挙させる設問」**（P. 326 参照）に記載している。次の試験に備えて再確認しておこう。

なお，今回も関数従属図が用意されていないし，関数従属性も示されていない。したがって，問題文中から関数従属性を読み取って解答しなくてはいけない。言うまでもなく候補キーは**「ひとつ」**ではなく**「すべて」**なので，きちんと全ての関数従属性を抜き出さないといけないため，少々難易度は高くなる。

STEP-1. 関係“社員所属”の属性を確認

最初に，候補キーを全て挙げなければならない関係**“社員所属”**の属性と，**「社員」**や**「組織」**など，それらの属性に関して説明しているところを問題文で確認する。

社員所属（社員コード，社員氏名，社員所属組織コード，社員所属組織名，社員所属上位組織コード，社員所属上位組織名，社員役職コード，社員役職名，報告先社員コード，報告先社員氏名）

「社員」や**「組織」**など，関係**“社員所属”**について説明しているところは，問題文１ページ目の**〔現行業務〕**段落の**「1. 組織」**から**「3. 社員」**になる。他にもあるかもしれないが，まずはここだけをチェックして関数従属性を抽出する。

STEP-2. 関数従属性を読み取る

個々の属性間に存在する関数従属性を読み取っていく前に，関係やその属性の名称と，これまでの自分の知識や経験から，ある程度仮説を立てて進めていくと速く解くことが可能になる。例えば，次のように，これを実装後の**“テーブル”**だと考えて次のような仮説を立ててみる。時間が無ければ，この仮説だけで解答することも戦略の一つになる。

（a）**「社員所属」**という名称から，**「社員」**と**「組織」**が多対多の関係で，それを１対多にするために作成された連関エンティティである。
（b）常識的に，１人の社員は，（異動や昇進があるので）複数の所属組織，複数の役職をもつ。また，これも常識的に，一つの組織や一つの役職には複数の社員がいる。
（c）だとすれば主キーは ｛社員コード，社員所属組織コード｝ になる。
（d）社員コード→社員氏名（正規化して**“社員”**とする）
（e）社員所属組織コード→社員所属組織名（正規化して**“組織”**とする）
（f）社員所属上位組織コード→社員所属上位組織名（これも**“組織”**に持たせる。自己参照）
（g）社員役職コード→社員役職名（正規化して**“役職”**とする）
（h）報告先社員コード→報告先社員氏名（これも**“社員”**に持たせる。自己参照）
（i）候補キーの一つは主キーになるだろう ｛社員コード，社員所属組織コード｝。後は，社員コードと社員所属組織コードが社員氏名や社員所属組織名に置き換えることができるかどうか。つまり同姓同名や，組織名に重複を許容しているかどうかがポイントになる。

STEP-3. 関数従属性を読み取る

それでは，個々の属性間に存在する関数従属性を読み取っていこう。1（1）から順番に3（4）までの記述から，次のようになっていることが確認できる。

「1. 組織」の（1）より

① 社員所属組織コード→社員所属組織名

② 社員所属上位組織コード→社員所属上位組織名

③ 社員所属組織名→社員所属組織コード（組織名は重複しないので）

④ 社員所属上位組織名→社員所属上位組織コード（組織名は重複しないので）

「1. 組織」の（2）より

⑤ 社員所属組織コード→社員所属上位組織コード

「2. 役職」より

⑥ 社員役職コード→社員役職名

⑦ 社員役職名→社員役職コード（役職名は重複しないので）

「3. 社員」の（1）より

⑧ 社員コード→社員氏名（同姓同名があるので社員氏名→社員コードはない。）

⑨ 報告先社員コード→報告先社員氏名（上に同じ）

「3. 社員」の（2）（3）より

⑩ {社員コード，社員所属組織コード} →社員役職コード

「3. 社員」の（4）より

⑪ {社員コード，社員所属組織コード} →報告先社員コード

常識的に考えてSTEP-2のような仮説を立てていた場合，ほぼ仮説通りになっていた。違っていたのは，仮説の (b) の**「1人の社員は，（異動や昇進があるので）複数の所属組織，複数の役職をもつ。」**というところで，移動や昇進だけではなく，同時に複数の所属組織があること。同時に複数の所属組織があるから役職も同時に複数存在する。そこぐらいだろう。確認したかった同姓同名の存在や組織名や役職名が重複するか否かも問題文に書かれていた。

STEP-4. 候補キーをピックアップする

これらの関数従属性を元に，候補キーをピックアップして解答を求める。その手順は，第３章に記載されている手順で進めていけばいいだろう。

【手順-1】全ての「→」の始点をピックアップする。

・社員所属組識コード（①⑤）
・社員所属上位組織コード（②）
・社員所属組識名（③）
・社員所属上位組織名（④）
・社員役職コード（⑥）
・社員役職名（⑦）
・社員コード（⑧）
・報告先社員コード（⑨）
・{社員コード，社員所属組織コード}（⑩⑪）

【手順-2】それぞれの属性が全てを決定できるかどうかをチェックする

「手順-1」でピックアップした対象の中では**{社員コード，社員所属組織コード}**だけが全ての属性を一意に決定することができる。他の対象は全て単一の属性で，社員に関連するものと組織に関連するものに二分されるが，**'社員役職コード'**や**'報告先社員コード'**のように**{社員コード，社員所属組織コード}**でしか一意にならない属性がある以上，社員に関連する属性だけ，もしくは組織に関連する属性だけでは全ての属性を一意に決定することはできない。したがって，候補キーのひとつは**{社員コード，社員所属組織コード}**になる。

【手順-3】入替が可能かどうかをチェックする

続いて，既に確定している候補キーの属性を入れ替えることで候補キーになりえるものがないかどうかをチェックする。

'社員コード'に関しては**「同姓同名の社員が存在し得る」**ので**「社員氏名→社員コード」**は成立しないので入替はない。一方**'社員所属組織コード'**は**「組織名は重複しない」**という記述から**「社員所属組織名→社員所属組織コード」**が成立する。そのため入れ替えることが可能だ。

以上より，**{社員コード，社員所属組織名}**も候補キーになる。最後に，問題文中の記述から複数の属性の組合せで候補キーになる可能性が無いかをチェックする。もちろん**"極小"**であることが条件なので，その視点で探してみる。しかし，特に見当たらないので，候補キーは**{社員コード，社員所属組織コード}**，**{社員コード，社員所属組織名}**の二つで確定する。

設問１(2)－1　第○正規形なのかを答えさせる問題

この問題も令和３年に続き復活した午後Ⅰ頻出問題の一つになる。直接的に問われていることは少なくても正規化できる能力は必要だ。解答に当たっての考え方やアプローチ，解答プロセスは，本書の第３章の**「参考 第○正規形である根拠を説明させる設問」**（P. 348 参照）に記載している。そこに記載しているように，事前に**「各正規形の定義」**や**「常套句」**は暗記しておかなければならない。全てはそこから始まるので，次の試験に備えて再確認するとともに必要事項を暗記しておこう。解答に当たっては，次のように第１正規形から順番にチェックしていけばいいだろう。

■ 非正規形かどうかをチェック

まずは，非正規形か第１正規形以上かを切り分ける。具体的には，繰り返し項目（非単純定義域）の存在をチェックする。関係**"社員所属"**には，繰り返し項目になっている属性は存在しない。したがって非正規形ではないことはすぐにわかる。

■ 第１正規形かどうかをチェック

続いて，第１正規形か第２正規形以上かを切り分ける。具体的には，部分関数従属性があるかどうかをチェックする。候補キーは二つあるので，一つずつ順番にチェックしていけばいいだろう。関数従属性については，設問１（1）で求めたものをそのまま使う。その結果，次のような部分関数従属性が存在していることが確認できる。

候補キー：{社員コード，社員所属組織コード}
（社員所属組織コード→社員所属組織名とする場合）
・社員コード→社員氏名
・社員所属組織コード→社員所属上位組織コード
注）**「社員所属組織コード→社員所属組織名」**は，**'社員所属組織名'**が他の候補キー**{社員コード，社員所属組織名}**の一部になっているため部分関数従属性ではない点に注意。

候補キー：{社員コード，社員所属組織名}
（社員所属組織名→社員所属組織コードとする場合）
・社員コード→社員氏名
・社員所属組織名→社員所属上位組織名
注）**「社員所属組織名→社員所属組織コード」**は，**'社員所属組織コード'**が他の候補キー**{社員コード，社員所属組織コード}**の一部になっているため部分関数従属性ではない点に注意。

以上より，関係**“社員所属”**は**第１正規形**になる。第２正規形でなくなったため，第２正規形かどうか（第３正規形以上かどうか）のチェックはしなくても，ここで確定できる。後は，その根拠を60字以内で解答するので次のような常套句を使ってA,B,Cに適切な属性を入れて解答しよう。

なお，この問題のように根拠を長文で解答させるパターンは平成24年以来になる。最近出題されていなかったが，久しぶりの復活だ。今後はしっかり常套句を暗記しておこう。

【第１正規形である理由の常套句の一例】
全ての属性が単一値で，候補キー｛A，B｝の一部であるBに非キー属性のCが部分関数従属するため（46字）

例えば，60字以内にするためにカットできる部分をカットして，次のような解答にする。今回は，具体的な候補キーに言及している**「{A，B}」**の部分をカットしてみた。解答例でも，この部分は含めていないので優先的にカットできるということも覚えておきたい。

全ての属性が単一値で，候補キーの一部である‘社員コード’に非キー属性の‘社員氏名’が部分関数従属するため（52字）

上記の解答は，解答例とは微妙に異なるオリジナルの表現だが，この程度の違いは全く問題ない。解答例でも三パターンほどの表現が例示されている。

また，部分関数従属している属性は，常套句の（B）を**‘社員コード’**，（C）を**‘社員氏名’**とするのが最もシンプルで簡単な解答だと思う（筆者の主観）。試験で**「何か一つの例だけ挙げればばいい」**場合は，最もシンプルで安全な解答を選択するのが鉄則なので，これで正解すればいいと思う。

ただ，解答例に示している通り次のような別解がある。もちろんそれでも正解になる。

・候補キー**{社員コード，社員所属組織コード}**の場合
　（**‘社員所属組織コード’**を決定項とする場合）
　常套句の（B）を**‘社員所属組織コード’**，（C）を**‘社員所属上位組織コード’**とする解答
・候補キー**{社員コード，社員所属組織名}**の場合
　（**‘社員所属組織名’**を決定項とする場合）
　常套句の（B）を**‘社員所属組織名’**，（C）を**‘社員所属上位組織名’**とする解答

設問 1(2) − 2　第 3 正規形まで正規化させる問題

この問題も令和 3 年に続き復活した午後Ⅰ頻出問題の一つになる。直接的に問われていることは少なくても正規化できる能力は必要だ。解答に当たっての考え方やアプローチ，解答プロセスは，本書の第 3 章の**「参考 第 3 正規形まで正規化させる設問」**に記載している。ここも次の試験に備えて再確認しておこう。

設問 1 (2) − 1 で見てきたとおり，関係 **“所属社員”** は，第 1 正規形である。部分関数従属性も確認できたし，推移的関数従属性も存在していそうである。そこで，それらを別の関係として定義していく。

社員所属（社員コード，社員氏名，社員所属組織コード，社員所属組織名，社員所属上位組織コード，社員所属上位組織名，社員役職コード，社員役職名，報告先社員コード，報告先社員氏名）

■ 候補キーから主キーを決定

まずは，二つの候補キーのうち，どちらを主キーにするのかを検討して確定させる。今回の場合は，**{社員コード，社員所属組織コード}** の方が適切だと考える。問題文に**「組織は，組織コードで識別し，組織名をもつ。」**という記述と**「社員は，社員コードで識別し，氏名をもつ。同姓同名の社員は存在し得る。」**という記述があるからだ。識別に使う属性をストレートに書いている。常識的に考えてもこちらでいいだろう。

ただし判断に迷うケースもあるので注意が必要だ。そういう場合は，何かしらの基準で判断しなければならない。一つは **“属性値が確定する順番”** によるもの。主キーは候補キーと違い NULL を許容しない。そのため，データが生成された時点で値が確定していない属性は主キーにはなれない。それともう一つは，**“属性値に変更の可能性が少ない”** 方を主キーにするという考え方だ。というのも，主キーに含まれる属性値を変更する場合，主キー以外の属性値のように簡単には変更できないからだ。登録データをいったん削除して再登録しないといけない。そのため属性値に変更の可能性が少ない方を主キーにする。判断に迷う場合は，これらの視点で考えればいいだろう。

■ 部分関数従属性の排除

続いて，**設問１（1）**で確認できた関数従属性や**設問１（2）－１**で確認した部分関数従属性を持つ部分を参考に，別の関係に分解していく。まずは，次の関数従属性から，**解説図１**のように関係**“社員”**と関係**“組織”**に分割する（解説図１の①と②）。この段階での関係**“社員所属”**は解説図１の③のようになる。

- 社員コード→社員氏名（解説図１の①）
- 社員所属組織コード→｛社員所属組織名，社員所属上位組織コード，社員所属上位組織名｝（解説図１の②）

関係**“社員所属”**の主キーの一部の**「社員コード→社員氏名」**の部分は，関係**“社員所属”**に**‘社員コード’**だけを残して主キーの一部兼外部キーとする（下線はそのまま）。そして，新たに関係**“社員”**を作成する（解説図１の①）。

また，主キーの一部にある**「社員所属組織コード→｛社員所属組織名，社員所属上位組織コード，社員所属上位組織名｝」**の部分は，関係**“社員所属”**に**‘社員所属組織コード’**だけを残して主キーの一部兼外部キーとする（下線はそのまま）。そして，新たに関係**“組織”**を作成する（解説図１の②）。

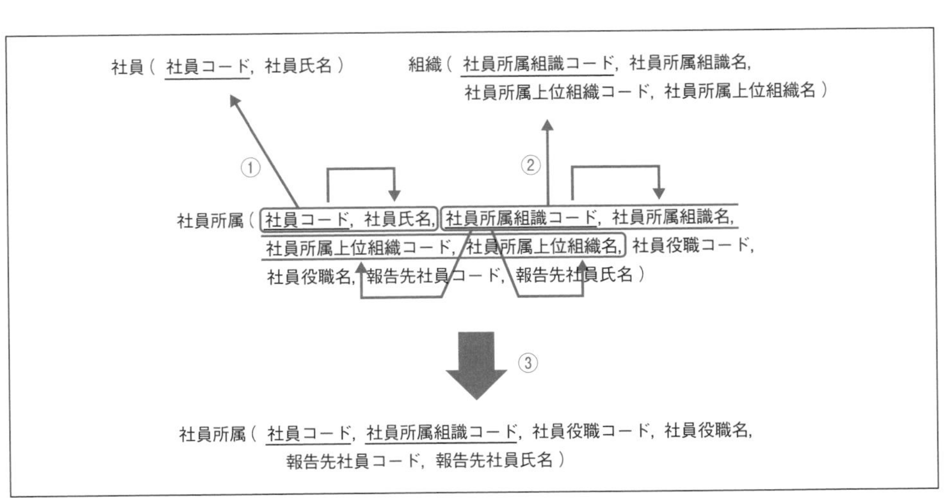

解説図１　部分関数従属性の除去

■ 推移的関数従属性の排除

後は，推移的関数従属性を除去するためにさらに分割していく。各関係に存在する推移的関数従属性は次の通り。

関係**“社員所属”**

- ・{社員コード，社員所属組織コード} →社員役職コード→社員役職名（解説図２の④）
- ・{社員コード，社員所属組織コード} →報告先社員コード→報告先社員氏名（解説図２の⑤）

関係**“組織”**

- ・社員所属組織コード→社員所属上位組織コード→社員所属上位組織名（解説図２の⑥）

関係**“社員所属”**の中にある推移的関数従属性の**「社員役職コード→社員役職名」**の部分は，関係**“社員所属”**に**‘社員役職コード’**だけを残して外部キーとする。そして，新たに関係**“役職”**を作成する（解説図２の④⑤）。

関係**“社員所属”**の中にある推移的関数従属性の**「報告先社員コード→報告先社員氏名」**の部分は，関係**“社員所属”**に**‘報告先社員コード’**だけを残して外部キーとする。ただ，新たに関係を作成する必要はない。その部分は関係**“社員”**が既にあるからだ（解説図２の⑤）。

また，関係**“組織”**の中にある推移的関数従属性の**「社員所属上位組織コード→社員所属上位組織名」**の部分は，関係**“組織”**に**‘社員所属上位組織コード’**だけを残して外部キーとする。ただ，新たに関係を作成する必要はない。その部分は関係**“組織”**自身だからだ（自己参照）（解説図２の⑥）。

以上で分解出来たら，最終的に適切な名称に変えていく。関係**“組織”**の名称は，問題文に合わせてシンプルに**‘組織コード’**，**‘組織名’**，**‘上位組織コード’**とすればいいだろう。社員所属ではなくなったからだ。他にも関係**“役職”**や関係**“社員所属”**もシンプルにしていくといいだろう。

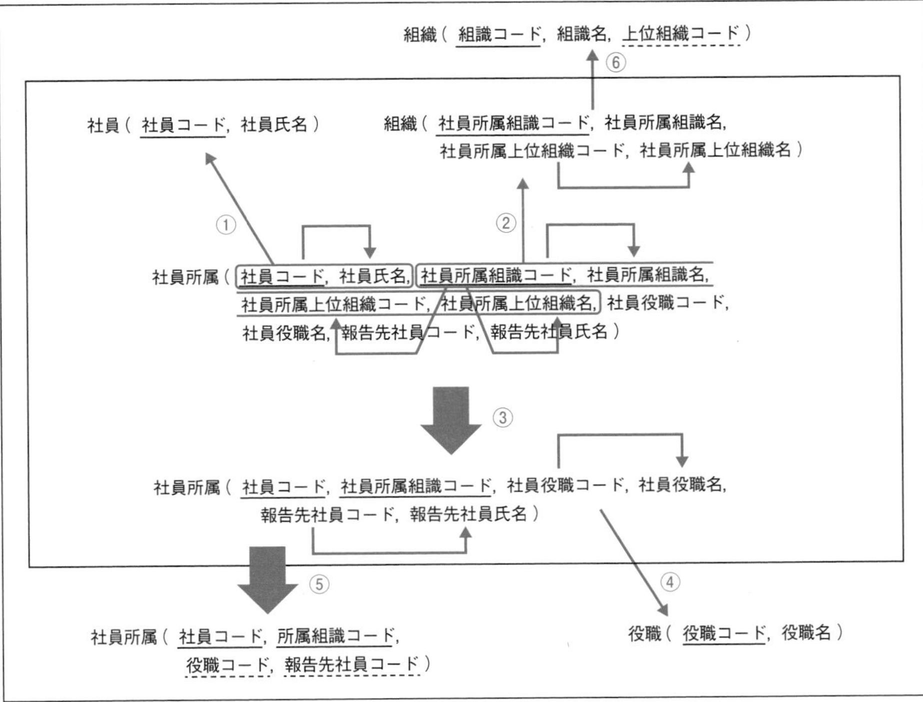

解説図２　推移的関数従属性の除去

以上より，解答は次のようになる。

社員（ 社員コード，社員氏名）
組織（ 組織コード，組織名，上位組織コード ）
社員所属（ 社員コード，所属組織コード，役職コード，報告先社員コード ）
役職（ 役職コード，役職名 ）

■ 設問 2

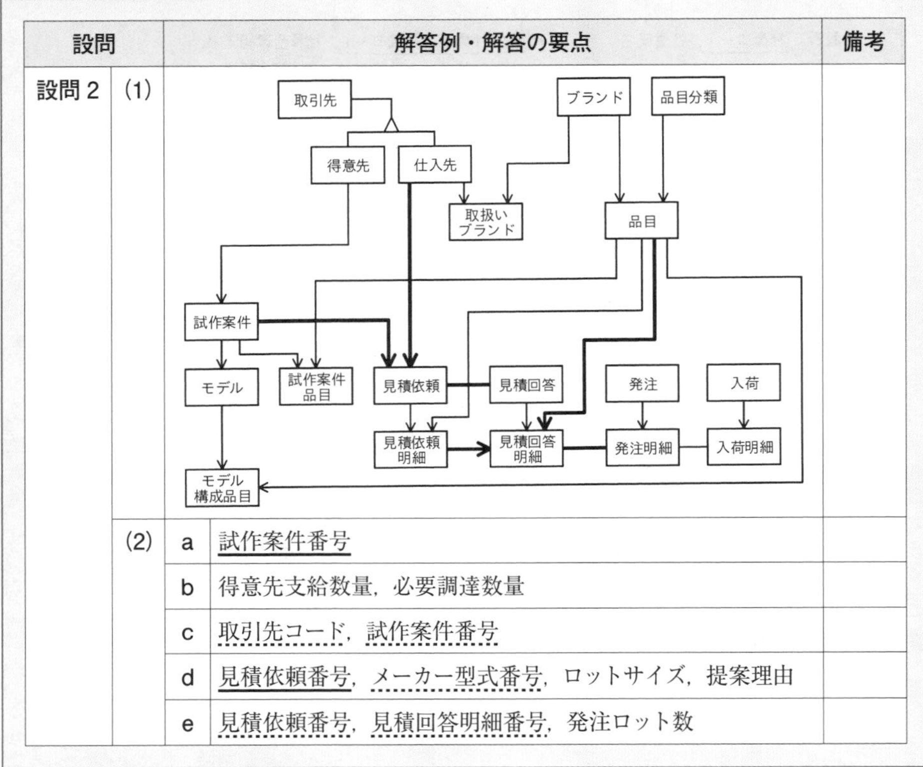

設問 2の解答例

設問			解答例・解答の要点	備考
設問 2	(1)		（上図）	
	(2)	a	試作案件番号	
		b	得意先支給数量，必要調達数量	
		c	取引先コード，試作案件番号	
		d	見積依頼番号，メーカー型式番号，ロットサイズ，提案理由	
		e	見積依頼番号，見積回答明細番号，発注ロット数	

設問 2 は，未完成の概念データモデルと関係スキーマを完成させる問題になる。

STEP-1. 概念データモデル，関係スキーマ，問題文を対応付ける

まずは**「図 1　現行業務の概念データモデル（未完成）」**と**「図 2　現行業務の関係スキーマ（未完成）」**，及び問題文の該当箇所を対応付ける（解説図 3）。今回は，問題文の**〔現行業務〕**が 8 つに分かれているので，それを対応付けるだけでいいだろう。

後は，そのまま **STEP-2** に進んでもいいし，速く処理したければ **STEP-2** を後回しにして（場合によっては，多少点数を落とすリスクはあるが速く解くために），**図 2** に空欄のあるところ（**STEP-3**）から着手してもいいだろう。

あるいはここで，（問題文を読む前に）**図 1** に記載済みのリレーションシップと**図 2** の記載済みの外部キー（点線の下線，実践の下線）だけを対応付けて，**図 1** に欠落しているリレーションシップがないかどうかを軽くチェックするところから始めてもいいだろう。

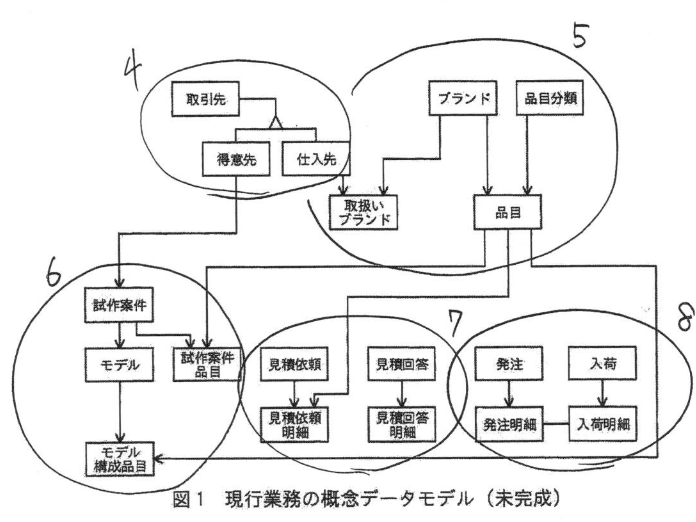

図1　現行業務の概念データモデル（未完成）

1~3	社員所属（社員コード，社員氏名，社員所属組織コード，社員所属組織名，社員所属上位組織コード，社員所属上位組織名，社員役職コード，社員役職名，報告先社員コード，報告先社員氏名）
4	取引先（<u>取引先コード</u>，取引先名，取引先区分，住所） 得意先（<u>取引先コード</u>，昨年度受注金額） 仕入先（<u>取引先コード</u>，昨年度調達金額）
5	ブランド（<u>ブランドコード</u>，ブランド名） 品目分類（<u>品目分類コード</u>，品目分類名） 品目（<u>メーカー型式番号</u>，ブランドコード，品目分類コード） 取扱いブランド（<u>取引先コード，ブランドコード</u>）
6	試作案件（<u>試作案件番号</u>，試作案件名，取引先コード，製品用途，試作案件登録年月日） モデル（<u>モデル名</u>，[a]，製造台数，得意先希望納入年月日，設計図面番号） モデル構成品目（<u>モデル名</u>，[a]，<u>メーカー型式番号</u>，1台当たりの所要数量） 試作案件品目（<u>試作案件番号</u>，<u>メーカー型式番号</u>，合計所要数量，[b]）
7	見積依頼（<u>見積依頼番号</u>，見積依頼年月日，[c]） 見積依頼明細（<u>見積依頼番号</u>，<u>見積依頼明細番号</u>，メーカー型式番号，必要調達数量，希望納入年月日） 見積回答（<u>見積依頼番号</u>，見積回答番号，見積有効期限，見積回答年月日） 見積回答明細（<u>見積回答明細番号</u>，<u>見積依頼明細番号</u>，単価，納入可能年月日，[d]）
8	発注（<u>発注番号</u>，発注年月日，発注合計金額） 発注明細（<u>発注番号</u>，<u>発注明細番号</u>，指定納入年月日，[e]） 入荷（<u>入荷番号</u>，入荷年月日） 入荷明細（<u>入荷番号</u>，<u>入荷明細番号</u>，発注番号，発注明細番号）

図2　現行業務の関係スキーマ（未完成）

解答に当たっては，巻頭の表記ルールに従うこと。ただし，エンティティタイプ間の対応関係にゼロを含むか否かの表記は必要ない。エンティティタイプ間のリレーションシップとして“多対多”のリレーションシップを用いないこと。属性名は，

― 11 ―

解説図3　図1，図2と問題文の対応付けの例

STEP-2. 問題文１～２ページ目の「4. 得意先と仕入先」と「5. 品目」の読解

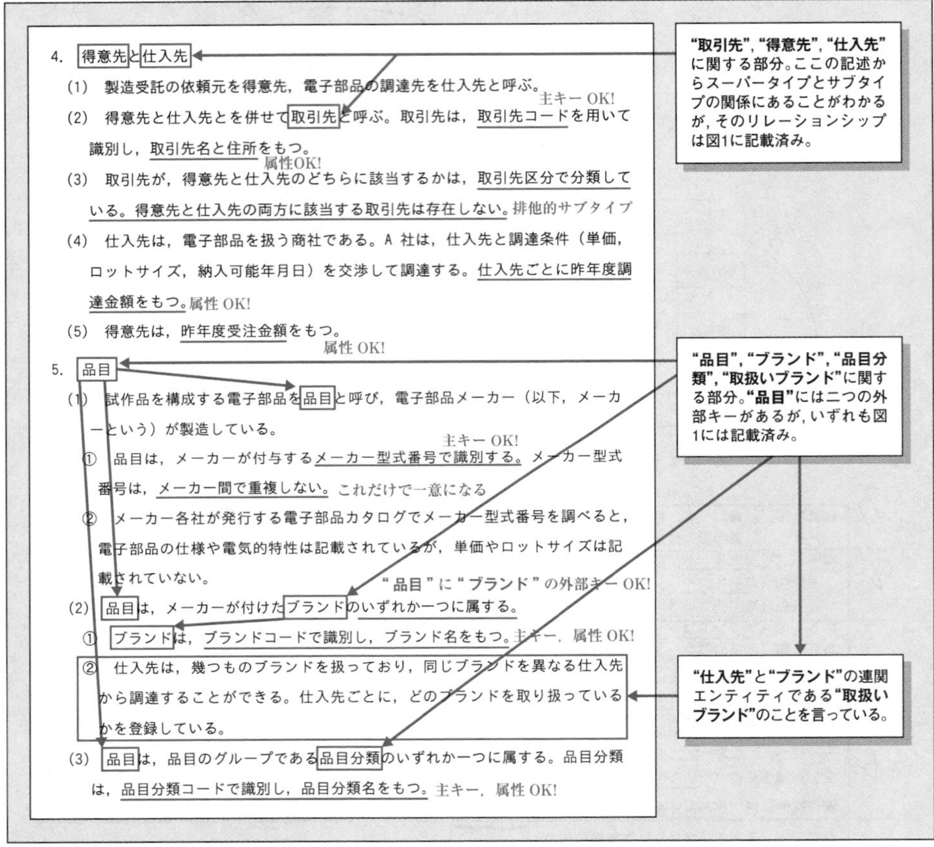

4. 得意先と仕入先

(1) 製造受託の依頼元を得意先，電子部品の調達先を仕入先と呼ぶ。

(2) 得意先と仕入先とを併せて取引先と呼ぶ。取引先は，取引先コードを用いて識別し，取引先名と住所をもつ。

(3) 取引先が，得意先と仕入先のどちらに該当するかは，取引先区分で分類している。得意先と仕入先の両方に該当する取引先は存在しない。

(4) 仕入先は，電子部品を扱う商社である。A 社は，仕入先と調達条件（単価，ロットサイズ，納入可能年月日）を交渉して調達する。仕入先ごとに昨年度調達金額をもつ。

(5) 得意先は，昨年度受注金額をもつ。

5. 品目

(1) 試作品を構成する電子部品を品目と呼び，電子部品メーカー（以下，メーカーという）が製造している。

① 品目は，メーカーが付与するメーカー型式番号で識別する。メーカー型式番号は，メーカー間で重複しない。

② メーカー各社が発行する電子部品カタログでメーカー型式番号を調べると，電子部品の仕様や電気的特性は記載されているが，単価やロットサイズは記載されていない。

(2) 品目は，メーカーが付けたブランドのいずれか一つに属する。

① ブランドは，ブランドコードで識別し，ブランド名をもつ。

② 仕入先は，幾つものブランドを扱っており，同じブランドを異なる仕入先から調達することができる。仕入先ごとに，どのブランドを取り扱っているかを登録している。

(3) 品目は，品目のグループである品目分類のいずれか一つに属する。品目分類は，品目分類コードで識別し，品目分類名をもつ。

解説図 4　問題文の読み進め方

ここに記載されている関係（**“取引先”**，**“得意先”**，**“仕入先”**，**“品目”**，**“ブランド”**，**“品目分類”**，**“取扱いブランド”** の７つの関係）を**「図 2」**でチェックすると，全てが完成形になっている（空欄が無い）。そのため，それらの関係の外部キー（主キー兼外部キー含む）に焦点を当てて，ここの記述と合わせてチェックしながら，**「図 1」**に必要となるリレーションシップが記載されているかどうかを確認する。結果，特にないので STEP-3 に進む。

STEP-3. 問題文2～3ページ目の「6. 試作案件登録」の読解

6. 試作案件登録

(1) 得意先にとって試作とは，量産前の設計検証，機能比較を目的に，製品用途ごとに，性能や機能が異なる複数のモデルを準備することをいう。得意先からモデルごとの設計図面，品目構成，及び製造台数の提示を受け，試作案件として次を登録する。

① 試作案件

・試作案件は，試作案件番号で識別し，試作案件名，得意先，製品用途，試作案件登録年月日をもつ。

② モデル …空欄a

・モデルごとに，モデル名，設計図面番号，製造台数，得意先希望納入年月日をもつ。モデルは，試作案件番号とモデル名で識別する。

③ モデル構成品目 …空欄a

・モデルで使用する品目ごとに，モデル1台当たりの所要数量をもつ。

④ 試作案件品目 …空欄b

・試作案件で使用する品目ごとの合計所要数量をもつ。

・通常，品目の調達はA社が行うが，得意先から無償で支給されることがある。この数量を得意先支給数量としてもつ。

・合計所要数量から得意先支給数量を減じた必要調達数量をもつ。

主キーOK!
属性OK!
"得意先"に対する外部キー
図1のリレーションシップOK!
"試作案件"に関する部分。図2は完成形だし，そこから図1に追加すべきリレーションシップもない。
"モデル"，"モデル構成品目"，"試作案件品目"に関する部分。図2には空欄があるので，空欄を埋めながら図1にリレーションシップの追加が必要か否かを考える。

解説図5 問題文の読み進め方

ここには **"試作案件"**，**"モデル"**，**"モデル構成品目"**，**"試作案件品目"** に関することが書かれている。この四つの関係のうち **"試作案件"** については，**「図2」** を確認するとすべて完成形だし，外部キーについいても **「図1」** には記載済みである。したがって，何もすることはない。残りの関係について考えていこう。

■ "モデル"

モデル（<u>モデル名</u>，［ a ］，製造台数，得意先希望納入年月日，設計図面番号）

問題文の **「モデルは，試作案件番号とモデル名で識別する。」** という記述から，関係 **"モデル"** の主キーは **{試作案件番号，モデル名}** だということがわかる。また **「モデルごとに，モデル名，設計図面番号，製造台数，得意先希望納入年月日をもつ。」** という記述から，**{設計図面番号，製造台数，得意先希望納入年月日}** が非キー属性として必要なこともわかる。これらは全て **図2** には記載済みだ。以上より **空欄a** には **'試作案件番号'** が必要となる。なお，**'試作案件番号'** は，関係 **"試作案件"** に対する外部キーでもあるが，**図1** にリレーションシップは記載済みである。

■“モデル構成品目”

モデル構成品目（<u>モデル名</u>，［ a ］，<u>メーカー型式番号</u>，1台当たりの所要数量）

先の考察で，関係**“モデル”**の**空欄 a** が**‘試作案件番号’**だと考えたので，それで問題ないかどうかを確認するだけでいいだろう。万が一間違えていたら，ここで軌道修正する。

問題文の**「モデルで使用する品目ごとに」**という記述から，関係**“モデル構成品目”**の主キーが**「“モデル”の主キー＋品目の主キー」**だということがわかるだろう。関係**“モデル”**の主キーは**{試作案件番号，モデル名}**なので，**空欄 a** は**‘試作案件番号’**で問題はない。

また，**図 1** に追加するリレーションシップもない。関係**“モデル構成品目”**の主キーは関係**“モデル”**と関係**“品目”**に対する外部キーでもあるが，その2つのリレーションシップは**図 1** には記載済みである。

■“試作案件品目”

試作案件品目（<u>試作案件番号</u>，<u>メーカー型式番号</u>，合計所要数量，［ b ］）

問題文の**「試作案件で使用する品目ごとの合計所要数量をもつ。」**という記述から**‘合計所要数量’**が属性に必要なことがわかるが，それは既に記載されている。

次の**「通常，品目の調達は A 社が行うが，得意先から無償で支給されることがある。この数量を得意先支給数量としてもつ。」**という記述から，**‘得意先支給数量’**が必要なことがわかる。

そして最後の**「合計所要数皇から得意先支給数量を減じた必要調達数量をもつ。」**という記述から**‘必要調達数量’**を持つこともわかる。ただ，**‘必要調達数量’**は**‘合計所要数量’**と**‘得意先支給数量’**から計算で求められる，いわゆる導出項目だ。そのため属性として持たせなくても情報としては保持できるし，下手に持たせると**「‘合計所要数量’－‘得意先支給数量’」**と**‘必要調達数量’**の値が，何かの異常で合わなくなる可能性もある。そのため，実装する時には**‘必要調達数量’**は持たせないことも少なくない。

今回はどちらだろう。問題文中には**「持たせないといけない」**理由になりそうな記述も無ければ**「持たせてはいけない」**理由になりそうな記述もない。そのため迷うところだが，問題文には**「必要調達数量をもつ。」**と明記されているので，必要だと判断するのが安全だろう。

以上より，**空欄 b** は**{得意先支給数量，必要調達数量}**になる。なお，**図 1** に追加するリレーションシップはない。**“試作案件品目”**の主キーは**“試作案件”**と**“品目”**で，いずれも外部キーでもあるが，それぞれのリレーションシップは**図 1** には記載済みである。

● 概念データモデル（図 1）への追加（その 1）

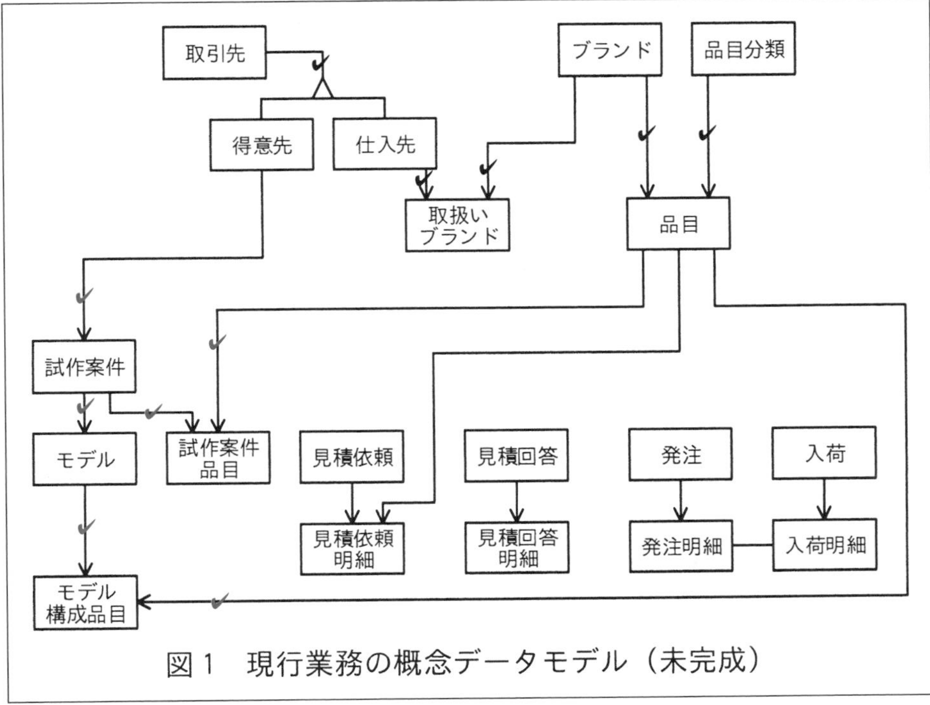

解説図 6　ここで追加するリレーションシップ（赤線）特に無し

● 関係スキーマ（図 2）への追加（その 1）

モデル構成品目（モデル名，**試作案件番号**，メーカー型式番号，
1 台当たりの所要数量）…**空欄 a**

試作案件品目（試作案件番号，メーカー型式番号，合計所要数量，
得意先支給数量，必要調達数量）…**空欄 b**

解説図 7　空欄の解答（枠内），赤字が今回追加した部分

STEP-4. 問題文３ページ目の「7. 見積依頼から見積回答入手まで」の読解

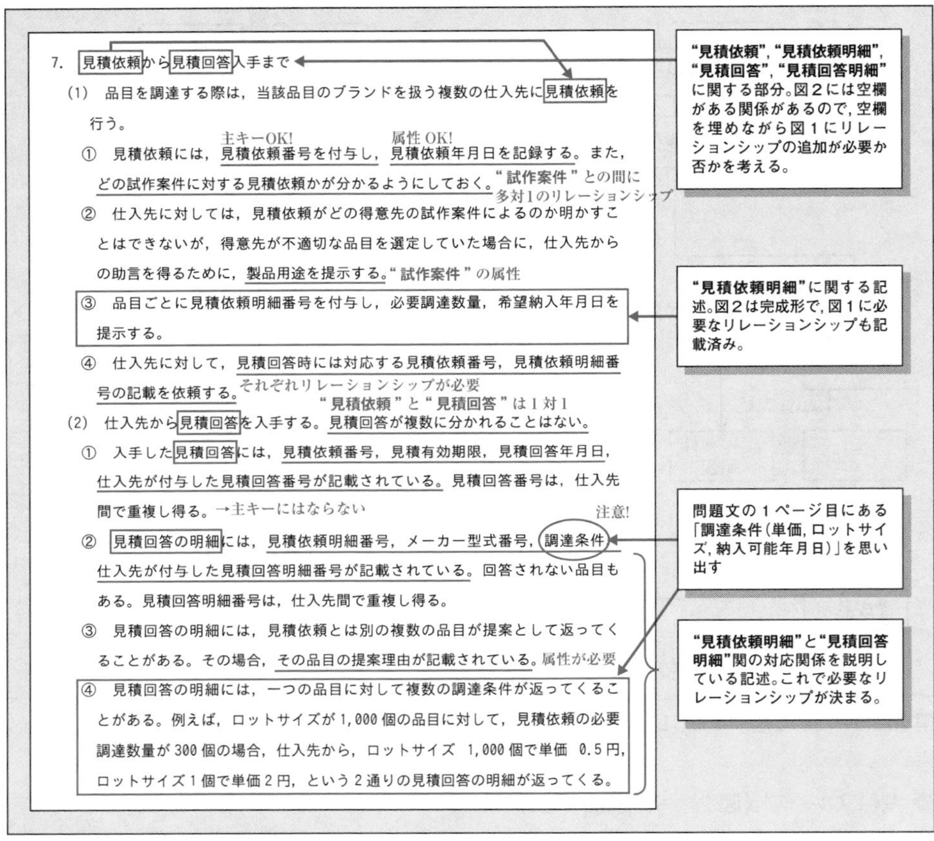
7. 見積依頼から見積回答入手まで

(1) 品目を調達する際は，当該品目のブランドを扱う複数の仕入先に見積依頼を行う。

① 見積依頼には，見積依頼番号を付与し，見積依頼年月日を記録する。また，どの試作案件に対する見積依頼かが分かるようにしておく。

② 仕入先に対しては，見積依頼がどの得意先の試作案件によるのか明かすことはできないが，得意先が不適切な品目を選定していた場合に，仕入先からの助言を得るために，製品用途を提示する。

③ 品目ごとに見積依頼明細番号を付与し，必要調達数量，希望納入年月日を提示する。

④ 仕入先に対して，見積回答時には対応する見積依頼番号，見積依頼明細番号の記載を依頼する。

(2) 仕入先から見積回答を入手する。見積回答が複数に分かれることはない。

① 入手した見積回答には，見積依頼番号，見積有効期限，見積回答年月日，仕入先が付与した見積回答番号が記載されている。見積回答番号は，仕入先間で重複し得る。

② 見積回答の明細には，見積依頼明細番号，メーカー型式番号，調達条件，仕入先が付与した見積回答明細番号が記載されている。回答されない品目もある。見積回答明細番号は，仕入先間で重複し得る。

③ 見積回答の明細には，見積依頼とは別の複数の品目が提案として返ってくることがある。その場合，その品目の提案理由が記載されている。

④ 見積回答の明細には，一つの品目に対して複数の調達条件が返ってくることがある。例えば，ロットサイズが 1,000 個の品目に対して，見積依頼の必要調達数量が 300 個の場合，仕入先から，ロットサイズ 1,000 個で単価 0.5 円，ロットサイズ 1 個で単価 2 円，という 2 通りの見積回答の明細が返ってくる。

解説図 8　問題文の読み進め方

ここには **“見積依頼”**，**“見積依頼明細”**，**“見積回答”**，**“見積回答明細”** に関することが書かれている。このうち関係 **“見積依頼明細”** と関係 **“見積回答”** については，**「図 2」** を確認するとすべて完成形だ。外部キーについいては **「図 1」** に記載されていないリレーションシップも存在する可能性が残る。一方，残りの関係 **“見積依頼”** と関係 **“見積回答明細”** については，**図 2** が完成形ではない。**空欄 c** と **空欄 d** がある。そのため，空欄を埋めながら **図 1** にリレーションシップの追加が必要か否かを考える。一つずつ考えていこう。

■ "見積依頼"

見積依頼（見積依頼番号，見積依頼年月日， c ）

見積依頼に関しては「**(1) の①②**」に記述されている。順番にチェックしていけばいいだろう。

問題文の「**(1)**」の後に続く「**複数の仕入先に見積依頼を行う。**」という記述から，関係 **"見積依頼"** に仕入先に関する情報が必要だということがわかるだろう。**図 2** には，これまで見てきた通り関係 **"仕入先"** があるので関係 **"仕入先"** に対する外部キー **'取引先コード'** を持たせる必要があると考える。**図 2** にはないので，**空欄 c** に **'取引先コード'** を追加する。これによって，**図 1** には **"仕入先" と "見積依頼" の間に 1 対多のリレーションシップが必要になるが**，記載されていないので追加する（**追加 A**）。「**仕入先は創立以来 1 回しか見積依頼ができない**」という常識外れの記述もないので，**"仕入先"** と **"見積依頼"** の間のリレーションシップは，1 対 1 ではなく，1 対多になる。

次に，問題文の「**見積依頼番号を付与し，見積依頼年月日を記録する。**」という記述から，関係 **"見積依頼"** の主キーが **'見積依頼番号'** で，非キー属性として **'見積依頼年月日'** が必要だということもわかる。ただ，これは**図 2** に記載済みである。

さらに，続く「**どの試作案件に対する見積依頼かが分かるようにしておく。**」という記述から，**"試作案件"** との間にもリレーションシップが必要だと考える。問題文の「**(1)**」の後の「**複数の仕入先に見積依頼を行う。**」という記述から，一つの試作案件に対して複数の見積依頼をすることがわかっている。また，特に「**複数の試作案件を一つにまとめて見積依頼とする**」という記述もないので **"試作案件" と "見積依頼" の間には 1 対多のリレーションシップ**があると判断できるだろう。**図 1** には無いので追加する必要がある（**追加 B**）。そして，その場合関係 **"見積依頼"** 側に関係 **"試作案件"** に対する外部キーの **'試作案件番号'** を持たせなければならない。これは**図 2** にはないので**空欄 c** の解答とする。

見積依頼に関する記述の最後のところ，問題文「**(1) ②**」には，「**仕入先からの助言を得るために，製品用途を提示する。**」という記述がある。一見すると，関係 **"見積依頼"** に **'製品用途'** も必要に見えるが，これを**空欄 c** に含めるのは早計である。**図 2** でリレーションシップを持たせた関係 **"試作案件"** と関係 **"仕入先"** の属性を確認する。すると関係 **"試作案件"** の属性に **'製品用途'** があるので，関係 **"見積依頼"** には持たせなくてもいいと判断できる。

以上より，**図 1** に**二つのリレーションシップ（追加 A）（追加 B）**を追加し，**空欄 c** を｛**試作案件番号，取引先コード**｝とする。

■"見積依頼明細"

見積依頼明細（見積依頼番号，見積依頼明細番号，メーカー型式番号，必要調達数量，希望納入年月日）

「見積依頼明細」に関しては，問題文の**「(1) の③」**に記述されている。**図 2** は完成形なので，**図 1** のリレーションシップの確認だけ行えばいい。

問題文の**「品目ごとに見積依頼明細番号を付与し,」**という記述から，主キーが **{見積依頼番号，見積依頼明細番号}** だという点と，関係**"品目"**に対する外部キーの**'メーカー形式番号'**を持っている理由がわかる。その後に続く**「必要調達数量，希望納入年月日を提示する。」**という記述から，**{必要調達数量，希望納入年月日}** の属性を持っている理由も確認できる。

そして，主キーの一部である**'見積依頼番号'**が関係**"見積依頼"**に対する外部キーであり，**'メーカー形式番号'**が関係**"品目"**に対する外部キーなので，**図 1** でそれぞれのリレーションシップを確認する。どちらも記載済みなので**図 1** に追加するリレーションはないと判断する。

■"見積回答"

見積回答（見積依頼番号，見積回答番号，見積有効期限，見積回答年月日）

「見積回答」に関しては，問題文の**「(1) の④」**と**「(2) の①」**に記述されている。関係**"見積回答"**も**図 2** は完成形なので，**図 1** のリレーションシップの確認だけでいいだろう。

まず，問題文の**「見積回答時には対応する見積依頼番号，見積依頼明細番号の記載を依頼する。」**という記述と**「(2) 仕入先から見積回答を入手する。見積回答が複数に分かれることはない。」**という記述から，**"見積依頼"と"見積回答"の間に 1 対 1 のリレーションシップが必要な**ことがわかる。後から発生する関係**"見積回答"**の**'見積依頼番号'**が，関係**"見積依頼"**に対する外部キーでもあると考えて，**図 1** にそのリレーションシップを追加する（**追加 C**）。

続く問題文の**「入手した見積回答には，見積依頼番号，見積有効期限，見積回答年月日，仕入先が付与した見積回答番号が記載されている。」**という記述は，**"見積回答"**に必要な属性を示している。そして最後の**「見積回答番号は，仕入先間で重複し得る。」**という記述は，見積回答番号が主キーにはなり得ないことを示している。これに**「見積回答が複数に分かれることはない。」**という要件が相まって**'見積依頼番号'**が主キーになっている。

■ “見積回答明細”

見積回答明細（見積回答明細番号，見積依頼明細番号，単価，納入可能年月日，
　　　　　　[d]）

＜問題文の（2）の②の解釈＞

問題文の**「(2) の②」**から一つずつ順番にチェックしていく。まずは**「②」**の**「見積回答の明細には，見積依頼明細番号，メーカー型式番号，調達条件，仕入先が付与した見積回答明細番号が記載されている。」**という記述からだ。この記述の中で，**図 2** に記載されていないのは**「メーカー型式番号」**と**「調達条件」**になる。

「メーカー型式番号」は，関係**“品目”**の主キーである。したがって，関係**“品目”**に対する外部キーだと考えて，**空欄 d** には**‘メーカー型式番号’**を追加する。そして，**図 1** には，そのリレーションシップが記載されていないので追加することを考える。常識的に考えて，1つの**“品目”**に対して，複数の**“見積回答明細”**が存在するはずなので，**図 1** には**“見積回答明細”と“品目”の間に多対 1 のリレーションシップを追加する（追加 D）**。

続く**「調達条件」**だが，具体的には**‘単価’**，**‘ロットサイズ’**，**‘納入可能年月日’**の三つを指している。この点に関しては，問題文の 1 ページ目**〔現行業務〕**段落の**「4. 得意先と仕入先」**の**（4）**に**「調達条件（単価，ロットサイズ，納入可能年月日）」**と明記されていることを思い出すしかない。あるいは，次のような記述を頼りに気付くしかないだろう。

- **図 2** の関係**“見積回答明細”**には**‘単価’**と**‘納入可能年月日’**が既に記載されているが，その説明が**「7. 見積依頼から見積回答入手まで」**には**「(2) の④」**以外にない。
- 問題文の**「7. 見積依頼から見積回答入手まで」**の**「(2) の④」**には**「調達条件」**として，なぜか**「ロットサイズ」**と**「単価」**を使って例示している。

これに気付けば，**図 2** の関係**“見積回答明細”**には，三つの調達条件のうち**‘単価’**と**‘納入可能年月日’**は記載済みなので，**空欄 d** には**‘ロットサイズ’**が必要だとわかるだろう。

続く**「見積回答明細番号は，仕入先間で重複し得る。」**いう記述から，関係**“見積回答明細”**の主キーが**‘見積回答明細番号’**だけではないことがわかる。重複するということは，一意にはならないからだ。そこから，**空欄 d** には，関係**“見積回答明細”**の主キーの一部が必要だと考える。**図 1** を確認すると**“見積回答”**と**“見積回答明細”**の間に 1 対多のリレーションシップがあることに気付くだろう。これは伝票形式で強エンティティと弱エンティティになっていることを示唆している。この問題には，この関係が多い（解説図 9 参照）。

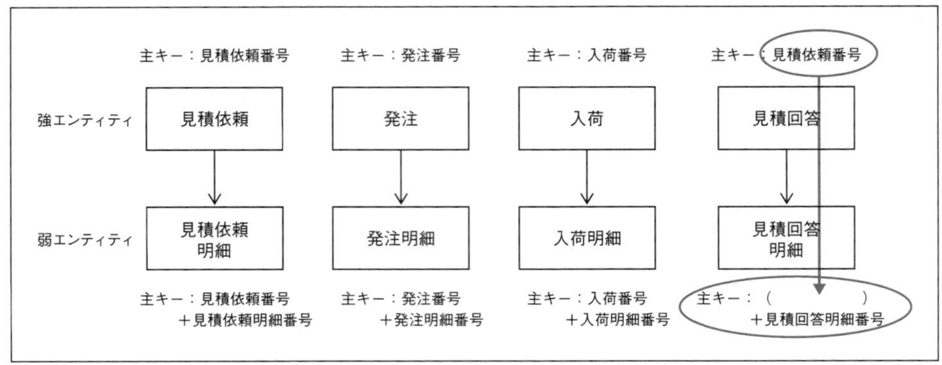

解説図 9　伝票形式の関係（"鏡" と "明細" の関係）

そう考えれば，主キーは容易にわかるはずだ。関係 **"見積回答明細"** の主キーは **{見積依頼番号, 見積回答明細番号}** になる。よって**空欄 d** には **'見積依頼番号'** が必要になる。ここまでを整理すると，**空欄 d** は **{見積依頼番号, メーカー型式番号, ロットサイズ}** になっている。

<問題文の（2）の③の解釈>

続いて，問題文の **「(2) の③」** の **「見積回答の明細には，見積依頼とは別の複数の品目が提案として返ってくることがある。その場合，その品目の提案理由が記載されている。」** という記述について考える。先に確認した通り，関係 **"見積依頼明細"** のインスタンスは品目ごとに作成されている。それに対して，**「見積回答明細」** は複数の品目が返ってくると言っている。つまり，**"見積依頼明細"** と **"見積回答明細"** は 1 対多の関係にあることがわかる。**空欄 d** には **'見積依頼番号'** を加えようとしているので，関係 **"見積依頼明細"** に対する外部キー **{見積依頼番号, 見積依頼明細番号}** は存在する。したがって，**図 1** に **"見積依頼明細" と "見積回答明細" の間に 1 対多のリレーションシップを追加する（追加 E）**。そして，**「その品目の提案理由が記載されている。」** という記述から，**空欄 d** に **'提案理由'** も追加する。

<問題文の（2）の④の解釈>

最後に **「(2) の④」** をチェックする。**「見積回答の明細には，一つの品目に対して複数の調達条件が返ってくることがある。」** という記述に関しては，これまでに追加してきたことで実現できている。具体的には **"見積依頼明細"** と **"見積回答明細"** との間に 1 対多のリレーションシップを持たせることと，**"見積回答明細"** に調達条件を持たせていることだ。それ以後の記述は例なので，**図 1** にも**図 2** の空欄にも，ここで新たに追加するものはない。

以上より，**図 1** には 2 本のリレーションシップを追加し（**追加 D，E**），**空欄 d** は **{見積依頼番号, メーカー型式番号, ロットサイズ, 提案理由}** とする。

● 概念データモデル（図 1）への追加（その 2）

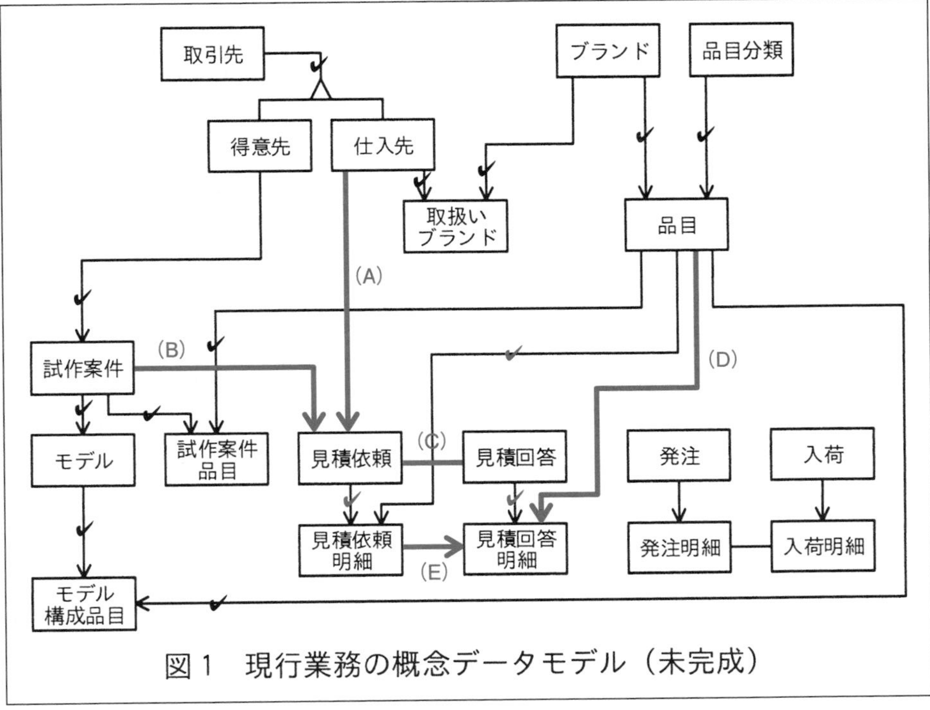

解説図 10　ここで追加するリレーションシップ（赤線）

● 関係スキーマ（図 2）への追加（その 2）

見積依頼（<u>見積依頼番号</u>，見積依頼年月日，**試作案件番号，取引先コード**）…**空欄 c**

見積回答明細（<u>見積回答明細番号</u>，見積依頼明細番号，単価，納入可能年月日，**見積依頼番号，メーカー型式番号，ロットサイズ，提案理由**）…**空欄 d**

解説図 11　空欄の解答（枠内），赤字が今回追加した部分

STEP-5. 問題文３～４ページ目の「8. 発注から入荷まで」の読解

8. 発注から入荷まで

(1) 仕入先からの見積回答を受けて，得意先と相談の上，品目ごとに妥当な調達条件を一つだけ選定する。

① 選定した調達条件に対応する見積回答明細を発注明細に記録し，発注ロット数，指定納入年月日を決める。

② 同時期に同じ仕入先に発注する発注明細は，試作案件が異なっても，1 回の発注に束ねる。

主キーOK!　属性 OK!

③ 発注ごとに発注番号を付与し，発注年月日と発注合計金額を記録する。

(2) 発注に基づいて，仕入先から品目を入荷する。

主キーOK!　属性 OK!

① 入荷ごとに入荷番号を付与し，入荷年月日を記録する。

② 入荷の品目ごとに入荷明細番号を発行する。1 件の発注明細に対して，入荷が分かれることはない。

主キーOK!

③ 入荷番号と入荷明細番号が書かれたシールを品目の外装に貼って，製造担当へ引き渡す。

“発注”，“発注明細”，“入荷”，“入荷明細”に関する部分。図2には空欄 e があるので，そこに何が入るかを考える。後は，図 1 にリレーションシップの追加が必要か否かを考える。

“発注”と“試作案件”の間にリレーションシップはないということ。単位を考える。

“発注明細”と“入荷明細”との間に 1 対 1 のリレーションシップがあることに言及している記述。

解説図 12　問題文の読み進め方

ここには **“発注”**，**“発注明細”**，**“入荷”**，**“入荷明細”** に関することが書かれている。**「図 2」** を確認すると，この四つの関係のうち関係 **“発注明細”** 以外は完成形である。したがって関係 **“発注明細”** について**空欄 e** を埋めることと，**図 1** に必要なリレーションシップがあるのかないのかを最優先に考える。そして，その次に関係 **“発注明細”** 以外の関係の外部キーを確認して，**図 1** にリレーションシップが欠けていないかをチェックする。

■ “発注”

発注に関しては **「(1) の②③」** に記述されている。**図 2** の関係 **“発注”** の主キーと属性に関しても **「(1) の③」** に記載されている通りだ。ただ，**「(1) の②」** の **「同時期に同じ仕入先に発注する発注明細は，試作案件が異なっても，1 回の発注に束ねる。」** という記述に関しては，注意が必要である。この記述は，ひとつには **“試作案件”** と **“発注”** の間にはリレーションシップがないことを意味している。もちろん **“見積回答”** ともリレーションシップはない。したがって，この記述によって，**図 1** に **“発注”** と他のエンティティとの間にリレーションシップを追加する必要がないことが確定できる。**“発注”** の単位は，同時期の仕入先でまとめられているので，独自のくくりになるわけだ。

■ “発注明細”

発注明細（発注番号，発注明細番号，指定納入年月日， e ）

発注明細に関しては，問題文の「**(1) と (1) の①**」に記述されている。まずは「**仕入先からの見積回答を受けて，得意先と相談の上，品目ごとに妥当な調達条件を一つだけ選定する。**」という記述を正確に把握する。ここで **“見積回答明細”** が「**品目の調達条件ごと**」に作成されることを思い出す。覚えていれば **“見積回答明細”** と **“発注明細”** が1対1の関係にあることに気付くだろう。問題文の「**(1) の①**」に「**選定した調達条件に対応する見積回答明細を発注明細に記録し**」という記述もあるため，さほど難しいことではない。そこに気付きさえすれば，**空欄 e** に（**“発注明細”** が後から発生するので）**“見積回答明細”** に対する外部キー｛**見積依頼番号，見積回答明細番号**｝が必要なことと，**図 1** にそのリレーションシップが必要なことがわかるだろう。**図 1 に “見積回答明細” と “発注明細” の間に 1 対 1 のリレーションシップを追加する（追加 F）。**

そして，問題文の「**(1) の①**」の「**発注ロット数，指定納入年月日を決める。**」という記述から，この二つの属性を関係 **“発注明細”** に持たせる必要があるかどうかについて考える。基本的には，1対1でリレーションシップを持つことから関係 **“見積回答依頼”** に存在する属性で。かつ値が変わらないのなら **“発注明細”** には冗長になるから持たせないようにしなければならないからだ。

まず **‘指定納入年月日’** に関しては **図 2** に記載済みなので，必要かどうかを考えなくてもいい。考えるのは **‘発注ロット数’** になる。**‘発注ロット数’** は **“見積回答明細”** にはないので **“発注明細”** に必要である。常識的に考えても「**いくつ発注するのか？**」は発注側が決めるもの。「**見積回答通りに発注する**」のならいざ知らず，今回は関係 **“見積回答明細”** にもないので，関係 **“発注明細”** に必要になる。**図 2** は無いので，**空欄 e** に必要になる。

以上より，**空欄 e は｛見積依頼番号，見積回答明細番号，発注ロット数｝になる。**

■ “入荷”, “入荷明細”

入荷と入荷明細に関しては，問題文の「**(2) と (2) の①②③**」に記述されている。**“入荷”** と **“入荷明細”** の主キーと属性に関しては，**図 2** に記載されている通りである。問題文の「**1 件の発注明細に対して，入荷が分かれることはない。**」という記述から，**“発注明細”** と **“入荷明細”** の間に1対1のリレーションシップが必要だということがわかる（**図 1** には記載済み）。

また，「**入荷ごとに入荷番号を付与し，入荷年月日を記録する。**」という記述はあるものの，発注との関係に関しての記述はない。ただ，指定入荷年月日は発注明細単位になっている。一つの発注で複数の指定入荷年月日が存在する可能性がある（常識的にも，普通にある）。だとすれば **“発注”** と **“入荷”** の間にリレーションシップを設けることができないことがわかるだろう。1対1でも1対多や多対1でもないからだ。以上より，**図 1** に追加するリレーションシップもない。

● 概念データモデル（図 1）への追加（その 3）

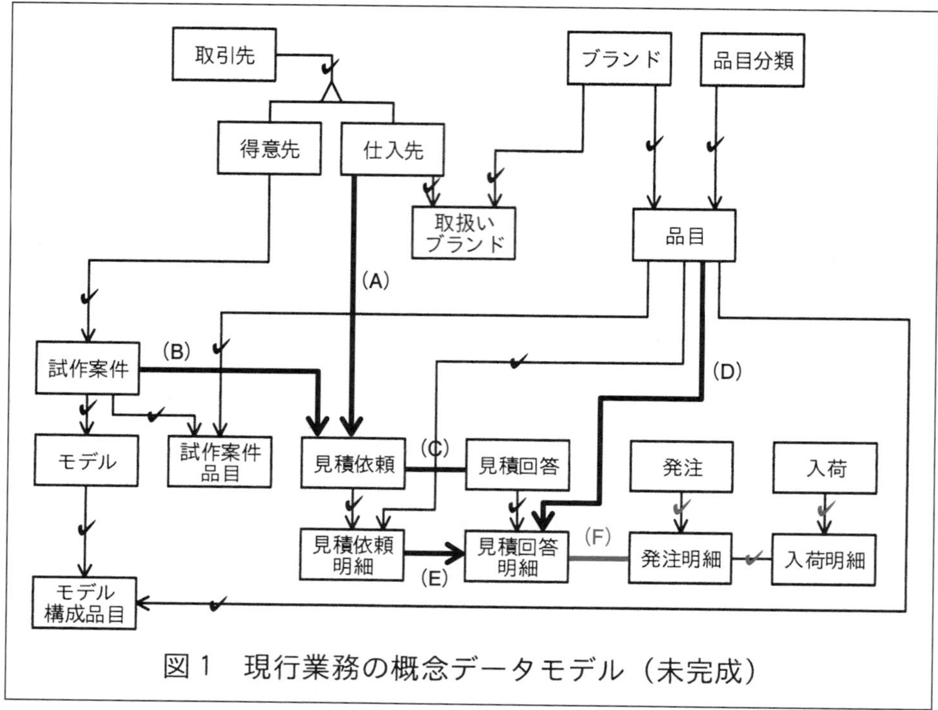

解説図 13　ここで追加するリレーションシップ（赤線）

● 関係スキーマ（図 2）への追加（その 3）

発注明細（発注番号，発注明細番号，指定納入年月日，
見積依頼番号，見積回答明細番号，発注ロット数）…空欄 e

解説図 14　空欄の解答（枠内），赤字が今回追加した部分

■ 設問3

設問3の解答例

<table>
<tr><th colspan="4">設問</th><th colspan="2">解答例・解答の要点</th><th>備考</th></tr>
<tr><td rowspan="8">設問3</td><td rowspan="3">(1)</td><td colspan="2">(a)</td><td colspan="2">・品目分類に自己参照型のリレーションシップを追加する。
・品目分類に再帰リレーションシップを追加する。
・品目分類から自分自身へ1対多のリレーションシップを追加する。</td><td></td></tr>
<tr><td colspan="2" rowspan="2">(b)</td><td>関係名</td><td>品目分類</td><td></td></tr>
<tr><td>属性名</td><td>上位品目分類コード</td><td></td></tr>
<tr><td rowspan="5">(2)</td><td colspan="2">(a)</td><td colspan="2">発注明細と入荷明細との間のリレーションシップを，1対1から1対多へ変更する。</td><td></td></tr>
<tr><td rowspan="4">(b)</td><td rowspan="2">①</td><td>関係名</td><td>発注明細</td><td rowspan="4">①と②は順不同</td></tr>
<tr><td>属性名</td><td>発注残ロット数</td></tr>
<tr><td rowspan="2">②</td><td>関係名</td><td>入荷明細</td></tr>
<tr><td>属性名</td><td>入荷ロット数</td></tr>
</table>

設問3は〔**利用者の要望**〕段落に関するもの。これまでの設問は，現状の要件に対する概念データモデルと関係スキーマを完成させるものだったが，それを変更したいという要望が上がったので，それに対して**図1**の概念データモデルと**図2**の関係スキーマを，どう変更すればいいのかが問われている。

問われていること自体は基本的なことで，それほど考えることもなく解答できるもの。設問1と設問2に少々時間がかかっていたとしても，落ち着いていれば短時間で解答できると思う。

■ 設問3（1）

最初の問題は，品目の階層化をしたいという利用者の要望に関するもの。**「品目分類を大分類，中分類，小分類のような階層的な構造にしたい。当面は3階層でよいが，将来的には階層を増やす可能性がある。」**に関連する問題だ。現状の品目分類は**図1**や**図2**でも確認できるが**“品目分類”**で示されている。属性は**{品目分類コード，品目分類名}**で階層化はされていない。

そして，解答しなければならないことは次のようなことになる。

(1)　“1. 品目分類の階層化”に対応できるよう，次の変更を行う。

(a)　図 1 の概念データモデルでリレーションシップを追加又は変更する。該当するエンティティタイプ名を挙げ，どのように追加又は変更すべきかを，30 字以内で答えよ。

(b)　図 2 の関係スキーマにおいて，ある関係に一つの属性を追加する。属性を追加する関係名及び追加する属性名を答えよ。

エンティティを階層化する場合，一般的には，階層ごとにエンティティを作成する場合と自己参照する場合の二通りが考えられる。この二つのパターンは，過去問題でも（今回のように設問になることは少なかったが）頻繁に登場している。

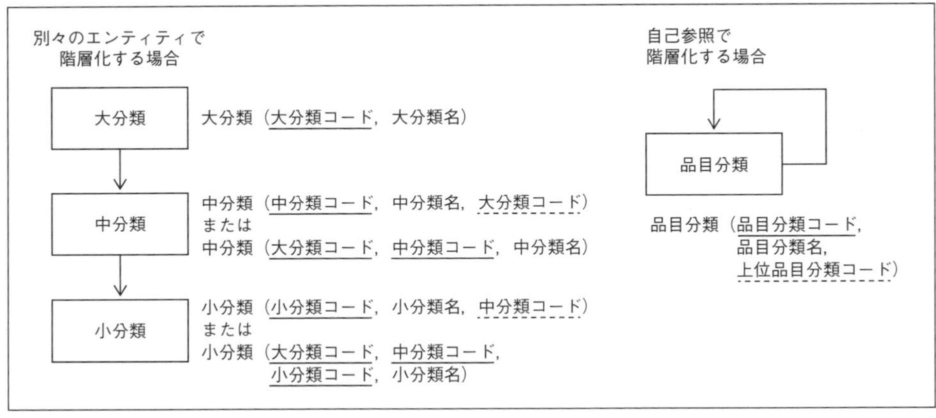

解説図 15　エンティティを階層化する時の主要な二つの方法

どちらが適しているかは，将来の拡張性によって決めることが多い。将来，拡張性が考えられない場合は別エンティティで定義すればいいが，階層が深まったり，浅くなったりする場合は自己参照する場合の方がやりやすい。

今回は**「将来的には階層を増やす可能性がある。」**ということなので，自己参照する場合の方が適している。対象になるのは**“品目分類”**なので，**“品目分類”**の属性に，外部キーとして‘**上位品目分類コード**’を持たせればいいだろう**（設問 3（1）（b））**。**図 1** には，そのリレーションシップを追加することになるが，それを言葉にすると**「品目分類に自己参照型のリレーションシップを追加する。（26 字）」**などとなる**（設問 3（1）（a））**（解答例参照）。

■ 設問３（2）

最後の問題は**「仕入先からの分納」**に関する利用者の要望だ。**「一部の仕入先から１件の発注明細に対する納品を分けたいという分納要望が出てきた。分納要望に応えつつ，未だ納入されていない数量である発注残ロット数も記録するようにしたい。」**というもの。よくある話である。

現状は，**「1 件の発注明細に対して，入荷が分かれることはない。」**という要件がある。それで**“発注明細”**と**“入荷明細”**は１対１の関係になっている。そこから，設問で問われているように変更することで，この**「仕入先からの分納」**に関する利用者の要望を実現する。

> (2)　“2．仕入先からの分納”に対応できるよう，次の変更を行う。
> 　(a)　図 1 の概念データモデルでリレーションシップを追加又は変更する。該当するエンティティタイプ名を挙げ，どのように追加又は変更すべきかを，45 字以内で答えよ。
> 　(b)　図 2 の関係スキーマにおいて，ある二つの関係に一つずつ属性を追加する。属性を追加する関係名及び追加する属性名をそれぞれ答えよ。

まず**「一部の仕入先から 1 件の発注明細に対する納品を分けたいという分納要望が出てきた。」**という要望に対しては，現状１対１のリレーションシップになっている**“発注明細”**と**“入荷明細”**を１対１から１対多に変えれば実現できる。１回の発注明細に対して，複数回の入荷明細の可能性が出てくるからだ。複数の発注明細（**“発注明細”**）を１回の入荷（**“入荷明細”**）に集約することはなさそうなので（問題文で特に言及していないので），**“発注明細”**と**“入荷明細”**は（多対多にはせず）１対多でいいだろう。したがって，**設問 3 の（2）（a）**の解答は**「発注明細と入荷明細との間のリレーションシップを，1 対 1 から 1 対多へ変更する。(38 字)」**とすればいいだろう。

そして，**設問 3（2）（b）**について考える。**「ある二つの関係」**は，迷うことなく**“発注明細”**と**“入荷明細”**だとわかるはず。後は**図 2**で現状の属性を確認して，追加する必要のある属性をそれぞれ考える。

> 発注明細（<u>発注番号</u>，<u>発注明細番号</u>，指定納入年月日，見積依頼番号，見積回答明細番号，発注ロット数）
> 入荷明細（<u>入荷番号</u>，<u>入荷明細番号</u>，発注番号，発注明細番号）

利用者の要望は**「分納要望に応えつつ，未だ納入されていない数量である発注残ロット数も記録するようにしたい。」**と続いている。まずは**「発注残ロット数も記録するようにしたい。」**とストレートに書いているので**'発注残ロット数'**は必須になる。後は，どちらに持たせるべきかを考えるだけ。これは**「発注残」**と言っている以上，**"発注明細"**に持たせるのが一般的だ。一つの発注に対して複数の入荷があるわけだから，残の管理はその**"一つの発注側"**で実施する。したがって，**設問3（2）（b）**の一つの解答は，関係**"発注明細"**に属性名**'発注残ロット数'**になる。

続いて，関係**"入荷明細"**には，どのような属性を追加する必要があるのかを考える。現状の関係**"入荷明細"**には**'入荷数'**を持たせていない。これは，**「1件の発注明細に対して，入荷が分かれることはない。」**という要件と，さらには（問題文には明記されていないが）発注ロット数と異なる入荷ロット数がないという要件があるからだ。それゆえ，**"発注明細"**と**"入荷明細"**も1対1のリレーションシップにして，関係**"入荷明細"**にも**'入荷数'**を持たせていない。その現状が，分納にすると成立しない。ひとつの発注明細に対して，複数の入荷明細ができるわけだから，その都度，いくつ入荷したのかを記録する必要がある。以上より，関係**"入荷明細"**に属性**'入荷ロット数'**を追加する**（設問3（2）（b）のもうひとつの解答）**。

令和５年度　午後Ⅰ　問２　解説

問 2

■ IPA 公表の出題趣旨と採点講評

出題趣旨
システムの再構築では，現状業務の概念データモデリングを行い，現状のデータ構造を理解してから新規の概念データモデリングを行うことがある。この場合，現状業務と新規要件を正確に概念データモデルに反映することが求められる。 本問では，ホテルの予約システムの再構築を題材として，現状業務及び新規要件を概念データモデル，関係スキーマに反映する能力，業務処理及び制約の条件を整理する能力を問う。

採点講評
問 2 では，ホテルの予約システムの再構築を題材に，概念データモデル及び関係スキーマ，並びに業務処理及び制約について出題した。全体として正答率は平均的であった。 設問 1 では，(2)ウの正答率が低かった。宿泊割引券番号と館内施設割引券番号のどちらかだけを記述した解答が散見された。館内施設割引券が宿泊割引券と併用可能であることを，正確に状況記述から読み取ってほしい。 設問 2 では，(1)a の正答率がやや低かった。a を，宿泊ではなく予約とした誤答が散見された。予約者と宿泊者は異なる場合があり，宿泊者が会員の場合に宿泊割引券が発行されることから正しい条件を導き出してほしい。 設問 3 では，(2)ク～サの正答率がやや低かった。サブタイプの視点での関係スキーマの属性を整理することは実務でもよくあることであり，理解を深めてほしい。

■ 問題文を確認する

本問の構成は以下のようになっている。

問題タイトル：概念データモデリング（データベース設計）
題材：ホテルの予約システム
ページ数：7P
第 1 段落　〔現状業務の分析結果〕
第 2 段落　〔新規要件〕
　　表 1　ポイント増減の具体例
第 3 段落　〔概念データモデルと関係スキーマの設計〕
　　図 1　現状の概念データモデル（未完成）
　　図 2　現状の関係スキーマ（未完成）
　　図 3　新規要件に関する概念データモデル（未完成）
　　図 4　新規要件に関する関係スキーマ（未完成）

令和 5 年の問 2 も（問 1 と同じ）**「データベース設計」**の問題だった。概念データモデルと関係スキーマを完成させる問題を中心に学習していた受験生にとっては幸運だったかもしれない。

■ 設問を確認する

設問1は，午後IIと同じ**「概念データモデル，関係スキーマの完成」**である。午後II対策をしていれば，その技術で解答できる設問で，午後Iとしての準備は不要な部分だ。ここは想定通りなので，想定していた手順で解答すればいいところになる。内容も，ひねったところは少なく素直な問題が多かった。短時間で高得点を狙っていきたいところになる。

設問2は，業務処理及び制約の条件を整理する能力を問う問題だ。概念データモデルや関係スキーマを完成させる設問が中心のデータベース設計の問題では，設問2のような概念データモデルや関係スキーマを完成させる以外の問題には，最初に目を通しておくのも一つの手だと思う。

最後の設問3も午後IIと同じ**「概念データモデル，関係スキーマの完成」**である。設問1で完成させた概念データモデルと関係スキーマに新たな要望を追加するというもの。これもよくあるパターンになる。内容は基本中の基本になるので，ここも短時間で高得点を確保できるところになる。

設問		分類	過去頻出
1	1	概念データモデルの完成（リレーションシップを記入）	あり
	2	関係スキーマの完成（属性の穴埋め，主キー，外部キー）	あり
2	1	現状の業務処理を読み取る問題	なし
	2	現状の制約条件を読み取る問題	なし
3	1	概念データモデルの完成（リレーションシップを記入）	あり
	2	関係スキーマの完成（属性の穴埋め，主キー，外部キー）	あり
	3	現状の業務処理を読み取る問題	なし

■ 解答戦略－45分の使い方－を考える

問題文と設問を確認したら，次に時間配分を考える。このとき，時間を計測して過去問題を解く練習をしていたことが役に立つ。その手順は，例えば次のような方法がある。

【データベース設計の問題の構成要素と確認】

① データベース設計の問題の3点セットを確認する。
　a)　概念データモデルの図
　b)　関係スキーマの図
　c)　主な属性とその意味・制約の表（今回はこの表はない）
② 問題文の該当箇所の対応付け
　→　その中で説明されるものが，どのエンティティのものなのかを確認
③ 設問の確認
　a)　概念データモデルの完成（どれくらいの数があるか？）
　　　エンティティの追加はあるのか？
　　　リレーションシップの追加はあるのか？　ゼロと1は？
　b)　作成したモデルからの変更はあるのか？（今回はなし）
　c)　その他，正規化やキーに関する基礎理論の問題があるのか？（今回はなし）

今回は，**「データベース設計（設問1，設問3）」**と**「業務処理及び制約の条件を整理する問題（設問2）」**に分かれているので，まずはそこを大まかに配分した方がいいだろう。

まずは，一つ目の**「データベース設計（設問1）」**にどれくらいの時間を使うかを考える。設問1の対象となりそうな問題のページ数は，約2.5ページ。**「図2　現状の関係スキーマ（未完成）」**も埋めなければならない空欄は4つしかない。つまり，4つの関係について問題文から読み取るだけでいい。**「図1　現状の概念データモデル（未完成）」**に追加するリレーションシップがいくつなのかはわからないが，できれば1ページ5分で解答していくとして15分以内を目指したい。

次に**「データベース設計（設問3）」**にどれくらいの時間を使うかを考える。設問3の対象となるページ数は約1ページと短いが，**「図4　新規要件の関係スキーマ（未完成）」**の埋めなければならない空欄は7つある。**「図3　新規要件の概念データモデル（未完成）」**に追加するリレーションシップも多そうだ。問題文が短いので，さほど時間はかからないと思うが，解答数は多そうだ。そのため，最低でも設問1と同じ15分，できれば20分は時間をかけたいところだ。

そう考えれば，設問2は10分～15分で乗り切りたい。設問1を解きながら同時並行で解くことも考えたい。

■ 設問 1

設問 1の解答例

設問		解答例・解答の要点		備考
設問 1	(1)	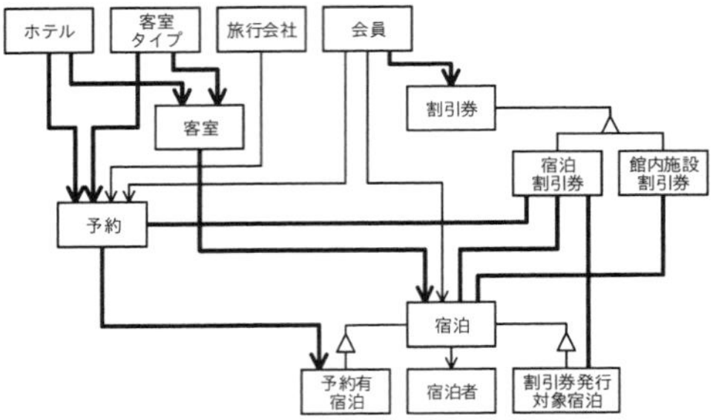		
	(2)	ア	客室タイプコード	
		イ	ホテルコード，客室タイプコード，旅行会社コード，宿泊割引券番号	
		ウ	ホテルコード，客室番号，宿泊割引券番号，館内施設割引券番号	
		エ	予約番号	

設問 1 は，未完成の概念データモデルと関係スキーマを完成させる問題になる。概念データモデルに関しては，今回はリレーションシップの追加だけを考えればいい。エンティティの追加はなく，リレーションシップも 0 と 1 を区別する必要もないシンプルなものだ。他方，関係スキーマに関しては空欄の属性を埋める問題になる。

したがって，最初に軽く問題文と**「図 1　現状の概念データモデル（未完成）」**及び**「図 2　現状の関係スキーマ（未完成）」**を対応付けて，どこに何の説明が書かれているのかを把握する**（STEP-1）**。その後，問題文の該当箇所を順次読み進めながら**空欄（ア）～空欄（エ）**の埋められる部分から埋めていけばいいだろう。その際に，外部キーか否かを判断して，必要に応じてリレーションシップを加えていこう。

STEP-1. 概念データモデル，関係スキーマ，問題文を対応付ける

まずは**「図 1　現状の概念データモデル（未完成）」**と**「図 2　現状の関係スキーマ（未完成）」**，及び問題文の該当箇所を対応付ける**（解説図 1）**。この時の手順は次のように考える。今回は，問題文の**〔現状業務の分析結果〕**が 9 つに分かれているので，それをサクッと対応付ける。後は，そのまま **STEP-2** に進めていけばいいだろう。

(3) 概念データモデルでは，リレーションシップについて，対応関係にゼロを含むか否かを表す“○”又は“●”は記述しない。

(4) サブタイプが存在する場合，他のエンティティタイプとのリレーションシップは，スーパータイプ又はいずれかのサブタイプの適切な方との間に設定する。

2. 〔現状業務の分析結果〕に基づく設計

現状の概念データモデルを図1に，関係スキーマを図2に示す。

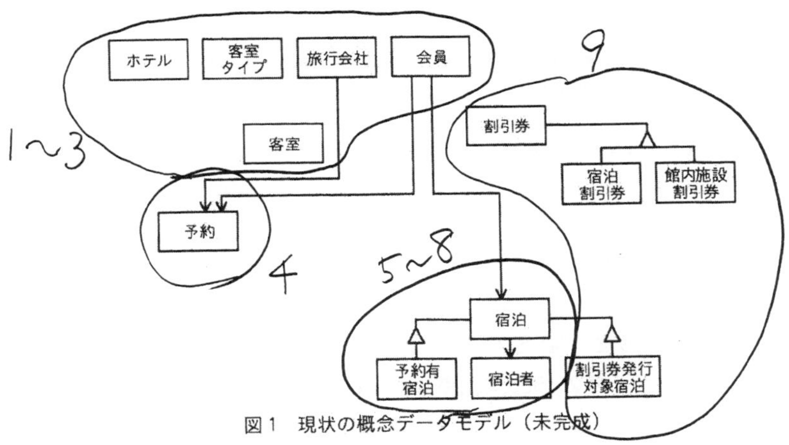

図1　現状の概念データモデル（未完成）

1 ホテル（ホテルコード，ホテル名）
客室タイプ（客室タイプコード，客室タイプ名，定員数）
客室（ホテルコード，客室番号，［ア］）

3 旅行会社（旅行会社コード，旅行会社名）

2 会員（会員番号，メールアドレス，氏名，生年月日，電話番号，郵便番号，住所）

4 予約（予約番号，予約者氏名，住所，予約区分，チェックイン予定年月日，泊数，客室数，宿泊人数，1室当たり宿泊料金，予約時前払い金額，会員番号，［イ］）

5~8 宿泊（宿泊番号，予約有無区分，泊数，宿泊人数，宿泊料金，チェックイン時前払い金額，館内施設利用料金，チェックアウト時精算金額，割引券発行区分，チェックイン年月日時刻，チェックアウト年月日時刻，会員番号，［ウ］）
予約有宿泊（宿泊番号，［エ］）

9 割引券発行対象宿泊（宿泊番号，割引券発行済フラグ）
宿泊者（宿泊番号，宿泊者明細番号，氏名，住所）
割引券（割引券番号，割引券区分，割引券名，割引金額，有効期限年月日，発行年月日，割引券ステータス，会員番号）
宿泊割引券（割引券番号，発行元宿泊番号）
館内施設割引券（割引券番号，ダイレクトメール送付年月日）

図2　現状の関係スキーマ（未完成）

— 17 —

解説図1　図1，図2と問題文の対応付けの例

STEP-2. 問題文１ページ目の「1. ホテル」,「2. 会員」,「3. 旅行会社」の読解

1. ホテル

(1) 全国各地に 10 のホテルを運営している。ホテルはホテルコードで識別する。（主キー OK!）

(2) 客室はホテルごとに客室番号で識別する。（主キー OK!）

(3) 客室ごとに客室タイプを設定する。客室タイプはホテル共通であり，客室タイプコードで識別する。（主キー OK!）客室タイプにはシングル，ツインなどがある。

(4) 館内施設として，レストラン，ショップ，プールなどがある。

2. 会員

利用頻度が高い客向けの会員制度があり，会員は会員番号で識別する。（主キー OK!）会員には会員番号が記載された会員証を送付する。

3. 旅行会社

X 社のホテルの宿泊予約を取り扱う複数の旅行会社があり，旅行会社コードで識別する。（主キー OK!）

“ホテル”，“客室”，“客室タイプ”，“会員”，“旅行会社”に関する部分。図2には“客室”にだけ空欄があるので，空欄を埋めるとともに，図1に必要なリレーションシップを考える。

解説図２　問題文の読み進め方

ここには **“ホテル”**，**“客室”**，**“客室タイプ”**，**“会員”**，**“旅行会社”** に関することが書かれている。この五つの関係について **「図２　現状の関係スキーマ（未完成）」** を確認すると，関係 **“客室”** に **空欄ア** があることがわかる。したがって，**空欄ア** を埋めるとともに **「図１　現状の概念データモデル（未完成）」** と突き合わせをしながら，必要に応じてリレーションシップを加えていけばいいだろう。

■ “客室”

客室（<u>ホテルコード</u>，<u>客室番号</u>，［　ア　］）

問題文の **「客室はホテルごとに客室番号で識別する。」** という記述から，関係 **“客室”** の主キーは **{ホテルコード，客室番号}** だということがわかる。この主キーは，**図２** は記載済みなので **空欄ア** に追加するものはないが，主キーの一部である **‘ホテルコード’** は **“ホテル”** に対する外部キーなのに **図１** に記載が無いので追加しなければならない。常識的にひとつのホテルには複数の客室があるので，**“ホテル” と “客室” 間に１対多のリレーションシップを追加する（追加 A）**。

また，問題文の **「客室ごとに客室タイプを設定する。」** という記述から，関係 **“客室”** には，関係 **“客室タイプ”** に対する外部キーが必要なこともわかる。**「客室タイプはホテル共通であり」** という記述があり，ホテルごとに客室タイプが存在するわけではないので，**“客室”** から直接 **“客室タイプ”** にリレーションシップを持たせればいい（関係 **“客室”** の属性として関係 **“客室タイプ”**

に対する外部キーを持たせればいい）こともわかる。**図 2** の関係 **“客室”** には，その属性が記載されていないので，**空欄ア**に **‘客室タイプコード’** を持たせる。そして，**図 1** にそのリレーションシップが無いので追加する。ひとつの客室にはひとつの客室タイプが存在し，ひとつの客室タイプは（常識的に）複数の客室に適用されると考えられるので，**“客室タイプ” と “客室” の間に 1 対多のリレーションシップを追加する（追加 B）**。

■ “ホテル”，“客室タイプ”，“会員”，“旅行会社”

これらの関係については，**図 2** は完成形で追加するものは無く，ここの記述からは，特に**図 1** に追加すべきリレーションシップもない。

● 概念データモデル（図 1）への追加（その 1）

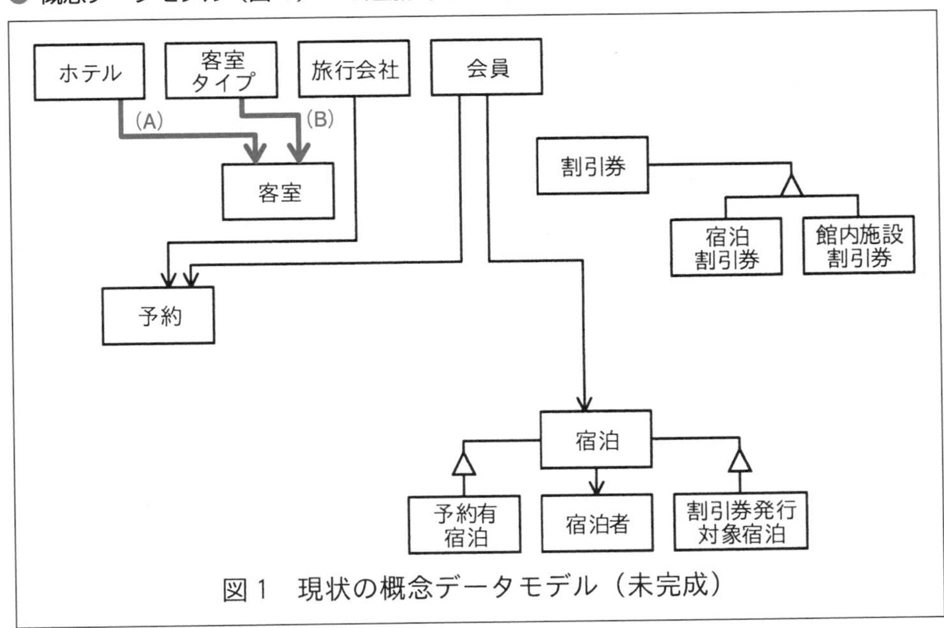

解説図 3　ここで追加するリレーションシップ（赤線）

● 関係スキーマ（図 2）への追加（その 1）

客室（ホテルコード，客室番号，客室タイプコード）…**空欄ア**

解説図 4　空欄の解答（枠内），赤字が今回追加した部分

STEP-3. 問題文 1 ページ目の「4. 予約」の読解

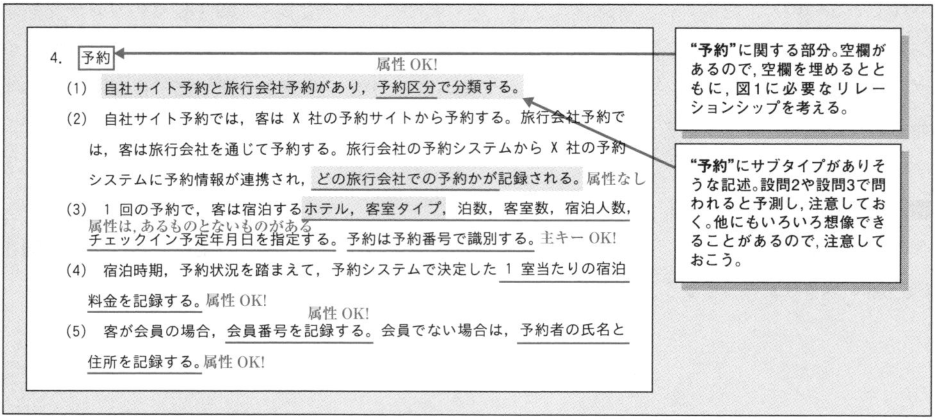

4. 予約

属性 OK!

(1) 自社サイト予約と旅行会社予約があり，予約区分で分類する。

(2) 自社サイト予約では，客は X 社の予約サイトから予約する。旅行会社予約では，客は旅行会社を通じて予約する。旅行会社の予約システムから X 社の予約システムに予約情報が連携され，どの旅行会社での予約かが記録される。属性なし

(3) 1 回の予約で，客は宿泊するホテル，客室タイプ，泊数，客室数，宿泊人数，チェックイン予定年月日を指定する。予約は予約番号で識別する。主キー OK!

属性は，あるものとないものがある

(4) 宿泊時期，予約状況を踏まえて，予約システムで決定した 1 室当たりの宿泊料金を記録する。属性 OK!

属性 OK!

(5) 客が会員の場合，会員番号を記録する。会員でない場合は，予約者の氏名と住所を記録する。属性 OK!

“予約”に関する部分。空欄があるので，空欄を埋めるとともに，図1に必要なリレーションシップを考える。

“予約”にサブタイプがありそうな記述。設問2や設問3で問われると予測し，注意しておく。他にもいろいろ想像できることがあるので，注意しておこう。

解説図 5　問題文の読み進め方

ここには **“予約”** に関することが書かれている。**「図 2　現状の関係スキーマ（未完成）」** を確認すると，関係 **“予約”** に**空欄イ**があるので，ここも，**空欄イ**を埋めるとともに **「図 1　現状の概念データモデル（未完成）」** と突き合わせをしながら，必要に応じてリレーションシップを加えていけばいいだろう。

■ “予約”

予約（予約番号，予約者氏名，住所，予約区分，チェックイン予定年月日，泊数，客室数，宿泊人数，1 室当たり宿泊料金，予約時前払い金額，会員番号，[イ]）

問題文の **「どの旅行会社での予約かが記録される。」** という記述から，関係 **“予約”** には関係 **“旅行会社”** に対する外部キー **‘旅行会社コード’** が必要だと判断できる。しかし，**図 2** の **“予約”** には記載されていない。そこで，**空欄イ**に **‘旅行会社コード’** を追加する（**図 1** には **“旅行会社”** と **“予約”** の間に 1 対多のリレーションシップが記載済み）。

続く問題文の **「1 回の予約で，客は宿泊するホテル，客室タイプ，泊数，客室数，宿泊人数，チェックイン予定年月日を指定する。」** という記述には，関係 **“予約”** に必要な属性が記されている。そこで，ひとつずつ**図 2** に記載されているかどうかをチェックしていく。その結果，**「宿泊するホテル，客室タイプ」** に関するものがないので追加しなければならない。具体的には，**空欄イ**に関

係 **"ホテル"** と関係 **"客室タイプ"** に対する外部キーの'ホテルコード'と'客室タイプコード'を追加する。そして，**図1**には，これらのリレーションシップが無いので追加する。"ホテル"と"予約"の間には1対多のリレーションシップ（追加C）を，"客室タイプ"と"予約"との間にも1対多のリレーションシップ（追加D）を，それぞれ追加する。

上記で説明した以外の記述箇所は，**図2**の関係 **"予約"** に記載済みの属性の説明になる。外部キーが一つ存在するが（会員番号），**図1**にリレーションシップは記載済みである。

● 概念データモデル（図1）への追加（その2）

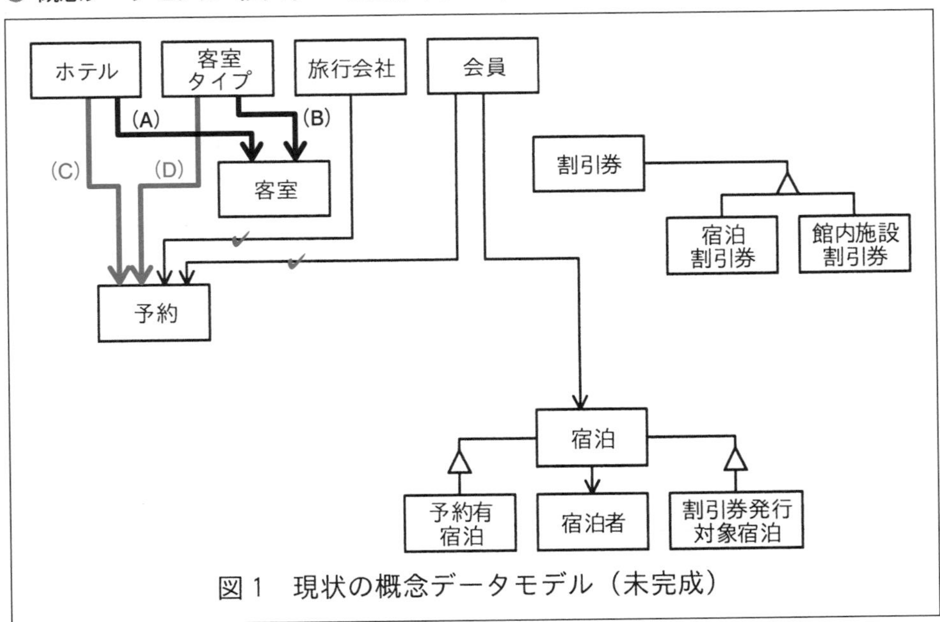

解説図6　ここで追加するリレーションシップ（赤線）

● 関係スキーマ（図2）への追加（その2）

予約（予約番号，予約者氏名，住所，予約区分，チェックイン予定年月日，泊数，
客室数，宿泊人数，1室当たり宿泊料金，予約時前払い金額，会員番号，
ホテルコード，客室タイプコード，旅行会社コード）…**空欄イ** ※途中

解説図7　空欄の解答（枠内），赤字が今回追加した部分

STEP-4. 問題文２ページ目の「5. 宿泊」,「6. チェックイン」,「7. チェックアウト」,「8. 精算」の読解

5. 宿泊

客室ごとのチェックインからチェックアウトまでを宿泊と呼び，ホテル共通の宿泊番号で識別する。主キー OK!

6. チェックイン

サブタイプ“予約有宿泊”

フロントで宿泊の手続を行う。

(1) 予約有の場合には該当する予約を検索し，客室を決め，宿泊を記録する。泊数，宿泊人数，宿泊料金は，予約から転記する。泊数，宿泊人数，宿泊料金が予約時から変更になる場合には，変更後の内容を記録する。

(2) 予約無の場合には泊数，宿泊人数，宿泊料金を確認し，客室を決め，宿泊を記録する。

属性 OK!

(3) 宿泊者が会員の場合，会員番号を記録する。ただし，予約有の場合で宿泊者が予約者と同じ場合，予約の会員番号を宿泊に転記する。

(4) 一つの客室に複数の会員が宿泊する場合であっても記録できるのは，代表者1人の会員番号だけである。

(5) 宿泊ごとに宿泊者全員の氏名，住所を記録する。

(6) 客室のカードキーを宿泊客に渡し，チェックイン年月日時刻を記録する。属性 OK!

7. チェックアウト

フロントで客室のカードキーを返却してもらう。チェックアウト年月日時刻を記録する。属性 OK!

8. 精算

(1) 通常，チェックアウト時に宿泊料金を精算するが，客が希望すれば，予約時又はチェックイン時に宿泊料金を前払いすることもできる。属性 OK!

(2) 宿泊客が館内施設を利用した場合，その場で料金を支払わずにチェックアウト時にまとめて支払うことができる。館内施設の利用料金は予約システムとは別の館内施設精算システムから予約システムに連携される。属性 OK!

“宿泊”，“予約有宿泊”に関する部分。どちらにも空欄があるので，空欄を埋めるとともに，図1に必要なリレーションシップを考える。

“予約有宿泊”にもこれらの属性が必要なことがわかる。つまり，スーパータイプの“宿泊”に持たせる属性になる。

“宿泊者”に関する部分。図2は完成形だし，図1に追加すべきリレーションシップもない。

解説図８　問題文の読み進め方

ここには**“宿泊”**，**“予約有宿泊”**，**“宿泊者”**に関することが書かれている。**「図２　現状の関係スキーマ（未完成）」**を確認すると，関係**“宿泊”**と**“予約有宿泊”**に空欄ウと空欄エがあるので，ここも，それらの空欄を埋めるとともに**「図１　現状の概念データモデル（未完成）」**と突き合わせをしながら，必要に応じてリレーションシップを加えていけばいいだろう。

■ "宿泊", "予約有宿泊"

宿泊（宿泊番号，予約有無区分，泊数，宿泊人数，宿泊料金，チェックイン時前払い金額，館内施設利用料金，チェックアウト時精算金額，割引券発行区分，チェックイン年月日時刻，チェックアウト年月日時刻，会員番号，［ ウ ］）
予約有宿泊（宿泊番号，［ エ ］）

"宿泊" と **"予約有宿泊"** はスーパータイプとサブタイプの関係になっているので，同時に考えていこう。問題文を読んで，スーパータイプの **"宿泊"** とサブタイプの **"予約有宿泊"** の，どちらに持たせる属性なのかを考えていけばいいだろう。予約有りの時でも予約無しの時でも記録する必要がある項目はスーパータイプの **"宿泊"** に，予約有りの時にしか記録しない項目のみサブタイプの **"予約有宿泊"** に持たせると考える。**図 2** の関係 **"宿泊"** には多くの属性が記載済みなので，記載済みの属性を素早くチェックしていくのもいいだろう。ほとんどの属性は**図 2** の関係 **"宿泊"** に記載済みなので，問題文を読みながらチェックするだけでいいだろう。

まず，問題文の**「予約有の場合には該当する予約を検索し，客室を決め，宿泊を記録する。」**と**「予約無の場合には泊数，宿泊人数，宿泊料金を確認し，客室を決め，宿泊を記録する。」**という記述から，スーパータイプの **"宿泊"** には，決められた客室に関する属性が必要だということがわかる。具体的には関係 **"客室"** に対する外部キーとして｛ホテルコード，客室番号｝が必要になる。**図 2** の関係 **"宿泊"** には無いので**空欄ウ**に追加する。そして，**"客室" と "宿泊" の間に 1 対多のリレーションシップを追加する（追加 E）**。1 対多になるのは，常識的に考えてひとつの客室に対して，（チェックイン年月日等の異なる）複数の宿泊があるからだ。

そして，問題文の**「泊数，宿泊人数，宿泊料金は，予約から転記する。」**という記述の**「予約から転記する。」**という部分についても考える。これは **"予約"** と **"予約有宿泊"** との間にリレーションシップがある可能性を想起させる記述だからだ。ただ，常識的に考えても **"予約"** と **"予約有宿泊"** との間にリレーションシップがあると考えるのが普通だろう。予約を引き継いでの宿泊が予約有宿泊だからだ。したがって，サブタイプの **"予約有宿泊"** に関係 **"予約"** に対する外部キーとして **'予約番号'** が必要だと考える。**図 2** の関係 **"予約有宿泊"** にはその属性は記載されていないので，**空欄エ**に '予約番号' を追加する。

続いて，**"予約"** と **"予約有宿泊"** のリレーションシップが 1 対 1 か 1 対多かを考える。関係 **"予約"** は属性に **'客室数'** を持っている。つまり，1 回の予約で複数の客室を予約することができる。対して **"予約有宿泊"** は（先に考えた通り）客室単位になる。以上より，**"予約" と "予約有宿泊" との間には 1 対多のリレーションシップを追加する（追加 F）**。

● 概念データモデル（図 1）への追加（その 3）

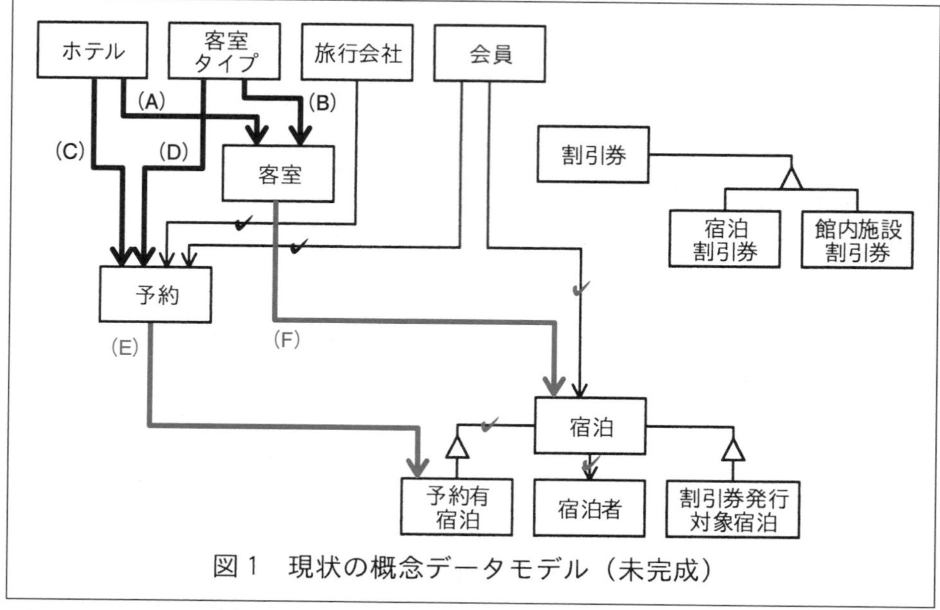

解説図 9　ここで追加するリレーションシップ（赤線）

● 関係スキーマ（図 2）への追加（その 3）

宿泊（宿泊番号，予約有無区分，泊数，宿泊人数，宿泊料金，チェックイン時前払い金額，館内施設利用料金，チェックアウト時精算金額，割引券発行区分，チェックイン年月日時刻，チェックアウト年月日時刻，会員番号，ホテルコード，客室番号）…**空欄ウ**

※途中

予約有宿泊（宿泊番号，予約番号）…**空欄エ**

解説図 10　空欄の解答（枠内），赤字が今回追加した部分

STEP-5. 問題文２～３ページ目の「9. 会員特典」の読解

9. 会員特典

会員特典として，割引券を発行する。券面には割引券を識別する割引券番号と発行先の会員番号を記載する。割引券には宿泊割引券と館内施設割引券があり，割引券区分で分類する。1 枚につき，1 回だけ利用できる。割引券の状態には未利用，利用済，有効期限切れによる失効があり，割引券ステータスで分類する。

(1) 宿泊割引券

① 会員の宿泊に対して，次回以降の宿泊料金に充当できる宿泊割引券を発行し，郵送する。1 回の宿泊で割引券を 1 枚発行し，泊数に応じて割引金額を変える。旅行会社予約による宿泊は発行対象外となる。発行対象の宿泊かどうかを割引券発行区分で分類する。

② 予約時の前払いで利用する場合，宿泊割引券番号を記録する。1 回の予約で 1 枚を会員本人の予約だけに利用できる。

③ ホテルでのチェックイン時の前払い，チェックアウト時の精算で利用する場合，宿泊割引券番号を記録する。1 回の宿泊で 1 枚を会員本人の宿泊だけに利用できる。

(2) 館内施設割引券

① 館内施設割引券を発行し，定期的に送付している会員向けのダイレクトメールに同封する。館内施設の利用料金に充当できる。チェックアウト時の精算だけで利用できる。

② チェックアウト時の精算で利用する場合，館内施設割引券番号を記録する。1 回の宿泊で 1 枚を会員本人の宿泊だけに利用できる。宿泊割引券との併用が可能である。

解説図 11　問題文の読み進め方

ここには，残りの割引券関係（**"割引券発行対象宿泊"**，**"割引券"**，**"宿泊割引券"**，**"館内施設割引券"**）のことが書かれている。いずれも**図 2** は完成形で追加するものはない。したがって，ここの記述と**図 2** を頼りに**図 1** に記載されていないリレーションシップがないかを考えていく。なお，**"割引券"** と **"宿泊割引券"**，**"館内施設割引券"** が，スーパータイプとサブタイプの関係にある点にも注意しておこう。

■ "割引券"

図 2 で関係 **"割引券"** の属性を確認すると，外部キーとして **'会員番号'** が存在する。これは **"会員"** に対する外部キーだ。**図 1** には，そのリレーションシップが無いので追加しなければならない。(常識的に考えて) 一人の会員に対して割引券は登録中に 1 回しか発行しないわけでもないので（記述も無いので），**"会員" と "割引券" の間には 1 対多のリレーションシップを追加する（追加 G）**。

■ “宿泊割引券”

問題文の**「(1) ①」**は，宿泊割引券の発行方法についての記述になる。その中の**「1回の宿泊で割引券を1枚発行し」**という記述から，**“宿泊”**と**“宿泊割引券”**の間に1対1のリレーションシップが必要なことがわかる。これは，**図2**の関係**“宿泊割引券”**の属性に外部キーの**‘発行元宿泊番号’**があることからも，そのリレーションシップが必要だと判断できるだろう。

ただ，その後に続く**「旅行会社予約による宿泊は発行対象外となる。発行対象の宿泊かどうかを割引券発行区分で分類する。」**という記述から，すべての宿泊で宿泊割引券を発行するわけではないことも確認できる。この記述から，**“宿泊割引券”**がリレーションシップをもつ相手はスーパータイプの**“宿泊”**ではなく，サブタイプの**“割引券発行対象宿泊”**にしなければならない。したがって，**“宿泊割引券”と“割引券発行対象宿泊”との間に1対1のリレーションシップを追加する（追加H）**。

続いて，問題文の**「(1) ②」**に記載されている。**「予約時の前払いで利用する場合，宿泊割引券番号を記録する。」**という記述から，**“予約”**に**‘宿泊割引券番号’**が必要だと判断する。これは，関係**“宿泊割引券”**に対する外部キーになるので，点線の下線が必要になる。そして，**“予約”**と**“宿泊割引券”**の間にリレーションシップも必要になるが，続く問題文の**「1回の予約で1枚を会員本人の予約だけに利用できる。」**という記述があるので，そのリレーションシップは1対1の関係だとわかる。以上より，**図2**の関係**“予約”**に**‘宿泊割引券番号’**は無いので**空欄イ**に追加する。そして，**図1**に**“予約”と“宿泊割引券”の間に1対1のリレーションシップを追加する（追加I）**。

そして最後に問題文の**「(1) ③」**に記載されている**「宿泊割引券番号を記録する。」**という記述から，関係**“宿泊”**に**‘宿泊割引券番号’**が必要だと判断する。これも関係**“宿泊割引券”**に対する外部キーになるので，点線の下線が必要になる。そして，**“宿泊”**と**“宿泊割引券”**の間にリレーションシップも必要になるが，続く問題文の**「1回の宿泊で1枚を会員本人の宿泊だけに利用できる。」**という記述があるので，そのリレーションシップは1対1の関係だとわかる。以上より，**図2**の関係**“宿泊”**に**‘宿泊割引券番号’**は無いので**空欄ウ**に追加する。そして，**図1**に**“宿泊”と“宿泊割引券”の間に1対1のリレーションシップを追加する（追加J）**。

■ “館内施設割引券”

問題文の**「チェックアウト時の精算だけで利用できる。」**，**「チェックアウト時の精算で利用する場合，館内施設割引券番号を記録する。」**という記述から，関係**“宿泊”**に**‘館内施設割引券番号’**を関係**“館内施設割引券”**に対する外部キーとして持たせる必要があることがわかる。**図2**の関係**“宿泊”**の属性には無いので，**空欄ウ**に**‘館内施設割引券番号’**を追加する。

そして，**“宿泊”**と**“館内施設割引券”**の間にリレーションシップも必要になるが，続く問題文の**「1回の宿泊で1枚を会員本人の宿泊だけに利用できる。」**という記述があるので，そのリレーションシップは1対1の関係だとわかる。

図1にはそのリレーションシップがないので“**宿泊**”と“**館内施設割引券**”の間に**1対1のリレーションシップを追加する（追加K）**。

● 概念データモデル（図1）への追加（その4）

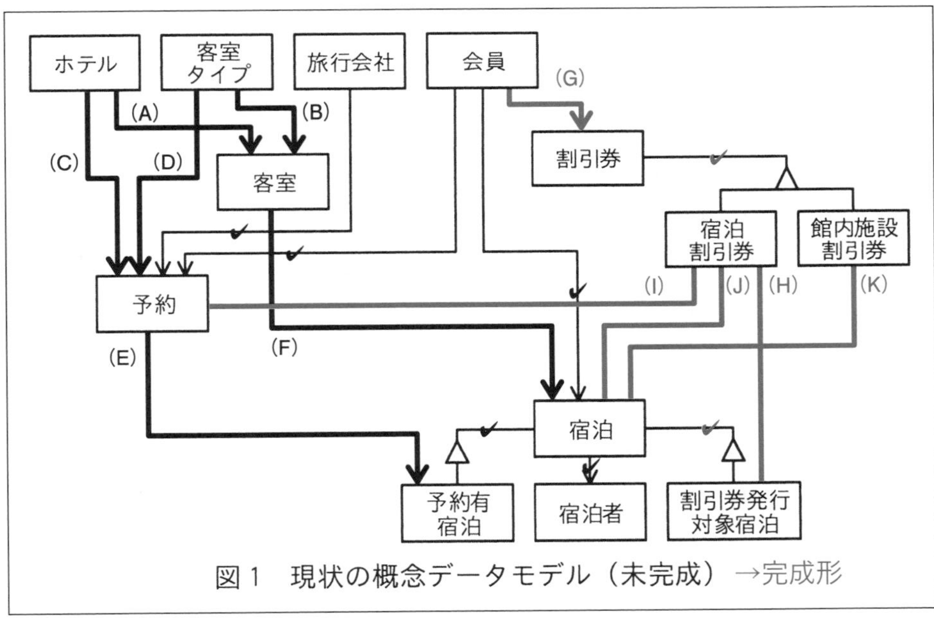

図1　現状の概念データモデル（未完成）→完成形

解説図12　ここで追加するリレーションシップ（赤線）

● 関係スキーマ（図2）への追加（その4）

予約（予約番号，予約者氏名，住所，予約区分，チェックイン予定年月日，泊数，
客室数，宿泊人数，1室当たり宿泊料金，予約時前払い金額，会員番号，
ホテルコード，客室タイプコード，旅行会社コード，宿泊割引券番号）…**空欄イ**

宿泊（宿泊番号，予約有無区分，泊数，宿泊人数，宿泊料金，チェックイン時前払い金額，
館内施設利用料金，チェックアウト時精算金額，割引券発行区分，
チェックイン年月日時刻，チェックアウト年月日時刻，会員番号，
ホテルコード，客室番号，宿泊割引券番号，館内施設割引券番号）…**空欄ウ**

解説図13　空欄の解答（枠内），赤字が今回追加した部分

■ 設問 2

設問 2の解答例

<table>
<tr><th colspan="2">設問</th><th colspan="4">解答例・解答の要点</th><th>備考</th></tr>
<tr><td rowspan="10">設問 2</td><td rowspan="4">(1)</td><td>a</td><td colspan="3">宿泊</td><td></td></tr>
<tr><td>b</td><td colspan="3">会員番号</td><td></td></tr>
<tr><td>c</td><td>予約区分</td><td rowspan="2">又は</td><td>旅行会社コード</td><td></td></tr>
<tr><td>d</td><td>自社サイト予約</td><td>NULL</td><td></td></tr>
<tr><td rowspan="6">(2)</td><td>e</td><td>割引券ステータス</td><td rowspan="4">又は</td><td>割引券区分</td><td></td></tr>
<tr><td>f</td><td>未利用</td><td>宿泊割引券</td><td></td></tr>
<tr><td>g</td><td>割引券区分</td><td>割引券ステータス</td><td></td></tr>
<tr><td>h</td><td>宿泊割引券</td><td>未利用</td><td></td></tr>
<tr><td>i</td><td colspan="3">会員番号</td><td></td></tr>
<tr><td>j</td><td colspan="3">会員番号</td><td></td></tr>
</table>

設問 2 は，概念データモデルや関係スキーマを完成させる問題ではなく，業務処理及び制約の条件を整理する能力を問う問題になる。パッと見解答数が多く，時間が取られそうに思ってしまうが，難易度はさほど高くない。設問 1 を解く過程で，（設問 2 の解答につながる）問題文の該当箇所を把握しておけば短時間で解けるだろう。

■ 設問２(1)

最初の問題は**「割引券発行区分」**に関するものだ。

> (1) 割引券発行区分の値が発行対象となる宿泊の条件を表 2 にまとめた。予約有の場合は番号 1 と 2，予約無の場合は番号 3 の条件を満たしている必要がある。表 2 中の [a] ～ [d] に入れる適切な字句を答えよ。
>
> 表 2 割引券発行区分の値が発行対象となる宿泊の条件
>
> | 番号 | 予約有無 | 条件 |
> |---|---|---|
> | 1 | 予約有 | 該当する [a] の [b] に値が入っていること |
> | 2 | | 該当する予約の [c] の値が [d] であること |
> | 3 | 予約無 | 該当する宿泊の [b] に値が入っていること |

割引券発行区分は関係**“宿泊”**の持つ属性である。そして，割引券発行区分や割引券の発行に関する記述は**「9. 会員特典」**の「**(1) 宿泊割引券**」の「①」にある。この解説だと STEP-5 で考察したところだ。

まず**「会員の宿泊に対して」**という記述があるので，①会員が宿泊する場合にだけ発行していることが確認できる。そして**「旅行会社予約による宿泊は発行対象外となる。」**という記述からは②旅行会社予約ではなく，自社サイト予約の時だけに発行していることもわかる。この①と②の二つの条件が，問題文に記されている発行条件になる。このうち①の条件は予約有・無に関係ない条件なので，**表 2** の**「番号 1」**と**「番号 2」**に入る条件だと判断できる。一方②の条件は予約時だけの話なので，**表 2** の**「番号 2」**に入る条件だと判断できる。

会員の宿泊か否かは関係**“宿泊”**の**‘会員番号’**に値が入っているか否かで判断できる。**「6. チェックイン」**の「**(3) 宿泊者が会員の場合，会員番号を記録する。ただし，予約有の場合で宿泊者が予約者と同じ場合，予約の会員番号を宿泊に転記する。**」という記述からだ。したがって，**空欄 a** には**「宿泊」**，**空欄 b** には**「会員番号」**が入ることがわかるだろう。

一方，旅行会社予約か否かは，関係**“予約”**の**‘予約区分’**で分類している（**「4. 予約」**の **(1)** より）。そして，旅行会社予約の場合，関係**“予約”**の**‘旅行会社コード’**に値が設定される。これが**空欄 c** と**空欄 d** を含む**「番号 2」**の条件になる。解答は二つのパターンが可能だ。ひとつは**空欄 c** が**「予約区分」**で**空欄 d** が**「自社サイト予約」**の組み合わせで，もうひとつは**空欄 c** が**「旅行会社コード」**で**空欄 d** が**「NULL」**の組み合わせになる。解答例にある通り，この組み合わせであればどちらのパターンでも正解になる。

■ 設問 2 (2)

続いての問題は，予約時に割引券を利用する場合の制約条件に関するものだ。

> (2) 予約時に割引券を利用する場合の制約条件を表 3 にまとめた。番号 1～3 全ての条件を満たしている必要がある。表 3 中の [e] ～ [j] に入れる適切な字句を答えよ。
>
> 表 3 予約時に割引券を利用する場合の制約条件
>
> | 番号 | 制約条件 |
> |---|---|
> | 1 | 該当する割引券の [e] の値が [f] であること |
> | 2 | 該当する割引券の [g] の値が [h] であること |
> | 3 | 該当する割引券の [i] の値と該当する予約の [j] の値が一致していること |

予約時に割引券を利用する場合の制約等は，**「9. 会員特典」**の**「(1) 宿泊割引券」**の**「②」**に書いてある。これも STEP-5 で考察したところだ。さらに**「9. 会員特典」**の直後にも**「利用」**について書いている。それらから制約になりそうなものをピックアップすると，次の 3 つになる。

① **「割引券には宿泊割引券と館内施設割引券があり，割引券区分で分類する。」**→予約時に前払いで利用できるのは宿泊割引券だけになる。

② **「割引券の状態には未利用，利用済，有効期限切れによる失効があり，割引券ステータスで分類する。」**→ 割引券ステータスは**‘未利用’**のものしか使えない（常識的に）

③ **「会員本人の予約だけに利用できる。」**

上記の①を，関係**“割引券”**の属性と属性値で表すと，属性が**‘割引券区分’**，値が**「宿泊割引券」**になる。この場合のみ予約時に割引券を利用できることになるので，これを一つ目の条件とする。**空欄 e が「割引券区分」**で，**空欄 f が「宿泊割引券」**になる。

上記の②を，同様に関係**“割引券”**の属性と属性値で表すと，属性が**‘割引券ステータス’**，値が**「未利用」**になる。こちらも，この場合のみ予約時に割引券を利用できることになるので，これを二つ目の条件とする。**空欄 g が「割引券ステータス」**で，**空欄 h が「未利用」**になる。

そして最後に③について考える。予約時に会員本人かどうかを判断するために，関係**“割引券”**と関係**“予約”**の何を比較すればいいのかを考えればいい。**図 2** で，それぞれの属性を確認すればすぐにわかるだろう。**‘会員番号’**だ。したがって，**空欄 i と空欄 j には，いずれも「会員番号」**が入る（e と f の組み合わせと g と h の組み合わせは順不同）。

■ 設問 3

設問 3の解答例

設問			解答例・解答の要点	備考
設問 3	(1)		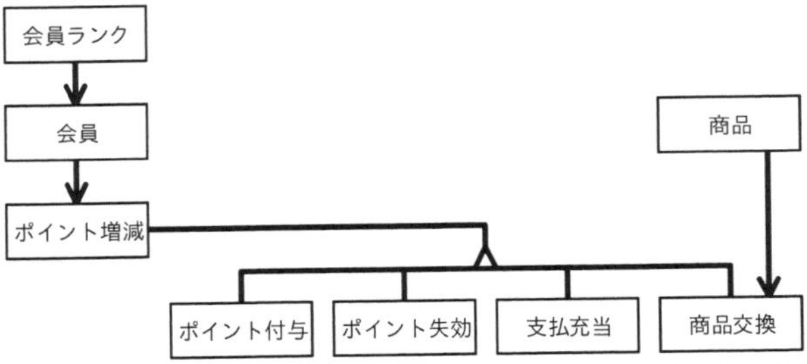	
	(2)	オ	必要累計泊数，ポイント付与率	
		カ	商品名，ポイント数	
		キ	ポイント増減区分，ポイント増減数，ポイント増減時刻	
		ク	有効期限年月日，未利用ポイント数	
		ケ	失効後メール送付日時	
		コ	支払充当区分	
		サ	商品コード，個数	
	(3)	(a)	未利用ポイント数が 0 より大きい。	
		(b)	有効期限年月日が近い順	

設問 3 は〔**新規要件**〕段落に関するもの。追加要望が上がったので，それに対して**図 3** の概念データモデルと**図 4** の関係スキーマを，どう設計すればいいのかが問われている。

■ 設問 3 (1) (2)

ここの問題は，設問 1 と同じ「**未完成の概念データモデルと関係スキーマを完成させる問題**」になる。ここでは，エンティティの数も少ないため（8 個），ざっと「**図 3　新規要件に関する概念データモデル（未完成）**」と「**図 4　新規要件に関する関係スキーマ（未完成）**」に目を通して，どんな名称のエンティティがあるのかを確認しておくだけでいいだろう。その上で〔**新規要件**〕段落を読み進めながら**空欄（オ）**～**空欄（サ）**の埋められるところから埋めていこう。その際に，外部キーか否かを判断して，必要に応じてリレーションシップを加えていけばいいだろう。

問題文３～４ページ目の〔新規要件〕の読解

〔新規要件〕

会員特典として宿泊時にポイントを付与し，次回以降の宿泊時の精算などに利用できるポイント制を導入する。ポイント制は次のように運用する。

(1) 会員ランクにはゴールド，シルバー，ブロンズ（=会員ランク名）があり，それぞれの必要累計泊数及びポイント付与率を決める。ポイント付与率は上位の会員ランクほど高くする。

(2) 毎月末に過去１年間の累計泊数に応じて会員の会員ランクを決める。

(3) チェックアウト日の翌日午前 0 時に宿泊料金にポイント付与率を乗じたポイントを付与する。この場合のポイントの有効期限年月日は付与日から 1 年後である。

(4) 宿泊料金に応じたポイントとは別に，個別にポイントを付与することがある。この場合のポイントの有効期限年月日は１年後に限らず，任意に指定できる。

(5) ポイントを付与した際に，有効期限年月日及び付与したポイント数を未利用ポイント数の初期値として記録する。

(6) ポイントは宿泊料金，館内施設の利用料金の支払に充当でき，これを支払充当と呼ぶ。支払充当では，支払充当区分（予約時，チェックイン時，チェックアウト時のいずれか），ポイントを利用した予約の予約番号又は宿泊の宿泊番号を記録する。（属性 OK!）

(7) ポイントは商品と交換することもでき，これを商品交換と呼ぶ。商品ごとに交換に必要なポイント数を決める。ホテルのフロントで交換することができる。交換時に商品と個数を記録する。“商品”にポイント数を持たせ，商品交換は商品を参照する。

(8) 支払充当，商品交換でポイントが利用される都度，その時点で有効期限の近い未利用ポイント数から利用されたポイント数を減じて，消し込んでいく。

(9) 未利用のまま有効期限を過ぎたポイントは失効し，未利用ポイント数を 0 とする。失効の 1 か月前と失効後に会員に電子メールで連絡する。失効前メール送付日時と失効後メール送付日時を記録する。

(10) ポイントの付与，支払充当，商品交換及び失効が発生する都度，ポイントの増減区分，増減数及び増減時刻をポイント増減として記録する。具体例を表 1 に示す。

“会員ランク”に関する部分。図4に**空欄オ**がある。ここで考えるとともに，図3にリレーションシップの追加が必要か否かも考える。

“ポイント付与”に関する部分。図4に**空欄ク**がある。ここで考えるとともに，図3にリレーションシップの追加が必要か否かも考える。

“支払充当”に関する部分。図4に**空欄コ**がある。ここで考えるとともに，図3にリレーションシップの追加が必要か否かも考える。

“商品交換”に関する部分。図4に**空欄サ**がある。ここで考えるとともに，図3にリレーションシップの追加が必要か否かも考える。

“ポイント失効”に関する部分。図4に**空欄ケ**がある。ここで考えるとともに，図3にリレーションシップの追加が必要か否かも考える。

サブタイプを識別する区分（→ ポイント増減区分）

表１　ポイント増減の具体例

2023 年 3 月 31 日現在

会員番号	増減連番	ポイント増減区分	ポイント増減数	ポイント増減時刻	有効期限年月日	未利用ポイント数	商品コード	商品名	個数
70001	0001	付与	3,000	2022-01-22 00:00	2023-01-21	0	－	－	－
70001	0002	付与	2,000	2022-01-25 00:00	2022-07-24	0	－	－	－
70001	0003	支払充当	-3,000	2022-04-25 18:05	－	－	－	－	－
70001	0004	商品交換	-1,500	2022-10-25 16:49	－	－	1101	タオル	3
70001	0005	失効	-500	2023-01-22 00:00	－	－	－	－	－
70002	0001	付与	3,000	2022-06-14 00:00	2023-06-13	1,000	－	－	－
70002	0002	支払充当	-2,000	2022-10-14 17:01	－	－	－	－	－

注記　“－”は空値であることを示す。

（有効期限年月日・未利用ポイント数）“付与”のみ　（商品コード・商品名・個数）“商品交換”のみ

（ポイント増減数・ポイント増減時刻）全てのサブタイプに必要な属性
＝スーパータイプに持たせる

解説図 14　問題文の読み進め方

■ “ポイント増減”，“ポイント付与”，“ポイント失効”，“支払充当”，“商品交換”

問題文の〔新規要件〕段落に書かれている記述や図3のエンティティの配置，図4でこの五つの関係の主キーがすべて{会員番号，ポイント増減連番}になっている点などから，“ポイント増減”をスーパータイプとし，他の“ポイント付与”，“ポイント失効”，“支払充当”，“商品交換”をサブタイプとする関係にあることがわかる。まずはそのリレーションシップを図3に追加する（追加L）。

■ “会員”，“会員ランク”（空欄オ）

問題文の〔新規要件〕段落の（1）と（2）には，図4の“会員”と“会員ランク”に関することが書かれている。

関係“会員”は，図4だと完成形なので属性を追加する必要はないが，外部キーの‘会員ランクコード’がある。これは関係“会員ランク”に対するものなので，“会員ランク”と“会員”の間にリレーションシップが必要になる。ひとつの会員ランクは，常識的に複数の会員に設定されることがあるので，“会員ランク”と“会員”の間のリレーションシップは1対多になる。このリレーションは図3にはないので追加する（追加M）。

問題文の「会員ランクには…，それぞれの必要累計泊数及びポイント付与率を決める。」という記述から，関係“会員ランク”には{必要累計泊数，ポイント付与率}を持たせる必要がある。これらは図4の関係“会員ランク”にはないので，空欄オに追加する。

■ “ポイント付与”（空欄ク）

問題文の（3）～（5）には“ポイント付与”に関することが書かれている。“ポイント付与”は，先に説明した通り“ポイント増減”のサブタイプになる。したがって，常に“ポイント増減”とともに考える必要がある。また「表1　ポイント増減の具体例」も大きなヒントになるので合わせてチェックしながら解答していこう。

問題文の「有効期限年月日及び付与したポイント数を未利用ポイント数の初期値として記録する。」という記述から{有効期限年月日，未利用ポイント数}が必要なことがわかる。「表1　ポイント増減の具体例」を確認すると，この二つは「ポイント増減区分」が「付与」の時だけ記録されていることが確認できる。これは，{有効期限年月日，未利用ポイント数}が“ポイント付与”にだけ必要な属性であることを示している。この二つの属性は図4の関係“ポイント付与”には無いので，空欄クに{有効期限年月日，未利用ポイント数}を追加する。

■ “支払充当”（空欄コ）

問題文の（6）は**“支払充当”**に関することが書かれている。問題文の**「支払充当区分（予約時，チェックイン時，チェックアウト時のいずれか），ポイントを利用した予約の予約番号又は宿泊の宿泊番号を記録する。」**という記述から**{支払充当区分，予約番号，宿泊番号}**が必要なことがわかる。これらはいずれもサブタイプの関係**“支払充当”**にのみ必要な属性なので，関係**“支払充当”**に保持する属性になる。

図4の関係**“支払充当”**を確認すると，**{予約番号，宿泊番号}**が記載済みなので，**‘支払充当区分’**のみを**空欄コ**に追加する。なお，**{予約番号，宿泊番号}**はいずれも外部キーになっているが，それぞれ関係**“予約”**と関係**“宿泊”**に対するものである。**図3**には**“予約”**も**“宿泊”**も記載されていないので，**図3**に追加するリレーションシップはない。

■ “商品交換”（空欄サ），“商品”（空欄カ）

問題文の（7）は**“商品交換”**に関することが書かれているが，**「商品ごとに交換に必要なポイント数を決める。」**という記述は関係**“商品”**に**‘ポイント数’**が必要だということを示している。また，**表1**をチェックすると，**「商品コード」**，**「商品名」**，**「個数」**があり，それらは**「ポイント増減区分」**が**「商品交換」**の時だけ記録されていることも確認できる。

これらの属性を関係**“商品交換”**と関係**“商品”**のいずれに持たせるのかを考えながら，**図4**の各関係をチェックして，（いずれも**図4**の属性には記載されていないので）**空欄サ**と**空欄カ**の解答とするように考えればいいだろう。

「商品名」は関係**“商品”**に持たせる必要がある。常識的に商品コードによって一意に決まるからだ。関係**“商品交換”**には，関係**“商品”**に対する外部キーとして**‘商品コード’**を持たせればいい。**表1**のように出力したい場合には，必要に応じて**‘商品名’**も**‘ポイント数’**も関係**“商品”**から引っ張ってくればいい。そして**「個数」**は，関係**“商品交換”**に持たせる。個数は，商品交換ごとに指定するからだ。

以上より，**空欄カ**には**{商品名，ポイント数}**を追加し，**空欄サ**には**{商品コード，個数}**を追加する。そして，空欄サに追加した商品コードが**“商品”**に対する外部キーになるので，**図3**に**“商品”と“商品交換”の間の1対多のリレーションシップを追加する（追加N）。**

午後I問
午後I答
午後II問
午後II答

■ "ポイント失効"（空欄ケ）

問題文の **(9)** は **"ポイント失効"** に関することが書かれている。そこに **「失効前メール送付日時と失効後メール送付日時を記録する。」** という記述がある。一見すると関係 **"ポイント失効"** に **{失効前メール送付日時，失効後メール送付日時}** が必要だと考えてしまうが，注意が必要だ。関係 **"ポイント失効"** のインスタンスは，ポイントを失効した時にしか作成されないため，**'失効前メール送付日時'** に関しては関係 **"ポイント失効"** の属性に持たせることができないからだ。そのことは**図 4** をチェックしても確認できる。**'失効前メール送付日時'** については，**図 4** の関係 **"ポイント付与"** の属性として記載されている。確かに，**"ポイント付与"** に持たせる必要がある。

以上より，関係 **"ポイント失効"** には **'失効後メール送付日時'** だけを持たせることになる。**図 4** の関係 **"ポイント失効"** には記載されていないので**空欄ケ**に **'失効後メール送付日時'** を追加する。

■ "ポイント増減"（空欄キ）

最後の問題文の **(10)** は，スーパータイプの **"ポイント増減"** に関することが書かれていると考えていいだろう。問題文の **「ポイントの付与，支払充当，商品交換及び失効が発生する都度」** というように，すべてのサブタイプに関することだと書いているからだ。**「ポイントの増減区分，増減数及び増減時刻をポイント増減として記録する。」** という記述より，関係 **"ポイント増減"** には **{ポイント増減区分，ポイント増減数，ポイント増減時刻}** が必要だとわかるだろう。**表 1** で確認しても，これらと同じ名称の列をチェックすると，**「ポイント増減区分」** が 4 つのサブタイプの全てにおいて，ポイント増減数やポイント増減時刻にも空値ではなく値が入っている。そこからスーパータイプの **"ポイント増減"** に持たせる属性だということがわかる。

図 4 で関係 **"ポイント増減"** に記載済みの属性を確認すると，いずれも記載されていないので**空欄キ**に **{ポイント増減区分，ポイント増減数，ポイント増減時刻}** を追加する。

そして最後に**図 4** の関係 **"ポイント増減"** の主キーの一つである **'会員番号'** は関係 **"会員"** に対する外部キーでもあるので，そのリレーションシップを**図 3** に追加する必要がある。表 1 を見ると明らかだが，一人の会員は複数のポイント増減があるので **"会員" と "ポイント増減" の間のリレーションシップは 1 対多になる（追加 O）**。

● 概念データモデル（図 3）への追加

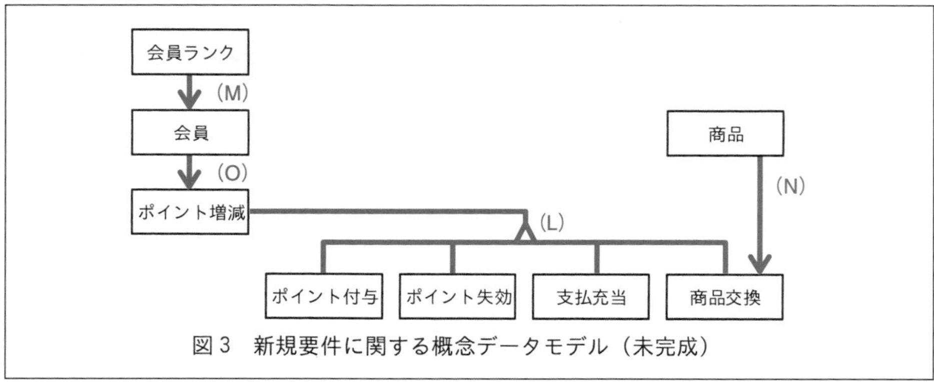

図 3　新規要件に関する概念データモデル（未完成）

解説図 15　ここで追加するリレーションシップ（赤線）

● 関係スキーマ（図 4）への追加

会員（会員番号，メールアドレス，氏名，生年月日，電話番号，郵便番号，住所，
会負ランクコード，過去 1 年累計泊数）

会員ランク（会員ランクコード，会員ランク名，**必要累計泊数，ポイント付与率**）…**空欄オ**

商品（商品コード，**商品名，ポイント数**）… **空欄カ**

ポイント増減（会員番号，ポイント増減連番，
ポイント増減区分，ポイント増減数，ポイント増減時刻）…**空欄キ**

ポイント付与（会員番号，ポイント増減連番，失効前メール送付日時，
有効期限年月日，未利用ポイント数）…**空欄ク**

ポイント失効（会員番号，ポイント増減連番，**失効後メール送付日時**）…**空欄ケ**

支払充当（会員番号，ポイント増減連番，予約番号，宿泊番号，**支払充当区分**）…**空欄コ**

商品交換（会員番号，ポイント増減連番，**商品コード，個数**）…**空欄サ**

解説図 16　空欄の解答（枠内），赤字が今回追加した部分

設問３（3）

今回の設計では，ポイントが付与された時に，関係 **“ポイント付与”** のインスタンスを生成するようにしている。その時，付与されたポイント数はいったん **‘未利用ポイント数’** に設定されるようになっている。**「表１ ポイント増減の具体例」** のうち，増減連番 **「0001」** と **「0002」**（最初の２行）が生成された時点では，次のようになっている。

会員番号	増減連番	ポイント増減区分	ポイント増減数	ポイント増減時刻	有効期限年月日	未利用ポイント数	商品コード	商品名	個数
70001	0001	付与	3,000	2022-01-22 00:00	2023-01-21	3,000	—	—	—
70001	0002	付与	2,000	2022-01-25 00:00	2022-07-24	2,000	—	—	—

解説図 17　問題文の表１の事例を活用した説明。増減連番 0001 ～ 0002 までの例

そして，**「支払充当」** や **「商品交換」** が行われ，それぞれのインスタンスが生成されたタイミングで **「ポイント利用時の消込み」** が行われる。その **「ポイント利用時の消込み」** に関しては，**〔新規要件〕** 段落の **（8）** に記載されている。**「その時点で有効期限の近い未利用ポイント数から利用されたポイント数を減じて，消し込んでいく。」** という部分だ。つまり，次のように消し込まれていく。

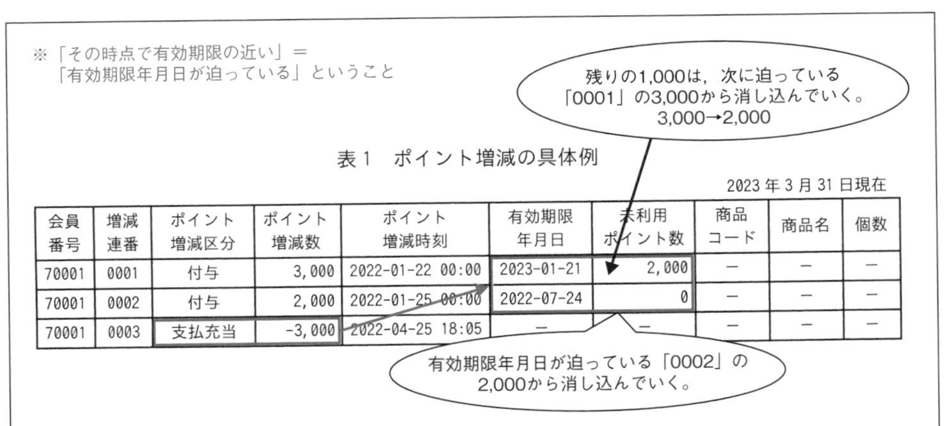

表１　ポイント増減の具体例

2023 年 3 月 31 日現在

会員番号	増減連番	ポイント増減区分	ポイント増減数	ポイント増減時刻	有効期限年月日	未利用ポイント数	商品コード	商品名	個数
70001	0001	付与	3,000	2022-01-22 00:00	2023-01-21	2,000	—	—	—
70001	0002	付与	2,000	2022-01-25 00:00	2022-07-24	0	—	—	—
70001	0003	支払充当	-3,000	2022-04-25 18:05	—	—	—	—	—

解説図 18　問題文の表１の事例を活用した説明。増減連番 0001 ～ 0003 までの例

設問の **「ポイント利用時の消込み」** は，こうした動きになる。これさえ把握していれば，解答はすぐに出てくるだろう。ただし **(a)** と **(b)** は合わせて考えるか，**(b)** を先に考えた方が良いと思う。**(b)** の **「順序付け」** が，問題文の **「有効期限の近い未利用ポイント数から」** という部分と対応していることが明らかだからだ。

(b) が**「有効期限」**に関連した解答だとすると，**「(a) 消込みの対象とするインスタンスを選択する条件」**は，未利用ポイント数にポイントが残っているものでいいだろう。解答するのは**「インスタンスを選択する条件」**なので，**「未利用ポイント数が 0 より大きい（15 字）」**とする。そして，**「(b) (a) で選択したインスタンスに対して消込みを行う順序付けの条件」**は，問題文の**「有効期限の近い未利用ポイント数から」**という記述を踏まえて，**「有効期限年月日が近い順（11 字）」**と解答すればいいだろう。

令和５年度　午後Ⅰ　問３　解説

問 3

■ IPA 公表の出題趣旨と採点講評

出題趣旨

近年，日本では農業構造の変化に対応するべく，持続可能かつ生産効率が高いスマート農業を実現するためにデジタル技術を活用する取組が進められている。データベーススペシャリストには，最終利用者である農家の要望を理解して，協業するデータ分析者又はデータサイエンティストに適切なデータを迅速かつ効率良く提供することが求められている。

本問では，農業用ハウスの機器から送られる大量の観測データを，データベースに蓄積する観測データ分析データシステムを題材として，農作業の特徴を考慮して設計されたテーブル構造を理解した上で，農産物の生育状況を SQL のウィンドウ関数を利用して効果的に分析する能力，テーブルが大容量になることから表領域を適切に区分化して運用する能力，さらに，実装に不可欠な性能見積りを行う能力を問う。

採点講評

問 3 では，農業用ハウスのための観測データ分析データシステムを題材に，ウィンドウ関数を用いた SQL 設計，大容量のテーブルの区分化，及び性能見積りについて出題した。全体として正答率は平均的であった。

設問 1 では，(2)の正答率がやや低かった。〔業務の概要〕1.(4)及び表 1 において，農事日付の 1 日の区切りが日出時刻であるという説明から，農事日付の 1 日が 1,440 分とは限らない理由を正しく理解し，正答を導き出してほしい。また，(4)g の正答率がやや低かった。g を，圃場（ほじょう）ID ではなく農事日付とする誤答が散見された。表 5 の SQL 文の目的は，分析の対象が複数の圃場である場合，分析のウィンドウを圃場 ID で区画に分け，そのウィンドウ区画ごとに当該圃場の日平均温度を農事日付順に集計して積算温度を求めることである。SQL のウィンドウ関数は，試行錯誤が容易な強力なツールであるだけでなく，ウィンドウ区画の役割を理解して活用すれば，観測データを一層多角的に分析ができるようになる。

設問 2 では，(2)ア，(3)ともに正答率が低かった。圃場ごと年度ごとに区分化することで同じページ内に別の圃場の観測データが混ざらないことを読み取り，正答を導き出してほしい。ページ長を大きくしたことに加えて，区分化によって大きな改善効果を得ていることに着目してほしい。

大容量のテーブルでは，性能と運用の効率化のために表領域の区分化を設計することが多いので，その設計の妥当性を評価するために性能見積りを行う技術を，是非，身に付けてほしい。

■ 問題文を確認する

本問の構成は以下のようになっている。

問題タイトル：SQL 設計，性能，運用

題材：農業用機器を製造・販売する会社のハウス栽培のための観測データ分析システム

ページ数：7P

背景

第 1 段落 〔業務の概要〕

第 2 段落 〔分析システムの主なテーブル〕

　　図 1　テーブル構造（一部省略）

　　表 1　主な列の意味・制約

　　表 2　“観測”テーブルの主な列統計，索引定義，制約，表領域の設定（一部省略）

第 3 段落　〔RDBMS の主な仕様〕
第 4 段落　〔観測データの分析〕
表 3　観測データを分析する SQL 文の例（未完成）
表 4　改良した SQL 文
図 2　SQL1 の結果行の一部
図 3　SQL2 の結果行（未完成）
表 5　積算温度を調べる SOL 文（未完成）
第 5 段落　〔"観測" テーブルの区分化〕
表 6　区分化前と区分化後の読込みに必要な表領域のページ数の比較（未完成）
表 7　区分化前と区分化後の年末処理の主な手順の比較（未完成）

この問題文にざっと目を通した時に，次のように反応できていればいいだろう。

- **〔業務の概要〕** 段落は約 1 ページ。そんなに多くはないので複雑な業務ではない。
- テーブルは 4 つ（**図 1**），主な列の意味・制約（**表 1**）も 4 つしかない。4 つのテーブルのうちメインとなるのが **"観測"** テーブルで，このテーブルだけは**表 2** で細かく定義されている。
- **〔RDBMS の主な仕様〕** 段落が少々あり，そこに再編成や区分化について書かれている
- SQL 文は全部で 3 つ（**表 3**，**表 4**，**表 5**）。二つが穴埋め問題（**表 3**，**表 5**）。もう一つ（**表 4**）には実行結果があり（**図 3**），そこに穴埋め問題がある。
- SQL 文ではウィンドウ関数が使われている。
- 性能見積りで計算問題（読込みページ数を求める）が 1 問（**表 6**）。
- 区分化前と区分化後の処理の違いを表している表の穴埋め問題（**表 7**）

いずれも，過去問題でよく登場している図表になる。そのため，面食らうことは無かったと思う。解けそうかどうかもわかるだろう。

■ 設問を確認する

続いて設問を確認する。設問は以下のようになっている。

設問		分類	過去頻出
1	1	SQL 文を完成させる問題（集約関数，GROUP BY）	第1章
	2	SQL 文を読解して，さらに問題文に書かれている状況を把握して解答する問題	―
	3	SQL 文を読解させる問題（移動平均値を求めるウィンドウ関数）	第1章
	4	SQL 文を完成させる問題（ウィンドウ関数）	第1章
2	1	区分化のレンジ区分とハッシュ区分の違いに関する問題	あり
	2	読込みページ数を求める計算問題	あり
	3	表領域の1ページに格納される行に関する問題	あり
	4	問題文に書かれている状況を把握して解答する問題	―
	5	区分化，再編成に関する問題	あり

ざっくり分けると，設問1がSQLの問題で，設問2が表領域と区分化，再編成に関する問題になる。設問1では，今回もウィンドウ関数が出題されている。ウィンドウ関数を徹底的に学習していた人にとっては読み通りだろう。また，令和5年度の問題は，午後Ⅰ・午後Ⅱを通じて**〔RDBMSの仕様〕**段落がある物理設計の問題は，午後Ⅰの問3だけだった。しかも区分化と再編成だけである。SQLのウィンドウ関数同様，区分化もここ数年の主流の問題になる。過去問題を通じてしっかりと学習していた人は，こちらも読み通りだろう。

■ 解答戦略－45分の使い方－を考える

この問題は，前述のとおり**「ウィンドウ関数」**，**「再編成」**，**「区分化」**が問われている。いずれも最近の傾向通りの出題だ。そのため，これらに対してしっかりと対策を講じてきた人にとっては，短時間で解答できる可能性がある。

問題は全部で9つ（設問1で4つ，設問2で5つ）あるが，普通に前から順番に解いていけばいい。どこに何が書いてあるのかを先に把握して，設問1(1)から順番に必要なところだけチェックしていくスタイルで十分だと思う。

設問 1

設問 1の解答例

設問		解答例・解答の要点		備考
設問 1	(1)	a	圃場 ID，農事日付，AVG（分平均温度）	
		b	圃場 ID，農事日付	
	(2)	・日出時刻が日々異なり 1 日の分数が同じとは限らないから ・農事日付の 1 日は 1,440 分とは限らないから		
	(3)	c	14.0	
		d	15.0	
		e	16.0	
	(4)	f	日平均温度	
		g	圃場 ID	
		h	・農事日付 ・圃場 ID，農事日付	

設問 1 は，SQL に関する問題になる。SQL1 から SQL3 の三つの SQL 文について，空欄を埋めて完成させたり，読解できているかどうかを問われたりする。SQL 文は，基本的な構文が問われているものもあるが，やはり今年度もウィンドウ関数がメインになる。ここ数年のデータベーススペシャリスト試験で，最も力を入れているところだと思う。これからも最重視しておくところだと思う。

設問 1（1）

一つ目の設問は，SQL 文を完成させる問題になる。問われているのは，最も基本的な SELECT 文で，GROUP BY 句や集約関数によるものだ。

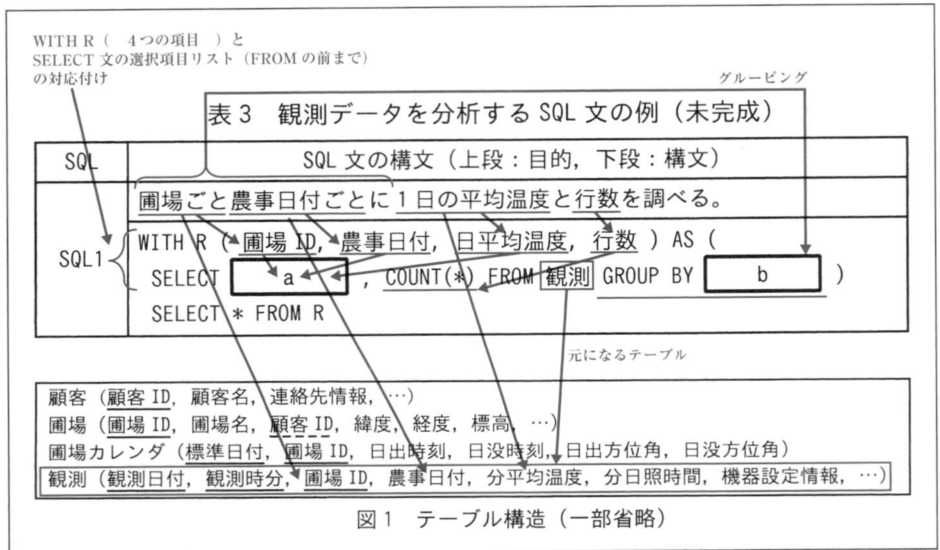

解説図 1　SQL 文の目的と構文，テーブル構造の対応付け

空欄 a には**「（圃場ごと農時日付ごとの）1 日の平均温度」**に対応する部分が入る。SQL1 は，WITH 句の直後に**“R”**という名称を付けて（圃場 ID，農事日付，日平均温度，行数）を定義する SQL だ。そして，その四つの定義された項目について，SELECT 文を実行して格納している。これは，SELECT 文の選択項目リストが，この 4 つの名称に対応付けられていることに他ならない。

SQL1 の SELECT 文では**“観測”**テーブルから｛圃場 ID，農事日付，日平均温度，行数｝を求めていて，**空欄 a** の後にはカンマ区切りで**「COUNT(*)」**が続いている。**「COUNT(*)」**は**「行数」**に対応していることは明白なので，**空欄 a** には残りの三つを加えればいいこともわかる。残りの三つの項目のうち，**「圃場」**は**‘圃場 ID’**，**「農事日付」**は**‘農事日付’**になる。三つ目の**「1 日の平均温度」**は，**「図 1　テーブル構造（一部省略）」**の**“観測”**テーブルから，**空欄 b** で**「圃場ごと農時日付ごと」**でグルーピングする前提で考えれば，**‘AVG（分平均温度）’**だとわかるだろう。以上より，**空欄 a は｛圃場 ID，農事日付，AVG（分平均温度）｝になる。**

そして，**空欄 b** にはグルーピングの部分に該当する**「圃場ごと農時日付ごと」**に対応する部分が入る。**図 1** の**“観測”**テーブル及び**空欄 a** の解答から，**「圃場ごと農時日付ごと」**になるのは

{圃場 ID，農事日付} だということがわかる。

ここで，GROUP BY を使う時の制約を確認しておこう。GROUP BY を使う SELECT 文では，その選択項目リストに指定できるのは，定数や集約関数，GROUP BY に指定した属性に限られる。今回の場合，**空欄 a** の解答を含めると **{圃場 ID, 農事日付, AVG（分平均温度, COUNT(*))** なので，前の二つは**空欄 b** で GROUP BY の後に指定するものだし，後の二つは集約関数になっている。以上より，**空欄 b は { 圃場 ID，農事日付 }** になる。

設問 1 (2)

続いての問題も SQL1 に関する問題になる。SQL1 の結果は**「図 2　SQL1 の結果行の一部」**のように表示されるが，その結果について，次のように問われている。

> SQL1 の結果について，1 日の行数は，1,440 行とは限らない。その理由を 30 字以内で答えよ。ただし，何らかの不具合によって分析システムにレコードが送られない事象は考慮しなくてよい。

この問題を解答するには，まず**「1,440 行」**という数字がどこから来ているのかを確認する必要がある。この点については，問題文を読み進めていけばすぐにわかるだろう。観測が 1 分ごとに行われているからだ。**設問 1（1）**の解答にも使った**'分平均温度'**も 1 分ごとに取得されているし，**表 1** でも**表 2** でも確認できる。1 分ごとなので 60 分で 60 行，1 日 24 時間で 1,440 行となる。

そして，設問では（上記のような計算に反して）**「1 日の行数は，1,440 行とは限らない。」**としていて，その理由が問われているというわけだ。

ここで SQL1 が**「圃場ごと農事日付ごと」**だという点に着目する。集計上の**「1 日」**の単位となるのが農事日付になるからだ。そこで農事日付がどういうものなのかを確認する。農事日付の説明は問題文の 1 ページ目や**「表 1　主な列の意味・制約」**にある。そこには**「1 日の区切りを，圃場の日出時刻から翌日の日出時刻の 1 分前までとする日付」**と記載されている。つまり，歴日の 0:00 から 23:59 までではないことが確認できる。しかも 1 日の基準を日出時刻としている。

日出時刻は，ご存じの通り夏至の頃に向かって早くなっていき，冬至の頃に向かって遅くなっていく。問題文でも 1 ページ目の**〔業務の概要〕**段落に**「(3) 圃場の日出時刻と日没時刻は，圃場の経度，緯度，標高によって日ごとに変わるが，あらかじめ計算で求めることができる。」**と書いている。つまり，毎日同じ時刻というわけではない。これが，農事日付を基準にすると，1 日が 24 時間ではない理由になる。したがって，このあたりを解答例のように**「日出時刻が日々異なり 1 日の分数が同じとは限らないから（26 字）」**とか**「農事日付の 1 日は 1,440 分とは限らないから（22 字）」**というようにまとめればいいだろう。

設問 1 (3)

続いても同じ SQL に関する問題だ。**「表 4　改良した SOL 文」**の SQL2 を読解して，**「図 3　SQL2 の結果行（未完成）」**の**空欄 c** から**空欄 e** について解答する。

SQL2 では，AVG（日平均温度）に OVER 句を用いている。つまり，ウィンドウ関数を使って複数行の処理を行っている。**'ORDER BY 農事日付'** があるので，**'農事日付'** を昇順に並べて（**'ROWS'** があるので）行単位に処理をしていることがわかる。そして，その後の **'BETWEEN'** で処理をする範囲指定をしている。**'CURRENT ROW'** は現在の行，**'2 PRECEDING'** は**「2 行前」**なので，2 行前から現在の行までの 3 行を対象にして日平均温度を求めていることがわかる。つまり，当日・前日・前々日の 3 日間の移動平均値を求めている SQL になる。

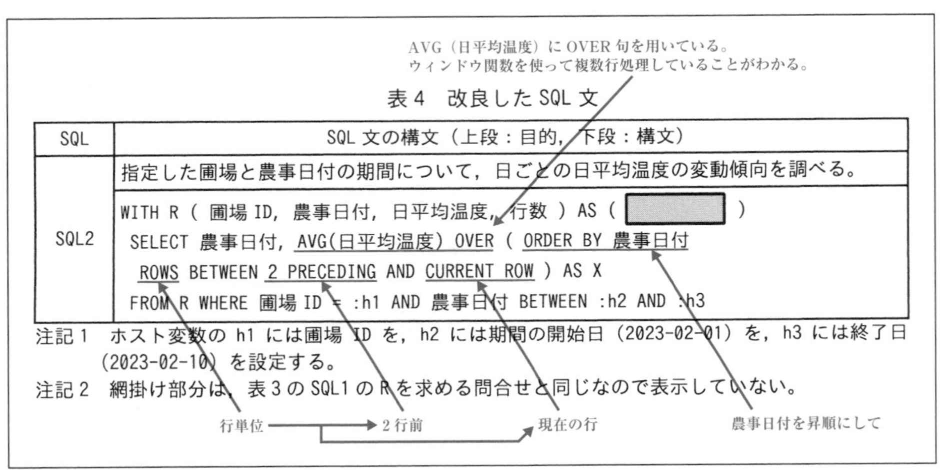

表 4　改良した SQL 文

SQL	SQL 文の構文（上段：目的，下段：構文）
SQL2	指定した圃場と農事日付の期間について，日ごとの日平均温度の変動傾向を調べる。
	WITH R (圃場 ID, 農事日付, 日平均温度, 行数) AS (［網掛け］) SELECT 農事日付, AVG(日平均温度) OVER (ORDER BY 農事日付 ROWS BETWEEN 2 PRECEDING AND CURRENT ROW) AS X FROM R WHERE 圃場 ID = :h1 AND 農事日付 BETWEEN :h2 AND :h3

注記 1　ホスト変数の h1 には圃場 ID を，h2 には期間の開始日（2023-02-01）を，h3 には終了日（2023-02-10）を設定する。
注記 2　網掛け部分は，表 3 の SQL1 の R を求める問合せと同じなので表示していない。

解説図 2　SQL2 の読解

SQL2 が，当該農業日付の日から 2 日前までの 3 日間の移動平均値を求める SQL だとわかりさえすれば，後は，各空欄の当日と前日，前々日の 3 日間の平均値を求めるだけになる。念のため，**解説図 3** のように**「2023-02-03」**の 3 日移動平均値が**「11.0」**に，**「2023-02-04」**の 3 日移動平均値が**「12.0」**になっているかどうかを確認すれば万全だろう。

後は，空欄 c から空欄 e を次のように計算すればいい。

空欄 c：(10.0 ＋ 12.0 ＋ 20.0) ／ 3 ＝ **14.0**
空欄 d：(20.0 ＋ 10.0 ＋ 15.0) ／ 3 ＝ **15.0**
空欄 e：(15.0 ＋ 14.0 ＋ 19.0) ／ 3 ＝ **16.0**

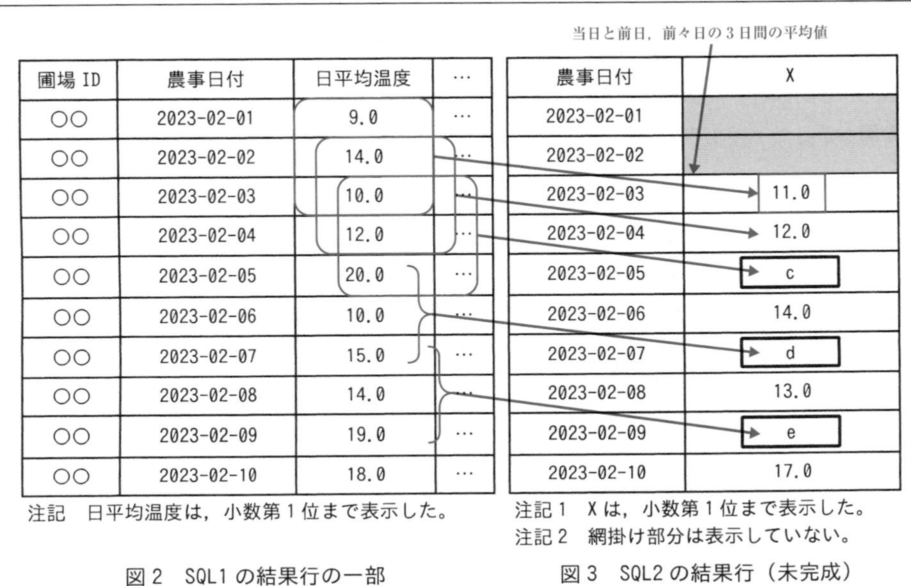

圃場 ID	農事日付	日平均温度	…
○○	2023-02-01	9.0	…
○○	2023-02-02	14.0	…
○○	2023-02-03	10.0	…
○○	2023-02-04	12.0	…
○○	2023-02-05	20.0	…
○○	2023-02-06	10.0	…
○○	2023-02-07	15.0	…
○○	2023-02-08	14.0	…
○○	2023-02-09	19.0	…
○○	2023-02-10	18.0	…

注記　日平均温度は，小数第１位まで表示した。

図２　SQL1 の結果行の一部

農事日付	X
2023-02-01	
2023-02-02	
2023-02-03	11.0
2023-02-04	12.0
2023-02-05	c
2023-02-06	14.0
2023-02-07	d
2023-02-08	13.0
2023-02-09	e
2023-02-10	17.0

注記１　X は，小数第１位まで表示した。
注記２　網掛け部分は表示していない。

図３　SQL2 の結果行（未完成）

解説図３　設問１（3）の解答に必要な３日移動平均値の求め方

設問1(4)

最後の問題はSQLを完成させる問題になる。対象となるSQL文は**「表5　積算温度を調べるSQL文（未完成）」**になる。**「指定した農事日付の期間について，圃場ごと農事日付ごとの積算温度を調べる。」**というもので，ここでもウィンドウ関数の部分が問われていることが確認できる。

表5　積算温度を調べるSQL文（未完成）

SQL	SQL文の構文（上段：目的，下段：構文）
SQL3	指定した農事日付の期間について，圃場ごと農事日付ごとの積算温度を調べる。
	WITH R(圃場ID, 農事日付, 日平均温度, 行数) AS (████) SELECT 圃場ID, 農事日付, SUM(f) OVER (PARTITION BY g ORDER BY h ROWS BETWEEN UNBOUNDED PRECEDING AND CURRENT ROW) AS 積算温度 FROM R WHERE 農事日付 BETWEEN :h1 AND :h2

注記1　ホスト変数のh1とh2には積算温度を調べる期間の開始日と終了日を設定する。
注記2　網掛け部分は，表3のSQL1のRを求める問合せと同じなので表示していない。

先頭行から

解説図4　SQL3の読解

このウィンドウ関数では**'PARTITION BY'**が使われている。これはGROUP BYと同じようにグルーピングする時に使う。今回は**「圃場ごと農事日付ごとの積算温度」**を求めるSQL文なので，**「農事日付ごとの積算温度」**の部分は各行で計算するが，**「圃場ごと」**の部分については**'PARTITION BY'**でグルーピングする必要がある。したがって，**空欄gには「圃場ID」が入る。**なお，SQL2で**'PARTITION BY'**を使っていないのは**「指定した圃場」**になっているからだ。SQL3では全ての圃場が対象になるので，圃場ごとのグルーピングが必要になる。

また，**空欄h**の後には**'ROWS'**があるので，行単位に処理をしていることがわかる。そして，その後の**'BETWEEN'**で処理をする範囲指定をしていることも確認できる。**'CURRENT ROW'**が**「現在の行まで」**というのは設問1(3)の時に考えたSQL2と同じである。SQL2と違うのは**'UNBOUNDED PRECEDING'**の部分。これは先頭行を表している。したがって，SQL3のウィンドウ関数の範囲指定は**「先頭行から現在の行まで」**という解釈になる。ちなみに，この**'UNBOUNDED PRECEDING'**は，**'BETWEEN　A　AND　B'**の**「A」**のところ（開始点）でしか使えないので覚えておこう。

そして，このウィンドウ関数の範囲指定が**「先頭行から現在の行まで」**だとわかれば，残りの空欄も答えが出るはずだ。**空欄hは「圃場ID，農事日付」か（PARTITION BYで圃場ごとになっているので）「農事日付」になる。**そして，**空欄fは，先頭行から現在の行までの積算温度なので「日平均温度」が入る。**SQL1で求める日平均温度だという点に注意しよう。

設問 2

設問 2 の解答例

設問			解答例・解答の要点	備考
設問 2	(1)		・区分を追加する都度，全体の行の再分配が必要になるから ・同じ圃場に異なる圃場の観測データが混在する可能性があるから ・レンジ区分でも区分の行数をほぼ同じにする利点が得られるから	
	(2)	ア	9,000	
	(3)		同じ圃場の行は，1 ページに 1 行しか格納できないから	
	(4)		元日の日出時刻までのデータは前日の農事日付に含まれるから	
	(5)	イ	①	
		ウ	④	
		エ	⑤	
		オ	①	
		カ	②	

設問 2 は,**〔“観測” テーブルの区分化〕**段落に関する問題になる。段落タイトルのとおり**「区分化」**に関することが問われている。解答に当たっては，区分化に関する知識をもとに，問題文の 2 ページ目の下方から始まる**〔RDBMS の主な仕様〕**段落で仕様を確認して進めていけばいいだろう。

設問 2 (1)

C さんは，区分方法としてレンジ区分（キーレンジ方式）を採用しているが，この問題では，もう一つの区分方法のハッシュ区分（ハッシュ方式）を採用しなかった理由が問われている。これらの違いは，知識として知っておく必要のあるものだが，問題文の**〔RDBMS の主な仕様〕**段落でも，次のように説明されているので確認しておくといいだろう。

> (2)　区分方法には次の 2 種類がある。
>
> ・レンジ区分　：区分キーの値の範囲によって行を区分に分配する。
>
> ・ハッシュ区分：区分キーの値に基づき，RDBMS が生成するハッシュ値によって行を一定数の区分に分配する。区分数を変更する場合，全行を再分配する。

この問題の解答は，解答例として三つの別解が紹介されているように，視点を変えれば様々な解答が可能になる。

キーレンジ方式は，その名の通りキーの範囲ごとに区分する方法になる。それに対してハッシュ方式は，ハッシュ計算をして求めたハッシュ値によって区分を決める。そのため，キーレンジ方式のように，何かの基準で連続する値で区切ることはできない。どこに格納されるのかはランダムになる。そう考えれば，今回は**「何かの基準で区切ることが必要だった」**ということになる。それを探せばいい。

〔“観測”テーブルの区分化〕段落の**「2. 性能見積り」**を読むと，性能見積は**表 5** の SQL3 で行っていることがわかる。SQL3 は，**設問 1（4）**でチェックした通り，**「圃場ごと農事日付ごと」**に昇順に並べて処理をしている。それゆえ，**「1. 物理設計の変更」**の**「（2）圃場 ID ごとに農事日付の 1 月 1 日から 12 月 31 日の値の範囲を年度として，その年度を区分キーとするレンジ区分によって区分化」**しているわけだ。理に適っている。これをハッシュ区分によって区分化すると，圃場 ID ごとに区分化することができなくなる。これを解答例のように**「同じ圃場に異なる圃場の観測データが混在する可能性があるから（29 字）」**という感じでまとめればいい。

また，**“レンジ区分を採用しても，区分ごとの行数をほぼ同じにできる”**という意味の解答でも正解になっている。**「レンジ区分でも区分の行数をほぼ同じにする利点が得られるから（29 字）」**という解答だ。これは，ハッシュ方式による区分化のメリットのひとつに**「各区分の行数が均一化できる」**というものがあるからだ。キーレンジ方式を使うと，各区分の行数が均一化しないケースも出てくる。**「時間帯別の客数」**や**「曜日別の客数」**などはバラツキが発生する典型的な例だろう。しかし，今回はキーレンジ方式を用いても区分ごとの行数はほぼ一定になる。**「圃場 ID ごとに農事日付の 1 月 1 日から 12 月 31 日の値の範囲を年度として，その年度を区分キーとする」**からだ。**“観測”**テーブルは 1 分ごとに行が追加される。その 1 年分なのでうるう年かどうかで若干の差はあるものの，ほぼ均一になる。そのため，ハッシュ方式を採用しなくても，同じ利点が得られるからという解答も可能になる。

そしてもうひとつ。**“区分を追加する時の差”**について言及している解答もある。問題文には**「（3）新たな圃場を追加する都度，当該圃場に対してそのときの年度の区分を 1 個追加する。」**という記述がある。つまり，年度が増えるたびに区分が増えるというわけだ。その時に**「圃場 ID ごとに農事日付の 1 月 1 日から 12 月 31 日の値の範囲を年度として，その年度を区分キーとする」**場合には，既存の区分に区分単位で追加するだけでいいが，ハッシュ区分の場合は再分配が必要になる。**〔RDBMS の主な仕様〕**段落の**「2. 区分化」**の**（2）**にも**「区分数を変更する場合，全行を再分配する。」**と書いている。したがって**「区分を追加する都度，全体の行の再分配が必要になるから（26 字）」**という区分を追加する際に発生するハッシュ区分のデメリットの部分を解答してもいい。

設問２(2)

続いては**「表６　区分化前と区分化後の読込みに必要な表領域のページ数の比較（未完成）」**の**空欄ア**を求めるというもの。

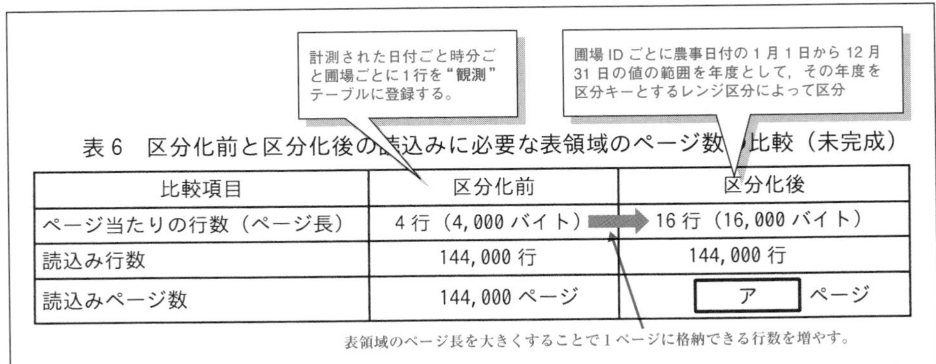
計測された日付ごと時分ごと圃場ごとに１行を“観測”テーブルに登録する。
圃場 ID ごとに農事日付の１月１日から 12 月 31 日の値の範囲を年度として，その年度を区分キーとするレンジ区分によって区分
表領域のページ長を大きくすることで１ページに格納できる行数を増やす。

表６　区分化前と区分化後の読込みに必要な表領域のページ数の比較（未完成）

比較項目	区分化前	区分化後
ページ当たりの行数（ページ長）	4 行（4,000 バイト）	16 行（16,000 バイト）
読込み行数	144,000 行	144,000 行
読込みページ数	144,000 ページ	ア ページ

解説図５　表６の読解

空欄アは**「区分化後」**に SQL3 を実行する時の読込みページ数である。そのため，区分化で何をしているのかと SQL3 でどう処理しているのかを明確にすれば解答が得られる。

区分化については，設問２（1）を解く時にじっくり確認したと思うが**「圃場 ID ごとに農事日付の１月１日から 12 月 31 日の値の範囲を年度として，その年度を区分キーとする」**レンジ区分を採用している。

一方，SQL3 は，ここまで見てきた通り**“観測”**テーブル（あるいは，それをベースにした R）を**「圃場ごと」**にグルーピングし，**「農事日付ごと」**に昇順に並べて処理を実施していく。そのため，SQL3 で処理対象のデータを１ページに読み込む時には 16 行まとめて読み込むことになるが，区分化によってその 16 行は処理の順番と同じ並びになったデータが読み込まれることになる。したがって，１回のページ読み込みで読み込まれた 16 行は，そのまま連続で 16 回処理されることになる。

そう考えれば，読込みページ数が次の計算式で求められることがわかるだろう。**空欄ア**には **9,000** が入る。

読込み行数	÷	ページ当たりの行数	＝	読込みページ数
144,000 行	÷	16 行	＝	9,000 ページ

設問２(3)

次も同じく**「表６　区分化前と区分化後の読込みに必要な表領域のページ数の比較（未完成）」**に関する問題になる。**「区分化前では，副次索引から１行を読み込むごとに，なぜ表領域の１ページを読み込む必要があるか。その理由を30字以内で答えよ。」**というものだ。

読み込む順番は**「副次索引」**の順番だとしている。区分化前の副次索引については**「表２　"観測"テーブルの主な列統計，索引定義，制約，表領域の設定（一部省略）」**に書いているが，具体的には**{圃場ID，農事日付}**のことなので，**「圃場ごと農事日付ごと」**の順番で読み込んでいることがわかる。

一方，〔**業務の概要**〕段落の**「2. 制御機器・センサー機器，統合機器，観測データ，積算温度」**の**(3)**に**「計測された日付ごと時分ごと圃場ごとに１行を"観測"テーブルに登録する。」**という記述があることから，物理的には**「観測日付ごと観測時分ごと圃場IDごと」**の順番で登録されていることがわかる。

圃場IDが一つしかないなら１ページに格納される４行は全て同じ圃場IDのものになるが，**表２**を確認すると圃場は1,000か所（1,000個の列値）あることが確認できる。この数だと，１ページ当たりの行数が４行なので，１ページに同じ圃場IDは存在しないことになる。これが，１行読み込むごとに１ページを読み込まないといけない理由になる。解答は**「同じ圃場の行は，１ページに１行しか格納できないから（25字）」**というようにまとめればいいだろう。

設問２(4)

続いては**「区分化後の年末処理の期限は，なぜ12月31日の24時ではなく元日の日出時刻なのか。その理由を35字以内で答えよ。」**という問題になる。

これは，設問１(2)と同じ理由になる。今回の処理は**「歴日」**（0:00から23:59までを１日とする考え方）ではなく，農事日付を用いて処理しているからだ。農事日付は**「１日の区切りを，圃場の日出時刻から翌日の日出時刻の１分前までとする日付」**と記載されている。そのため年末の**「12月31日」**という１日は，12月31日の日出時刻から翌元旦の日出時刻の１分前までになる。

以上より，解答例のように**「元日の日出時刻までのデータは前日の農事日付に含まれるから（28字）」**としてもいいし，**「農事日付なので元旦の日出時刻までが12月31日になるから（28字）」**という解答でもいいだろう。

設問２(5)

最後の問題は**「表７　区分化前と区分化後の年末処理の主な手順の比較（未完成）」**の空欄を埋めるものになる。選択肢が５つあり，そこから選択して解答する。**「ただし，バックアップの取得と索引の保守については考慮しなくてよい。」**という点もあるので，そこも含めて考える。

年末処理の見直しとは，**「5年以上前の不要な行を効率よく削除し，表領域を有効に利用するための年末処理」**のことである。**表７**及び，**設問２（5）**の選択肢を見る限り，対象としているテーブルは**"圃場カレンダ"**と**"観測"**の二つになる。

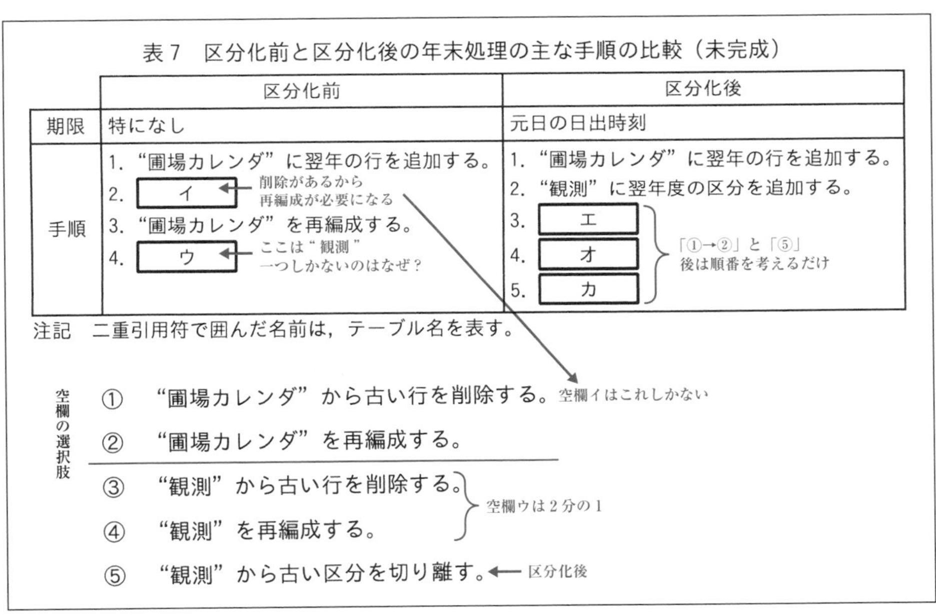

表７　区分化前と区分化後の年末処理の主な手順の比較（未完成）

	区分化前	区分化後
期限	特になし	元日の日出時刻
手順	1. "圃場カレンダ"に翌年の行を追加する。 2. [イ] 3. "圃場カレンダ"を再編成する。 4. [ウ]	1. "圃場カレンダ"に翌年の行を追加する。 2. "観測"に翌年度の区分を追加する。 3. [エ] 4. [オ] 5. [カ]

注記　二重引用符で囲んだ名前は，テーブル名を表す。

空欄の選択肢

① "圃場カレンダ"から古い行を削除する。
② "圃場カレンダ"を再編成する。
③ "観測"から古い行を削除する。
④ "観測"を再編成する。
⑤ "観測"から古い区分を切り離す。

解説図６　設問２（5）の解き方，考え方

解答を考えるうえでの一つのポイントは**"観測"**テーブルに，**"圃場カレンダ"**テーブルに対する外部キーが設定されている点である。**「表２　"観測"テーブルの主な列統計，索引定義，制約，表領域の設定（一部省略）」**の外部キー制約のところに記載されている。ここの外部キー制約には**「ON DELETE CASCADE」**が設定されているので，**"圃場カレンダ"**の行を削除すると，それに連動して（標準日付と同じ観測日付で，かつ同じ圃場IDの）**"観測"**テーブルの行も削除される。

■ 区分化前（空欄イ，空欄ウ）

まずは**「区分化前」**の手順から考えてみよう。手順の3が**「“圃場カレンダ”を再編成する。」**になっている。一般的に，あるテーブルを再編成するのは，当該テーブルの行を削除した後になる。**〔RDBMSの主な仕様〕**段落にも**「1. 行の挿入・削除，再編成」**の**(2)**と**(3)**で次のように書かれている。

> (2) 最後のページを除き，行を削除してできた領域は，行の挿入に使われない。
> (3) 再編成では，削除されていない全行をファイルにアンロードした後，初期化した表領域にその全行を再ロードし，併せて索引を再作成する。

再編成は削除した領域を詰めるために行い，索引を再作成処理なので，**空欄イには「①“圃場カレンダ”から古い行を削除する」**が入ることになる。**空欄イに“圃場カレンダ”**に対する処理が入ると考えれば，解答は①しかないこともわかるだろう。

また，前述のとおり**“観測”**テーブルには参照制約が定義されているので，**「①“圃場カレンダ”から古い行を削除する」**とすれば，それと連動して同じ観測日付，同じ圃場IDの**“観測”**テーブルも削除される。したがって，特に**「③“観測”から古い行を削除する。」**必要はない。もう削除されているわけだから，**“圃場カレンダ”**と同様に再編成処理をすればいい。したがって，**空欄ウは「④“観測”を再編成する。」**になる。

■ 区分化後（空欄エ～空欄カ）

続いて**「区分化後」**の手順について考える。区分化後なので，**〔RDBMSの主な仕様〕**段落の**「2.　区分化」**を確認する。すると**(3)**と**(4)**に次のように書かれている。

> (3) レンジ区分では，区分キーの値の範囲が既存の区分と重複しなければ区分を追加でき，任意の区分を切り離すこともできる。区分の追加，切離しのとき，区分内の行のログがログファイルに記録されることはない。
> (4) 区分ごとに物理的に分割される索引（以下，分割索引という）を定義できる。区分を追加したとき，当該区分に分割索引が追加され，また，区分を切り離したとき，当該区分の分割索引も切り離される。

この記述から，**“観測”**テーブルに関しては，**「区分化前」**の年末処理とは異なり，翌年度の区分を追加し，古い区分を切り離すことが年末処理になることがわかる。**表7**の**「区分化後」**の手順では**「2.“観測”に翌年度の区分を追加する。」**と記されている。したがって，残りの空欄には**「⑤“観測”から古い区分を切り離す。」**が入る。

また，**“圃場カレンダ”**テーブルに関しては**「区分化前」**の年末処理と変わらず同じ処理になる。**表 7** の**「区分化後」**の手順では**「1. “圃場カレンダ” に翌年の行を追加する。」**と記されている。したがって，残りの処理として**「① “圃場カレンダ” から古い行を削除する。」**と**「② “圃場カレンダ” を再編成する。」**が必要になる。これが，残りの空欄の処理だ。

後は，この三つの処理に順番を付ければいい。年末処理は**「5 年以上前の不要な行を効率よく削除」**する必要がある。**「区分化後」**の**“観測”**テーブルでは，古い区分を切り離すだけで効率よく削除できる。**「切離しのとき，区分内の行のログがログファイルに記録されることはない」**ため，1 件 1 件削除するたびにログに書き込むようなことはしない。切り離すだけでいい。

しかし，この切り離し処理をする前に**「① “圃場カレンダ” から古い行を削除する。」**処理をしてしまうと，参照制約に**「ON DELETE CASCADE」**が設定されているので，**“観測”**テーブルの行も削除されてしまう。それはそれでいいのだが，せっかく切り離せば効率よく処理できるのに，その切り離しをする前に 1 件 1 件削除する必要が出てくる。それでは効率が悪いので，処理する順番は次のようにするのが最適になる。

空欄エ：「⑤ “観測” から古い区分を切り離す。」（先に切り離しておく）
空欄オ：「① “圃場カレンダ” から古い行を削除する。」
空欄カ：「② “圃場カレンダ” を再編成する。」

令和５年度　秋期
データベーススペシャリスト試験
午後Ⅱ　問題

試験時間	14:30 ～ 16:30（2時間）

注意事項

1. 試験開始及び終了は，監督員の時計が基準です。監督員の指示に従ってください。
2. 試験開始の合図があるまで，問題冊子を開いて中を見てはいけません。
3. **答案用紙への受験番号などの記入は，試験開始の合図があってから始めてください。**
4. 問題は，次の表に従って解答してください。

問題番号	問１，問２
選択方法	１問選択

5. 答案用紙の記入に当たっては，次の指示に従ってください。
 (1) B又はHBの黒鉛筆又はシャープペンシルを使用してください。
 (2) **受験番号欄**に**受験番号**を，**生年月日欄**に**受験票の生年月日**を記入してください。正しく記入されていない場合は，採点されないことがあります。生年月日欄については，受験票の生年月日を訂正した場合でも，訂正前の生年月日を記入してください。
 (3) **選択した問題**については，次の例に従って，**選択欄**の**問題番号**を**○印**で囲んでください。○印がない場合は，採点されません。２問とも○印で囲んだ場合は，はじめの１問について採点します。
 (4) 解答は，問題番号ごとに指定された枠内に記入してください。
 (5) 解答は，丁寧な字ではっきりと書いてください。読みにくい場合は，減点の対象になります。

〔問２を選択した場合の例〕

注意事項は問題冊子の裏表紙に続きます。
こちら側から裏返して，必ず読んでください。

6.　退室可能時間中に退室する場合は，手を挙げて監督員に合図し，答案用紙が回収されてから静かに退室してください。

退室可能時間	15:10 ～ 16:20

7.　**問題に関する質問にはお答えできません。**文意どおり解釈してください。
8.　問題冊子の余白などは，適宜利用して構いません。ただし，問題冊子を切り離して利用することはできません。
9.　試験時間中，机上に置けるものは，次のものに限ります。
　なお，会場での貸出しは行っていません。
　受験票，黒鉛筆及びシャープペンシル（B 又は HB），鉛筆削り，消しゴム，定規，時計（時計型ウェアラブル端末は除く。アラームなど時計以外の機能は使用不可），ハンカチ，ポケットティッシュ，目薬
　これら以外は机上に置けません。使用もできません。
10. 試験終了後，この問題冊子は持ち帰ることができます。
11. 答案用紙は，いかなる場合でも提出してください。回収時に提出しない場合は，採点されません。
12. 試験時間中にトイレへ行きたくなったり，気分が悪くなったりした場合は，手を挙げて監督員に合図してください。

試験問題に記載されている会社名又は製品名は，それぞれ各社又は各組織の商標又は登録商標です。

なお，試験問題では，™ 及び ® を明記していません。

問１　生活用品メーカーの在庫管理システムのデータベース実装・運用に関する次の記述を読んで，設問に答えよ。

D 社は，日用品，園芸用品，電化製品などのホームセンター向け商品を製造販売しており，販売物流の拠点では自社で構築した在庫管理システムを使用している。データベーススペシャリストの E さんは，マーケティング，経営分析などに使用するデータ（以下，分析データという）の提供依頼を受けてその収集に着手した。

〔分析データの提供依頼〕

分析データ提供依頼の例を表 1 に示す。

表 1　分析データ提供依頼の例

依頼番号	依頼内容
依頼 1	商品の出荷量の傾向を把握するため，出荷数量を基にした Z チャートを作成して可視化したい。Z チャートは，物流拠点，商品，年月を指定して指定年月と指定年月の 11 か月前までを合わせた 12 か月を表示範囲とした，商品の月間出荷数量，累計出荷数量，移動累計出荷数量の三つの折れ線グラフである。累計出荷数量は，グラフの表示範囲の最初の年月から各年月までの月間出荷数量の累計である。移動累計出荷数量は，各年月と各年月の 11 か月前までを合わせた 12 か月の月間出荷数量を累計したものである。
依頼 2	出庫作業における移動距離を短縮して効率化を図るため，出庫の頻度を識別できるヒートマップを作成して可視化したい。ヒートマップは，物流拠点の棚のレイアウト図上に，各棚の出庫頻度区分を色分けしたものである。出庫頻度区分は，指定した物流拠点及び期間において，棚別に集計した出庫回数が多い順に順位付けを行い，上位 20%を‘高’，上位 50%から‘高’を除いたものを‘中’，それ以外を‘低’としたものである。
依頼 3	年月別の在庫回転率を時系列に抽出してほしい。在庫回転率は，数量，金額を基に算出し，算出の根拠となった数値も参照したい。また，月末前でもその時点で最新の情報を 1 日に複数回参照できるようにしてほしい。

〔在庫管理業務の概要〕

在庫管理業務の概念データモデルを図 1 に，主な属性の意味・制約を表 2 に示す。在庫管理システムでは，図 1 の概念データモデル中のサブタイプをスーパータイプのエンティティタイプにまとめた上で，エンティティタイプをテーブルとして実装している。E さんは，在庫管理業務への理解を深めるために，図 1，表 2 を参照して，

表3の業務ルール整理表を作成した。表3では，項番ごとに，幾つかのエンティティタイプを対象に，業務ルールを列記した①～④が，概念データモデルに合致するか否かを判定し，合致する業務ルールの番号を全て記入している。

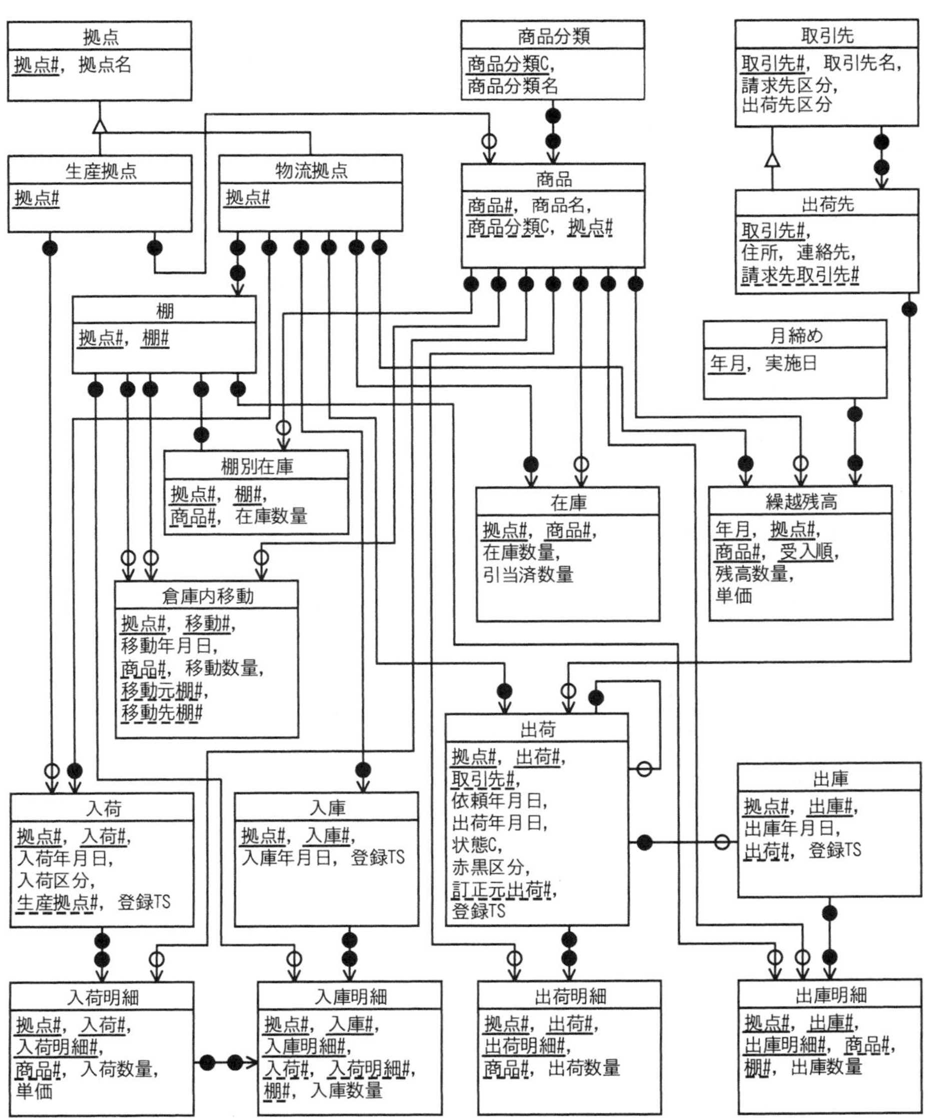

注記　属性名の“#”は番号，“C”はコード，“TS”はタイムスタンプを略した記号である。

図1　在庫管理業務の概念データモデル

表 2　主な属性の意味・制約

属性名	意味・制約
拠点#，棚#	拠点#は拠点を識別する番号，棚#は拠点内の棚を識別する番号
請求先区分，出荷先区分	請求先区分は取引先が請求先か否か，出荷先区分は取引先が出荷先か否かの区分で，一つの取引先が両方に該当することもある。
単価	生産拠点で製造原価を基に定めた商品の原単価である。
状態 C	出荷の状態を‘出荷依頼済’，‘出庫指示済’，‘出荷済’，‘納品済’，‘出荷依頼キャンセル済’，‘取消済’，‘訂正済’などで区分する。
赤黒区分，訂正元出荷#	出荷の訂正は，赤黒処理によって行う。赤黒処理では，出荷数量を全てマイナスにした取消伝票（以下，赤伝という）及び訂正後の出荷数量を記した訂正伝票（以下，黒伝という）を作成する。赤黒区分は，赤伝，黒伝の区分であり，訂正元出荷#は，訂正の元になった出荷の出荷#である。赤伝及び黒伝の出荷数量，赤黒区分，訂正元出荷#，登録 TS 以外の属性には，訂正元と同じ値を設定する。
登録 TS	入荷，入庫，出荷，出庫の登録 TS には，時刻印を設定する。

表 3　業務ルール整理表（未完成）

項番	エンティティタイプ名	業務ルール	合致する業務ルール
1	生産拠点， 商品， 商品分類	①［a］ ② 一つの生産拠点では一つの商品だけを生産する。 ③ 商品はいずれか一つの商品分類に分類される。 ④ 商品分類は階層構造をもつ。	①，③
2	物流拠点， 商品， 在庫	① 在庫を記録するのは物流拠点だけである。 ② 全拠点を集計した商品別在庫の記録をもつ。 ③ 各拠点では全商品について在庫の記録を作成する。 ④ 拠点ごと商品ごとに在庫数量，引当済数量を記録する。	［b］
3	商品， 棚， 棚別在庫	① 一つの棚に複数の商品を保管する。 ② 同じ商品を複数の棚に保管することがある。 ③ 同じ棚#を異なる拠点の棚に割り当てることがある。 ④ 各棚には保管する商品があらかじめ決まっている。	［c］
4	取引先， 出荷先， 出荷	① 取引先に該当するのは出荷先だけである。 ② 請求先には出荷先が一つ決まっている。 ③ 出荷先には請求先が一つ決まっている。 ④ 請求先と出荷先とが同じになることはない。	［d］
5	入荷， 入荷明細， 入庫， 入庫明細	① 入荷#ごとに一つの入庫#を記録する。 ② 入庫は入庫の実施単位に拠点#，入庫#で識別する。 ③ 入荷した商品を入庫せずに出荷することもある。 ④ 入荷明細を棚に分けて入庫明細に記録する。	［e］
6	出荷， 出荷明細， 出庫， 出庫明細	① 出庫は出荷と同じ単位で行う。 ② 出荷明細には出庫明細との対応を記録する。 ③ 出荷に対応する出庫を記録しない場合がある。 ④ 商品ごとの出庫数量は出荷数量と異なる場合がある。	［f］

〔問合せの検討〕

Eさんは，依頼1に対応するために図2のZチャートの例を依頼元から入手し，Zチャートを作成するための問合せの内容を，表4に整理した。表4中のT1は月間出荷数量，T2は移動累計出荷数量，T3は累計出荷数量を求める問合せである。

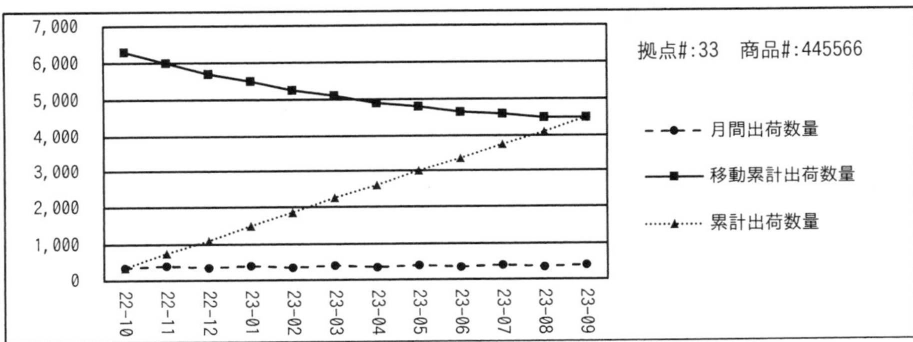

図2　Zチャートの例

表4　依頼1の問合せの検討（未完成）

問合せ名	列名又は演算	テーブル名又は問合せ名	選択又は結合の内容
T1	年月＝[出荷年月日の年月を抽出]，月間出荷数量＝[年月でグループ化した各グループ内の出荷数量の合計]	出荷，出荷明細	① 出荷明細から指定した商品の行を選択 ② 出荷から指定した拠点，かつ，出荷年月日の年月が，指定年月の［ア］か月前の年月以上かつ指定年月以下の範囲の行を選択 ③ ①と②の結果行を拠点#，出荷#それぞれが等しい条件で内結合
T2	年月，月間出荷数量，移動累計出荷数量＝[選択行を年月の昇順で順序付けし，行ごとに現在の行を起点として，［イ］から［ウ］までの範囲にある各行の月間出荷数量の合計]	T1	全行を選択
T3	年月，月間出荷数量，移動累計出荷数量，累計出荷数量＝[選択行を年月の昇順で順序付けし，行ごとに現在の行を起点として，［エ］から［オ］までの範囲にある各行の月間出荷数量の合計]	T2	年月が，指定年月の［カ］か月前の年月以上かつ指定年月以下の範囲の行を選択

注記1　行ごとに問合せを記述し問合せ名を付ける。問合せ名によって問合せ結果行を参照できる。
注記2　列名又は演算には，テーブルから射影する列名又は演算によって求まる項目を"項目名＝[演算の内容]"の形式で記述する。
注記3　テーブル名又は問合せ名には，参照するテーブル名又は問合せ名を記入する。
注記4　選択又は結合の内容には，テーブル名又は問合せ名ごとの選択条件，結合の具体的な方法と結合条件を記入する。

依頼2について図3のSQL文の検討を行い，実装したSQL文を実行して図4のヒートマップの例を作成した。

```
WITH S1 AS (
  SELECT S.拠点#, SM.棚#
  FROM 出庫 S
    INNER JOIN 出庫明細 SM ON S.拠点# = SM.拠点# AND S.出庫# = SM.出庫#
  WHERE S.拠点# = :hv1 AND S.出庫年月日 BETWEEN :hv2 AND :hv3
), S2 AS (
  SELECT [    キ    ] AS 出庫回数
  FROM 棚 T
    LEFT JOIN S1 ON S1.拠点# = T.拠点# AND S1.棚# = T.棚#
  WHERE T.拠点# = :hv1
  [    ク    ]
), S3 AS (
  SELECT 棚#, RANK() OVER ( [    ケ    ] ) AS 出庫回数順位
  FROM S2
)
SELECT 棚#,
  CASE
    WHEN (100 * [    コ    ] OVER() ) <= 20 THEN '高'
    WHEN (100 * [    コ    ] OVER() ) <= 50 THEN '中'
    ELSE '低'
  END AS 出庫頻度区分
FROM S3
```

注記　ホスト変数hv1～hv3には，指定された拠点#，出庫年月日の開始日及び終了日がそれぞれ設定される。

図3　依頼2の問合せを実装したSQL文（未完成）

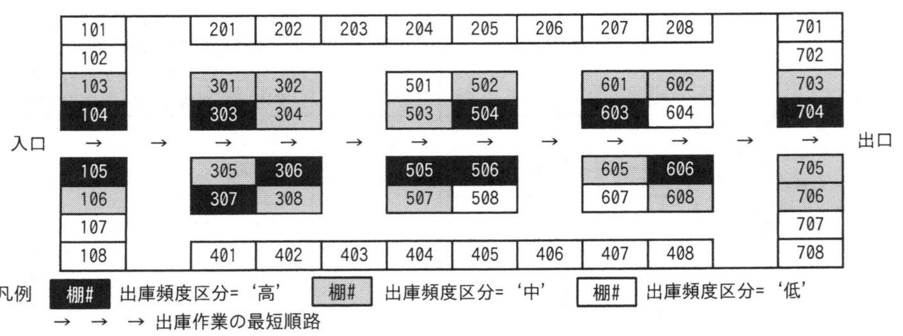

図4　ヒートマップの例

〔依頼 3 への対応〕

E さんは，在庫回転率及びその根拠となる数値（以下，計数という）の算出方法を確認した上で，分析データを作成する仕組みを検討することにした。

1. 計数の算出方法確認

在庫管理業務では，次のように，年月，拠点，商品ごとに計数を算出している。

・月締めを行う。月締めは対象月の翌月の第 5 営業日までに実施する。

・月締めまでの間は，前月分の出荷であっても訂正できる。

・月末時点の在庫を，先入先出法によって評価し，在庫金額を確定する。在庫金額算出に際して，商品有高表及び残高集計表を作成する。商品有高表の例を表 5 に，残高集計表の例を表 6 に示す。

(1) 商品有高表

・前月末時点の残高を繰り越して受入欄に記入する。残高は，入荷ごとに記録するので，複数入荷分の残高があれば入荷の古い順に繰り越す。

・受入，払出の都度，収支を反映した残高を記入する。例えば，表 5 中の行 2 の残高には行 1 の受入を反映した残高を転記し，行 3 の残高には行 2 の受入を反映した残高を記入している。

・当月中の入荷を受入欄に，出荷を払出欄に記入する。入荷の入荷年月日，出荷の出荷年月日を受払日付とし，受払日付順及び入出荷の登録順に記入する。

・出荷による払出は，入荷の古い順に残高を引き落とし，複数入荷分の残高を引き落とす場合は，残高ごとに行を分ける。入出荷による変更後の在庫を入荷の古い順に残高欄に記入する。

・赤伝は，受払日付に発生日ではなく，訂正元出荷と同じ受払日付でマイナスの払出を記入する。

・月末時点の残高を入荷の古い順に払出欄に記入して次月に繰り越す。

(2) 残高集計表

年月，拠点，商品ごとに，商品有高表を集計・計算して月初残高，当月受入，当月払出，月末残高，在庫回転率の数量，金額をそれぞれ次のように求める。

・月初残高は，前月繰越による受入の数量，金額を集計する。

・当月受入は，当月中の入荷による受入の数量，金額を集計する。

・月末残高は，次月繰越による払出の数量，金額を集計する。

・当月払出は，“月初残高 ＋ 当月受入 － 月末残高”によって，数量，金額をそれぞれ求める。

・在庫回転率は，“当月払出 ÷ ((月初残高 ＋ 月末残高) ÷ 2)”によって，数量，金額をそれぞれ求める。

表5　商品有高表の例（未完成）

年月:2023-09　拠点#:33　商品#:112233　出力日:2023-10-02　　単価，金額の単位 円

行	受払日付	摘要区分	受入			払出			残高（在庫）		
			数量	単価	金額	数量	単価	金額	数量	単価	金額
1	09-01	前月繰越	100	80	8,000				100	80	8,000
2	09-01	前月繰越	300	85	25,500				100	80	8,000
3									300	85	25,500
4	09-04	出荷				30	80	2,400	70	80	5,600
5									300	85	25,500
6	09-07	出荷				70	80	5,600	300	85	25,500
7						40	85	3,400	260	85	22,100
8	09-12	入荷	150	90	13,500				260	85	22,100
9									150	90	13,500
10	09-17	出荷				50	85	4,250	g	h	
11									150	90	13,500
12	09-17	赤伝				▲50	85	▲4,250	i	j	
13									k	l	
14	09-17	黒伝				260	85	22,100			
15						40	90	3,600			
16	09-19	入荷	300	95	28,500				110	90	9,900
17									300	95	28,500
18	09-24	出荷				60	90	5,400	50	90	4,500
19									300	95	28,500
20	09-30	次月繰越				50	90	4,500	300	95	28,500
21	09-30	次月繰越				300	95	28,500	0	—	0

注記　網掛け部分は表示していない。“▲”は負数を表す。“—”は空値を表す。

表6　残高集計表の例（一部省略）

年月	拠点#	商品#	数量					金額				
			月初残高	当月受入	当月払出	月末残高	在庫回転率	月初残高	当月受入	当月払出	月末残高	在庫回転率
2023-09	33	112233	400	450	500	350	1.33	33,500	42,000	42,500	33,000	1.28
⋮	⋮	⋮	⋮	⋮	⋮	⋮	⋮	⋮	⋮	⋮	⋮	⋮

2.　計数を格納するテーブル設計

E さんは，鮮度の高い分析データを提供するために，商品有高表及び残高集計表の計数をテーブルに格納することにして図 5 のテーブルを設計した。

(1)　“受払明細” テーブル

・商品有高表の受入，払出のどちらかに数量，単価，金額の記載のある行を格納する。

・受払#には，年月，拠点#，商品#ごとに，商品有高表中の受入又は払出の数量に記載のある行を対象に 1 から始まる連番を設定する。一つの出荷が複数の残高から払い出される場合には，払出の行を分け，それぞれに受払#を振る。

・摘要区分には，‘前月繰越’，‘出荷’，‘入荷’，‘赤伝’，‘黒伝’，‘次月繰越’のいずれかを設定する。

(2)　“受払残高” テーブル

・受払明細ごとに，受払による収支を反映した後の残高数量を，基になる受入ごとに記録する。残高の基になった受入（前月繰越又は入荷）の受払#，単価を，受払残高の基受払#，単価に設定する。

(3)　“残高集計” テーブル

・受払明細及び受払残高の対象行を “残高集計表” の作成要領に従って集計・計算して “残高集計” テーブルの行を作成する。

受払明細（<u>年月</u>，<u>拠点#</u>，<u>商品#</u>，<u>受払#</u>，受払年月日，摘要区分，数量，単価）
受払残高（<u>年月</u>，<u>拠点#</u>，<u>商品#</u>，<u>受払#</u>，<u>基受払#</u>，残高数量，単価）
残高集計（<u>年月</u>，<u>拠点#</u>，<u>商品#</u>，月初残高数量，当月受入数量，当月払出数量，月末残高数量，月初残高金額，当月受入金額，当月払出金額，月末残高金額）

図 5　計数を格納するテーブルのテーブル構造

3.　計数を格納する処理

E さんは，入荷又は出荷の登録ごとに行う一連の更新処理（以下，入出荷処理という）に合わせて，図 5 中のテーブルに入出荷を反映した最新のデータを格納する処理（以下，計数格納処理という）を行うことを考えた。

(1)　計数格納処理の概要

①　入出荷の明細ごとに，“受払明細” テーブルに赤伝，黒伝を含む新規受払の

行を作成する。赤伝，黒伝の発生時には，同じ年月，拠点#，商品#で，その受払よりも先の行を全て削除した上で，入出荷の明細から行を再作成する。これを洗替えという。

② ①によって変更が必要になる“受払残高”テーブルの行を全て削除した上で，再作成する。

③ 変更対象の計数を集計して“残高集計”テーブルの行を追加又は更新する。

④ 計数は，計数格納処理の開始時点で登録済の入出荷だけを反映した状態にする。

(2) 計数格納処理の処理方式検討

E さんは，計数格納処理の実装に当たって，次の二つの処理方式案を検討し，表 7 の比較表を作成した。

案 1： 入出荷処理と同期して行う方式。同一トランザクション内で入出荷処理及び計数格納処理を実行する。

案 2： 入出荷処理と非同期に行う方式。入出荷処理で，登録された入出荷のキー値（拠点#，入荷#，出荷#）を連携用のワークテーブル（以下，連携 WT という）に溜めておき，一定時間おきに計数格納処理を実行する。

・入出荷処理では，トランザクション内で一連の更新処理を行い，最後に連携 WT に行を追加してトランザクションを終了する。

・計数格納処理では，実行ごとに次のように処理する。

(a) 連携 WT 全体をロックし，連携 WT の全行を処理用のワークテーブル（以下，処理 WT という）に追加後，連携 WT の全行を削除してコミットする。

(b) 処理 WT，入荷，入荷明細，出荷，及び出荷明細から必要な情報を取得し，年月，拠点#，商品#の同じ行ごとに，まとめて次のように処理する。

・赤伝，黒伝がなければ，登録 TS の順に受払を作成する。

・赤伝，黒伝があれば，洗替えの起点となる行を 1 行選択し，その行に対応する受払を作成する。そして，起点となる行を基に，入荷，入荷明細，出荷，出荷明細から対象となる行を入荷年月日又は出荷年月日，登録 TS の順に取得して洗替えを行う。

(c) 処理 WT の全行を削除してコミットする。

表 7 処理方式案の比較表

評価項目	案 1	案 2
分析データの鮮度	○常に最新	△一定時間ごとに最新
全体的な処理時間	△入出荷処理の処理時間増加	○変わらない
計数格納処理エラーの影響	△入出荷処理に影響あり	○入出荷処理に影響なし

注記 “○”は一方の案が他方の案よりも優れていることを，“△”は劣っていることを表す。

表 7 を基に，処理方式案を次のように判断した。

(1) 分析データの鮮度については，どちらの案でも依頼 3 の要件を満たす。

(2) 入出荷処理への影響について，表 5 において，2023-10-03 に次のそれぞれの出荷の登録を仮定して，“受払明細”テーブルへの追加及び削除行数を調べることで，追加処理による遅延の大きさを推測した。

・09-26 の出荷数量 40 の出荷明細を追加入力すると，次月繰越の 2 行を削除，出荷 1 行及び新たな次月繰越 1 行の 2 行を追加することになる。

・09-04 の出荷を取り消す赤伝を追加すると，“受払明細”テーブルに合計で 11 行の削除，12 行の追加を行うことになる。

案 1 では，特に出荷の赤伝，黒伝から受払を作成する場合に，追加処理による入出荷処理の遅延が大きくなる。案 2 では，①連携 WT に溜まった入出荷情報をまとめて処理することで，計数格納処理における出荷の赤伝，黒伝の処理時間を案 1 よりも短縮できる。

(3) 案 1 では入出荷処理の性能及び計数格納処理エラーの業務への影響が大きいことから，案 2 を採用することにした。なお，導入に先立って，②計数格納処理が正しく動作することを検証することにした。

4. 分析データの検証

E さんは，計数格納処理を実行して得たデータを用いて，ある拠点，商品の過去 12 か月の在庫回転率を時系列に取得して表 8 を得た。一定の方法で，数量，金額それぞれの在庫回転率を母集団とする外れ値検定を行ったところ，2023-09 の金額の在庫回転率だけが外れ値と判定された。外れ値は，業務上の要因によって生じる場合もあれば，入力ミスなどによって生じる異常値の場合もある。

表 8 について，E さんは次のように推論した。

① 数量と金額の在庫回転率は，ほぼ同じ傾向で推移するが，材料費の値上がりなどに起因して，製造原価が上昇する傾向にあるとき，金額による在庫回転率は［ m ］する傾向がある。

② 2023-09 の数量の在庫回転率は前月とほぼ同じ水準であるにもかかわらず，金額の在庫回転率が極端に低い値になっていることから，異常値であることが疑われる。

③ この推論を裏付けるには，“受払明細”テーブルから当該年月，拠点，商品の一致する行のうち，“摘要区分 ＝ ‘［ n ］’”の行の［ o ］に不正な値がないかどうかを調べればよい。

表 8　ある拠点，商品の在庫回転率（2022-10～2023-09）

在庫回転率	2022 年			2023 年									
	10 月	11 月	12 月	1 月	2 月	3 月	4 月	5 月	6 月	7 月	8 月	9 月
数量	0.86	0.84	0.87	0.93	0.88	0.86	0.94	0.97	0.85	0.76	0.93	0.88
金額	0.84	0.83	0.86	0.96	0.88	0.86	0.94	0.97	0.88	0.80	0.93	0.18

5.　概念データモデルの変更

図 5 のテーブルをエンティティタイプ，列名を属性名として，概念データモデルに追加する。E さんは，追加するエンティティタイプ間及び図 1 中のエンティティタイプとの間のリレーションシップについて，追加するエンティティタイプの外部キーと参照先のエンティティタイプを表 9 の形式で整理した。

表9　追加するエンティティタイプの外部キーと参照先のエンティティタイプ（未完成）

追加エンティティタイプ名	外部キーの属性名	参照先エンティティタイプ名
受払明細	年月，拠点#，商品#	残高集計
受払残高	年月，拠点#，商品#，受払#	受払明細
残高集計		

設問1　〔在庫管理業務の概要〕について答えよ。

(1)　表 3 中の［ a ］に入れる適切な業務ルールを，エンティティタイプ“生産拠点”と“商品”との間のリレーションシップに着目して 25 字以内で答えよ。

(2)　表 3 中の［ b ］～［ f ］に入れる適切な番号（①～④）を全て答えよ。

設問2　〔問合せの検討〕について答えよ。

(1)　図 2 において，累計出荷数量のグラフは始点から終点への直線の形状，移動累計出荷数量のグラフは右肩下がりの形状となっている。この二つのグラフから読み取れる商品の出荷量の傾向を，それぞれ 30 字以内で答えよ。

(2)　表 4 中の［ ア ］，［ カ ］に入れる適切な数値，及び［ イ ］～［ オ ］に入れる適切な字句を答えよ。ここで，［ イ ］～［ オ ］は次の字句から選択するものとし，n を含む字句を選択する場合は，演算及び選択の対象行が必要最小限の行数となるように，n を適切な数値に置き換えること。

最初の行，n 行前の行，現在の行，n 行後の行，最後の行

(3)　図 3 中の［ キ ］～［ コ ］に入れる適切な字句を答えよ。

(4)　図 4 において，二つの棚に配置されている商品を相互に入れ替えて効率化を図る場合，最も効果が高いと考えられる，入替えを行う棚の棚#の組を答えよ。

(5)　(4)の対応を記録するために更新が必要となるテーブル名を二つ挙げ，それぞれ行の挿入，行の更新のうち，該当する操作を○で囲んで示せ。

テーブル名	操作
	行の挿入　・　行の更新
	行の挿入　・　行の更新

設問３　〔依頼３への対応〕について答えよ。

(1)　表５中の[g]～[l]に入れる適切な数値を答えよ。

(2)　本文中の下線①では，どのように処理を行うべきか。次の(a)，(b)における対象行の選択条件を，列名を含めて，それぞれ35字以内で具体的に答えよ。

(a)　処理 WT に，同じ年月，拠点#，商品#の赤伝，黒伝が複数ある場合に，洗替えの起点となる行を選択する条件

(b)　(a)の洗替えの起点となる行を基に，洗替えの対象となる入荷，入荷明細，出荷，出荷明細を取得するときに，計数格納処理の開始時点で登録済の入出荷だけを反映した状態にするために指定する条件。ただし，入荷年月日又は出荷年月日が，起点となる行の入荷年月日又は出荷年月日よりも大きい条件を除く。

(3)　本文中の下線②では，処理結果が正しいことをどのように確認したらよいか。確認方法の例を60字以内で具体的に答えよ。

(4)　本文中の[m]～[o]に入れる適切な字句を答えよ。

(5)　表９中の太枠内の空欄に適切な字句を入れて表を完成させよ。ただし，空欄は全て埋まるとは限らない。

問２　ドラッグストアチェーンの商品物流の概念データモデリングに関する次の記述を読んで，設問に答えよ。

ドラッグストアチェーンのＦ社は，商品物流の業務改革を検討しており，システム化のために概念データモデル及び関係スキーマを設計している。

〔業務改革を踏まえた商品物流業務〕

1.　社外及び社内の組織と組織に関連する資源

(1)　ビジネスパートナー（以下，BP という）

①　BP は仕入先である。仕入先には，商品の製造メーカー，流通業である商社又は問屋がある。

②　BP は，BP コードで識別し，BP 名をもつ。

(2)　配送地域

①　全国を，気候と交通網を基準にして幾つかの地域に分けている。

②　配送地域は，複数の郵便番号の指す地域を括（くく）ったものである。都道府県をまたぐ配送地域もある。

③　配送地域は配送地域コードで識別し，配送地域名，地域人口をもつ。

(3)　店舗

①　店舗は，全国に約 1,500 あり，店舗コードで識別し，店舗名，住所，連絡先，店舗が属する配送地域などをもつ。

②　店舗の規模や立地によって販売の仕方が変わるので，床面積区分（大型か中型か小型かのいずれか）と立地区分（商業立地かオフィス立地か住宅立地かのいずれか）をもつ。

(4)　物流拠点

①　物流拠点は，拠点コードで識別し，拠点名，住所，連絡先をもつ。

②　物流拠点の機能には，在庫をもつ在庫型物流拠点（以下，DC という）の機能と，積替えを行って店舗への配送を行う通過型物流拠点（以下，TC という）の機能がある。

③　物流拠点によって，TC の機能だけをもつところと，DC と TC の両方の機能をもつところがある。

④ 物流拠点に，DC の機能があることは DC 機能フラグで，TC の機能があることは TC 機能フラグで分類する。

⑤ TC は，各店舗に複数の DC から多数の納入便の車両が到着する混乱を防止するために，DC から届いた荷を在庫にすることなく店舗への納入便に積み替える役割を果たす。

⑥ DC は配送地域におおむね 1 か所配置し，TC は配送地域に複数配置する。

⑦ DC には，倉庫床面積を記録している。

⑧ TC は，運営を外部に委託しているので，委託先物流業者名を記録している。

(5) 幹線ルートと支線ルート

① DC から TC への配送を行うルートを幹線ルート，TC から配送先の店舗を回って配送を行うルートを支線ルートという。

② 支線ルートは，TC ごとの支線ルートコードで識別している。また，支線ルートには，車両番号，配送先店舗とその配送順を定めている。支線ルートの配送先店舗は 8 店舗前後にしている。支線ルート間で店舗の重複はない。

2. 商品に関連する資源

(1) 商品カテゴリー

① 商品カテゴリーには，部門，ライン，クラスの 3 階層木構造のカテゴリーレベルがある。商品カテゴリーはその総称である。

② 部門には，医薬品，化粧品，家庭用雑貨，食品がある。

③ 例えば医薬品の部門のラインには，感冒薬，胃腸薬，絆創膏(ばんそうこう)などがある。

④ 例えば感冒薬のラインのクラスには，総合感冒薬，漢方風邪薬，鼻炎治療薬などがある。

⑤ 商品カテゴリーは，カテゴリーコードで識別し，カテゴリーレベル，カテゴリー名，上位のどの部門又はラインに属するかを表す上位のカテゴリーコードを設定している。

(2) アイテム

① アイテムは，色やサイズ，梱(こん)包の入り数が違っても同じものだと認識できる商品を括る単位である。例えば缶ビールや栄養ドリンクでは，バラと 6 缶パックや 10 本パックは異なる商品であるが，アイテムは同じである。

② アイテムによって属する商品は複数の場合だけでなく一つの場合もある。

③　アイテムは，アイテムコードで識別し，アイテム名をもつ。

④　アイテムには，調達先の BP，温度帯（常温，冷蔵，冷凍のいずれか），属するクラスを設定している。また，同じアイテムを別の BP から調達することはない。

⑤　BP から，全ての DC に納入してもらうアイテムもあるが，多くのアイテムは一部の DC だけに納入してもらう。

⑥　F 社が自社で保管・輸送できるのは常温のアイテムだけであり，冷凍又は冷蔵の保管・輸送が必要なアイテムは BP から店舗に直納してもらう。これを直納品と呼び，直納品フラグで分類する。直納品に該当するアイテムには直納注意事項をもつ。

(3)　商品

①　商品は，BP が付与した JAN コードで識別する。

②　商品は，商品名，標準売価，色記述，サイズ記述，材質記述，荷姿記述，入り数，取扱注意事項をもつ。

3.　業務の方法・方式

(1)　物流網（物流拠点及び店舗の経路）

①　物流網は，効率を高めることを優先するので，DC から TC，TC から店舗は，木構造を基本に設計している。ただし，全ての DC が全てのアイテムをもつわけではないので，DC から TC の構造には例外としてたすき掛け（TC から見て木構造の上位に位置する DC 以外の DC からの経路）が存在している。

②　DC では，保有するアイテムが何かを定めている。

③　直納品を除いて，店舗に配送を行う TC は 1 か所に決めている。

④　DC から TC，TC から店舗についての配送リードタイム（以下，リードタイムを LT という）を，整数の日数で定めている。DC から TC の配送 LT を幹線 LT と呼び，TC から店舗への配送 LT を支線 LT と呼ぶ。

⑤　幹線 LT は，1 日を数え始めとする LT で，ほとんどの場合は 1 日であるが，2 日を要することもある。例えば九州にある DC にしかない商品を，全国販売のために全国の TC へ配送する場合，東北以北の TC へは 1 日では届かないケースが存在する。

⑥　TC に対してどの DC から配送するかは，TC が必要とする商品の在庫が同じ

配送地域のDCにあればそのDCからとし，なければ在庫をもつ他のDCからたすき掛けとする。ただし，全体のたすき掛けは最少になるようにする。

⑦ 支線LTは，0日を数え始めとするLTで，ほとんどの店舗への配送が積替えの当日中に行うことができるように配置しているので，当日中に配送できる店舗への支線LTは0日である。ただし，離島にある店舗の中には0日では配送できない場合もある。

⑧ 店舗は，次を定めている。

・どの商品を品揃(ぞろ)えするか。

・直納品を除くDC補充品（DCから配送を受ける商品）について，どのDCの在庫から補充するか。

(2) 補充のやり方

① 店舗又はDCは，商品の在庫数が発注点を下回ったら，定めておいたロットサイズ（以下，ロットサイズをLSという）で要求をかける。ここで，DCが行う要求は発注であり，店舗が行う要求は補充要求である。

② 店舗へのDCからの補充のために，商品ごとに全店舗一律の補充LSを定めている。

③ DCでは，DCごと商品ごとに，在庫数を把握し，発注点在庫数，DC納入LT，DC発注LSを定めている。

④ 店舗では，品揃えの商品ごとの在庫数を把握し，発注点在庫数を定めている。また，直納品の場合，加えて直納LTと直納品発注LSを定めている。

⑤ 店舗から補充要求を受けたDCは，宛先を店舗にして，その店舗に配送を行うTCに向けて配送する。

(3) DCから店舗への具体的な配送方法

① ものの運び方

・配送は，1日1回バッチで実施する。

・DCは，店舗からの補充要求ごとに商品を出庫し，依頼元の店舗ごとに用意した折りたたみコンテナ（以下，コンテナという）に入れる。

・その日に出庫したコンテナを，依頼元の店舗へ配送するTCに向かうその日の幹線ルートのトラックに積み，出荷する。

・TCは，幹線ルートのトラックが到着するごとに，配送する店舗ごとに用意したかご台車にコンテナを積み替える。かご台車には店舗コードと店舗名を記したラベルを付けている。

・TC は，全ての幹線ルートのトラックからかご台車への積替えを終えると，かご台車を支線ルートのトラックに積み込む。

・TC は，支線ルートのトラックを出発させる。

・支線ルートのトラックは，順に店舗を回り，コンテナごと店舗に納入する。

② 指示書の作り方

・店舗の補充要求は，商品の在庫数が発注点在庫数を割り込む都度，店舗コード，補充要求年月日時刻，JAN コードを記して発行する。

・DC の出庫指示書は，店舗から当該 DC に届いた補充要求を基に，配送指示番号をキーとして店舗ごと出庫指示年月日ごとに出力する。出庫指示書の明細には，配送指示明細番号を付与して店舗からの該当する補充要求を対応付けて，出庫する商品と出庫指示数を印字する。

・出庫したら，出庫指示書の写しをコンテナに貼付する。

・DC からの幹線ルートの出荷指示書は，その日（出荷指示年月日）に積むべきコンテナの配送指示番号を明細にして行き先の TC ごとにまとめて出力する。

・TC の積替指示書は，積替指示番号をキーとしてその日の支線ルートごとに伝票を作る。積替指示書の明細は，配送先店舗ごとに作り，その内訳に店舗へ運ぶコンテナの配送指示番号を印字する。

・店舗への配送指示書は，積替指示書の写しが，配送先店舗ごとに切り取れるようになっており，それを用いる。

(4) BP への発注，入荷の方法

① DC は，その日の出庫業務の完了後に，在庫数が発注点在庫数を割り込んだ商品について，発注番号をキーとして発注先の BP ごとに，当日を発注年月日に指定して DC 発注を行う。DC 発注の明細には，明細番号を付与して対象の JAN コードを記録する。

② 店舗は，直納品の在庫数が発注点在庫数を割り込むごとに直納品の発注を行い，直納品の発注では，店舗，補充要求の年月日時刻，対象の商品を記録する。

③ DC 及び店舗への BP からの入荷は，BP が同じタイミングで納入できるものがまとめて行われる。入荷では，入荷ごとに入荷番号を付与し，どの発注明細又は直納品発注が対応付くかを記録し，併せて入荷年月日を記録する。

④ DC 及び店舗は，入荷した商品ごとに入庫番号を付与して入庫を行い，どの発注明細又は直納品発注が対応付くかを記録する。

〔設計した概念データモデル及び関係スキーマ〕

1. 概念データモデル及び関係スキーマの設計方針

(1) 関係スキーマは第 3 正規形にし，多対多のリレーションシップは用いない。

(2) リレーションシップが 1 対 1 の場合，意味的に後からインスタンスが発生する側に外部キー属性を配置する。

(3) 概念データモデルでは，リレーションシップについて，対応関係にゼロを含むか否かを表す“○”又は“●”は記述しない。

(4) 概念データモデルは，マスター及び在庫の領域と，トランザクションの領域とを分けて作成し，マスターとトランザクションとの間のリレーションシップは記述しない。

(5) 実体の部分集合が認識できる場合，その部分集合の関係に固有の属性があるときは部分集合をサブタイプとして切り出す。

(6) サブタイプが存在する場合，他のエンティティタイプとのリレーションシップは，スーパータイプ又はいずれかのサブタイプの適切な方との間に設定する。

2. 設計した概念データモデル及び関係スキーマ

マスター及び在庫の領域の概念データモデルを図 1 に，トランザクションの領域の概念データモデルを図 2 に，関係スキーマを図 3 に示す。

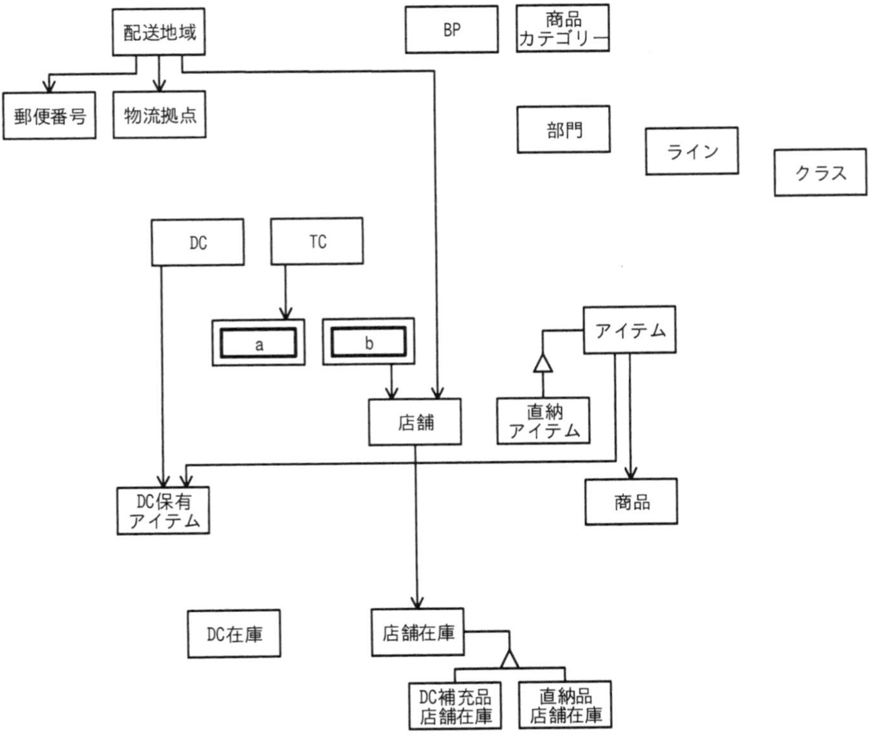

配送地域
BP
商品
カテゴリー
郵便番号
物流拠点
部門
ライン
クラス
DC
TC
a
b
アイテム
直納
アイテム
店舗
DC保有
アイテム
商品
DC在庫
店舗在庫
DC補充品
店舗在庫
直納品
店舗在庫

図1 マスター及び在庫の領域の概念データモデル（未完成）

積替指示
DC
出荷指示
積替指示
明細
DC発注
入荷
DC
出庫指示
直納品
発注
入庫
店舗
補充要求
DC出庫
指示明細
DC
発注明細

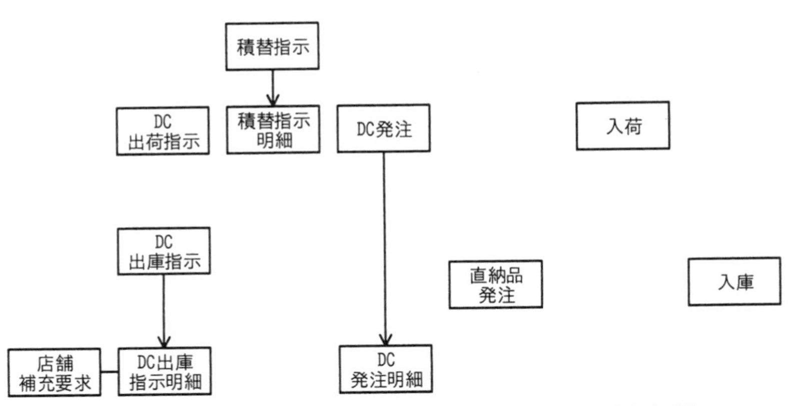

図2 トランザクションの領域の概念データモデル（未完成）

配送地域（配送地域コード，配送地域名，地域人口）
郵便番号（郵便番号，都道府県名，市区町村名，町名，［ア］）
物流拠点（拠点コード，拠点名，住所，連絡先，［イ］）
　DC（［ウ］）
　TC（［エ］）
［a］（［オ］）
［b］（［カ］）
店舗（店舗コード，店舗名，住所，連絡先，床面積区分，立地区分，配送地域コード，［キ］）
商品カテゴリー（カテゴリーコード，カテゴリー名，［ク］）
　部門（部門カテゴリーコード，売上比率）
　ライン（ラインカテゴリーコード，［ケ］）
　クラス（クラスカテゴリーコード，［コ］）
BP（BP コード，BP 名）
アイテム（アイテムコード，アイテム名，直納品フラグ，［サ］）
　直納アイテム（直納アイテムコード，直納注意事項）
商品（JAN コード，商品名，標準売価，色記述，サイズ記述，材質記述，荷姿記述，入り数，
　取扱注意事項，［シ］）
DC 保有アイテム（DC 拠点コード，アイテムコード）
DC 在庫（DC 拠点コード，［ス］）
店舗在庫（店舗コード，JAN コード，［セ］）
　DC 補充品店舗在庫（店舗コード，DC 補充品 JAN コード，［ソ］）
　直納品店舗在庫（店舗コード，直納品 JAN コード，［タ］）

店舗補充要求（店舗コード，補充要求年月日時刻，DC 補充品 JAN コード）
DC 出庫指示（配送指示番号，［チ］）
DC 出庫指示明細（配送指示番号，配送指示明細番号，［ツ］）
DC 出荷指示（出荷指示番号，［テ］）
積替指示（積替指示番号，［ト］）
積替指示明細（積替指示番号，配送先店舗コード）
DC 発注（発注番号，［ナ］）
DC 発注明細（発注番号，発注明細番号，［ニ］）
直納品発注（［ヌ］）
入荷（入荷番号，［ネ］）
入庫（入庫番号，［ノ］）

注記　図中の［a］，［b］には，図1の［a］，［b］と同じ字句が入る。

図３　関係スキーマ（未完成）

解答に当たっては，巻頭の表記ルールに従うこと。また，エンティティタイプ名及び属性名は，それぞれ意味を識別できる適切な名称とすること。

設問　次の設問に答えよ。

(1)　図 1 中の [a]，[b] に入れる適切なエンティティタイプ名を答えよ。

(2)　図 1 は，幾つかのリレーションシップが欠落している。欠落しているリレーションシップを補って図を完成させよ。

(3)　図 2 は，幾つかのリレーションシップが欠落している。欠落しているリレーションシップを補って図を完成させよ。

(4)　図 3 中の [ア] ～ [ノ] に入れる一つ又は複数の適切な属性名を補って関係スキーマを完成させよ。また，主キーを表す実線の下線，外部キーを表す破線の下線についても答えること。

令和5年度　午後Ⅱ　問1　解説

令和５年　DB　午後Ⅱ　問１

令和５年の問１は**「データベースの実装・運用」**である。問１でデータベースの実装が問われているという点は例年と変わりはないが，問われている内容は例年と大きく変わっている。設問や小問の一つひとつは，結果的にそれほど難しいものはなかった。しかし，それは解く前にはわからないので時間配分が難しい問題だと思う。問題を見てから，その場で判断する柔軟性が求められる問題だと思う。

■ IPA 公表の出題趣旨

出題趣旨
DX への取組では，KPI を設定し，その数値を見ながら継続的に活動することも多く，KPI の算出値には高い精度及び鮮度が要求される。データベーススペシャリストは，KPI となる項目の意味を理解した上で，データベース技術を適切に活用して，利用者に情報を提供することが求められる。 本問では，生活用品メーカーの在庫管理業務を題材として，データベースの設計，実装，利用者サポートの分野において，①論理データモデルを理解する能力，②物理データモデルを設計する能力，③問合せを設計する能力，④データの意味，特性を説明する能力を問う。

■ IPA 公表の採点講評

採点講評
問１では，生活用品メーカーの在庫管理システムを題材に，データベースの実装・運用について出題した。全体として正答率は平均的であった。 設問１では，(2)d の正答率がやや低かった。スーパータイプと排他的ではないサブタイプとのリレーションシップの特徴をよく理解し，もう一歩踏み込んで考えてほしい。 設問２では，(2)ア，(3)の正答率が低かった。(2)アでは，11 と誤って解答した受験者が多かった。グラフの表示範囲の移動累計出荷数量のグラフを描くには，グラフの表示期間の最初の年月の 11 か月前の年月から指定年月までの計 23 か月分の月間出荷数量のデータが必要となる。グラフが表すデータの意味を正しく把握した上で設計に反映するよう心掛けてほしい。(3)では，集計，ソート，順位付けなどのヒートマップを作成する上で必要となる処理を正しく理解できていない解答が多かった。データをグラフなどで可視化する際にも役立つので，SQL の集計関数やウィンドウ関数の使い方を身に付けてほしい。 設問３では，(2)(b)，(3)，(5)の正答率が低かった。(2)(b)では，洗替えの際に計数格納処理開始後に登録された入出荷を除いて計数を求める必要がある点に着目していない解答が散見された。(3)では，計数格納処理の実行結果を正確に確認する方法を求めているのに対し，テストの実行方法，テストケースについての解答が散見された。(5)では，外部キーによる参照制約の有無に着目していない解答が散見された。この設問で問われている内容は，データベースを用いた処理方式の設計を行う際に必要とされることであり，是非知っておいてもらいたい。

■ 問題文の全体構成を把握する

午後Ⅱ（事例解析）の問題に取り組む場合，まずは問題文の全体像を把握して**「どこに何が書かれているのか？」**，**「何が問われているのか？」**を事前に把握しておくことが必要になる。その上で，時間配分を決めてから解答するための手順を決めよう。

1．全体像の把握

下記の**解説図 1** に示したように，〔　〕で囲まれた段落のタイトルの確認と，問題文と設問の対応付けを実施する。その上で図表を確認する。特に過去問題で見慣れている頻出の図表（概念データモデル，関係スキーマ，属性の意味・制約，SQL など）は要チェックだ。

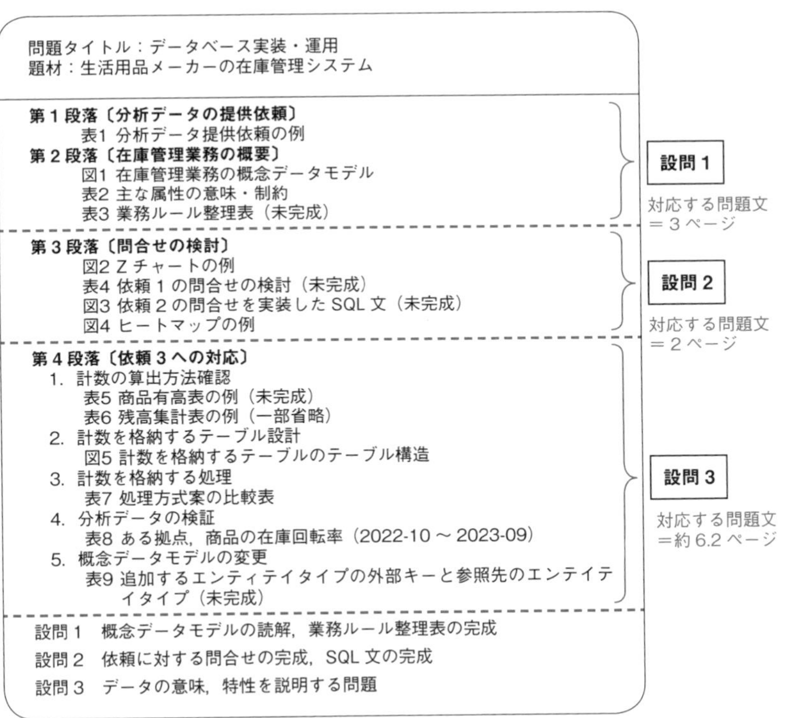

問題タイトル：データベース実装・運用
題材：生活用品メーカーの在庫管理システム
第 1 段落〔分析データの提供依頼〕
表1 分析データ提供依頼の例
第 2 段落〔在庫管理業務の概要〕
図1 在庫管理業務の概念データモデル
表2 主な属性の意味・制約
表3 業務ルール整理表（未完成）
設問 1
対応する問題文
＝３ページ
第 3 段落〔問合せの検討〕
図2 Z チャートの例
表4 依頼 1 の問合せの検討（未完成）
図3 依頼 2 の問合せを実装した SQL 文（未完成）
図4 ヒートマップの例
設問 2
対応する問題文
＝２ページ
第 4 段落〔依頼 3 への対応〕
1. 計数の算出方法確認
表5 商品有高表の例（未完成）
表6 残高集計表の例（一部省略）
2. 計数を格納するテーブル設計
図5 計数を格納するテーブルのテーブル構造
3. 計数を格納する処理
表7 処理方式案の比較表
4. 分析データの検証
表8 ある拠点，商品の在庫回転率（2022-10 ～ 2023-09）
5. 概念データモデルの変更
表9 追加するエンティティタイプの外部キーと参照先のエンティティタイプ（未完成）
設問 3
対応する問題文
＝約 6.2 ページ
設問 1　概念データモデルの読解，業務ルール整理表の完成
設問 2　依頼に対する問合せの完成，SQL 文の完成
設問 3　データの意味，特性を説明する問題

解説図 1　問題文全体の構成の把握

問題文の段落タイトルと図表をチェックして，過去問題との類似点を確認する。過去問題を用いて試験対策を進めてきている受験生は，過去問題を通じて習得した**「短時間で効率よく解答する方法」**が使える問題があるかもしれないからだ。短時間で効率よく解答できる手順を知っていると落ち着いて解くことができるはず。まずはそこをチェックする。

令和 5 年午後Ⅱ問 1 の問題の最大の特徴は**〔RDBMS の主な仕様〕**が無くなっている点である。データベース実装・運用の問題（問 1）では，これまでずっと必ず存在していた。そのため，最初にその段落を探して**「今回はどういう仕様なのか？何について書いているのか？」**をチェックするのがセオリーだった。しかし，今回はそれが無くなっている。

2. 設問の把握

続いて，設問で何が問われているのかを確認する。概念データモデリングの問題（問 2）と違って，データベース実装・運用の問題（問 1）は，設問で問われていることがバラエティに富んでいるからだ。

設問 1 は，**令和 4 年午後Ⅱ問 1** で出題された問題と同じパターンの問題になる。完成形の概念データモデルを正確に読めているかどうかが問われている。**令和 4 年の午後Ⅱ問 1** の設問 1 にじっくり取り組んで解答できるようになっていた受験生は，解き方がイメージできていたのではないだろうか。

設問 2 も，最近の定番の問題になる。令和 4 年度の午後Ⅱ問 1 と同様**「表 1　分析データ提供依頼の例」**のような**"依頼"**が 3 つある。依頼の数（3 つ）も令和 4 年度と同じだ。その 3 つの依頼のうち，ここでは 2 つの依頼について問われている。その依頼を実現するために**「表 4　依頼 1 の問合せの検討（未完成）」**と**「図 3　依頼 2 の問合せを実装した SQL 文（未完成）」**を完成させるという問題だ。これらも，**令和 4 年の午後Ⅱ問 1** で練習していた受験生は，解き方がイメージできていたと思う。それ以外の問題も出題されているが，そんなに難しいものではない。

最後の設問 3 は，この問題特有のものになる。問題文を読解し状況を把握した上で解答する。在庫管理業務に関する知識（在庫管理で使われる帳表や赤黒処理等）が必要になるものもある。問題文でも最低限の説明はあるが，事前に知っていれば速く解くこともできる。対象となる問題文のページ数も，6.2 ページと多い。

3. 時間配分

最後に，おおまかな時間配分を決めてから解き始めよう。設問 1 と設問 2 は定番の出題パターンであり，対応している問題文のページ数も少ない（設問 1 で 3 ページ，設問 2 で 2 ページ）。そのため，ここにはあまり時間を掛けないように考えたい。設問 1 と設問 2 を，それぞれ 30 分ずつで解答するのが理想だと思う。

そして，設問 3 に 60 分使うことを考える。定番の問題ではないので難易度もわからないし，何よりページが多い。問 1 全体では 13 ページあるが，そのうちの半分の 6.2 ページを占めている。安全策を考えると，やはり 60 分残しておきたい。

IPAの解答例

設問			解答例・解答の要点	備考
設問 1	(1)	a	・一つの商品は一つの生産拠点だけで生産する。 ・一つの生産拠点では複数の商品を生産する。	
	(2)	b	①，④	
		c	②，③	
		d	③	
		e	②，④	
		f	①，③，④	
設問 2	(1)	累計出荷数量	直近 1 年は毎月の出荷数量の増減がない。	
		移動累計出荷数量	・各月の出荷数量が前年同月比で全て減少している。 ・グラフ表示範囲の 1 年前の期間の出荷数量は減少傾向だった。	
	(2)	ア	22	
		イ	11 行前の行	順不同
		ウ	現在の行	
		エ	最初の行	順不同
		オ	現在の行	
		カ	11	
	(3)	キ	T. 棚 #, COUNT(S1. 棚 #)	
		ク	GROUP BY T. 棚 #	
		ケ	ORDER BY 出庫回数 DESC	
		コ	出庫回数順位 / COUNT(*)	
	(4)		307 と 604 の組	
	(5)		（下表）	

テーブル名	操作
棚別在庫	行の挿入 ・ **行の更新**
倉庫内移動	**行の挿入** ・ 行の更新

設問			解答例・解答の要点	備考
設問 3	(1)	g	210	
		h	85	
		i	260	
		j	85	
		k	150	
		l	90	
	(2)	(a)	・入荷年月日又は出荷年月日，登録 TS の昇順に並べた先頭の行であること ・受払日付，登録順が最も古い入出荷であること	
		(b)	・登録 TS が処理 WT 内で最大の登録 TS 以下であること ・登録 TS が計数格納処理の開始日時以前であること ・拠点 #，入荷 #，出荷 # が連携 WT に存在しないこと	
	(3)		・拠点 # ごと，商品 # ごとに入荷数量，出荷数量を集計した値が残高集計の当月受入数量，当月払出数量とそれぞれ一致する。 ・該当月の入荷明細，出荷明細の行に対応する受払明細の行を突合し，各々一行だけ対応する行が存在する。 ・該当月の入荷，入荷明細，出荷，出荷明細を基に作成した商品有高表及び残高集計表の計数が計数格納処理の結果と一致する。	
	(4)	m	下降	
		n	入荷	
		o	単価	
	(5)		下表参照	

追加エンティティタイプ名	外部キーの属性名	参照先エンティティタイプ名
受払明細	年月，拠点#，商品#	残高集計
受払残高	年月，拠点#，商品#，受払#	受払明細
	年月，拠点#，商品#，基受払#	受払明細
残高集計	拠点#	物流拠点
	商品#	商品

設問 1

設問 1 は，若干変化はしているものの**前年度（令和 4 年度）の午後Ⅱ問 1 の設問 1** とよく似た問題になる。令和 6 年以後の午後Ⅱ試験がどうなるのかはわからないが，この設問 1 のパターンが来る可能性があると考えて，短時間で対応できるように準備しておこう。令和 4 年度の午後Ⅱ問 1 の設問 1 との共通点及び相違点を下記に記しておく。

令和 5 年度 午後Ⅱ問 1	令和 4 年度 午後Ⅱ問 1
「表 1　分析データ提供依頼の例」があり，依頼が 3 つある。それぞれに対して設問が用意されている。	**「表 1　分析データ提供依頼の例」**があり，依頼が 3 つある。それぞれに対して設問が用意されている。
「図 1　在庫管理業務の概念データモデル」があり，**属性も記載されている**。オプショナリティ（●や○）もある。	**「図 1　宿泊管理システムの概念データモデル」**があり，オプショナリティ（●や○）もある。属性は**「図 2　宿泊管理システムの関係スキーマ（一部省略）」**にある。
「表 2　主な属性の意味・制約」あり	**「表 2　主な属性の意味・制約」**あり
「表 3　業務ルール整理表（未完成）」があり，これを完成させる設問が用意されている。 **※但し令和 4 年のものとは若干異なる。**	**「表 3　業務ルール整理表（未完成）」**があり，これを完成させる設問が用意されている。

令和 4 年の問 1 の設問 1 も，令和 5 年の設問 1 も，**「表 3　業務ルール整理表（未完成）」**を完成させる（空欄を埋めて解答する）問題になる。今回は，業務ルールの例を提示して，それが**「図 1　在庫管理業務の概念データモデル」**と**「表 2　主な属性の意味・制約」**に合致しているかどうかを答えるというものになる。具体的には，表 3 に記載されている一つ一つの業務ルールに合致しているかどうかを，**「図 1」**と**「表 2」**を次のような観点でチェックして判断する。

- 図 1 でエンティティタイプ間のリレーションシップ，各エンティティタイプの属性を確認する。
- 図 1 でオプショナリティ（●や○）を確認する。
- 表 2 に記載されていることを確認する。

まずは**設問 1（1）**で**「表 3」**の**「項番 1」**について問われているので，**「項番 1」**を次の視点でチェックして，アプローチの方法や解答の仕方を把握すればいいだろう。

- **「項番 1」**の**「業務ルール」**②が合致しない理由
- **「項番 1」**の**「業務ルール」**③が合致する理由
- **「項番 1」**の**「業務ルール」**④が合致しない理由

設問 1 (1) (a)

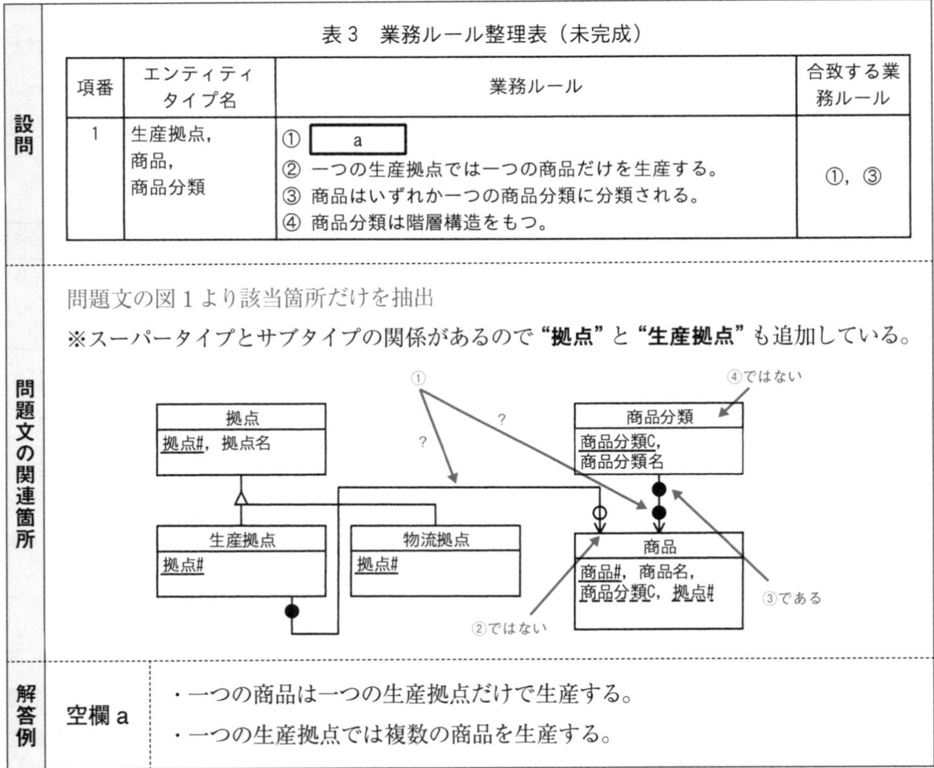

設問

表 3　業務ルール整理表（未完成）

項番	エンティティタイプ名	業務ルール	合致する業務ルール
1	生産拠点, 商品, 商品分類	① [a] ② 一つの生産拠点では一つの商品だけを生産する。 ③ 商品はいずれか一つの商品分類に分類される。 ④ 商品分類は階層構造をもつ。	①, ③

問題文の関連箇所

問題文の図 1 より該当箇所だけを抽出

※スーパータイプとサブタイプの関係があるので **“拠点”** と **“生産拠点”** も追加している。

解答例

空欄 a	・一つの商品は一つの生産拠点だけで生産する。 ・一つの生産拠点では複数の商品を生産する。

解説図 2　設問 1（1）（a）で問われていることと問題文の関連箇所，及び解答例

解説

項番 1 は **“生産拠点”**, **“商品”**, **“商品分類”** が対象になるので, **「図 1　在庫管理業務の概念データモデル」** の, この三つのエンティティに着目する。その上で, 業務ルールの②③④についてチェックして, この問題で何が問われているのかを把握してから, 業務ルールの①について考えていく。

■「② 一つの生産拠点では一つの商品だけを生産する。」(合致しない)

"生産拠点" と **"商品"** の間には1対多のリレーションシップがある。これは，一つの **"生産拠点"** について複数の **"商品"** が存在していることを示しているため，**「一つの生産拠点では一つの商品だけを生産する」** という業務ルールの②は合致しない。

■「③ 商品はいずれか一つの商品分類に分類される。」(合致する)

"商品" と **"商品分類"** の間には多対1のリレーションシップがある。つまり，一つの **"商品"** から見た **"商品分類"** は一つだということだ，加えて，**"商品"** から見た **"商品分類"** のインスタンスは（●なので）必ず存在する。以上の2点から，商品はいずれか一つの商品分類に分類される。この業務ルールは合致している。

■「④ 商品分類は階層構造をもつ。」(合致しない)

"商品分類" は階層構造になっていない。エンティティが階層構造をもつ場合，何かしら他のエンティティを参照したり参照されたり，自己参照を用いたりする。しかし，**"商品分類"** は他のどのエンティティも参照していないし，**"商品"** 以外から参照されてもいないし，ましてや自己参照もしていない。したがって，この業務ルールは合致しない。

■「① [a]」(合致する)

このように，②③④で設問の意図や解き方を把握できたら，①の解答について考える。**図1** や **表2** の中から，業務ルールに合致していることを考えればいい。なお，この問題は **設問1 (2)** の **空欄b～空欄f** を解いてから考えた方が良いだろう。**空欄b～空欄f** を解く過程で，様々なパターンに触れることができるので，その時の情報を元に解答を考えられるからだ。

業務ルールの③と④が **"商品"** と **"商品分類"** に関する業務ルールなので，①は **"生産拠点"** と **"商品"** の間にあるリレーションシップが関係しているのではないかと推測する。そして，インスタンスの存在をチェックする場合，**"生産拠点"** から見た **"商品"** と **"商品"** から見た **"生産拠点"** の両側からチェックするのが一般的だ。

そう考えれば，②が **「一つの生産拠点では一つの商品だけを生産する。」** というもので，**"生産拠点"** から見た **"商品"** になるので，①はその逆の **"商品"** から見た **"生産拠点"** の存在について考えてみる。一つの **"商品"** から見た **"生産拠点"** は一つになる。したがって，**「一つの商品は一つの生産拠点だけで生産する。(21字)」** という解答にすればいいだろう。なお，解答例には **「一つの生産拠点では複数の商品を生産する。(20字)」** というものでも正解になっている。これは **「②が合致しない」** という理由でもある。

設問 1 (2) (b)

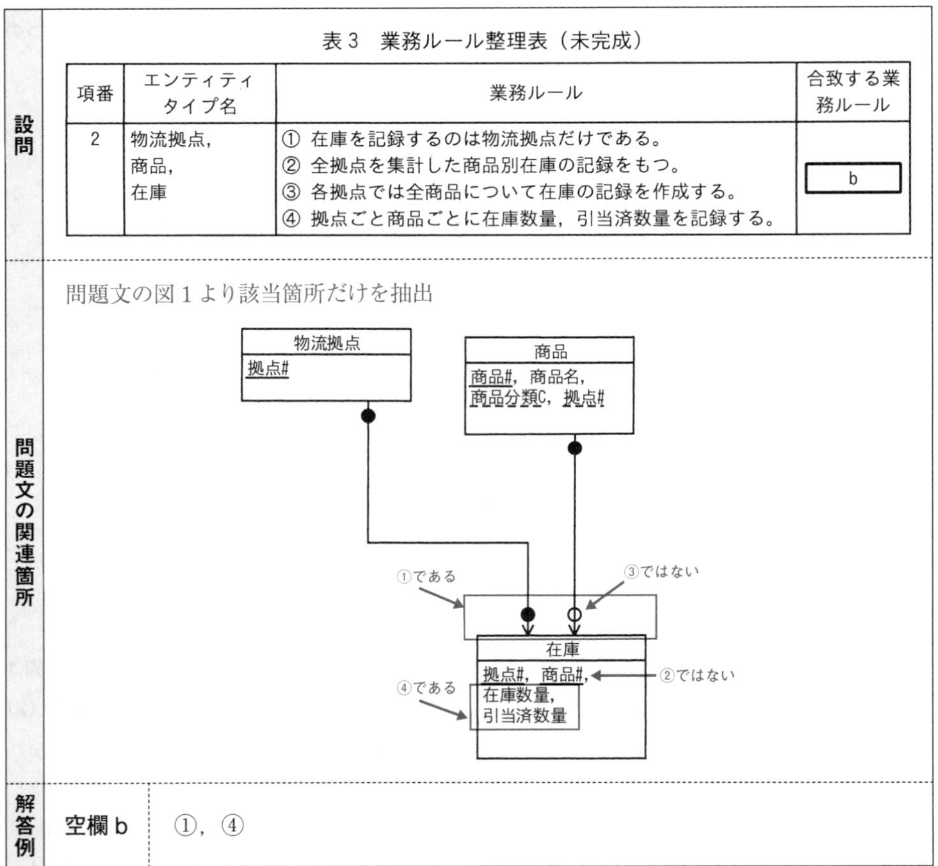

設問

表 3　業務ルール整理表（未完成）

項番	エンティティタイプ名	業務ルール	合致する業務ルール
2	物流拠点, 商品, 在庫	① 在庫を記録するのは物流拠点だけである。 ② 全拠点を集計した商品別在庫の記録をもつ。 ③ 各拠点では全商品について在庫の記録を作成する。 ④ 拠点ごと商品ごとに在庫数量，引当済数量を記録する。	b

問題文の関連箇所

問題文の図 1 より該当箇所だけを抽出

解答例	
空欄 b	①，④

解説図 3　設問 1（2）（b）で問われていることと問題文の関連箇所，及び解答例

解説

「図１　在庫管理業務の概念データモデル」の **“物流拠点”**, **“商品”**, **“在庫”** に着目する。その上で，業務ルールの①から④まで一つずつ合致するか否かをチェックしていく。

■「① 在庫を記録するのは物流拠点だけである。」(合致する)

“在庫” とリレーションシップのあるエンティティをチェックすると **“物流拠点”** と **“商品”** の間にリレーションシップがあることがわかる。**「商品」** は，在庫を記録する場所ではないことは明白なので，在庫を記録するのは **「物流拠点」** だけだと考えていいだろう。**“在庫”** が，スーパータイプの **“拠点”** やサブタイプの **“生産拠点”** ではなく，サブタイプの **“物流拠点”** だけとリレーションシップがあるので，この業務ルールは合致する。

■「② 全拠点を集計した商品別在庫の記録をもつ。」(合致しない)

“在庫” の主キーを確認すると **{拠点＃，商品＃}** になっている。つまり，在庫数量は **「拠点ごと商品ごと」** の集計値だ。全拠点の商品ごとの集計値は，**“在庫”** の属性にも **“在庫”** 以外の他の２つのエンティティの属性にも見当たらない。したがって，この業務ルールは合致しない。

■「③ 各拠点では全商品について在庫の記録を作成する。」(合致しない)

“商品” と **“在庫”** の間のリレーションシップを確認すると，**“在庫”** 側のオプショナリティが“○”になっていることがわかる。これは，**“商品”** から見た **“在庫”** はインスタンスが存在しないことがあることを示している。つまり，そもそも商品には在庫の記録がないものもあるということだ。したがって，この業務ルールは合致しない。

■「④ 拠点ごと商品ごとに在庫数量，引当済数量を記録する。」(合致する)

“在庫” の属性を確認する。主キーは **{拠点＃，商品＃}** なので **「拠点ごと商品ごと」** という点は合致する。また，非キー属性に **{在庫数量，引当済数量}** を持っているので，その単位で **「在庫数量，引当済数量を記録」** していることが確認できる。以上より，この業務ルールには合致する。

設問１(2)(c)

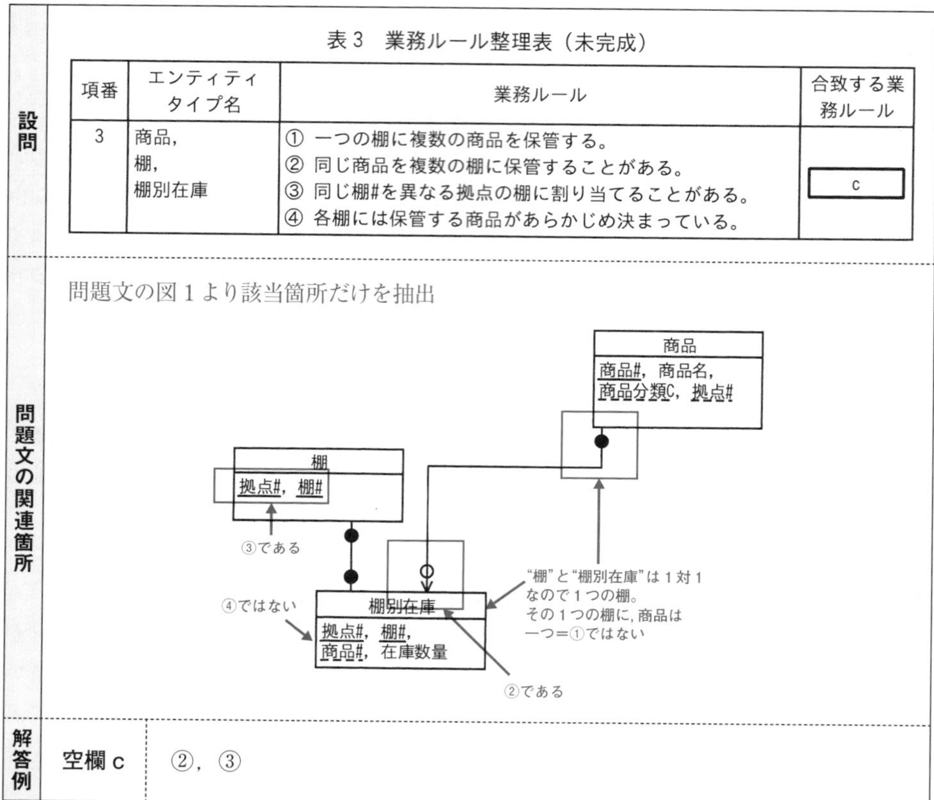

設問
表３　業務ルール整理表（未完成）
項番
エンティティタイプ名
業務ルール
合致する業務ルール
3
商品，
棚，
棚別在庫
① 一つの棚に複数の商品を保管する。
② 同じ商品を複数の棚に保管することがある。
③ 同じ棚#を異なる拠点の棚に割り当てることがある。
④ 各棚には保管する商品があらかじめ決まっている。
c
問題文の関連箇所
問題文の図１より該当箇所だけを抽出
商品
商品#，商品名，
商品分類C，拠点#
棚
拠点#，棚#
③である
棚別在庫
拠点#，棚#，
商品#，在庫数量
④ではない
"棚"と"棚別在庫"は１対１
なので１つの棚。
その１つの棚に，商品は
一つ＝①ではない
②である

解答例	
空欄 c	②，③

解説図４　設問１（2）（c）で問われていることと問題文の関連箇所，及び解答例

解説

「**図1　在庫管理業務の概念データモデル**」の“**商品**”，“**棚**”，“**棚別在庫**”に着目する。その上で，業務ルールの①から④まで一つずつ合致するか否かをチェックしていく。

■「① 一つの棚に複数の商品を保管する。」(合致しない)

“**棚**”と“**棚別在庫**”は１対１のリレーションシップなので，一つの棚に一つの棚別在庫のインスタンスがあることになる。一つの“**棚別在庫**”に（“**商品**”に対する外部キーの）‘**商品#**’は一つなので，一つの棚に複数の商品を保管することはできない。拠点の棚が決まれば，そこに保管する商品も一つに決まる。よって，合致しない。

■「② 同じ商品を複数の棚に保管することがある。」(合致する)

“**商品**”と“**棚別在庫**”には１対多のリレーションシップが存在する。つまり“**商品**”から見た“**棚別在庫**”のインスタンスは複数存在することがある。“**棚別在庫**”は棚ごとなので，一つの商品（同じ商品#）を複数の棚に保管することはある。合致する。

■「③ 同じ棚#を異なる拠点の棚に割り当てることがある。」(合致する)

“**棚**”の主キーは｛**拠点#**，**棚#**｝である。つまり，‘**棚#**’だけでは一意にならないし，‘**拠点#**’が違えば，同じ‘**棚#**’でも構わない。同じ‘**棚#**’を異なる拠点の棚に割り当てることができる。合致する。

■「④ 各棚には保管する商品があらかじめ決まっている。」(合致しない)

商品と棚の関係は“**棚別在庫**”によって保持されている。その“**棚別在庫**”の主キーは｛**拠点#**，**棚#**｝である。（“**商品**”に対する外部キーの）‘**商品#**’は，非キー属性でいつでも変更することができるし，（“**棚別在庫**”のインスタンスが生成された時点で）最初に決まっているわけではない。合致しない。

設問 1 (2) (d)

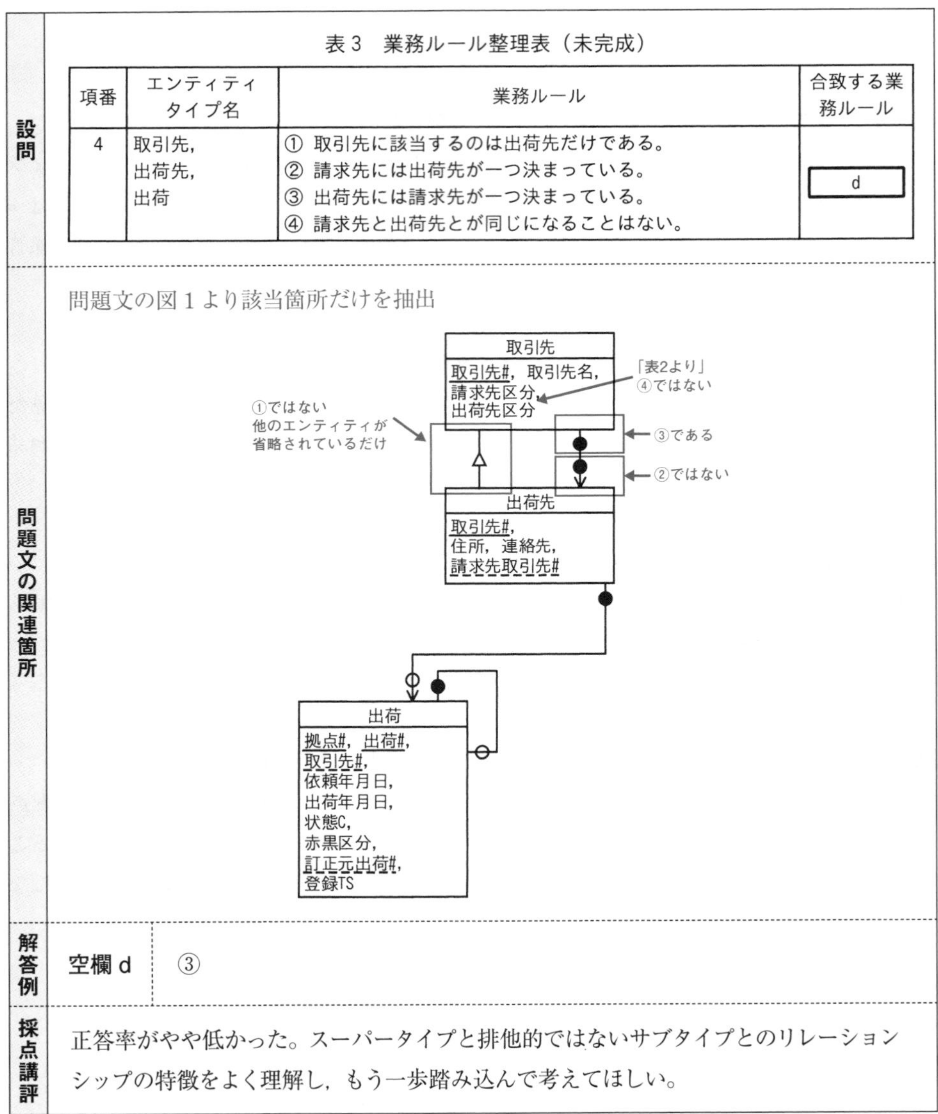

設問

表 3　業務ルール整理表（未完成）

項番	エンティティタイプ名	業務ルール	合致する業務ルール
4	取引先, 出荷先, 出荷	① 取引先に該当するのは出荷先だけである。 ② 請求先には出荷先が一つ決まっている。 ③ 出荷先には請求先が一つ決まっている。 ④ 請求先と出荷先とが同じになることはない。	d

問題文の関連箇所

問題文の図 1 より該当箇所だけを抽出

解答例

空欄 d	③

採点講評

正答率がやや低かった。スーパータイプと排他的ではないサブタイプとのリレーションシップの特徴をよく理解し，もう一歩踏み込んで考えてほしい。

解説図 5　設問 1 (2) (d) で問われていることと問題文の関連箇所，及び解答例，採点講評

解説

「**図1　在庫管理業務の概念データモデル**」の“**取引先**”,“**出荷先**”,“**出荷**”に着目する。その上で，業務ルールの①から④まで一つずつ合致するか否かをチェックしていく。

■「① 取引先に該当するのは出荷先だけである。」(合致しない)

“**取引先**”と“**出荷先**”はスーパータイプとサブタイプの関係になっている。そして，スーパータイプの“**取引先**”はサブタイプの識別に‘**出荷先区分**’をもっている。取引先が出荷先だけならサブタイプにする必要もないし，‘**出荷先区分**’を持つ必要もない。したがって，サブタイプにしていない，もしくはする必要がないだけで出荷先以外の取引先も存在すると考えられる。合致しない。

■「② 請求先には出荷先が一つ決まっている。」(合致しない)

“**取引先**”と“**出荷先**”には，スーパータイプとサブタイプのリレーションシップ以外に，もう一つ1対多のリレーションシップが存在している。“**出荷先**”の属性を確認すると，そのリレーションシップに関する外部キー‘**請求先取引先#**’を見つけるだろう。名称が「**請求先**」となっているので，出荷先ごとに設定されている請求先だということもわかる。

そうした理解ができたら，改めて“**取引先**”と“**出荷先**”のリレーションシップを確認してみよう。“**取引先**”と“**出荷先**”の間には1対多のリレーションシップがある。これは「**請求先**」と「**出荷先**」の関係に読み替えることができるので，一つの請求先には複数の出荷先があり，一つの出荷先は一つの請求先をもつことになる。したがって，一つの請求先には一つの出荷先が決まっていることはない。合致しない。

■「③ 出荷先には請求先が一つ決まっている。」(合致する)

上記の「**② 請求先には出荷先が一つ決まっている。**」で考察した通り，一つの出荷先は一つの請求先をもつことになる。この業務ルールには合致している。

■「④ 請求先と出荷先とが同じになることはない。」(合致しない)

スーパータイプの“**取引先**”の属性には‘**出荷先区分**’と‘**請求先区分**’がある。この二つの属性については「**表2　主な属性の意味・制約**」の中に説明がある。そこに「**請求先区分は取引先が請求先か否か，出荷先区分は取引先が出荷先か否かの区分で，一つの取引先が両方に該当することもある。**」と明記されているので，この業務ルールは合致しない。

設問 1(2)(e)

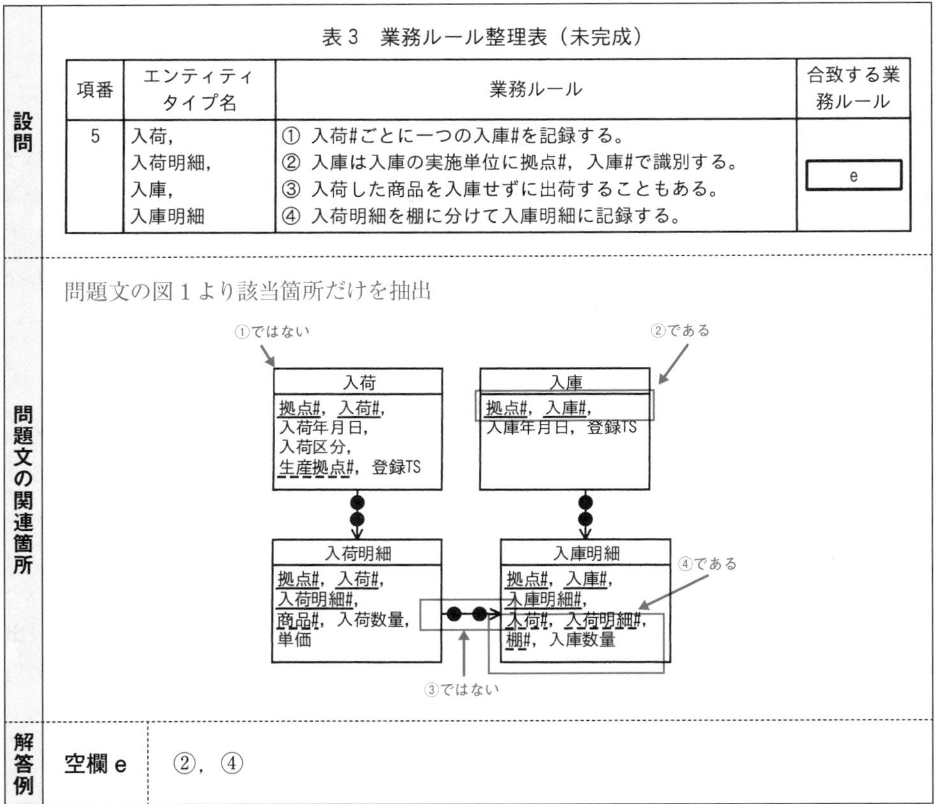

設問

表 3　業務ルール整理表（未完成）

項番	エンティティタイプ名	業務ルール	合致する業務ルール
5	入荷, 入荷明細, 入庫, 入庫明細	① 入荷#ごとに一つの入庫#を記録する。 ② 入庫は入庫の実施単位に拠点#，入庫#で識別する。 ③ 入荷した商品を入庫せずに出荷することもある。 ④ 入荷明細を棚に分けて入庫明細に記録する。	e

問題文の関連箇所

問題文の図 1 より該当箇所だけを抽出

解答例

空欄 e	②，④

解説図 6　設問 1（2）（e）で問われていることと問題文の関連箇所，及び解答例

解説

「図1　在庫管理業務の概念データモデル」の **“入荷”**，**“入荷明細”**，**“入庫”**，**“入庫明細”** に着目する。その上で，業務ルールの①から④まで一つずつ合致するか否かをチェックしていく。

■「① 入荷＃ごとに一つの入庫＃を記録する。」（合致しない）

“入荷” と **“入庫”** の間にリレーションシップはなく，**‘入荷＃’** と **‘入庫＃’** は関連なく採番される。そのため，1回の入荷に対して複数回に分けて入庫することも可能である。一つの **‘入荷＃’** に対して一つの **‘入庫＃’** というわけではなく複数の **‘入庫＃’** が存在する可能性もあるので，合致しない。

■「② 入庫は入庫の実施単位に拠点＃，入庫＃で識別する。」（合致する）

上記の①で考察した通り **“入荷”** と **“入庫”** の間にリレーションシップはなく，インスタンスは独立して発生する（他のエンティティの制約を受けない）。すなわち **「入庫の実施単位」** に発生する。かつ **“入庫”** の主キーは **{拠点＃，入庫＃}** である。したがって，この業務ルールには合致している。

■「③ 入荷した商品を入庫せずに出荷することもある。」（合致しない）

一つの **“入荷明細”** には，一つの商品が設定されている（**“商品”** に対する外部キーの **‘商品＃’** を保持している）。加えて，**“入荷明細”** と **“入庫明細”** との間に1対多のリレーションシップがあり，**“入庫明細”** で入庫する商品は **“入荷明細”** を参照している。これは，一つの **“入荷明細”** に対して，複数の **“入庫明細”** が存在すること（すなわち複数回に分けて入庫することがあること）を示しているが，**“入荷明細”** に対して **“入庫明細”** は必ず存在する（●）ので，入荷した商品を入庫せずに出荷することはない。したがって，この業務ルールには合致していない。

■「④ 入荷明細を棚に分けて入庫明細に記録する。」（合致する）

上記の③で考察した通り，**“入荷明細”** と **“入庫明細”** との間に1対多のリレーションシップがある。これは一つの **“入荷明細”** に対して，複数の **“入庫明細”** が存在すること（すなわち複数回に分けて入庫することがあること）を示している。また，**“入庫明細”** には **“入荷明細”** に対する外部キーの他に **‘棚＃’** を属性に持っている。主キーに **‘拠点＃’** もあり **“棚”** を参照しているので，一つの **“入庫明細”** には，一つの **“棚”** が存在する。つまり，入荷明細を棚に分けて入庫明細に記録することは可能なので，合致している。

設問 1 (2) (f)

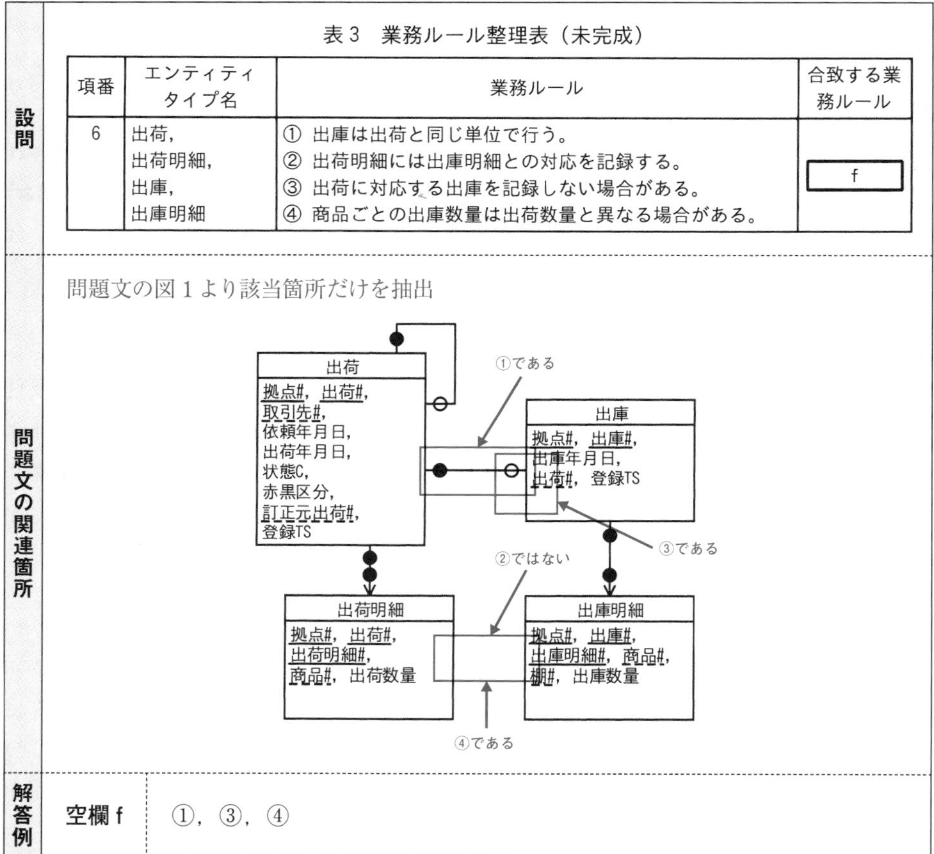

設問

表 3　業務ルール整理表（未完成）

項番	エンティティタイプ名	業務ルール	合致する業務ルール
6	出荷, 出荷明細, 出庫, 出庫明細	① 出庫は出荷と同じ単位で行う。 ② 出荷明細には出庫明細との対応を記録する。 ③ 出荷に対応する出庫を記録しない場合がある。 ④ 商品ごとの出庫数量は出荷数量と異なる場合がある。	f

問題文の関連箇所

問題文の図 1 より該当箇所だけを抽出

解答例

空欄 f	①，③，④

解説図 7　設問 1（2）（f）で問われていることと問題文の関連箇所，及び解答例

解説

「**図１　在庫管理業務の概念データモデル**」の“**出荷**”，“**出荷明細**”，“**出庫**”，“**出庫明細**”に着目する。その上で，業務ルールの①から④まで一つずつ合致するか否かをチェックしていく。

■「① 出庫は出荷と同じ単位で行う。」（合致する）

“**出荷**”と“**出庫**”の間には１対１のリレーションシップがある。一つの出荷に対して一つの出庫がある。したがって，出庫は出荷と同じ単位で行っている。この業務ルールは合致している。

■「② 出荷明細には出庫明細との対応を記録する。」（合致しない）

“**出荷明細**”と“**出庫明細**”の間にはリレーションシップがないし，“**出荷明細**”の属性を見ても“**出庫明細**”に対する外部キーが存在していないことも確認できる。したがって，この業務ルールには合致していない。

■「③ 出荷に対応する出庫を記録しない場合がある。」（合致する）

“**出荷**”と“**出庫**”の間にある１対１のリレーションシップのオプショナリティをチェックする。“**出荷**”から見た“**出庫**”は「○」なので，インスタンスが存在しない場合がある。つまり，出荷に対応する出庫を記録しない場合がある。この業務ルールには合致している。

■「④ 商品ごとの出庫数量は出荷数量と異なる場合がある。」（合致する）

“**出荷明細**”には商品ごとの‘**出荷数量**’を，“**出庫明細**”にも商品ごとの‘**出庫数量**’を，それぞれが独立して保持しているので，そこに異なる数量を設定することは可能である。“**出荷**”と“**出庫**”の間には，確かに１対１のリレーションシップがあるが，“**出荷明細**”と“**出庫明細**”の間にはリレーションシップがないし，仮にあったとしても‘**出荷数量**’も‘**出庫数量**’も非キー属性なので自由に設定できる。異なる値が設定されると問題になるのなら，“**出荷明細**”と“**出庫明細**”の間に１対１のリレーションシップを持たせて，“**出荷明細**”にだけ‘**出荷数量**’を持たせるようにしなければならない。したがって，この業務ルールには合致している。

設問 2

設問 2 は，これまでもよく出題されてきたパターンの問題と，この問題特有の問題に分かれている。ただ，この問題特有の問題も，比較的容易なものなので面食らうことは無かったと思われる。

設問 2 (1) は Z チャートに関する知識が問われている問題。長文読解も状況把握も必要ないもので，単純に知識があるかないかが問われている。Z チャートに関する知識が無い場合でも，問題文に記載されている説明を頼りに考えれば正解できるかもしれない。

設問 2 (2) は，これまでもよく出題されてきたパターンの問題だ。**「表 1　分析データ提供依頼の例」** に記載されている **「依頼 1」** を実現するための問合せを考えるという問題だ。但し，後述する **設問 2 (3)** のように SQL 文を完成させるものではなく，**「表 4　依頼 1 の問合せの検討（未完成）」** のように，文章で記載されている **「列名又は演算」** や **「選択又は結合の内容」** の中にある空欄を埋めるというものになる。これは，令和 2 年午後Ⅱ問 1 と同じパターンになる。

設問 2 (3) も，これまでもよく出題されてきたパターンの問題になる。**「表 1　分析データ提供依頼の例」** に記載されている **「依頼 2」** を実現するための問合せを考えるという問題になる。ただ，**設問 2 (2)** と違うのは，未完成の SQL 文を（空欄を埋めることで）完成させるという点になる。未完成の SQL 文は **「図 3　依頼 2 の問合せを実装した SQL 文（未完成）」** として示されている。このパターンは，令和 4 年午後Ⅱ問 1，令和 2 年午後Ⅱ問 1 でも出題されている。**設問 2 (2)** 同様，令和に入ってからのパターンになる。今後も，午後Ⅱで SQL が普通に出題されると思うので，これらのパターンで出題された時に，短時間で解答できるようにしておこう。

設問 2 (4) は **「図 4　ヒートマップの例」** に記載されていることを理解しているかどうかが試されているだけの容易な問題。**設問 2 (3)** を解く過程で，この **「図 4　ヒートマップの例」** も見ているはずだし，**「表 1　分析データ提供依頼の例」** の **「依頼 2」** で，ヒートマップについても理解しているはず。この問題ならではの問題ではあるものの難しくはないので，ケアレスミスや勘違いをしないように注意して解答を探し出そう。問題文で何かしらの記述を探す必要もなく，**図 4** だけを見ながら解答できる問題になる。

最後の **設問 2 (5)** は，**設問 2 (4)** に関連した問題だ。**設問 2 (4)** を実施するときにどのテーブルをどう操作するのかが問われている。これも，特に難しい問題ではない（ゆえに採点講評でも触れられていない）。**図 1** のテーブルから操作しなければならないテーブルを探し出せばいい。

解説

設問 2 (1)

Z チャートに関する問題。Z チャートとは，商品の売上等の推移を分析するための折れ線グラフの一種である。この図のように三つの値を用いて表現していて，それが **"Z"** のような形になるのが特徴になる。

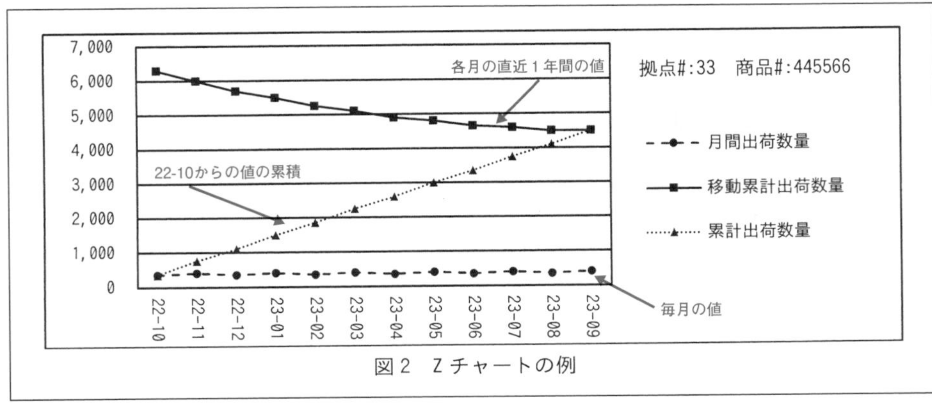

図２　Ｚチャートの例

解説図８　Ｚチャートの読み方

三つのグラフの一つ目は**「毎月の値」**になる。この図で言うと**「月間出荷数量」**だ。毎月の出荷数量をグラフにしている。

二つ目のグラフは一つ目のグラフの累計になる。この図の**「累計出荷数量」**だ。**「22-10」**が**「月間出荷数量」**と同じ値になっていて，そこから毎月の累計になるので右肩上がりになっていく。**「月間出荷数量」**が一定ならば，自ずと**「累計出荷数量」**は一定の傾きで右肩に上昇していく。

そして三つめのグラフは**「移動平均値」**になる。この図の**「移動累計出荷数量」**だ。これは月ごとの出荷数量を，当該月から過去１年間の累計出荷量を表したグラフになる。例えば**「22-10」**の値は**「21-11」**～**「22-10」**の累計値になり，翌月**「22-11」**の値は**「21-12」**～**「22-11」**の累計値になる。したがって，毎月の値がそれまでずっと均等だったら，この移動累計も均等になる。

以上の前提知識を元に，設問について考える。まずは**「累計出荷数量のグラフは始点から終点への直線の形状」**になっている点について読み取れる商品の出荷量の傾向を考えてみる。直線になるのは，毎月の出荷数量に変動が無い場合になる。月間出荷数量の推移を見ても，その点は一目瞭然だ。したがって**「直近１年は毎月の出荷数量の増減がない。（19字）」**と解答すればいいだろう。

続いて**「移動累計出荷数量のグラフは右肩下がりの形状となっている。」**点について，読み取れる商品の出荷量の傾向を考える。移動累計出荷数量は，問題文の**「表１　分析データ提供依頼の例」**の**「依頼番号」**が**「依頼１」**の**「依頼内容」**にも書いている通り，**「移動累計出荷数量は，各年月と各年月の11か月前までを合わせた12か月の月間出荷数量を累計したもの」**になる。それが右肩下がりになっているということは**「グラフ表示範囲の１年前の期間の出荷数量は減少傾向だった。（28字）」**ことを示している。このグラフを作成した**「23-09」**時点で，一昨年の出荷数量は毎月減少傾向だったが，**「22-10」**に入ったあたりから下げ止まりになっていると読み取るといいだろう。なお，**「各月の出荷数量が前年同月比で全て減少している。（23字）」**も別解にあげている。

設問 2 (2)

設問

表 4 中の［ア］，［カ］に入れる適切な数値，及び［イ］～［オ］に入れる適切な字句を答えよ。ここで，［イ］～［オ］は次の字句から選択するものとし，n を含む字句を選択する場合は，演算及び選択の対象行が必要最小限の行数となるように，n を適切な数値に置き換えること。

最初の行，n 行前の行，現在の行，n 行後の行，最後の行

問題文の関連箇所

「表 1　分析データ提供依頼の例」より「依頼 1」だけを抜粋

依頼番号	依頼内容
依頼 1	商品の出荷量の傾向を把握するため，出荷数量を基にした Z チャートを作成して可視化したい。Z チャートは，物流拠点，商品，年月を指定して指定年月と指定年月の 11 か月前までを合わせた 12 か月を表示範囲とした，商品の月間出荷数量，累計出荷数量，移動累計出荷数量の三つの折れ線グラフである。累計出荷数量は，グラフの表示範囲の最初の年月から各年月までの月間出荷数量の累計である。移動累計出荷数量は，各年月と各年月の 11 か月前までを合わせた 12 か月の月間出荷数量を累計したものである。

表 4　依頼 1 の問合せの検討（未完成）

問合せ名	列名又は演算	テーブル名又は問合せ名	選択又は結合の内容
T1	年月＝[出荷年月日の年月を抽出]，月間出荷数量＝[年月でグループ化した各グループ内の出荷数量の合計]	出荷，出荷明細	①　出荷明細から指定した商品の行を選択 ②　出荷から指定した拠点，かつ，出荷年月日の年月が，指定年月の［ア］か月前の年月以上かつ指定年月以下の範囲の行を選択 ③　①と②の結果行を拠点#，出荷#それぞれが等しい条件で内結合
T2	年月，月間出荷数量，移動累計出荷数量＝[選択行を年月の昇順で順序付けし，行ごとに現在の行を起点として，［イ］から［ウ］までの範囲にある各行の月間出荷数量の合計]	T1	全行を選択
T3	年月，月間出荷数量，移動累計出荷数量，累計出荷数量＝[選択行を年月の昇順で順序付けし，行ごとに現在の行を起点として，［エ］から［オ］までの範囲にある各行の月間出荷数量の合計]	T2	年月が，指定年月の［カ］か月前の年月以上かつ指定年月以下の範囲の行を選択

注記 1　行ごとに問合せを記述し問合せ名を付ける。問合せ名によって問合せ結果行を参照できる。
注記 2　列名又は演算には，テーブルから射影する列名又は演算によって求まる項目を“項目名＝[演算の内容]”の形式で記述する。
注記 3　テーブル名又は問合せ名には，参照するテーブル名又は問合せ名を記入する。
注記 4　選択又は結合の内容には，テーブル名又は問合せ名ごとの選択条件，結合の具体的な方法と結合条件を記入する。

解答例

(2)	ア	22	
	イ	11 行前の行	順不同
	ウ	現在の行	
	エ	最初の行	順不同
	オ	現在の行	
	カ	11	

採点講評

（ア）の正答率が低かった。（ア）では，11 と誤って解答した受験者が多かった。グラフの表示範囲の移動累計出荷数量のグラフを描くには，グラフの表示期間の最初の年月の 11 か月前の年月から指定年月までの計 23 か月分の月間出荷数量のデータが必要となる。グラフが表すデータの意味を正しく把握した上で設計に反映するよう心掛けてほしい。

解説図 9　設問 2（2）で問われていることと問題文の関連箇所，及び解答例，採点講評

解説

まず**「表 1　分析データ提供依頼の例」**より**「依頼 1」**だけに着目する。そして，**空欄ア～空欄カ**を含む**「表 4　依頼 1 の問合せの検討（未完成）」**と対応付ける。この時，**表 1** が Z チャートを構成する三つのグラフについて説明していて，**表 4** の T1，T2，T3 がその三つのグラフに次のように対応していることを把握しさえすれば，後は容易に解けるだろう。

T1 ＝月間出荷数量
T2 ＝移動累計出荷数量
T3 ＝累計出荷数量

解答に当たっては，**「表 1　分析データ提供依頼の例」**の**「依頼 1」**に記載されている内容と**「図 2　Z チャートの例」**から考えればいいだろう。

なお，設問のところに記載があるように，**空欄ア**，**空欄カ**には適切な数値を，**空欄イ～空欄オ**は**「次の字句から選択するものとし，n を含む字句を選択する場合は，演算及び選択の対象行が必要最小限の行数となるように，n を適切な数値に置き換えること。」**という指示に従わないといけないので注意しよう。

最初の行，n 行前の行，現在の行，n 行後の行，最後の行

■ 空欄ア

表4のT1が**“月間出荷数量”**の算出を目的としていて，**空欄ア**を含む文が**「指定年月の範囲指定」**のことだと気付けば，後は表1と図2を見ながら解答を考えればいい。

表1の**「依頼1」**では**「Zチャートは，物流拠点，商品，年月を指定して指定年月と指定年月の11か月前までを合わせた12か月を表示範囲とした」**という記述がある。これをそのまま図2に当てはめてみる。情報処理技術者試験において**「例」**が示されている場合は，その**「例」**を使ってイメージするのは鉄則だからだ。図2の例では，**「指定年月」**は**「23-09」**になる。その**「11か月前」**が**「22-10」**である。

一見するとこの**「11（か月前）」**が解答のように思ってしまうかもしれない。しかし，Zチャートには**“移動累計出荷数量”**があることを考慮しなければならない。**“移動累計出荷数量”**はT2で求めるものだが，T2はT1の問い合わせの結果を用いて算出しているからだ。つまり，T1で求める**“月間出荷数量”**は，図2の表示範囲だけでは不十分になる。

ここも図2をベースに考えればいいだろう。図2の**「22-10」**の**“移動累計出荷数量”**は**「21-11」**から**「22-10」**の累計値になる。したがって，T1で求める**“月間出荷数量”**は**「21-11」**から**「23-09」**になる。指定年月を**「23-09」**だとすると**「21-11」**は22か月前になる。したがって**空欄ア**は**「22」**になる。

なお，**空欄ア**から解答している場合，いったん**空欄ア**の解答を**「11」**だとしてしまうかもしれないが，T2を解いている時には気付くと思う。そこで軌道修正すればいいだろう。

■ 空欄イ，空欄ウ

表4のT2が**“移動累計出荷数量”**の算出を目的としていて，**空欄イ，空欄ウ**を含む文が図2の各年月の移動累計出荷数量を算出していることに気付けば，後は表1と図2を見ながら解答を考える。

T1の結果を用いて**「年月の昇順で順序付けをし，行ごとに現在の行を起点として」**，各行の移動累計出荷数量を算出する。ここも例を使ってイメージしてみると容易に解ける。例えば図2の**「22-10」**の場合，**“移動累計出荷数量”**は**「21-11」**から**「22-10」**の合計値になる。表1の**「依頼1」**に**「移動累計出荷数量は，各年月と各年月の11か月前までを合わせた12か月の月間出荷数量を累計したものである。」**と記載されているからだ。

これを**空欄イ**と**空欄ウ**に当てはめて表現を整えると，片方は起点としている**「現在の行」**で，もう片方は**「11行前の行」**になる（解答は順不同）。

■ 空欄エ，空欄オ，空欄カ

最後は **“累計出荷数量”** の算出を目的としているT3になる。**“累計出荷数量”** は，特に図2や表1を確認しなくても意味は把握できると思うが，表1の **「依頼1」** で確認しておくと **「累計出荷数量は，グラフの表示範囲の最初の年月から各年月までの月間出荷数量の累計である。」** と記載されている。自信が無い場合は，ここで確認しておくといいだろう。

表4 のT3をチェックすると，T1ではなくT2を利用していることがわかる。T2の結果は **{年月，月間出荷数量，移動累計出荷数量}** である。したがって，**“累計出荷数量”** はT2の **‘月間出荷数量’** を使って算出することになる。その点は **空欄エ**，**空欄オ** の後に **「月間出荷数量の合計」** と明記されていることからもわかるだろう。

そして，**空欄カ** を含む文で，T2から対象とする行を絞り込んでいる（範囲指定をしている）ことがわかる。**“累計出荷数量”** は，**“移動累計出荷数量”** と違い指定年月の11か月前から指定年月までの12か月分のデータで十分だからだ。したがって，**空欄カには「11」が入る。**

続く **空欄エ，空欄オ** は **「各年月の累計出荷数量」** を用いて **“累計出荷数量”** を算出している部分になる。各行の計算に用いる範囲に関する部分になる。ここも図2の例を活用してイメージを膨らませてみるといいだろう。次のような感じだ。

> **「22-10」** の累計出荷数量は **「22-10」**
> **「22-11」** の累計出荷数量は **「22-10」** ～ **「22-11」**
> **「22-12」** の累計出荷数量は **「22-10」** ～ **「22-12」**
> **「23-01」** の累計出荷数量は **「22-10」** ～ **「23-01」**

これでイメージしておき，**空欄エ** と **空欄オ** に当てはまる字句を考える。**空欄エ** は **「選択行を年月の昇順で順序付けし，行ごとに現在の行を起点として」** という記述の後に続くので，空欄の一つは **「現在の行」** になる。先に例示した通り **「22-10」** の時に **「22-10」**，**「22-11」** の時にも **「22-11」** を，**「22-12」** の時にも **「22-12」** を使って **“行ごとに，合計する月間出荷数量の範囲指定”** をしていることがわかるだろう。そしてもう一つは固定値になる。図2の例でいうと **「22-10」** だ。常に **「22-10」** が範囲指定の片側に来る。これを，**空欄エ**，**空欄オ** に当てはまる表現になるように（設問で指定されている）選択肢の中から選択すると **「最初の行」** になる。**空欄カ** で処理対象のデータを22か月前ではなく11か月前までに範囲指定で絞り込んでいるからだ。以上より，**空欄エ，空欄オは「現在の行」と「最初の行」になる（順不同）。**

設問２(3)

設問	図３中の［キ］～［コ］に入れる適切な字句を答えよ。

問題文の関連箇所

「表１　分析データ提供依頼の例」より「依頼２」だけを抜粋

依頼２	出庫作業における移動距離を短縮して効率化を図るため，出庫の頻度を識別できるヒートマップを作成して可視化したい。ヒートマップは，物流拠点の棚のレイアウト図上に，各棚の出庫頻度区分を色分けしたものである。出庫頻度区分は，指定した物流拠点及び期間において，棚別に集計した出庫回数が多い順に順位付けを行い，上位20%を‘高’，上位50%から‘高’を除いたものを‘中’，それ以外を‘低’としたものである。

S1 “出庫”と“出庫明細”を結合

S2 棚別に出庫回数を求める

S3 棚別に出庫回数を順位付け

```
WITH S1 AS (
  SELECT S.拠点#, SM.棚#
  FROM 出庫 S
    INNER JOIN 出庫明細 SM ON S.拠点# = SM.拠点# AND S.出庫# = SM.出庫#
  WHERE S.拠点# = :hv1 AND S.出庫年月日 BETWEEN :hv2 AND :hv3
), S2 AS (
  SELECT [   キ   ] AS 出庫回数
  FROM 棚 T
    LEFT JOIN S1 ON S1.拠点# = T.拠点# AND S1.棚# = T.棚#
  WHERE T.拠点# = :hv1
  [   ク   ]
), S3 AS (
  SELECT 棚#, RANK() OVER ( [   ケ   ] ) AS 出庫回数順位
  FROM S2
)
SELECT 棚#,
  CASE
    WHEN (100 * [   コ   ] OVER() ) <= 20 THEN '高'
    WHEN (100 * [   コ   ] OVER() ) <= 50 THEN '中'
    ELSE '低'
  END AS 出庫頻度区分
FROM S3
```

注記　ホスト変数 hv1～hv3 には，指定された拠点#，出庫年月日の開始日及び終了日がそれぞれ設定される。

図３　依頼２の問合せを実装した SQL 文（未完成）

解答例

キ	T.棚#, COUNT(S1.棚#)	
ク	GROUP BY T.棚#	
ケ	ORDER BY 出庫回数 DESC	
コ	出庫回数順位 / COUNT(*)	

採点講評

正答率が低かった。集計，ソート，順位付けなどのヒートマップを作成する上で必要となる処理を正しく理解できていない解答が多かった。データをグラフなどで可視化する際にも役立つので，SQL の集計関数やウィンドウ関数の使い方を身に付けてほしい。

解説図 10　設問２（3）で問われていることと問題文の関連箇所，及び解答例，採点講評

解説

■ 空欄キ，空欄ク

「S1」の SELECT 文では，**“出庫”**と**“出庫明細”**を**{拠点 #，出庫 #}**で内部結合し，指定された**‘拠点 #’**と**‘出庫年月日’**の開始日及び終了日の範囲に絞り込んで，**「指定した‘拠点 #’ごとの棚」**を抽出している。

続く**「S2」**は，**“棚”**と**「S1」**を**{拠点 #，棚 #}**で左外部結合し，棚ごとに**‘出庫回数’**を求めている SELECT 文だということがわかる。内部結合を使わずに，左外部結合を使っているのは，出庫のなかった棚も含めて全ての棚についての集計値が必要になるからだ。**表 1** の**「棚別に集計した出庫回数が多い順に順位付けを行い，上位 20%を‘高 '，上位 50%から‘高’を除いたものを‘中 '，それ以外を‘低’」**とするためには，当該期間中に出庫が無かった棚も（順位付けには）欠かせない。それで左外部結合をしているというわけだ。**図 4** を見ながらイメージするとわかりやすい。上位 20%というのは**「101」**～**「708」**までの全ての棚の中の 20%になる。**図 4** の例だと棚は全部で 56 ある。そのうちの 20%は 11 だ。凡例で**“高”**を表す濃い黒もちょうど 11 ある。

ここで，図 1 をチェックして**“棚”**と**“出庫”**，**“出庫明細”**の属性を確認しておこう。次のようになる。

棚（拠点 #，棚 #）
出庫（拠点 #，出庫 #，出庫年月日，出荷 #，登録 TS）
出庫明細（拠点 #，出庫 #，出庫明細 #，商品 #，棚 #，出庫数量）

空欄キと**空欄ク**を含む**「S2」**では，上記の**“出庫”**と**“出庫明細”**を**{拠点 #，出庫 #}**で内部結合し，指定された**‘拠点 #’**と**‘出庫年月日’**の開始日及び終了日の範囲に絞り込んで（ここまでの処理を S1 で実施している），その後，**‘棚 #’**ごとにグルーピングし，グループごとに**‘出庫回数’**を算出していると考えられる。出庫数量ではなく出庫回数だという点に注意しながら，どうすれば出庫回数が求められるのかを考えればいいだろう。

問題文には特に記載がないが，常識的に出庫回数は**“出庫明細”** 1 件に対して 1 回として計算するのだろう。S1 は**“出庫”**と**“出庫明細”**を**{拠点 #，出庫 #}**で内部結合しているので，**“出庫明細”**と同じ件数になる。それを**「棚ごとにグルーピングし」**，**「その件数を集計」**すれば出庫回数になる。したがって，**空欄ク**は「**GROUP BY T. 棚 #**」となり，**空欄キ**は「**T. 棚 #，COUNT (S1. 棚 #)**」となる。**空欄キ**に**「T. 棚 #,」**を含めないといけないのは，GROUP BY 句で指定しているからだ。

■ 空欄ケ

「S3」のSELECT文では，棚ごとのランク付けを行っている。RANK関数を使っていることと，**「出庫回数順位」**という別名を付けていることから容易にわかるだろう。**空欄ケ**は**「RANK( ) OVER」**の後に続く**(　)**内に入るものなので次のようになる。

RANK( ) OVER (ORDER BY 出庫回数 DESC)

「S2」で求めた結果が**{棚#, 出庫回数}**（すなわち，棚ごとの出庫回数）になっているので，さらなるグルーピングは不要だ。よって**「PARTITION BY 句」**は必要ない。出庫回数を降順（高いものから順）にするだけでいいので，**空欄ケ**は**「ORDER BY 出庫回数 DESC」**になる。なお，この**「S3」**で求めた結果は**{棚#, 出庫回数順位}**になる。

■ 空欄コ

最後のSELECT文では，出庫頻度区分に**'高'**・**'中'**・**'低'**を設定する。**表1**の**「依頼2」**の**「棚別に集計した出庫回数が多い順に順位付けを行い，上位20%を'高'，上位50%から'高'を除いたものを'中'，それ以外を'低'」**とするという部分だ。

図4の例で考えると，全部で棚は**「56」**ある。そのうちの上位20%は**「56 × 0.2 = 11.2」**という計算になるので，小数点以下を切り捨てて上位から11位までを**'高'**に設定する。ただ，このSQL文では，**「S3」**で求めた**{棚#, 順位}**に対して，CASE文を使って1件ずつ処理して出庫頻度区分を設定している。図4の例で具体的に示すと次のようになる。

- ・ランク1位：　1 ÷ 56（全棚数）*100 = 約1.8　…　上位1.8%なので**'高'**
- ・ランク2位：　2 ÷ 56（全棚数）*100 = 約3.6　…　上位3.6%なので**'高'**
- …
- ・ランク11位：　11 ÷ 56（全棚数）*100 = 約19.6　…　上位19.6%なので**'高'**
- ・ランク12位：　12 ÷ 56（全棚数）*100 = 約21.4　…　上位21.4%なので**'中'**

この考え方を元に**空欄コ**について考える。**空欄コ**の前に**「100*」**があり，**空欄コ**を含む括弧の後に**「<=20 THEN '高'」**とあるので，**「S3」**で求めた**'出庫回数順位'**と全棚数を使って上位何%にいるのかを算出して**'高'**・**'中'**・**'低'**に振り分けていると考えられる。以上より，**空欄コ**は**「出庫回数順位／COUNT（*）」**になる。

設問 2 (4)

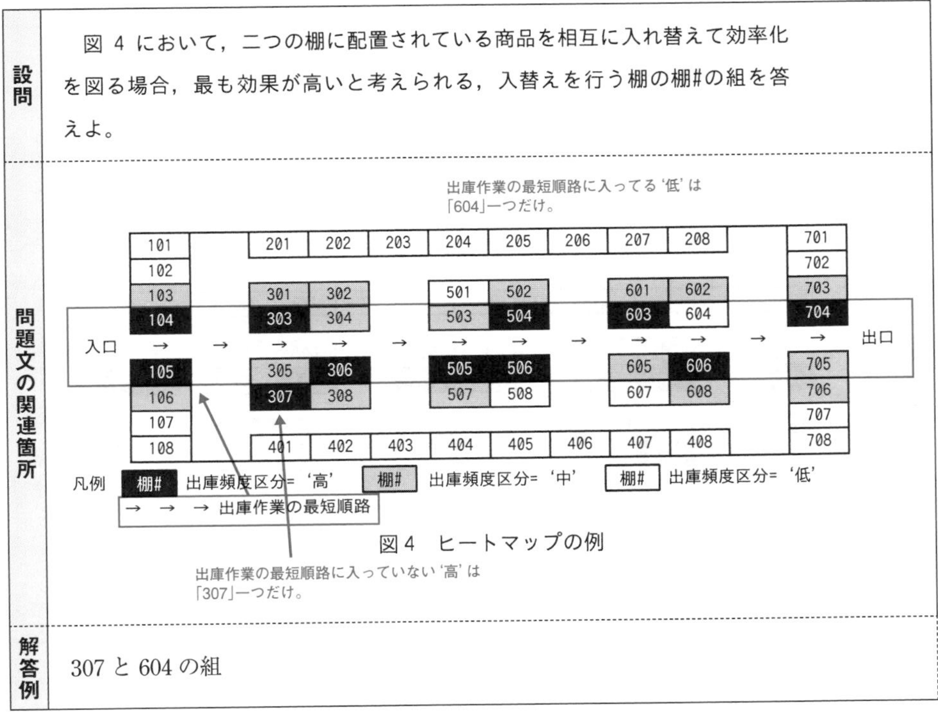

設問	図 4 において，二つの棚に配置されている商品を相互に入れ替えて効率化を図る場合，最も効果が高いと考えられる，入替えを行う棚の棚#の組を答えよ。
問題文の関連箇所	図 4　ヒートマップの例
解答例	307 と 604 の組

解説図 11　設問 2（4）で問われていることと問題文の関連箇所，及び解答例

解説

図 4 を見ながら考える容易な問題。**図 4** には **「出庫作業の最短順路」** として，入口から出口に向かう一直線の導線が記されている。その導線では，全 11 個ある出庫頻度区分＝ **'高'** の棚のうち 10 個，全 17 個ある出庫頻度区分＝ **'中'** が 5 個，全 28 個ある出庫頻度区分＝ **'低'** が 1 個ある。

このうち，**「二つの棚に配置されている商品を相互に入れ替えて効率化を図る場合，最も効果が高いと考えられる」** のは，この最短順路の導線の **'高'** を増やして **'低'** を減らす入替になる。一つは全 11 個の **'高'** の中で唯一 **「出庫作業の最短順路」** にない棚番「**307**」になる。これを **「出庫作業の最短順路」** に持ってくればいい。そしてその時の入替対象は **「出庫作業の最短順路」** にある唯一の **'低'** である棚番「**604**」だ。この二つを入れ替えることが最も効果が高くなる。

設問２(5)

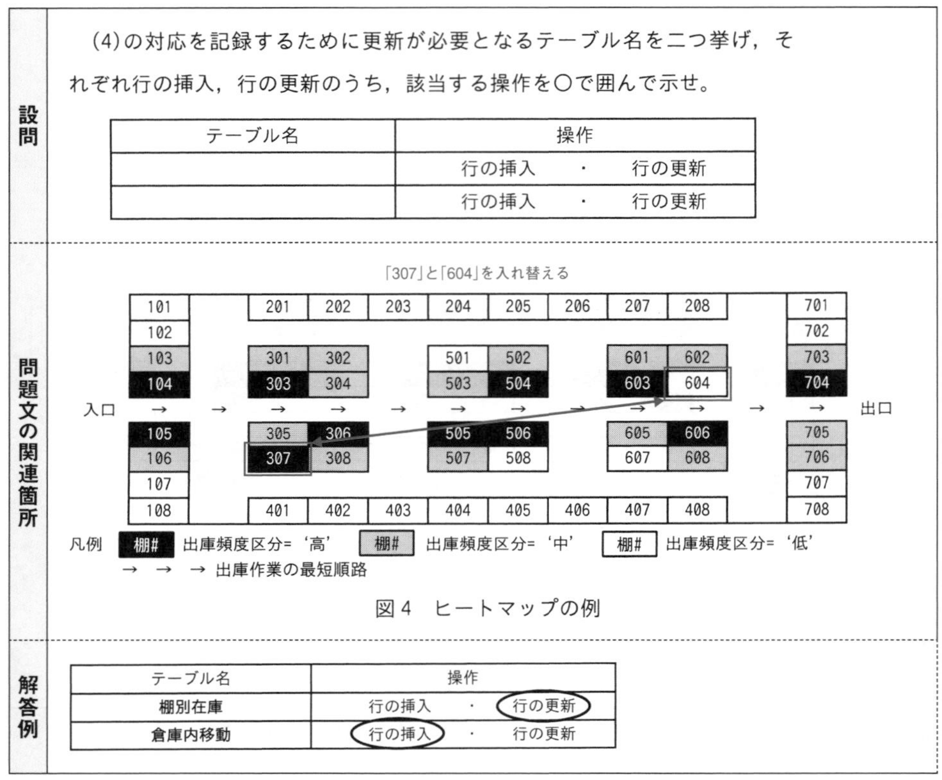

設問

(4)の対応を記録するために更新が必要となるテーブル名を二つ挙げ，それぞれ行の挿入，行の更新のうち，該当する操作を○で囲んで示せ。

テーブル名	操作
	行の挿入　・　行の更新
	行の挿入　・　行の更新

問題文の関連箇所

図４　ヒートマップの例

解答例

テーブル名	操作
棚別在庫	行の挿入　・　（行の更新）
倉庫内移動	（行の挿入）　・　行の更新

解説図 12　設問２（5）で問われていることと問題文の関連箇所，及び解答例

解説

まず，**図1**より「**(4) の対応を記録するために更新が必要となるテーブル名**」として，個々の棚にある商品を記録しているテーブルを探す。そのテーブルは確実に変更しないといけないからだ。**図1**を確認すると，棚別の在庫を記録しているテーブルは **“棚別在庫”** だということがわかる。このテーブルの棚番「**307**」の商品と棚番「**604**」の商品を相互に入れ替えればいい。以上より，一つはこの **“棚別在庫”** になる。

続いて，**“棚別在庫”** に「**行の挿入**」をすればいいのか「**行の更新**」をすればいいのかを考える。どちらが適当かは **“棚別在庫”** の属性を確認すれば判断できる。**“棚別在庫”** の属性は次のようになっている。

棚別在庫（拠点#，棚#，商品#，在庫数量）

“棚別在庫” の主キーは **{拠点#，棚#}** である。変更したい **{商品#，在庫数量}** は非キー属性なので，棚番「**307**」と棚番「**604**」の行の **{商品#，在庫数量}** を入れ替えればいい。つまり，各行の **{商品#，在庫数量}** を変更して更新すればいい。以上より，解答の一つは**テーブル名が「棚別在庫」で，操作は「行の更新」になる。**

そして，もう一つは **“倉庫内移動”** テーブルになる。図1中のテーブルで **‘棚#’** と **‘商品#’** の両方の属性を持っているテーブルは，**“棚別在庫”** を除けば，**“倉庫内移動”** と **“出庫明細”** しかない。多く見積もっても **“入荷明細”** と結合した **“入庫明細”** ぐらいだろう。要するに，商品と棚の関係が必要なのは「**入庫時**」，「**出庫時**」，「**倉庫内移動時**」に関係するエンティティになる。言うまでもないが，今回の場合は入庫でもなく出庫でもない。倉庫内移動になる。したがって，もう一つのテーブルは **“倉庫内移動”** テーブルになる。倉庫内移動の履歴を残す場合に必要なテーブルになる。

後は，ここでも「**行の挿入**」をすればいいのか「**行の更新**」をすればいいのかを考える。**“倉庫内移動”** テーブルの属性は次のようになっている。

倉庫内移動（拠点#，移動#，移動年月日，商品#，移動数量，移動元棚#，移動先棚#）

これを見れば明らかだ。1回移動させるごとに，**‘移動#’** を割り当てて1行追加される。今回のケースだと棚番「**307**」と棚番「**604**」を入れ替えるので，2行新たに追加される。以上より，もう一つの解答は**テーブル名が「倉庫内移動」で，操作は「行の挿入」になる。**

設問3

ここから，問題文６ページ目の**〔依頼３への対応〕**段落に関する問題になる。その**「依頼3」**は次のような依頼だ。

> 年月別の在庫回転率を時系列に抽出してほしい。在庫回転率は，数量，金額を基に算出し，算出の根拠となった数値も参照したい。また，月末前でもその時点で最新の情報を１日に複数回参照できるようにしてほしい。

そして，**〔依頼３への対応〕**段落は６ページと少し（約6.2ページ）にもわたる。**設問３（1）**は**〔依頼３への対応〕**段落の最初の２ページを読めば解答できる優しい問題だが，次の問題（**設問３（2）**）で問われている**「下線①」**は**〔依頼３への対応〕**段落の５ページ目の真ん中ぐらいになる。つまり，**設問３（1）**を解いた後に，３ページほどじっくりと読み進めていかないといけないことになる。

設問３（2），（3）は，**「計数格納処理」**の処理方法や，その中にある**「洗替え」**について理解していく必要がある。そのため，ここには時間がかかるだろう。たっぷりと時間をかけて落ち着いて読み進めないと混乱を招きかねない。

設問３（4）は在庫回転率に関する問題になる。在庫回転率に関する知識がなくても，問題文に書いている説明をじっくり読解すれば，（説明は書いてあるので）理解できないことは無いが時間がかかるだろう。在庫関連の問題は頻出なので，在庫回転率に関する基本的な知識は身につけておきたい。

そして最後の**設問３（5）**は，概念データモデルに関する問題になる。新たに追加したテーブルを図１の概念データモデルに組み込む時に，必要となる外部キーを解答するというものだ。それほど難しい問題ではない。

以上より，**設問３（2）**に時間がかかると思うので，**「難しい」**と感じたらいったん飛ばして，先に（独立性の高い）**設問３（4）**や**設問３（5）**を解いてからじっくりと取り組んでもいいだろう。

設問３(1)

設問

表５中の［ g ］～［ l ］に入れる適切な数値を答えよ。

問題文の関連箇所

09-04の出荷は「先入先出法」なので，80円単価の在庫から払出。

09-01の時点で，80円単価の在庫が100と85円単価の在庫が300あるので２行になる。

表５　商品有高表の例（未完成）

年月:2023-09　拠点#:33　商品#:112233　出力日:2023-10-02　　単価，金額の単位 円

行	受払日付	摘要区分	受入 数量	受入 単価	受入 金額	払出 数量	払出 単価	払出 金額	残高（在庫） 数量	残高（在庫） 単価	残高（在庫） 金額
1	09-01	前月繰越	100	80	8,000				100	80	8,000
2	09-01	前月繰越	300	85	25,500				100	80	8,000
3									300	85	25,500
4	09-04	出荷				30	80	2,400	70	80	5,600
5									300	85	25,500
6	09-07	出荷				70	80	5,600	300	85	25,500
7						40	85	3,400	260	85	22,100
8	09-12	入荷	150	90	13,500				260	85	22,100
9									150	90	13,500

09-07の出荷は110。80円単価は70なので，110のうち70を払出。加えて85円単価の在庫から残りの40を払出。

80円単価の在庫がなくなったので，85円単価の在庫だけになり１行になる。

解答例

g	210	
h	85	
i	260	
j	85	
k	150	
l	90	

解説図 13　設問３（1）で問われていることと問題文の関連箇所，及び解答例

解説

商品有高表に関する知識や，在庫管理及び棚卸資産の評価方法に関する知識があれば**「表５　商品有高表の例（未完成）」**だけを見ながら解答できる容易な問題である。在庫の払い出しをどうしているのかだけを問題文で読み取って，そのまま**表５**をトレースすればいいだろう。

また，**「表５　商品有高表の例（未完成）」**を見ただけではイメージができない場合でも諦める必要はない。時間はかかるかもしれないが，問題文の**「1. 計数の算出方法確認」**の直後と**「(1) 商品有高表」**を熟読した上で**表５**の空欄を考えれば解けるはずだ。

問題文には在庫を**「先入先出法」**で評価するとか，出荷時には**「入荷の古い順に残高を引き落とす」**とか記載されているので，表５を**「先入先出法」**でトレースしていく。具体的には**「09-01」**から**「09-12」**までで先入先出法で受け払いが行なわれていることを確認し，**「09-12」**時点での

「残高（在庫）」から**「09-17」**の受け払い計算をしていき，最終的に**「09-19」**の**「残高（在庫）」**になることを確認すればいいだろう。

行番号 8 と 9 の**「09-12」**の入荷を加味した**「残高（在庫）」**は，85 円単価のものが 260 個と 90 円単価のものが 150 個ある。これが**空欄 g ～空欄 l** を算出する起点になる。

行番号 10 と 11 では 85 円単価の商品を 50 個払い出している。先に入荷した 85 円単価の商品は 260 個だったので，50 個払い出した後の残高は 210 個になる。したがって**空欄 g は「210」，空欄 h は「85」になる。**

続く行番号 12 と 13 では**「赤伝」**になっている。赤伝とは数量の前に**「▲」**が付いていることからも想像できると思うがマイナスを意味する処理になる。今回の場合**「払出」**のマイナスなので残高（在庫）にはプラスをする。戻ってきたのは 85 円単価の商品が 50 個なので，空欄 g の 210 個に 50 個を加えて 260 個にする。**空欄 i は「260」，空欄 j は「85」になる。**一方，**空欄 k** と**空欄 l** は**「09-17」**の赤伝処理の時点のものだ。行番号 8 と 9 以後 85 円単価の在庫と 90 円単価の在庫が混在しているが，90 円単価の方は行番号 10 の出荷でも，行番号 12 の赤伝でも動きは無いので，行番号 11 のままになる。以上より，**空欄 k は「150」，空欄 l は「90」になる。**

なお，行番号 12 と 13 が**「赤伝」**で，行番号 14 と 15 が**「黒伝」**になっている。詳細はこの後の設問でも解説するが，これは，通称**「赤黒処理」**と呼ばれる訂正処理になる。一度入力したデータを訂正したり削除したりする場合，単に数量を更新したり，元データを削除したりするのではなく，変更前のデータを含めて履歴として残しておくために行われる処理である。内部統制上必要な処理になる。今回の処理では，行番 10 と 11 の出荷の数量**「50」**を（行番号 12 と 13）の**「赤伝」**で取り消して，新たに（行番号 14 と 15 の）**「黒伝」**で払出の数量を合計**「300」**に訂正している。数量が 300 になったことから，85 円単価の在庫を 260 個と 90 円単価の在庫を 40 個払い出している。

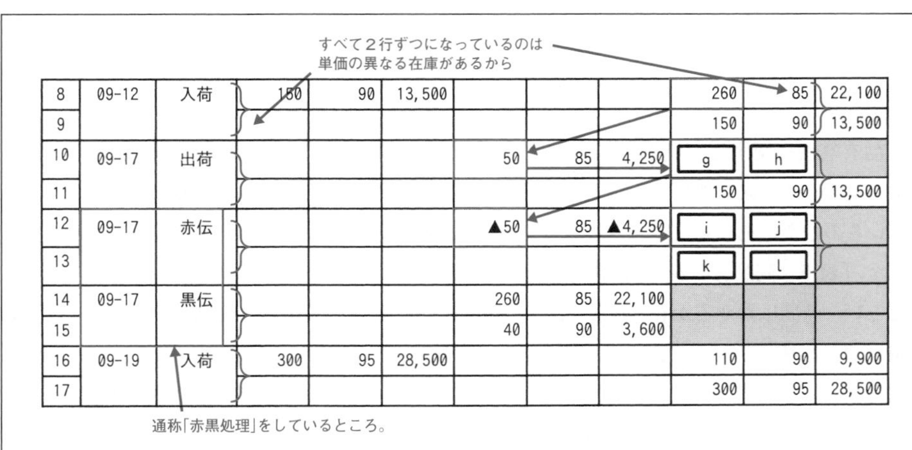

8	09-12	入荷	150	90	13,500				260	85	22,100
9									150	90	13,500
10	09-17	出荷				50	85	4,250	g	h	
11									150	90	13,500
12	09-17	赤伝				▲50	85	▲4,250	i	j	
13									k	l	
14	09-17	黒伝				260	85	22,100			
15						40	90	3,600			
16	09-19	入荷	300	95	28,500				110	90	9,900
17									300	95	28,500

解説図 14　商品有高表の読み方

設問 3 (2) (a)

設問	本文中の下線①では，どのように処理を行うべきか。次の(a)，(b)における対象行の選択条件を，列名を含めて，それぞれ 35 字以内で具体的に答えよ。 (a)　処理 WT に，同じ年月，拠点#，商品#の赤伝，黒伝が複数ある場合に，洗替えの起点となる行を選択する条件
問題文の関連箇所	・「(2) 計数格納処理の処理方式検討」の「案 2」 ・下記を含む「洗替え」について説明しているところ 赤伝，黒伝があれば，洗替えの起点となる行を 1 行選択し，その行に対応する受払を作成する。そして，起点となる行を基に，入荷，入荷明細，出荷，出荷明細から対象となる行を入荷年月日又は出荷年月日，登録 TS の順に取得して洗替えを行う。 ・下線①を含む記述箇所 案 1 では，特に出荷の赤伝，黒伝から受払を作成する場合に，追加処理による入出荷処理の遅延が大きくなる。案 2 では，①連携 WT に溜まった入出荷情報をまとめて処理することで，計数格納処理における出荷の赤伝，黒伝の処理時間を案 1 よりも短縮できる。
解答例	・入荷年月日又は出荷年月日，登録ＴＳの昇順に並べた先頭の行であること（33 字） ・受払日付，登録順が最も古い入出荷であること（21 字）

解説図 15　設問 3 (2) (a) で問われていることと問題文の関連箇所，及び解答例

解説

この問題を解くには,**「(2) 計数格納処理の処理方式検討」**の**「案 2」**と**「洗替え」**の処理手順を理解する必要がある。

■ 計数格納処理の処理方式の案 2 の理解

問題文では,案 2 を次のように説明している。

入出荷処理と非同期に行う方式。入出荷処理で,登録された入出荷のキー値(拠点#,入荷#,出荷#)を連携用のワークテーブル(以下,連携 WT という)に溜めておき,一定時間おきに計数格納処理を実行する。

シンプルに言い換えると,リアルタイムに同期を取る**「同期方式」**ではなく,一定時間おきのバッチ処理で**「非同期方式」**で実施するという案になる。入出荷と同期を取っている連携 WT から処理 WT にデータを移動させ,その後すぐに連携 WT のロックを解除することで,入出荷処理と計数格納処理を同時並行的に行うという方法になる。そうすることで計数格納処理の実施中でも,入出荷処理の遅延を小さくすることができる。

■ 洗替えの理解

計数格納処理では,次のような**「洗替え」**を行っている。

入出荷の明細ごとに,“受払明細”テーブルに赤伝,黒伝を含む新規受払の行を作成する。赤伝,黒伝の発生時には,同じ年月,拠点#,商品#で,その受払よりも先の行を全て削除した上で,入出荷の明細から行を再作成する。これを洗替えという。

問題文の 10 ページ目**「表 7」**の下にある**「表 7 を基に,処理方式案を次のように判断した。」**という文の後の **(2)** には計数格納処理の例を挙げている。赤伝・黒伝が無ければ次月繰越の行だけを削除し,赤伝,黒伝がある場合はそれを追加する行の先の行をすべて削除し,入出荷の明細から再作成するという処理になる。この処理自体は**「計数格納処理」**としているので,**「洗替え」**というのは赤伝・黒伝がある場合の再作成処理だと考えていいだろう。

この説明がわかりにくければ**「表 5　商品有高表の例(未完成)」**を使って理解するといいだろう。情報処理技術者試験では,言葉だけで伝わりにくいことは例示してくれていることが多い。この問題でも,表 5 の 12 行目～ 15 行目に赤伝,黒伝の例が組み込まれている。

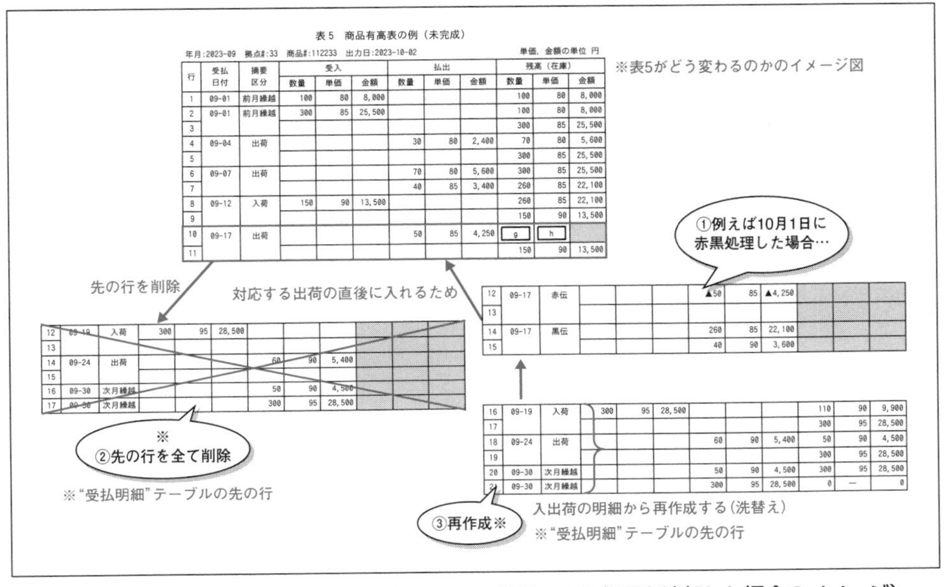

解説図 16　洗替え処理のイメージ例（表５の 12 行目～ 15 行目を追加した場合のイメージ）

表 5 を例に，例えば**「09-17」**の**「出荷」**に対して，10 月 1 日に赤黒処理（表 5 の 12 行目～ 15 行目）を実施したとする。その場合，表 5 の 16 行目～ 21 行目までは（10 月 1 日の時点では）既に存在していたことになる（その時点では 12 行目～ 17 行目ぐらいまでのイメージになる）。**解説図 16** は便宜上**表 5** を例にしているが，実際はこの表の元になる**"受払明細"**テーブルを処理する点には注意しよう。

赤黒処理については**「表 2　主な属性の意味・制約」**に記載されているが，**〔依頼 3 への対応〕**の**「1. 計数の算出方法確認」**の**「(1) 商品有高表」**の中で**「赤伝は，受払日付に発生日ではなく，訂正元出荷と同じ受払日付でマイナスの払出を記入する。」**としている。つまり，10 月 1 日に赤黒が発生したとしても，それが 9 月 17 日の出荷に対しての赤黒処理なら，受払日付は 9 月 17 日とするということだ。表 5 でもそうなっている。これは，その時点で出荷した商品に対する訂正なので，その時点の単価の赤伝（取り消し処理）にする必要があるからだ。結果，表 5 の赤黒処理（表 5 の 12 行目～ 15 行目）は，9 月 17 日に発生したとは限らず，9 月 17 日から 10 月の第 5 営業日の間に発生したことになる。

そのため，仮に**解説図 16** のように**「10 月 1 日」**に**「9 月 17 日」**出荷分に対する赤黒処理が発生した場合，対応する出荷より先の行の全て（表 5 の例だと 9 月 19 日の入荷，24 日の出荷，次月繰越）をいったん削除して，赤黒を追加し，その後に再度削除した行（表 5 の例だと 9 月 19 日の入荷，24 日の出荷，次月繰越）を再作成する。これが**「洗替え」**処理になる。

■ 赤伝，黒伝が複数ある場合

設問 3（2）（a）では，こうした洗替えをする時に**「処理 WT に，同じ年月，拠点#，商品#の赤伝，黒伝が複数ある場合に，洗替えの起点となる行を選択する条件」**が問われている。

処理 WT の中に（すなわち，1 回の計数格納処理の中に）赤伝が複数ある場合，洗替えの起点になるのは，当然古い方になる。ここまでは容易に想像できるだろう。後は，設問にあるように**「列名を含めて」「古い方」**を解答しなければならないので，**「古い方」**となるのは**「入荷年月日又は出荷年月日，登録 TS の昇順に並べた先頭の行であること」**や，**「受払日付，登録順が最も古い入出荷であること」**という解答にすればいいだろう。

設問 3 (2) (b)

設問	本文中の下線①では，どのように処理を行うべきか。次の(a)，(b)における対象行の選択条件を，列名を含めて，それぞれ 35 字以内で具体的に答えよ。 (a) 処理 WT に，同じ年月，拠点#，商品#の赤伝，黒伝が複数ある場合に，洗替えの起点となる行を選択する条件 (b) (a)の洗替えの起点となる行を基に，洗替えの対象となる入荷，入荷明細，出荷，出荷明細を取得するときに，計数格納処理の開始時点で登録済の入出荷だけを反映した状態にするために指定する条件。ただし，入荷年月日又は出荷年月日が，起点となる行の入荷年月日又は出荷年月日よりも大きい条件を除く。
問題文の関連箇所	・「図 1　在庫管理業務の概念データモデル」の **“入荷”**，**“入荷明細”**，**“出荷”**，**“出荷明細”** ・「(2) 計数格納処理の処理方式検討」の案 2
解答例	・登録ＴＳが処理ＷＴ内で最大の登録ＴＳ以下であること（25 字） ・登録ＴＳが計数格納処理の開始日時以前であること（23 字） ・拠点#，入荷#，出荷#が連携ＷＴに存在しないこと（24 字）
採点講評	正答率が低かった。洗替えの際に計数格納処理開始後に登録された入出荷を除いて計数を求める必要がある点に着目していない解答が散見された。

解説図 17　設問 3 (2) (b) で問われていることと問題文の関連箇所，及び解答例，採点講評

解説

続いては，**「(a) の洗替えの起点となる行を基に，洗替えの対象となる入荷，入荷明細，出荷，出荷明細を取得するときに，計数格納処理の開始時点で登録済の入出荷だけを反映した状態にするために指定する条件」**に関する問題だ。**「ただし，入荷年月日又は出荷年月日が，起点となる行の入荷年月日又は出荷年月日よりも大きい条件を除く。」**ということなので，その抽出条件の範囲指定のうち，開始の方（FROM の方）の条件は答えなくてもいい。**「ここまで」**という（TO の方の）条件だけを解答する。具体的には，**「計数格納処理の開始時点で登録済の入出荷」**を何で判断するのかを考えればいい。

というのも，計数格納処理の手順を**「(2) 計数格納処理の処理方式検討」**の**「案 2」**で確認す

ると，計数格納処理実行中でも，**「入荷，入荷明細，出荷，出荷明細」**も連携 WT もどんどん追加されていく可能性があるからだ。計数格納処理を開始して連携 WT から処理 WT に全行を移動させてコミットした後は，連携 WT のロックが解除されるので**「入荷，入荷明細，出荷，出荷明細」**も連携 WT も行追加が可能になる。その状態で洗替えを行うと，計数格納処理の開始時点以後に登録された入出荷も処理してしまうことになる。そうならないように，**「計数格納処理の開始時点で登録済の入出荷だけを反映した状態にするために指定する条件」**が必要になるというわけだ。**解説図 18** は，**"入荷"** だけに特化してシンプルな形で説明した計数格納処理の流れと洗替えする場合の **"入荷"** の範囲を示した例だが，このようにイメージできれば，この設問の意味がわかるだろう。

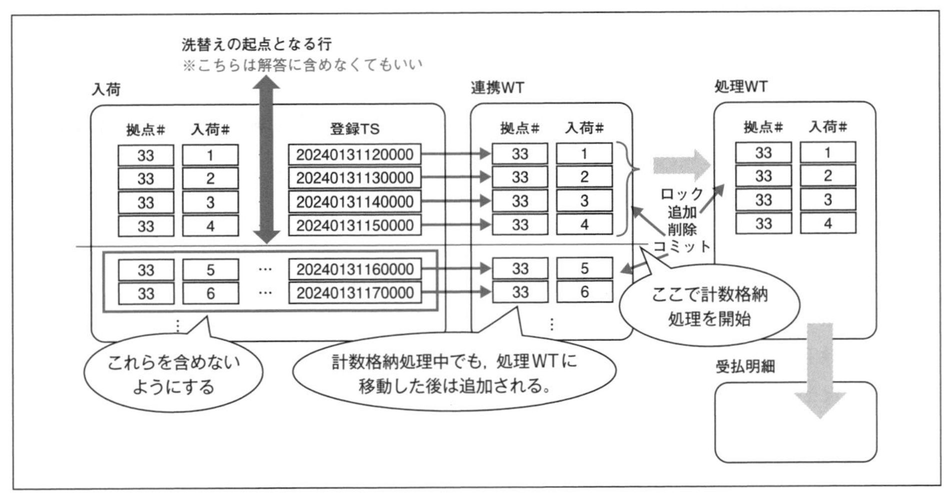

解説図 18　計数格納処理（案 2）で洗替えを行う時の流れと対象となる入荷の範囲の例

こうしたイメージができて，設問で問われていることが何なのかが把握できれば，後は様々な条件が考えられる。

一つは **'登録 TS'** を使った条件だ。計数格納処理は**「処理 WT，入荷，入荷明細，出荷，及び出荷明細から必要な情報を取得」**してから処理を進めていくので，現在処理中の処理 WT に存在している **"入荷"** もしくは **"出荷"** の **'登録 TS'** が最大のもの以下という条件を付ければ**「計数格納処理の開始時点で登録済の入出荷だけ」**に絞り込むことができる。したがって，一つは**「登録 TS が処理 WT 内で最大の登録 TS 以下であること」**という解答が考えられる。こうすると，計数格納処理中にも登録が進んでいく入出荷関連の行を洗替えの範囲に入れずに処理ができる。

また，**"入荷"** もしくは **"出荷"** の **'登録 TS'** と**「計数格納処理の開始日時」**とを比較しても，同様に**「計数格納処理の開始時点で登録済の入出荷だけを反映した状態にする」**ことができる。それゆえ**「登録 TS が計数格納処理の開始日時以前であること」**という解答も可能になる。

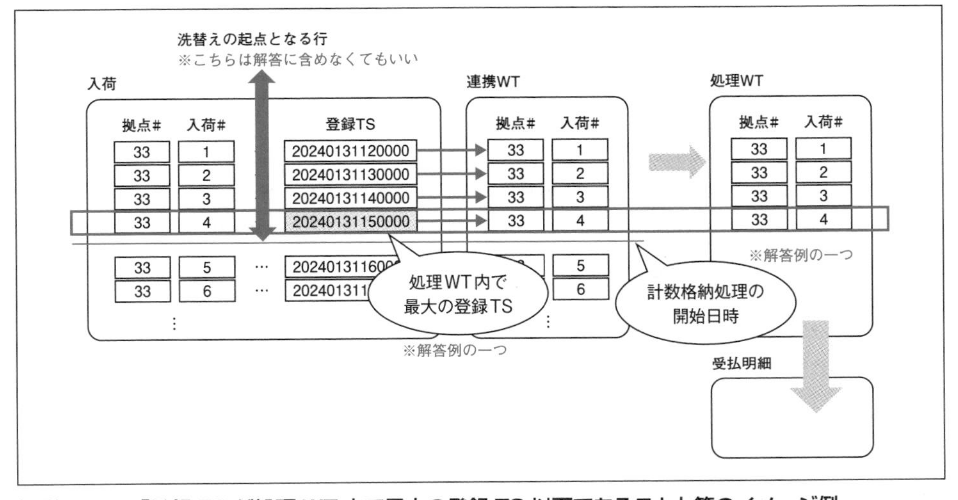

解説図 19 「登録 TS が処理 WT 内で最大の登録 TS 以下であること」等のイメージ例

さらに，解答例では「**拠点#，入荷#，出荷#が連携 WT に存在しないこと**」という解答も挙げている。これは，**解説図 20** のように連携 WT 内の行は処理 WT にすべて移動した後はいったん削除される。その後，コミットされてロックが解除し **"入荷"** や **"出荷"** が新たに追加されるごとに連携 WT にも追加される。そのため，**「計数格納処理の開始時点で登録済の入出荷だけを反映した状態にする」**には，連携 WT に存在しているものと同じ **"入荷"** 及び **"出荷"** の行を含めなければいいことになる。

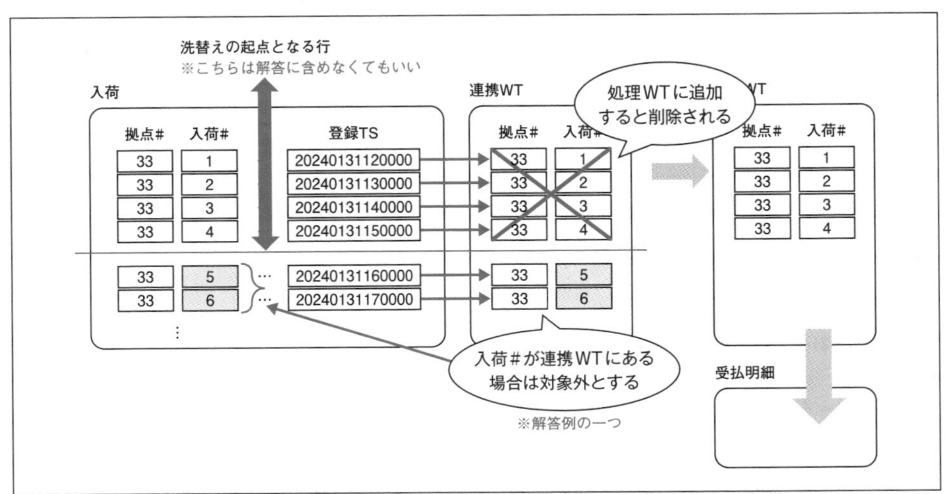

解説図 20 「拠点#，入荷#，出荷#が連携 WT に存在しないこと」のイメージ例

設問３(3)

設問	本文中の下線②では，処理結果が正しいことをどのように確認したらよいか。確認方法の例を 60 字以内で具体的に答えよ。
問題文の関連箇所	(3)　案 1 では入出荷処理の性能及び計数格納処理エラーの業務への影響が大きいことから，案 2 を採用することにした。なお，導入に先立って，②計数格納処理が正しく動作することを検証することにした。
	・計数格納処理では，実行ごとに次のように処理する。 (a)　連携 WT 全体をロックし，連携 WT の全行を処理用のワークテーブル（以下，処理 WT という）に追加後，連携 WT の全行を削除してコミットする。 (b)　処理 WT，入荷，入荷明細，出荷，及び出荷明細から必要な情報を取得し，年月，拠点#，商品#の同じ行ごとに，まとめて次のように処理する。 ・赤伝，黒伝がなければ，登録 TS の順に受払を作成する。 ・赤伝，黒伝があれば，洗替えの起点となる行を 1 行選択し，その行に対応する受払を作成する。そして，起点となる行を基に，入荷，入荷明細，出荷，出荷明細から対象となる行を入荷年月日又は出荷年月日，登録 TS の順に取得して洗替えを行う。 (c)　処理 WT の全行を削除してコミットする。
	受払明細（年月，拠点#，商品#，受払#，受払年月日，摘要区分，数量，単価） 受払残高（年月，拠点#，商品#，受払#，基受払#，残高数量，単価） 残高集計（年月，拠点#，商品#，月初残高数量，当月受入数量，当月払出数量，月末残高数量，月初残高金額，当月受入金額，当月払出金額，月末残高金額） 図 5　計数を格納するテーブルのテーブル構造
解答例	・拠点#ごと，商品#ごとに入荷数量，出荷数量を集計した値が残高集計の当月受入数量，当月払出数量とそれぞれ一致する。(56 字) ・該当月の入荷明細，出荷明細の行に対応する受払明細の行を突合し，各々一行だけ対応する行が存在する。(48 字) ・該当月の入荷，入荷明細，出荷，出荷明細を基に作成した商品有高表及び残高集計表の計数が計数格納処理の結果と一致する。(57 字)
採点講評	正答率が低かった。計数格納処理の実行結果を正確に確認する方法を求めているのに対し，テストの実行方法，テストケースについての解答が散見された。

解説図 21　設問３（3）で問われていることと問題文の関連箇所，及び解答例，採点講評

解説

ここで問われているのは**「計数格納処理が正しく動作すること」**の具体的な確認方法になる。計数格納処理は，入出荷処理によって作成されたデータを用いて，**“受払明細”**テーブル等を作成する処理になる。この処理が正しく行われていることをどのように確認するのかが問われている。計数格納処理は二つの案について検討しているが，下線②は**「案 2」**の方になる。

こういう処理の正しさを確認する場合，大きく二つの方法が考えられる。処理を実行した後に，作成されたテーブルの内容をチェックする方法と，そのテーブルを元にアウトプットした帳票に印字された数値をチェックする方法だ。今回の場合だと**“受払明細”**テーブル等の内容をチェックする方法と，商品有高表を出力して数値を確認する方法になる。

なお，解答例を見る限り**「完全に全ての数値に問題がないかどうかを確認しなければならない」**わけではないことがわかるだろう。全ての属性，すべての値に問題がないことを網羅的に確認するような解答は 60 字では絶対に書けない。したがって，採点講評に書かれているような誤りにならないよう注意しながら，最も重要な部分と**「など」**を駆使して 60 字に収まる内容でまとめればいいだろう。

■ “受払明細”テーブル等の内容をチェックする方法

まずは，インプットテーブルとアウトプットテーブルを突合させる方法について考える。インプットテーブルは**「処理 WT，入荷，入荷明細，出荷，及び出荷明細」**になる。このうち，商品ごとの入出荷数量を持っているのは入荷明細と出荷明細になる。これらの行に対して，アウトプットに該当する受払明細がきちんと作成されているかどうかをチェックすれば計数格納処理が正しく動作しているかどうかがわかる。以上より，例えば解答例のように「**該当月の入荷明細，出荷明細の行に対応する受払明細の行を突合し，各々一行だけ対応する行が存在する。**」と解答すればいいだろう。

また，**“受払明細”**テーブルではなく，それを集計している**“残高集計”**テーブルを使っても検証できる。その場合は，もう一つの解答例のように「**拠点＃ごと，商品＃ごとに入荷数量，出荷数量を集計した値が残高集計の当月受入数量，当月払出数量とそれぞれ一致する。**」のようになる。

■ 商品有高表の内容をチェックする方法

一方，**“受払明細”**テーブルや**“残高集計”**テーブルそのものをチェックするのではなく，そこから作成した帳票をチェックする方法もある。例えば**「表 5　商品有高表の例（未完成）」**と**「表 6　残高集計表の例（一部省略）」**のような帳票を使って「**該当月の入荷，入荷明細，出荷，出荷明細を基に作成した商品有高表及び残高集計表の計数が計数格納処理の結果と一致する。**」という方法も考えられる。

設問３(4)

設問	本文中の［ m ］～［ o ］に入れる適切な字句を答えよ。

問題文の関連箇所

4. 分析データの検証

E さんは，計数格納処理を実行して得たデータを用いて，ある拠点，商品の過去 12 か月の在庫回転率を時系列に取得して表 8 を得た。一定の方法で，数量，金額それぞれの在庫回転率を母集団とする外れ値検定を行ったところ，2023-09 の金額の在庫回転率だけが外れ値と判定された。外れ値は，業務上の要因によって生じる場合もあれば，入力ミスなどによって生じる異常値の場合もある。

表 8 について，E さんは次のように推論した。

① 数量と金額の在庫回転率は，ほぼ同じ傾向で推移するが，材料費の値上がりなどに起因して，製造原価が上昇する傾向にあるとき，金額による在庫回転率は［ m ］する傾向がある。

② 2023-09 の数量の在庫回転率は前月とほぼ同じ水準であるにもかかわらず，金額の在庫回転率が極端に低い値になっていることから，異常値であることが疑われる。

③ この推論を裏付けるには，“受払明細”テーブルから当該年月，拠点，商品の一致する行のうち，“摘要区分 ＝ ‘［ n ］’”の行の［ o ］に不正な値がないかどうかを調べればよい。

表 8 ある拠点，商品の在庫回転率（2022-10～2023-09）

在庫回転率	2022 年			2023 年								
	10 月	11 月	12 月	1 月	2 月	3 月	4 月	5 月	6 月	7 月	8 月	9 月
数量	0.86	0.84	0.87	0.93	0.88	0.86	0.94	0.97	0.85	0.76	0.93	0.88
金額	0.84	0.83	0.86	0.96	0.88	0.86	0.94	0.97	0.88	0.80	0.93	0.18

解答例

m	下降
n	入荷
o	単価

解説図 22 設問３（4）で問われていることと問題文の関連箇所，及び解答例

解説

ここで問われている在庫回転率とは，一定期間内に在庫がどの程度入れ替わったか（それを回転という）を示す指標になる。計算式は次のようになる。

在庫回転率＝「商品の売上や払出（数量・金額）」÷「平均在庫（数量・金額）」

例えば，ある店舗にある商品の在庫が常時10個あったとする。一定期間（1週間とか1か月とか）にそのうち400個が販売されたとしたら在庫回転率は**「40」**になる。これは，**「常時10個在庫している」**ことに対して，一定期間に**「40回転した」**ことを表している。在庫回転率が高いほど，少ない在庫で売れ行きが好調だと言える。

この問題では，在庫回転率の計算式を次のように定義している。これを**「金額」**と**「数量」**の両方に対して実施して算出したのが表8というわけだ。

在庫回転率　＝　当月払出　÷（(月初残高＋月末残高）÷ 2)

在庫数量や在庫金額は，通常，常に変動している。そこで，この計算式のように一定期間の開始時点と終了時点の平均をとることが多い。1年間の在庫回転率を求める場合は，期首在庫と期末在庫の平均値を用いることが多い。

■ 空欄 m

「材料費の値上がりなどに起因して，製造原価が上昇する傾向にある」場合，今回のように先入先出法で計算していると，当月払出や月初残高は製造原価が低かったころの商品で，月末在庫で残っている商品が製造原価の高い商品になる。したがって，金額による在庫回転率は「下降する」傾向がある。下図のように**「月末残高」**が上昇して分母が大きくなるので，在庫回転率は悪化する。なお，問題文で**「製造原価が“上昇する”」**という表現を使っているので，解答も**「下降する」**という表現を使えばいいと考えよう。

在庫回転率　＝　当月払出　÷（(月初残高＋月末残高）÷ 2)

当月払出：低い（上昇前）
月初残高：低い（上昇前）
月末残高：ここが上昇して高くなる

■ 空欄 n，空欄 o

「この推論」というのは，**空欄 m**の考えた①と**「② 2023-09 の数量の在庫回転率は前月とほぼ同じ水準であるにもかかわらず，金額の在庫回転率が極端に低い値になっていることから，異常値であることが疑われる。」**の両方だ。つまり，2023-09 の金額の在庫回転率**「0.18」**と極端に低い値になっているのは，製造原価が上昇すると金額による在庫回転率が下降する傾向があるものの，あまりにも低すぎるので，異常値が疑われるという推論になる。

この推論を裏付けるためには，**“受払明細”**テーブルに製造原価が上昇傾向にあるのか，はたまた不正な値があるのかを調べる必要があるということを言っている。まず，異常値は**「(数量ではなく) 金額の在庫回転率」**なので，調べるのは（**「数量」**ではなく）**「単価」**になる。したがって**空欄 o**には**「単価」**が入る。この解答は，**「図 5　計数を格納するテーブルのテーブル構造」**で**“受払明細”**テーブルの属性をチェックすれば容易にわかるだろう。他には無いからだ。

一方，**空欄 n**には何かしらの適用区分が入る。候補になるのは**「‘前月繰越’，‘出荷’，‘入荷’，‘赤伝’，‘黒伝’，‘次月繰越’」**の 6 つ。この中から最適なものを選択する。まず，前月**「23-08」**の金額の在庫回転率に異常がないことから，**‘前月繰越’**に問題はないと考えられるので異常値をチェックする必要はない。一方**‘次月繰越’**も，**‘次月繰越’の「単価」**に異常値があるとしたら，それは既に他の適用区分に異常値があったからである。しかも，異常があった場合に結局は他の適用区分をチェックしなければならない。したがって，これも違う。また，**‘出荷’**，**‘赤伝’**，**‘黒伝’**も**「単価」**は，先入先出法にしたがって残高の単価を設定する。したがって，残高の**「単価」**が既に異常値である時にこれらの単価も異常値になるため，異常値をチェックする必要はない。

以上より，異常値をチェックする適用区分は**‘入荷’**になる。入荷のタイミングで毎回新たに単価が設定される，すなわち単価の発生時点だと考えれば納得だろう。したがって**空欄 n**は**「入荷」**になる。**“受払明細”**テーブルは，適用区分が**‘入荷’**の場合，処理 WT を介して**“入荷明細”**から**‘単価’**を取得する。これが全ての始まりになる。そして，その**‘単価’**を**“受払残高”**テーブルにも設定する。適用区分が**‘出荷’**の場合などは，(**“受払明細”**テーブルの）単価は，**“受払残高”**テーブルから引っ張ってきて設定する。そういう流れになっていることを考えれば，**“受払明細”**テーブルの**‘単価’**に異常値がある場合は，まずは適用区分が**‘入荷’**の行を調査すればいいと判断できる。加えて，異常値ではなく製造原価が上昇傾向にあって，以前よりもずっと高くなっている場合でも，適用区分が**‘入荷’**の行を調べることで判明するだろう。

設問 3 (5)

設問

表 9 中の太枠内の空欄に適切な字句を入れて表を完成させせよ。ただし，空欄は全て埋まるとは限らない。

問題文の関連箇所

受払明細（年月，拠点#，商品#，受払#，受払年月日，摘要区分，数量，単価）
受払残高（年月，拠点#，商品#，受払#，基受払#，残高数量，単価）
残高集計（年月，拠点#，商品#，月初残高数量，当月受入数量，当月払出数量，月末残高数量，月初残高金額，当月受入金額，当月払出金額，月末残高金額）

図 5　計数を格納するテーブルのテーブル構造

表 9　追加するエンティティタイプの外部キーと参照先のエンティティタイプ（未完成）

追加エンティティタイプ名	外部キーの属性名	参照先エンティティタイプ名
受払明細	年月，拠点#，商品#	残高集計
受払残高	年月，拠点#，商品#，受払#	受払明細
残高集計		

解答例

追加エンティティタイプ名	外部キーの属性名	参照先エンティティタイプ名
受払明細	年月，拠点#，商品#	残高集計
受払残高	年月，拠点#，商品#，受払#	受払明細
	年月，拠点#，商品#，基受払#	**受払明細**
残高集計	**拠点#**	**物流拠点**
	商品#	**商品**

採点講評

正答率が低かった。外部キーによる参照制約の有無に着目していない解答が散見された。この設問で問われている内容は，データベースを用いた処理方式の設計を行う際に必要とされることであり，是非知っておいてもらいたい。

解説図 23　設問 3（5）で問われていることと問題文の関連箇所，及び解答例，採点講評

解説

「表9　追加するエンティティタイプの外部キーと参照先のエンティティタイプ（未完成）」の空欄部分より，**“受払残高”**と**“残高集計”**の二つのエンティティタイプについての外部キーが問われていることがわかる。特に，**「新たに外部キーを追加せよ」**という問題ではないので，**「図5　計数を格納するテーブルのテーブル構造」**の主キーのうち，外部キーを兼ねているものがないか，外部キーが必要なものがないかを考えればいい。

■ 受払残高

一つは表9に記載済みなので，それ以外で考える。図5をチェックし**‘基受払＃’**に着目する。問題文の**「2. 計数を格納するテーブル設計」**の**「(2)“受払残高”テーブル」**には**「受払明細ごとに，受払による収支を反映した後の残高数量を，基になる受入ごとに記録する。」**という記述がある。その**「基になる受入」**というのは，**解説図24**のようにイメージするとわかりやすいだろう。

表5　商品有高表の例（未完成）

年月:2023-09　拠点#:33　商品#:112233　出力日:2023-10-02　　単価，金額の単位 円

行	受払日付	摘要区分	受入			払出			残高（在庫）		
			数量	単価	金額	数量	単価	金額	数量	単価	金額
1	09-01	前月繰越	100	80	8,000				100	80	8,000
2	09-01	前月繰越	300	85	25,500				100	80	8,000
3									300	85	25,500
4	09-04	出荷				30	80	2,400	70	80	5,600
5									300	85	25,500
6	09-07	出荷				70	80	5,600	300	85	25,500
7						40	85	3,400	260	85	22,100
8	09-12	入荷	150	90	13,500				260	85	22,100
9									150	90	13,500

解説図24　“受払残高”の「基になる受入」のイメージ

表9に既に記載済みの**“受払明細”**に対する外部キー**{年月，拠点＃，商品＃，受払＃}**は，対応する**「受入」**と**「払出」**の両方に対するためのリレーションシップである。それに対して，もう一つ**「基になる受入」**がわかるようなリレーションシップも必要になるというわけだ。それが**“受払明細”**に対する外部キー**{年月，拠点＃，商品＃，基受払＃}**になる。**解説図24**に記載したイメージになる。

■ 残高集計

図5の **“残高集計”** をチェックすると主キーが **{年月, 拠点#, 商品#}** だということが確認できる。非キー属性は全て数量や金額関連で外部キーにはなり得ないので，これらの組み合わせを主キーに持っているエンティティタイプを**図1**で探してみる。その結果，**“拠点”**, **“生産拠点”**, **“物流拠点”**, **“商品”**, **“在庫”**, **“月締め”** の6つのエンティティに可能性があることが確認できる。

このうち，**“月締め”** と **“在庫”** は関係なさそうだ。**“月締め”** を参照する意味がないし，**“残高集計”** から **“在庫”** を参照して **‘在庫数量’** や **‘引当済数量’** を把握する必要も無い。残りの **“商品”** と **“拠点”** 関連になる。

このうち **“商品”** との間にリレーションシップを設けておいたほうがいいだろう。表6などでは商品名を印字してはいないが，商品分類で分析する場合や存在チェック（**“商品”** に登録されているかどうかのチェックなど）で必要になるからだ。したがって，一つ目の解答は，**外部キーの属性名が「商品#」，参照先エンティティタイプ名が「商品」**になる。

一方，拠点関連についてもリレーションシップが必要になると考えよう。但し，こちらは **‘拠点#’** で参照する相手が **“拠点”**, **“生産拠点”**, **“物流拠点”** のうち，どのエンティティなのかを考えなければならない。その答えは，**設問1**を解く時に考察した**「表3　業務ルール整理表（未完成）」**の中にある。**「項番2」**の①に**「在庫を記録するのは物流拠点だけである」**と書いている。したがって，**外部キーの属性名は「拠点#」，参照先エンティティタイプ名は「物流拠点」**も解答に追加する。

令和５年度　午後Ⅱ　問２　解説

問 2

■ IPA 公表の出題趣旨と採点講評

出題趣旨
概念データモデリングでは，データベースの物理的な設計とは異なり，実装上の制約に左右されずに実務の視点に基づいて，対象領域から管理対象を正しく見極め，モデル化する必要がある。概念データモデリングでは，業務内容などの実世界の情報を総合的に理解・整理し，その結果を概念データモデルに反映する能力が求められる。 本問では，ドラッグストアチェーンの商品物流業務を題材として，与えられた状況から概念データモデリングを行う能力を問う。具体的には，①トップダウンにエンティティタイプ及びリレーションシップを分析する能力，②ボトムアップにエンティティタイプ及び関係スキーマを導き出す能力を問う。

採点講評
問 2 では，ドラッグストアチェーンの商品物流を題材に，概念データモデル及び関係スキーマについて出題した。全体として正答率は平均的であった。 (1)，(2)及び(4)のア～タは，マスター及び在庫の領域についての概念データモデル及び関係スキーマの完成問題であり，正答率は高かった。 一方，(3)及び(4)のチ～ノは，トランザクションの領域についての概念データモデル及び関係スキーマの完成問題であり，正答率は低かった。 マスター及び在庫の領域は，状況記述の資源に関する説明からリレーションシップ及び必要な属性を読み取るだけで正答を導くことができる。しかしトランザクションの領域は，状況記述の業務の方法・方式から業務手順と業務の中で連鎖する情報を想定した上で，リレーションシップ及び必要な属性を見極めないと正答を導くことができない。この差によって後者の正答率が低くなったと考えられる。 日常業務での実践において，業務要件を満たす業務手順はどのようなものか，その業務を成立させるためにどのような情報の連鎖が必要になるか，限られた中で仮説を立て，それを検証してデータモデリングを行う習慣を身に付けてほしい。

■ 解答戦略の立案

午後Ⅱ（事例解析）の問題に取り組む場合，最初に問題文の全体像を把握して 120 分の使い方の戦略を練る。午後Ⅱ（事例解析）も **“時間との闘い”** なので，最初に計画する時間配分がとても重要になるからだ。

1. 全体像の把握

次頁の**解説図 1** に示したように，〔　〕で囲まれた段落のタイトル，その中の連番の振られた業務説明と設問を確認して，まずは何が問われているのかを把握する。

(1) 未完成の概念データモデル，関係スキーマを完成させる設問の割合をチェック

第 1 に確認するのは，これまでの午後Ⅱ定番の問題である **「未完成の概念データモデルと関係スキーマを完成させる設問」** の配点割合になる。この設問が全体の設問に占める割合をチェックして配点割合を予想し，この設問を解くために使用する時間を決定する。特に，この設問を解く練習を中心に対策を進めてきた人（データベース設計の問題を解くと決めていた人）は，このチェックから始めなければならない。

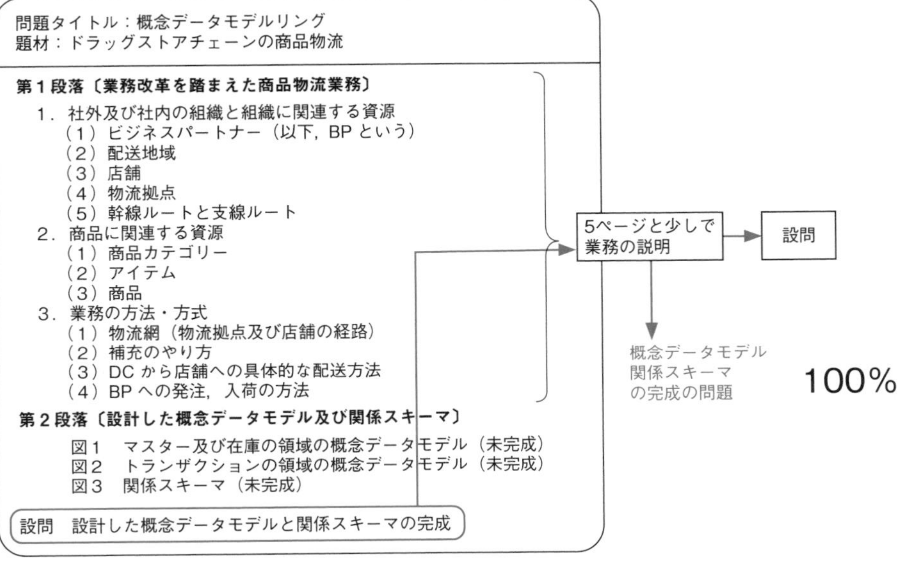

解説図１　全体構成の把握

この問題を確認すると，**「未完成の概念データモデルと関係スキーマを完成させる設問」**の配点割合が100%だということがわかるだろう。この設問を解く練習を中心に対策を進めてきた人（データベース設計の問題を解くと決めていた人）にとっては，まずは一安心したと思う。すべての思考を概念データモデルと関係スキーマの完成に集中して使えるからだ。

前回（令和４年）の午後Ⅱ問２では，この割合が半分くらいだった。しかし，令和３年が約95%，令和２年も約75%，平成31年も約90%だったので，今回は，従来通りの比率に戻ったような感じもする。常に，昨年（令和４年）のように低い年もある（平成26年も約40%くらいだった）ことを想定しておく必要はあるが，今回はそうでもなかった。それともうひとつ。前回（令和４年）は**“関係スキーマ”**の完成ではなく，それを実装するときの**“テーブル構造”**になっていたが，今回（令和５年）は，こちらも従来の**“関係スキーマ（未完成）”**を完成させるパターンに戻っていた。そのため，例年通りなので戸惑いはなかったと思われるが，この点に関しても，昨年（令和４年）のようなパターンがあることも想定に入れておきたい。

なお，この第１の確認は，解答用紙が配られてから試験開始を待っている間に実施するのがベストだと考えている。着席してから試験開始までの時間は結構長い（もしくは長く感じる）。その時間を活用して**“解答戦略”**や**“時間配分”**を（ある程度）決めることができれば，時間との闘いで有利に展開できるのは間違いない。解答用紙が配られてから試験開始を待っている間に，解答用紙を凝視しながらおおよその割合を見極めるようにしよう。なお，問題冊子は開くことができないので，そこだけは注意しなければならない。解答用紙だけで想像しきれない場合は，（普通に）試験が開始されてからチェックすればいいだろう。

(2) ページ数の確認

試験が始まったらページ数を確認しよう。時間配分を決める上でページ数の確認も重要だからだ。特に，未完成の概念データモデルと関係スキーマを完成させる設問は，1ページずつ処理していくことになる。それゆえ，解答に入る前にページ数の確認が必要になる。

本問は全部で9ページ。例年に比べて極端に少なくなっている。昨年（令和4年）は14ページ，令和3年は12ページ，少なかった令和2年でさえ11ページだったから，この少なさは極端だ。コロナ禍前は，おおよそ13ページ～15ページだったので，実に4割減になる。ひょっとしたら前回（令和4年）の14ページが多過ぎたと判断され，減らす方向に決まったのかもしれないが，特に何も公表されていないので実際のところはわからない。

この9ページのうち，設問の対象になっている**「業務の説明」**は約5ページと少し。後半30分を不測の事態への備えや，見直しに使うと考えても，1ページにたっぷり15分は使える（15分×5.2ページでも80分弱）。前回（令和4年）とは大きな違いである。

(3) 解答戦略の決定

これらの点を確認したら，いよいよ解答戦略を決定する。時間との闘いで，120分を最大限に有効に使うためだ。もちろん，実際に解きながら柔軟に微調整や軌道修正を行うことも重要なので，あまり縛られないように気を付けながら。

＜方針＞

今回は，**「未完成の概念データモデルと関係スキーマを完成させる設問」**だけを解答すればいいし時間的にも余裕があるので，**「図1　マスター及び在庫の領域の概念データモデル（未完成）」**及び**「図2　トランザクションの領域の概念データモデル（未完成）」**と**「固3　関係スキーマ（未完成）」**の対応付けと，（それらと）問題文の対応付けも最初に行って，構造を把握してから，問題文をじっくりと読み進めていく方針を取ることもできる。もちろん，問題文を読み進めながら，都度対応付けていく方法でも構わない。時間的に余裕があるからどちらでも構わないので，自分のやりやすい方法で進めればいいだろう。

＜時間配分＞

・1ページ約15分のペースで5ページと少しを処理する
・見直しや，不測の事態に備える時間として後半30分以上は残しておきたい

(4) 定番ルールの確認

データベース設計の問題には，いつも定番のルールが記載されている（**解説図 2** 参照)。今回も**「設計方針」**として記載されている。これらは解答する上で前提になるルールで，絶対に守らないといけない重要なものだ。

これら定番のルールは，絶対に変わらないとは言えないが（予告なく変更されることはあるが)，これまでは大きく変わってはいないので，**“事前に”** 頭の中に入れておくといいだろう。そして，データベース設計の午後Ⅰや午後Ⅱ対策をする時に，そのルールに従いながら練習しておけば，特に意識しなくてもルールを順守した解答をすることができるようになると思う。試験本番時にも（データベース設計の問題を解く時には)，ざっと目を通す程度で従来通りかどうか確認できるし，解答している時もそれほど意識せずに解答していくことができるだろう。それが時間との闘いになる試験において，ベストな形だと考えている。

問題文（P.6）

1. 概念データモデル及び関係スキーマの設計方針
   (1) 関係スキーマは第 3 正規形にし，多対多のリレーションシップは用いない。
   (2) リレーションシップが 1 対 1 の場合，意味的に後からインスタンスが発生する側に外部キー属性を配置する。
   (3) 概念データモデルでは，リレーションシップについて，対応関係にゼロを含むか否かを表す“○”又は“●”は記述しない。
   (4) 概念データモデルは，マスター及び在庫の領域と，トランザクションの領域とを分けて作成し，マスターとトランザクションとの間のリレーションシップは記述しない。
   (5) 実体の部分集合が認識できる場合，その部分集合の関係に固有の属性があるときは部分集合をサブタイプとして切り出す。
   (6) サブタイプが存在する場合，他のエンティティタイプとのリレーションシップは，スーパータイプ又はいずれかのサブタイプの適切な方との間に設定する。

令和5年度の問2も，巻頭の表記ルールをはじめ，(1) から (6) にまとめられたすべてのルールが従来通りだった。特に変更された点はない。自分で一度解いてみて，不正解だったりテーブル名や列名が解答例とは微妙に違っていたりしたら，ここでのルール違反を犯していないかを確認しよう。

問題文（P.8）

解答に当たっては，巻頭の表記ルールに従うこと。また，エンティティタイプ名及び属性名は，それぞれ意味を識別できる適切な名称とすること。

問題冊子の3ページから5ページに記載されている「問題文中で共通に使用される表記ルール」のこと。ここもざっと例年と変わっていないことを確認する。

解説図 2　毎回決まった定番のルール

IPAの解答例

設問		解答例・解答の要点	備考
(1)	a	幹線ルート	
	b	支線ルート	
(2)		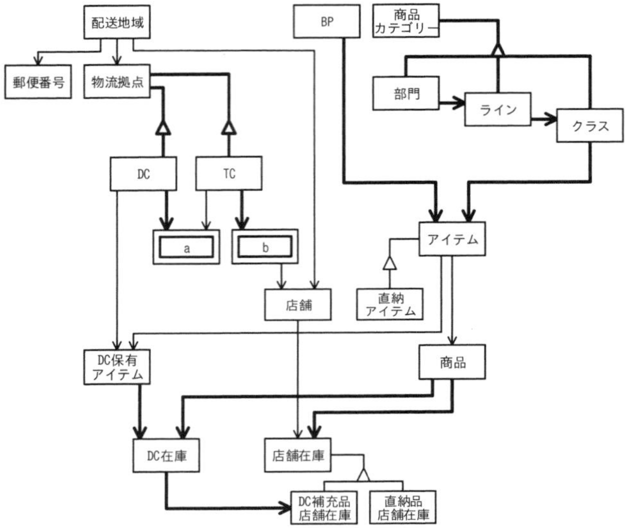 配送地域、郵便番号、物流拠点、DC、TC、a、b、店舗、BP、商品カテゴリー、部門、ライン、クラス、アイテム、直納アイテム、DC保有アイテム、商品、DC在庫、店舗在庫、DC補充品店舗在庫、直納品店舗在庫	
(3)		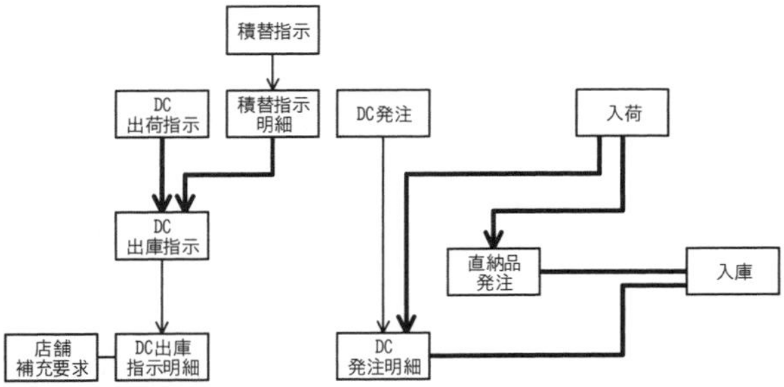 積替指示、DC出荷指示、積替指示明細、DC出庫指示、店舗補充要求、DC出庫指示明細、DC発注、入荷、直納品発注、入庫、DC発注明細	
(4)	ア	配送地域コード	
	イ	DC 機能フラグ，TC 機能フラグ，配送地域コード	
	ウ	DC 拠点コード，倉庫床面積	
	エ	TC 拠点コード，委託先物流業者名	
	オ	DC 拠点コード，TC 拠点コード，幹線 LT	
	カ	TC 拠点コード，支線ルートコード，車両番号	

設問		解答例・解答の要点	備考
(4)	キ	支線 LT，TC 拠点コード，支線ルートコード，配送順	
	ク	カテゴリーレベル	
	ケ	部門カテゴリーコード	
	コ	ラインカテゴリーコード	
	サ	調達先 BP コード，クラスカテゴリーコード，温度帯	
	シ	アイテムコード，補充 LS	
	ス	JAN コード，在庫数，発注点在庫数，DC 納入 LT，DC 発注 LS	
	セ	在庫数，発注点在庫数	
	ソ	要求先 DC 拠点コード	
	タ	直納 LT，直納品発注 LS	
	チ	出庫指示年月日，配送先店舗コード，出荷指示番号，積替指示番号	
	ツ	店舗コード，補充要求年月日時刻，DC 補充品 JAN コード	
	テ	出荷指示年月日，出荷元 DC 拠点コード，出荷先 TC 拠点コード	
	ト	積替指示年月日，TC 拠点コード，支線ルートコード	
	ナ	発注 DC 拠点コード，発注年月日	
	ニ	DC 補充品 JAN コード，入荷番号	
	ヌ	店舗コード，補充要求年月日時刻，直納品 JAN コード，入荷番号	
	ネ	入荷年月日	
	ノ	発注番号，発注明細番号，店舗コード，補充要求年月日時刻，直納品 JAN コード	

STEP-1. 問題文１ページ目の冒頭部分の確認と「1. 社外及び社内の組織と組織に関連する資源」の「(1) ビジネスパートナー（以下，BP という)」の読解

問題文は，企業の概要や対象システムの概要から始まる（問題タイトルの後の最初の部分)。この問題の場合，わずか２行で特に解答に必要となる重要な記載もないので，そのまま問題文を先に読み進めていこう。まずは **「(1) ビジネスパートナー（以下，BP という)」** だ。

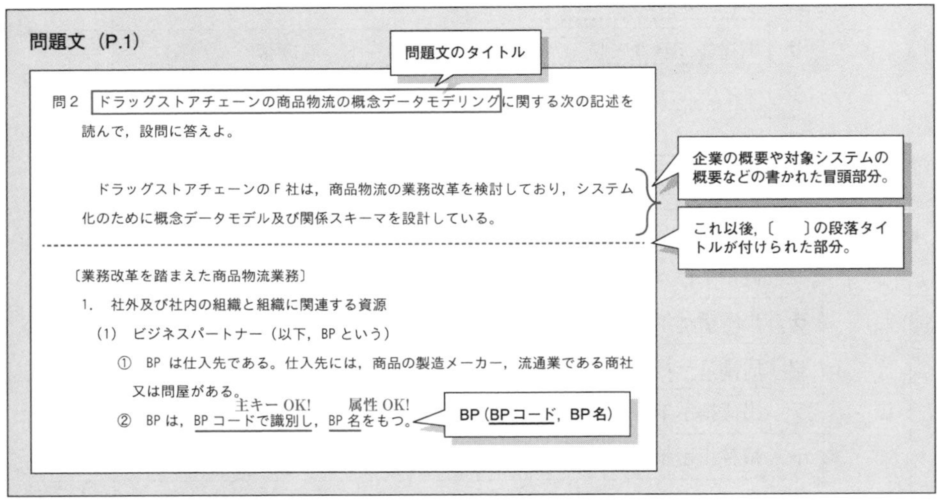

解説図３　問題文のチェックポイント

■ “BP”(特に追加は無し，確認のみ)

“BP” エンティティはマスターになるため，**「図１ マスター及び在庫の領域の概念データモデル（未完成)」**と**「図３ 関係スキーマ（未完成)」**をチェックすると，どちらにも **“BP”** を見つけるだろう。図３の関係 **“BP”** は既に完成形なので，特に追記すべきことは無い。後は，図１にリレーションシップの追加が必要かどうかを考える。関係 **“BP”** の主キー **‘BP コード’** が **「主キー兼（他の関係の）外部キー」** になっている可能性があればリレーションシップを追加する必要が出てくるが，ここの記述の①と②にはそれを想起させる記述はない。図１や図３に **“仕入先”** があったり，問題文にそれらしき記述があれば，**“仕入先”** を別途持たせる設計にしている可能性も出てくるが，それも特にない。問題文の①の記述は **「BP ＝仕入先」** だと言っているだけで **「商品の製造メーカー，流通業である商社又は問屋」** の違いは設計には反映させていないと考えていいだろう。したがって，図１にも，特に追加すべきリレーションシップはないと判断できる。

● 概念データモデル（図 1）への追加（その 1）

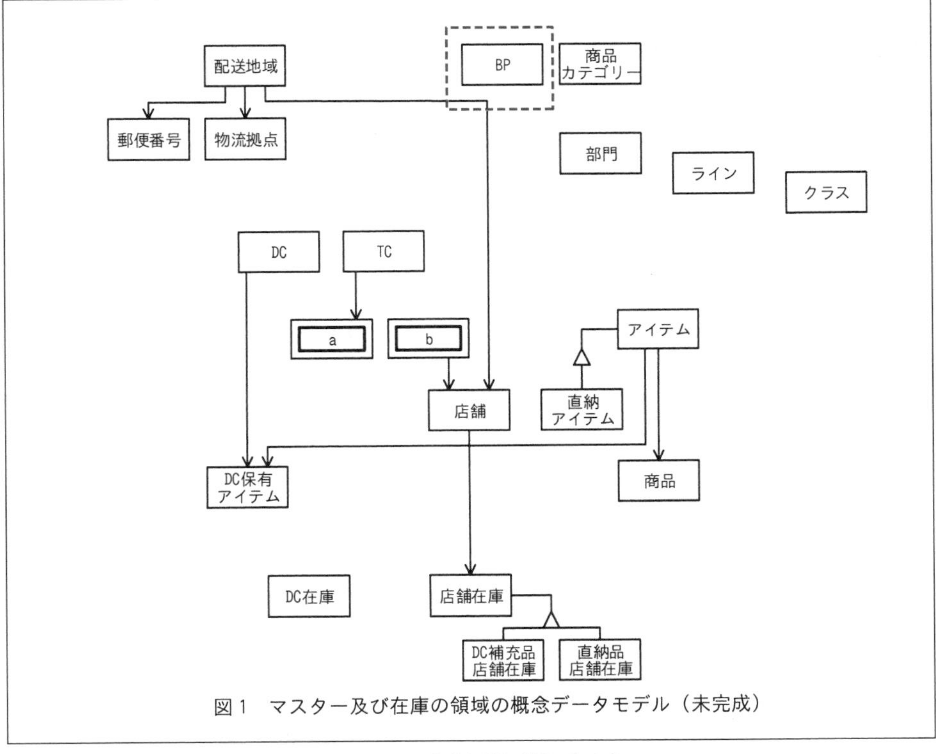

図 1　マスター及び在庫の領域の概念データモデル（未完成）

解説図 4　ここで追記するリレーションシップ（赤線）（特に無し）

● 関係スキーマ（図 3）への追加（その 1）

特に無し

解説図 5　ここで追加する属性（赤字）

STEP-2. 問題文１ページ目の「(2) 配送地域」の読解

続いては **「(2) 配送地域」** に関する説明だ。ここも，対応する概念データモデルは **「図１ マスター及び在庫の領域の概念データモデル（未完成）」** になるので，**「図３ 関係スキーマ（未完成）」** とともにチェックする。

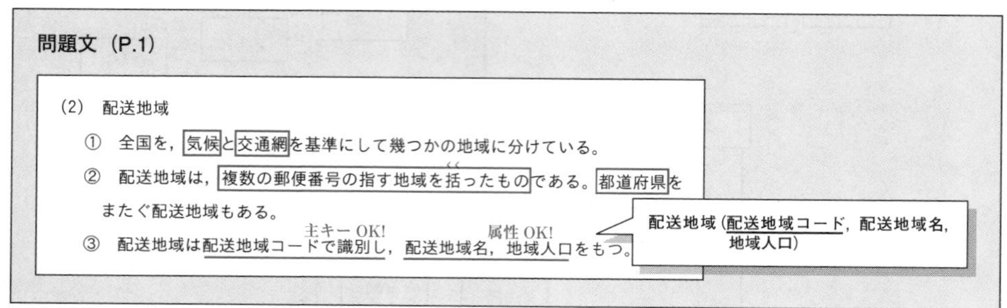

解説図６ 問題文のチェックポイント

図１と図３には，問題文のここの記述と同じ名称の **“配送地域”** があるので，それぞれ対応付けながらチェックしていく。

■ “配送地域”, “郵便番号”（空欄ア）

図３の関係 **“配送地域”** は既に完成形で追加すべき属性を考えなくてもいいため，図１にリレーションシップの追加が必要かどうかだけを考える。関係 **“配送地域”** の主キー **‘配送地域コード’** が **「主キー兼（他の関係に対する）外部キー」** になっている可能性があればリレーションシップを追加する必要が出てくるが，ここの記述の①と②，③にはそれを想起させる記述はない。したがって，その観点からのリレーションシップを追加する必要はない。

また，**「気候」** や **「交通網」**，**「都道府県」** との関係性を何かしら保持しなければならない具体的な記述もないため，その観点からのリレーションシップを追加する必要もない。しかし，**「配送地域は，複数の郵便番号の指す地域を括ったものである。」** という記述には注意が必要である。図１と図３には **“郵便番号”** があるからだ。今回は，そのリレーションシップが既に図１に記載されているが，図３の関係 **“郵便番号”** には**空欄ア**がある。ここはすぐに解答できなければならない。**“郵便番号”** エンティティと **“配送地域”** エンティティの間に多対１のリレーションシップがあるため，関係 **“郵便番号”** には関係 **“配送地域”** に対する外部キーが必要になることは容易にわかるからだ。図３には，その外部キーが見当たらないため，それを**空欄ア**の解答のひとつだと考える。したがって**空欄ア**には **‘配送地域コード’** が入る。

● 概念データモデル（図 1）への追加（その 2）

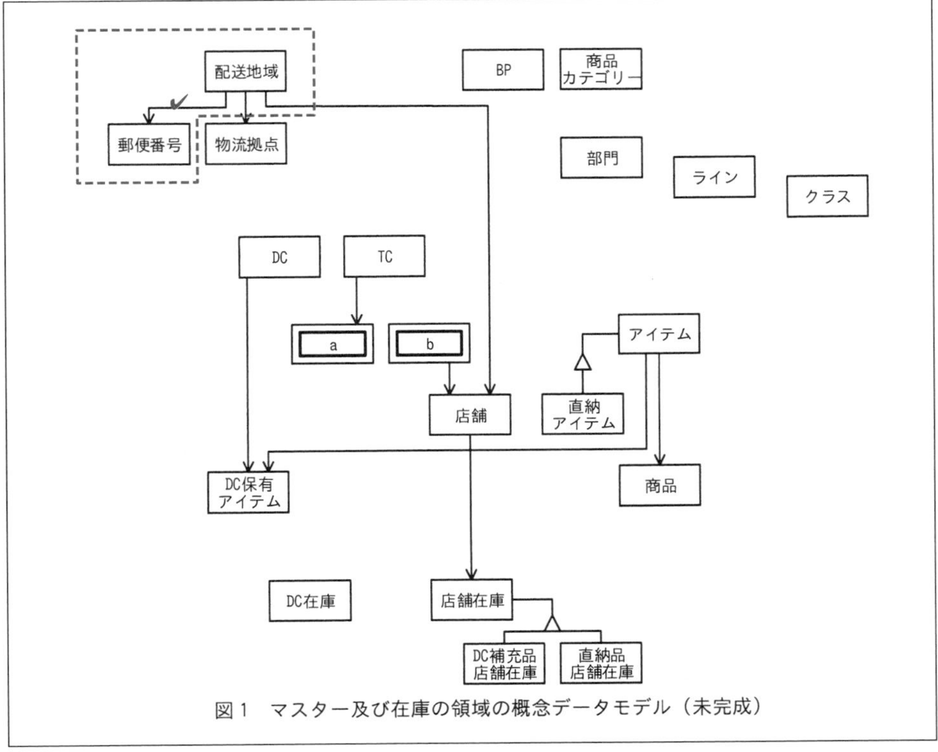

図 1　マスター及び在庫の領域の概念データモデル（未完成）

解説図 7　ここで追記するリレーションシップ（赤線）（特に無し）

● 関係スキーマ（図 3）への追加（その 2）

郵便番号（<u>郵便番号</u>，都道府県名，市区町村名，町名，**配送地域コード**）…**空欄ア**

解説図 8　ここで追加する属性（赤字）

STEP-3. 問題文１ページ目の「(3) 店舗」の読解

続いては**「(3) 店舗」**に関する説明だ。ここも，対応する概念データモデルは**「図１ マスター及び在庫の領域の概念データモデル（未完成）」**になるので，**「図３ 関係スキーマ（未完成）」**とともにチェックする。

問題文（P.1）

(3) 店舗

① 店舗は，全国に約 1,500 あり，店舗コードで識別し，店舗名，住所，連絡先，店舗が属する配送地域などをもつ。

主キー OK!

属性

② 店舗の規模や立地によって販売の仕方が変わるので，床面積区分（大型か中型か小型かのいずれか）と立地区分（商業立地かオフィス立地か住宅立地かのいずれか）をもつ。

属性

ここに記載されていて必要だと思われる属性は，図3にはすべて記載されている。したがって，ここの内容では，空欄キに追加すべき属性はない。

解説図９ 問題文のチェックポイント

図１と図３には，問題文のここの記述と同じ名称の**"店舗"**があるので，それぞれ対応付けながらチェックしていく。

■ "店舗"(特に追加は無し，確認のみ)

図３の関係**"店舗"**には**空欄キ**があるので，問題文と図３の関係**"店舗"**の主キー及びそれ以外の属性を突き合わせながらチェックしていく。しかし，ここの記述だけだと特に追加すべき属性は見当たらない。問題文のここに記載されていて必要だと思われる属性は，図３にはすべて記載されているからだ（それを確認しておこう)。

図１には**"店舗"**エンティティと**"配送地域"**エンティティの間に多対１のリレーションシップが記載されているので，関係**"店舗"**には関係**"配送地域"**に対する外部キーが必要だが，それも図３には記載済みである。したがって，ここの内容だけだと**空欄キ**に追加すべき属性はないと判断する。図１の**"店舗"**エンティティにはもうひとつ**空欄 b** のエンティティとの間に多対１のリレーションシップがあるので，**"店舗"**エンティティには**空欄 b** に対する外部キーが必要になることも確認できる。それが**空欄キ**に追加する属性になるので，**空欄 b** の解答を考える段階で**空欄キ**を解答することを覚えておけばいいだろう。

● 概念データモデル（図 1）への追加（その 3）

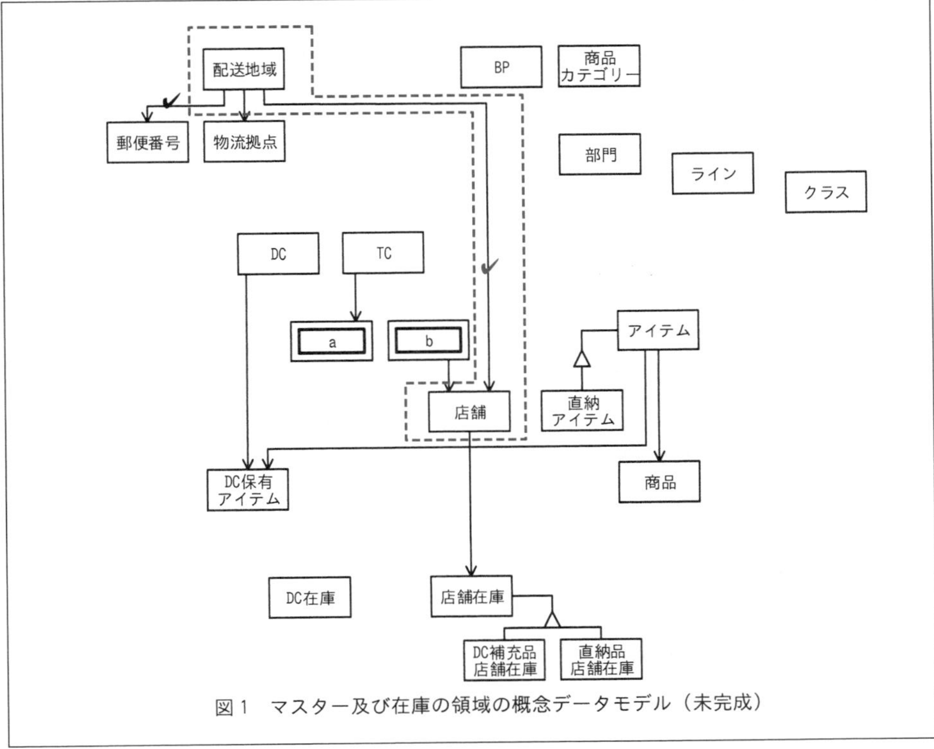

図 1　マスター及び在庫の領域の概念データモデル（未完成）

解説図 10　ここで追記するリレーションシップ（赤線）（特に無し）

● 関係スキーマ（図 3）への追加（その 3）

特に無し

解説図 11　ここで追加する属性（赤字）

STEP-4. 問題文１～２ページ目の「(4) 物流拠点①～④」の読解

続いて**「(4) 物流拠点」**に関する説明になる。ここも，対応する概念データモデルは**「図１ マスター及び在庫の領域の概念データモデル（未完成）」**になるので，**「図３ 関係スキーマ（未完成）」**とともにチェックする。まずは問題文の①～④について見ていこう。

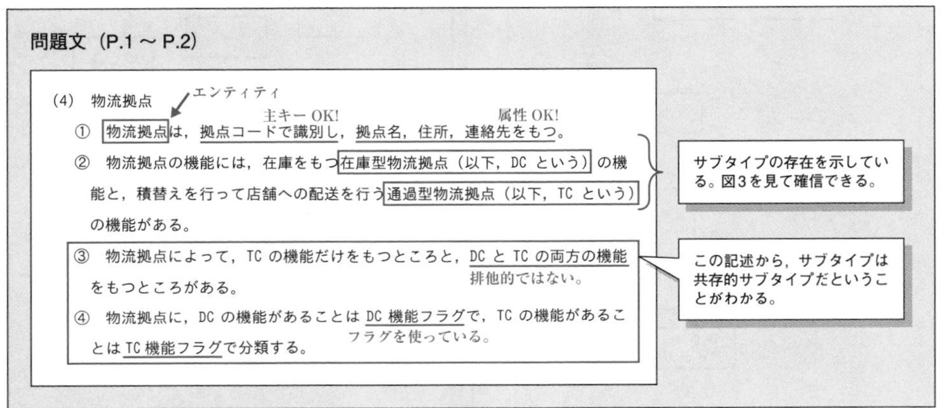
問題文（P.1 ～ P.2）

(4) 物流拠点

① 物流拠点は，拠点コードで識別し，拠点名，住所，連絡先をもつ。

② 物流拠点の機能には，在庫をもつ在庫型物流拠点（以下，DC という）の機能と，積替えを行って店舗への配送を行う通過型物流拠点（以下，TC という）の機能がある。

③ 物流拠点によって，TC の機能だけをもつところと，DC と TC の両方の機能をもつところがある。

④ 物流拠点に，DC の機能があることは DC 機能フラグで，TC の機能があることは TC 機能フラグで分類する。

解説図 12　問題文のチェックポイント

問題文と図１・図３を対応付けると，この部分の説明は**“物流拠点”**と**“DC”**及び**“TC”**だということがわかる。

■ “物流拠点”(空欄イ)

問題文の①の記述から，図３の関係**“物流拠点”**をチェックする。その結果，ここに出てきた主キー及び属性はすべて図３には記載済みで，この①の記述から**空欄イ**に追加するものはないことが確認できる。

問題文の②③④の記述からは，**“物流拠点”エンティティをスーパータイプ，“DC”エンティティ及び“TC”エンティティがサブタイプの関係にあることがわかる**。これは図３で，この３つの関係の書き方からもわかるだろう。そして，③の記述より排他的サブタイプとすることはできず，共存的サブタイプとして持たせる必要があることもわかる。これは，④の記述で**「区分」**ではなく**「フラグ」**としている表現からも推測できる。しかし，**図１にはそのリレーションシップがないので追加する（追加（A））**。また，スーパータイプとなる関係**“物流拠点”**には，サブタイプを識別するフラグ（名称は，問題文の通り**‘DC 機能フラグ’**と**‘TC 機能フラグ’**とする）を持たせないといけないので，**空欄イ**に追加する。

● 概念データモデル（図 1）への追加（その 4）

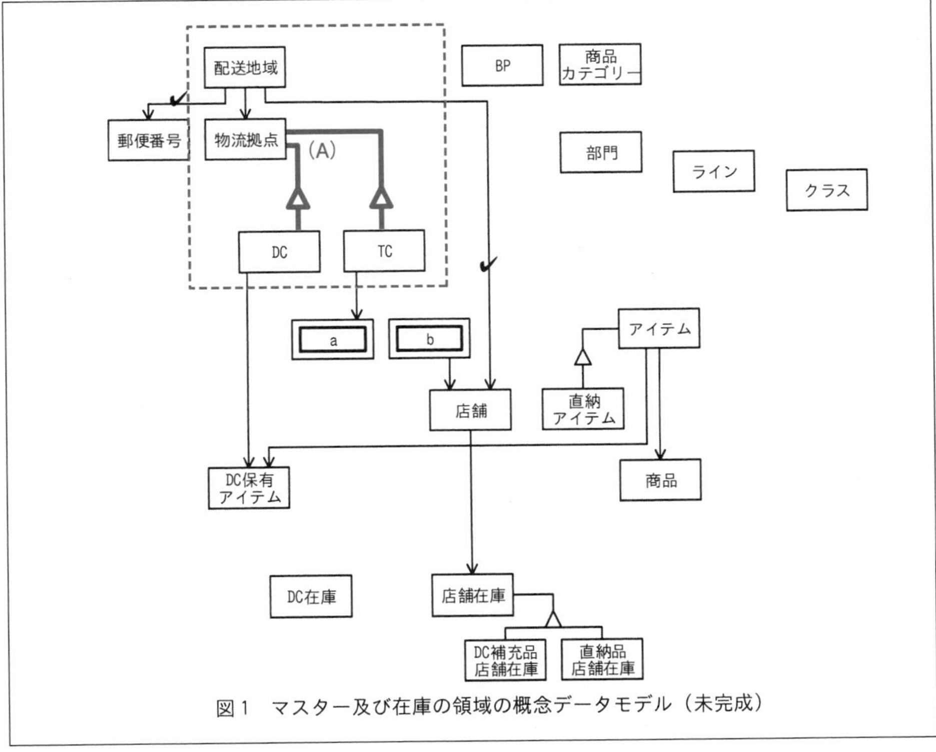

図 1　マスター及び在庫の領域の概念データモデル（未完成）

解説図 13　ここで追記するリレーションシップ（赤線）

● 関係スキーマ（図 3）への追加（その 4）

物流拠点（<u>拠点コード</u>，拠点名，住所，連絡先，**DC 機能フラグ，TC 機能フラグ，**

…空欄イ※途中

解説図 14　ここで追加する属性（赤字）

STEP-5. 問題文２ページ目の「(4) 物流拠点⑤〜⑧」の読解

STEP-4 に続き，残りの⑤〜⑧をチェックする。

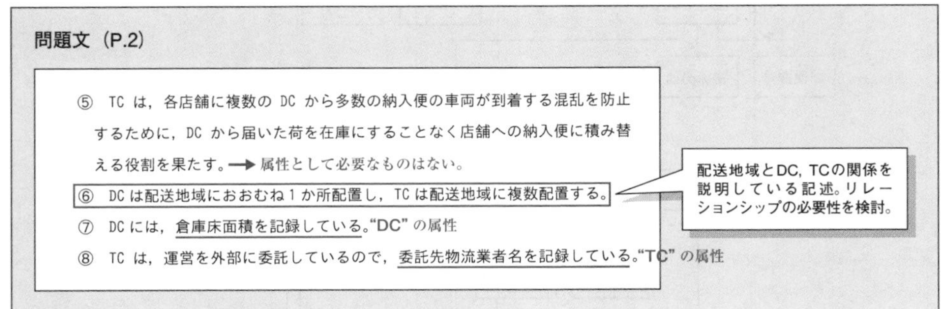

問題文（P.2）

⑤ TC は，各店舗に複数の DC から多数の納入便の車両が到着する混乱を防止するために，DC から届いた荷を在庫にすることなく店舗への納入便に積み替える役割を果たす。→ 属性として必要なものはない。

⑥ DC は配送地域におおむね１か所配置し，TC は配送地域に複数配置する。

⑦ DC には，倉庫床面積を記録している。"DC" の属性

⑧ TC は，運営を外部に委託しているので，委託先物流業者名を記録している。"TC" の属性

解説図 15　問題文のチェックポイント

この部分の説明は，引き続き **"物流拠点"** と **"DC"** 及び **"TC"** になる。

■ "物流拠点"(空欄イに追加), "DC"(空欄ウ), "TC"(空欄エ)

問題文の⑤は，単に TC の役割を説明しているだけなので，特に何かしらの属性を追加したり，リレーションシップを検討したりする必要はない。他方，問題文の⑥は配送地域との関係性に関する説明なので慎重に解釈しなければならない。まず，DC と配送地域の関係は **「おおむね１か所」** としている。この表現は **「１か所が多いけれど，ゼロのところもあれば複数のところもある」** と解釈するのが自然だ。つまり，**"配送地域"** と **"DC"** の間に（ゼロを含む）１対多のリレーションシップが必要だということを示している。次に，TC と配送地域の関係に関する記述からも，**"配送地域"** と **"TC"** の間に１対多のリレーションシップが必要だということが確認できる。両方とも同じ関係なので，サブタイプ **"DC"** と **"配送地域"** 及び **"TC"** と **"配送地域"** の間にそれぞれ同じ多対１のリレーションシップを書くのではなく，スーパータイプの **"物流拠点"** と **"配送地域"** の間に多対１のリレーションシップを書くようにする。このリレーションシップの存在を図１で確認すると，既に記載済みであることが確認できる。しかし，そのリレーションシップに関する外部キー（関係 **"物流拠点"** の属性としての **'配送地域コード'**）が，図３には記載されていない。したがって，**空欄イ**に **'配送地域コード'** を追加する。

最後に，問題文の⑦と⑧に関係 **"DC"** と関係 **"TC"** に必要な属性が記載されているので，それを基に**空欄ウ**と**空欄エ**を解答する。なお，**"DC"** エンティティと **"TC"** エンティティは **"物流拠点"** エンティティのサブタイプなので，主キーは原則同じになる。主キーの名称はそれぞれ違いが確認できるものにすればいいので **'DC 拠点コード'** と **'TC 拠点コード'** とする（**空欄ウ，空欄エ**）。

● 概念データモデル（図 1）への追加（その 5）

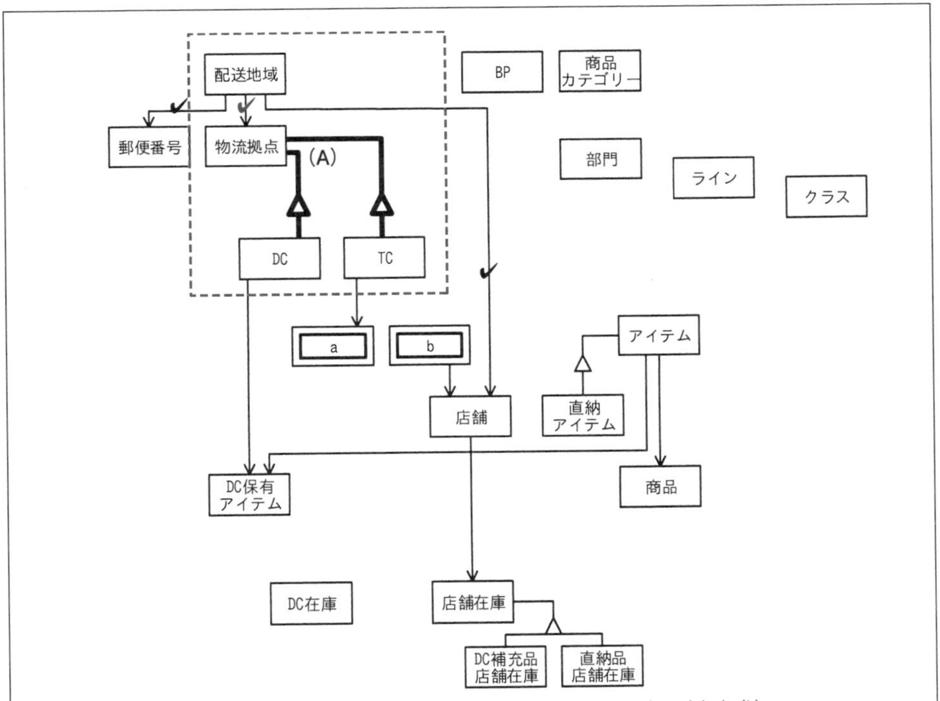

配送地域
郵便番号
物流拠点
(A)
DC
TC
a
b
店舗
BP
商品カテゴリー
部門
ライン
クラス
アイテム
直納アイテム
商品
DC保有アイテム
DC在庫
店舗在庫
DC補充品店舗在庫
直納品店舗在庫

図 1　マスター及び在庫の領域の概念データモデル（未完成）

解説図 16　ここで追記するリレーションシップ（赤線）（特に無し）

● 関係スキーマ（図 3）への追加（その 5）

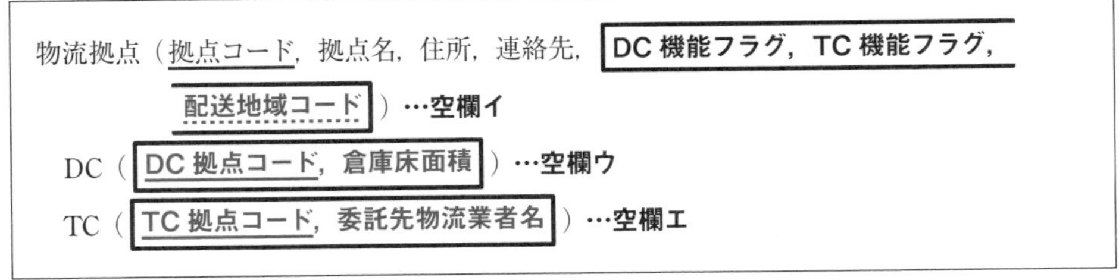

物流拠点（<u>拠点コード</u>，拠点名，住所，連絡先，**DC 機能フラグ，TC 機能フラグ，**
配送地域コード）…**空欄イ**
DC（**<u>DC 拠点コード</u>，倉庫床面積**）…**空欄ウ**
TC（**<u>TC 拠点コード</u>，委託先物流業者名**）…**空欄エ**

解説図 17　ここで追加する属性（赤字）

STEP-6. 問題文２ページ目の「(5) 幹線ルートと支線ルート」の読解

続いて**「(5) 幹線ルートと支線ルート」**に関する説明になる。ここも，対応する概念データモデルは**「図1 マスター及び在庫の領域の概念データモデル（未完成）」**になるので，**「図3 関係スキーマ（未完成）」**とともにチェックする。

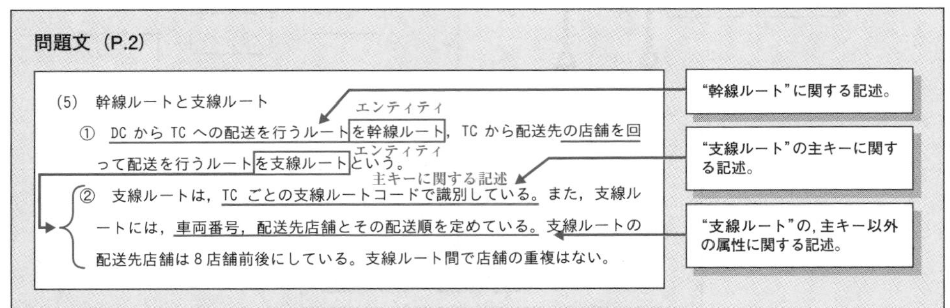

解説図18 問題文のチェックポイント

問題文と図1・図3を対応付けてみるが，この部分の説明は図1にも図3にも存在しない。そこで空欄aと空欄bが**"幹線ルート"**と**"支線ルート"**だという仮説のもとに解いていく。いったん，その前提で空欄aと空欄bを解答しておき，その後，それよりも適している解答がなければ確定だと判断すればいいだろう。

■ "幹線ルート"(=空欄a)（STEP-10に続く）

問題文の①には，**「DCからTCへの配送を行うルートを幹線ルート」**という記述がある。しかし，この記述だけだと，**"幹線ルート"**を**"DC"**及び**"TC"**との関係の中で，どのように設計すればいいのか（それぞれどのようなリレーションシップが必要なのか）がわからない。したがって，ここではいったん保留にしておく。

但し，常識的には，**"幹線ルート"**エンティティが**"DC"**エンティティと**"TC"**エンティティの連関エンティティになると考えるのが普通だろう。要するに，**"DC"**エンティティと**"TC"**エンティティは多対多の関係になっているということだ。

問題文に，ひとつの**「DC（在庫型物流拠点）」**から（在庫をもって向かう）**「TC（通過型物流拠点）」**が**「ひとつに限定されている」**という特別な記述（特徴のある要件）がないし，ひとつの**「TC（通過型物流拠点）」**に対して（在庫を運んでくる）**「DC（在庫型物流拠点）」**が**「定められたDC拠点の1か所からしかこない」**という特別な記述もない。したがって，常識的に考えてると，ひとつの**"DC"**エンティティに対して複数の**"TC"**エンティティが存在するし，ひとつの**"TC"**エンティティに対しても複数の**"DC"**エンティティが存在すると考えるのが妥当だからだ。

結論を先に言っておくと，この仮説は正しい。この後「**3. 業務の方法・方式」の「(1) 物流網(物流拠点及び店舗の経路) の①**」に上記のような要件があり，STEP-10で解説している。そこで改めて確認しよう。

■ "支線ルート"(＝空欄 b) (空欄カ), "店舗"(空欄キ)

問題文の①の記述で「**支線ルート**」についても多少言及しているが，続く②の記述が「**支線ルート**」のメインの説明になっている。

まず，「**支線ルートは, TC ごとの支線ルートコードで識別している。**」という記述から，関係"**支線ルート**"の主キーが確定できる。「**TC ごと**」の「**支線ルートコード (ごと)**」なので，関係"**支線ルート**"の主キーは {**TC 拠点コード**, **支線ルートコード**} になる。このうち，("**TC**"が存在しているため)'**TC 拠点コード**'は関係"**TC**"に対する外部キーにもなっていることがわかるだろう。したがって，**図 1 には"TC"エンティティと"支線ルート"エンティティの間に 1 対多のリレーションシップが必要になる**。空欄 a が"**支線ルート**"なら図 1 には記載済みだが，空欄 b が"**支線ルート**"なら図 1 には記載がないので追加しなければならない（決定は後述)。

続いて，「**支線ルートには，車両番号，配送先店舗とその配送順を定めている。**」という記述から，関係"**支線ルート**"には，主キー以外の属性として {**車両番号, 配送先店舗, 配送順**} が必要かもしれないと考える。但し，その後の「**支線ルートの配送先店舗は 8 店舗前後にしている。支線ルート間で店舗の重複はない。**」という記述について，しっかりと考えなければならない。

単純に関係"**支線ルート**"に'**配送先店舗 (＝店舗コード)**'と'**配送順**'を持たせようとすると，8 件以上の店舗を「**繰り返し項目**」として持たせることになる。これは第 3 正規形ではないので問題文の条件を満たせない。

そこで，"**支線ルート**"エンティティと"**店舗**"エンティティの連関エンティティにすることを検討する。ひとつの支線ルートに，複数（8 店舗前後）の店舗（配送先店舗）があるからだ。しかし，ひとつの店舗に対して，支線ルートも複数あるかというとそうは書いていない。その逆で，問題文には「**支線ルート間で店舗の重複はない。**」と書いている。この記述はとても重要な記述（すなわち要件）である。これは，個々の店舗はいずれかひとつの支線ルートに属しているという要件だからだ（次頁の**解説図 19** 参照)。この記述を理解しないと，正解にはたどり着けない。

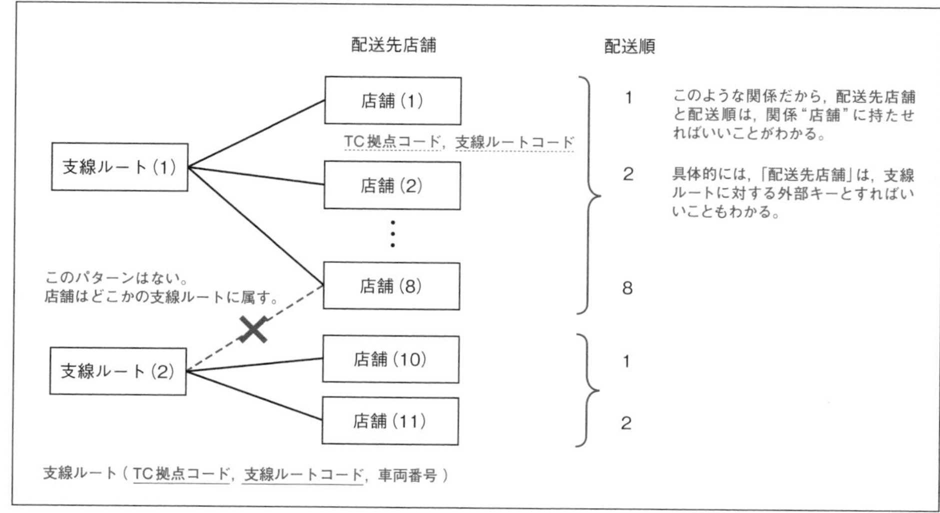

解説図 19　支線ルートと店舗，配送順の関係

要するに，**"支線ルート"** エンティティと **"店舗"** エンティティは，（多対多の関係ではなく）1対多の関係になる。したがって，（関係 **"支線ルート"** に **'店舗コード'** と **'配送順'** を繰り返し項目で持たせるのではなく）関係 **"店舗"** に関係 **"支線ルート"** に対する外部キーを持たせることで関係を保持することを考える。図3の関係 **"店舗"** には，関係 **"支線ルート"** に対する外部キーである **'TC拠点コード'，'支線ルートコード'** と **'配送順'** **がないので空欄キに追加する。**

そして，図1で **"支線ルート"** エンティティと **"店舗"** エンティティ間の1対多のリレーションシップをチェックすると，**空欄b** のエンティティと **"店舗"** エンティティの間に1対多のリレーションシップが記載済みなので，**空欄b** は **"支線ルート"** だと考えても問題ないだろう。この後の記述で違っていれば軌道修正すればいいと考える。その結果，自動的に**空欄a** は **"幹線ルート"** になる。最後に，**空欄a** と **空欄b** が確定できたので，**"支線ルート" エンティティ（空欄b）と "TC" エンティティ間の多対1のリレーションシップも図1には存在しないので追加しておく（追加B）**。

● 概念データモデル（図 1）への追加（その 6）

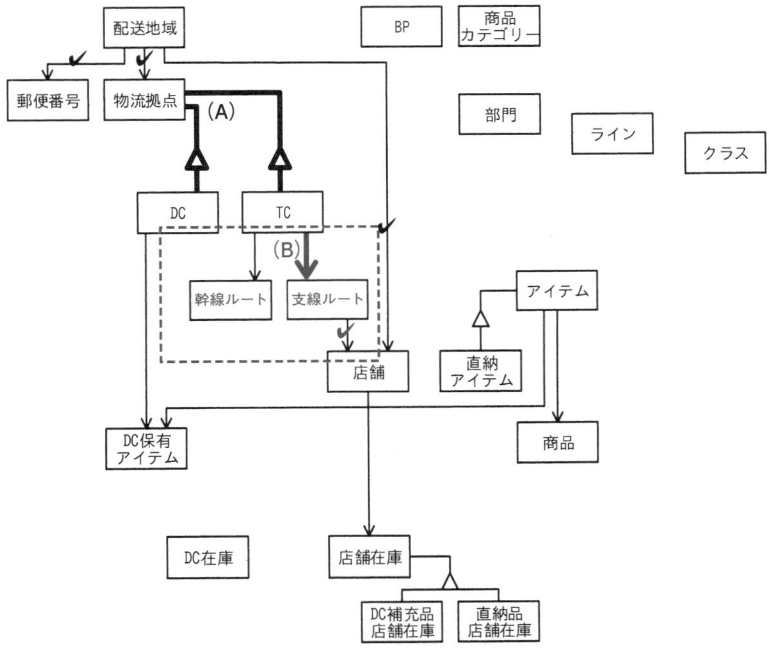

配送地域　BP　商品カテゴリー
郵便番号　物流拠点　(A)
部門　ライン　クラス
DC　TC
(B)
幹線ルート　支線ルート
アイテム
店舗　直納アイテム
DC保有アイテム　商品
DC在庫　店舗在庫
DC補充品店舗在庫　直納品店舗在庫

図 1　マスター及び在庫の領域の概念データモデル（未完成）

解説図 20　ここで追記するリレーションシップ（赤線）

● 関係スキーマ（図 3）への追加（その 6）

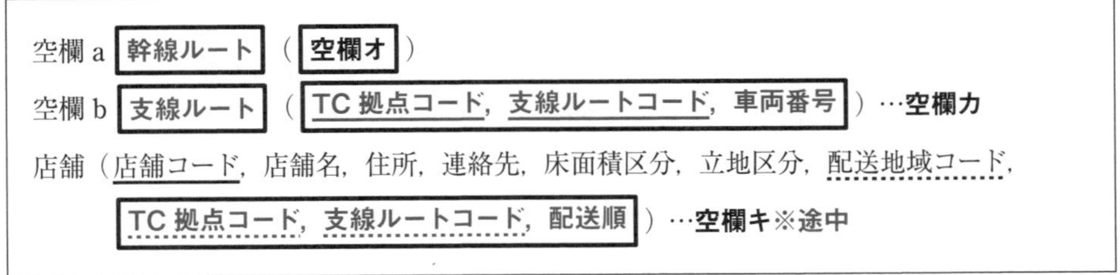
空欄 a **幹線ルート**（**空欄オ**）

空欄 b **支線ルート**（**TC 拠点コード，支線ルートコード，車両番号**）…**空欄カ**

店舗（店舗コード，店舗名，住所，連絡先，床面積区分，立地区分，配送地域コード，

TC 拠点コード，支線ルートコード，配送順）…**空欄キ※途中**

解説図 21　ここで追加する属性（赤字）

STEP-7. 問題文 2 ページ目の「2. 商品に関する資源」の「(1) 商品カテゴリー」(①〜④) の読解

ここからは**「2. 商品に関連する資源」**の記述になる。ひとつめは**「(1) 商品カテゴリー」**だ。ここも，図 1 と図 3 をチェックしていこう。

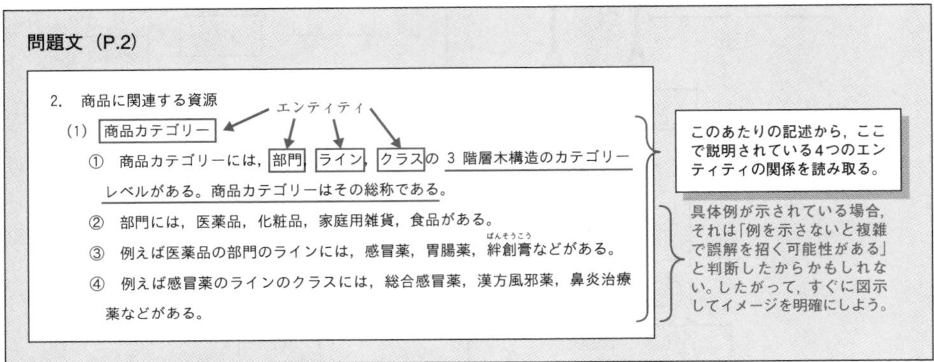

解説図 22　問題文のチェックポイント

問題文と図 1・図 3 を対応付けると，この部分の説明は**“商品カテゴリー”**と**“部門”**，**“ライン”**，**“クラス”**だということがわかるだろう。

■ “商品カテゴリー”, “部門”, “ライン”, “クラス” の関係

まずは，これらの関係について考えてみる。問題文の①の**「総称」**という表現から，**“商品カテゴリー” エンティティをスーパータイプ，他の三つのエンティティをサブタイプ**だと推測する。図 3 をチェックすると，**“商品カテゴリー”**に対して他の三つの関係が**「1 字下げられた位置」**にある点と，これら四つの関係の主キーがいずれも**‘カテゴリーコード’**である点が確認できるため，確定しても問題ないだろう。そのリレーションシップは図 1 にはないので追加する（**追加 C**）。

そして，問題文の②③④について**解説図 23** のように整理しておく。

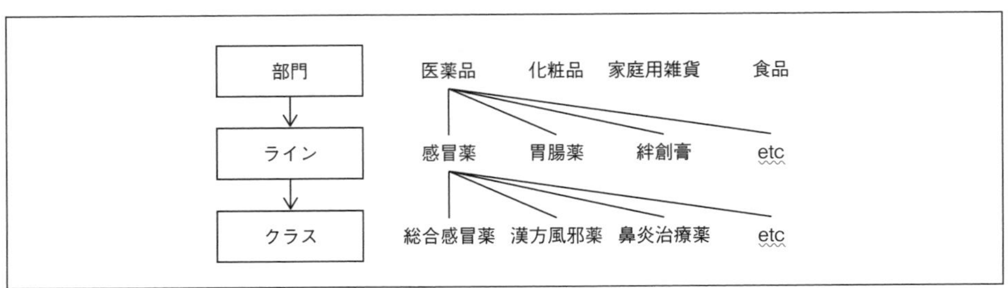

解説図 23　“部門”, “ライン”, “クロス” の関係の例

● 概念データモデル（図 1）への追加（その 7）

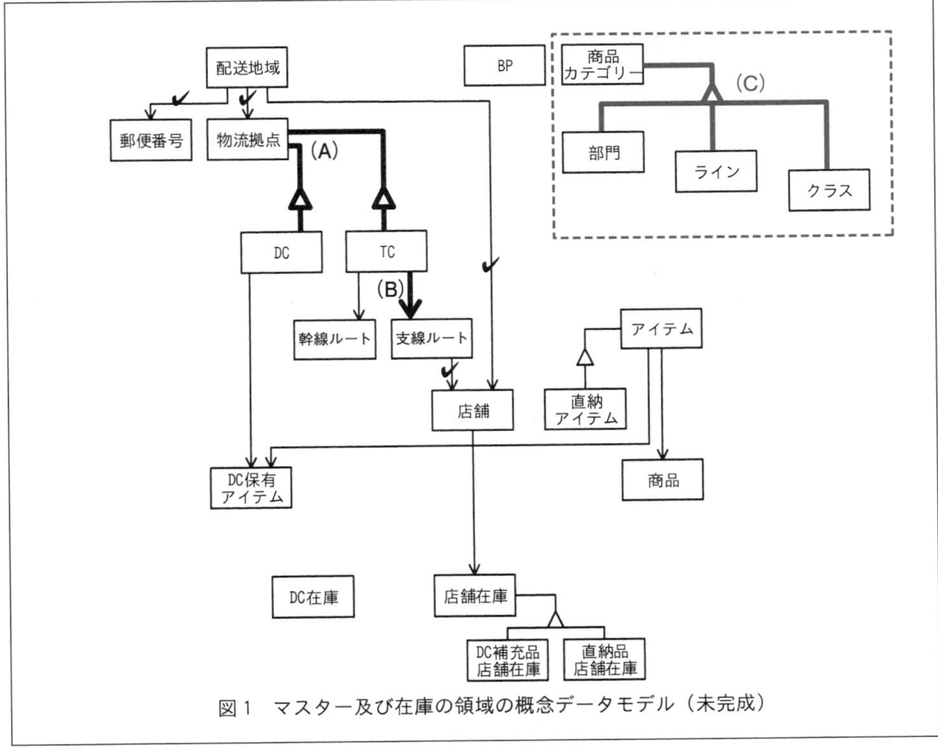

図 1　マスター及び在庫の領域の概念データモデル（未完成）

解説図 24　ここで追記するリレーションシップ（赤線）

● 関係スキーマ（図 3）への追加（その 7）

特になし

解説図 25　ここで追加する属性（赤字）

STEP-8. 問題文２ページ目の「2. 商品に関する資源」の「(1) 商品カテゴリー」(⑤)の読解

引き続き，「**(1) 商品カテゴリー**」の⑤をチェックする。

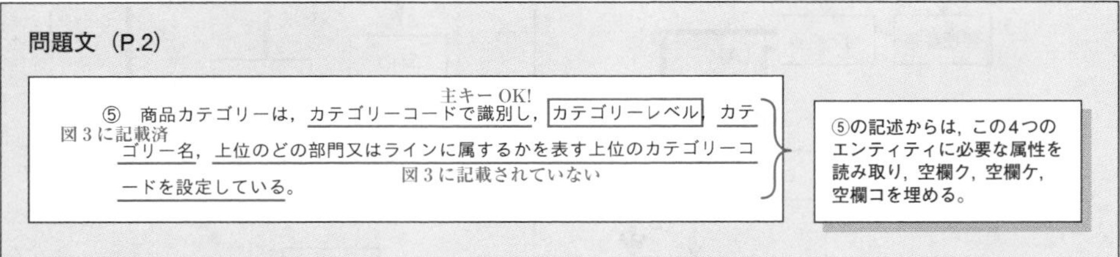

問題文（P.2）
主キー OK!
⑤ 商品カテゴリーは，カテゴリーコードで識別し，カテゴリーレベル，カテゴリー名，上位のどの部門又はラインに属するかを表す上位のカテゴリーコードを設定している。
図３に記載済
図３に記載されていない
⑤の記述からは，この4つのエンティティに必要な属性を読み取り，空欄ク，空欄ケ，空欄コを埋める。

解説図 26 問題文のチェックポイント

■ “商品カテゴリー”（空欄ク），“部門”，“ライン”（空欄ケ），“クラス”（空欄コ）の属性

次に，これらに必要な属性について考える。図３をチェックすると，関係 **“部門”** は完成形で追加すべきものはないが，他の関係にはそれぞれ空欄がある。そこに必要な属性と，必要に応じて図１にリレーションシップを追加することを検討する。

問題文の⑤の **「商品カテゴリーは，カテゴリーコードで識別し，カテゴリーレベル，カテゴリー名，上位のどの部門又はラインに属するかを表す上位のカテゴリーコードを設定している。」** という記述から，関係 **“商品カテゴリー”** の **空欄ク** に **‘カテゴリーレベル’** を追加する必要があることがわかる。これが，排他的にサブタイプを識別する属性になる。後は **「上位のどの部門又はラインに属するかを表す上位のカテゴリーコードを設定している。」** という点について考えればいい。この部分と，問題文の①の **「3 階層木構造」** という表現と同②③④の例から，**解説図 23** のようにイメージできれば，**空欄ケ** と **空欄コ** の解答もできるだろう。

ちなみに，**木構造** は **「親は複数の子を持つことができるが，子はただ一つの親を持つ」** という性質をもっているので，（特に②③④の例が記載されていなくても）**“部門”** エンティティと **“ライン”** エンティティ，及び **“ライン”** エンティティと **“クラス”** エンティティは，それぞれ１対多の関係になると判断できる。

以上より，関係 **“ライン”** には，その上位の関係 **“部門”** に対する外部キーが必要になる。この属性は，このサブタイプだけに必要な属性なので，関係 **“ライン”** に保持しなければならない。図３には記載されていないので，**空欄ケ** に **‘部門カテゴリーコード’** を追加する。さらに図１にも，**解説図 27 のようなリレーションシップがないので追加する（追加 D）。**

同様に関係 **“クラス”** の **空欄コ** に **‘ラインカテゴリーコード’** を追加する。さらに図１にも，**解説図 27 のようなリレーションシップがないので追加する（追加 E）。**

● 概念データモデル（図 1）への追加（その 8）

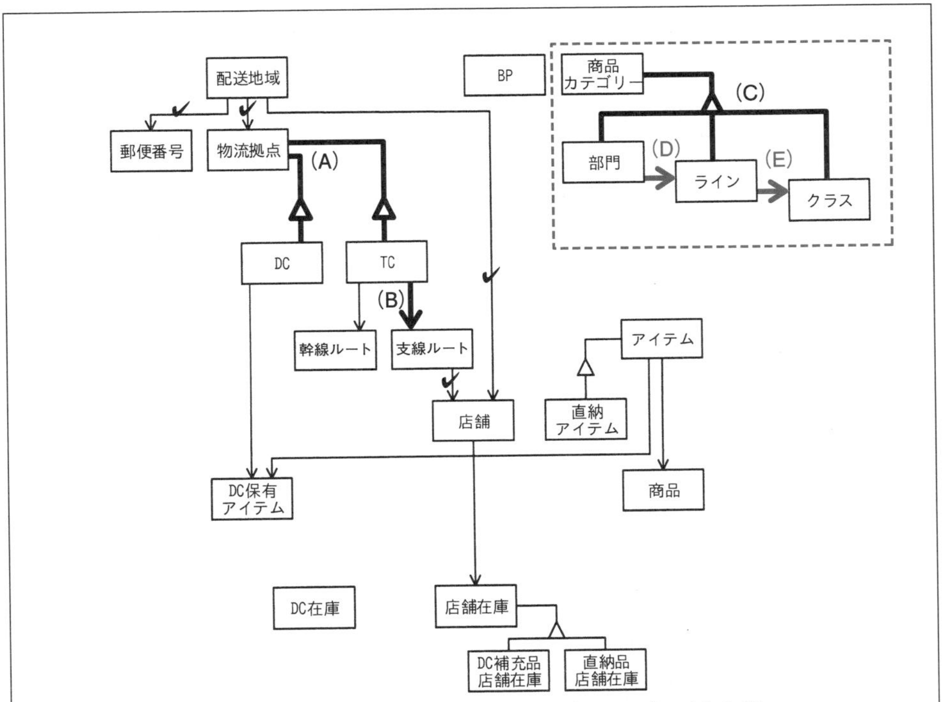

配送地域
BP
商品カテゴリー
(C)
郵便番号
物流拠点
(A)
部門
(D)
ライン
(E)
クラス
DC
TC
(B)
幹線ルート
支線ルート
アイテム
直納アイテム
店舗
DC保有アイテム
商品
DC在庫
店舗在庫
DC補充品店舗在庫
直納品店舗在庫

図１　マスター及び在庫の領域の概念データモデル（未完成）

解説図 27　ここで追記するリレーションシップ（赤線）

● 関係スキーマ（図 3）への追加（その 8）

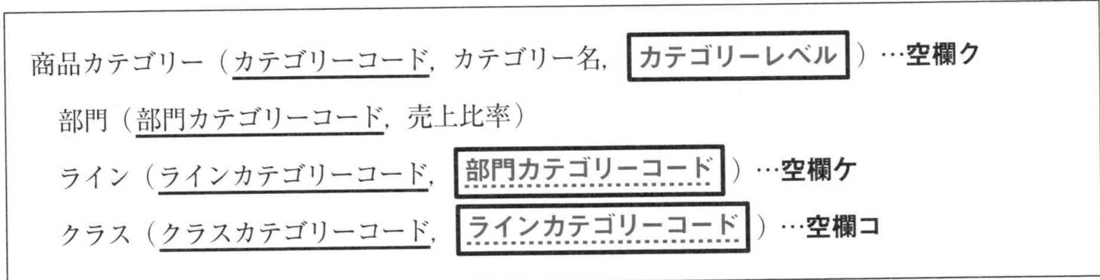

商品カテゴリー（カテゴリーコード，カテゴリー名，**カテゴリーレベル**）…**空欄ク**

部門（部門カテゴリーコード，売上比率）

ライン（ラインカテゴリーコード，**部門カテゴリーコード**）…**空欄ケ**

クラス（クラスカテゴリーコード，**ラインカテゴリーコード**）…**空欄コ**

解説図 28　ここで追加する属性（赤字）

STEP-9. 問題文２～３ページ目の「(2) アイテム」,「(3) 商品」の読解

続いて「**(2) アイテム**」と「**(3) 商品**」について見ていこう。

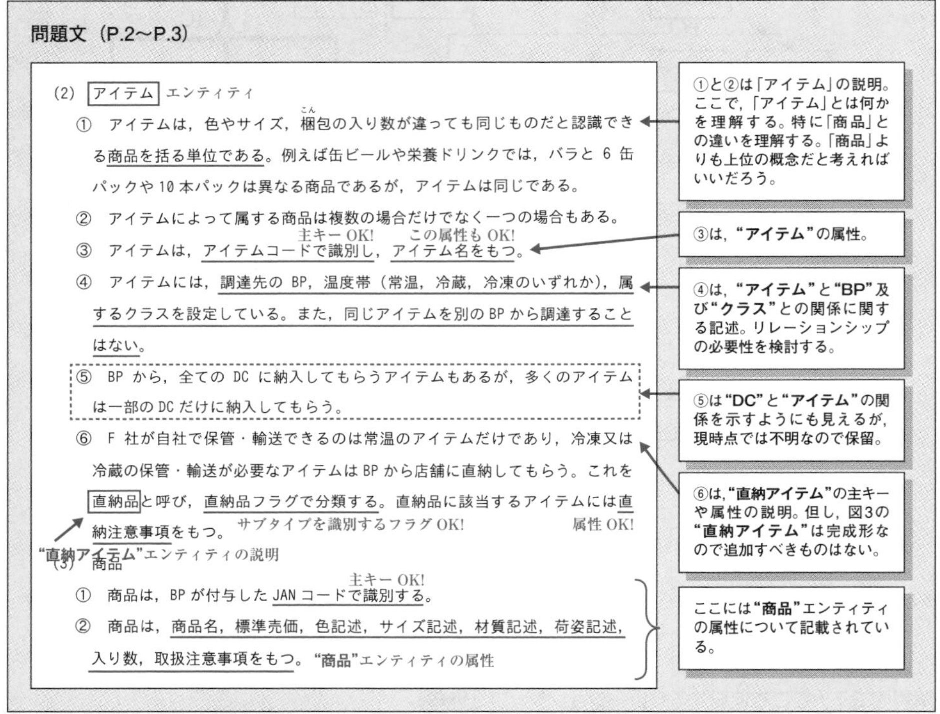

問題文（P.2～P.3）
(2) アイテム エンティティ
① アイテムは，色やサイズ，梱包の入り数が違っても同じものだと認識できる商品を括る単位である。例えば缶ビールや栄養ドリンクでは，バラと 6 缶パックや 10 本パックは異なる商品であるが，アイテムは同じである。
② アイテムによって属する商品は複数の場合だけでなく一つの場合もある。
③ アイテムは，アイテムコードで識別し，アイテム名をもつ。
主キー OK!
この属性も OK!
④ アイテムには，調達先の BP，温度帯（常温，冷蔵，冷凍のいずれか），属するクラスを設定している。また，同じアイテムを別の BP から調達することはない。
⑤ BP から，全ての DC に納入してもらうアイテムもあるが，多くのアイテムは一部の DC だけに納入してもらう。
⑥ F 社が自社で保管・輸送できるのは常温のアイテムだけであり，冷凍又は冷蔵の保管・輸送が必要なアイテムは BP から店舗に直納してもらう。これを直納品と呼び，直納品フラグで分類する。直納品に該当するアイテムには直納注意事項をもつ。
サブタイプを識別するフラグ OK!
属性 OK!
“直納アイテム”エンティティの説明
(3) 商品
① 商品は，BP が付与した JAN コードで識別する。
主キー OK!
② 商品は，商品名，標準売価，色記述，サイズ記述，材質記述，荷姿記述，入り数，取扱注意事項をもつ。
“商品”エンティティの属性
①と②は「アイテム」の説明。ここで，「アイテム」とは何かを理解する。特に「商品」との違いを理解する。「商品」よりも上位の概念だと考えればいいだろう。
③は，“アイテム”の属性。
④は，“アイテム”と“BP”及び“クラス”との関係に関する記述。リレーションシップの必要性を検討する。
⑤は“DC”と“アイテム”の関係を示すようにも見えるが，現時点では不明なので保留。
⑥は，“直納アイテム”の主キーや属性の説明。但し，図3の“直納アイテム”は完成形なので追加すべきものはない。
ここには“商品”エンティティの属性について記載されている。

解説図 29　問題文のチェックポイント

ここでも問題文と図 1・図 3 を対応付ける。その結果，この部分の説明は **“アイテム”** がメインで，**“商品”**，**“直納アイテム”**，**“DC 保有アイテム”** などが関係してきそうなことがわかる。他にも，**“BP”** や **“DC”** とのリレーションシップについても関係ありそうだ。

■ “アイテム” と “商品”(空欄シ) の関係

問題文の①と②は「**アイテム**」についての説明になっている。一般的に「**アイテム**」というと「**商品の種類**」を意味するが，どういう単位にするのかはケースバイケースになる。したがって「**今回のケースがどうなっているのか？**」は，その都度，問題文から読み取らなければならない。

今回は「**アイテムは，色やサイズ，梱包の入り数が違っても同じものだと認識できる商品を括る単位である。**」と書いている。そして **“商品”** との関係で説明されている。その後に「**例**」を書いているので**解説図 30** のように余白に書いてイメージを掴むといいだろう。

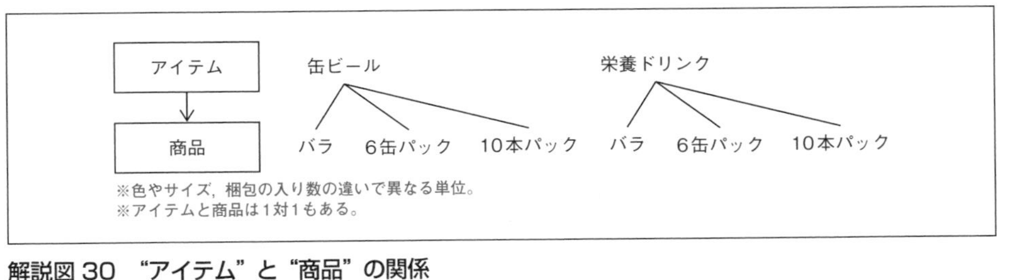

解説図 30 “アイテム”と“商品”の関係

解説図 30 に書いたようなイメージから，**“アイテム”** エンティティと **“商品”** エンティティの間に 1 対多のリレーションシップが必要なことがわかる。図 1 をチェックすると，このリレーションシップは記載済みなので追加する必要はない。しかし，図 3 にはこの関係が記載されていない。具体的に言うと，関係 **“商品”** に関係 **“アイテム”** に対する外部キー **‘アイテムコード’** がない。したがって**空欄シ**に **‘アイテムコード’** を追加する。

■ “アイテム”(空欄サ)

問題文の③は，関係 **“アイテム”** の属性について説明しているが，主キーの **‘アイテムコード’** も非キー属性の **‘アイテム名’** も，図 3 には記載済。なので追加するものはない。

問題文の④も関係 **“アイテム”** の属性についての説明である。**「調達先の BP」** と **「同じアイテムを別の BP から調達することはない。」** という記述から，**“アイテム”エンティティと“BP”エンティティの間に多対 1 のリレーションシップが必要なことがわかる**。常識的に BP には複数のアイテムが存在するが，個々のアイテムから見た調達先 BP はひとつに決まると書いているからだ。したがって，関係 **“アイテム”** に関係 **“BP”** に対する外部キー **‘BP コード’** が必要になる。これは図 3 には記載されていないので，**空欄サ**に **‘BP コード’** を追加する。加えて，図 1 にもそのリレーションシップがないので追加する（**追加 F**）。

また **「属するクラスを設定している。」** という記述から，**“クラス”** エンティティとの間にリレーションシップが必要だと考える。**“クラス”** の例と **“アイテム”** の例を思い出して常識的に考える。一般的に，一つのクラスには複数のアイテムがあるはずだ。また，問題文には **「一つのアイテムが複数のクラスに属することがある。」とは特に記載されていないので，「属するクラスを設定している。」** というのは一つだと考えられる。したがって，**“クラス”エンティティと“アイテム”エンティティの間には 1 対多のリレーションシップが存在すると考えられる**。図 3 の関係 **“アイテム”** には，関係 **“クラス”** に対する外部キー **‘クラスカテゴリーコード’** がないので，ここでも**空欄サ**に **‘クラスカテゴリーコード’** を追加する。図 1 にもそのリエーションシップがないので追加する（**追加 G**）。

そして最後に，**空欄サ**に **‘温度帯’** を追加すれば，問題文④に対するチェックは完了する。

■ “DC 保有アイテム”(特に追加は無し，確認のみ)

問題文の⑤では，**“DC”** と **“アイテム”** の関係を示しているようにも見えるが，現時点では不明なので保留しておく。図 1 には，**“DC 保有アイテム”** の存在と，**“DC”** エンティティ及び **“アイテム”** エンティティとの間のリレーションシップが記載されているが，特に問題文の⑤は，**“DC 保有アイテム”** の話とも思えないので保留にした。図 3 の関係 **“DC 保有アイテム”** も完成形なので，軽くチェックしておく程度でいいだろう。

■ “アイテム” と “直納アイテム” の関係

問題文の⑥は **「直納品」** の説明になっている。図 1 と図 3 をチェックすると **“直納アイテム”** があるので，これが **「直納品」** のことなのだろう。図 1 でも図 3 でも，**“アイテム”** のサブタイプとして **“直納アイテム”** が位置付けられているし，図 3 の関係 **“アイテム”** には **「直納品」** かどうかを識別する **‘直納品フラグ’** も記載済みである。図 3 の関係 **“直納アイテム”** は完成形であり，**‘直納注意事項’** も記載済みなので，新たに追加するものはない。

■ “商品”(空欄シ)

問題文の **「(3) 商品」** には，関係 **“商品”** の属性についての記載がある。①は主キー，②には主キー以外の属性として必要なものが羅列されている。これらの記述と図 3 の関係 **“商品”** を比較しながら，**空欄シ**にさらに追加が必要になるものがないかを考える。結果，すべて記載済みなので，特に新たに追加するものはない。

● 概念データモデル（図 1）への追加（その 9）

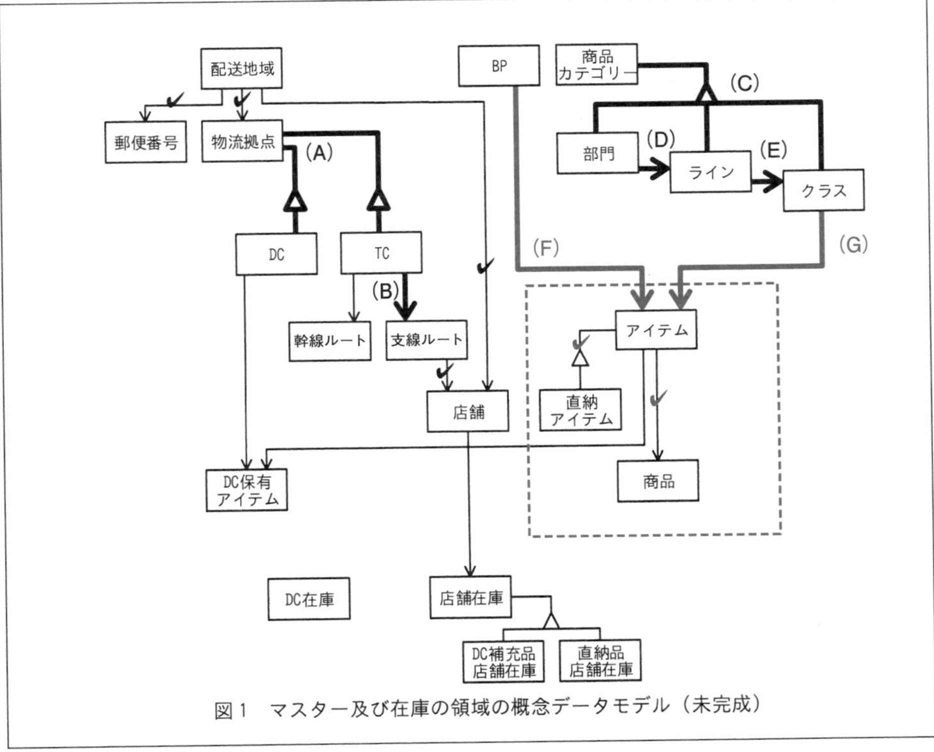

図 1　マスター及び在庫の領域の概念データモデル（未完成）

解説図 31　ここで追記するリレーションシップ（赤線）

● 関係スキーマ（図 3）への追加（その 9）

アイテム（<u>アイテムコード</u>，アイテム名，直納品フラグ，
調達先 BP コード，クラスカテゴリーコード，温度帯）…**空欄サ**

商品（<u>JAN コード</u>，商品名，標準売価，色記述，サイズ記述，材質記述，荷姿記述，入り数，
取扱注意事項，アイテムコード）…**空欄シ**※途中

解説図 32　ここで追加する属性（赤字）

STEP-10. 問題文３～４ページ目の「3. 業務の方法・方式」の「(1) 物流網（物流拠点及び店舗の経路)」の読解

ここからは**「3. 業務の方法・方式」**になる。まだ**「在庫」**の話が出てきていないので**「図１ マスター及び在庫の領域の概念データモデル（未完成)」**に追加すべきものも残っているかもしれないが，メインは**「図２ トランザクションの領域の概念データモデル（未完成)」**になると考えておくところだろう。いずれにせよ**「図３ 関係スキーマ（未完成)」**とともにチェックしながら進めていこう。まずは**「(1) 物流網（物流拠点及び店舗の経路)」**だ。

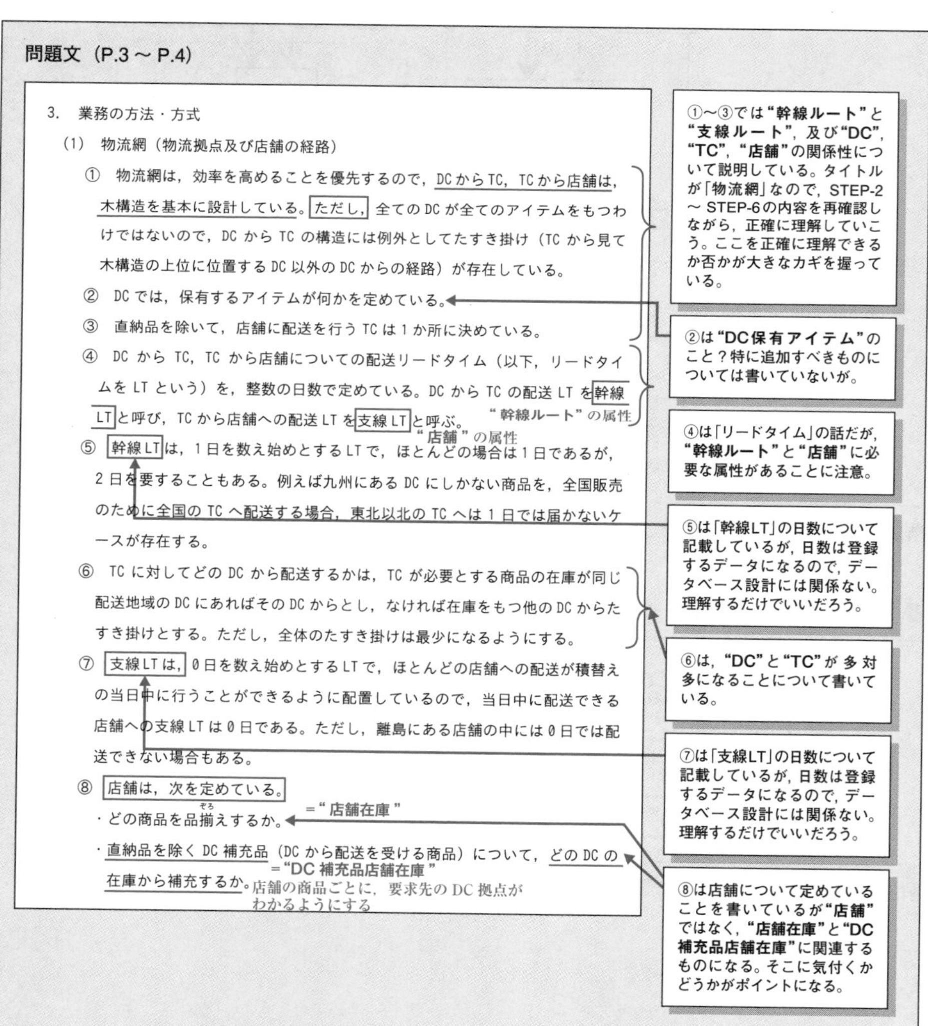

問題文（P.3～P.4）

3. 業務の方法・方式

(1) 物流網（物流拠点及び店舗の経路）

① 物流網は，効率を高めることを優先するので，DC から TC，TC から店舗は，木構造を基本に設計している。ただし，全ての DC が全てのアイテムをもつわけではないので，DC から TC の構造には例外としてたすき掛け（TC から見て木構造の上位に位置する DC 以外の DC からの経路）が存在している。

② DC では，保有するアイテムが何かを定めている。

③ 直納品を除いて，店舗に配送を行う TC は 1 か所に決めている。

④ DC から TC，TC から店舗についての配送リードタイム（以下，リードタイムを LT という）を，整数の日数で定めている。DC から TC の配送 LT を幹線 LT と呼び，TC から店舗への配送 LT を支線 LT と呼ぶ。

⑤ 幹線 LT は，1 日を数え始めとする LT で，ほとんどの場合は 1 日であるが，2 日を要することもある。例えば九州にある DC にしかない商品を，全国販売のために全国の TC へ配送する場合，東北以北の TC へは 1 日では届かないケースが存在する。

⑥ TC に対してどの DC から配送するかは，TC が必要とする商品の在庫が同じ配送地域の DC にあればその DC からとし，なければ在庫をもつ他の DC からたすき掛けとする。ただし，全体のたすき掛けは最少になるようにする。

⑦ 支線 LT は，0 日を数え始めとする LT で，ほとんどの店舗への配送が積替えの当日中に行うことができるように配置しているので，当日中に配送できる店舗への支線 LT は 0 日である。ただし，離島にある店舗の中には 0 日では配送できない場合もある。

⑧ 店舗は，次を定めている。
- ・どの商品を品揃（ぞろ）えするか。
- ・直納品を除く DC 補充品（DC から配送を受ける商品）について，どの DC の在庫から補充するか。

“幹線ルート”の属性
“店舗”の属性
＝“店舗在庫”
＝“DC 補充品店舗在庫”
店舗の商品ごとに，要求先の DC 拠点がわかるようにする
①～③では“幹線ルート”と“支線ルート”，及び“DC”，“TC”，“店舗”の関係性について説明している。タイトルが「物流網」なので，STEP-2～STEP-6の内容を再確認しながら，正確に理解していこう。ここを正確に理解できるか否かが大きなカギを握っている。
②は“DC保有アイテム”のこと？特に追加すべきものについては書いていないが。
④は「リードタイム」の話だが，“幹線ルート”と“店舗”に必要な属性があることに注意。
⑤は「幹線LT」の日数について記載しているが，日数は登録するデータになるので，データベース設計には関係ない。理解するだけでいいだろう。
⑥は，“DC”と“TC”が多対多になることについて書いている。
⑦は「支線LT」の日数について記載しているが，日数は登録するデータになるので，データベース設計には関係ない。理解するだけでいいだろう。
⑧は店舗について定めていることを書いているが“店舗”ではなく，“店舗在庫”と“DC補充品店舗在庫”に関連するものになる。そこに気付くかどうかがポイントになる。

解説図 33 問題文のチェックポイント

ここはタイトル通り**「物流網」**について書かれているところなので，STEP-2 で読解した**「(2) 配送地域」**と STEP-3 で読解した**「(3) 店舗」**，STEP-4 ～ 5 で読解した**「(4) 物流拠点」**，STEP-6 で読解した**「(5) 幹線ルートと支線ルート」**とともに要件を把握していく。

■ “幹線ルート”(空欄 a：空欄オ)，“支線ルート”(空欄 b：空欄カ) と “DC”，“TC”，“店舗” の関係

問題文の①と③は，DC と TC の間の経路と，TC と店舗の間の経路に関する説明になっている。この二つの経路は，(STEP-6 のところでチェックしたように) 前者を**「幹線ルート」**，後者を**「支線ルート」**としている。そして，それぞれ**“幹線ルート”**エンティティと**“支線ルート”**エンティティとして設計している。したがって，**STEP-6 で一度目を通していた「(5) 幹線ルートと支線ルート」を再度チェックしながら**，その段階では保留にしていた**“幹線ルート”**と，ある程度解答した**“支線ルート”**について再度考えていくことになる。

問題文の①と③の記述を整理すると，次の**解説図 34** のようになる。①や③の記述を読んだ時，何を書いているのかイメージできない場合は，すぐにこのように図示してみるといいだろう。

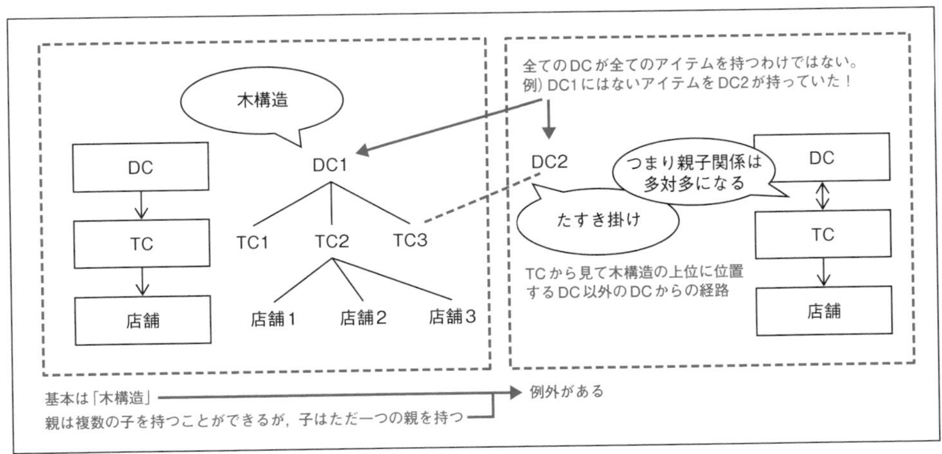

解説図 34　問題文の①をもとに，DC・TC・店舗の関係を図示したもの

問題文の①と③の記述のポイントは次のようになる。

・DC から TC,TC から店舗は，木構造を基本に設計している。
→ 「基本」なのですべてではない。したがって**解説図 34** の左側のような設計はできない。
・DC から TC の構造には例外として “たすき掛け” が存在している。
→ 設計は，例外も考慮しなければならないので，**解説図 34** の右側のように DC と TC は多対多の関係になる。

以上より，**“DC”**エンティティと**“TC”**エンティティのリレーションシップは多対多になるので，**“幹線ルート”**エンティティは連関エンティティとしての役割を果たすことになる。これはSTEP-6で想像した通りだ。STEP-6でいったん確定させてもいいが，**“店舗”**とのリレーションシップも必要ないことも確定したので，最終的にはここで確定させることができる。

“幹線ルート”エンティティが連関エンティティの役割を果たしていると考えれば，関係**“幹線ルート”**に必要な属性は，関係**“DC”**の主キー**‘DC拠点コード’**と関係**“TC”**の主キー**‘TC拠点コード’**を，それぞれ外部キーとしてもつ（連結した）主キー{**DC拠点コード**, **TC拠点コード**}になる。図3の**空欄a**には何の属性もないので，**空欄オ**に{**DC拠点コード**, **TC拠点コード**}を追加する。

加えて，**“幹線ルート”**エンティティと**“DC”**エンティティ及び**“TC”**エンティティのリレーションシップを図1で確認する（STEP-6で**空欄a**を**“幹線ルート”**だと確定している）。下記のリレーションシップが必要になるからだ。

- **“幹線ルート”**エンティティ（**空欄a**）と**“DC”**エンティティ間の多対1のリレーションシップ
- **“幹線ルート”**エンティティ（**空欄a**）と**“TC”**エンティティ間の多対1のリレーションシップ

このうち，**“幹線ルート”**エンティティ（**空欄a**）と**“TC”**エンティティ間の多対1のリレーションシップは図1に記載済である。しかし，**“幹線ルート”エンティティ（空欄a）と“DC”エンティティ間の多対1のリレーションシップは記載されていないため，図1に追加する（追加H）。**

最後に，**“支線ルート”**についても再確認しておこう。STEP-6で確定させた**“支線ルート”**に対する解答については，ここだけの記述では特に覆すことも，付け加えるものもない。

■ “DC保有アイテム”（特に追加は無し，確認のみ）

問題文の②は**“DC保有アイテム”**に関する記述である。しかし，**“DC保有アイテム”**に関しては，図3の関係スキーマは完成形になっている。追加すべき空欄はない。図3の二つの属性は主キーでもあるが，二つとも外部キーでもある。主キーのうち**‘DC拠点コード’**は関係**“DC”**に対する外部キーであり，主キーのもうひとつの**‘アイテムコード’**は関係**“アイテム”**に対する外部キーだ。その二つのリレーションシップは図1に記載済みだから，ここの記述によって追加すべきリレーションシップも存在しない。

■ “幹線ルート”の属性（空欄オに追加），“店舗”の属性（空欄キに追加）

問題文の④～⑦は**「リードタイム」**についての説明になっている。このうち④では，リードタイムに関する属性を関係**“幹線ルート”**等に持たせる必要があることに言及している。そのため，次のように考える必要がある。

「DCからTCの配送LTを幹線LTと呼び，…」

→（DCとTCの組み合わせである）幹線ルートごとに幹線LTが存在する。

→ 図3の関係 **“幹線ルート”** には **‘幹線LT’** が必要になる。

→ 図3には存在しないので，**空欄オ**にさらに **‘幹線LT’** を追加する。

「TCから店舗への配送LTを支線LTと呼ぶ」

→ 支線ルート中の **「TCと店舗の組み合わせ」** ごとに支線LTが存在する。

→ **「TCと店舗の組み合わせ」** は，関係 **“支線ルート”** ではなく関係 **“店舗”** に持たせている（経緯はSTEP-6参照）。

→ 関係 **“店舗”** には **‘支線LT’** が必要になる。

→ 図3には存在しないので**空欄キ**にもさらに **‘支線LT’** を追加する。

問題文の⑤～⑦は，特に，図1・図2・図3に関連するものがない。リードタイムが何日なのか，どこのDCからTCに配送するのかという点について理解を深め，頭の中を整理しておく程度でいいだろう。

■ “店舗在庫”（特に追加は無し，確認のみ）

問題文の⑧は **「店舗は，次を定めている。」** というタイトルなので，そこだけを見ると（図1及び図3の中では）関係 **“店舗”** の属性について書いているように思うかもしれないが，この後の記述をよく読めば，そうではないことがわかる。

ひとつ目の **「どの商品を品ぞろえするか（を定めている）」** という記述は，換言すると **「店舗ごとにどの商品を取り扱っているのか，在庫しているのか」** ということだから，（図1及び図3の中では）**“店舗在庫”** を対象にしたものになる。この要件は **“店舗在庫”** によって実現できる。これは **“店舗在庫”** という名称だけでも十分想像できるが，図3で関係 **“店舗在庫”** の主キー｛**店舗コード**，**JANコード**｝を確認すれば，確信を持てるだろう。

■ “DC補充品店舗在庫”（空欄ソ），

二つ目の **「直納品を除くDC補充品（DCから配送を受ける商品）について，どのDCの在庫から補充するか（を定めている）。」** という記述は，**“店舗在庫”** のサブタイプの一つ **“DC補充品店頭在庫”** に関連した話になる。補充するDCを定めておくこと，すなわちDCとの間にリレーションシップを持たせることが求められている。

この時，少しだけ注意が必要になる。それは，**“DC補充品店頭在庫”** エンティティの相手となるエンティティをどれにするかということだ。候補は二つ考えられる。**“DC”** エンティティと **“DC在庫”** エンティティだ。**「アイテム」** 単位ではなく **「商品」** 単位なので **“DC保有アイテム”** エンティティはないと考えていいだろう。

このうち最適なのは，**“DC 在庫”** エンティティだと判断できる。**「どの DC の在庫から補充するかを定めている」** ということなので，単純に **“DC”** エンティティとの間にリレーションシップを持たせる意味が無いからだ。**「DC 拠点にはどんな商品でも在庫できるわけではなく，定められたアイテムの商品に限り在庫できる」** という要件もある。DC で取り扱えるアイテムの在庫は **“DC 在庫”** エンティティに登録されている。したがって，**“DC 補充品店頭在庫”** エンティティからのリレーションシップの相手は，**“DC 在庫”** エンティティとするのが最適だろう。

次にリレーションシップの対応関係について考える。結論から言うと **“DC 補充品店頭在庫”** エンティティと **“DC 在庫”** エンティティとの間のリレーションシップは多対 1 になる。ひとつの **「DC」** に対して複数の **「店舗」** があることから，ひとつの **“DC 在庫”** に対して **“DC 補充品店頭在庫”** も複数存在するからだ。ひとつの **「店舗」** からは，ひとつの **「DC」** になる。以上より，**“DC 補充品店頭在庫” エンティティと “DC 在庫” エンティティとの間には，多対 1 のリレーションシップが必要になる**。図 1 にはないので追加しておく（**追加 I**）。

そして，関係 **“DC 補充品店頭在庫”** には，関係 **“DC 在庫”** に対する外部キーが必要になる。関係 **“DC 在庫”** の主キーは，おそらく **{DC 拠点コード, JAN コード}** だろう。まだ，ここ（STEP-10）では確定できないので，確定した段階で再確認することを前提に，この仮説のもと（関係 **“DC 補充品店頭在庫”** に持たせる）関係 **“DC 在庫”** に対する外部キーを考える。**‘JAN コード’**（**‘DC 補充品 JAN コード’**）は関係 **“DC 補充品店頭在庫”** の主キーのひとつとして図 3 にも記載済みである。しかし，**‘DC 拠点コード’** がない。そこで，**‘DC 拠点コード’** を**空欄ソ**に追加する。名称は，解答例のように意味が分かりやすいように **‘要求先 DC 拠点コード’** とするといいだろう。

なお，問題文の⑥には **「TC に対してどの DC から配送するかは，TC が必要とする商品の在庫が同じ配送地域の DC にあればその DC からとし，なければ在庫をもつ他の DC からたすき掛けとする。ただし，全体のたすき掛けは最少になるようにする。」** という記述があるので，結果的に店舗に配送されてきた商品が，複数の DC から来ているケースはあるかもしれない。つまり，配送後には，ひとつの **「店舗」** に対して複数の **「DC」** から商品が来た結果になることもある。しかし，問題文の⑧では，**「どの DC の在庫から補充したか」** という情報を保持するのではなく **「どの DC の在庫から補充するか」** という情報を保持することが求められていることがわかる。つまり要求の時の情報を保持することが求められている。したがって，**“DC 在庫”** と **“DC 補充品店頭在庫”** の間のリレーションシップは，多対多ではなく，1 対多のリレーションシップになる。

● 概念データモデル（図 1）への追加（その 10）

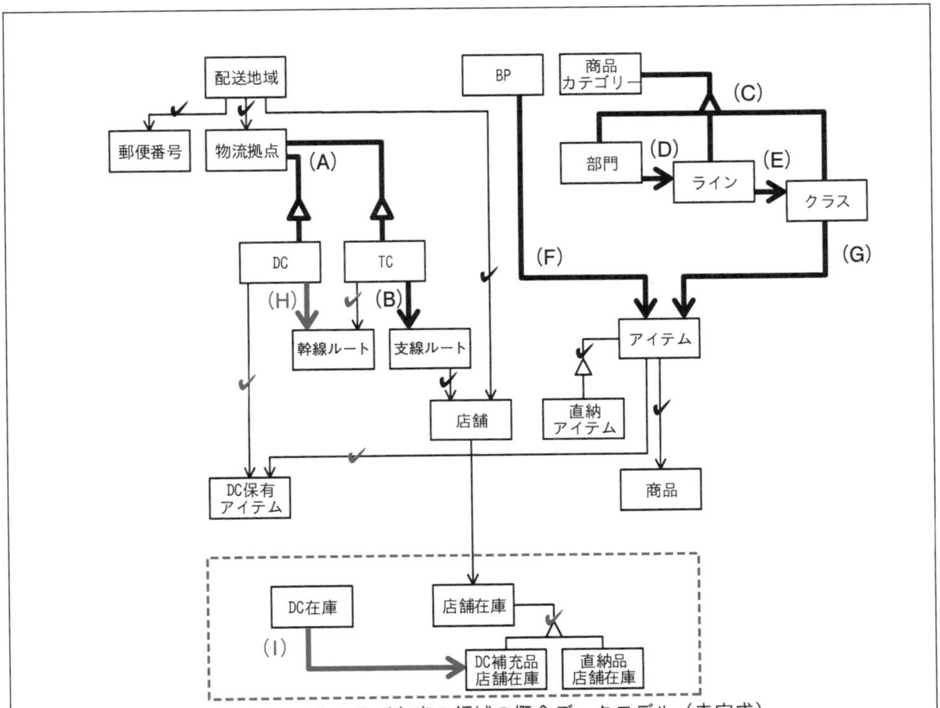

配送地域
郵便番号
物流拠点
(A)
DC
TC
(H)
(B)
幹線ルート
支線ルート
店舗
DC保有アイテム
BP
商品カテゴリー
(C)
部門
(D)
ライン
(E)
クラス
(F)
(G)
アイテム
直納アイテム
商品
DC在庫
(I)
店舗在庫
DC補充品店舗在庫
直納品店舗在庫

図 1　マスター及び在庫の領域の概念データモデル（未完成）

解説図 35　ここで追記するリレーションシップ（赤線）

● 関係スキーマ（図 3）への追加（その 10）

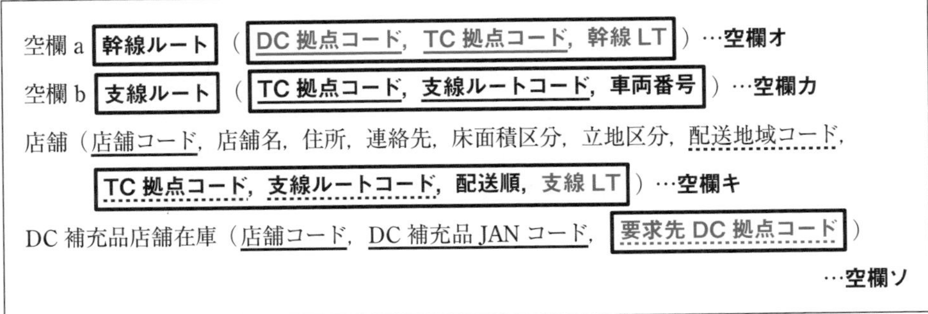

空欄 a **幹線ルート** （**DC 拠点コード，TC 拠点コード，幹線 LT**）…空欄オ

空欄 b **支線ルート** （**TC 拠点コード，支線ルートコード，車両番号**）…空欄カ

店舗（店舗コード，店舗名，住所，連絡先，床面積区分，立地区分，配送地域コード，**TC 拠点コード，支線ルートコード，配送順，支線 LT**）…空欄キ

DC 補充品店舗在庫（店舗コード，DC 補充品 JAN コード，**要求先 DC 拠点コード**）…空欄ソ

解説図 36　ここで追加する属性（赤字）

STEP-11. 問題文４ページ目の「(2) 補充のやり方」の読解

続いて**「(2) 補充のやり方」**を読解していく。

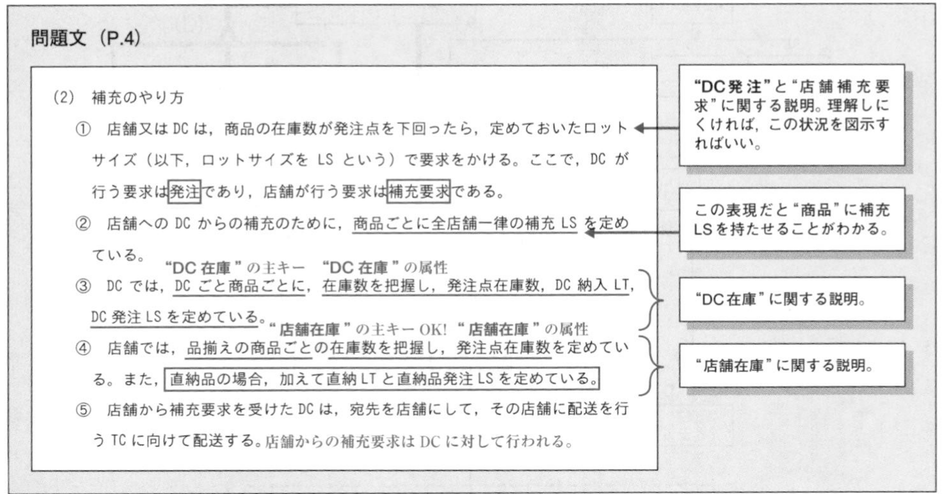

問題文（P.4）

(2) 補充のやり方

① 店舗又はDCは，商品の在庫数が発注点を下回ったら，定めておいたロットサイズ（以下，ロットサイズをLSという）で要求をかける。ここで，DCが行う要求は発注であり，店舗が行う要求は補充要求である。

② 店舗へのDCからの補充のために，商品ごとに全店舗一律の補充LSを定めている。

③ DCでは，DCごと商品ごとに，在庫数を把握し，発注点在庫数，DC納入LT，DC発注LSを定めている。

④ 店舗では，品揃えの商品ごとの在庫数を把握し，発注点在庫数を定めている。また，直納品の場合，加えて直納LTと直納品発注LSを定めている。

⑤ 店舗から補充要求を受けたDCは，宛先を店舗にして，その店舗に配送を行うTCに向けて配送する。店舗からの補充要求はDCに対して行われる。

解説図 37　問題文のチェックポイント

この部分にざっと目を通すと，在庫関連の話になっていることがわかる。**「補充」**と書いているので**"DC 発注"**, **"店舗補充要求"**などを意識しながら進めていく。

■ "DC 発注" と "店舗補充要求"(特に追加は無し，確認のみ)

問題文の①の**「DC が行う要求は発注であり，店舗が行う要求は補充要求である。」**という部分から，図 2 及び図 3 の**"DC 発注"**と**"店舗補充要求"**に関して説明しているところだということがわかる。

そして，この二つのエンティティがトランザクション発生の契機になっていることも理解しておこう。図 2 の概念データモデルを活用して，イメージしやすいように整理するといいだろう。次の**解説図 38** のような感じだ。トランザクション発生の発端だけではなく，図 2 を見ただけでも少なくとも，次のようなことを想像しよう（もしくは想像できるようになっておかなければならない）。

- **"店舗補充要求"**を発端にして，三つの**「指示」**が発生している。
- **"DC 発注"**を発端にして，その後**"入荷"**と**"入庫"**につながっていく。
- **"出庫指示"**, **"積替指示"**, **"DC 発注"**は，それぞれ**「明細」**のエンティティを持っているが，それ以外のエンティティは持っていない。

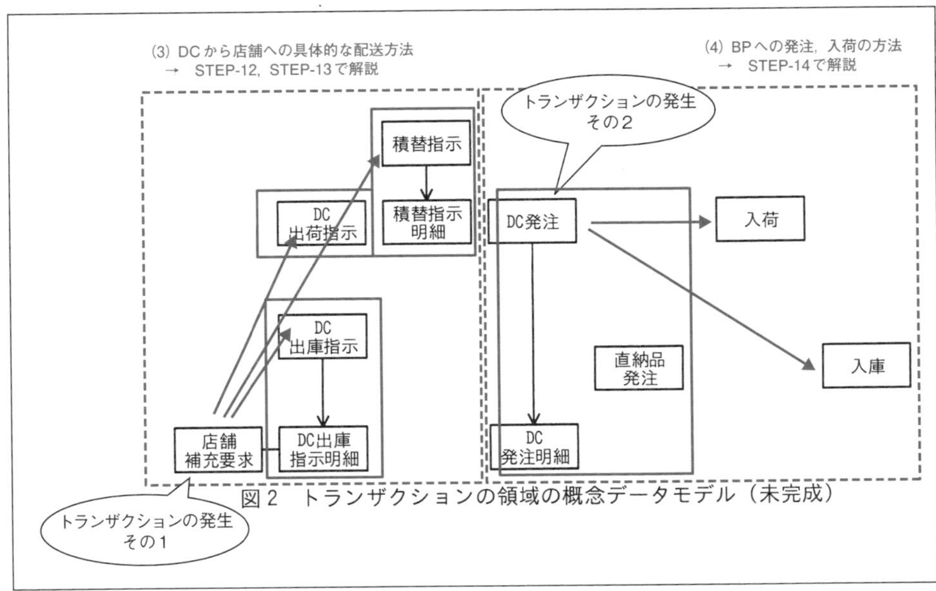

解説図 38 "店舗補充要求" と "DC 発注" がトランザクション発生元になるイメージ図の例

このように**「図 2 トランザクションの領域の概念データモデル（未完成）」**をおおまかに把握したら，続いて**「商品の在庫数が発注点を下回ったら，定めておいたロットサイズ（以下，ロットサイズを LS という）で要求をかける。」**という部分から，**"DC 発注"** 及び **"店舗補充要求"** のインスタンスが発生するタイミングを理解する。状況がイメージしにくければ，次のように図示しながら整理してみるといいだろう。

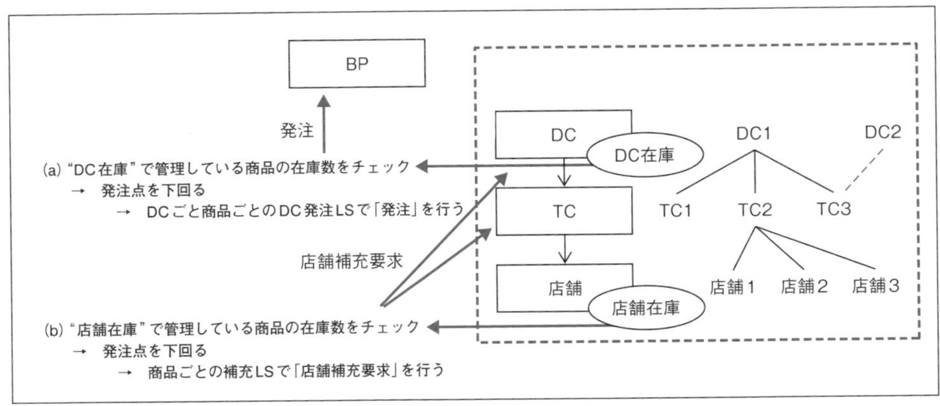

解説図 39 「(2) 補充のやり方」の①を整理してみたイメージ図の例

DC・TC・店舗の関係はこれまでの記述で正確に把握できているはずだ。そのうち，在庫を保有しているのは**「DC」**と**「店舗」**で，それぞれの在庫数を保有しているのが関係**“DC 在庫”**と関係**“店舗在庫”**になる。発注と店舗補充要求をどこに出すのかは，ここには書いていないが（後述されるだろうが），おそらく発注は**「BP」**に対して，店舗補充要求は**「DC」**か**「TC」**もしくはその両方に行われると想像できる。ここの記述を読んで，これぐらいのことがイメージできていればいいだろう。

なお，①の記述からは図3に追加すべき属性も，図1や図2に追加するリレーションシップもない。ここで説明している関係**“店舗補充要求”**は完成形で追加すべきものはないし，同じく関係**“DC 発注”**の主キーである**‘発注番号’**に関する説明もない。個々に出てくる**「在庫数」**や**「LS」**についても，この後の説明に詳しく書かれているので，この後の記述で考えていけばいいだろう。

■ “商品”(空欄シへの追加)

問題文②では**「店舗への DC からの補充」**について説明している。**解説図 39** の下の方（b）のケースだ。問題文②の中の**「商品ごとに全店舗一律の補充 LS を定めている。」**という記述が特に重要になる。この記述は**「補充 LS」**をどの関係に持たせるかを決定づける説明になるからだ。**「補充 LS」**は**「商品ごと店舗ごと」**ではなく，**「商品ごとに全店舗一律」**で定めているらしい。そうなると関係**“店舗在庫”**ではなく関係**“商品”**に持たせなければならない。図3の関係**“商品”**には**‘補充 LS’**がないので，**空欄シに‘補充 LS’を追加する。**

■ “DC 在庫”(空欄ス)

問題文の③は**「DC の持つ在庫」**に関する説明なので，図1及び図3の中では**“DC 在庫”**に関連していると考える。**「DC ごと商品ごとに」**という記述から，在庫の管理単位は（アイテムではなく）商品単位で行っていることが確認できる。また，関係**“DC 在庫”**の主キーが**{DC 拠点コード，JAN コード}**だということもわかる。さらに，その後の記述からは主キー以外の属性として**{在庫数，発注点在庫数，DC 納入 LT，DC 発注 LS}**が必要だということも確認できる。図3で関係**“DC 在庫”**を確認すると，主キーの一部の**‘DC 拠点コード’**までは記載済みなので，**空欄スに残りの{JAN コード，在庫数，発注点在庫数，DC 納入 LT，DC 発注 LS}を追加する。**

次に，図1をチェックする。関係**“DC 在庫”**に外部キーがあることがわかったので，そのリレーションシップを確認するためだ。なければ追加しなければならない。一つ目は主キーの一部を構成する**‘JAN コード’**だ。これは**“商品”**エンティティに対する外部キーでもあるので，**“商品”エンティティと“DC 在庫”エンティティの間には1対多のリレーションシップが必要になる。**しかし，そのリレーションシップは図1には記載されていないので追加する（**追加 J**）。

さらに，主キーを構成するもう一つの**‘DC 拠点コード’**についても考える。ここも素直に考えれば，**“DC”**エンティティと**“DC 在庫”**エンティティの間に1対多のリレーションシップが必要だということになる。そして，図1にはないので追加することを考えるが，ここで注意しなければならないのが **"DC保有アイテム"** エンティティの存在だ。このエンティティは，問題文の次の要件を満たすために必要なエンティティになる。

- **「2. 商品に関する資源」** の **「(2) アイテム」** の **「⑤BPから，全てのDCに納入してもらうアイテムもあるが，多くのアイテムは一部のDCだけに納入してもらう。」**
- **「3. 業務の方法・方式」** の **「(1) 物流網（物流拠点及び店舗の経路）」** の **「②DCでは，保有するアイテムが何かを定めている。」**

上記の要件を満たすためには **「DC在庫」** は **「DC保有アイテム」** に限定しなければならない。つまり **"DC保有エンティティ"** はそのために存在すると考えられる。仮にそうなら，**"DC在庫"** エンティティと **"DC保有アイテム"** の間には，多対1のリレーションシップが必要になる。そうなると，**解説図40** のように，次のリレーションシップが冗長になる。

- **"DC"** と **"DC在庫"** 間の1対多のリレーションシップ
- **"DC"** と **"DC保有アイテム"** 間と，**"DC保有アイテム"** と **"DC在庫"** 間の各1対多のリレーションシップ

「DC」 と **「DC保有アイテム」**，**「DC在庫」** の関係は **"DC"**，**"DC保有アイテム"**，**"DC在庫"** のリレーションシップで保持している。それを無視して **"DC"** と **"DC在庫"** にリレーションシップを持たせるのは良くない。冗長になる。そのため，**"DC"** と **"DC在庫"** 間の1対多のリレーションシップは省略する。

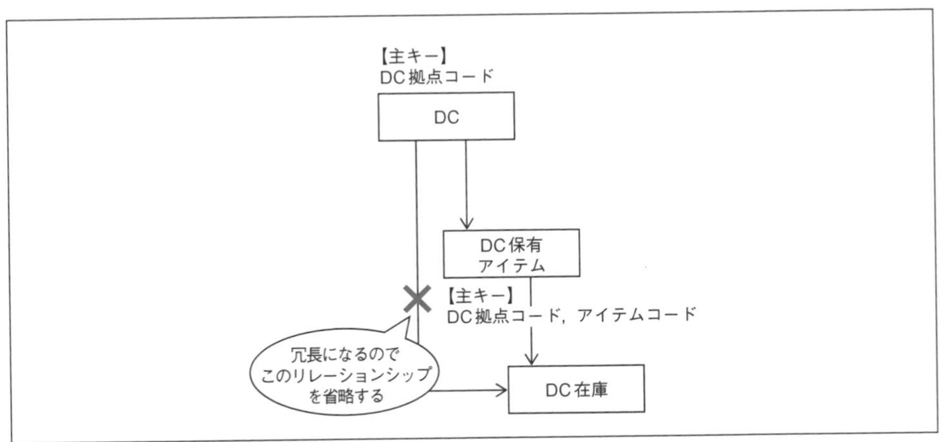

解説図40　"DC"，"DC保有アイテム"，"DC在庫" 間のリレーションシップの例

この時，関係**“DC 在庫”**の主キーは｛**DC 拠点コード**，**アイテムコード**，**JAN コード**｝にとしなければならないとも考えられるが，主キーをこうしてしまうとアイテムコードとJANコードの組み合わせが任意のものになってしまって，**“商品”**エンティティの持つ組み合わせと食い違ってしまう可能性がある。そこで，主キーはそのままにしておき，**“DC 保有アイテム”と“DC 在庫”間の間に 1 対多のリレーションシップだけを追加する（追加 K）**。

■ “店舗在庫”(空欄セ)

問題文の④は**「店舗の持つ在庫」**に関する説明なので，図 1 及び図 3 の中では**“店舗在庫”**と，そのサブタイプの二つに関連していると考える。

最初の**「店舗では，品揃えの商品ごとの在庫数を把握し，」**という記述から関係**“店舗在庫”**の主キーが｛**店舗コード**，**JAN コード**｝だということがわかる。そして**‘在庫数’**を持たせることもわかるだろう。また，その後の記述からも主キー以外の属性として**‘発注点在庫数’**も必要だということも確認できる。図 3 で関係**“店舗在庫”**を確認すると，｛**店舗コード**，**JAN コード**｝は記載済みなので，**空欄セに残りの｛在庫数，発注点在庫数｝**を追加する。これらは，二つのサブタイプのどちらにも必要だと考えられるからスーパータイプに持たせる。

次に，図 1 をチェックする。関係**“店舗在庫”**に外部キーがあることがわかったので，そのリレーションシップを確認するためだ。なければ追加しなければならない。一つ目は主キーの一部を構成する**‘JAN コード’**。これは**“DC 在庫”**エンティティの時と同じだ。**“商品”エンティティと“店舗在庫”エンティティの間に 1 対多のリレーションシップ**が必要だが，図 1 にはないので追加する（**追加 L**）。二つ目も主キーの一部を構成する**‘店舗コード’**についても，**“店舗”**エンティティと**“店舗在庫”**エンティティの間に 1 対多のリレーションシップが必要になるが，図 1 には記載済みだった。

■ “直納品店舗在庫”（空欄タ）

問題文の④には**「直納品の場合，加えて直納 LT と直納品発注 LS を定めている。」**という記述がある。図 1 と図 3 から，**“店舗在庫”**のサブタイプである**“直納品店舗在庫”**に関係していると推測できるだろう。個々に記載されているのは**「直納品」**だけが持つ性質なので，関係**“直納品店舗在庫”**に｛**直納 LT**，**直納品発注 LS**｝を持たせなければならない。図 3 の関係**“直納品店舗在庫”**にこれらの属性はないので，**空欄タに｛直納 LT，直納品発注 LS｝**を追加する。

また，問題文の⑤には店舗から補充要求を受けた DC についての説明があるが，この説明は，店舗からの補充要求は DC が受け，その情報を基に店舗に配送を行う TC に向けて配送することになっていると書いているだけだ。特に解答に関する記述はない。

● 概念データモデル（図 1）への追加（その 11）

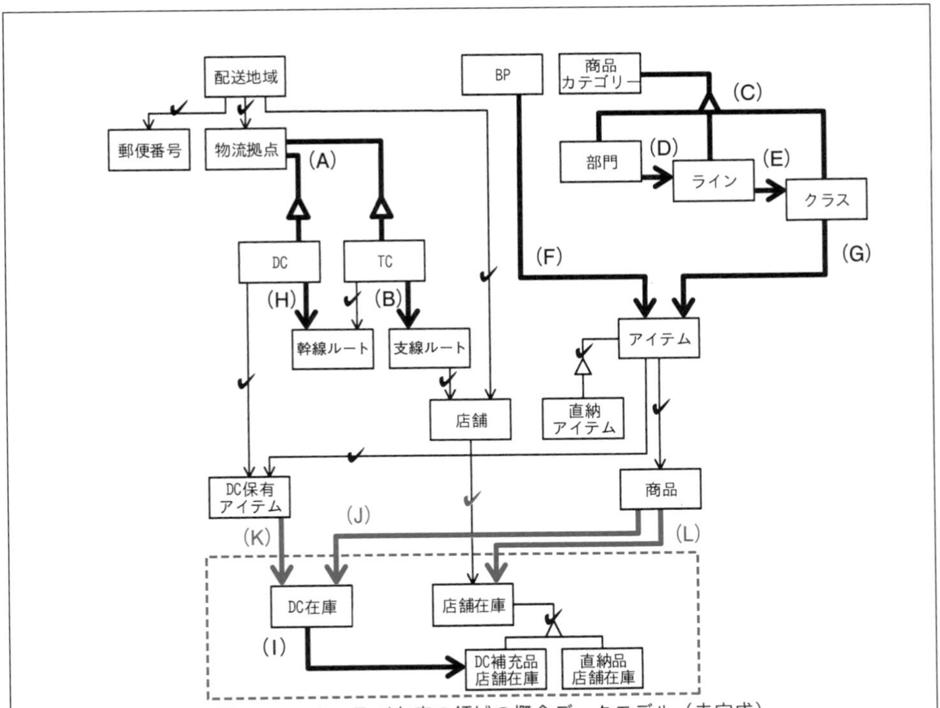

図 1　マスター及び在庫の領域の概念データモデル（未完成）

解説図 41　ここで追記するリレーションシップ（赤線）

● 関係スキーマ（図 3）への追加（その 11）

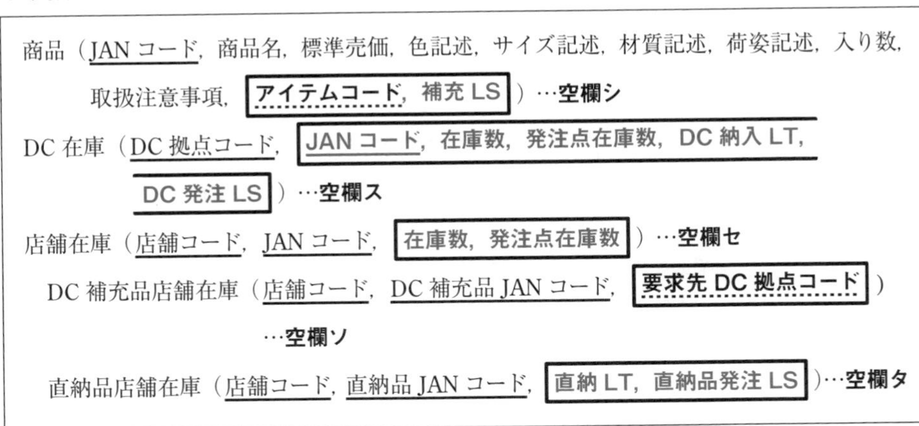

商品（JAN コード，商品名，標準売価，色記述，サイズ記述，材質記述，荷姿記述，入り数，取扱注意事項，アイテムコード，補充 LS）…空欄シ

DC 在庫（DC 拠点コード，JAN コード，在庫数，発注点在庫数，DC 納入 LT，DC 発注 LS）…空欄ス

店舗在庫（店舗コード，JAN コード，在庫数，発注点在庫数）…空欄セ

DC 補充品店舗在庫（店舗コード，DC 補充品 JAN コード，要求先 DC 拠点コード）…空欄ソ

直納品店舗在庫（店舗コード，直納品 JAN コード，直納 LT，直納品発注 LS）…空欄タ

解説図 42　ここで追加する属性（赤字）

STEP-12. 問題文４～５ページ目の「(3) DCから店舗への具体的な配送方法」の「①ものの運び方」の読解

続いて「**(3) DCから店舗への具体的な配送方法**」を読解していく。まずは「**①ものの運び方**」のところだ。

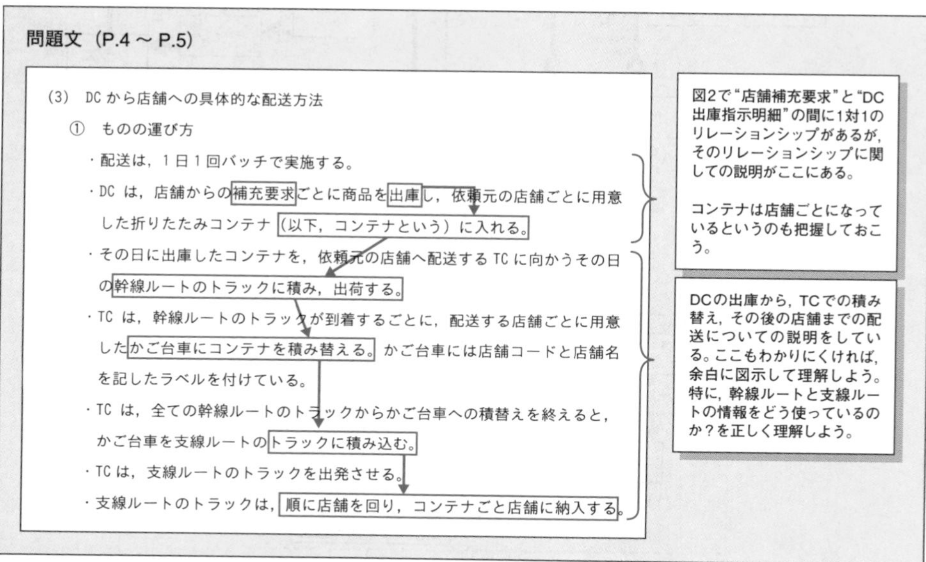
問題文（P.4～P.5）

(3) DCから店舗への具体的な配送方法

① ものの運び方

・配送は，1日1回バッチで実施する。

・DCは，店舗からの補充要求ごとに商品を出庫し，依頼元の店舗ごとに用意した折りたたみコンテナ（以下，コンテナという）に入れる。

・その日に出庫したコンテナを，依頼元の店舗へ配送するTCに向かうその日の幹線ルートのトラックに積み，出荷する。

・TCは，幹線ルートのトラックが到着するごとに，配送する店舗ごとに用意したかご台車にコンテナを積み替える。かご台車には店舗コードと店舗名を記したラベルを付けている。

・TCは，全ての幹線ルートのトラックからかご台車への積替えを終えると，かご台車を支線ルートのトラックに積み込む。

・TCは，支線ルートのトラックを出発させる。

・支線ルートのトラックは，順に店舗を回り，コンテナごと店舗に納入する。

解説図43　問題文のチェックポイント

STEP-11の**解説図38**（問題文の図2）に記載している通り，STEP-12とSTEP-13で**"店舗補充要求"**，**"DC出庫指示"**，**"DC出庫指示明細"**，**"DC出荷指示"**，**"積替指示"**，**"積替指示明細"**の6つについて考察していこう。

■"店舗補充要求"と"DC出庫指示明細"の関係及び空欄ツへの追加

問題文の箇条書きの一つ目と二つ目には，**"店舗補充要求"**と**"DC出庫指示明細"**，**"DC出庫指示"**の関係に関する記述になっている。

図3で，関係**"店舗補充要求"**の主キー{**店舗コード**，**補充要求年月日時刻**，**DC補充品JANコード**}を確認すると，「**店舗ごと，年月日時刻ごと商品ごと**」にインスタンスが発生することがわかる。また，図2では，その**"店舗補充要求"**エンティティと，その後に発生する**"DC出庫指示明細"**エンティティとの間に1対1のリレーションシップがあることも確認できる。これは，関係**"DC出庫指示明細"**の主キーがサロゲートキー（新たに振られた配送番号，配送明細番号）になっているのでわかりにくくなっているが，**"DC出庫指示明細"**も同じく「**店舗ごと，年月日時刻**

ごと商品ごと」になっていることを表している。

ただ，図２では１対１の関係になっているにもかかわらず，図３では，後から発生している関係 **“DC 出庫指示明細”** に，関係 **“店舗補充要求”** に対する外部キーがない。そこで，**空欄ツ**に（関係 **“店舗補充要求”** に対する外部キーとして）{**店舗コード，補充要求年月日時刻，DC 補充品 JAN コード**} を追加する。

■「補充要求」から「出庫」,「出荷」,「積替」,「納入」までの流れと関係

ここで，店舗が DC に行う補充要求から，店舗に納入されるまでの一連の流れについて整理しておこう。対応するエンティティは，先に説明した６つのエンティティだ。イメージしにくければ，**解説図 44** のように，ここでも図示すればいい。

店舗の補充要求→ DC での出庫→トラックに積込み出荷→ TC での積替え→店舗への納入

ここで説明していることがイメージしにくければ，解説図 44 のように，ここでも図示すればいい。

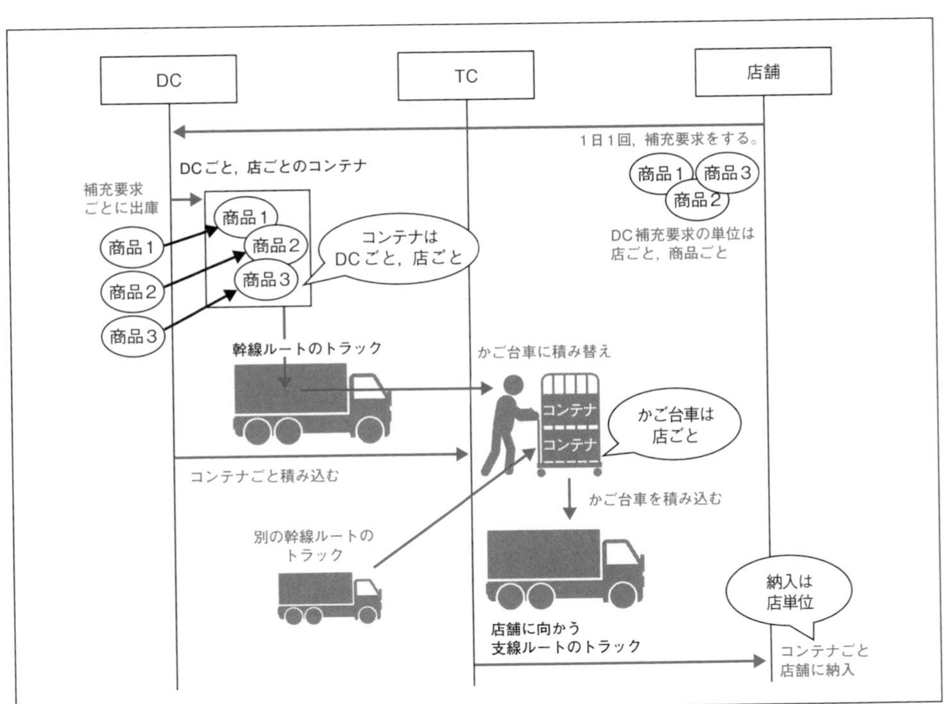

解説図 44 「(3) DC から店舗への具体的な配送方法」の「①ものの運び方」のイメージ例

問題文の該当箇所には，ストレートに必要となる属性は書かれていない。そのため，ここで把握したいのは，個々の**「用語」**についての**「まとまりの単位」**になる。そこが正確に把握できれば，図2に必要なリレーションシップと図3に必要な属性（リレーションシップに必要となる外部キー，あるいは主キー）もわかるからだ。

それぞれの**「単位」**を整理すると次のようになる。この時に対応するエンティティも合わせて考えればよくわかるだろう。

用語	まとまりの単位 ※すべて日付ごと（1日1回）	対応していると思われる図2のエンティティ
補充要求	DCごと，店ごと，商品ごと	店舗補充要求
出庫	DCごと，店ごと，商品ごと	DC出庫指示明細
コンテナ	DCごと，店ごと	DC出庫指示
幹線ルートのトラック	幹線ルートのトラックごと （複数の店舗）	—
出荷	幹線ルートのトラックごと	DC出荷指示
かご台車	納入先の店ごと	積替指示明細
支線ルートのトラック	支線ルートのトラックごと （複数の店舗）	—

問題文の箇条書きの一つ目と二つ目には**「1日1回，店舗ごとにコンテナに入れて配送する」**という趣旨のことが書いてあるので，関係**“DC出庫指示”**は**「店舗ごと日ごとコンテナごと」**になっていることがわかる。つまり，店舗ごとに用意されたコンテナには，複数の商品がまとめられていると考えられる。それは，図2で**“DC出庫指示”**エンティティと**“DC出庫指示明細”**エンティティとの間に1対多のリレーションシップがあることからもわかる。

また，ここに記載されているTCでの積み替え作業と，対応していると思われる図2・図3の**“積替指示”**及び**“積替指示明細”**との関係がわかりにくいが，かご台車が店ごとで，かつ**「かご台車には店舗コードと店舗名を記したラベルを付けている。」**という記述，及び図3の関係**“積替指示明細”**の主キー｛**積替指示番号，配送先店舗コード**｝から，対応しているエンティティは**“積替指示明細”**エンティティと考えた。

具体的な**「指示」**に関しては，この後の**「②指示書の作り方」**に記載されている。そこで，図2に追加すべきリレーションと，図3の空欄を埋める属性を考えていくようにしよう。

● 概念データモデル（図 2）への追加（その 1）

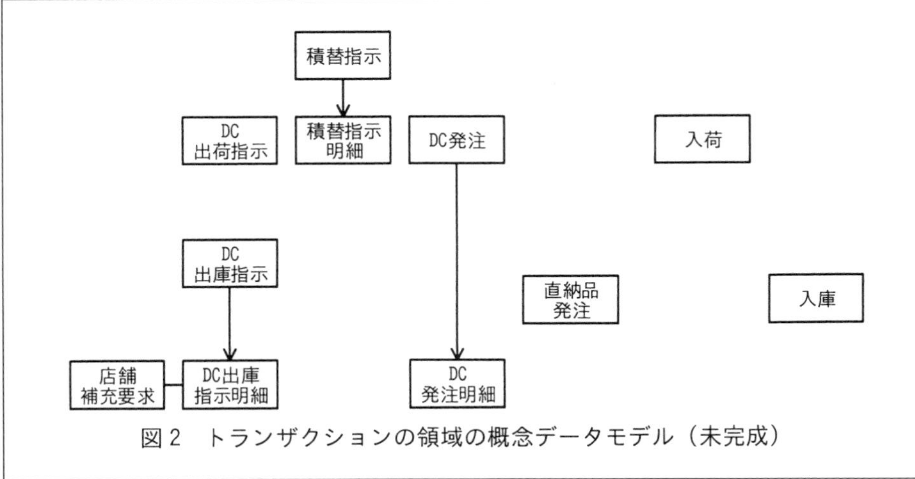

図 2　トランザクションの領域の概念データモデル（未完成）

解説図 45　ここで追記するリレーションシップ（赤線）（特に無し）

● 関係スキーマ（図 3）への追加（その 12）

DC 出庫指示明細（配送指示番号, 配送指示明細番号, 店舗コード, 補充要求年月日時刻, DC 補充品 JAN コード）…**空欄ツ**

解説図 46　ここで追加する属性（赤字）

STEP-13. 問題文5ページ目の「(3) DCから店舗への具体的な配送方法」の「② 指示書の作り方」の読解

続いて「**②指示書の作り方**」のところだ。ここも「**図1 マスター及び在庫の領域の概念データモデル（未完成）**」,「**図2 トランザクションの領域の概念データモデル（未完成）**」,「**図3 関係スキーマ（未完成）**」との全てを意識しながら進めていこう。

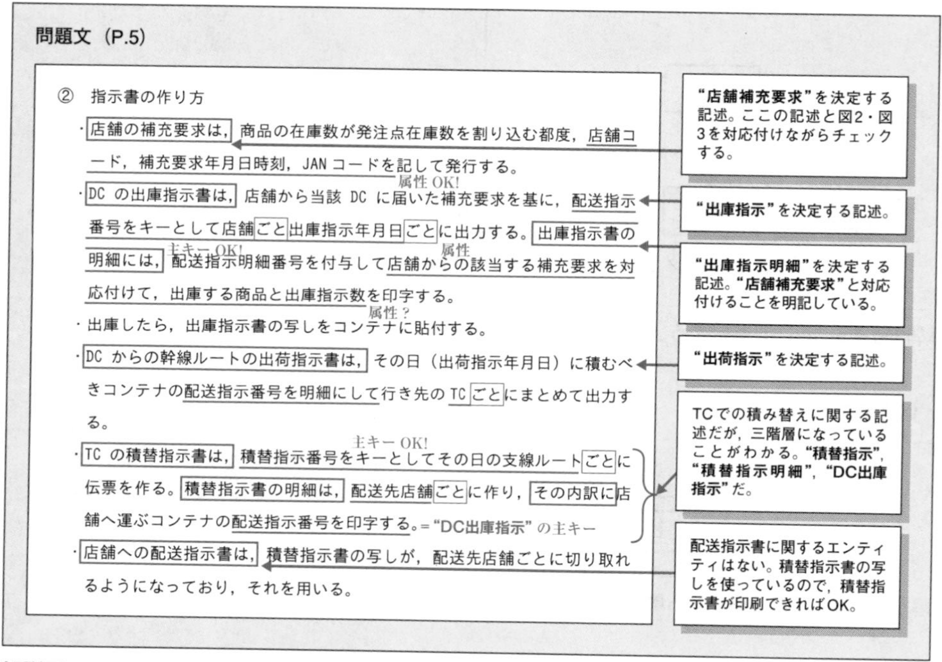

問題文（P.5）
② 指示書の作り方
・店舗の補充要求は，商品の在庫数が発注点在庫数を割り込む都度，店舗コード，補充要求年月日時刻，JANコードを記して発行する。
・DCの出庫指示書は，店舗から当該DCに届いた補充要求を基に，配送指示番号をキーとして店舗ごと出庫指示年月日ごとに出力する。出庫指示書の明細には，配送指示明細番号を付与して店舗からの該当する補充要求を対応付けて，出庫する商品と出庫指示数を印字する。
・出庫したら，出庫指示書の写しをコンテナに貼付する。
・DCからの幹線ルートの出荷指示書は，その日（出荷指示年月日）に積むべきコンテナの配送指示番号を明細にして行き先のTCごとにまとめて出力する。
・TCの積替指示書は，積替指示番号をキーとしてその日の支線ルートごとに伝票を作る。積替指示書の明細は，配送先店舗ごとに作り，その内訳に店舗へ運ぶコンテナの配送指示番号を印字する。
・店舗への配送指示書は，積替指示書の写しが，配送先店舗ごとに切り取れるようになっており，それを用いる。
属性OK!
主キーOK!
属性
属性？
主キーOK!
＝“DC出庫指示”の主キー
“店舗補充要求”を決定する記述。ここの記述と図2・図3を対応付けながらチェックする。
“出庫指示”を決定する記述。
“出庫指示明細”を決定する記述。“店舗補充要求”と対応付けることを明記している。
“出荷指示”を決定する記述。
TCでの積み替えに関する記述だが，三階層になっていることがわかる。“積替指示”，“積替指示明細”，“DC出庫指示”だ。
配送指示書に関するエンティティはない。積替指示書の写しを使っているので，積替指示書が印刷できればOK。

解説図47　問題文のチェックポイント

ここには**解説図47**を見ても明らかだが，箇条書きで補充要求を発端に発生する各種指示書について記載されている。いつものことだが，最初に「**～指示書は**」と書いてくれているのでわかりやすい。読解のポイントは，各指示書がイメージできるかどうかにかかっている。イメージできれば，図2と図3で対応するエンティティや関係が何かがわかる。さらに，図2に追加すべきリレーションシップの存在や，図3の空欄に追加すべき属性もわかるだろう。文章だけでわかりにくければ，**“自分なりの”**で構わないので指示書のイメージを余白に書いてみるといいだろう。

午後I問
午後I答
午後II問
午後II答

■ "店舗補充要求"(特に追加は無し，確認のみ)

問題文の箇条書きの一つ目には**「店舗の補充要求は，…店舗コード，補充要求年月日時刻，JANコードを記して発行する。」**という記述がある。ここから関係**"店舗補充要求"**に，この三つの属性が必要だと判断する。ただ，図3で関係**"店舗補充要求"**は確認済みだ。この三つの属性をもち完成形で記載されている。そのため，図3に追加すべきものはなかった。

次に，図2にリレーションシップの追加が必要かどうかについて考える。関係**"店舗補充要求"**の{**店舗コード'，DC補充品JANコード**}は，主キーでもあるが，関係**"DC補充品店舗在庫"**に対する外部キーでもある。関係**"店舗補充要求"**には，補充要求先のDC拠点や補充数などの情報をもっていないから，リレーションシップが必要になるからだ。しかし，この問題の〔**設計した概念データモデル及び関係スキーマ**〕の「**1. 概念データモデル及び関係スキーマの設計方針**」の**(4)**に**「マスターとトランザクションとの間のリレーションシップは記述しない。」**という指示があるので，図2に，特に追加すべきリレーションシップはない。

■ "DC出庫指示"(空欄チ)

問題文の箇条書きの二つ目の最初の文は**「DCの出庫指示書は，…」**という出だしなので，図2及び図3の**"DC出庫指示"**に関する記述だと推測できる。

「配送指示番号をキーとして」という記述から，関係**"DC出庫指示"**の主キーは**'配送指示番号'**だと判断できる。また，STEP-12で確認したことと，問題文の**「店舗ごと出庫指示年月日ごとに出力する。」**という記述から，関係**"店舗"**に対する外部キーと**'出庫指示年月日'**，すなわち**{配送先店舗コード，出庫指示年月日}**の属性を持つことがわかる。以上の2点より，図3の関係**"DC出庫指示"**を確認する。図3には，主キーまでしか記載されていないため，**空欄チ**に**{配送先店舗コード，出庫指示年月日}**を追加する。**'配送先店舗コード'**は関係**"店舗"**に対する外部キーになるので，点線の下線を忘れないようにしなければならない（相手がマスター領域なので，図2にリレーションシップは追加しない）。

なお，箇条書きの三つ目に**「出庫したら，出庫指示書の写しをコンテナに貼付する。」**という記述からも，**"DC出庫指示"**が**「コンテナごと」**で，コンテナが店舗単位になっていることが確認できる。

■ "DC 出庫指示明細"（特に追加は無し，確認のみ）

問題文の箇条書きの二つ目の続いての文は **「出庫指示書の明細には，…」** という出だしなので，図 2 及び図 3 の **"DC 出庫指示明細"** に関する記述だと推測できる。

「配送指示明細番号を付与して」 という記述から，関係 **"DC 出庫指示明細"** の主キーは **{配送指示番号，配送指示明細番号}** で確定できる。**"DC 出庫指示"** エンティティと **"DC 出庫指示明細"** エンティティは **「伝票のヘッダ部と明細部」** の関係にあることは明らかで，ゆえに強エンティティと弱エンティティの関係にある。図 2 には，そのリレーションシップも記載されている。以上のことからも関係 **"DC 出庫指示明細"** の主キーは容易に確定できなければならない。図 3 を確認すると，主キーは記載済みになっている。

続く **「店舗からの該当する補充要求を対応付けて」** という記述は，図 2 に記載済みの **"店舗補充要求"** エンティティと **"DC 出庫指示明細"** エンティティとの 1 対 1 のリレーションシップのことである。これは STEP-12 で考察済み（この部分の属性は**空欄ツ**に追加済み）だ。

そして最後の **「出庫する商品と出庫指示数を印字する。」** について考える。**「出庫する商品」** は**空欄ツ**に追加済みの **'DC 補充品 JAN コード'** から関係 **"商品"** を通じて印字できる。しかし **「出庫指示数」** については注意が必要だ。問題文の **「(2) 補充のやり方」** に **「① 店舗又は DC は商品の在庫数が発注点を下回ったら，定めておいたロットサイズ（以下，ロットサイズを LS という）で要求をかける。」** という要件があるからだ。つまり，出庫指示数は関係 **"商品"** の持つ **'補充 LS'** になる。問題文に **「出庫指示の時に，補充 LS と異なる値を指示することもある。」** というような要件が記載されていれば，関係 **"DC 出庫指示明細"** にも（補充 LS とは異なる）**'出庫指示数'** を持たせる必要があるだろう。しかし，その記載がないので，当初の補充 LS の値をそのまま変えずに印字しなければならない。したがって，関係 **"DC 出庫指示明細"** には **'出庫指示数'** を持たせない。この点については，そもそも 1 対 1 のリレーションシップをもつ関係 **"店舗補充要求"** も **'補充要求数'** のような属性を持っていないことや，出庫指示数は店舗補充要求を出した時の値を引き継ぐのではないかと考えれば，ある程度は思いつくだろう。

■ “DC出荷指示”(空欄テ)

問題文の箇条書きの四つ目は「**DCからの幹線ルートの出荷指示書は，…**」という出だしなので，図2及び図3の“**DC出荷指示**”に関する記述だと考える。

ここで，DCから行われる幹線ルートの出荷指示と配送について再度整理しておこう。「**(3) DCから店舗への具体的な配送方法**」の「① **ものの運び方**」に記載されている。

- 配送は，1日1回バッチで実施する。
- DCは，店舗からの補充要求ごとに商品を**出庫し**，依頼元の店舗ごとに用意した折りたたみコンテナ（以下，コンテナという）に入れる。
- その日に出庫したコンテナを，依頼元の店舗へ配送するTCに向かうその日の幹線ルートのトラックに積み，**出荷する**。

データベーススペシャリスト試験では，これまでも「**出荷**」と「**出庫**」を明確に使い分けている。したがって，その違いを理解していることが大前提になる（本書第2章のP.279参照）。この問題では，特に「**出荷指示を出す**」と明確に記載していないが，このケースなら次のように使い分けていることがわかるだろう。

- 出庫：コンテナに入れるために倉庫から出すこと
- 出荷：DCからTCに向けてコンテナを積んだトラックを出すこと

つまり，依頼元の店舗からDCに対して補充要求が発生した時に，最初にDCに対して出荷指示を出し（出荷指示書を出力し），その出荷指示に対して出庫指示を出すと考えればいいだろう。そして，そのまとまりの単位は，問題文の「**(DCから) その日（出荷指示年月日）に積むべき…行き先のTCごとにまとめて出力する。**」という記述から，DCとTCの組み合わせ（=幹線ルート），かつ（1日1回の）出荷年月日ごとだと判断できる。これは，STEP-12でも確認した通りだ。つまり，**{出荷元DC拠点コード，出荷先TC拠点コード，出荷年月日}** 単位だということである。

この三つの属性が（一意に識別できるので）主キーだとも考えられるが，図3の関係“**DC出荷指示**”を確認すると，主キーは‘**出荷指示番号**’になっている。この三つの属性のサロゲートキーなのだろう。したがって，この三つの属性は**空欄テ**に **{出荷元DC拠点コード，出荷先TC拠点コード，出荷指示年月日}** として持たせることになる（**{出荷元DC拠点コード，出荷先TC拠点コード}** を外部キーにすることを忘れないように注意）。

■ “DC 出荷指示” と “DC 出庫指示” のリレーションシップ（空欄チに追加）

問題文の箇条書きの四つ目には「**コンテナの配送指示番号を明細にして**」という記述もある。一見すると関係 **“DC 出荷指示”** の明細に **‘配送指示番号’** が必要だと思うかもしれないが，それは間違いだ。この記述は，あくまでも「**出荷指示書**」の説明であって「**関係 “DC 出荷指示”**」の説明ではないからだ。明細は明細でも出荷指示書の明細であって，関係 **“DC 出荷指示”** の属性ではない。次の**解説図 48** のように頭の中でイメージすれば間違わないだろう。

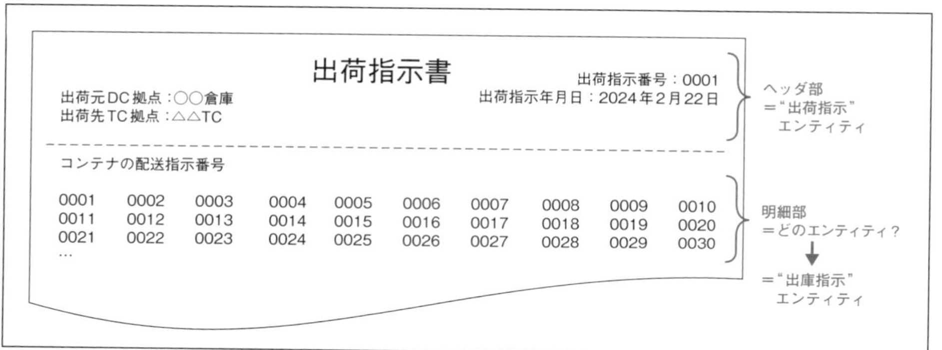

解説図 48　出荷指示書のイメージ（例）

問題文の箇条書きの四つ目は，あくまでも**解説図 48** のような「**出荷指示書**」の説明になる。そう考えれば図 2 や図 3 の **“DC 出荷指示”** の役割は，出荷指示書のヘッダ部を印刷するためのものだと判断できるだろう。

では，出荷指示書の明細部はどう考えればいいのだろうか。図 2・図 3 を確認する限り，**“DC 出庫指示”** と **“DC 出庫指示明細”** のように，対になって存在しているわけではない。図 2 の位置関係で仮説を立てるなら **“DC 出庫指示”** エンティティが明細になりそうな気もする。勘のいい人はその仮説をベースにアプローチすると思う。

図 3 で，（**解説図 48** のように明細に配送指示番号が並んでいることから）**‘配送指示番号’** を主キーに持っている属性を探すと関係 **“DC 出庫指示”** だということもわかるだろう。そこで改めて「**DC に対する出庫指示**」に関する記述を確認する。問題文の箇条書きの二つ目だ。すると，そこには「**配送指示番号をキーとして店舗ごと出庫指示年月日ごとに出力する。**」という記述がある。出荷指示は TC ごとだ。つまり複数店舗を対象にしている。それを店舗ごとにするのが出庫指示になる。また，「**① ものの運び方**」の箇条書きの二つ目では，それがコンテナごとだということも確認できる（「**DC は，店舗からの補充要求ごとに商品を出庫し，依頼元の店舗ごとに用意した折りたたみコンテナ（以下，コンテナという）に入れる。**」）。以上を頭の中で整理すると次のような関係だということがわかる。

・“DC 出荷指示”エンティティと“DC 出庫指示”エンティティの間に 1 対多のリレーションシップが必要だが，図 2 にはないので追加する（追加 M）。
・関係 **“DC 出庫指示”** に，関係 **“DC 出荷指示”** に対する外部キー‘**出荷指示番号**’が必要だが，図 3 にはないので**空欄チ**に追加する。

■ “積替指示”と“積替指示明細”，“DC 出庫指示”の関係（空欄チに追加，空欄ト）

問題文の箇条書きの五つ目は**「TC の積替指示書は，…」**という出だしなので，図 2 及び図 3 の **“積替指示”** に関する記述だと推測する。

ここで，STEP-12 で考えたことと，ここに記載されていることを整理すると次のようになる。

・積替指示書は，その日の支線ルートごと（＝その日に巡回する複数の店舗）
・積替指示書の明細は，配送先店舗ごと
・積替指示書の明細の内訳は，配送先店舗のコンテナごと（＝配送指示番号ごと）

これでイメージしにくければ，ここも**解説図 49** のような図を書いてみるといいだろう。

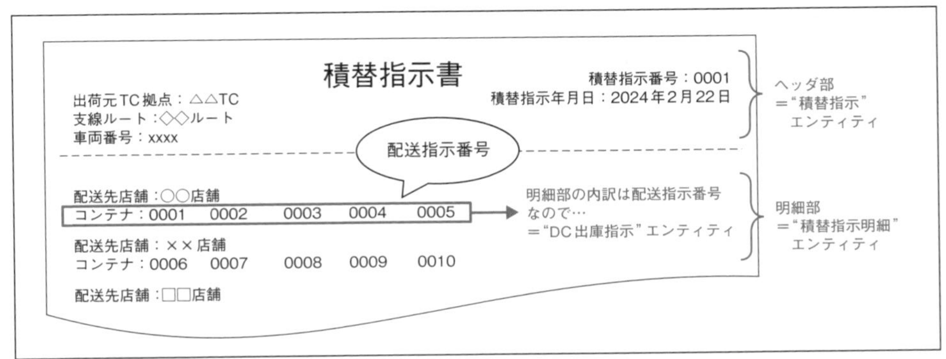

解説図 49　積替指示書のイメージ（例）

こうして図を書いてイメージを膨らませると理解が進む。後は，対応すると思われる関係やエンティティごとに，必要な属性や必要となるリレーションシップを確認していけばいいだろう。

関係 **“積替指示”** の主キーは‘**積替指示番号**’である。但し，これもサロゲートキーなので，**「その日の支線ルートごとに伝票を作る。」**という記述から，‘**積替指示年月日**’と関係 **“支線ルート”** に対する外部キーの **{TC 拠点コード，支線ルートコード}** が必要になる。図 3 の関係 **“積替指示”** を確認すると，主キーまでは記載されているが，**{積替指示年月日，TC 拠点コード，支線ルートコード}** は記載されていないので，**空欄ト**に追加する。なお，リレーションシップについては（相手が図１なので）記載しない。

続く関係**“積替指示明細”**は図３が完成形になっているため，追加すべきものはない。積替指示単位で，配送先店舗ごとになっていることも主キーから確認できる。主キーの一部の**‘積替指示番号’**は関係**“積替指示”**に対する外部キーだが，そのリレーションシップも図２には記載済みだ。もうひとつの（主キーの一部の）**‘配送先店舗コード’**も関係**“店舗”**に対する外部キーになっているが，図２と図１の間のものなので記載はしない。

そして最後の**「その内訳に店舗へ運ぶコンテナの配送指示番号を印字する。」**という記述から，**‘配送指示番号’**を主キーにしている関係**“DC 出庫指示”**について考える。**解説図 49** を見ると明らかだが，**“積替指示明細”エンティティと“DC 出庫指示”エンティティは１対多の関係にある**。しかし，図２にはそのリレーションシップがないので追加する（**追加 N**）。加えて，関係**“DC 出庫指示”**には，関係**“積替指示明細”**に対する外部キーの**‘積替指示番号’**が必要だが，図３の関係**“DC 出庫指示”**に存在しないので，**空欄チ**にさらに‘積替指示番号’を追加する。

■ 配送指示書に関して

最後に，箇条書きの最後に登場する**「配送指示書」**についても確認しておこう。図２と図３を見ても**「配送指示」**に関するものは何もない。その理由は，配送指示書は新たに作成するのではなく**「積替指示書の写し」**を利用しているからだ。積替指示書が印刷できれば，それをそのまま（配送先店舗ごとに切り取って）流用できる。したがって，配送指示書を印刷するためのエンティティは，特に必要はない。

● 概念データモデル（図2）への追加（その2）

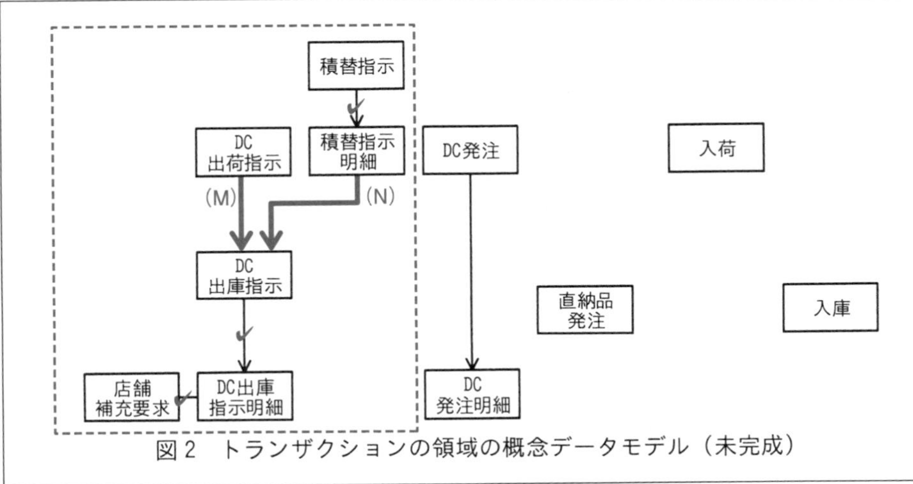

解説図50　ここで追記するリレーションシップ（赤線）

● 関係スキーマ（図3）への追加（その13）

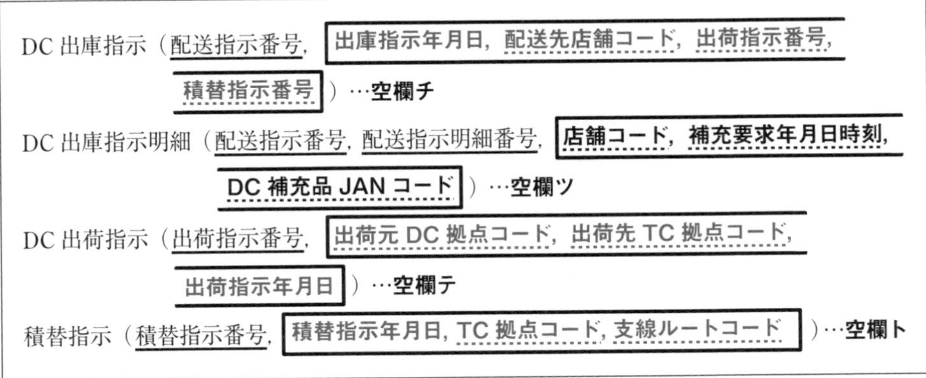

DC出庫指示（配送指示番号, 出庫指示年月日, 配送先店舗コード, 出荷指示番号, 積替指示番号）…空欄チ

DC出庫指示明細（配送指示番号, 配送指示明細番号, 店舗コード, 補充要求年月日時刻, DC補充品JANコード）…空欄ツ

DC出荷指示（出荷指示番号, 出荷元DC拠点コード, 出荷先TC拠点コード, 出荷指示年月日）…空欄テ

積替指示（積替指示番号, 積替指示年月日, TC拠点コード, 支線ルートコード）…空欄ト

解説図51　ここで追加する属性（赤字）

STEP-14. 問題文 5 ～ 6 ページ目の「(4) BP への発注，入荷の方法」の読解

最後は「**(4) BP への発注，入荷の方法**」を読解していく。「**図 2 トランザクションの領域の概念データモデル（未完成）**」の右側部分になる。「**図 3 関係スキーマ（未完成）**」と突き合わせながら（必要に応じて図 1 もチェックして）進めていこう。

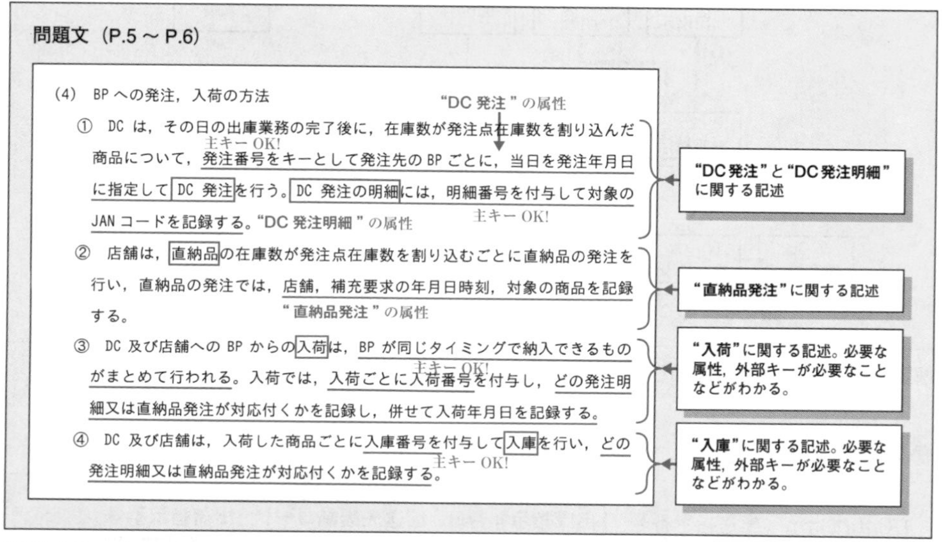
問題文（P.5 ～ P.6）

(4) BP への発注，入荷の方法

① DC は，その日の出庫業務の完了後に，在庫数が発注点在庫数を割り込んだ商品について，発注番号をキーとして発注先の BP ごとに，当日を発注年月日に指定して DC 発注を行う。DC 発注の明細には，明細番号を付与して対象の JAN コードを記録する。

② 店舗は，直納品の在庫数が発注点在庫数を割り込むごとに直納品の発注を行い，直納品の発注では，店舗，補充要求の年月日時刻，対象の商品を記録する。

③ DC 及び店舗への BP からの入荷は，BP が同じタイミングで納入できるものがまとめて行われる。入荷では，入荷ごとに入荷番号を付与し，どの発注明細又は直納品発注が対応付くかを記録し，併せて入荷年月日を記録する。

④ DC 及び店舗は，入荷した商品ごとに入庫番号を付与して入庫を行い，どの発注明細又は直納品発注が対応付くかを記録する。

解説図 52　問題文のチェックポイント

STEP-11 の**解説図 38**（問題文の図 2）に記載している通り，ここでは **“DC 発注”**，**“DC 発注明細”**，**“直納品発注”**，**“入荷”**，**“入庫”** の 5 つについて考察していく。

■ “DC 発注”(空欄ナ)，“発注明細”(空欄ニ)

問題文の①には，**“DC 発注”** と **“DC 発注明細”** に関連する記述がある。ここは STEP-13 の「**指示書**」と違って，「**発注書**」に関する記述はないが，「**発注書を作成しているとしたら**」と考えて，問題文に記載されている情報をもとに**解説図 53** のように想像で書いてみるといいだろう。

まずは，簡単な（ひねりのない）**“DC 発注明細”** から確定させていこう。問題文の①の「**DC 発注の明細には，明細番号を付与して**」という記述から，主キーは {**発注番号，発注明細番号**} だということがわかる。これは図 3 の関係 **“DC 発注明細”** にも記載済みだ。そして，問題文の①の「**対象の JAN コードを記録する。**」という部分から **‘JAN コード’** が必要だということもわかるだろう。図 3 の関係 **“DC 発注明細”** にはないので，空欄ニに外部キーとして追加する。名称は，解答例のように，（DC 補充品だということがわかりやすくするために）‘DC 補充品 JAN コード’ とするといいだろう。

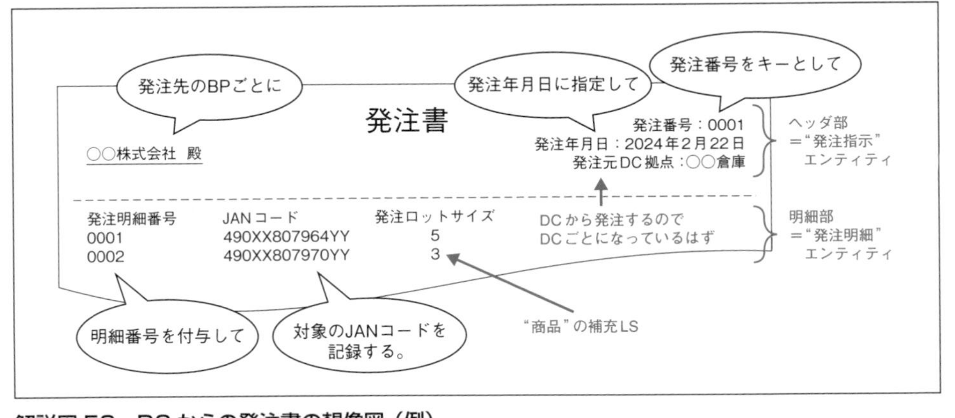

解説図 53　DC からの発注書の想像図（例）

なお，関係 **“DC 発注明細”** に **‘発注数量’** は持たせない。発注書に **「発注数量」** を印刷したい場合には，関係 **“商品”** の **‘補充 LS’** の値を使う。その理由は STEP-13 に書いた理由と同じである。

続いて **“DC 発注”** について考えていく。**「発注番号をキーとして」** という記述から主キーは **‘発注番号’** だと確認できる。これは図 3 の関係 **“DC 発注”** にも記載済みだ。次に，**「その日の出庫業務の完了後に，在庫数が発注点在庫数を割り込んだ商品について」** という部分から，1 日 1 回 DC から BP に対して発注を行っていることがわかる。加えて **「当日を発注年月日に指定して DC 発注を行う。」** という記述からも，関係 **“DC 発注”** に **{発注年月日，‘発注 DC 拠点コード’}** が必要だということはわかるだろう。DC 拠点コードを外部キーにすることを忘れないように注意しながら（図 3 の関係 **“DC 発注”** にはないので），**空欄ナに {発注年月日，‘発注 DC 拠点コード’}** を追加する。

また，問題文には **「発注先の BP ごと」** という記述もあるが，関係 **“DC 発注”** に（**“BP”** エンティティの主キーである）**‘BP コード’** を外部キーとして持たせる必要はない。

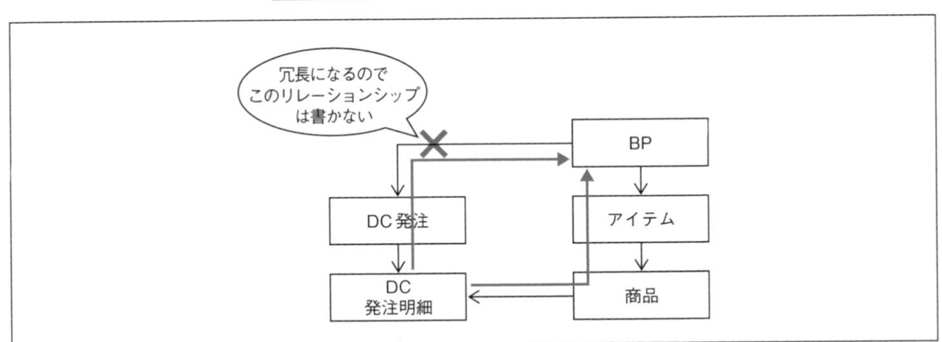

解説図 54　“DC 発注” エンティティと “BP” エンティティの間にリレーションシップを持たせないケースの説明図

解説図 54 のように,**「商品」**と**「アイテム」**,**「(調達先の) BP」**の関係は,**“商品”**,**“アイテム”**,**“BP”** 間のリレーションシップで保持している。それを無視して **“DC 発注”** と **“BP”** にリレーションシップを持たせるのは良くない。冗長になる。ゆえに **“DC 発注”** に **“BP”** に対するリレーションシップも必要ない。今回は,図1と図2の間のリレーションシップなので,図2に記載してはいけないが,**解説図 54** のように,本来必要なエンティティ間のリレーションシップを余白にでも書いてみると,よくわかるだろう。

■ “直納品発注”(空欄ヌ)

問題文の②は**「店舗は,直納品の…」**という出だしなので,図2及び図3の **“直納品発注”** に関する記述だと推測できる。

最初に**「店舗は,直納品の在庫数が発注点在庫数を割り込むごとに直納品の発注を行い」**という記述がある。この記述は店舗から BP への直納品の発注に関する説明だ。ただ,DC に対する店舗からの補充要求も**「(3) DC から店舗への具体的な配送方法」**の**「② 指示書の作り方」**を読むと,**「店舗の補充要求は,商品の在庫数が発注点在庫数を割り込む都度,店舗コード,補充要求年月日時刻,JAN コードを記して発行する。」**としていることがわかる。つまり,発注対象の商品を決めるタイミングや処理の仕方は同じだと考えられる。だとすれば,問題文の**「店舗補充要求」**に関する記述と **“店舗補充要求”** エンティティ(いずれも STEP-12 と STEP-13 で考察済み)が大きなヒントになると考えて間違いないだろう。両者を比較すると次のようになる。

- **「店舗補充要求」**に関する記述と **“店舗補充要求”**
  「店舗コード,補充要求年月日時刻,JAN コードを記して発行する。」
  店舗補充要求(店舗コード,補充要求年月日時刻,DC 補充品 JAN コード)
- **「直納品発注」**に関する記述と **“直納品発注”**
  「店舗,補充要求の年月日時刻,対象の商品を記録する。」
  直納品発注(**空欄ヌ**)

問題文の両者の説明が同じなので,エンティティの持つ属性も同じだと考えて間違いない。したがって,**空欄ヌ**は{**店舗コード**,**補充要求年月日時刻**,**直納品 JAN コード**}になる。

■ “入荷”(空欄ネ)

問題文の③は**「DC 及び店舗への BP からの入荷は,…」**という出だしなので,図2及び図3の **“入荷”** に関する記述だと推測できる。そして,**“入荷”** の設計に関しては,最初に説明されている**「BP が同じタイミングで納入できるものがまとめて行われる。」**という部分が理解できるかどうかが最重要ポイントになる(**解説図 55** 参照)。

この部分の**「まとめて行われる。」**というのは，複数の商品をまとめてという意味と，複数の発注日の注文をまとめてという意味を持つと考えられる。つまり，ひとつの入荷は，複数の商品で構成され，かつ同じ商品でも発注日が異なる場合は複数になるということを示唆している。そして，その後には**「入荷ごとに入荷番号を付与し，どの発注明細又は直納品発注が対応付くかを記録し，併せて入荷年月日を記録する。」**という記述が続く。要するに，複数の**“発注明細”**，あるいは複数の**“直納品発注”**が一つの**“入荷”**にまとめられることがあるということだ。以上のことから，それぞれ次のようなリレーションシップが必要なことがわかるだろう。

- **“入荷”エンティティと“DC 発注明細”エンティティの間に 1 対多のリレーションシップ**
- **“入荷”エンティティと“直納品発注”エンティティの間に 1 対多のリレーションシップ**

このリレーションシップは図 2 に無いので追加する（**追加 O，追加 P**）。そして，図 3 の関係**“DC 発注明細”**と関係**“直納品発注”**をチェックしても，これまで解答してきた**空欄ニ**，**空欄ヌ**にも関係**“入荷”**に対する外部キーの**‘入荷番号’**が無いので，**空欄ニ**と**空欄ヌ**の両方に**‘入荷番号’**を追加する。そして最後に関係**“入荷”**の**空欄ネ**に**‘入荷年月日’**を追加する。

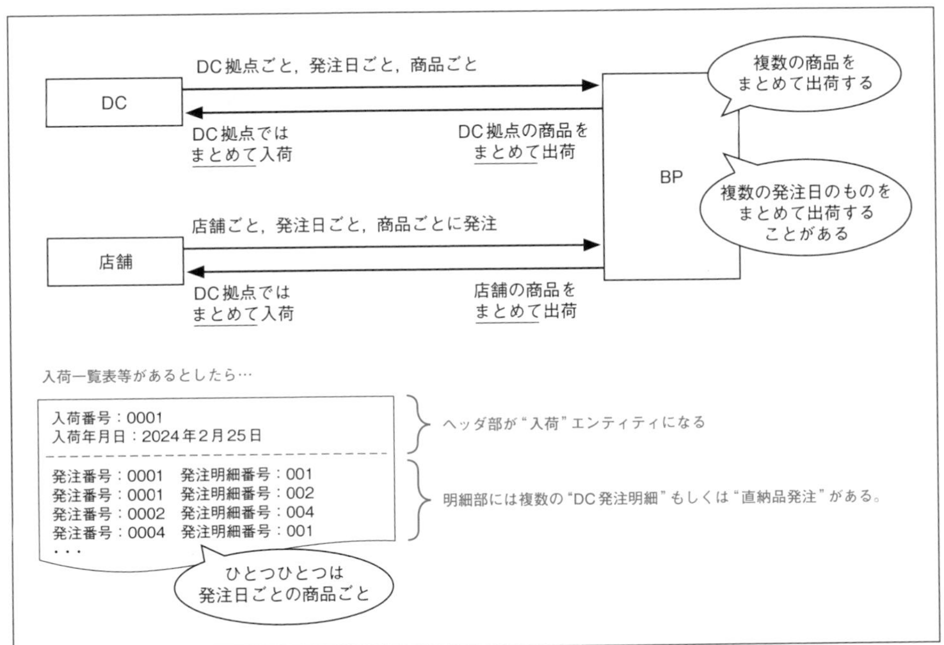

解説図 55　発注と入荷の関係

なお，発注した商品が，すべて同じ発注単位で入荷することはありえないと考えておいたほうがいいだろう。常に，そう思っておいた方がいい。EC サイトで何かを購入する時のことを思い出すとよくわかる。複数の発注がまとめて送られてきたり，1回の発注が分割で送られてきたりした経験はあるだろう。出荷する側は，効率を考えてまとめて出荷できるものは，まとめて行うのが一般的である。もしもすべて発注単位で入荷処理を行っているとしたら，必ず何かしらの要件として記載されているはずなので，そこを確認すればいいだろう。今回は，**“DC 発注明細”** も **“直納品発注”** も商品ごとにインスタンスが発生するので，それをまとめて一つの **“入荷”** としていると明記されているので，間違わないようにしよう。

■ “入庫”（空欄ノ）

最後の問題文の④は**「入庫番号を付与して入庫を行い，…」**という記述から，図2及び図3の **“入庫”** に関する記述だと推測する。残りはもうこれしかないので，すぐにわかるだろう。主キーは，この記述からも図3からも **‘入庫番号’** だと確認できる。そして，その入庫番号は**「DC 及び店舗は，入荷した商品ごとに」**付与するので，入荷時と同様に関係 **“DC 発注明細”** と関係 **“直納品発注”** と対応付けられることになる。それは，この後の**「どの発注明細又は直納品発注が対応付くかを記録する。」**という記述からも明らかだ。但し，**「入庫番号」**も**「入荷した商品ごとに」**なるため，“入庫” エンティティと “DC 発注明細” エンティティ及び “直納品発注” エンティティとのリレーションシップは1対1になる。それらのリレーションシップも図2に無いので追加し（追加 Q，追加 R），後から発生している関係 **“入庫”** に，関係 **“直納品発注”** と関係 **“DC 発注明細”** に対する外部キーを持たせる。図3の関係 **“入庫”** には主キーしか記載されていないので，空欄ノに｛発注番号，発注明細番号，店舗コード，補充要求年月日時刻，直納品 JAN コード｝を追加する。

● 概念データモデル（図 2）への追加（その 3）

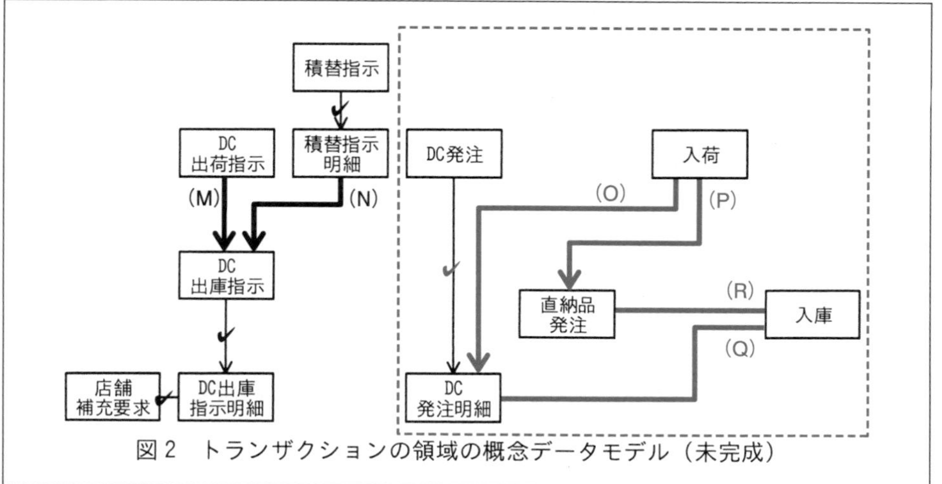

図 2　トランザクションの領域の概念データモデル（未完成）

解説図 56　ここで追記するリレーションシップ（赤線）

● 関係スキーマ（図 3）への追加（その 14）

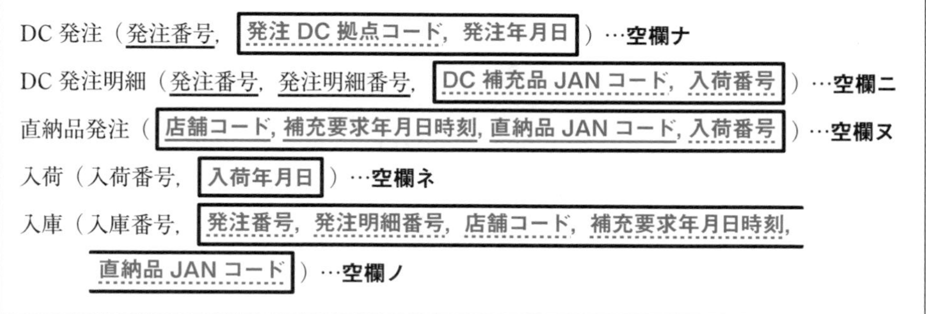

DC 発注（<u>発注番号</u>，発注 DC 拠点コード，発注年月日）…空欄ナ

DC 発注明細（<u>発注番号</u>，<u>発注明細番号</u>，DC 補充品 JAN コード，入荷番号）…空欄ニ

直納品発注（店舗コード，補充要求年月日時刻，直納品 JAN コード，入荷番号）…空欄ヌ

入荷（入荷番号，入荷年月日）…空欄ネ

入庫（入庫番号，発注番号，発注明細番号，店舗コード，補充要求年月日時刻，直納品 JAN コード）…空欄ノ

解説図 57　ここで追加する属性（赤字）

索引

D

E

F

G

H

I

J

L

M

W

ア

イ

ウ

エ

オ

カ

キ

ス

セ

ソ

タ

ネ

ノ

ハ

ヒ

フ

ヘ

ホ

マ

ミ

ユ

ヨ

ラ

リ

ル

レ

ロ

ワ

著者紹介

IT のプロ 46

IT 系の難関資格を複数保有している IT エンジニアのプロ集団。現在（2024 年 2 月現在）約 300 名。個々のメンバの IT スキルは恐ろしく高く，SE やコンサルタントとして第一線で活躍する傍ら，SNS やクラウドを駆使して，ネットを舞台に様々な活動を行っている。本書のような執筆活動もそのひとつ。ちなみに，名前の由来は，代表が全推ししている乃木坂 46 から勝手に拝借したもの。近年 46 グループも増えてきたので，拝借する部分を“46”ではなく“乃木坂”の方に変更し「IT のプロ乃木坂」としようかとも考えたが，気持ち悪いから止めた（代表談）。迷惑も負担もかけない模範的なファンを目指し，卒業生を含めて，いつでもいざという時に何かの力になれるように一生研鑽を続けることを誓っている。

HP：https://www.itpro46.com

代表　三好康之（みよし・やすゆき）

IT のプロ 46 代表。大阪を主要拠点に活動する IT コンサルタント。本業の傍ら，SI 企業の IT エンジニアに対して，資格取得講座や階層教育を担当している。高度区分において驚異の合格率を誇る。保有資格は，情報処理技術者試験全区分制覇× 2 回（累計 40 区分，内高度系累計 28 区分，内論文系 18 区分）をはじめ，中小企業診断士，技術士（経営工学部門）など多数。代表的な著書に，『勝ち残り SE の分岐点』，『IT エンジニアのための【業務知識】がわかる本』，『情報処理教科書プロジェクトマネージャ』（以上翔泳社），『天使に教わる勝ち残るプロマネ』（以上インプレス）他多数。JAPAN MENSA 会員。“資格”を武器に！自分らしい働き方を模索している。趣味は，研修や資格取得講座を通じて数多くの IT エンジニアに“資格＝武器”を持ってもらうこと。何より乃木坂 46 をこよなく愛している。どうすれば奇跡のグループ＆パワースポットの“乃木坂 46”中心の働き方ができるのかを考えつつ…乃木坂 46 ファンとして，根拠ある絶賛を発信し続けて…棘のある言葉が，産まれにくくて埋もれやすい世界にしたいと考えている。なお，下記ブログや YouTube サイトでも資格試験に有益な情報を発信している。登録をしてもらえると喜びます。

mail：miyoshi@msnet.jp　　HP：https://www.msnet.jp
アメーバ公式ブログ：https://ameblo.jp/yasuyukimiyoshi/
YouTube：https://www.youtube.com/user/msnetmiyomiyo/

装丁　結城 亨（SelfScript）
編集　陣内 一徳
カバーイラスト　大野 文彰
DTP　株式会社シンクス

情報処理教科書
データベーススペシャリスト 2024年版

2024年　3月22日　初版　第1刷 発行

著　者　ＩＴのプロ４６（アイティ フォーティシックス）
三好 康之（みよし やすゆき）
発行人　佐々木 幹夫
発行所　株式会社 翔泳社　（https://www.shoeisha.co.jp）
印　刷　昭和情報プロセス 株式会社
製　本　株式会社 国宝社

本書へのお問い合わせについては、ii ページに記載の内容をお読みください。

造本には細心の注意を払っておりますが、万一、乱丁（ページの順序違い）や落丁（ページの抜け）がございましたら、お取り替えします。03-5362-3705 までご連絡ください。

ISBN978-4-7981-8567-5　Printed in Japan